Masterclass

Weitere Bände in der Reihe http://www.springer.com/series/8645

Florian Jarre · Josef Stoer

Optimierung

Einführung in mathematische Theorie und Methoden

2. Auflage

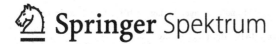 Springer Spektrum

Florian Jarre
Mathematisches Institut
Universität Düsseldorf
Düsseldorf, Deutschland

Josef Stoer
Institut für Angewandte Mathematik und
Statistik, Universität Würzburg
Würzburg, Deutschland

Masterclass
ISBN 978-3-662-58854-3   ISBN 978-3-662-58855-0   (eBook)
https://doi.org/10.1007/978-3-662-58855-0

Die Deutsche Nationalbibliothek verzeichnet diese Publikation in der Deutschen Nationalbibliografie; detaillierte bibliografische Daten sind im Internet über http://dnb.d-nb.de abrufbar.

Springer Spektrum

Verantwortlich im Verlag: Iris Ruhmann

Springer Spektrum ist ein Imprint der eingetragenen Gesellschaft Springer-Verlag GmbH, DE und ist ein Teil von Springer Nature
Die Anschrift der Gesellschaft ist: Heidelberger Platz 3, 14197 Berlin, Germany

In Gedenken an Herrn
Dr. G. Sonnevend

Vorwort zur zweiten Auflage

Seit der ersten Auflage dieses Buches haben sich zahlreiche neue Anwendungen in der Optimierung ergeben, auf die in dieser Neuauflage mit eingegangen werden soll. So entstand durch die wachsende Zahl von Problemen aus dem Bereich „Big Data" die Notwendigkeit, billige Verfahren für diese Anwendungen zu entwickeln, die mit „unvollständigen" Funktionsauswertungen ausgeführt werden können und jetzt in den Abschnitten zu Stochastic Gradient und Block Coordinate Descent angesprochen werden. Ähnlich wurde mit ADMM ein Konzept entwickelt, das eine gewisse Separierbarkeit von Optimierungsproblemen ausnutzt und für hochdimensionale Anwendungen geeignet ist. Als weitere Anwendungen wurden in dieser Auflage Beispiele zu Support Vector Machines und zur Spieltheorie mit aufgenommen.

Mit dem Sensor-Lokalisations-Problem, der Summe-von-Quadraten-Darstellung von nichtnegativen Polynomen oder komplexen Erweiterungen des Max-Cut-Problems wurden in den letzten Jahren ferner interessante neue Anwendungen für semidefinite Programme erschlossen, die den Fokus dieser Neuauflage mit bestimmen und die bislang in Lehrbüchern nicht berücksichtigt wurden.

Desweiteren wurden zahlreiche Passagen der ersten Auflage überarbeitet und teilweise gekürzt. Wir bedanken uns an dieser Stelle für zahlreiche Kommentare und Verbesserungsvorschläge, insbesondere bei Herrn Dr. Felix Lieder, Herrn Christian Knieling, Herrn Prof. Roland Freund, Herrn Prof. Bingsheng He und Frau Prof. Andrea Walther.

Würzburg   Josef Stoer
Düsseldorf   Florian Jarre
Februar 2019

Vorwort

Die mathematische Lösung von Optimierungsproblemen ist eine wichtige Aufgabe der angewandten Mathematik mit einer Vielzahl von Anwendungen im Ingenieurwesen, in den Wirtschaftswissenschaften und in den verschiedensten Bereichen der Naturwissenschaften.

Die Struktur der Optimierungsprobleme lässt dabei eine Grobeinteilung in stetige Probleme und Probleme mit „diskreten Variablen" zu.

Bei ersteren sind die unbekannten Größen, wie zum Beispiel die Durchmesser von gewissen Stäben im Design einer Halterung, in gegebenen Grenzen stetig variierbar und sollen so festgelegt werden, dass ein gegebenes Ziel optimiert wird. Z. B. sollen die Durchmesser so bestimmt werden, dass eine möglichst stabile und leichte Halterung entsteht. Bei diskreten Problemen liegen Variable vor, die nur ganzzahlige Werte in gegebenen Grenzen annehmen dürfen. So kann die Entscheidung, ob ein Transportunternehmen einen oder mehrere zusätzliche Lastwagen beschafft, mathematisch durch eine ganzzahlige Variable $x \geq 0$ repräsentiert werden, wobei $x > 0$ bedeute, dass x neue Lastwagen zu beschaffen sind. Auch hier ist ein Wert x zu finden, so dass eine Zielfunktion, wie z. B. der Profit, optimiert wird.

Der Schwerpunkt dieses Buches liegt auf einer Einführung in die Theorie und die Methoden der *stetigen* Optimierung mit einigen Anwendungen auch im Bereich der diskreten Optimierung.

Die hier angesprochene Unterscheidung zwischen stetigen und diskreten Problemen ergibt sich aus den sehr unterschiedlichen Lösungsansätzen. Grob gesprochen kann man bei stetigen Problemen eine gegebene „Einstellung" der Variablen beliebig wenig ändern, und so herausfinden, in welcher Richtung man die Einstellung korrigieren sollte, um den Zielwert zu verbessern. Durch Wiederholung dieses Vorgangs kann man versuchen, sich langsam einer optimalen Einstellung zu nähern. Bei diskreten Problemen lassen sich die Variablen nicht beliebig wenig ändern; man muss von einem Wert zum nächsten Wert „springen". Wenn sehr viele diskrete Unbekannte vorliegen, so läuft die zu lösende Aufgabe oft auf ein intelligentes Probieren und Ausschließen von Möglichkeiten hinaus. Die Vorgehensweise zur Lösung solcher Probleme ist daher von ganz anderer Natur.

Das Buch richtet sich an Leser, die Grundkenntnisse in der Analysis (die Bedeutung von Jacobi- und Hessematrizen), der linearen Algebra (wann ist eine symmetrische Matrix positiv definit) und der Numerischen Mathematik (was ist eine Cholesky-Zerlegung) mitbringen. Einige nicht ganz so gängige Konzepte wie die Darstellung von Orthogonalprojektionen werden im Text kurz wiederholt.

Das Buch baut auf der Vorlesung Optimierung I und II auf, welche die Autoren in den letzten Jahren an den Universitäten Würzburg und Düsseldorf gehalten haben. Zuerst werden die klassische Simplexmethode und die neueren *Innere-Punkte*-Methoden zur linearen Optimierung vorgestellt. Dann werden konvexe und glatte nichtlineare Probleme betrachtet. Dabei werden zunächst die sogenannten „Optimalitätsbedingungen" hergeleitet, die angeben, wann ein Punkt eine (lokale) Optimallösung eines Optimierungsproblems ist. Die Optimalitätsbedingungen werden anschließend benutzt, um die verschiedenen gängigen Lösungsverfahren vorzustellen und untereinander zu vergleichen. Ein Schwerpunkt des Buches liegt bei den neueren Verfahren zur semidefiniten Optimierung und deren Anwendungen in der Kombinatorik und Kontrolltheorie.

Die konkreten Anwendungen der vorgestellten Ansätze auf industrielle Probleme sind jedoch von sehr unterschiedlicher Art, so dass sich eine detaillierte Beschreibung solcher praktischen Anwendungen stets auf ausgewählte Spezialfälle konzentrieren muss und in dieser allgemeinen Einführung keinen Platz findet.

Wir bedanken uns bei Herrn J. Launer für den Entwurf der Zeichnungen, für zahlreiche Korrekturvorschläge und für umfangreiche Hilfestellung beim Tippen des Skripts. Ebenfalls möchten wir uns bei den Herren R. Goldbach, J. Grahl, B. Hirschfeld, C. Knieling, M. Wechs und M. Wenzel für ihre Hilfe bedanken und bei den Hörern unserer Vorlesungen für eine Reihe von kritischen Anmerkungen.

Würzburg   Josef Stoer
Düsseldorf   Florian Jarre
Mai 2003

Inhaltsverzeichnis

Einleitung

1

Viele Probleme aus der Industrie und Wirtschaft sind Optimierungsprobleme, wie beispielsweise

- die möglichst billige Herstellung
- eines möglichst schnellen/sparsamen/robusten Autos.

Wir nennen solche Probleme im Folgenden „Anwendungsprobleme".

Die Lösung des Anwendungsproblems lässt sich in zwei Arbeitsschritte gliedern, nämlich die Modellierung des Problems in mathematischer Form und die Lösung des mathematischen Problems.

1.1 Modellbildung, mathematische Formulierung

Eine Modellierung ist fast immer mit Idealisierungen verknüpft, das heißt das Anwendungsproblem wird in der Regel durch die mathematische Formulierung nur angenähert. Eine Lösung des mathematischen Problems ist daher entsprechend vorsichtig zu interpretieren. Oft haben die mathematischen Probleme keine Optimallösung oder keine eindeutige Optimallösung oder die Optimallösung kann nur näherungsweise ermittelt werden, was die Interpretation zusätzlich erschwert.

Die Modellbildung wird oft von den Anwendern wie Ingenieuren, Physikern oder Unternehmern durchgeführt. Sie ist mindestens ebenso wichtig und schwierig wie die Lösung des mathematischen Problems, kann hier aber aufgrund der Vielfalt der einzelnen Anwendungen nicht näher beschrieben werden. Vielmehr soll in diesem Buch eine Einführung in die Theorie und Methoden der mathematischen Optimierung erfolgen und exemplarisch an einigen Anwendungsbeispielen im Bereich der stetigen und diskreten Optimierung die Anwendbarkeit der vorgestellten Verfahren aufgezeigt werden.

© Springer-Verlag GmbH Deutschland, ein Teil von Springer Nature 2019
F. Jarre und J. Stoer, *Optimierung,* Masterclass,
https://doi.org/10.1007/978-3-662-58855-0_1

Typischerweise liefert die Modellbildung Systeme mit vielen Unbekannten, die wir in einem Vektor x passender Dimension zusammenfassen, der gewissen Nebenbedingungen in der Form von Gleichungen und Ungleichungen genügen muss. Durch Wahl von x lässt sich das System steuern. Das Verhalten des Systems wird durch eine reelle Zielfunktion f bewertet, die von x abhängt und die durch eine geeignete Wahl von x optimiert werden soll. Im Falle eines Minimierungsproblems führt dies zu dem mathematischen Problem, den Funktionswert $f(x)$ unter allen x zu minimieren, die Nebenbedingungen der Form

$$f_i(x) \leq 0 \quad \text{für } i \in I_1,$$
$$f_j(x) = 0 \quad \text{für } j \in I_2,$$
$$x \in \mathcal{B}$$

genügen. Wir schreiben für dieses Problem kurz

$$\inf \ f(x)$$
$$x : \ f_i(x) \leq 0 \quad \text{für } i \in I_1,$$
$$f_j(x) = 0 \quad \text{für } j \in I_2,$$
$$x \in \mathcal{B}.$$

Hier sind I_1 und I_2 disjunkte Indexmengen, welche die Ungleichungs- und Gleichungsbedingungen „aufzählen" und $\mathcal{B}$ ist ein Bereich, auf dem f und alle f_i ($i \in I_1 \cup I_2$) als reelle Funktionen definiert sind. Darüber hinaus kann man mit Hilfe von $\mathcal{B}$ weitere Bedingungen beschreiben, denen x genügen muss, die sich nicht als Konjunktion von Bedingungen in der Form einfacher Gleichungen oder Ungleichungen schreiben lassen. Die Funktion f heißt *Zielfunktion,* die f_i und die Menge $\mathcal{B}$ spezifizieren *Nebenbedingungen* (Restriktionen). Jeder Vektor x, der die Nebenbedingungen erfüllt, heißt *zulässige Lösung* des Problems. Diese Bezeichnung hat sich allgemein eingebürgert, auch wenn „zulässiger Punkt" vielleicht passender wäre. Eine zulässige Lösung ist also in der Regel nicht die eigentlich gesuchte Lösung des Problems. Letztere werden mit *Optimallösung* oder auch mit *Minimalstelle* bezeichnet. Optimallösungen sind also diejenigen zulässigen Lösungen, deren Wert $f(x)$ minimal ist.

1.2   Nichtlineare Programme

Der zweite Arbeitsschritt geht von der mathematischen Formulierung des Anwendungsproblems aus. Er befasst sich mit dessen Lösbarkeit und berechnet eine Optimallösung oder eine Näherung für eine Optimallösung. Wir beschränken uns in diesem Buch auf den Fall, dass der Vektor x der Unbekannten endlichdimensional ist, $x \in \mathbb{R}^n$, $\mathcal{B} \subset \mathbb{R}^n$, und dass nur endlich viele Nebenbedingungen zu beachten sind, d. h. auch die Indexmengen I_1 und I_2 sind endlich, etwa $I_1 = \{1, \ldots, p\}$ und $I_2 = \{p+1, \ldots, m\}$ mit $0 \le p \le m < \infty$. Wir erhalten dann das folgende Problem, für das sich die Bezeichnung *Nichtlineares „Programm"* (NLP) eingebürgert hat (passender wäre „nichtlineares Minimierungsproblem"):

$$
(NLP) \qquad
\begin{aligned}
\inf \quad & f(x) \\
x: \quad & f_i(x) \le 0 \quad \text{für } i = 1,\, 2,\, \ldots,\, p, \\
& f_j(x) = 0 \quad \text{für } j = p+1,\, p+2,\, \ldots,\, m, \\
& x \in \mathcal{B}.
\end{aligned}
$$

Durch die Einschränkung auf $x \in \mathcal{B} \subset \mathbb{R}^n$ und auf endliche Mengen I_1, I_2 schließen wir interessante und sinnvolle Anwendungen aus, bei welchen z. B. x eine unbekannte Funktion ist (eine optimal zu wählende Steuerungsfunktion) oder bei welchen die Anzahl der Nebenbedingungen nicht endlich ist (semi-infinite Programme). Ebenso verzichten wir hier auf die Behandlung von Problemen aus der „multicriteria optimization", wo mehrere verschiedene Zielfunktionen simultan zu berücksichtigen sind. Derartige Probleme haben in den letzten Jahren ganz unterschiedliche Anwendungen gefunden, wie z. B. aerodynamisches Design, Proteinfaltungen bei pharmazeutischen Reaktionen oder der Entwurf von Linsen. Für eine Einführung sei z. B. auf [43] verwiesen.

Das NLP in der obigen Form ist trotzdem noch sehr allgemein und es gibt keine Verfahren, Probleme dieser Allgemeinheit zufriedenstellend zu lösen.

Wir weisen weiter auf die Annahme hin, dass die Funktionen f und f_k, $1 \le k \le m$ auf der Menge

$$
\mathcal{S} := \{x \in \mathcal{B} \mid f_i(x) \le 0 \text{ für } 1 \le i \le p,\ f_j(x) = 0 \text{ für } p+1 \le j \le m\}
$$

der zulässigen Lösungen von (NLP) als reelle Funktionen definiert sein müssen. Meist werden wir darüber hinaus annehmen, dass die beteiligten Funktionen differenzierbar sind. Als (NLP) formulierbar sind auch *mehrstufige* Optimierungsprobleme. Sie besitzen die Form

$$
\inf \{f(x) \mid x \in \mathcal{S}\},
$$

wobei $f(x)$ für $x \in \mathcal{S}$ selbst Lösung eines weiteren Optimierungsproblems

$$
f(x) := \inf_{y \in \mathcal{S}_x} \phi(x, y)
$$

ist, dessen zulässige Menge $\mathcal{S}_x$ zudem von x abhängen kann. Bei diesen Problemen kann die Zielfunktion f sehr unangenehm sein; sie kann auch für differenzierbare ϕ nicht differenzierbar sein und selbst ihr Definitionsgebiet $\{x \mid \inf_{y \in \mathcal{S}_x} \phi(x, y) \in \mathbb{R}\}$ muss nicht a priori bekannt sein. Solche Optimierungsprobleme oder die verwandten verallgemeinerten semi-infiniten Probleme werden z. B. in [118, 161] besprochen.

1.3   Einteilung von nichtlinearen Programmen

Für den Entwurf von Lösungsverfahren und die Beurteilung ihrer Leistungsfähigkeit ist es zweckmäßig, nichtlineare Programme in mehrere Klassen einzuteilen. Für jede Klasse lässt sich dann in gewissem Rahmen angeben, in wie weit man eine Lösung der entsprechenden Probleme mit heutigen Mitteln berechnen kann. Bei einem gegebenen NLP ist in der Regel eine gewisse Struktur erkennbar oder bekannt, die durch das Lösungsverfahren ausgenutzt wird. Eine grobe Einteilung der nichtlinearen Programme ist die folgende:

1. *Nichtrestringierte Minimierungsprobleme*, d. h. $p = m = 0$, $\mathcal{B} = \mathbb{R}^n$.
2. *Lineare Programme*, d. h. f und $f_1, \ldots, f_m$ sind affin und $\mathcal{B} = \mathbb{R}^n$.
3. *Konvexe Programme*, d. h. f und $f_1, \ldots, f_p$ sind konvexe Funktionen (s. Definition 2.5.2), $f_{p+1}, \ldots, f_m$ sind affin und $\mathcal{B} = \mathbb{R}^n$.
4. *Glatte, nichtlineare Programme*, d. h. f und $f_1, \ldots, f_m$ sind auf $\mathbb{R}^n$ differenzierbar und $\mathcal{B} = \mathbb{R}^n$,
5. *Kombinatorische (diskrete) Probleme*. Diese lassen sich häufig als lineare Programme formulieren, bei denen $\mathcal{B} \neq \mathbb{R}^n$ ist und z. B. nur solche x enthält, für die gewisse Komponenten x_i ganzzahlig sind, oder noch spezieller, in $\{0, 1\}$ liegen.

Die obigen Klassen bilden nur eine unvollständige Grobeinteilung. Insbesondere ist es sinnvoll, die unter dem Oberbegriff der kombinatorischen Probleme zusammengefasste Klasse in weitere Unterklassen aufzuteilen, für welche jeweils spezielle Lösungsverfahren entwickelt worden sind.

Auch ist die angegebene Grobeinteilung nicht disjunkt, weil sie von der Formulierung des NLP abhängt; z. B. kann die Bedingung, dass $\mathcal{B}$ nur solche x enthält, für die gewisse Komponenten x_i ganzzahlig sind, bzw. in $\{0, 1\}$ liegen, auch durch die Nebenbedingungen $f_{p+i}(x) := \sin \pi x_i = 0$ bzw. $f_{p+i}(x) := x_i^2 - x_i = 0$ ersetzt werden. Auf diese Weise lässt sich ein diskretes Problem sogar als ein glattes nichtlineares Programm schreiben. Ebenso lässt sich durch Einführung weiterer Variablen und Funktionen die Zahl der Ungleichungs- und Gleichungsrestriktionen ändern: So ist z. B. eine Ungleichung $f_i(x) \leq 0$ äquivalent zur Gleichung $f_i(x) + \bar{x}_i^2 = 0$, wobei $\bar{x}_i$ eine neue Variable ist. Auch können mehrere Gleichungsrestriktionen, etwa $f_1(x) = 0$, ..., $f_k(x) = 0$, zu einer Gleichungsrestriktion

$$f_1(x)^2 + \cdots + f_k(x)^2 = 0$$

zusammengefasst werden. In den allermeisten Fällen „gewinnt" man aber durch solche Umformungen nichts, weil das neue Problem nicht einfacher zu lösen ist. Die Umformung verdeutlicht aber die Feststellung, dass die Problemklassen nicht immer klar trennbar sind.

Anmerkung zur Notation
Einzelne Komponenten eines Vektors x werden stets durch einen Index unten, z. B. x_i für die i-te Komponente von x, bezeichnet. Falls eine Folge von Vektoren betrachtet wird, so

wird der k-te Vektor dieser Folge in der Regel mit einem Index oben bezeichnet, z.B. x^k.
Lediglich bei den kanonischen Einheitsvektoren wurde die weit verbreitete Schreibweise
e_i mit einem Index unten für den i-ten kanonischen Einheitsvektor übernommen, da auf
die einzelnen Komponenten dieses Vektors nicht explizit Bezug genommen wird. Bei einer
Folge von Skalaren $\{\alpha_k\}_{k \in \mathbb{N}}$ oder von Matrizen $\{A_k\}_{k \in \mathbb{N}}$ wird das k-te Folgeglied in der
Regel mit einem Index unten bezeichnet um eine mögliche Verwechslung mit Potenzen zu
vermeiden; für Vektoren werden in diesem Buch keine Potenzen definiert.

1.4 Ausblick

Wir beschäftigen uns in diesem Buch vorrangig mit der „stetigen Optimierung" also in erster
Linie mit den Klassen 1) bis 4). Dabei konzentrieren wir uns auf die Bestimmung lokaler
Minimalstellen. Wichtige Anwendungen der Klasse 5), d.h. der kombinatorischen Optimierung, findet man z.B. in der Informatik und den Wirtschaftswissenschaften, während
die Anwendungen für stetige Optimierungsprobleme oft aus den Ingenieurwissenschaften
kommen. Auch methodisch unterscheiden sich die Lösungszugänge bei der stetigen und
der kombinatorischen Optimierung. Viele Verfahren, die in der stetigen Optimierung eingesetzt werden, beruhen auf lokalen Approximationen der Zielfunktion und der Nebenbedingungen oder der Optimalitätsbedingungen mittels Linearisierungen – wie z.B. das Newton-
Verfahren aus der Schule. Verfahren, die in der kombinatorischen Optimierung zum Einsatz
kommen, nutzen häufig geschickt gewählte „Probierstrategien" sowie Ausschließungs- und
Einschließargumente. Kombinatorische Probleme sind im allgemeinen schwieriger zu lösen
und benötigen nicht selten eine Anzahl von Rechenschritten, die exponentiell mit der Anzahl
der Unbekannten wächst. Wie wir sehen werden, lassen sich bei den Problemen der Klassen 2) und 3) wesentlich schnellere Algorithmen finden, welche im schlimmsten Fall eine
Anzahl von Rechenschritten benötigen, die polynomial von der Anzahl der Unbekannten
und der Anzahl der Nebenbedingungen abhängt.

Ein auf den ersten Anblick paradox wirkendes Phänomen ist dabei folgendes. Probleme
der Klasse 2) oben (Lineare Programme) können sehr effizient gelöst werden. Sobald man
das lineare Programm aber noch zusätzlich „vereinfacht", indem man anstelle der reellen
Zahlen ($\mathcal{B} = \mathbb{R}^n$) nur noch ganze Zahlen ($\mathcal{B} = \mathbb{Z}^n$) zulässt, ist das Problem (mit heutigen Mitteln) nicht mehr effizient lösbar. Ziel dieses Buches ist daher auch, den Leser für
solche – und andere – „Vereinfachungen" zu sensibilisieren.

Derzeit gibt es keine „guten" Methoden, um allgemeine kombinatorische Probleme zu
lösen. Hier bezeichnen wir ein Verfahren als gut, wenn es in „halbwegs vertretbarer" Zeit stets
eine Lösung des gestellten Problems finden kann. Allerdings könnte die sich abzeichnende
Entwicklung von Quantencomputern dazu führen, dass auch kombinatorische Probleme
mittelfristig effizient lösbar werden.

1.5   Zur Anwendung in der Praxis

Wir schließen diesen Abschnitt mit einer Bemerkung zu den Schwierigkeiten bei der Anwendung der Optimierung in der Praxis.

Die Implementierung der einzelnen Verfahren kann in diesem Buch nur in verkürzter Form vorgestellt werden. Dabei stecken gerade in der Implementierung noch sehr wesentliche Probleme, insbesondere bei der Ausnutzung der oftmals dünn besetzten Struktur der Eingabedaten (die bei der Verarbeitung der Daten im Laufe eines Verfahrens leicht verloren geht) und bei der Beherrschung von Rundungsfehlern. (Ein tragisches Beispiel für die Bedeutung von Rundungsfehlern ist z. B. der Einschlag einer amerikanischen Patriot-Rakete in einem amerikanischen Stützpunkt im Golfkrieg 1991, der auf Rundungsfehler zurückzuführen ist.) Wie wir später sehen werden, klafft zwischen Theorie und Praxis oft eine Lücke in dem Sinne, dass die Verfahren für die man die beste „worst-case"-Laufzeit beweisen kann, oft nicht die Verfahren sind, die in der Praxis die schnellsten Laufzeiten aufweisen. Insbesondere sind viele gebräuchliche Verfahren oft wesentlich besser als man es beweisen kann.

Typisch für Anwendungen in der Industrie sind folgende Punkte: Eine enge Zusammenarbeit mit anderen Disziplinen und die Einarbeitung in ein spezielles Thema sind notwendig. Das Programm, das man als Mathematiker zunächst entwickelt, erfüllt häufig seinen Zweck nicht, weil sich die Problemstellung während der Programmentwicklung ändert, oder weil nicht alle Voraussetzungen bekannt waren. Eine Vielzahl von Änderungen am ersten Programmentwurf werden notwendig sein; das Programm muss daher von Anfang an sehr gut dokumentiert und möglichst modular und übersichtlich strukturiert sein. Das Programm wird mit anderen Programmen verknüpft werden, und die von auswärts bezogenen Programme sind nicht immer fehlerfrei. Der Nachweis, dass ein selbst entwickeltes Programm fehlerfrei ist, erfordert erhebliche zusätzliche Anstrengungen.

Wir werden solche Betrachtungen im Folgenden weitgehend außer Acht lassen und uns in erster Linie mit der Lösung der mathematischen Probleme befassen.

1.6   Leitfaden

Die bisherige Aufteilung des Buch wurde auch in der zweiten Auflage beibehalten; die ersten 14 Kap. eignen sich für eine zwei-semestrige Vorlesung über Optimierung, wobei die Abschn. 3.7.2, 3.9, 4.8–4.10, Kap. 5, Abschn. 6.4, 6.8, 6.9, 8.4, 8.5, Kap. 10, Abschn. 11.3, 14.2 als Ergänzung gedacht sind. Die Kap. 15 und 16 gehören noch nicht zum Standardrepertoire einer Optimierungsvorlesung, Kap. 15, begründet aber ein tieferes Verständnis der Invarianzeigenschaften des Newton-Verfahren für glatte konvexe Minimierung und die Inhalte des teilweise darauf aufbauenden Kap. 16 werden aufgrund der Vielfalt der Anwendungen semidefiniter Programme in Zukunft sicher eine zunehmend wichtige Rolle spielen.

Teil I
Lineare Programmierung

Lineare Programme, Beispiele und Definitionen 2

Das weitaus wichtigste mathematische Hilfsmittel in vielen Anwendungen sind sogenannte lineare Programme. Dies sind Minimierungsprobleme mit Nebenbedingungen in Form von linearen Gleichungen und Ungleichungen. Sie treten zum Beispiel in verschiedenen Anwendungen aus der Wirtschaft oder als Teilprobleme in der Informatik oder der nichtlinearen Optimierung auf. Bevor wir die Anwendungen an zwei Beispielen erläutern, geben wir zunächst eine allgemeine Definition.

2.1 Definition

Die allgemeinste Form eines linearen Programmes ist

$$(LP) \quad \text{minimiere } c^T x$$
$$x \in \mathbb{R}^n : \underline{b} \le Ax \le \overline{b},$$
$$l \le x \le u,$$

wobei die Eingabedaten aus einer reellen $m \times n$-Matrix A, den Vektoren $\underline{b}, \overline{b}$ der Dimension m und den Vektoren c, l, u der Dimension n bestehen. Wir benutzen die Notation $s \ge t$ für Vektoren $s, t \in \mathbb{R}^n$ genau dann, wenn $s_i \ge t_i$ für alle i in $\{1, \dots, n\}$ gilt. Der Vektor Ax soll bei obigem linearen Programm also komponentenweise zwischen $\underline{b}$ und $\overline{b}$ liegen. In „Summennotation" hat das Problem (LP) die Form

$$\text{minimiere } \sum_{i=1}^{n} c_i x_i,$$
$$\text{unter allen } x \in \mathbb{R}^n \text{ mit } \underline{b}_j \le \sum_{i=1}^{n} A_{j,i} x_i \le \overline{b}_j \quad \text{für } 1 \le j \le m,$$
$$l_i \le x_i \le u_i \qquad \text{für } 1 \le i \le n.$$

© Springer-Verlag GmbH Deutschland, ein Teil von Springer Nature 2019
F. Jarre und J. Stoer, *Optimierung,* Masterclass,
https://doi.org/10.1007/978-3-662-58855-0_2

Wir erlauben, dass die Komponenten $\underline{b}_j$ oder l_i in $\mathbb{R}\cup\{-\infty\}$ liegen und $\overline{b}_j$ oder u_i in $\mathbb{R}\cup\{\infty\}$. Falls $\underline{b}_j > \overline{b}_j$ für ein j oder falls $l_i > u_i$ für ein i, so hat das Programm offenbar keine Lösung. Lineare Gleichungen können durch die Wahl von $\underline{b}_j = \overline{b}_j$ dargestellt werden. Falls $\underline{b}_j = -\infty$ oder $\overline{b}_j = \infty$, so wird die entsprechende Ungleichung meistens weggelassen. Falls in einem Punkt $\bar{x}$, der alle Nebenbedingungen erfüllt, eine der Ungleichungen mit Gleichheit erfüllt ist, so heißt diese Ungleichung *aktiv in $\bar{x}$*. Falls also z. B. $\sum_{i=1}^{n} A_{j,i}\bar{x}_i = \overline{b}_j$ gilt, so ist die Ungleichung $\sum_{i=1}^{n} A_{j,i}x_i \le \overline{b}_j$ in $\bar{x}$ aktiv.

Wir werden in diesem Buch fast ausschließlich die einfachere und kürzere Schreibweise (LP) benutzen und die „Summennotation" nur verwenden, wenn sie zur Erklärung eines Ansatzes notwendig ist.

2.2   Das Diätproblem

Ein erstes Beispiel für den Einsatz von linearen Programmen sind die Diätprobleme, welche die Zusammenstellung von Speisen und Getränken oder von Viehfutter oder allgemein Mischverhältnisse bei industriellen Prozessen optimieren.

Ein einfaches Beispiel für ein solches Programm ist die Zusammensetzung von Kuhfutter. Ein Bauer habe der Einfachheit halber im Winter zwei Nährstoffe zur Auswahl,

1. Kraftfutter und
2. Heu.

Wir listen in Tab. 2.1 ein paar (frei erfundene) Eckdaten auf, die bei der Futterzusammensetzung berücksichtigt werden sollen. Die Nährwertangaben beziehen sich dabei auf je eine Einheit Futter und der Bedarf auf den ganzen Stall.

Der Buchstabe „E" steht ganz allgemein für eine Einheit. Diese Daten führen zu dem linearen Programm (2.2.1), das die Futterkosten minimiert. Dabei gibt x_1 die zu verfütternde Menge Kraftfutter und x_2 die Menge Heu an.

Tab. 2.1 Daten für das Diätproblem

	Kohlenhydrate	Proteine	Vitamine	Kosten
1 E Kraftfutter	20 E	15 E	5 E	10 EUR
1 E Heu	20 E	3 E	10 E	7 EUR
Bedarf/Tag	60 E	15 E	20 E	

$$\begin{aligned}
\text{minimiere} \qquad & 10x_1 + 7x_2 \\
\text{unter den Nebenbedingungen} \quad & 20x_1 + 20x_2 \geq 60, \\
& 15x_1 + 3x_2 \geq 15, \\
& 5x_1 + 10x_2 \geq 20, \\
& x_1 \geq 0, x_2 \geq 0.
\end{aligned} \qquad (2.2.1)$$

Graphisch lässt sich das im $\mathbb{R}^2$ wie in Abb. 2.1 darstellen:

Jede Nebenbedingung definiert eine Halbebene, und der Schnitt der drei Halbebenen mit dem positiven Orthanten liefert den zulässigen Bereich, d. h. die Menge der zulässigen Lösungen, die im Bild schattiert ist. Gestrichelt sehen wir drei Geraden mit der Normalen $(10, 7)$, entlang denen die Kosten $10x_1 + 7x_2$ jeweils konstant sind. Eine Parallelverschiebung dieser Geraden in Pfeilrichtung lässt diese Kosten anwachsen. Verschiebt man deshalb die Geraden soweit wie möglich entgegen der Pfeilrichtung, ohne den schattierten zulässigen Bereich vollständig zu verlassen, so trifft man auf den fett markierten Punkt $(0,5 \; 2,5)$. Die optimale Futterzusammensetzung besteht demnach aus einer halben Einheit Kraftfutter und 2.5 Einheiten Heu.

Dieses Beispiel ist besonders einfach zu lösen. Gibt es jedoch mehr als nur zwei Unbekannte x_1, x_2, die optimal zu bestimmen sind, so werden die linearen Programme in ihrer Struktur deutlich komplizierter.

Um nochmals auf die Probleme bei der Modellbildung zurückzukommen, sei angemerkt, dass ein Optimierungsverfahren wirklich nur die Ziele optimiert, die explizit formuliert werden. Das klingt trivial (und ist es auch), trotzdem kommt es in vielen Anwendungen

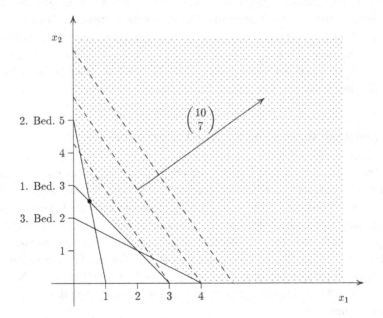

Abb. 2.1 Zulässige Menge des Diätproblems

vor, dass ein Anwender „seine" intuitiv ermittelte Lösung besser findet als die errechnete Optimallösung. Ein Grund für diese Diskrepanz ist gewöhnlich, dass er zusätzliche, nur schwer formulierbare Nebenbedingungen und Ziele in seinem mathematischen Modell nicht berücksichtigt hat. In obigem Beispiel könnte es sein, dass das Kraftfutter aus Tiermehl hergestellt wird und eine gewisse BSE-Gefahr birgt. Weiter könnte der hohe „Bedarf" an Protein bei den Kühen darauf zurückzuführen sein, dass diese möglichst schnell wachsen sollen, um bald schlachtreif zu sein, eigentlich kämen die Kühe auch mit reinem Heu aus.

Auch wenn das Beispiel oben frei erfunden ist, und sicher nichts mit den wirklichen Problemen eines Bauernhofs zu tun hat, so spiegelt es eine Eigenheit der Optimierung wider: Sie führt zu einer konsequenten Ausnutzung der modellierten Sachverhalte also ggf. von politischen, wirtschaftlichen oder anderen Missständen.

So führen z.B. auch Eckdaten wie „zu billiger Dieseltreibstoff" oder „zu unflexibles Management bei der Bahn" in Verbindung mit „hohen Lagerhaltungskosten" zu einer Verlagerung des Gütertransportes von der Schiene auf die Straßen. Die Mehrkosten, die den Unternehmen durch die Verlagerung des Verkehrs auf Lastwagen entstehen (und nur solche, nicht diejenigen, die in der Umwelt entstehen), werden durch Einsparungen bei der Lagerhaltung ausgeglichen, da die Lastwagen (nach Einsatz von Optimierungsverfahren zum Auffinden von kürzesten Wegen) schneller und flexibler transportieren können.

Wir merken an dieser Stelle an, dass sehr viele Unternehmen solche Spielräume in der Planung tatsächlich konsequent mit mathematischen Methoden durchrechnen. So hat eine Befragung der Zeitschrift *Fortune* bei 500 großen Unternehmen in den USA ergeben, dass 85 % der Unternehmen im Zuge ihrer Unternehmensplanung lineare Programmierung benutzen. Die Anwendungen liegen dabei unter anderem bei Mischungsproblemen (für Zement, Eisen, Futter, . . .), bei Transportproblemen (Delta Airlines, US Army, . . .) oder bei Lagerhaltungs- und Zuordnungsproblemen. Auch als Unterprobleme in der Kombinatorik oder der nichtlinearen Optimierung treten lineare Programme auf, oder bei Diskretisierungen von „semi-infiniten Optimierungsproblemen", d. h. von Problemen mit unendlich vielen Nebenbedingungen wie $f_t(x) \leq 0$ für alle $t \in [0,1]$.

2.3   Anwendungen von Linearen Programmen

Eine eindrucksvolle Anwendung der linearen Optimierung hat D. Shanno 1992 auf einer Konferenz in Budapest vorgestellt: Die Fluggesellschaft Delta Airlines hatte das Ziel, die Zuordnung von verschiedenen Flugzeugen, Besatzungen und Anflugzielen so zu optimieren, dass die Kosten möglichst niedrig und die zu erwartenden Einnahmen (Auslastung der Flugzeuge . . .) möglichst hoch sind. Delta Airlines verfügt über ein Softwarepaket, das aus diesem Problem bei Eingabe der Flugzeugdaten usw. ein lineares Programm erzeugt. Das lineare Programm ist aber sehr hoch dimensioniert, die Matrix A war in dem Beispiel von Shanno eine $270\,000 \times 135\,000$ – Matrix und zu groß, als dass man das Problem damals hätte lösen können.

In einem ersten Schritt hatten Shanno und seine Mitarbeiter nun gewisse ganz simple Vereinfachungen vorgenommen, leere Spalten (d. h. Nullspalten) von A und feste Variable wie z. B. „$x_3 = 17$" eliminiert sowie die Anzahl einfacher redundanter Bedingungen reduziert (z. B. kann man von den drei Bedingungen $x_1 \geq 0$, $x_2 \geq 0$, $x_1 + x_2 \geq 0$ die letzte fortlassen, weil sie aus den beiden ersten folgt), usw. Da das lineare Programm von einem (offenbar nicht sehr effizienten) Softwarepaket erzeugt worden war, waren solche Vereinfachungen wiederholt möglich und die Dimension von A konnte auf $45\,000 \times 101\,000$ reduziert werden. Die so entstandene Matrix war wie die Ausgangsmatrix sehr *dünn besetzt* und hatte nur $340\,000$ von Null verschiedene Elemente. (Das sind im Durchschnitt 3 bis 4 Elemente der $45\,000$ Elemente jeder Spalte. Wir nennen ganz allgemein eine Matrix M dünn besetzt, falls M gemessen an der Gesamtzahl der Einträge nur wenige von Null verschiedene Einträge hat, d. h. falls z. B. 95% oder mehr der Einträge Null sind.)

Schließlich war es Shanno möglich, dieses Problem mit einem neu entwickeltem Programm (einer Innere-Punkte-Methode) zu lösen und aus der gefundenen Lösung sogar eine ganzzahlige Lösung abzulesen, die für Delta Airlines verwendbar war. Bei der Lösung des Programms schwoll die Anzahl der von Null verschiedenen Elemente zwar auf $105\,000\,000$ an, war aber gerade noch mit damaligen Supercomputern zu bewältigen.

Delta Airlines errechnete, dass der so gefundene Flugplan gegenüber dem aktuellen Flugplan zu Einsparungen von $6\,000\,000$ US\$ pro Woche führen würde. Leider wäre die Umsetzung des neuen Flugplanes mit erheblichen internen Umwälzungen verbunden gewesen, und so war zum Zeitpunkt der Konferenz 1992 die Einführung des besseren Flugplans aus diesem Grunde (zunächst?) aufgeschoben worden. Wäre der bessere Flugplan aber von Anfang an bekannt gewesen, hätte die Firma vermutlich leichter auf den besseren Flugplan hinarbeiten können.

Weitere Anwendungen
Obiges Flugplanproblem ist ein spezielles Beispiel von Netzwerkproblemen, die sich als lineare Programme formulieren lassen bzw. durch lineare Programme approximieren lassen. Einige weitere einfache Beispiele von Netzwerkproblemen werden in Kap. 5 vorgestellt. Andere Anwendungen von linearen Programmen sind neben den oben vorgestellten Diätproblemen, die bei industriellen Mischprozessen auftreten, auch Probleme der Produktionskostenoptimierung, die z. B. folgende Form annehmen können: Eine Firma fertige n verschiedene Endprodukte an m Produktionsstätten. Für einen gegebenen Tag seien die zu produzierenden Mengen der einzelnen Endprodukte in einem Vektor $a \in \mathbb{R}^n$, $a \geq 0$ vorgegeben. Die Fertigungskosten einer Einheit des Produkts j in Produktionsstätte i seien durch $C_{i,j} \geq 0$ gegeben. Ferner seien obere Schranken $M_{i,j} \geq 0$ für die maximale Produktionsmenge von Produkt j in Stätte i bekannt. Die Aufgabe, den gewünschten Absatz zu möglichst niedrigen Kosten zu produzieren lässt sich dann in der Form des folgenden Problems schreiben:

$$\text{minimiere } \sum_{i=1}^{m} \sum_{j=1}^{n} C_{i,j} X_{i,j},$$

$$\text{unter allen } X \in \mathbb{R}^{m \times n} \text{ mit } \sum_{i=1}^{m} X_{i,j} = a_i \quad \text{für} \quad 1 \leq j \leq n,$$

$$0 \leq X_{i,j} \leq M_{i,j} \quad \text{für} \quad 1 \leq i \leq m, \ 1 \leq j \leq n.$$

Hierbei bezeichnet $X_{i,j}$ die festzulegende Produktionsmenge von Produkt j in Produktionsstätte i. Im Gegensatz zum Diätproblem ist hier also kein Vektor sondern eine „Produktionsmatrix" X gesucht. Wesentlich ist aber, dass an die unbekannten Größen $X_{i,j}$ nur Bedingungen in Form von linearen Gleichungen und Ungleichungen gestellt sind. Fasst man die Einträge der Matrix X in einem Vektor x der Dimension $n \cdot m$ zusammen, so lässt sich obiges Problem als lineares Programm schreiben. Dieses Vorgehen wird in Kap. 5 erneut aufgegriffen. Es sei nochmals betont, dass es hier und in vielen anderen Anwendungen darauf ankommt, die Struktur eines Problems zu erkennen – um z. B. ein Softwarepaket nutzen zu können, das speziell lineare Programme lösen kann. Umformungen oder Umformulierungen, wie z. B. die, eine Matrix X durch einen Vektor x zu ersetzen, in dem die Matrix spaltenweise gelistet ist, werden sehr häufig genutzt, um ein gegebenes Problem in eine gewünschte Form zu überführen.

Lineare Programm treten ferner als Teilprobleme von schwierigeren nichtlinearen und gemischt ganzzahligen Optimierungsproblemen auf. Auch Bestapproximationen von affinlinearen Funktionen in der 1-Norm oder in der ∞-Norm

$$\min_{x \in \mathbb{R}^n} \|Ax - b\|_1 \qquad \text{oder} \qquad \min_{x \in \mathbb{R}^n} \|Ax - b\|_\infty$$

können so umformuliert werden, dass die Lösung aus der Lösung eines linearen Programmes abgelesen werden kann (siehe Übungsaufgaben in Abschn. 3.10).

2.4 Die Standardform

Zur leichteren Darstellung der Lösungsverfahren soll zunächst gezeigt werden, wie man das allgemeine lineare Programm (LP) in eine gewisse Standardform umformen kann. Offenbar sind Minimierungs- und Maximierungsprobleme wegen

$$\min c^T x = -\max -c^T x$$

äquivalent. Die Formulierung von (LP) als Minimierungsproblem ist also keine wirkliche Einschränkung. Weiter lässt sich jede Ungleichung, so etwa

$$a_j^T x \leq \overline{b}_j$$

mit einem Zeilenvektor a_j^T von A und endlichem $\overline{b}_j$ mittels einer zusätzlich eingeführten „Schlupfvariable" s_j äquivalent in eine lineare Gleichung und eine einfache Nichtnegativitätsbedingung umformen,

$$a_j^T x + s_j = \overline{b}_j \text{ und } s_j \geq 0.$$

Ähnliches gilt für Ungleichungen der Form $\underline{b}_j \leq a_j^T x$ und die Schranken l_i bzw. u_i an die x_i. Man erhält auf diese Weise ein zu (LP) äquivalentes lineares Programm der folgenden Form,

$$(LP)_I \qquad \begin{aligned} &\inf \ c^T x \\ &x: \ Ax = b, \\ &\quad x_i \geq 0 \ \text{ für } i \in I \end{aligned}$$

mit einem neuen Variablenvektor x, der auch die neu eingeführten Schlupfvariablen enthält, mit geänderten Vektoren b, c und einer geänderten Matrix A. Die Variablen x_i mit $i \in I$ heißen *vorzeichenbeschränkte* Variable, die übrigen *freie* Variable.

Lineare Programme dieses Typs lassen sich mit geeigneten Varianten des Simplexverfahrens lösen, das nach wie vor eines der wichtigsten Verfahren zur Lösung von linearen Programmen ist und dessen Grundform wir im nächsten Abschnitt beschreiben werden. Dieses Verfahren und seine Beschreibung vereinfacht sich aber erheblich, wenn man es auf lineare Programme $(LP)_I$ ohne freie Variable anwendet, d. h. auf lineare Programme in *Standardform*

$$(P) \qquad \inf\{ c^T x \mid Ax = b, \quad x \geq 0 \},$$

in dem alle Variablen vorzeichenbeschränkt sind. Im Folgenden bezeichnen wir mit

$$\mathcal{P} := \{ x \mid Ax = b, \quad x \geq 0 \} \qquad (2.4.1)$$

die *Menge der zulässigen Lösungen* oder zulässigen Punkte von (P).

Man kann nun jedes lineare Programm $(LP)_I$, das noch freie Variable enthält, in ein äquivalentes lineares Programm in Standardform transformieren. Man kann z. B. ausnutzen, dass sich jede reelle Zahl als Differenz zweier nichtnegativer Zahlen schreiben lässt. Ersetzt man daher jede freie Variable x_i, $i \notin I$, durch die Differenz zweier neuer vorzeichenbeschränkter Variablen, $x_i = x_i' - x_i''$ mit $x_i', x_i'' \geq 0$, so erhält man ein zu $(LP)_I$ äquivalentes lineares Programm in Standardform (P) (wieder mit geänderten Daten c und A). Nachteilig ist, dass dabei die Zahl der Variablen und der Spalten von A vergrößert wird.

Dies wird bei Eliminationstechniken vermieden, in denen man durch eine sukzessive Elimination aller freien Variablen x_i, $i \notin I$, schließlich sogar ein äquivalentes lineares Programm in Standardform mit einer geringeren Anzahl von Variablen erhält: Sei dazu x_i eine freie Variable und A_i die i-te Spalte von A. Man unterscheidet folgende drei Fälle:

(a) Es ist $A_i = 0$ und $c_i = 0$. (Häufig werden lineare Programme automatisch durch Programmgeneratoren erzeugt; dabei kann dieser Fall dann tatsächlich auftreten.) Dann erhält man durch Streichen der Variablen x_i, der Spalte A_i und der Komponente c_i von c ein reduziertes äquivalentes lineares Programm, das die freie Variable x_i nicht mehr enthält: Eine Optimallösung des reduzierten Programms liefert eine Optimallösung des unreduzierten Programms, wenn man sie durch eine zusätzliche Komponente x_i mit einem beliebigen Wert erweitert.

(b) Es ist $A_i = 0$ aber $c_i \neq 0$. Falls dann das lineare Programm überhaupt eine zulässige Lösung x besitzt, ist auch jedes $\tilde{x}$ mit

$$\tilde{x}_j := \begin{cases} x_j & \text{für } j \neq i, \\ x_j + \alpha & \text{für } j = i \end{cases}$$

für beliebiges α eine zulässige Lösung. Wegen $c_i \neq 0$ kann die Zielfunktion

$$c^T \tilde{x} = c^T x + c_i \alpha$$

durch passende Wahl von α beliebig klein gemacht werden, so dass

$$-\infty = \inf c^T x$$
$$x: \ Ax = b, \tag{2.4.2}$$
$$x_i \geq 0 \text{ für } i \in I.$$

Andernfalls besitzt das lineare Programm keine zulässige Lösung. Man kann deshalb im Fall (b) die Untersuchung abbrechen, weil das lineare Programm keine endliche Optimallösung besitzt.

(c) Es ist $A_i \neq 0$. Dann existiert in der i-ten Spalte von A ein Element $A_{j,i} \neq 0$. Man kann deshalb die Variable x_i durch die übrigen Variablen ausdrücken, indem man die j-te Gleichung in $Ax = b$ nach x_i auflöst:

$$x_i = (b_j - \sum_{k=1, \ k\neq i}^{n} A_{j,k} x_k)/A_{j,i}. \tag{2.4.3}$$

Man ersetze dann in den übrigen Gleichungen von $Ax = b$ und in $c^T x$ die Variable x_i durch den Ausdruck auf der rechten Seite. Dieses Ersetzen kann man wie bei der Gauß-Elimination durch Umformen der Matrix A, der rechten Seite b, und von c, d.h. durch den Übergang von b_r, $A_{r,k}$ und c_k zu

$$b_r \longrightarrow b_r - \frac{A_{r,i}}{A_{j,i}} b_j,$$
$$A_{r,k} \longrightarrow A_{r,k} - \frac{A_{r,i} A_{j,k}}{A_{j,i}},$$
$$c_k \longrightarrow c_k - \frac{A_{j,k}}{A_{j,i}} c_i$$

für $r \neq j$ und $k \neq i$ erreichen. Man erhält so ein reduziertes äquivalentes lineares Programm, das die Variable x_i nicht mehr enthält. Jede Optimallösung des reduzierten linearen Programms kann mittels (2.4.3) zu einer Optimallösung des unreduzierten Programms erweitert werden.

Auf diese Weise kann man im Prinzip alle freien Variablen der Reihe nach eliminieren. Obwohl man die obigen Umformungen noch effizienter durchführen kann, soll es uns hier genügen, dass man grundsätzlich ein allgemeines lineares Programm durch elementare Umformungen in ein lineares Programm in Standardform (P) überführen kann. Wir betonen hier nochmals, dass die Größen A, b, c und x in (P) ganz *andere* Dimensionen und Werte als die entsprechenden Größen im allgemeinen linearen Programm (LP) haben. Wir werden das Problem (LP) im Folgenden nicht mehr betrachten, so dass keine Verwechslung entstehen kann.

Wir benutzen folgende Konventionen: Falls (P) keine zulässigen Lösungen besitzt, also falls $\mathcal{P} = \emptyset$ in (2.4.1) gilt, setzen wir $\inf\{c^T x \mid x \in \mathcal{P}\} := \infty$. Andernfalls kann das Infimum wie z. B. in (2.4.2) auch $-\infty$ sein. Falls das Infimum endlich ist, wird es auch angenommen, wie wir später sehen werden, d. h. es ist dann

$$\inf\{c^T x \mid x \in \mathcal{P}\} = \min\{c^T x \mid x \in \mathcal{P}\}.$$

2.5 Geometrische Grundlagen

Wir wollen uns zunächst mit der Form der zulässigen Menge eines linearen Programms beschäftigen.

Definition 2.5.1 *Wir nennen den Durchschnitt von endlich vielen Halbräumen* $\{x \in \mathbb{R}^n \mid a_j^T x \le b_j\}$ *mit festen Vektoren* a_j *und reellen Zahlen* b_j *ein* Polyeder.

Offenbar ist ein Polyeder nicht immer beschränkt. Man beachte bei dieser Definition, dass sich jede Hyperebene $\{x \mid a_j^T x = b_j\}$ als Schnitt zweier Halbräume $\{x \mid a_j^T x \le b_j\}$ und $\{x \mid -a_j^T x \le -b_j\}$ darstellen lässt. Die Menge $\mathcal{P}$ aus (2.4.1) ist also ein Polyeder, das durch Gleichungen und besonders einfache Ungleichungen beschrieben wird. Solche speziellen Polyeder werden im Folgenden eine besondere Rolle spielen.

Definition 2.5.2 *Eine Menge* $\mathcal{M} \subset \mathbb{R}^n$ *heißt* konvex, *falls für alle* x, $y \in \mathcal{M}$ *und* $\lambda \in [0,1]$ *stets folgt* $\lambda x + (1 - \lambda)y \in \mathcal{M}$. *Eine Funktion* $f : \mathcal{M} \to \mathbb{R}$ *heißt* konvex, *falls* $\mathcal{M}$ *nicht leer und konvex ist und falls für alle* x, $y \in \mathcal{M}$ *und* $\lambda \in [0,1]$ *stets folgt* $f(\lambda x + (1-\lambda)y) \le \lambda f(x) + (1 - \lambda) f(y)$. *Eine Funktion* $f : \mathcal{M} \to \mathbb{R}$ *heißt* streng konvex, *falls* $\mathcal{M}$ *konvex ist und falls für alle* x, $y \in \mathcal{M}$, $x \neq y$ *und* $\lambda \in (0,1)$ *stets folgt* $f(\lambda x + (1 - \lambda)y) < \lambda f(x) + (1 - \lambda) f(y)$.

Anschaulich gesprochen muss bei einer konvexen Menge $\mathcal{M}$ mit x und y auch stets die Verbindungsstrecke zwischen x und y in $\mathcal{M}$ liegen. Für jedes x, y aus $\mathcal{M}$ verläuft der Graph einer konvexen Funktion $f : \mathcal{M} \to \mathbb{R}$ entlang der Verbindungsstrecke zwischen x und y stets unterhalb oder auf der Sekante, die durch $(x, f(x))$ und $(y, f(y))$ geht.

Bemerkungen

Halbräume sind konvexe Mengen, lineare Funktionen sind konvex, aber nicht streng konvex. Falls $\mathcal{M}$ konvex ist, so folgt aus $x_i \in \mathcal{M}$, $\lambda_i \geq 0$ $(1 \leq i \leq m)$ und $\sum_{i=1}^{m} \lambda_i = 1$ stets

$$\sum_{i=1}^{m} \lambda_i x_i \in \mathcal{M}.$$

(Diese nützliche Beziehung lässt sich mit Induktion nach m leicht zeigen.)

Im Folgenden bezeichnen wir mit aff $(\mathcal{M})$ die affine Hülle einer konvexen Menge $\mathcal{M}$, d. h. die kleinste affine Mannigfaltigkeit, die $\mathcal{M}$ enthält, siehe auch Definition 7.1.8 in Kap. 7. Ihre Dimension definiert die Dimension von $\mathcal{M}$, dim $\mathcal{M} := \dim \text{aff}(\mathcal{M})$.

Beispielsweise gilt für einen Halbraum $\mathcal{H} = \{x \in \mathbb{R}^n \mid a^T x \leq b\}$

$$\dim \mathcal{H} = \begin{cases} n, & \text{falls } a \neq 0, \\ n, & \text{falls } a = 0 \ \text{ und } b \geq 0, \\ -1, & \text{falls } a = 0 \ \text{ und } b < 0, \end{cases}$$

falls dim $\emptyset := -1$ gesetzt wird.

Der Durchschnitt konvexer Mengen ist wieder konvex:

Lemma 2.5.3 *Seien $\mathcal{M}_i$ konvexe Mengen für alle i aus einer beliebig gegebenen Index-menge I. Dann ist auch $\mathcal{M} := \cap_{i \in I} \mathcal{M}_i$ konvex.*

Der Beweis ist einfach. Sei $\lambda \in [0,1]$. Für $x, y \in \mathcal{M}$ folgt $x, y \in \mathcal{M}_i$ für alle $i \in I$ und aus der Konvexität der $\mathcal{M}_i$ folgt $\lambda x + (1 - \lambda) y \in \mathcal{M}_i$ für alle $i \in I$. Also $\lambda x + (1 - \lambda) y \in \mathcal{M}$. □

Als Korollar erhalten wir, dass jedes Polyeder konvex ist, weil jeder Halbraum konvex ist.

Der zulässige Bereich $\mathcal{P}$ in (2.4.1) ist also ein konvexes Polyeder. Ein Polyeder im $\mathbb{R}^1$ ist ein abgeschlossenes Intervall, und auch im $\mathbb{R}^2$ oder $\mathbb{R}^3$ können wir uns leicht ein Polyeder vorstellen. Zwei einfache Beispiele von Polyedern der Form $\mathcal{P}$ in (2.4.1) sind in den Abb. 2.2 und 2.3 gegeben.

In Abb. 2.2 sehen wir links die Hyperebene $a^T x = 1$ mit $a^T = (1, 1, 1)$ geschnitten mit dem positiven Orthanten des $\mathbb{R}^3$ als schattierte Fläche perspektivisch dargestellt. Der zulässige Bereich ist ein Polyeder $\mathcal{P}$ der Dimension 2. Legen wir die Zeichenebene in die affine Mannigfaltigkeit $a^T x = 1$, so hat $\mathcal{P}$ die Form wie oben rechts gezeigt. Die Ecken entsprechen dabei den Punkten in der Hyperebene, die durch $x_1 = x_2 = 0$ sowie $x_1 = x_3 = 0$ und $x_2 = x_3 = 0$ gegeben sind, die Kanten erfüllen $x_1 = 0$ oder $x_2 = 0$ oder $x_3 = 0$.

Für $b = (4, 1)^T$, $A = \begin{pmatrix} 1 & 1 & 1 \\ 0 & 1 & 0 \end{pmatrix}$ ist der zulässige Bereich $\mathcal{P}$ eindimensional wie in Abb. 2.3 skizziert. Obwohl die Form von $\mathcal{P}$ in (2.4.1) sehr speziell aussehen mag (es treten

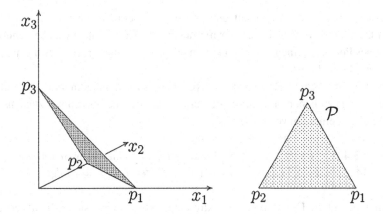

Abb. 2.2 Darstellung eines Polyeders, eine lineare Gleichung

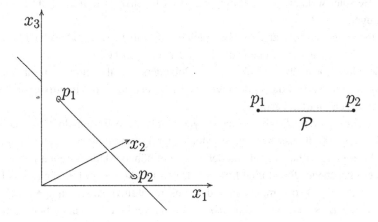

Abb. 2.3 Darstellung eines Polyeders, zwei lineare Gleichungen

nur Halbräume der Form $x \geq 0$ und Hyperebenen auf), lässt sich jedes beliebige beschränkte Polyeder in der Form $\{x \in \mathbb{R}^n \mid Ax = b, \ x \geq 0\}$ darstellen. Wir wollen dies nicht beweisen, es aber konkret am Beispiel des Würfels im $\mathbb{R}^3$ veranschaulichen. Dieser lässt sich z. B. als Polyeder der Form $\mathcal{P}$ im $\mathbb{R}^6$ darstellen. Dazu wähle man zunächst $n = 6$ und

$$A = \begin{pmatrix} 1\,0\,0\,1\,0\,0 \\ 0\,1\,0\,0\,1\,0 \\ 0\,0\,1\,0\,0\,1 \end{pmatrix} \quad \text{und} \quad b = \begin{pmatrix} 1 \\ 1 \\ 1 \end{pmatrix}.$$

Die erste Zeile von (A, b) besagt dann, dass $x_1 \leq 1$ gilt. Wegen $x \geq 0$ ist natürlich auch insbesondere $x_1 \geq 0$. Analog interpretiert man die zweite und dritte Zeile von A. Insgesamt ist damit der (x_1, x_2, x_3)-Anteil der zulässigen Menge, d. h. die Projektion von $\mathcal{P}$ auf die (x_1, x_2, x_3)-Ebene, genau der Einheitswürfel $\mathcal{W}$ im $\mathbb{R}^3$. $\mathcal{W}$ ist isomorph zu $\mathcal{P}$, weil sich jedes $(x_1, x_2, x_3) \in \mathcal{W}$ nur auf eine Weise zu einem Vektor $x \in \mathbb{R}^6$ mit $x \in \mathcal{P}$ erweitern lässt. Ohne Beweis haben wir hier auch die nichttriviale Tatsache benutzt, dass das Bild eines Polyeders unter einer Projektion oder allgemeiner unter einer linearen Abbildung stets ein Polyeder ist.

Wir wollen nun noch die Ecken eines Polyeders (das nicht unbedingt die spezielle Form von $\mathcal{P}$ aus (2.4.1) zu haben braucht) charakterisieren. Dazu definieren wir zunächst Extremalpunkte allgemeiner konvexer Mengen:

Definition 2.5.4 *Ein Punkt $a \in \mathcal{M}$ heißt Extremalpunkt einer konvexen Menge $\mathcal{M}$, falls mit $x, y \in \mathcal{M}$ und $\lambda \in (0,1)$ aus $a = \lambda x + (1 - \lambda)y$ stets $a = x = y$ folgt.*

Anschaulich besagt die Definition eines Extremalpunkts a, dass a sich nicht als echte Konvexkombination (mit $\lambda \neq 1$ und $\lambda \neq 0$) verschiedener Punkte x und y in $\mathcal{M}$ darstellen lässt. Beispielsweise ist jeder Randpunkt der Einheitskugel im $\mathbb{R}^n$ Extremalpunkt der Einheitskugel.

Man überzeuge sich anhand von Beispielen von Polyedern im $\mathbb{R}^2$ oder $\mathbb{R}^3$, dass ihre Extremalpunkte genau den „Ecken" des Polyeders entsprechen.

Wir definieren deshalb die Ecken eines Polyeders $\mathcal{M}$ als seine Extremalpunkte und werden später sehen, dass die so definierten Ecken tatsächlich die intuitiv erwarteten geometrischen Eigenschaften besitzen.

Diese Definition der „Ecken" eines Polyeders als seine Extremalpunkte mag auf den ersten Blick gekünstelt aussehen. Es ist jedoch wichtig, eine mathematische Charakterisierung zur Verfügung zu haben, anhand derer auch in höheren Dimensionen geprüft werden kann, ob ein gegebener Punkt eine Ecke ist. Dabei möchten wir anmerken, dass Polyeder in Dimensionen $n \geq 4$ so komplex sind, dass unsere intuitive Anschauung schnell versagt. Man versuche z. B., sich den Schnitt*punkt* von zwei zweidimensionalen Ebenen im $\mathbb{R}^4$ vorzustellen, oder ein Polyeder mit 6 Ecken im $\mathbb{R}^4$, bei dem jede Ecke mit jeder anderen Ecke durch eine Kante verbunden ist. Für $n \leq 3$ haben n-dimensionale Polyeder, bei welchen jede Ecke mit jeder anderen Ecke durch eine Kante verbunden ist, stets genau $n + 1$ Ecken, aber für $n \geq 4$ kann die Anzahl der Ecken sehr viel größer sein!

Eine andere, intuitivere Definition der Ecken eines Polyeders $\mathcal{M}$ der Dimension $m :=$ dim $\mathcal{M}$ ist, dass sie 0-dimensionale Durchschnitte von $(m - 1)$-dimensionalen Seitenflächen von $\mathcal{M}$ sind.

Wir werden später im Wesentlichen auf diese Definition zurückkommen und zeigen, dass sie bei Polyedern genau auf Extremalpunkte zutrifft. Sie erfordert jedenfalls die Präzisierung des Begriffs „Seitenfläche" eines Polyeders. Dazu definieren wir als nächstes Extremalmengen konvexer Mengen:

Definition 2.5.5 *Eine konvexe Teilmenge $\mathcal{E} \subset \mathcal{M}$ einer konvexen Menge $\mathcal{M}$ heißt Extremalmenge von $\mathcal{M}$, falls aus $a \in \mathcal{E}$, $x, y \in \mathcal{M}$, $\lambda \in (0,1)$ und $a = \lambda x + (1 - \lambda)y$ stets folgt $x, y \in \mathcal{E}$.*

Anschaulich besagt diese Definition, dass sich kein $a \in \mathcal{E}$ als echte Konvexkombination verschiedener Punkte x und y in $\mathcal{M} \backslash \mathcal{E}$ darstellen lässt. Extremalpunkte von $\mathcal{M}$ sind gerade seine 0-dimensionalen Extremalmengen. $\mathcal{M}$ selbst ist Extremalmenge von $\mathcal{M}$ maximaler Dimension.

Man überzeugt sich wieder leicht anhand von Beispielen im $\mathbb{R}^2$ oder $\mathbb{R}^3$, dass die Extremalmengen von Polyedern $\mathcal{M}$ eine anschauliche Bedeutung haben: außer $\mathcal{M}$ sind sie gerade seine Ecken, Kanten, und allgemein seine Seitenflächen der verschiedenen Dimensionen: Ecken sind Extremalmengen der Dimension 0, *Kanten* solche der Dimension 1, usw. Man definiert deshalb die Seitenflächen von Polyedern als seine Extremalmengen.

Es gilt nun folgender einfache Sachverhalt: Jede Extremalmenge $\mathcal{E}$ einer beliebigen konvexen Menge $\mathcal{M}$ ist Durchschnitt von $\mathcal{M}$ mit der affinen Hülle von $\mathcal{E}$:

$$\mathcal{E} = \mathcal{M} \cap \mathrm{aff}\,(\mathcal{E}). \qquad (2.5.6)$$

(Man veranschauliche sich diese Aussage anhand von Polyedern $\mathcal{M}$ und ihren Kanten $\mathcal{E}$.) Eine Extremalmenge ist also bereits durch ihre affine Hülle $\mathrm{aff}\,(\mathcal{E})$ bestimmt: Eine echte Teilmenge $\mathcal{E}_1$ einer Extremalmenge $\mathcal{E}$ mit $\mathrm{aff}\,(\mathcal{E}_1) = \mathrm{aff}\,(\mathcal{E})$ kann deshalb keine Extremalmenge sein.

Der Beweis von (2.5.6) lässt sich wie folgt führen: Offensichtlich gilt $\mathcal{E} \subset \mathcal{M} \cap \mathrm{aff}\,(\mathcal{E})$. Für die Umkehrung kann genutzt werden, dass – wie in (7.1.10) in Kap. 7 hergeleitet – sich jedes $x \in \mathrm{aff}\,(\mathcal{E})$ als affine Linearkombination

$$x = w_1 y_1 + \cdots + w_k y_k, \qquad \sum_{i=1}^{k} w_i = 1$$

endlich vieler Punkte $y_i \in \mathcal{E}$ schreiben lässt. Für $x \in \mathcal{M} \cap \mathrm{aff}\,(\mathcal{E})$ zeigen wir damit $x \in \mathcal{E}$: Wegen der Konvexität von $\mathcal{E}$ ist dies trivial, falls alle w_i nichtnegativ sind. Andernfalls setze man

$$\alpha := - \sum_{i:\,w_i < 0} w_i, \quad z_1 := \frac{1}{1+\alpha} \sum_{i:\,w_i \geq 0} w_i y_i, \quad z_2 := \frac{-1}{\alpha} \sum_{i:\,w_i < 0} w_i y_i.$$

Dann ist $\sum_{i:\,w_i \geq 0} w_i = 1 + \alpha > 0$ und daher $z_1 \in \mathcal{E}$. Ähnlich folgt $z_2 \in \mathcal{E}$ und somit

$$x \in \mathcal{M}, \quad z_2 \in \mathcal{M}, \quad \text{und } z_1 = \frac{1}{1+\alpha} x + \frac{\alpha}{1+\alpha} z_2 \in \mathcal{E}.$$

(Um die letzte Gleichung zu erkennen setze man auf der rechten Seite die Definition von x bzw. z_2 ein.) Da $\mathcal{E}$ Extremalmenge ist, folgt $x \in \mathcal{E}$. Also gilt $\mathcal{M} \cap \mathrm{aff}\,(\mathcal{E}) \subset \mathcal{E}$. □

Wir wenden die Resultate auf allgemeine lineare Programme (LP) und die Menge $\mathcal{E}$ ihrer Optimallösungen an:

Satz 2.5.7 *Wenn das lineare Programm* (LP) *überhaupt Optimallösungen besitzt, ist die Menge* $\mathcal{E}$ *der Optimallösungen eine Extremalmenge (also Seitenfläche) des Polyeders der zulässigen Lösungen von* (LP).

Beweis Das allgemeine lineare Programm (LP) besitzt die Form

$$\inf\{c^T x \mid x \in \mathcal{S}\},$$

wobei $\mathcal{S}$ das Polyeder der zulässigen Lösungen von (LP) ist. Falls (LP) Optimallösungen besitzt, existiert

$$\alpha := \min\{c^T x \mid x \in \mathcal{S}\} \in \mathbb{R}$$

und es ist

$$\mathcal{E} = \{x \in \mathcal{S} \mid c^T x = \alpha\} \subset \mathcal{S}$$

ein Polyeder in $\mathcal{S}$, also eine konvexe Teilmenge von $\mathcal{S}$. Wir nehmen an, dass $\mathcal{E}$ keine Extremalmenge ist und führen diese Annahme zu einem Widerspruch. Sei dazu $a \in \mathcal{E}$ und $a = \lambda x + (1 - \lambda)y$ mit $0 < \lambda < 1$, $x, y \in \mathcal{S}$ und o. B. d. A. $x \notin \mathcal{E}$. Es folgt wegen $c^T x > \alpha$, $c^T y \geq \alpha$ sofort der Widerspruch

$$\alpha = c^T a = \lambda c^T x + (1 - \lambda)c^T y > \lambda\alpha + (1 - \lambda)\alpha = \alpha.$$

Also ist $\mathcal{E}$ Extremalmenge von $\mathcal{S}$.   □

Jede konvexe Menge $\mathcal{M}$ besitzt zumindest $\mathcal{M}$ und die leere Menge als „triviale" Extremalmengen. Die Existenz weiterer Extremalmengen, insbesondere von Extremalpunkten, ist selbst für Polyeder nicht gesichert. Beispielsweise besitzt für $n \geq 2$ kein Halbraum $\mathcal{M} := \{x \in \mathbb{R}^n \mid a^T x \leq b\}$, $a \neq 0$, Extremalpunkte; die Hyperebene $\mathcal{H} := \{x \in \mathbb{R}^n \mid a^T x = b\}$ ist die einzige nichttriviale Extremalmenge.

Eine andere Situation liegt für Polyeder $\mathcal{M}$ vor, die keine Gerade enthalten (dies trifft wegen $\mathcal{P} \subset \{x \in \mathbb{R}^n \mid x \geq 0\}$ auf das Polyeder $\mathcal{P}$ (2.4.1) der zulässigen Lösungen von linearen Programmen (P) in Standardform zu): Solche Polyeder besitzen stets Extremalpunkte, also Ecken (Beweis: siehe die Übungsaufgaben in Abschn. 3.10). Aus dem letzten Satz folgt daher das

Korollar zu Satz 2.5.7: *Wenn das Standardprogramm* (P) *Optimallösungen besitzt, dann gibt es unter ihnen auch Extremalpunkte von* $\mathcal{P}$.

Das Simplexverfahren

3

Die Idee des Simplexverfahrens zur Lösung eines linearen Programmes in Standardform ist es, die Eckpunkte des zulässigen Polyeders $\mathcal{P}$ in einer geeigneten Weise nach der optimalen Ecke abzusuchen. Dies ist wegen des Korollars von Satz 2.5.7 gerechtfertigt. Das Verfahren lässt sich folgendermaßen grob beschreiben:

1. Finde eine Ecke in $\mathcal{P}$.
2. Gehe entlang einer absteigenden Kante (entlang welcher $c^T x$ kleiner wird) zu einer benachbarten Ecke.
3. Wiederhole Schritt 2 so lange, bis es keine absteigende Kante mehr gibt.

Diese Beschreibung der Simplexmethode ist in der Hinsicht zu einfach, als dass es im sogenannten „Entartungsfall" ggf. mehrere Rechenschritte erfordert bis eine neue absteigende Kante gefunden wird. Sie dient aber als Bild bei der exakten Formulierung der Methode.

3.1   Lineare Gleichungssysteme und Basen

In der Literatur finden sich viele verschiedene Ansätze, die Simplexmethode zu beschreiben und es ist auf den ersten Blick nicht offensichtlich, dass all diese Ansätze doch ziemlich genau dasselbe leisten. Im Folgenden wird ein Ansatz basierend auf der sogenannten „Tableauform" vorgestellt, bei dem ausgenutzt wird, dass die Umformungen, die für die Gleichungsrestriktionen und für den Gradienten der Zielfunktion angewendet werden im Wesentlichen dieselben sind. Der Gradient der Zielfunktion wird daher so umgeformt, dass er als Nebenbedingung behandelt wird.

© Springer-Verlag GmbH Deutschland, ein Teil von Springer Nature 2019
F. Jarre und J. Stoer, *Optimierung,* Masterclass,
https://doi.org/10.1007/978-3-662-58855-0_3

Zur Vorbereitung führen wir folgende Bezeichnungen ein. Sei $A = (a_1, \ldots, a_n)$ irgendeine $m \times n$-Matrix mit den Spalten a_i, $N := \{1, \ldots, n\}$, und $J = (j_1, j_2, \ldots, j_k)$ ein Indexvektor der Länge $|J| = k$ bestehend aus paarweise verschiedenen Indizes j_i mit $j_i \in N$ für $1 \le i \le k$. Dann bezeichnet

$$A_J := \left[a_{j_1}, a_{j_2}, \ldots, a_{j_k} \right]$$

die $m \times k$-Matrix, die aus den Spalten von A besteht, deren Indizes zu J gehören und in der gegebenen Reihenfolge angeordnet sind. Wir sagen, dass die Indexvektoren J und K *komplementär* sind, wenn $|J| + |K| = |N| = n$ und jeder Index $i \in N$ entweder in J oder in K vorkommt. Wir schreiben dann auch $J \oplus K = N$. Ebenso bezeichnen wir für einen Vektor $x \in \mathbb{R}^n$ mit x_J den Teilvektor

$$x_J := (x_{j_1}, x_{j_2}, \ldots, x_{j_k})^T.$$

Für $J \oplus K = N$ gilt dann die einfache Formel

$$A x = A_J x_J + A_K x_K.$$

Ein Indexvektor J heißt *Basis* von A, falls $|J| = m$ und A_J regulär ist. In diesem Fall heißen die Variablen x_{j_k}, $k = 1, \ldots, m$, *Basisvariable*. Ein zu einer Basis J komplementärer Indexvektor K, $J \oplus K = N$, heißt *Nichtbasis* und die zu K gehörigen Variablen *Nichtbasisvariable*.

Für viele Zwecke ist folgende laxe Schreibweise

$$J = (x_{j_1}, x_{j_2}, \ldots, x_{j_k}) \tag{3.1.1}$$

für $J = (j_1, \ldots, j_k)$ bequem, in der man die Spaltenindizes der Matrix durch die Namen der Variablen ersetzt, die diesen Spalten entsprechen. Diese Schreibweise erlaubt es, auf suggestive Weise Teilmatrizen von zusammengesetzten Matrizen $[A, B]$ zu bezeichnen: Gilt etwa

$$[A, B] \begin{bmatrix} x \\ y \end{bmatrix} = A x + B y,$$

so ist für $J = (x_{i_1}, \ldots, x_{i_k}, y_{j_1}, \ldots, y_{j_l})$ die Teilmatrix $[A, B]_J$ von $[A, B]$ durch $[a_{i_1}, \ldots, a_{i_k}, b_{j_1}, \ldots, b_{j_l}]$ gegeben; bei dieser Schreibweise braucht nicht abgezählt zu werden, an welcher Position im Vektor $[x^T, y^T]^T$ die Komponente y_{j_1} z. B. genau aufgeführt ist.

Sei nun $A x = b$ ein lösbares lineares Gleichungssystem mit einer $m \times n$-Matrix A. Wir können dann ohne Beschränkung der Allgemeinheit annehmen, dass die Zeilen von A linear unabhängig sind, $\operatorname{rg} A = m \le n$. Im allgemeinen kann man nämlich mit Hilfe der Gauß-Elimination angewandt auf die Matrix $[A \ b]$ diese Matrix mit Hilfe einer nichtsingulären Matrix T auf die folgende Form transformieren:

$$T[A \quad b] = \begin{bmatrix} \bar{A} & \bar{b} \\ 0 & \bar{\beta} \end{bmatrix},$$

wobei $\bar{A}$ eine Matrix von vollem Zeilenrang, die 0 eine Matrix mit n Spalten und $\bar{\beta}$ ein Vektor passender Dimension ist. Da $Ax = b$ lösbar und T nichtsingulär ist, folgt $\bar{\beta} = 0$. Man kann so ein lösbares lineares System $Ax = b$ immer durch ein System $\bar{A}x = \bar{b}$ mit den gleichen Lösungen ersetzen, für das die Matrix $\bar{A}$ vollen Zeilenrang besitzt. Die bei dieser Umformung benutzte Matrix T kann z. B. wie bei der Gaußelimination bestimmt werden und ist in der Regel leichter zu berechnen als die Lösung eines linearen Programms mit der Matrix A. Dabei ist die Kontrolle von Rundungsfehlern bei der Berechnung von T schwierig. Dies gilt aber auch, wenn man das lineare Programm direkt mit der Matrix A zu lösen versucht.

Sei nun $Ax = b$ ein lineares Gleichungssystem mit einer $m \times n$- Matrix vom Rang m. Dann ist dieses System lösbar und die Matrix A besitzt mindestens eine Basis J mit einer komplementären Nichtbasis K. Wegen

$$b = Ax = A_J x_J + A_K x_K \iff A_J^{-1}b = A_J^{-1}Ax = x_J + A_J^{-1}A_K x_K \qquad (3.1.2)$$

können wir die Lösungen x von $Ax = b$ sofort mit Hilfe von

$$\bar{b} := A_J^{-1}b, \quad \bar{A} := A_J^{-1}A$$

angeben: Denn es ist $\bar{A}_J = A_J^{-1}A_J = I$, so dass wegen (3.1.2) gilt

$$\bar{b} = x_J + \bar{A}_K x_K.$$

Dies führt zu einer Parametrisierung der Lösungen x: Zu jeder Lösung x gibt es genau einen Vektor $y \in \mathbb{R}^{|K|}$, so dass

$$x_K = y, \quad x_J = \bar{b} - \bar{A}_K y.$$

Die spezielle Lösung x, die zu $y := 0$ gehört, heißt *Basislösung* von $Ax = b$ zur Basis J. Sie wird mit $x = x(J)$ bezeichnet und ist gegeben durch

$$x_J := \bar{b}, \quad x_K := 0.$$

Gleichungssysteme wie $\bar{A}x = \bar{b}$ sind wegen $\bar{A}_J = I$ besonders leicht lösbar. Allgemein nennen wir ein Paar

$$\left(J; \begin{bmatrix} \bar{A} & \bar{b} \end{bmatrix} \right) \quad \text{mit} \quad \bar{A}_J = I$$

ein *Tableau*. Es ist dem Gleichungssystem $Ax = b$ zugeordnet, falls $Ax = b$ und $\bar{A}x = \bar{b}$ die gleichen Lösungen besitzen. Unsere Überlegungen haben gezeigt, dass man zu jedem linearen Gleichungssystem $Ax = b$ und einer Basis J von A genau ein zugeordnetes Tableau finden kann, nämlich $\begin{bmatrix} \bar{A} & \bar{b} \end{bmatrix} := A_J^{-1} \begin{bmatrix} A & b \end{bmatrix}$.

Wenn nun das Gleichungssystem zu dem linearen Standardproblem (P) gehört und J eine Basis von A ist, so nennen wir J eine *zulässige Basis* des linearen Programms (P), wenn die Basislösung $x(J)$ eine zulässige Lösung von (P) ist, also $x(J) \in \mathcal{P}$ gilt, d.h. wenn $x_J \geq 0$. (Man beachte, dass wegen der Definition der Basislösung $x = x(J)$ die linearen Gleichungen immer erfüllt sind. Weiter ist $x_K \geq 0$ trivial erfüllt, so dass zur Überprüfung der Zulässigkeit einer Basislösung die Überprüfung von $x_J \geq 0$ genügt.)

Beispiel Die Matrix A des linearen Gleichungssystems

$$Ax \equiv \begin{bmatrix} -1 & 0 & 1 & 2 \\ -1 & 1 & 0 & 1 \end{bmatrix} \begin{pmatrix} x_1 \\ x_2 \\ x_3 \\ x_4 \end{pmatrix} = \begin{pmatrix} 1 \\ 2 \end{pmatrix} \equiv b$$

besitzt $J = (1, 4) \equiv (x_1, x_4)$ als Basis, denn es existiert

$$A_J^{-1} = \begin{bmatrix} -1 & 2 \\ -1 & 1 \end{bmatrix}^{-1} = \begin{bmatrix} 1 & -2 \\ 1 & -1 \end{bmatrix},$$

und $K = (2, 3) \equiv (x_2, x_3)$ ist Nichtbasis. (Beachte, dass die Indizes in J und in K nicht in aufsteigender Reihenfolge angeordnet sein müssen.) Das zugehörige Tableau ist

$$(J; [\bar{A} \mid \bar{b}]) = \left((1, 4), \begin{bmatrix} 1 & -2 & 1 & 0 & -3 \\ 0 & -1 & 1 & 1 & -1 \end{bmatrix} \right),$$

aus dem man die Basislösung $x(J) = (-3, 0, 0, -1)^T$ ablesen kann. J ist keine zulässige Basis, wohl aber $\bar{J} := (3, 2)$, wegen $x(\bar{J}) = (0, 2, 1, 0)^T \geq 0$. (Wegen $A_{\bar{J}} = I$ gilt für das Tableau $(\bar{J}; [\bar{A} \mid \bar{b}])$ die Beziehung $\bar{A} = A$ und $x_{\bar{J}}(\bar{J}) = b$.) Beachte, dass $\widetilde{J} := (2, 3)$ die gleiche Basislösung wie $\bar{J}$ besitzt, $x(\widetilde{J}) = x(\bar{J})$.

3.2   Das spezielle Simplexformat

Die Simplexmethode soll im Folgenden anhand eines speziellen Formats für lineare Programme erklärt werden, der sogenannten *Simplexform* $(\hat{P})$, die eine einheitliche Behandlung des Gradienten der Zielfunktion und der Gleichheitsrestriktionen erlaubt. Grundsätzlich ist die Simplexmethode jedoch nicht an ein spezielles Format des linearen Programms gebunden.

Wir betrachten zunächst ein Programm in Standardform

$$(P) \qquad\qquad \min\left\{ c^T x \mid Ax = b, \quad x \geq 0 \right\} \qquad\qquad (3.2.1)$$

mit der Menge der zulässigen Lösungen

$$\mathcal{P} := \{x \mid Ax = b, \; x \geq 0\}.$$

Hierbei sei $A \in \mathbb{R}^{m \times n}$ und die Vektoren x, b, c entsprechend dimensioniert. Wie in Abschn. 2.4 wollen wir stets annehmen, dass die Zeilen der Matrix A linear unabhängig sind.

Wir führen dieses Programm zunächst in die Simplexform $(\hat{P})$ über. Dies geschieht durch Einführung einer weiteren Variablen $z \in \mathbb{R}$ und einer weiteren linearen Gleichung $c^T x + z = 0$. Mit dieser Gleichung ist die Minimierung von $c^T x$ auf $\mathcal{P}$ offenbar äquivalent zur Maximierung von z, d. h. (3.2.1) ist äquivalent zu:

$$\begin{array}{c} \max \; z \\ (x,z) : \begin{bmatrix} A & 0 \\ c^T & 1 \end{bmatrix} \begin{pmatrix} x \\ z \end{pmatrix} = \begin{pmatrix} b \\ 0 \end{pmatrix}, \quad x \geq 0. \end{array}$$

Definieren wir die *erweiterte Matrix* $\hat{A}$ und die Vektoren $\hat{b}$ und $\hat{x}$ durch

$$\hat{A} := \begin{bmatrix} A & 0 \\ c^T & 1 \end{bmatrix}, \quad \hat{b} := \begin{pmatrix} b \\ 0 \end{pmatrix}, \quad \hat{x} := \begin{pmatrix} x \\ z \end{pmatrix},$$

so erhalten wir das zu (3.2.1) äquivalente lineare Programm

$$(\hat{P}) \qquad\qquad \max\{ z \mid \hat{A}\hat{x} = \hat{A} \begin{pmatrix} x \\ z \end{pmatrix} = \hat{b}, \quad x \geq 0\} \qquad\qquad (3.2.2)$$

mit der zulässigen Menge

$$\hat{\mathcal{P}} = \{\hat{x} = \begin{pmatrix} x \\ z \end{pmatrix} \mid \hat{A}\hat{x} = \hat{b}, \quad x \geq 0\}.$$

In diesem linearen Programm ist z eine *freie Variable;* sie unterliegt keiner Vorzeichenbeschränkung.

Mit A besitzt auch die erweiterte Matrix $\hat{A}$ linear unabhängige Zeilen. Wenn $J = (x_{j_1}, \ldots, x_{j_m})$ eine Basis von A ist, ist insbesondere der *erweiterte Indexvektor* $\hat{J} = (x_{j_1}, \ldots, x_{j_m}, z) =: J \oplus \{z\}$ eine Basis von $\hat{A}$. Umgekehrt gilt: Ist $\hat{J} = J \oplus \{z\}$ eine Basis von $\hat{A}$, dann ist $J = \hat{J} \backslash \{z\}$ eine Basis von A. Die Nichtbasisanteile sind dabei dieselben, $\hat{K} = K$. Es gibt eine einfache Beziehung zwischen den Basislösungen $\hat{x}(\hat{J})$ von $\hat{A}\hat{x} = \hat{b}$ und den Basislösungen $x(J)$ von $Ax = b$, nämlich

$$\hat{x}(\hat{J}) = \begin{pmatrix} x(J) \\ -c^T x(J) \end{pmatrix};$$

dies folgt aus der Eindeutigkeit der Basislösung, der Tatsache, dass die Nichtbasisanteile $\hat{x}(\hat{J})_K = x(\hat{J})_K = 0$ übereinstimmen, und dass in obiger Definition von $\hat{x}(\hat{J})$ die letzte Komponente so gewählt ist, dass auch die letzte Zeile $(c^T, 1)^T \hat{x}(\hat{J}) = 0$ von $\hat{A}\hat{x} = \hat{b}$ erfüllt ist. Somit ist J zulässige Basis von $Ax = b$ aus (3.2.1) genau dann, wenn $\hat{J} = J \oplus \{z\}$ eine zulässige Basis von $(\hat{P})$ ist. Da $\hat{J} = J \oplus \{z\}$ eindeutig durch J bestimmt ist, werden wir im Folgenden auch sagen, dass J Basis von $\hat{A}$ ist, wenn J eine Basis von A ist. Dementsprechend werden wir statt $\hat{x}(\hat{J})$ auch einfacher

$$\hat{x}(J) = \begin{pmatrix} x(J) \\ z(J) \end{pmatrix}$$

schreiben.

Die Ecken (d. h. die Extremalpunkte) der zulässigen Polyeder von (3.2.1) bzw. von $(\hat{P})$ hängen eng mit Basislösungen zusammen.

Satz 3.2.3

a) *Der Vektor $\bar{x}$ ist Ecke von $\mathcal{P} := \{x \mid Ax = b, \ x \geq 0\}$ genau dann, wenn der erweiterte Vektor*

$$\hat{\bar{x}} := \begin{pmatrix} \bar{x} \\ -c^T \bar{x} \end{pmatrix}$$

Ecke von

$$\hat{\mathcal{P}} = \{\hat{x} = \begin{pmatrix} x \\ z \end{pmatrix} \mid \hat{A}\hat{x} = \hat{b}, \ x \geq 0\}$$

ist.

b) *Zu jeder Ecke $\bar{x}$ von $\mathcal{P}$ gibt es eine zulässige Basis J, so dass $\bar{x} = x(J)$ Basislösung von $Ax = b$ zur Basis J ist und umgekehrt: Jede zulässige Basislösung $x(J)$ zu einer Basis J von $Ax = b$ ist eine Ecke von $\mathcal{P}$. Wegen a) ist dann der erweiterte Vektor $\hat{\bar{x}}$ Basislösung von $\hat{A}\hat{x} = \hat{b}$ zur zulässigen erweiterten Basis $\hat{J} = J \oplus (z)$.*

Beweis Teil a) folgt aus der Definition von Extremalpunkten und der Äquivalenz:

$$x = \lambda y + (1 - \lambda)z \quad \text{mit} \quad x, y, z \in \mathcal{P}$$

gilt genau dann, wenn

$$\hat{x} = \begin{pmatrix} x \\ -c^T x \end{pmatrix}$$

$$= \lambda \begin{pmatrix} y \\ -c^T y \end{pmatrix} + (1 - \lambda) \begin{pmatrix} z \\ -c^T z \end{pmatrix}$$

$$= \lambda \hat{y} + (1 - \lambda)\hat{z},$$

mit $\hat{x}, \hat{y}, \hat{z} \in \hat{\mathcal{P}}$.

Zum Beweis von Teil b) betrachten wir einen Extremalpunkt $\bar{x}$ von $\mathcal{P}$. Wir zeigen, dass die Spalten von A, die zu nichtaktiven Variablen $\bar{x}_i$ gehören, d. h. zu Indizes i mit $i \in S(\bar{x}) := \{l \in N \mid \bar{x}_l > 0\}$ linear unabhängig sind, also entweder selbst eine Basis bilden oder durch weitere $\tilde{\imath}$ zu einer Basis ergänzt werden können. Nach Definition von $S(\bar{x})$ ist $\bar{x}$ dann Basislösung zu dieser Basis. Wenn nun die Spalten $\{a_i\}_{i \in S(\bar{x})}$ linear abhängig wären, so gäbe es einen von Null verschiedenen Vektor λ mit

$$\sum_{i \in S(\bar{x})} \lambda_i a_i = 0.$$

Wir definieren den (von Null verschiedenen) Vektor $z \in \mathbb{R}^n$ durch

$$z_i := \begin{cases} \lambda_i & \text{falls } i \in S(\bar{x}), \\ 0 & \text{sonst.} \end{cases}$$

Offenbar ist $Az = 0$ und somit $A(\bar{x} \pm \varepsilon z) = A\bar{x} \pm \varepsilon Az = b$ für alle $\varepsilon \in \mathbb{R}$. Weiter gibt es ein $\varepsilon > 0$, für das $\bar{x} \pm \varepsilon z \geq 0$ gilt. Denn für $i \in S(\bar{x})$ ist $\bar{x}_i > 0$, und für $i \notin S(\bar{x})$ ist $z_i = 0$. Also ist $\bar{x} \pm \varepsilon z \in \mathcal{P}$. Nun ist aber $\bar{x} = \frac{1}{2}((\bar{x} + \varepsilon z) + (\bar{x} - \varepsilon z))$ ein Widerspruch zur Extremalpunkteigenschaft von $\bar{x}$. Zu jedem Extremalpunkt gibt es also (mindestens) eine zulässige Basis.

Sei andererseits J eine zulässige Basis und $x = x(J)$ die zugehörige Basislösung. Dann gilt $x \geq 0$. Weiter folgt wegen $x_K = 0$ aus $x_i > 0$, dass $i \in J$, und somit $S(x) \subset J$. Wir nehmen nun $x = \lambda y + (1 - \lambda)z$ mit $y, z \in \mathcal{P}$ und $\lambda \in (0, 1)$ an, und zeigen $x = y = z$.

Für $i \notin S(x)$ ist $x_i = 0$. Also folgt $0 = x_i = \lambda y_i + (1 - \lambda)z_i$ für diese i. Da λ und $(1 - \lambda)$ positiv, und y_i und z_i nichtnegativ sind (denn y und z liegen in $\mathcal{P}$), muss $y_i = z_i = 0$ für $i \notin S(x)$ gelten.

Für $i \in S(x)$ erhalten wir deshalb

$$0 = b - b = Ay - Az = A(y - z) = \sum_{i \in S(x)} a_i(y_i - z_i).$$

Aus der linearen Unabhängigkeit der $\{a_i\}_{i \in S(x)} \subset \{a_i\}_{i \in J}$ folgt die gewünschte Beziehung $y_i = z_i$ für alle i und damit $x = y = z$. Also ist $x = x(J)$ ein Extremalpunkt. $\qquad\square$

Bemerkungen

1. Die Zuordnung Ecke – zulässige Basislösung ist nicht eineindeutig: Eine Ecke kann Basislösung zu verschiedenen Basen sein. Betrachte zum Beispiel das System $x_1 \geq 0$, $x_2 \geq 0$, $x_3 \geq 0$ und $Ax = b$ mit

$$A = \begin{bmatrix} 1 & -1 & 0 \\ 0 & 0 & 1 \end{bmatrix}, \qquad b = \begin{pmatrix} 0 \\ 1 \end{pmatrix}.$$

Die zulässige Menge ist die Winkelhalbierende zwischen x_1 und x_2 um eine Einheit parallel zur x_3-Achse nach oben verschoben. Der einzige Extremalpunkt ist offenbar der

Punkt $v := (0, 0, 1)^T$. Zulässige Basen sind $J = (1, 3)$ mit $A_J = I$ und $J' = (2, 3)$, mit $A_{J'} = \begin{pmatrix} -1 & 0 \\ 0 & 1 \end{pmatrix}$. Der Grund für die Nichteindeutigkeit der Basis zur Ecke v ist, dass es zu viele aktive Ungleichungen $x_i \geq 0$ in v gibt. Zum Beispiel ist v eindeutig durch den Schnitt der aktiven Bedingung $x_2 = 0$ und $Ax = b$ festgelegt. In diesem Fall ist $K = \{2\}$ und $J = \{1, 3\}$. Ebenso ist v aber auch eindeutig durch $x_1 = 0$ und $Ax = b$ festgelegt, d. h. falls $K' = \{1\}$ und $J' = \{2, 3\}$. Jede der beiden Nichtbasen K und K', bestehend aus den aktiven Ungleichungen $x_K = 0$ bzw. $x_{K'} = 0$, legt zusammen mit $Ax = b$ dieselbe Ecke v eindeutig fest. Wäre in v nicht nur $x_3 > 0$ sondern z. B. auch $x_1 > 0$, dann wäre der Nichtbasisanteil K eindeutig auf $K = \{2\}$ festgelegt. Allgemeiner folgt aus Satz 3.2.3: Falls $x_{j_i}(J) = \bar{b}_i > 0$ für alle $i = 1, \ldots, m$, so gehört zur Ecke $v = x(J)$ nur eine zulässige Basis J. (Aus $|K| = n - m$ und $v_K = x_K = 0$ ist K in dem Fall eindeutig bestimmt.) Diese Beobachtung veranlasst uns zu folgender Definition: Eine zulässige Basis J von (P) heißt *nichtentartet*, falls für die Basislösung $\bar{x} = x(J)$ gilt: $\bar{x}_J > 0$ (d. h. $\bar{b} > 0$ im zugehörigen Tableau). (P) heißt nichtentartet, falls alle zulässigen Basen nichtentartet sind, andernfalls heißt (P) *entartet*.

Wie wir gesehen haben, kann eine Ecke, die zu einer nichtentarteten Basis gehört, Basislösung nur einer zulässigen Basis sein. Aus der Entartung einer zulässigen Basis folgt aber nicht unbedingt, dass zu der entsprechenden Ecke mehr als eine zulässige Basis gehört. Dies zeigt bereits ein einfaches Standardproblem $Ax = b$, $x \geq 0$ im $\mathbb{R}^2$ mit der Matrix $A = [1, \ 0]$ und $b = 0$. Die einzige Ecke von $\mathcal{P}$ ist $\bar{x} = (0, 0)^T$. Zu ihr gehört nur eine zulässige Basis, nämlich $J = (1)$, die aber entartet ist.

2. Würfelt man die rechte Seite b zu einer gegebenen Matrix A (mit einer stetigen Wahrscheinlichkeitsverteilung) zufällig aus, so ist die Wahrscheinlichkeit, dass das entstandene lineare Programm in obigem Sinne entartet ist, Null. Von daher ist man leicht versucht, den Entartungsfall als irrelevanten Fall auszulassen, und sich auf die Lösung der „wichtigeren" nichtentarteten Probleme zu konzentrieren. Allerdings werden in den Anwendungen die linearen Programme nicht ausgewürfelt. Zum einen entstehen sie aus Generatorprogrammen wie in dem Beispiel von Delta Airlines in der Einleitung und enthalten viele Redundanzen, die zu Entartung führen. Zum anderen sind auch die Programme, die z. B. als Unterprobleme in der kombinatorischen Optimierung entstehen, typischerweise *stark* entartet (d. h. enthalten *viele* Komponenten $j_i \in J$ mit $\bar{x}_{j_i} = 0$ für die Basislösung $\bar{x} = x(J)$). In diesem Fall liegt es oft in der Natur der Probleme und nicht an „ungeschickt zusammengestellten" Eingabedaten des linearen Programms, dass Entartungen auftreten. Als *Faustregel* gilt, dass die meisten der in der Praxis zu lösenden linearen Programme entartet sind. Wir beziehen daher den Entartungsfall in unsere weiteren Überlegungen ausdrücklich mit ein.

Satz 3.2.3 besagt, dass man alle Ecken eines Polyeders durch zugehörige zulässige Basen beschreiben kann. Dabei hängt die Ecke stets eindeutig von der Basis ab, aber zu einer Ecke gehören evtl. mehrere zulässige Basen, falls eine dieser Basen entartet ist.

Die Eckeneigenschaft einer zulässigen Basislösung ist für unsere bildliche Vorstellung der Simplexmethode sehr hilfreich, nicht aber zur Darstellung einer Ecke mit dem Computer. Im Computer werden die Ecken durch eine der zugehörigen zulässigen Basen dargestellt. Die Möglichkeit der Entartung veranlasst uns nun zu einer kleinen Änderung der eingangs gegebenen Grobbeschreibung der Simplexmethode. Genaugenommen läuft die Simplexmethode nicht von einer Ecke zu einer benachbarten Ecke, sondern von einer zulässigen Basis zu einer (davon verschiedenen) „benachbarten" zulässigen Basis. Falls das lineare Programm $(\hat{P})$ nichtentartet ist, entspricht dies wie angegeben tatsächlich dem Wechsel zu einer anderen (benachbarten) Ecke. Falls die aktuelle zulässige Basis aber entartet ist, kann, wie wir unten sehen werden, ein Schritt „der Länge Null" vorkommen: das Verfahren ändert dann lediglich die Basis aber nicht die zugehörige Ecke.

Weitere Notationen
Für die Darstellung der Simplexmethode betrachten wir ein lineares Programm in Simplexform

$$(\hat{P}) \qquad \max\{\, z \mid \begin{bmatrix} A & 0 \\ c^T & 1 \end{bmatrix} \begin{pmatrix} x \\ z \end{pmatrix} = \begin{pmatrix} b \\ 0 \end{pmatrix}, \quad x \geq 0 \,\}$$

mit einer $m \times n$-Matrix A und einem Vektor $x \in \mathbb{R}^n$. Da man z als $(n+1)$-te Komponente von $\hat{x} = (x^T, z)^T$ auffassen kann, können wir mit den Abkürzungen $N := \{1, 2, \ldots, n\}$

$$\hat{A} := \begin{bmatrix} A & 0 \\ c^T & 1 \end{bmatrix}, \quad \hat{b} := \begin{pmatrix} b \\ 0 \end{pmatrix}$$

das Programm $(\hat{P})$ auch in der folgenden Form schreiben:

$$\max \{\, \hat{x}_{n+1} \mid \hat{A}\hat{x} = \hat{b}, \quad x_i \geq 0 \text{ für } i \in N \,\}.$$

Eine Basis J von A und die erweiterte Basis $\hat{J} := J \oplus \{z\}$ können deshalb mittels der Basisvariablen und der Basisindizes so dargestellt werden:

$$J = (x_{i_1}, \ldots, x_{i_m}) \equiv (i_1, \ldots, i_m), \quad i_1, \ldots, i_m \in N,$$
$$\hat{J} = (x_{i_1}, \ldots, x_{i_m}, z) \equiv (i_1, \ldots, i_m, n+1).$$

Zu einer Basis J von A und dem Gleichungssystem $Ax = b$ gehört das Tableau

$$\left(J, \begin{bmatrix} \bar{A} & \bar{b} \end{bmatrix}\right) \text{ mit } \begin{bmatrix} \bar{A} & \bar{b} \end{bmatrix} := A_J^{-1} \begin{bmatrix} A & b \end{bmatrix}.$$

Das Tableau, das zur erweiterten Basis $\hat{J} = J \oplus \{z\}$ von $\hat{A}$ gehört, hängt damit eng zusammen. Zunächst gehört zur $\hat{J}$ die folgende Basismatrix von $\hat{A}$:

$$\hat{A}_{\hat{J}} = \begin{bmatrix} A_J & 0 \\ c_J^T & 1 \end{bmatrix}.$$

Ihre Inverse besitzt die Form

$$\hat{A}_{\hat{\jmath}}^{-1} = \begin{bmatrix} A_J^{-1} & 0 \\ -\pi & 1 \end{bmatrix}$$

mit einem Zeilenvektor π, der wegen

$$\hat{A}_{\hat{\jmath}}^{-1}\hat{A}_{\hat{\jmath}} = \begin{bmatrix} A_J^{-1} & 0 \\ -\pi & 1 \end{bmatrix}\begin{bmatrix} A_J & 0 \\ c_J^T & 1 \end{bmatrix} = \begin{bmatrix} I & 0 \\ 0 & 1 \end{bmatrix}$$

Lösung der linearen Gleichung

$$\pi A_J = c_J^T, \quad \text{d.h. } \pi = c_J^T A_J^{-1}, \tag{3.2.4}$$

ist. Die Komponenten von $\pi = (\pi_1, \ldots, \pi_m)$ heißen *Schattenpreise* (dieser Name wird später erklärt).

Wir können nun das Tableau zur erweiterten Basis $\hat{J} = J \oplus \{z\}$ und dem Gleichungssystem $\hat{A}\hat{x} = \hat{b}$ angeben. Es ist

$$\left(J \oplus \{z\}; \begin{bmatrix} \bar{A} & 0 & \bar{b} \\ \bar{c}^T & 1 & \beta \end{bmatrix} \right),$$

wobei

$$\begin{bmatrix} \bar{A} & 0 & \bar{b} \\ \bar{c}^T & 1 & \beta \end{bmatrix} := \begin{bmatrix} A_J^{-1} & 0 \\ -\pi & 1 \end{bmatrix}\begin{bmatrix} A & 0 & b \\ c^T & 1 & 0 \end{bmatrix},$$

also

$$\begin{aligned} \bar{A} &= A_J^{-1}A, \quad \bar{b} = A_J^{-1}b, \\ \bar{c}^T &= -\pi A + c^T, \quad \beta = -\pi b. \end{aligned} \tag{3.2.5}$$

Das Tableau zur erweiterten Basis $J \oplus \{z\}$ von $\hat{A}\hat{x} = \hat{b}$ lässt sich also auf einfache Weise aus dem Tableau $(J; [\bar{A} \ \bar{b}])$ zur Basis J von $Ax = b$ mit Hilfe des Vektors der Schattenpreise berechnen.

3.3 Durchführung der Simplexmethode

3.3.1 Benachbarte Basen

Zwei Basen J und J' von A heißen *benachbart*, falls sie sich durch genau einen Index aus N unterscheiden, d.h. es gibt Indizes s und q aus N, so dass $q \in J$, $s \notin J$ und $J' = (J \cup \{s\}) \setminus \{q\}$. Zum Beispiel sind $J = (i_1, \ldots, i_{r-1}, i_r, i_{r+1}, \ldots, i_m)$ und $J' = (i_1, \ldots, i_{r-1}, s, i_{r+1}, \ldots, i_m)$ mit $q = i_r$ und $s \notin J$ benachbart. Die erweiterten Basen

$\hat{J} = J \oplus \{z\}$ und $\hat{J}' = J' \oplus \{z\}$ heißen benachbart, wenn J und J' benachbart sind. Es haben dann $\hat{J}$ und $\hat{J}'$ (z.B.) die Form

$$\hat{J} = (i_1, \ldots, i_{r-1}, i_r, i_{r+1}, \ldots, i_m, n+1)$$
$$\hat{J}' = (i_1, \ldots, i_{r-1}, s, i_{r+1}, \ldots, i_m, n+1)$$

mit einem Index $s \in N$, $s \notin \hat{J}$, und $q = i_r \in \hat{J}$, $q \in N$.

Es gilt folgender Satz:

Satz 3.3.1 *Es sei $J = (i_1, i_2, \ldots, i_m)$ eine Basis von $Ax = b$ und $s \notin J$. Sei ferner*

$$\left(\hat{J}; \begin{bmatrix} \bar{A} & 0 & \bar{b} \\ \bar{c}^T & 1 & \beta \end{bmatrix} \right)$$

das Tableau zur erweiterten Basis $\hat{J} = J \oplus \{z\} = (i_1, i_2, \ldots, i_m, n+1)$ des zu $\hat{A}$ gehörigen (unterbestimmten) linearen Gleichungssystems

$$\begin{bmatrix} A & 0 \\ c^T & 1 \end{bmatrix} \begin{pmatrix} x \\ z \end{pmatrix} = \begin{pmatrix} b \\ 0 \end{pmatrix}.$$

Ferner sei

$$\begin{pmatrix} \alpha_1 \\ \vdots \\ \alpha_m \\ \hline \alpha_{m+1} \end{pmatrix} := \begin{pmatrix} \bar{A}_s \\ \hline \bar{c}_s \end{pmatrix}$$

die s-te Spalte der Matrix $\begin{bmatrix} \bar{A} \\ \bar{c}^T \end{bmatrix}$. Dann ist

$$\hat{J}' := (i_1, \ldots, i_{r-1}, s, i_{r+1}, \ldots, i_m, n+1) = J' \oplus \{z\},$$

wobei $J' = (i_1, \ldots, i_{r-1}, s, i_{r+1}, \ldots, i_m)$, genau dann eine Nachbarbasis von $\hat{J} = J \oplus \{z\}$, wenn $\alpha_r \neq 0$. In diesem Fall ist das zu $\hat{J}' = J' \oplus \{z\}$ gehörige Tableau

$$\left(\hat{J}'; \begin{bmatrix} \bar{A}' & 0 & \bar{b}' \\ (\bar{c}')^T & 1 & \beta' \end{bmatrix} \right)$$

gegeben durch

$$\begin{bmatrix} \bar{A}' & 0 & \bar{b}' \\ (\bar{c}')^T & 1 & \beta' \end{bmatrix} = F \begin{bmatrix} \bar{A} & 0 & \bar{b} \\ \bar{c}^T & 1 & \beta \end{bmatrix}, \tag{3.3.2}$$

wobei F die m + 1-reihige Matrix

$$F = \begin{bmatrix} 1 & & & -\alpha_1/\alpha_r & & & 0 \\ & \ddots & & \vdots & & & \\ & & 1 & -\alpha_{r-1}/\alpha_r & & & \\ & & & 1/\alpha_r & & & \\ & & & -\alpha_{r+1}/\alpha_r & 1 & & \\ & & & \vdots & & \ddots & \\ & & & -\alpha_m/\alpha_r & & & 1 \\ \hline & & & -\alpha_{m+1}/\alpha_r & & & 1 \end{bmatrix}$$

mit der folgenden Inversen ist:

$$F^{-1} = G := \begin{bmatrix} 1 & & & \alpha_1 & & & \\ & \ddots & & \vdots & & & \\ & & 1 & \alpha_{r-1} & & & \\ & & & \alpha_r & & & \\ & & & \alpha_{r+1} & 1 & & \\ & & & \vdots & & \ddots & \\ & & & \alpha_m & & & 1 \\ \hline & & & \alpha_{m+1} & & & 1 \end{bmatrix} = \begin{bmatrix} \bar{A}_{J'} & 0 \\ \hline \bar{c}_{J'}^T & 1 \end{bmatrix}.$$

Bemerkung

Reguläre Matrizen, die sich nur in einer einzigen Spalte von der Einheitsmatrix unterscheiden, wie die Matrix F in Satz 3.3.1, werden *Frobenius-Matrizen* genannt.

Beweis Offenbar sind die Lösungen $\hat{x}$ der Systeme $\hat{A}\hat{x} = \hat{b}$ und $F\hat{A}\hat{x} = F\hat{b}$ die gleichen, sofern F regulär ist. Letzteres kann nur für $\alpha_r \neq 0$ der Fall sein. Dass dann für die Matrix F des Satzes tatsächlich $F^{-1} = G$ gilt, sieht man sofort durch Einsetzen. Die Gleichheit

$$G = \begin{bmatrix} \bar{A}_{J'} & 0 \\ \bar{c}_{J'}^T & 1 \end{bmatrix}$$

folgt sofort aus

$$\begin{bmatrix} \bar{A}_J & 0 \\ \bar{c}_J^T & 1 \end{bmatrix} = \begin{bmatrix} I & 0 \\ 0 & 1 \end{bmatrix},$$

weil sich J' und J nur im r-ten Index unterscheiden.

Weiter sind die zu $\hat{J} = J \oplus \{z\}$ und $\hat{J}' = J' \oplus \{z\}$ gehörigen Tableaumatrizen definiert
durch

$$
\begin{bmatrix} \bar{A} & 0 & \bar{b} \\ \bar{c}^T & 1 & \beta \end{bmatrix} = \begin{bmatrix} A_J & 0 \\ c_J^T & 1 \end{bmatrix}^{-1} \begin{bmatrix} A & 0 & b \\ c^T & 1 & 0 \end{bmatrix},
$$

$$
\begin{bmatrix} \bar{A}' & 0 & \bar{b}' \\ (\bar{c}')^T & 1 & \beta' \end{bmatrix} = \begin{bmatrix} A_{J'} & 0 \\ c_{J'}^T & 1 \end{bmatrix}^{-1} \begin{bmatrix} A & 0 & b \\ c^T & 1 & 0 \end{bmatrix}. \tag{3.3.3}
$$

Aus der ersten Gleichung in (3.3.3) folgt

$$
\begin{bmatrix} \bar{A}_{J'} & 0 \\ \bar{c}_{J'}^T & 1 \end{bmatrix} = \begin{bmatrix} A_J & 0 \\ c_J^T & 1 \end{bmatrix}^{-1} \begin{bmatrix} A_{J'} & 0 \\ c_{J'}^T & 1 \end{bmatrix}
$$

und deshalb

$$
\begin{bmatrix} A_{J'} & 0 \\ c_{J'}^T & 1 \end{bmatrix}^{-1} = \begin{bmatrix} \bar{A}_{J'} & 0 \\ \bar{c}_{J'}^T & 1 \end{bmatrix}^{-1} \begin{bmatrix} A_J & 0 \\ c_J^T & 1 \end{bmatrix}^{-1}.
$$

Durch Einsetzen in die zweite Zeile von (3.3.3) findet man so schließlich

$$
\begin{aligned}
\begin{bmatrix} \bar{A}' & 0 & \bar{b}' \\ (\bar{c}')^T & 1 & \beta' \end{bmatrix} &= \begin{bmatrix} \bar{A}_{J'} & 0 \\ \bar{c}_{J'}^T & 1 \end{bmatrix}^{-1} \begin{bmatrix} A_J & 0 \\ c_J^T & 1 \end{bmatrix}^{-1} \begin{bmatrix} A & 0 & b \\ c^T & 1 & 0 \end{bmatrix} \\
&= \begin{bmatrix} \bar{A}_{J'} & 0 \\ \bar{c}_{J'}^T & 1 \end{bmatrix}^{-1} \begin{bmatrix} \bar{A} & 0 & \bar{b} \\ \bar{c}^T & 1 & \beta \end{bmatrix} \\
&= F \cdot \begin{bmatrix} \bar{A} & 0 & \bar{b} \\ \bar{c}^T & 1 & \beta \end{bmatrix}.
\end{aligned}
$$

Bemerkung

Bei der Matrixmultiplikation auf der rechten Seite in (3.3.2) müssen die zur neuen Basis
$J' \oplus \{z\}$ gehörigen Spalten nicht berechnet werden, da der J'-Anteil der neuen Tableau-
Matrix durch die Einheitsmatrix gegeben ist. Zur Berechnung der übrigen $n - m + 1$ Spalten
benötigt man $(m + 1)(n - m + 1)$ Multiplikationen und Additionen.

Möchte man die Unterscheidung der Spalten in J' bzw. K' zu Lasten einiger zusätzlicher arithmetischer Operationen vermeiden, so lässt sich in (3.3.2) die Multiplikation einer
$(m + 1) \times (n + 2)$-Matrix M von links mit F mit einer Notation in Anlehnung an Matlab
bzw. Octave wie folgt durchführen:

Sei $M(r, :) = (M_{r,1}, \ldots, M_{r,n+2})$ die Zeile r von M.
Setze

$$
\begin{array}{ll}
\mathbf{a} := \alpha \in \mathbb{R}^{m+1}; & \texttt{\% der Spaltenvektor } (\alpha_1, \ldots, \alpha_{m+1})^T \\
\mathbf{a}(r) := 0; & \texttt{\% die } r\texttt{-te Komponente auf Null gesetzt}
\end{array}
$$

$\mathbf{a} := -\mathbf{a}/\alpha_r;$ % Spalte r von F ohne den Eintrag $\frac{1}{\alpha_r}$

$M := M + \mathbf{a} * M(r, :);$ % Addition einer Rang-1-Matrix

$M(r, :) := M(r, :)/\alpha_r;$ % Korrektur der Zeile r von M

(Warum ist der obige Update dem etwas billigeren Update
$\mathbf{a} := \alpha; \quad \mathbf{a} := \mathbf{a}/\alpha_r; \quad \mathbf{a}(r) := 1 - 1/\alpha(r); \quad M := M - \mathbf{a} * M(r, :);$
vorzuziehen? Beides wäre bei exakter Rechnung doch äquivalent.)

3.3.2 Abbruchkriterien

Wir betrachten das zum Standardprogramm (P)

(P) $\min \{c^T x \mid Ax = b, \ x \geq 0\}$

gehörige erweiterte Programm in Simplexform

$(\hat{P})$ $\max \{z \mid \begin{bmatrix} A & 0 \\ c^T & 1 \end{bmatrix} \begin{pmatrix} x \\ z \end{pmatrix} = \begin{pmatrix} b \\ 0 \end{pmatrix}, \ x \geq 0\}.$

Sei J eine zulässige Basis von (P) und K der komplementäre Indexvektor der Nichtbasisvariablen, $J \oplus K = N$. Zur zugehörigen zulässigen erweiterten Basis $\hat{J} = J \oplus \{z\} = (i_1, \ldots, i_m, n + 1)$ von $(\hat{P})$ gehöre das Tableau

$$\left(\hat{J}; \ \begin{bmatrix} \bar{A} & 0 & \bar{b} \\ \bar{c}^T & 1 & \beta \end{bmatrix} \right) \quad \text{mit} \begin{bmatrix} \bar{A}_J & 0 \\ \bar{c}_J^T & 1 \end{bmatrix} = \begin{bmatrix} I & 0 \\ 0 & 1 \end{bmatrix}.$$

Die linearen Gleichungen des Tableaus reduzieren sich also auf

$$\begin{aligned} x_J + \bar{A}_K x_K &= \bar{b}, \\ z + \bar{c}_K^T x_K &= \beta. \end{aligned} \tag{3.3.4}$$

Für die Basislösung $\bar{x} := x(J), \bar{z} = z(J)$ gilt also wegen $\bar{x}_K = 0$

$$\bar{x}_J = \bar{b}, \quad \bar{x}_K = 0, \quad \bar{z} = \beta.$$

In der Literatur wird der Zeilenvektor $\bar{c}_K^T$ auch als Vektor der *reduzierten Kosten* bezeichnet. Wir unterscheiden jetzt zwei Fälle:

a) $\bar{c}_k \geq 0$ für alle $k \in K$.

b)   Es gibt ein $s \in K$ mit $\bar{c}_s < 0$.

Behauptung Im Fall a) ist die Basislösung $\bar{x} := x(J), \bar{z} := z(J)$ eine Optimallösung von $(\hat{P})$.

Beweis Auch wenn die Form der Gleichungen (3.3.4) von der Wahl von J bzw. K abhängt, so ist (3.3.4) trotzdem für jedes K äquivalent zu „$Ax = b$" und „$c^T x + z = 0$". Insbesondere müssen diese Gleichungen also für alle (x, z) erfüllt sein, die für $(\hat{P})$ zulässig sind, so dass für eine beliebige zulässige Lösung (x, z) von $(\hat{P})$ wegen $x \geq 0$ und $\bar{c}_K \geq 0$ die Ungleichung

$$z = \beta - c_K^T x_K \leq \beta \qquad (3.3.5)$$

folgt, während für die zulässige Basislösung $(\bar{x}, \bar{z})$ wegen $\bar{x}_K = 0$ die Gleichung $\bar{z} = \beta$ gilt. Also nimmt z den maximal möglichen Wert für $x_K = 0$ an.   □

Im Fall b) sei $s \in K$ eine Komponente mit $\bar{c}_s < 0$. Aus (3.3.5) lesen wir ab, dass sich der Zielfuntionswert z ausgehend von der Basislösung mit $x_K = 0$ vergrößert, wenn x_s vergrößert wird, während die übrigen Komponenten x_k für $k \in K$ bei 0 festgehalten werden. Die Komponenten x_j für $j \in J$ werden dabei genutzt, um die Erfüllung der Tableaugleichungen (3.3.4) aufrechtzuerhalten – ihr Wert hat bei diesem Vorgehen (wegen (3.3.5) d. h. wegen $\bar{c}_J = 0$) keinen Einfluss auf den Zielfunktionswert. Das Ergebnis ist dann zunächst keine Basislösung mehr; ob und wie man entlang dieser Richtung erneut zu einer zulässigen Basislösung kommt, soll nachfolgend konkretisiert werden: Mit $\bar{a} := (\alpha_1, \ldots, \alpha_m)^T := A_J^{-1} a_s$ bezeichnen wir die s-te Spalte von $\bar{A}$. Wir bestimmen dann einen Strahl $(x(\theta), z(\theta)), \theta \geq 0$, so dass gilt

$$x_s(\theta) = \theta, \quad x_{K \setminus \{s\}}(\theta) = 0, \quad x_J(\theta) = \bar{b} - \theta \bar{a}, \quad z(\theta) = \beta - \bar{c}_s \theta.$$

Durch Einsetzen verifiziert man, dass $(x(\theta), z(\theta))$ die Tableaugleichungen (3.3.4) erfüllt. Somit ist $(x(\theta), z(\theta))$ eine zulässige Lösung von $(\hat{P})$, falls $x(\theta) \geq 0$, d. h. falls $\theta \geq 0$ und $x_J(\theta) = \bar{b} - \theta \bar{a} \geq 0$. Da $z(\theta)$ mit θ streng monoton wächst, versuchen wir ein maximales $\bar{\theta} \geq 0$ zu bestimmen, so dass $(x(\bar{\theta}), z(\bar{\theta}))$ gerade noch eine zulässige Lösung von $(\hat{P})$ ist, d. h. ein maximales $\bar{\theta}$ mit $\bar{b} - \theta \bar{a} \geq 0$.

Wir unterscheiden dabei wieder zwei Fälle:

i) $\alpha_j \leq 0$ für alle j mit $1 \leq j \leq m$.

ii) Es gibt ein r mit $\alpha_r > 0$ und $1 \leq r \leq m$.

Im Fall i) ist $x(\theta)$ für alle $\theta \geq 0$ zulässig, da die Nichtnegativitätsbedingung für wachsendes θ nie verletzt wird. Es gibt dann auch keine endliche Optimallösung, da die Zielfunktion $z(\theta)$ für wachsendes θ beliebig groß wird.

Im Fall ii) gibt es ein maximales $\bar{\theta}$, nämlich

$$\bar{\theta} := \max \left\{ \theta \mid \bar{b}_j - \theta \alpha_j \geq 0 \quad \text{für alle } j = 1, 2, \ldots, m \right\}$$

$$= \min_{1 \leq j \leq m} \left\{ \frac{\bar{b}_j}{\alpha_j} \,\Big|\, \alpha_j > 0 \right\} < \infty.$$

Wir wählen dann ein r aus $\{1, 2, \ldots, m\}$ mit $\alpha_r > 0$, für welches das Minimum $\bar{b}_r / \alpha_r = \bar{\theta}$ angenommen wird. (Für nichtentartete Programme ist dieses r stets eindeutig.) Die zulässige Lösung $x(\bar{\theta})$ erfüllt dann $x_r(\bar{\theta}) = 0$ und $x_s(\bar{\theta}) \geq 0$. (Falls J nichtentartet ist, ist sogar stets $x_s(\bar{\theta}) > 0$.) Wegen $x_{K \setminus \{s\}}(\bar{\theta}) = 0$ ist $x(\bar{\theta})$ die Basislösung von

$$J' := (i_1, i_2, \ldots, i_{r-1}, s, i_{r+1}, \ldots, i_m), \quad K' := (K \cup \{i_r\}) \setminus \{s\},$$

d. h. wir führen mit dem Wechsel $x(J) \to x(\bar{\theta})$ einen *Simplexschritt* $J \longrightarrow J' := (J \setminus \{i_r\}) \cup \{s\}$ durch. (Wegen Satz 3.3.1 und $\alpha_r \neq 0$ ist J' eine Nachbarbasis von J.)

Nach Konstruktion ist

- $J' \oplus \{z\}$ zulässige Nachbarbasis von $J \oplus \{z\}$ von $(\hat{P})$ und
- $z(J') = z(J) - \bar{c}_s \bar{\theta} \geq z(J)$, und Gleichheit kann nur auftreten, falls die zu J gehörige Basislösung entartet ist. (Ansonsten ist $\bar{\theta} > 0$.)

Bemerkung

Falls die Optimallösung nicht eindeutig ist, so gibt es in jeder optimalen Basis Nichtbasis-Indices k mit $\bar{c}_k = 0$. Aufgrund von Rundungsfehlern kann es dann passieren, dass die berechneten Werte von solchen Komponenten $\bar{c}_k$ negative Zahlen vom Betrag in der Größenordnung der Maschinengenauigkeit (d. h. mit winzigem Betrag) sind. Obwohl in diesem Fall also eine endliche Optimallösung gefunden wurde, würde obiges Verfahren dann versuchen, einen weiteren Basiswechsel vorzunehmen, und würde im Falle einer unbeschränkten Optimalmenge vielleicht sogar die falsche Meldung ausgeben, das Problem habe keine endliche Optimallösung. Es kann daher sinnvoll sein, den Optimalitäts-Test „$\bar{c}_k \geq 0$?" durch „$\bar{c}_k \geq -\epsilon$?" mit einem $\epsilon > 0$ in der Größenordnung der Maschinengenauigkeit zu ersetzen. Natürlich auf die Gefahr hin, dass das Verfahren dann mit der Meldung abbricht, eine Optimallösung gefunden zu haben, obwohl vielleicht noch Nichtbasis-Indices k existieren, deren exakter Wert $\bar{c}_k < 0$ ist (aber mit winzigem $|\bar{c}_k|$).

3.3.3 Geometrische Interpretation

Der Schnitt der aktiven Hyperebenen „$x_k \geq 0$ für $k \in K$" bestimmt die Basislösung zu J (eine Ecke in $\mathcal{P}$) eindeutig. Die Wahl von s mit $\bar{c}_s < 0$ entspricht der Wahl einer Hyperebene, die „losgelassen" wird. Falls die Ecke nichtentartet ist, entspricht dem Schnitt der bleibenden aktiven Hyperebenen in $K \setminus \{s\}$ mit der affinen Mannigfaltigkeit $\{x \mid Ax = b\}$ eine Kante von $\mathcal{P}$. Diese ist wegen $\bar{c}_s < 0$ eine Anstiegsrichtung für z. Die Nachbarbasis J' ist dann eine Basis zur Ecke am anderen (höher gelegenen) Ende dieser Kante, die zugehörige Basislösung ist die entsprechende Ecke. Das Element $\bar{c}_s$ wird auch *Pivotelement* genannt.

3.3.4 Ein Simplexschritt

Wir fassen nun einen Simplexschritt zusammen:

Algorithmus 3.3.6 (Simplexschritt)
Start *Sei $J = (i_1, \ldots, i_m)$ eine zulässige Basis von (P) und K der Indexvektor der Nicht-basisvariablen, $J \oplus K = N = \{1, 2, \ldots, n\}$. Sei ferner das zugehörige Tableau zur Basis $\hat{J} = J \oplus \{z\}$ von $(\hat{P})$ gegeben:*

$$\left(\hat{J}; \begin{bmatrix} \bar{A} & 0 & \bar{b} \\ \bar{c}^T & 1 & \beta \end{bmatrix} \right).$$

1. *Setze $\bar{x} = x(J)$, $\bar{z} = z(J)$, d. h. $\bar{x}_J = \bar{b}$, $\bar{x}_K = 0$, $\bar{z} = \beta$.*
2. *Prüfe, ob $\bar{c}_k \geq 0$ für alle $k \in K$.*
   a) *Falls ja, STOPP: $(\bar{x}, \bar{z})$ ist Optimallösung von $(\hat{P})$.*
   b) *Sonst wähle $s \in K$ mit $\bar{c}_s < 0$. („Pivotschritt")*
3. *Setze $\bar{a} = (\alpha_1, \ldots, \alpha_m)^T = \bar{A}_s$, die s-te Spalte von $\bar{A}$.*
4. *Falls $\alpha_1 \leq 0, \ldots, \alpha_m \leq 0$, STOPP: der Optimalwert von $(\hat{P})$ ist unendlich groß.*
5. *Sonst wähle $r \in \{1, \ldots, m\}$ mit $\alpha_r > 0$ und*

$$\frac{\bar{b}_r}{\alpha_r} = \min_{1 \leq j \leq m} \{ \frac{\bar{b}_j}{\alpha_j} \mid \alpha_j > 0 \}.$$

6. *Setze $J' = (i_1, \ldots, i_{r-1}, s, i_{r+1}, \ldots, i_m)$ und bestimme das neue Tableau zu $J' \oplus \{z\}$ von $(\hat{P})$*

$$\begin{bmatrix} \bar{A}' & 0 & \bar{b}' \\ (\bar{c}')^T & 1 & \beta' \end{bmatrix} = F \begin{bmatrix} \bar{A} & 0 & \bar{b} \\ \bar{c}^T & 1 & \beta \end{bmatrix},$$

wobei F die Frobeniusmatrix von Satz 3.3.1 ist.

Dann ist $J' \oplus \{z\}$ zulässige Nachbarbasis von $J \oplus \{z\}$ und

$$\left(J' \oplus \{z\}; \begin{bmatrix} \bar{A}' & 0 & \bar{b}' \\ (\bar{c}')^T & 1 & \beta' \end{bmatrix} \right)$$

das zugehörige Tableau von $(\hat{P})$.

Beispiel 3.3.7 Wir illustrieren den Simplexschritt anhand des einfachen Diätproblems (2.2.1) aus Abschn. 2.2.

Nach Einführung von drei Schlupfvariablen $x_3, x_4, x_5 \geq 0$ und der Zielfunktionsvariablen $z := -10x_1 - 7x_2$ wird Problem (2.2.1) durch folgendes Problem in Simplexform beschrieben:

$$
\begin{aligned}
\max \quad & z \\
x, z : \quad 20x_1 &+ 20x_2 - x_3 && && = 60, \\
15x_1 &+ 3x_2 && -x_4 && = 15, \\
5x_1 &+ 10x_2 && && -x_5 && = 20, \\
10x_1 &+ 7x_2 && && &&+z = 0, \\
x &\geq 0.
\end{aligned} \tag{3.3.8}
$$

Die Daten sind durch die Matrix

$$
\left[\hat{A} \parallel \hat{b} \right] = \left[\begin{array}{c|c||c} A & 0 & b \\ \hline c^T & 1 & 0 \end{array} \right] = \left[\begin{array}{ccccc|c||c} 20 & 20 & -1 & 0 & 0 & 0 & 60 \\ 15 & 3 & 0 & -1 & 0 & 0 & 15 \\ 5 & 10 & 0 & 0 & -1 & 0 & 20 \\ \hline 10 & 7 & 0 & 0 & 0 & 1 & 0 \end{array} \right] \tag{3.3.9}
$$

gegeben, in der wir die letzte Zeile, die $\hat{b}$-Spalte und die Spalte, die zur Variablen z gehört, gekennzeichnet haben.

Wir wollen in diesem Beispiel wie in (3.1.1) Indexvektoren von Spaltenindizes durch Vektoren von Variablen darstellen, die zu diesen Spalten gehören.

Eine naheliegende Basis zu (3.3.9) wäre der Indexvektor $(3, 4, 5, 6)$; die Tableauform ließe sich damit leicht erstellen, indem die ersten drei Zeilen des Tableaus rechts in (3.3.9) mit -1 durchmultipliziert werden; der zugehörige Vektor $\bar{b}$ wäre dann aber negativ, d. h. diese Basis wäre nicht zulässig. Aus der Abb. 2.1 können wir ablesen, dass der Punkt $(\bar{x}_1, \bar{x}_2) = (4, 0)$ eine zulässige Ecke des Ausgangsproblems (2.2.1) ist. Dies entspricht im erweiterten Problem (3.3.8) den Nichtbasisvariablen x_2 und x_5, weil $\bar{x}_2 = 0$ und die Schlupfvariable x_5 der dritten Ungleichung Null ist, $\bar{x}_5 = 5\bar{x}_1 + 10\bar{x}_2 - 20 = 0$. Also ist $K := (x_2, x_5)$ eine Nichtbasis und der komplementäre Vektor $\hat{J} := (x_1, x_3, x_4, z)$ eine erste zulässige Basis. Aus der inversen Basismatrix

$$
\hat{A}_{\hat{J}}^{-1} = \left[\begin{array}{ccc|c} 20 & -1 & 0 & 0 \\ 15 & 0 & -1 & 0 \\ 5 & 0 & 0 & 0 \\ \hline 10 & 0 & 0 & 1 \end{array} \right]^{-1} = \left[\begin{array}{ccc|c} 0 & 0 & 0{,}2 & 0 \\ -1 & 0 & 4 & 0 \\ 0 & -1 & 3 & 0 \\ \hline 0 & 0 & -2 & 1 \end{array} \right]
$$

erhalten wir zur Basis $\hat{J}$ die Tableaumatrix

$$
\left[\begin{array}{c|c||c} \bar{A} & 0 & \bar{b} \\ \hline \bar{c}^T & 1 & \beta \end{array} \right] := \hat{A}_{\hat{J}}^{-1}(\hat{A}, \hat{b})
$$

und das zugehörige Tableau:

$$
\left(\begin{pmatrix} x_1 \\ x_3 \\ x_4 \\ z \end{pmatrix} ; \left[\begin{array}{ccccc|c||c} 1 & 2 & 0 & 0 & -0{,}2 & 0 & 4 \\ 0 & 20 & 1 & 0 & -4 & 0 & 20 \\ 0 & 27 & 0 & 1 & -3 & 0 & 45 \\ \hline 0 & -13 & 0 & 0 & 2 & 1 & -40 \end{array} \right] \right).
$$

Aus der letzten Spalte liest man die zugehörige (zulässige) Basislösung

$$(\bar{x}^T, \bar{z}) = (x(\hat{J})^T, z(\hat{J})) = (4, 0, 20, 45, 0, -40)$$

ab und aus der letzten Zeile wegen $K = (x_2, x_5)$ die reduzierten Kosten $\bar{c}_K^T = (-13, 2)$. Insbesondere entspricht $(\bar{x}_1, \bar{x}_2) = (4, 0)$ in Bild 2.1 der Ecke $(4, 0)$, und der zugehörige Wert der ursprünglichen Zielfunktion ist $10\bar{x}_1 + 7\bar{x}_2 = -\bar{z} = 40$.

Das Tableau ist zwar zulässig, aber nicht optimal, weil nicht alle reduzierten Kosten nichtnegativ sind.

Für den nächsten Simplexschritt kommt als Pivotspalte nur die Spalte $s = 2$ in Frage, die zur Variablen $x_2 \in K$ gehört, alle anderen Komponenten von $\bar{c}_K$ (d.h. hier nur die Komponente $\bar{c}_5 = 2$) sind positiv. Die zweite Spalte

$$\bar{a} = \bar{A}_2 = \begin{pmatrix} 2 \\ 20 \\ 27 \end{pmatrix}$$

von $\bar{A}$ ist positiv. Durch Bildung der Quotienten sehen wir, dass als Pivot nur der Index „$r = 2$" in Frage kommt, $(\frac{4}{2} > \frac{20}{20} < \frac{45}{27})$.

Das r-te Basiselement ist die Basisvariable $x_3 \in \hat{J}$, sie wird im laufenden Simplexschritt gegen x_2 ausgetauscht. Als nächste Basis erhält man so aus $\hat{J}$ die (zulässige) Nachbarbasis $\hat{J}' = (x_1, x_2, x_4, z)$ und die neue Nichtbasis $K' = (x_3, x_5)$. Die Aktualisierung des Tableaus zu $\hat{J}$ zu dem Tableau der Nachbarbasis $\hat{J}'$ mittels der Frobeniusmatrix F aus Satz 3.3.1 ist in diesem einfachen Beispiel fast so aufwendig wie die Neuberechnung; man findet als Tableau zu $\hat{J}' = (x_1, x_2, x_4, z)$

$$\left(\begin{pmatrix} x_1 \\ x_2 \\ x_4 \\ z \end{pmatrix} ; \left[\begin{array}{ccccc|c||c} 1 & 0 & -0{,}1 & 0 & 0{,}2 & 0 & 2 \\ 0 & 1 & 0{,}05 & 0 & -0{,}2 & 0 & 1 \\ 0 & 0 & -1{,}35 & 1 & 2{,}4 & 0 & 18 \\ \hline 0 & 0 & 0{,}65 & 0 & -0{,}6 & 1 & -27 \end{array} \right] \right).$$

Die zugehörige (zulässige) Basislösung liest man aus der letzten Spalte des Tableaus ab; sie ist jetzt

$$(\bar{x}^T, \bar{z}) = (x(\hat{J}')^T, z(\hat{J}')) = (2, 1, 0, 18, 0, -27).$$

Ihr Teilvektor $(\bar{x}_1, \bar{x}_2) = (2, 1)$ ist eine zur Startecke $(4, 0)$ benachbarte Ecke (s. Abb. 2.1). Der zugehörige Wert der ursprünglichen Zielfunktion ist jetzt $10\bar{x}_1 + 7\bar{x}_2 = -\bar{z} = 27$: er hat sich also verbessert.

Das Tableau zu $\hat{J}'$ ist wieder zulässig, aber nicht optimal, weil der neue Vektor $\bar{c}_{K'}^T = (0{,}65, -0{,}6)$ der reduzierten Kosten noch negative Komponenten enthält.

Wir werden dieses Beispiel in Abschn. 3.8 weiter ausbauen, um Techniken zur Sensitivitätsanalyse linearer Programme zu beschreiben.

Allgemein ergibt sich so das folgende Verfahren:

3.3.5 Allgemeine Simplexmethode

Gegeben sei eine zulässige Basis $J = J_0$, $\hat{J} = J_0 \oplus \{z\}$ und das zugehörige Tableau $[\hat{J}, (\hat{A}, \hat{b})]$. Wiederhole den Simplexschritt aus Algorithmus 3.3.6 so lange, bis das Verfahren an der Stelle 2a) oder 4) des Simplexschritts hält.

Bemerkung

Die Wahl der Pivotelemente in Schritt 2b) und 5) des Simplexschritts ist hier nicht näher festgelegt, daher der Name „allgemeine Simplexmethode".

Die Simplexmethode ist hier in der sogenannten klassischen Tableauform vorgestellt. Beachte, dass die Matrix $\hat{A}_{\hat{J}}^{-1}$ nicht benötigt wird, wenn das Ausgangstableau bekannt ist.

Unabhängig von der Pivotwahl gilt folgender Satz:

Satz 3.3.10 *Falls (P) nicht entartet ist, erzeugt die allgemeine Simplexmethode für $(\hat{P})$ eine Folge von Basen $\hat{J}_l = J_l \oplus \{z\}$, $l = 0, 1, 2, \ldots$, deren zugehörige Basislösungen $(x(J_l)^T, z(J_l))^T$ die Beziehung $z(J_l) > z(J_{l-1})$ erfüllen. Außerdem bricht die allgemeine Simplexmethode dann nach endlich vielen Schritten an der Stelle 2a) oder 4) eines Simplexschrittes ab und liefert entweder eine Optimallösung oder die Auskunft, dass es keine endliche Optimallösung gibt.*

Der Beweis folgt im wesentlichen aus der Herleitung oben: Wenn (P) und damit auch $(\hat{P})$ nichtentartet ist, ist nach Definition $x_J(J) = \bar{b} > 0$ für alle zulässigen Basen J von (P). Dann ist auch $\bar{\theta} > 0$, so dass wegen $\bar{c}_s < 0$ der Wert der Zielfunktion von $(\hat{P})$ in jedem Simplexschritt streng monoton wächst, $z(J_l) > z(J_{l-1})$. Dadurch ist ausgeschlossen, dass eine Basis $\bar{J}$ in der Folge $\{J_l\}_l$ zwei mal vorkommt (denn dann wäre die letzte Komponente der Basislösung die gleiche). Es gibt aber maximal $\binom{n}{m}$ verschiedene m-elementige Teilmengen von N, und daher höchstens $\binom{n}{m}$ verschiedene Basen. Somit stoppt die Simplexmethode spätestens dann, wenn alle Basen durchlaufen sind. (In der Praxis durchläuft die Simplexmethode oft nur wenige Basen, n oder höchstens n^2 Basen vielleicht, selten aber deutlich mehr.)

Bemerkungen

1. Die Simplexmethode lässt sich in obiger Form auch auf Probleme $(\hat{P})$ in einem *allgemeineren Simplexformat* anwenden. Dieses unterscheidet sich von dem bisherigen Format $(\hat{P})$ dadurch, dass neben der zu maximierenden Variablen z weitere freie Variable auftreten: Es wird $x_i \geq 0$ nur für alle i aus einer echten Teilmenge $\hat{N}$ von $N = \{1, 2, \ldots, n-1\}$ verlangt. In diesem Fall können Komponenten $s \in N \setminus \hat{N}$ in die Basis aufgenommen werden, wenn $\bar{c}_s \neq 0$ gilt. Falls $\bar{c}_s > 0$, so ist dann $x_J(\theta) = x_J(J) + \theta\bar{a}$, ansonsten ist $x_J(\theta) = x_J(J) - \theta\bar{a}$ wie gehabt. Komponenten $i \in N \setminus \hat{N}$ werden bei der Berechnung von $\bar{\theta}$ nicht berücksichtigt, d. h. sie verlassen die Basis nie, sofern sie einmal in die Basis aufgenommen wurden. Für eine echte Teilmenge $\hat{N}$ von N ist die Beziehung zwischen

zulässigen Basen von (P) und Ecken des Polyeders $\mathcal{P}$ von (P) etwas komplizierter als in Satz 3.2.3. So kann in diesem Fall z. B. $\mathcal{P}$ eine Gerade enthalten, und dann hat $\mathcal{P}$, wie man leicht sieht, keine Ecken.

Wegen $\hat{x} \geq 0$ enthält das zulässige Polyeder $\mathcal{P}$ aus (3.2.1) offenbar keine Gerade. Man kann nun zeigen, dass dann auch das zulässige Polyeder $\hat{\mathcal{P}}$ von $(\hat{P})$ keine Gerade enthält (siehe Übungsaufgaben).

2. Für entartete Probleme ist Satz 3.3.10 leider falsch. Die Methode kann „zyklen", d. h. der Fall

$$J_l \longrightarrow J_{l+1} \longrightarrow \ldots \longrightarrow J_{l+\nu} = J_l$$

kann tatsächlich auftreten; die Simplexmethode läuft dann unendlich lang im Kreis, ohne die Optimallösung je zu erreichen. (In der Praxis kommt dies aber bei nichtganzzahligen Problemen eigentlich nie vor.) Um diesen Fall aber sicher auszuschließen, wird nun die lexikographische Simplexmethode vorgestellt, bei der die Wahl von r in Schritt 5) des Simplexschritts noch näher festgelegt wird. (Für nichtentartete Probleme (P) ist r sowieso eindeutig bestimmt.)

3.4 Die lexikographische Simplexmethode

In diesem Abschnitt wird die allgemeine Simplexmethode soweit spezifiziert, dass sie auch im Entartungsfall nach endlich vielen Schritten abbricht. Dazu benötigen wir folgende Definition:

Definition 3.4.1 *Ein Zeilenvektor $u^T \in \mathbb{R}^{n+1}$ heißt* lexikopositiv, *falls $u^T = (0, \ldots, 0, u_i, u_{i+1}, \ldots u_{n+1})$ mit $i \geq 1$ und $u_i > 0$, d. h. falls die erste von Null verschiedene Komponente positiv ist. Wir schreiben dann auch $u^T >_l 0$. Weiter sei $u^T >_l v^T$ genau dann, wenn $(u - v)^T >_l 0$.*

Sei

$$\widehat{\mathcal{M}} = \left(\hat{J} = J \oplus \{z\}; \begin{bmatrix} \bar{A} & 0 & \bar{b} \\ \bar{c}^T & 1 & \beta \end{bmatrix} \right)$$

ein Tableau zu einer zulässigen Basis $\hat{J} = J \oplus \{z\}$ von $\hat{P}$. Wir nummerieren die Variablen $x_1, \ldots, x_n$ so um, dass die ersten m Zeilen des permutierten Tableaus

$$\begin{bmatrix} \bar{b} & \bar{A} & 0 \\ \beta & c^T & 1 \end{bmatrix},$$

das heißt alle Zeilen der Matrix

$$\begin{bmatrix} \bar{b} & \bar{A} & 0 \end{bmatrix}$$

lexikopositiv werden, $e_j^T \begin{bmatrix} \bar{b} & \bar{A} & 0 \end{bmatrix} >_l 0$ für $j = 1, 2, \ldots, m$. Dies ist immer möglich; man permutiere z. B. x so, dass $J = (1, \ldots, m)$ gilt. Dann ist $\begin{bmatrix} \bar{b} & \bar{A} & 0 \end{bmatrix} =$

$\begin{bmatrix} \bar{b} & I & \bar{a}_{m+1} & \dots & \bar{a}_n & 0 \end{bmatrix}$ mit einem Vektor $\bar{b} \geq 0$, weil $J \oplus \{z\}$ eine zulässige Basis ist. Wir nennen dann das Tableau $\widehat{\mathcal{M}}$ lexikopositiv und schreiben kurz $\begin{bmatrix} \bar{b} & \bar{A} & 0 \end{bmatrix} >_l 0$.

Der lexikographische Simplexschritt Sei $\hat{J} = J \oplus \{z\}$ eine zulässige Startbasis für $(\hat{P})$ mit einem lexikopositiven Tableau

$$\left(\hat{J}; \begin{bmatrix} \bar{A} & 0 & \bar{b} \\ \bar{c}^T & 1 & \beta \end{bmatrix} \right), \quad \begin{bmatrix} \bar{b} & \bar{A} & 0 \end{bmatrix} >_l 0.$$

Wir wählen an der Stelle 5) des allgemeinen Simplexschritts den Index r aus $\{1, \dots, m\}$ so, dass $\alpha_r > 0$ und

$$\frac{e_r^T [\bar{b} \ \bar{A} \ 0]}{\alpha_r} = \min_{>_l} \left\{ \frac{e_j^T [\bar{b} \ \bar{A} \ 0]}{\alpha_j} \ \middle| \ j \in \{1, \dots, m\}, \ \alpha_j > 0 \right\},$$

wobei sich die Bezeichnung „$\min_{>_l}$" auf das Minimum bezüglich der lexikographischen Ordnung bezieht und die Wahl von r mit

$$\frac{\bar{b}_r}{\alpha_r} = \min \left\{ \frac{\bar{b}_j}{\alpha_j} \ \middle| \ j \in \{1, \dots, m\}, \ \alpha_j > 0 \right\}$$

in der allgemeinen Simplexmethode nun näher festlegt ist.

Bemerkung
Diese Wahl von r in der lexikographischen Simplexmethode ist auch in der allgemeinen Simplexmethode erlaubt. Nur falls gleichzeitig mehrere $\bar{b}_j/\alpha_j$ aktiv ($= 0$) werden, wird in der lexikographischen Simplexmethode die Wahl von r näher festgelegt. Beachte, dass in der lexikographischen Ordnung das Minimum eindeutig ist, denn zwei Vektoren sind in der lexikographischen Ordnung nur dann gleich groß, wenn sie in allen Komponenten übereinstimmen. Gäbe es also zwei Minima, müssten zwei Zeilen von $\bar{A}$ vollständig übereinstimmen, d. h. $\bar{A} = A_J^{-1} A$ hätte linear abhängige Zeilen rg $\bar{A} < m$, was im Widerspruch zu unserer Annahme rg $A = m$ steht.
    Es gilt das folgende Lemma:

Lemma 3.4.2 *Der lexikographische Simplexschritt zu einer zulässigen Basis $\hat{J} = J \oplus \{z\}$ von $\hat{P}$ mit einem lexikopositiven Tableau*

$$\left(\hat{J}; \begin{bmatrix} \bar{A} & 0 & \bar{b} \\ \bar{c}^T & 1 & \beta \end{bmatrix} \right), \quad \begin{bmatrix} \bar{b} & \bar{A} & 0 \end{bmatrix} >_l 0,$$

führe zu einer Nachbarbasis $\hat{J}' = J' \oplus \{z\}$ und zu dem zugehörigen Tableau

$$\mathcal{M}' = \left(\hat{J}'; \begin{bmatrix} \bar{A}' & 0 & \bar{b}' \\ (\bar{c}')^T & 1 & \beta' \end{bmatrix}\right).$$

Dann ist $\mathcal{M}'$ lexikopositiv, $[\bar{b}'\ \bar{A}'\ 0] >_l 0$, und es gilt

$$\begin{bmatrix} \beta' & (\bar{c}')^T & 1 \end{bmatrix} >_l \begin{bmatrix} \beta & (\bar{c})^T & 1 \end{bmatrix},$$

d. h. die letzte Zeile des permutierten Tableaus

$$\begin{bmatrix} \bar{b} & \bar{A} & 0 \\ \beta & \bar{c}^T & 1 \end{bmatrix}$$

wächst im Sinne der lexikographischen Ordnung streng monoton an.

Beweis Wir betrachten einen Schritt

$$J = (i_1, \ldots, i_{r-1}, i_r, i_{r+1}, \ldots, i_m) \longrightarrow J' = (i_1, \ldots, i_{r-1}, s, i_{r+1}, \ldots, i_m)$$

und nehmen $[\bar{b}, \bar{A}, 0] >_l 0$ an. Das Nachfolgetableau ist dann durch J' und

$$\begin{bmatrix} \bar{b}' & \bar{A}' & 0 \\ \beta' & (\bar{c}')^T & 1 \end{bmatrix} = F \begin{bmatrix} \bar{b} & \bar{A} & 0 \\ \beta & (\bar{c})^T & 1 \end{bmatrix}$$

gegeben, wobei F die Matrix aus Satz 3.3.1 ist. Mit den Bezeichnungen aus Satz 3.3.1 ist weiter

$$e_r^T[\bar{b}', \bar{A}', 0] = \frac{1}{\alpha_r} e_r^T[\bar{b}, \bar{A}, 0] >_l 0,$$

da $\alpha_r > 0$ und $[\bar{b}, \bar{A}, 0] >_l 0$. Für die übrigen Zeilen $j \neq r$ und $j \in \{1, \ldots, m\}$ ist

$$e_j^T[\bar{b}', \bar{A}', 0] = e_j^T[\bar{b}, \bar{A}, 0] - \frac{\alpha_j}{\alpha_r} e_r^T[\bar{b}, \bar{A}, 0] >_l 0, \qquad (3.4.3)$$

falls

$$\frac{e_j^T[\bar{b}, \bar{A}, 0]}{\alpha_j} - \frac{e_r^T[\bar{b}, \bar{A}, 0]}{\alpha_r} >_l 0 \quad \text{und} \quad \alpha_j > 0, \qquad (3.4.4)$$

oder falls

$$e_j^T[\bar{b}, \bar{A}, 0] >_l 0 \quad \text{und} \quad e_r^T[\bar{b}, \bar{A}, 0] >_l 0 \quad \text{und} \quad \alpha_j \leq 0 \qquad (3.4.5)$$

gilt. (In (3.4.4) wurde die Zeile (3.4.3) durch $\alpha_j > 0$ dividiert.) Falls $\alpha_j > 0$ ist, so gilt die erste Ungleichung in (3.4.4) aber gerade nach Wahl von r und weil das Minimum bezüglich der lexikographischen Ordnung, wie schon vermerkt, eindeutig ist; im Fall $\alpha_j \leq 0$ gilt die Zeile (3.4.5), da $[\bar{b}, \bar{A}, 0] >_l 0$. Also bleibt die Lexikopositivität des Tableaus erhalten. Die lexikographische Monotonie von $[\beta, \bar{c}^T, 1]$ folgt ebenfalls aus Satz 3.3.1, der Definition von F, $\alpha_{m+1} = \bar{c}_s < 0$, $\alpha_r > 0$ und $e_r^T[\bar{b}, \bar{A}, 0] >_l 0$:

$$[\beta', (\bar{c}')^T, 1] = [\beta, \bar{c}^T, 1] - \frac{\alpha_{m+1}}{\alpha_r} e_r^T[\bar{b}, \bar{A}, 0] >_l [\beta, \bar{c}^T, 1]. \qquad \square$$

Die lexikographische Simplexmethode besteht nun darin, dass man durch Wiederholung des lexikographischen Simplexschritts ausgehend von einer ersten zulässigen Basis $\hat{J}_0 = J_0 \oplus \{z\}$ mit einem lexikopositiven Tableau weitere zulässige Basen $\hat{J}_l = J_l \oplus \{z\}$ mit lexikopositiven Tableaus erzeugt.

Dieses Verfahren ist endlich: es bricht nach endlich vielen Schritten entweder in Teilschritt 2a) oder Teilschritt 4) eines Simplexschritts ab. Der Grund ist, dass bei Beachtung der Reihenfolge der Indizes in den Paaren von Indexvektoren $J = (i_1, \ldots, i_m)$ und $K = (k_1, \ldots, k_{n-m})$ ein Paar J, K im Verlaufe der lexikographischen Simplexmethode nur einmal auftritt. (Die Beachtung der Reihenfolge soll heißen, dass z. B. die Indexvektoren $(3, 5)$ und $(5, 3)$ als verschieden angesehen werden. Die zugehörigen Basislösungen sind natürlich die gleichen, die zugehörigen Tableaus aber nicht.) Das Paar J und K bestimmt das Tableau und damit auch die letzte Zeile des Tableaus eindeutig; die letzte Zeile wächst aber im Verlauf der Methode mit jedem Simplexschritt streng monoton im Sinne der lexikographischen Ordnung. Dies schließt eine Wiederholung der Paare J, K aus. Da es „nur" $n!$ verschiedene solche Paare gibt, bricht die lexikographische Simplexmethode nach spätestens $n!$ Schritten ab. Wir fassen dieses Resultat in einem Satz zusammen:

Satz 3.4.6 *Ausgehend von einer zulässigen Basis von $\hat{P}$ mit einem lexikopositiven Tableau bricht die lexikographische Simplexmethode nach endlich vielen Simplexschritten entweder an der Stelle 2a) mit einer Optimallösung oder an der Stelle 4) eines Simplexschrittes mit der Auskunft ab, dass der Optimalwert von $(\hat{P})$ unendlich groß ist (und keine endliche Optimallösung existiert).*

Bemerkung

Eine andere „Anti-Zykel-Strategie" zur Simplexmethode geht auf Bland [17] zurück und schränkt sowohl die Wahl von r in Schritt 5) als auch die Wahl von s in Schritt 2) des Simplexschritts ein, während die Wahl von s bei der lexikographischen Simplexmethode frei bleibt. Beide Anti-Zykel-Strategien sind aber in allererster Linie von theoretischer Bedeutung.

3.5 Ein Hilfsproblem für den Startpunkt

Die Aussagen aus den letzten Abschnitten setzten stets die Kenntnis einer zulässigen Startbasis für $(\hat{P})$ voraus. Diese zu beschaffen, ist Aufgabe der sogenannten *Phase I der Simplexmethode.* Sie besteht darin, dass man die Simplexmethode auf ein Hilfsproblem $(\hat{P}')$
mit bekannter zulässiger Basis anwendet, dessen Optimalbasis eine zulässige Basis für $(\hat{P})$
liefert.

In vielen Fällen ist die Bestimmung einer zulässigen Basis einfach, weil man sie leicht
aus dem linearen Programm ablesen kann. Falls das Ausgangsproblem z. B. die Form

$$\min\{c^T x \mid Ax \le b,\ x \ge 0\}$$

hat mit $b \ge 0$, so kann dieses Problem durch Einführung von Schlupfvariablen $s_j \ge 0$ für
$1 \le j \le m$ mittels

$$\max_{\substack{x \in \mathbb{R}^n, \\ s \in \mathbb{R}^m}} \left\{ z \ \middle| \ \begin{bmatrix} A & I & 0 \\ c^T & 0 & 1 \end{bmatrix} \begin{pmatrix} x \\ s \\ z \end{pmatrix} = \begin{pmatrix} b \\ 0 \end{pmatrix},\ x \ge 0,\ s_1 \ge 0, \ldots, s_m \ge 0 \right\}$$

in die Form $(\hat{P})$ gebracht werden, und die Variablen $s_1, \ldots s_m, z$ liefern eine zulässige Basis
für dieses Problem. Wir benutzen hier und im Folgenden gelegentlich die eingangs erwähnte
Übereinkunft, die Basis durch die Namen der Variablen (und nicht durch die Indizes) zu
beschreiben. Wenn die Variablen unterschiedliche Namen tragen (wie hier z. B. x_i und s_i),
so ist dies leichter verständlich als die bisherige Notation, in der man s_i z. B. den Index $n+i$
zuordnen würde.

Falls aber $b \not\ge 0$, oder falls ein anderes Ausgangsproblem vorliegt, bei dem eine zulässige
Startbasis nicht direkt erkennbar ist, so liefert folgender Ansatz eine zulässige Basis: Wir
gehen wieder von der Standardform

$$(P) \qquad\qquad \min\{c^T x \mid Ax = b,\ x \ge 0\}$$

mit einer $m \times n$-Matrix A aus, und nehmen o. B. d. A. $b \ge 0$ an. (Falls $b_j < 0$, multiplizieren
wir die j-te Zeile von A sowie b_j mit -1.) Wir definieren nun die Matrix $\hat{A}$ durch

$$\hat{A} = \begin{bmatrix} A & I & 0 \\ 0 & e^T & 1 \end{bmatrix}$$

mit $e = (1, 1, \ldots, 1)^T \in \mathbb{R}^m$ und das Hilfsproblem

$$(\hat{P}') \qquad \max \left\{ z \ \middle| \ \begin{bmatrix} A & I & 0 \\ 0 & e^T & 1 \end{bmatrix} \begin{pmatrix} x \\ s \\ z \end{pmatrix} = \begin{pmatrix} b \\ 0 \end{pmatrix},\ x \ge 0,\ s \ge 0 \right\}$$

Die neu eingeführten Variablen s_i im Vektor $s = (s_1, \ldots, s_m)$ heißen *künstliche Variable*. Eine zulässige Lösung (x, s, z) von $(\hat{P}')$ liefert genau dann eine zulässige Lösung von (P), wenn $s = 0$. Zu der Basis $\hat{J}_0 = J_0 \oplus \{z\}$ mit $J_0 := (s_1, s_2, \ldots, s_m)$ gilt

$$\hat{A}_{\hat{J}_0}^{-1} = \begin{bmatrix} I & 0 \\ e^T & 1 \end{bmatrix}^{-1} = \begin{bmatrix} I & 0 \\ -e^T & 1 \end{bmatrix}$$

sodass das Hilfsproblem die zulässige Basis $\hat{J}_0$ besitzt, mit der Basislösung $\bar{x} = 0$, $\bar{s} := b$, $\bar{z} := -e^T b$ und dem Tableau

$$\left(\hat{J}_0; \begin{bmatrix} A & I & 0 & b \\ -e^T A & 0 & 1 & -e^T b \end{bmatrix} \right).$$

Man kann also die (lexikographische) Simplexmethode auf $(\hat{P}')$ sofort anwenden. Aus der Gleichung der letzten Zeile von $\hat{A}$ lesen wir wegen $s_1 \geq 0, \ldots, s_m \geq 0$ ab, dass der Optimalwert von $(\hat{P}')$ kleiner oder gleich Null ist. Wenn nun der Optimalwert von $(\hat{P}')$ kleiner als Null ist, so besitzt (P) offenbar keine zulässige Lösung (es gibt keinen Vektor $x \geq 0$, für den $s = b - Ax = 0$ ist). Wenn der Optimalwert gleich Null ist, so liefert die lexikographische Simplexmethode für $(\hat{P}')$ eine optimale Basis $\hat{J} = J' \oplus \{z\}$, $J' = (x_{j_1}, \ldots, x_{j_k}, s_{i_{k+1}}, \ldots, s_{i_m})$ und ein zugehöriges Tableau der Form

$$\left(\hat{J}'; \begin{bmatrix} \bar{A} & \bar{S} & 0 & \bar{b} \\ \bar{\eta}^T & \bar{d}^T & 1 & \beta \end{bmatrix} \right)$$

mit $\bar{b}_{k+1} = \cdots = \bar{b}_m = 0$, weil der Optimalwert von $(\hat{P}')$ gleich Null ist und deshalb die Komponenten $\bar{s}_{i_{k+1}} = \cdots = \bar{s}_{i_m}$ der Basislösung $(\bar{x}, \bar{s}, \bar{z})$ verschwinden. Der Vektor $\bar{\eta}$ entspricht dem Vektor $\bar{c}$, der bei der Lösung von $(\hat{P})$ auftritt, bei $(\hat{P}')$ wurde allerdings nicht die Zielfunktion aus (P) minimiert, so dass der Vektor $\bar{c}$ zu (P) noch nachträglich berechnet werden muss. Wir zeigen zunächst, dass man o. B. d. A. $k = m$ annehmen kann, d. h. dass in der Basis J' keine künstlichen Variablen s_i enthalten sind. Falls $k < m$, führe man der Reihe nach noch Basisaustauschschritte $s_{i_j} \longrightarrow x_l$ mit Variablen x_l durch, wobei $x_l \notin J'$ so gewählt ist, dass das zu dem Austauschschritt benötigte Pivotelement nicht verschwindet. Zum Beispiel betrachte man für $j = k + 1$ die $(k + 1)$-te Zeile

$$[\tilde{a}, \tilde{s}, 0, 0] := e_{k+1}^T \begin{bmatrix} \bar{A} & \bar{S} & 0 & \bar{b} \\ \bar{\eta}^T & \bar{d}^T & 1 & \beta \end{bmatrix}$$

des letzten Tableaus. Wegen $x_{j_1}, \ldots, x_{j_k}, s_{i_{k+1}} \in J'$ ist $\tilde{a}_{j_1} = \cdots = \tilde{a}_{j_k} = 0$, $\tilde{s}_{i_{k+1}} = 1$. Dann gibt es ein $l \neq j_1, \ldots, j_k$ so dass $\tilde{a}_l \neq 0$. (Andernfalls wäre $\tilde{a} = 0$ und weil $\tilde{a}$ eine nichttriviale Linearkombination der Zeilen von A ist, erhielte man einen Widerspruch zu rg $A = m$.)

Sei daher o. b. d. A. $k = m$. Dann ist $\hat{J} := J \oplus \{z\}$ mit $J := (x_1, \ldots, x_{i_m})$ eine zulässige Basis von

$$(\hat{P}) \qquad \max\left\{z \mid \begin{bmatrix} A & 0 \\ c^T & 1 \end{bmatrix}\begin{pmatrix} x \\ z \end{pmatrix} = \begin{pmatrix} b \\ 0 \end{pmatrix}, \; x \geq 0\right\}.$$

Das zugehörige Tableau

$$\left(\hat{J}; \begin{bmatrix} \bar{A} & 0 & \bar{b} \\ \bar{c}^T & 1 & \beta \end{bmatrix}\right)$$

erhält man aus dem Schlusstableau

$$\left(\hat{J}; \begin{bmatrix} \bar{A} & \bar{S} & 0 & \bar{b} \\ \bar{\eta}^T & \bar{d}^T & 1 & \beta \end{bmatrix}\right)$$

von $(\hat{P}')$ durch Fortlassen der zu den Variablen $s_1, \ldots, s_m$ gehörigen Spalten und Berechnung von $\bar{c}^T = c^T - \pi A$ (siehe (3.2.5)). Den Vektor π der Schattenpreise kann man dazu durch Lösung des linearen Gleichungssystems (3.2.4), $\pi A_J = c_J$ ermitteln.

Wir wollen dieses Ergebnis und die der vorangegangenen Kapitel nun zusammenfassen.

3.6 Zusammenfassung

Das Problem

$$(P) \qquad \min\{c^T x \mid Ax = b, x \geq 0\}$$

kann äquivalent in die Simplexform

$$(\hat{P}) \qquad \max\left\{z \mid \begin{bmatrix} A & 0 \\ c^T & 1 \end{bmatrix}\begin{pmatrix} x \\ z \end{pmatrix} = \begin{pmatrix} b \\ 0 \end{pmatrix}, \; x \geq 0\right\}$$

umgeformt werden. Zu $(\hat{P})$ gibt es ein Hilfsproblem $(\hat{P}')$, das stets eine zulässige Startbasis und einen beschränkten Optimalwert (kleiner oder gleich Null) hat. Daher liefert die lexikographische Simplexmethode für $(\hat{P}')$ stets eine Basis zu einer Optimallösung. Falls der Optimalwert von $(\hat{P}')$ kleiner als Null ist, haben (P) und $(\hat{P})$ keine zulässigen Lösungen. Ansonsten liefert die gefundene Basis eine zulässige Startbasis für $(\hat{P})$. Von einer zulässigen Startbasis für $(\hat{P})$ ausgehend liefert die lexikographische Simplexmethode nach endlich vielen Schritten entweder eine Optimallösung von $(\hat{P})$ oder die Auskunft, dass der Optimalwert von $(\hat{P})$ unendlich groß ist (und der von (P) unendlich klein).

Bemerkungen

Dies ist ein konstruktiver Beweis dafür, dass jedes Problem in Standardform (P), das zulässige Lösungen besitzt, $\mathcal{P} \neq \emptyset$, eine endliche Optimallösung in einer Ecke des zulässigen Polyeders $\mathcal{P}$ besitzt, sofern der Optimalwert von (P) endlich ist. Insbesondere kann es also nicht vorkommen, dass das Infimum $\inf\{c^T x \mid Ax = b, \; x \geq 0\}$ zwar endlich ist aber nicht angenommen wird (für nichtlineare Optimierungsprobleme, z. B. für $\inf\{1/x \mid x \geq 1\}$, muss dies nicht zutreffen).

Die Anzahl der Simplexschritte ist durch $n!$ (oder im Nichtentartungsfall durch $\binom{n}{m}$) beschränkt. Diese Zahl ist für Probleme mit $n \geq 100.000$ wie in dem eingangs gegebenen Beispiel sicher nur von theoretischem Interesse. In praktischen Anwendungen wurden Schrittzahlen in der Größenordnung von n bis n^2 Schritten beobachtet. Allerdings ist das Problem, gute Abschätzungen für die Schrittzahl zu finden, sehr schwer. Für eine Reihe gängiger Pivotstrategien in Schritt 2a) der allgemeinen Simplexmethode haben Klee und Minty [97] (siehe auch die Übungsaufgaben in Abschn. 3.10) nichtentartete Beispiele angegeben, für welche die Simplexmethode $2^m - 1$ Schritte zur Lösung benötigt. Auch diese Zahl von Simplexschritten ist schon für Probleme der Größenordnung $m \geq 100$ praktisch völlig unbrauchbar. Auf der anderen Seite sieht man auch leicht ein, dass man eine beliebige Basis von A in eine beliebige andere Basis mit höchsten $n - m$ Basisaustauschschritten transformieren kann. Die hochdimensionalen Polyeder haben aber eine nur schwer zugängliche Oberflächen- oder Facettenstruktur, und es ist bislang nicht gelungen, diese Struktur mit mathematischen Methoden gut zu erfassen. So wurde zum Beispiel die sehr einfach scheinende Vermutung von Hirsch (1957), dass bei geeigneter Pivotwahl auch $n - m$ Simplexschritte ausreichen, um $(\hat{P})$ zu lösen, erst 2010 widerlegt [148].

Wie bereits erwähnt, ist die hier vorgestellte Tableauform nur eine von mehreren Möglichkeiten, die Simplexmethode praktisch umzusetzen. Weitere Ansätze sind z. B. folgende:

Die Inverse-Basis-Methode: Falls man das Tableau beim Simplexverfahren nicht explizit berechnen möchte, kann man die Größen $\bar{b}$, $\bar{c}_K$ und $\bar{a}_s$, die in jedem Schritt benötigt werden, auch aus A_J^{-1} berechnen, und A_J^{-1} in jedem Schritt durch $A_{J'}^{-1} = \tilde{F} A_J^{-1}$ mit einer m-reihigen Frobeniusmatrix $\tilde{F}$ ähnlich wie in Satz 3.3.1 aktualisieren. Diese Methode ist allerdings numerisch nicht stabil.

Die Dreieckszerlegungsmethode: Eine stabilere Variante der Simplexmethode basiert auf einer Zerlegung der Matrix A_J in $LA_J = R$ mit einer oberen Dreiecksmatrix R und einer nichtsingulären quadratischen Matrix L. Der Vektor $\bar{b}$ kann dabei aus L, R und b durch eine Multiplikation mit L und die Lösung eines Gleichungssystems mit der Matrix R mittels

$$A_J \bar{b} = b \iff LA_J \bar{b} = Lb \iff R\bar{b} = d := Lb$$

gewonnen werden. Der gleiche Ansatz lässt sich auch für die Berechnung von $\bar{a}_s = A_J^{-1} a_s$ anwenden. Zur Berechnung von $\bar{c}_K$ lösen wir (vgl. (3.2.4)), ähnlich wie eben die Gleichung $\pi A_J^T = c_J^T$, nach dem Vektor π auf und erhalten $\bar{c}_K$ aus (vgl. (3.2.5))

$$\bar{c}_K^T = -\pi A_K + c_K.$$

Nach einem Basiswechsel von J zu J' ist dann

$$LA_{J'} = L(a_{i_1}, \ldots, a_{i_{r-1}}, a_s, a_{i_{r+1}}, \ldots, a_{i_m}) = \begin{pmatrix} * & \cdots & * & \cdots & * \\ & \ddots & \vdots & & * \\ & & * & \vdots & \\ & & & * & \vdots \\ & & \vdots & * & \\ & & \vdots & & \ddots & * \\ & & * & & & * \end{pmatrix},$$

da LA_J nach Voraussetzung eine obere Dreiecksmatrix ist. Permutiert man nun die volle (r-te) Spalte nach rechts an die Position $m-1$ und rückt die dazwischen liegenden Zeilen $r+1, \ldots, m-1$ um eins nach links, so hat die entstandene Matrix bis auf eine Diagonale unterhalb der Hauptdiagonalen die gewünschte Dreiecksgestalt und kann durch Multiplikation von links mit maximal $m-1$ Givensrotationen [163] wieder auf Dreiecksgestalt transformiert werden. Die Givensrotationen müssen dabei sowohl auf L als auch auf R angewendet werden; der rechnerische Aufwand ist etwas größer, als bei der Aktualisierung mittels Frobenius-Matrizen, aber das Verfahren ist sehr stabil gegenüber Rundungsfehlern bei den Basiswechseln.

3.7 Dualität bei linearen Programmen

3.7.1 Der Dualitätssatz

Wir wenden uns nun besonderen Eigenschaften linearer Programme zu, ihren sogenannten Dualitätseigenschaften: Es gilt nämlich in der Regel

$$\min\{c^T x \mid Ax = b, \ x \geq 0\} = \max\{b^T y \mid A^T y \leq c\}. \tag{3.7.1}$$

Dem linearen Programm in Standardform

$$(P) \qquad\qquad \min\{c^T x \mid Ax = b, \ x \geq 0\},$$

mit einer $m \times n$-Matrix $A = [a_1, a_2, \ldots, a_n]$ mit den Spalten a_i, ist also ein zweites lineares Programm, das sogenannte *duale Programm,* an die Seite gestellt, nämlich

$$(D) \qquad\qquad \max\{b^T y \mid A^T y \leq c\}.$$

Das Programm (P) werden wir künftig *primales Programm* nennen.

Die Optimalwerte von (P) und (D) sind (in der Regel) durch (3.7.1) miteinander verknüpft. Es wird sich zeigen, dass man diese Dualität mit Hilfe der oben hergeleiteten

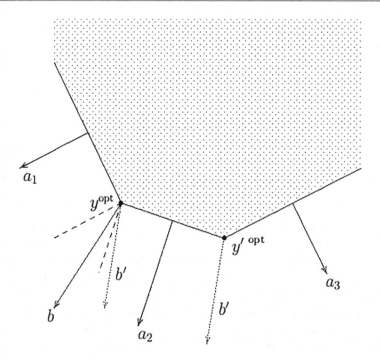

Abb. 3.1 Optimalität bei linearen Programmen

Ergebnisse zur Simplexmethode sehr leicht beweisen kann. Mit Hinblick auf die Dualität bei konvexen Programmen ist es aber sinnvoller, sich zunächst ein plastisches Bild dieser Dualitätsaussage zu machen, und anhand dieses Bildes bereits auf die formalen Unterschiede hinzuweisen, die später bei der Dualität allgemeiner konvexer Programme auftreten werden.

Die zulässige Menge des dualen Problems

$$\max \quad b^T y$$
$$y: \quad a_i^T y \le c_i, \quad i = 1, 2, \ldots, n,$$

ist Durchschnitt der endlich vielen Halbräume $\{y \mid a_i^T y \le c_i\}$, $i = 1, \ldots, n$, mit den Normalen a_i, also ein Polyeder im $\mathbb{R}^m$, das sich für $m = 2$ leicht veranschaulichen lässt (in Abb. 3.1 schattiert abgebildet).

Die Vektoren a_i stehen senkrecht auf den Seitenflächen, und der Vektor b liegt in der optimalen Ecke „offenbar" in dem von a_1 und a_2 erzeugten konvexen Kegel[1] (gestrichelte Linien). Mit dem Wort „offenbar" sei hier an unser Anschauungsvermögen appelliert, ein genauer Beweis folgt später. Wir sehen aus diesem Bild aber schon jetzt: Nicht $y^* := y^{opt}$,

---

[1] Allgemein ist ein Kegel eine Menge $\mathcal{K}$, für die mit $x \in \mathcal{K}$ auch stets $\lambda x \in \mathcal{K}$ für alle $\lambda \ge 0$ gilt. Ein konvexer Kegel $\mathcal{K}$ wird von Vektoren $a_1, \ldots, a_n$ erzeugt, wenn sich alle Elemente in $\mathcal{K}$ in der Form $\sum \lambda_i a_i$ mit $\lambda_i \ge 0$ darstellen lassen.

sondern die Ecke y'^{opt} rechts davon ist optimal, wenn b etwas weiter nach rechts zeigt, wie etwa der Vektor b', der gepunktet eingezeichnet ist, und der nicht mehr zwischen den gestrichelten Linien liegt. Es gilt auch allgemeiner (und nicht nur in diesem Bild), dass der Vektor b eine Linearkombination der Vektoren a_i ist, die in y^* aktiv sind und dass die Koeffizienten dieser Linearkombination nichtnegativ sind, d. h.

$$b = \sum_{i \in J} \lambda_i a_i \quad \text{mit} \quad \lambda_i \geq 0, \tag{3.7.2}$$

wobei $J := \{i \mid a_i^T y^* = c_i\}$ die Menge der in y^* *aktiven* Nebenbedingungen von (D) ist. Wir werden zeigen, dass die aktiven Indizes des dualen Problems (D) gerade den inaktiven Indizes des Ausgangsproblems (P) entsprechen.

Wir definieren nun den Vektor x^* durch $x_J^* = \lambda$, wobei die Komponenten des Vektors λ durch (3.7.2) gegeben sind, und setzen $x_K^* = 0$, wobei $J \oplus K = N$. Wegen

$$Ax^* = A_J \lambda + A_K 0 = b, \quad x^* \geq 0$$

ist x^* zulässig für das primale Programm (P).

Wir schreiben das duale Programm (D) nun nach Einführung der Schlupfvariablen s in der äquivalenten Form

$$\max\{b^T y \mid A^T y + s = c, \ s \geq 0\}.$$

Wenn wir den Vektor $c - A^T y^*$ mit s^* bezeichnen, dann gilt $s^* \geq 0$ und $s_J^* = 0$, so dass wegen $x_K^* = 0$ und $s_J^* = 0$

$$(x^*)^T s^* = (x_K^*)^T s_K^* + (x_J^*)^T s_J^* = 0, \quad x^* \geq 0, \quad s^* \geq 0.$$

Diese Beziehung zwischen $x^* \geq 0$ und $s^* \geq 0$ heißt *Komplementarität*. Sie erzwingt, dass alle Produkte $x_i^* s_i^* = 0$, $i = 1, \dots, n$, verschwinden und dass für alle i mindestens eine der beiden Komponenten x_i^* und s_i^* gleich Null ist.

Wir betrachten nun ein beliebiges Paar von primal und dual zulässigen Punkten x und y, s. Aus der Zulässigkeit folgt die Ungleichung

$$0 \leq x^T s = x^T(c - A^T y) = c^T x - (Ax)^T y = c^T x - b^T y. \tag{3.7.3}$$

Diese Ungleichung wird gelegentlich auch „schwache Dualität" genannt; sie besagt, dass für beliebige primal und dual zulässige Punkte x und y die Ungleichung $c^T x \geq b^T y$ gilt, d. h. das Minimum von (P) ist stets größer oder gleich dem Maximum von (D)! Auf der anderen Seite gilt wegen der Komplementarität aber gerade $(x^*)^T s^* = 0$ und nach Konstruktion sind die Punkte x^* sowie y^* und s^* für (P) und (D) jeweils zulässig. Also ist wegen obiger Gleichung

$$0 = (x^*)^T s^* = c^T x^* - b^T y^*.$$

Dies bedeutet aber, dass x^* auch Optimallösung von (P) ist, und dass das Minimum und das Maximum in (3.7.1) übereinstimmen. Wir erinnern hier noch einmal, dass obige Herleitung von (3.7.1) an unser Anschauungsvermögen appelliert, und deshalb kein Beweis ist.

Wir machen an dieser Stelle einen kurzen Exkurs und überlegen, an welchen Stellen wir bei der Herleitung der Komplementarität die polyedrische Struktur der zulässigen Menge überhaupt benutzt haben, oder anders ausgedrückt, ob diese Beziehung nicht auch allgemeiner für konvexe Programme gilt. Wir betrachten das Problem

$$\max\{b^T y \mid f_i(y) \le 0 \ \text{ für } \ 1 \le i \le n\} \tag{3.7.4}$$

mit konvexen Funktionen f_i. Für den Fall affiner Funktionen $f_i(x) = a_i^T x - c_i$ stimmt dieses Problem mit (D) überein. Der zulässige Bereich und der Optimalpunkt sind in Abb. 3.2 wieder an einem Beispiel skizziert.

Anstelle von (3.7.2) erhalten wir nun für $y^* := y^{opt}$

$$b = \sum_{i \in J} \lambda_i \nabla f_i(y^*) \qquad \text{mit } \lambda_i \ge 0, \tag{3.7.5}$$

wobei $J = \{i \mid f_i(y^*) = 0\}$. Wenn wir mit $A(y) = (\nabla f_1(y), \ldots, \nabla f_n(y))$ die Transponierte der Jacobimatrix von $f = (f_1, \ldots, f_n)^T$ im Punkt y bezeichnen, und x^* wie oben aus λ aufbauen, $x_J^* = \lambda$, $x_k^* = 0$ für $k \notin J$, so erhalten wir die Beziehung

$$b = A(y^*)x^*, \qquad x^* \ge 0, \tag{3.7.6}$$

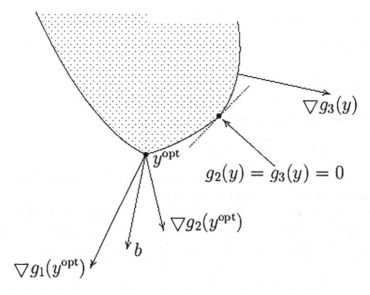

Abb. 3.2 Optimalität bei konvexen Programmen

und nur die Komponenten x_j^* sind dabei von Null verschieden. Für den Vektor der Schlupf-variablen $s^* := -f(y^*)$ gilt $s^* \geq 0$ wegen der Zulässigkeit von y^*. Man erhält so die Komplementaritätsbeziehung

$$(x^*)^T s^* = 0, \quad x^* \geq 0, \quad s^* \geq 0. \tag{3.7.7}$$

Es liegt bei diesem konvexen Problem also auch eine Form von Dualitätsbeziehung vor, die im Kap. 8 noch genauer betrachtet wird. Die Symmetrie zwischen primalem und dualem Problem geht bei konvexen Problemen der Form (3.7.4) aber leider verloren. (Eine symmetrische Formulierung kann man erreichen, indem man sogenannte konische Probleme betrachtet.)

Man könnte die Dualität bei linearen und konvexen Programmen etwa nach obiger Vorgehensweise vollständig beweisen; die Hauptschwierigkeit dabei wäre, die verschiedenen Möglichkeiten der Entartung zu berücksichtigen. Bei konvexen Programmen kann die Entartung sogar noch etwas unangenehmer sein als bei linearen Programmen, und die obige Dualitätsaussage kann dann sogar falsch sein; bei linearen Programmen ist sie stets richtig, sofern zumindest eines der beiden Probleme (P) oder (D) einen zulässigen Punkt besitzt.

Sinn obiger Überlegungen war zu zeigen, dass der Kerninhalt der Dualität nicht die Beziehung (3.7.1) ist, sondern eigentlich die Beziehungen (3.7.6), (3.7.7), die sich lediglich bei linearen Programmen in der besonders einfachen Form (3.7.1) schreiben lassen.

Ein formeller Beweis von (3.7.1) kann sehr schön mit Hilfe der Simplexmethode erbracht werden. Wir geben zunächst den Dualitätssatz an.

Satz 3.7.8 (Dualitätssatz der linearen Optimierung)
Seien $A \in \mathbb{R}^{m \times n}$, $b \in \mathbb{R}^m$, $c \in \mathbb{R}^n$ beliebig gegeben. Mit der Vereinbarung $\max \emptyset = -\infty$ *und* $\min \emptyset = +\infty$ *gilt*

$$\min\{c^T x \mid Ax = b, \ x \geq 0\} = \max\{b^T y \mid A^T y \leq c\},$$

sofern eines der beiden Probleme eine zulässige Lösung besitzt.

Bemerkung
Dieser Satz besagt unter anderem, dass (P) und (D) immer auch Optimallösungen besitzen, sobald (P) und (D) zulässige Lösungen besitzen. Es kann durchaus vorkommen, dass weder (P) noch (D) zulässige Punkte haben, und in diesem Fall ist aufgrund unserer Definitionen $\min\{c^T x \mid Ax = b, \ x \geq 0\} = \infty > -\infty = \max\{b^T y \mid A^T y \leq c\}$. Die Konvention $\max \emptyset = -\infty$ kann so verstanden werden, dass der Optimalwert eines linearen Programmes, das überhaupt keine zulässige Lösung besitzt, beliebig schlecht sei – schlechter als der eines jeden anderen Programmes, das zumindest einen zulässigen Punkt hat.

Beweis Mit P_{inf} und D_{sup} bezeichnen wir die Werte

$$P_{\text{inf}} := \inf \{c^T x \mid Ax = b,\ x \geq 0\},$$
$$D_{\text{sup}} := \sup \{b^T y \mid A^T y \leq c\}.$$

Falls x und y für (P) und (D) zulässig sind, gilt wie in (3.7.3) gezeigt stets $c^T x \geq b^T y$ und somit auch

$$b^T y \leq D_{\text{sup}} \leq P_{\text{inf}} \leq c^T x.$$

Falls $P_{\text{inf}} = -\infty$ so kann also Programm (D) keine zulässigen Punkte besitzen, und dann ist auch $D_{\text{sup}} = -\infty$ aufgrund der Definition $\max \emptyset := -\infty$. Analog folgt der Satz, falls $D_{\text{sup}} = \infty$. Es bleibt noch der Fall zu behandeln, dass P_{inf} oder D_{sup} endlich sind. Dazu nehmen wir zunächst an, dass A linear unabhängige Zeilen besitzt.

Falls P_{inf} endlich ist, besitzt (P) sogar eine Optimallösung: denn die lexikographische Simplexmethode liefert dann eine optimale zulässige Basis $\hat{J} = J \oplus \{z\}$ von $\hat{P}$, ein K mit $J \oplus K = N$, und ein dazu gehöriges Schluss-Tableau

$$\left(\hat{J};\ \begin{bmatrix} \bar{A} & 0 & \bar{b} \\ \bar{c}^T & 1 & \beta \end{bmatrix} \right)$$

mit $\bar{c}_K \geq 0, \bar{b} \geq 0$, aus dem man die Basislösung (x^*, z^*) zu $J \oplus \{z\}$, also eine Optimallösung von (P), ablesen kann:

$$x_K^* := 0, \quad x_J^* := \bar{b}, \quad z^* := \beta.$$

Nun gilt für die Tableaumatrix zu $J \oplus \{z\}$

$$\begin{bmatrix} \bar{A} & 0 & \bar{b} \\ \bar{c}^T & 1 & \beta \end{bmatrix} = \begin{bmatrix} A_J & 0 \\ c_J^T & 1 \end{bmatrix}^{-1} \begin{bmatrix} A & 0 & b \\ c^T & 1 & 0 \end{bmatrix},$$

wobei

$$\begin{bmatrix} A_J & 0 \\ c_J^T & 1 \end{bmatrix}^{-1} = \begin{bmatrix} A_J^{-1} & 0 \\ -\pi & 1 \end{bmatrix}, \quad \pi := c_J^T A_J^{-1},$$

und π der Zeilenvektor der Schattenpreise zur Basis J ist (s. (3.2.4)). Also folgt (s. (3.2.5))

$$\bar{c}^T = -\pi A + c^T, \quad \beta = -\pi b,$$

und insbesondere

$$\bar{c}_K^T = -\pi A_K + c_K^T \geq 0, \quad \bar{c}_J^T = -\pi A_J + c_J^T = 0.$$

Für den Spaltenvektor $y^* := \pi^T$ und den Vektor $s^* := c - A^T y^*$ gilt daher

$$0 \leq \bar{c}_K = c_K - A_K^T y^* \implies s_K^* \geq 0,$$
$$0 = \bar{c}_J = c_J - A_J^T y^* \implies s_J^* = 0.$$

Dies besagt, dass y^* eine zulässige Lösung des dualen Problems (D) ist, $A^T y^* \leq c$, und Komplementarität gilt,

$$(x^*)^T s^* = (x_K^*)^T s_K^* + (x_J^*)^T s_J^* = 0, \quad x^* \geq 0, \ s^* \geq 0.$$

Wegen (3.7.3) ist daher y^* eine Optimallösung von (D) mit $c^T x^* - b^T y^* = 0$. Die tiefere Bedeutung der Schattenpreise π liegt also darin, dass sie eine Optimallösung y^* des dualen Problems (D) liefern, $y^* = \pi^T$.

Wir betrachten nun den Fall, dass die Zeilen von A linear abhängig sind und (P) einen endlichen Optimalwert besitzt. Sei $\tilde{A}$ eine Matrix mit vollem Zeilenrang, die durch Streichen linear abhängiger Zeilen aus A entsteht und sei $\tilde{b}$ der Vektor, der durch Streichen der entsprechenden Komponenten aus b entsteht. Nach obiger Herleitung ist der Dualitätssatz auf das primale Problem

$$\min\{\, c^T x \mid \tilde{A} x = \tilde{b}, \ x \geq 0 \,\} \tag{3.7.9}$$

anwendbar, d. h. sein Optimalwert stimmt mit dem von

$$\max\{\, \tilde{b}^T \tilde{y} \mid \tilde{A} \tilde{y} \leq c \,\} \tag{3.7.10}$$

überein. Da (P) zulässige Punkte besitzt, liegt b im Bild von A, d. h. der Optimalwert und die Optimallösung von (3.7.9) ändern sich durch Einfügen der redundanten Zeilen nicht und stimmen mit Optimalwert und die Optimallösung von (P) überein. Nach Voraussetzung existiert ein v mit $Av = b$. Die Definition von $\tilde{A}$ und $\tilde{b}$ impliziert, dass dann auch $\tilde{A} v = \tilde{b}$ gilt. Da der Bildraum von A^T und von $\tilde{A}^T$ übereinstimmen, genügt es für die Äquivalenz von (3.7.10) und (D) zu zeigen, dass für y, $\tilde{y}$ mit $A^T y = \tilde{A}^T \tilde{y}$ auch die dualen Zielfunktionswerte übereinstimmen. Dies folgt direkt aus

$$b^T y = (Av)^T y = v^T A^T y = v^T \tilde{A}^T \tilde{y} = (\tilde{A} v)^T \tilde{y} = \tilde{b}^T \tilde{y}.$$

Es bleibt noch der Fall zu betrachten, dass $D_{\sup}$ endlich ist. Wir benutzen hier eine Beweistechnik, mit der sich sehr viele ähnliche Aussagen beweisen lassen: Wir formen das Programm (D) äquivalent in ein Problem $(\tilde{P})$ um, das formal wie (P) aussieht, und wenden dann den vorangegangenen Beweis auf $(\tilde{P})$ und dessen duales Problem $(\tilde{D})$ an.

Wir nutzen aus, dass man jeden Vektor $y = y^{(1)} - y^{(2)}$ als Differenz zweier nichtnegativer Vektoren mit $y^{(i)} \geq 0$, $i = 1, 2$, schreiben kann.

Wegen $\max b^T y = -\min -b^T y$ ist dann (D) äquivalent zu

$$-\inf\left\{ -b^T (y^{(1)} - y^{(2)}) \mid A^T (y^{(1)} - y^{(2)}) + s = c, \ (y^{(1)}, y^{(2)}, s) \geq 0 \right\},$$

also zu dem Problem

$$(\tilde{P}) \qquad -\inf\left\{ \begin{pmatrix} -b \\ b \\ 0 \end{pmatrix}^T \begin{pmatrix} y^{(1)} \\ y^{(2)} \\ s \end{pmatrix} \ \middle| \ \begin{bmatrix} A \\ -A \\ I \end{bmatrix}^T \begin{pmatrix} y^{(1)} \\ y^{(2)} \\ s \end{pmatrix} = c, \ \begin{pmatrix} y^{(1)} \\ y^{(2)} \\ s \end{pmatrix} \geq 0 \right\}.$$

Dieses Programm hat genau die Form (P), wenn man von dem Vorzeichen vor „inf" absieht. Nach der vorangegangenen Überlegung wird also der Optimalwert (nämlich $D_{\sup}$) von ($\widetilde{P}$) angenommen und ist gleich dem Optimalwert des zu ($\widetilde{P}$) dualen linearen Programms ($\widetilde{D}$), d. h. von

$$(\widetilde{D}) \qquad -\max\left\{ c^T u \;\middle|\; \begin{bmatrix} A \\ -A \\ I \end{bmatrix} u \le \begin{pmatrix} -b \\ b \\ 0 \end{pmatrix} \right\}.$$

Die Nebenbedingungen dieses Programms $Au \le -b$, $-Au \le b$ besagen gerade $Au = -b$, und die letzte Nebenbedingung sagt $u \le 0$. Definieren wir nun $x := -u$, und so sehen wir, dass das zu ($\widetilde{P}$) duale Problem ($\widetilde{D}$) mit

$$-\max\left\{ -c^T x \mid Ax = b, \quad x \ge 0 \right\},$$

also wegen $-\max -c^T x = \min c^T x$ wie gewünscht mit dem Problem (P) äquivalent ist. Der Beweis ist somit vollständig. $\qquad\square$

Die obige Technik – „äquivalent umformen", „duales Problem bilden", „äquivalent zurückformen" – liefert auch noch folgenden etwas allgemeineren Dualitätssatz:

Satz 3.7.11 (Allgemeiner Dualitätssatz für lineare Programme)
Mit der Notation aus Satz 3.7.8 gilt

$$\min\left\{ c_1^T x_1 + c_2^T x_2 \;\middle|\; \begin{matrix} A_{11}x_1 + A_{12}x_2 \ge b_1 \\ A_{21}x_1 + A_{22}x_2 = b_2 \end{matrix}, \quad x_1 \ge 0 \right\}$$
$$= \max\left\{ b_1^T y_1 + b_2^T y_2 \;\middle|\; \begin{matrix} A_{11}^T y_1 + A_{21}^T y_2 \le c_1 \\ A_{12}^T y_1 + A_{22}^T y_2 = c_2 \end{matrix}, \quad y_1 \ge 0 \right\},$$

sofern eines der beiden Probleme einen zulässigen Punkt besitzt. Dabei seien $x_1 \in \mathbb{R}^{n_1}$, $x_2 \in \mathbb{R}^{n_2}$, $b_1 \in \mathbb{R}^{m_1}$, $b_2 \in \mathbb{R}^{m_2}$, mit $n_1, n_2, m_1, m_2 \ge 0$ und passend dimensionierten $A_{i,j}$ und c_j.

Um wieder auf das Bild zurückzukommen, mit dem wir den Dualitätssatz zunächst motiviert hatten, halten wir fest, dass y_1 die Koeffizienten aus (3.7.2) zusammenfasst, die den Ungleichungen des primalen Problems mit b_1 entsprechen, während y_2 die Koeffizienten zusammenfasst, die zu den Gleichungen des primalen Problems mit b_2 gehören. Wir nennen die Komponenten von y_1 und y_2 auch Lagrangemultiplikatoren und werden den Namen später genauer definieren. Die Lagrangemultiplikatoren zu Ungleichungen sind (nicht nur hier) vorzeichenbeschränkt, und die zu den Gleichungen sind ohne Vorzeichenbeschränkung.

3.7.2 Die duale Simplexmethode

Gehen wir zu dem Beweis von Satz 3.7.8 zurück, so sehen wir, dass man zu einer beliebigen Basis $\hat{J} = J \cup \{z\}$, $J \oplus K = N$, von $(\hat{P})$ als duale Variable den Vektor $y(J) := A_J^{-T} c_J$ definieren kann. Dieser Vektor ist genau dann dual (d. h. für (D)) zulässig, wenn $\bar{c}_K = c_K - A_K^T y(J) \geq 0$ gilt. Der Wert der dualen Zielfunktion ist dabei

$$b^T y(J) = b^T A_J^{-T} c_J = \bar{b}^T c_J = x_J(J)^T c_J = c^T x(J),$$

da $x_K(J) = 0$ ist; der primale und der duale Zielfunktionswert stimmen also überein. Wir nennen daher eine Basis $\hat{J} = J \oplus \{z\}$ mit $\bar{c}_K \geq 0$ *dual zulässige Basis*. Wenn eine dual zulässige Basis gegeben ist, kann man versuchen, die duale Zulässigkeit zu bewahren, und durch Simplexschritte den Zielfunktionswert $b^T y(J) = c^T x(J)$ so lange zu vergrößern, bis der duale Maximalwert erreicht ist, und der Vektor $x(J)$ auch primal zulässig wird. Dies führt zur Definition eines dualen Simplexschritt:

Dualer Simplexschritt zur Lösung von $(\hat{P})$

Sei wieder

$$(\hat{P}) \qquad \max\left\{ z \;\middle|\; \begin{bmatrix} A & 0 \\ c^T & 1 \end{bmatrix} \begin{pmatrix} x \\ z \end{pmatrix} = \begin{pmatrix} b \\ 0 \end{pmatrix}, \; x \geq 0 \right\}.$$

Algorithmus 3.7.12 (Dualer Simplexschritt)
Start *Gegeben sei eine dual zulässige Basis $\hat{J} = J \oplus \{z\}$ von $(\hat{P})$ mit dem Tableau*

$$\left(J \oplus \{z\}; \begin{bmatrix} \bar{A} & 0 & \bar{b} \\ \bar{c}^T & 1 & \beta \end{bmatrix} \right), \quad \bar{c}_K \geq 0.$$

1. *Falls $\bar{b} \geq 0$, dann ist $\hat{J}$ auch primal zulässig und optimal, (STOPP).*
2. *Sonst wähle ein r, $1 \leq r \leq m$, mit $\bar{b}_r < 0$ und setze $\bar{A}_{r,K} := e_r^T \bar{A}_K$, die r-te Zeile von $\bar{A}_K$.*
3. *Falls $\bar{A}_{r,K} \geq 0$, besitzt $(\hat{P})$ keine zulässige Lösung, denn eine Lösung (x, z) müsste auch die r-te Tableaugleichung erfüllen, d. h.*

$$\underbrace{x_{i_r}}_{\geq 0} + \sum_{k \in K} \underbrace{\bar{A}_{r,k}}_{\geq 0} \underbrace{x_k}_{\geq 0} = \bar{b}_r < 0,$$

was offensichtlich nicht möglich ist. (STOPP).

4. *Sonst bestimme* $s \in K$ *so, dass* $\bar{A}_{r,s} < 0$ *und* $\dfrac{\bar{c}_s}{\bar{A}_{r,s}}$ *maximal ist unter allen* $s \in K$ *mit*
   $\bar{A}_{r,s} < 0$.
5. *Setze* $J' = (J \setminus \{i_r\}) \cup \{s\}$, $\hat{J}' := J' \oplus \{z\}$ *und berechne das Tableau zu* $\hat{J}'$.

Behauptung *Dann ist* $\hat{J}'$ *wieder eine dual zulässige Nachbarbasis von* $\hat{J}$ *mit* $z(J') \leq z(J)$.

(Beachte, dass $z(J) = -c^T x(J) = -b^T y(J)$ für die Probleme (P) und (D), so dass $b^T y(J') \geq b^T y(J)$ folgt: Bei dem Übergang $J \to J'$ hat sich der Wert der dualen Zielfunktion zumindest nicht verschlechtert.)

Wir beweisen die obige Behauptung: Das Tableau zur Basis $\hat{J}'$ erhält man aus dem Tableau zur Basis $\hat{J}$ durch Multiplikation mit der Frobeniusmatrix F aus Satz 3.3.1:

$$\begin{bmatrix} \bar{A}' & 0 & \bar{b}' \\ (\bar{c}')^T & 1 & \beta' \end{bmatrix} = F \begin{bmatrix} \bar{A} & 0 & \bar{b} \\ \bar{c}^T & 1 & \beta \end{bmatrix}.$$

Insbesondere erhalten wir für die letzte Zeile des neuen Tableaus

$$\begin{aligned} (\bar{c}')^T &= \bar{c}^T - \frac{\alpha_{m+1}}{\alpha_r} e_r^T \bar{A} = \bar{c} - \frac{\bar{c}_s}{\alpha_r} e_r^T \bar{A}, \\ \beta' &= \beta - \frac{\bar{c}_s}{\alpha_r} \bar{b}_r, \end{aligned} \tag{3.7.13}$$

wobei $\alpha_{m+1} = \bar{c}_s \geq 0$ wegen der dualen Zulässigkeit der Basis $\hat{J}$ gilt. Auf Grund der Auswahlregeln für r und s gilt außerdem

$$\bar{b}_r < 0, \quad \alpha_r = \bar{A}_{r,s} < 0, \quad \frac{\bar{c}_s}{\bar{A}_{r,s}} = \max_\sigma \left\{ \frac{\bar{c}_\sigma}{\bar{A}_{r,\sigma}} \,\middle|\, \bar{A}_{r,\sigma} < 0 \right\}. \tag{3.7.14}$$

Um die duale Zulässigkeit von $\hat{J}'$ zu beweisen, müssen wir $\bar{c}'_l \geq 0$ für die Indizes $l \in K' = (K \cup \{i_r\}) \setminus \{s\}$ zeigen. Für $l = i_r$ ist $\bar{c}_{i_r} = 0$ und $\bar{A}_{r,i_r} = 1$, weil i_r zur Basis $\hat{J}$ gehört. Es folgt daher

$$\bar{c}'_{i_r} = \bar{c}_{i_r} - \frac{\bar{c}_s}{\alpha_r} \bar{A}_{r,i_r} \geq 0.$$

Für die $l \in K$, $l \neq s$, mit $\bar{A}_{r,l} \geq 0$, ist

$$\bar{c}'_l = \bar{c}_l - \frac{\bar{c}_s}{\alpha_r} \bar{A}_{r,l}$$

nichtnegativ, weil $\bar{c}_s / \alpha_r \leq 0$ und deshalb $\bar{c}'_l \geq \bar{c}_l \geq 0$. Für die restlichen l mit $\bar{A}_{r,l} < 0$ folgt $\bar{c}'_l \geq 0$ wegen

$$\frac{\bar{c}_s}{\bar{A}_{r,s}} \geq \frac{\bar{c}_l}{\bar{A}_{r,l}}.$$

Schließlich ist wegen (3.7.13) und (3.7.14) immer $\beta' \le \beta$. Falls $\bar{c}_s > 0$, gilt sogar $\beta' < \beta$. $\square$

Dies legt folgende Definition nahe: Eine Basis $\hat{J}$ mit $\bar{c}_K > 0$ heißt *dual nichtentartet*. Das Programm $(\hat{P})$ heißt dual nichtentartet, wenn alle dual zulässigen Basen dual nichtentartet sind.

Die duale Simplexmethode besteht darin, ausgehend von einer ersten dual zulässigen Basis durch Wiederholung des dualen Simplexschritts weitere dual zulässige Basen solange zu erzeugen, bis das Verfahren entweder in Schritt 1) oder in Schritt 3) stoppt.

Wie bei der primalen Simplexmethode können wir im Nichtentartungsfall schließen, dass im Verlauf der dualen Simplexmethode eine Wiederholung von Basen nicht möglich ist. Es gilt daher der folgende Satz:

Satz 3.7.15 *Falls $(\hat{P})$ dual nichtentartet ist, so liefert die duale Simplexmethode, ausgehend von einer dual zulässigen Basis $\hat{J}_0 = J_0 \oplus \{z\}$, eine endliche Folge von dual zulässigen Basen $\hat{J}_k = J_k \oplus \{z\}$ mit $z(J_{k+1}) < z(J_k)$. Das Verfahren bricht nach endlich vielen Schritten entweder mit einer primal und dual optimalen Lösung ab, oder mit der Auskunft, dass das primale Problem keine zulässige Lösung besitzt.*

Die duale Simplexmethode kann von Vorteil sein, wenn eine dual zulässige Startbasis leicht ablesbar ist. Auch ist bei solchen Problemen, für die die primale Simplexmethode sehr langsam ist (Bsp. Klee-Minty), die duale Simplexmethode häufig schneller; allerdings sieht man es einem Problem im allgemeinen nicht an, welche Variante der Simplexmethode für dieses Problem die schnellere ist.

Beispiel Das Problem

$$(P_o) \qquad \min \quad x_1 + x_2$$
$$x \ge 0: \quad -2x_1 - x_2 \le -3$$
$$-x_1 - 2x_2 \le -3$$

ist nach Einführung von Schlupfvariablen $x_3 \ge 0$, $x_4 \ge 0$ und $z = -x_1 - x_2$ äquivalent zu einem Problem $(\hat{P})$ mit einer ersten dual zulässigen Basis $\hat{J} = (x_3, x_4, z)$ mit dem dual zulässigen Tableau

$$\left(\begin{pmatrix} x_3 \\ x_4 \\ z \end{pmatrix} ; \begin{bmatrix} -2^* & -1 & 1 & & -3 \\ -1 & -2 & & 1 & -3 \\ 1 & 1 & & & 1 & 0 \end{bmatrix} \right).$$

Dieses Tableau ist primal nicht zulässig. Wir wählen das erste negative Element in $\bar{b}$, d. h. $r = 1$ (mit $\bar{b}_r = -3$). Die Komponente $i_r = 3$ soll also die Basis verlassen. Der erste duale Simplexschritt führt dann zur weiteren Wahl $s = 1$ (wegen $1/(-2) > 1/(-1)$)

(und damit zu dem oben markierten Pivotelement) und der nächsten dual zulässigen Basis $(x_1, x_4, z) = (x_3, x_4, z) \cup \{x_1\} \setminus \{x_3\}$ mit dem zugehörigen Tableau

$$
\left(\begin{pmatrix} x_1 \\ x_4 \\ z \end{pmatrix} ; \begin{bmatrix} 1 & 1/2 & -1/2 & & 3/2 \\ -3/2^* & -1/2 & 1 & & -3/2 \\ \hline 1/2 & 1/2 & & 1 & -3/2 \end{bmatrix} \right).
$$

Der nächste duale Simplexschritt führt zur Wahl $r = 2$ ($i_r = 4$), und $s = 2$ (wegen $(1/2)/(-3/2) > (1/2)/(-1/2)$), einer neuen dual zulässigen Basis (x_1, x_2, z) und dem zugehörigen Tableau

$$
\left(\begin{pmatrix} x_1 \\ x_2 \\ z \end{pmatrix} ; \begin{bmatrix} 1 & -2/3 & 1/3 & & 1 \\ 1 & 1/3 & -2/3 & & 1 \\ \hline & 1/3 & 1/3 & 1 & -2 \end{bmatrix} \right).
$$

Dieses Tableau ist auch primal zulässig. Eine Optimallösung von $(\hat{P})$ ist durch die zugehörige Basislösung

$$
\bar{x} := (1, 1, 0, 0)^T, \quad \bar{z} := -2
$$

gegeben; $\bar{x}_1 = \bar{x}_2 = 1$ ist optimal für das ursprüngliche Problem (P_o). Der optimale Wert der Zielfunktion dieses Problems ist $2 = -\bar{z}$.

3.8   Ein Beispiel für eine Sensitivitätsanalyse

In diesem Abschnitt soll gezeigt werden, dass aus dem optimalen Tableau, das von der Simplexmethode erzeugt wird, nicht nur die Optimallösung abgelesen werden kann, sondern auch weitere nützliche Informationen über die Empfindlichkeit der Lösung und des Optimalwertes bei kleinen Änderungen an den Daten des Problems.

Wir betrachten dazu das einfache Beispiel (2.2.1) des Bauernhofs aus Abschn. 2.2; eine Verallgemeinerung auf andere lineare Programme ist leicht möglich.

Wir erinnern daran, dass dieses einfache Problem darin bestand, den Kauf einer Menge x_1 von Kraftfutter und einer Menge x_2 von Heu so festzulegen, dass der Nährstoffbedarf des Stalls gedeckt ist. Nach Einführung von Schlupfvariablen x_3, x_4, x_5 und einer Zielfunktionsvariablen z kann man es wie in (3.3.8) als ein Problem in Simplexform beschreiben,

$$
\begin{aligned}
\max \quad & z \\
x, z : \quad & 20x_1 + 20x_2 - x_3 \qquad\qquad\qquad\quad = 60, \\
& 15x_1 + 3x_2 \qquad - x_4 \qquad\qquad\quad = 15, \\
& 5x_1 + 10x_2 \qquad\qquad - x_5 \qquad = 20, \\
& 10x_1 + 7x_2 \qquad\qquad\qquad\quad + z = 0, \\
& x \geq 0,
\end{aligned}
\tag{3.8.1}
$$

dessen Daten durch folgende Matrix gegeben sind

$$
\begin{bmatrix} \hat{A} \parallel \hat{b} \end{bmatrix} = \left[\begin{array}{c|c|c} A & 0 & b \\ \hline c^T & 1 & 0 \end{array} \right] = \left[\begin{array}{cccccc|c} 20 & 20 & -1 & 0 & 0 & 0 & 60 \\ 15 & 3 & 0 & -1 & 0 & 0 & 15 \\ 5 & 10 & 0 & 0 & -1 & 0 & 20 \\ 10 & 7 & 0 & 0 & 0 & 1 & 0 \end{array} \right]. \tag{3.8.2}
$$

Für die Sensitivitätsanalyse benötigen wir eine optimale Basis $\hat{J}^*$ und das zugehörige Tableau. In unserem Beispiel können wir die Optimallösung $(x_1^*, x_2^*) = (0,5, 2,5)$ des ursprünglichen Problems (2.2.1) aus Abb. 2.1 ablesen: der optimale Futterplan ist durch $x_1^* = 0,5$ Einheiten Kraftfutter und $x_2^* = 2,5$ Einheiten Heu gegeben, dessen Kosten sich auf $10x_1^* + 7x_2^* = 22,5\,\text{EUR}$ belaufen. Sie ist zur Optimallösung

$$
(x^*, z^*) = (x_1^*, x_2^*, x_3^*, x_4^*, x_5^*, z^*) = (0,5, 2,5, 0,0, 7,5, -22,5) \tag{3.8.3}
$$

von (3.8.1) äquivalent. Also ist $\hat{J}^* := (x_1, x_2, x_5, z)$ eine Optimalbasis von (3.8.2) und $K^* := (x_3, x_4)$ die zugehörige komplementäre Nichtbasis.

Durch Nachrechnen bestätigt man leicht, dass die Inverse $\hat{A}_{\hat{J}^*}^{-1}$ der Basismatrix gegeben ist durch

$$
\hat{A}_{\hat{J}^*}^{-1} = \left[\begin{array}{cc|c|c} 20 & 20 & 0 & 0 \\ 15 & 3 & 0 & 0 \\ 5 & 10 & -1 & 0 \\ 10 & 7 & 0 & 1 \end{array} \right]^{-1} = \frac{1}{48} \left[\begin{array}{cc|c|c} -0,6 & 4 & 0 & 0 \\ 3 & -4 & 0 & 0 \\ 27 & -20 & -48 & 0 \\ -15 & -12 & 0 & 48 \end{array} \right] \tag{3.8.4}
$$

Daraus ergibt sich das zugehörige optimale Tableau mit der Tableaumatrix $\hat{A}_{\hat{J}^*}^{-1}(\hat{A}, \hat{b})$ als

$$
\left(\begin{pmatrix} x_1 \\ x_2 \\ x_5 \\ z \end{pmatrix} ; \frac{1}{48} \left[\begin{array}{ccccc|c} 48 & 0 & 0,6 & -4 & 0 & 0 & 24 \\ 0 & 48 & -3 & 4 & 0 & 0 & 120 \\ 0 & 0 & -27 & 20 & 48 & 0 & 360 \\ 0 & 0 & 15 & 12 & 0 & 48 & -1080 \end{array} \right] \right). \tag{3.8.5}
$$

Seine Basislösung stimmt natürlich mit (3.8.3) überein.

Aus dem Beweis von Satz 3.7.8 wissen wir, dass die Optimallösung des zu (2.2.1) dualen Problems

$$
\begin{aligned}
\max \quad & 60y_1 + 15y_2 + 20y_3 \\
y: \quad & 20y_1 + 15y_2 + 5y_3 \leq 10, \\
& 20y_1 + 3y_2 + 10y_3 \leq 7, \\
& y \geq 0,
\end{aligned} \tag{3.8.6}
$$

durch $y^* = \pi^T$ gegeben ist, wobei π der Vektor der Schattenpreise ist, den man aus der letzten Zeile der Basisinversen (s. (3.8.4)) ablesen kann,

$$\hat{A}_{\hat{J}^*}^{-1} = \left[\begin{array}{c|c} * & 0 \\ \hline -\pi & 1 \end{array} \right].$$

Aus (3.8.4) erhält man so $(y^*)^T = \pi = (15, 12, 0)/48$. (Man beachte, dass das duale Problem hier unverändert bleibt, wenn man (2.2.1) zunächst auf die Form (P) bringt und erst dann das Duale bildet.)

Fragen zur Sensitivität

Mit Hilfe der Basisinversen, (3.8.4), und dem optimalen Simplextableau, (3.8.5), kann man studieren, wie sich die Optimallösung bei kleinen Änderungen in den Daten des Problems, d. h. der Matrix (3.8.2), ändert. Dazu einige Beispiele:

1. Man bietet dem Bauern ein neues biologisches Kraftfutter an, das pro Futtereinheit 12 EUR kostet und 30 E Kohlenhydrate, 10 E Proteine und 10 E Vitamine enthält. Wir untersuchen, ob sich der Kauf des neuen Futters rentiert. Bezeichnen wir mit der neuen Variablen x_6 die Menge des neuen Futters, die evtl. gekauft werden soll, so führt die Einführung der zusätzlichen Variablen x_6 zu einer neuen Spalte

$$\hat{A}_6 := \begin{pmatrix} 30 \\ 10 \\ 10 \\ 12 \end{pmatrix}$$

in der Matrix (3.8.2) der Daten unseres Problems und damit auch zu einer neuen Spalte $\hat{A}_{\hat{J}^*}^{-1} \hat{A}_6$ in das Tableau (3.8.5). Wegen (3.8.4) erhält man

$$\hat{A}_{\hat{J}^*}^{-1} \hat{A}_6 = \frac{1}{48} \begin{pmatrix} * \\ * \\ * \\ -15 \cdot 30 - 12 \cdot 10 + 0 \cdot 10 + 48 \cdot 12 \end{pmatrix} = \begin{pmatrix} * \\ * \\ * \\ 1/8 \end{pmatrix}.$$

Da die reduzierten Kosten $\bar{c}_6 = 1/8 > 0$ der neuen Variablen x_6 positiv sind, bleibt die alte Basis $\hat{J}^*$ optimal: x_6 kommt nicht in die Basis und hat daher den Wert 0. Es lohnt sich also nicht, das neue Futter zu kaufen.

2. Wie niedrig müsste der Preis p des neuen Futters sein, damit sich dessen Kauf lohnt? Die neue Spalte $\hat{A}_6$ zur Variablen x_6 in (3.8.2) hat dann die Form

$$\hat{A}_6 = \begin{pmatrix} 30 \\ 10 \\ 10 \\ p \end{pmatrix}.$$

Wie eben führt dies zu folgenden reduzierten Kosten $\bar{c}_6(p)$ von x_6 im erweiterten Tableau zur Basis $\hat{J}^*$

$$\bar{c}_6(p) = (-\pi, 1)\hat{A}_6 = \frac{1}{48}(-15 \cdot 30 - 12 \cdot 10) + p = -11\tfrac{7}{8} + p.$$

Da diese Kosten für $p \geq 11\tfrac{7}{8}$ nichtnegativ sind, lohnt sich der Kauf des neuen Futters nur bei einem Preis p von weniger als $11\tfrac{7}{8}$.

Der Schattenpreisvektor π und damit die duale Optimallösung $y^* = \pi^T$ geben auch an, wie empfindlich die reduzierten Kosten $\bar{c}_6$ auf Änderungen der Bestandteile des neuen Futtermittels reagieren: Eine Anreicherung der Kohlenhydrate im neuen Futter von 30 auf 31 Einheiten macht sich wegen $y_1^* > y_2^*$ etwas stärker bezahlt als die Anreicherung der Proteine um eine Einheit von 10 auf 11, während der Vitamingehalt wegen $y_3^* = 0$ zunächst überhaupt keine Rolle spielt. (Der Vitamingehalt würde in diesem Beispiel erst bei größeren Änderungen an den Futterdaten oder Futtermengen eine Rolle spielen.)

Wir betonen an dieser Stelle, dass sich der optimale Futterplan unstetig mit dem Preis p ändern kann: Für $p > 11\tfrac{1}{8}$ ist die Optimallösung durch $(x_1^*, x_2^*, x_6^*) = (0, 5, 2, 5, 0)$ gegeben, und z.B. für $10\tfrac{1}{2} \leq p < 11\tfrac{7}{8}$ durch $(x_1^*, x_2^*, x_6^*) = (0, 1\tfrac{4}{11}, 1\tfrac{1}{11})$. (Der Optimalwert ändert sich dagegen stetig mit p.)

3. Auf ähnliche Weise kann man den Einfluss kleiner Änderungen der rechten Seite b der Datenmatrix (3.8.2) beschreiben, $b \to b + \epsilon \Delta b$, die sich z.B. ergeben, wenn Kosten gespart werden sollen, indem die Futterzusammensetzung oder Futtermenge geändert wird. Bezeichnet man mit $\Delta \hat{b}$ den Vektor, der aus Δb entsteht, wenn ein $m + 1$-ter Eintrag „0" angehängt wird, so ändert sich dann die rechte Seite $\binom{b}{\beta}$ des bisher optimalen Tableaus zur Basis $\hat{J}^*$ zu

$$\binom{\bar{b}}{\beta} + \epsilon \hat{A}_{\hat{j}^*}^{-1} \Delta \hat{b}. \tag{3.8.7}$$

Man kann daraus wieder die Werte von ε bestimmen, für die das gestörte Tableau noch primär zulässig (und damit optimal bleibt), und die zugehörige Basislösung als Funktion von ε bestimmen. Die letzte Zeile von (3.8.7) hat dann wieder die Form

$$z = \beta - \epsilon \pi \Delta b.$$

Für die Wahl $\Delta b := e_i$, dem i-ten kanonischen Einheitsvektor liest man daraus ab, dass eine Änderung des Bedarfs b_i der Kühe an der i-ten Nahrungsmittelkomponente um ϵ Einheiten eine Änderung der Zielfunktion „z" um $-\epsilon \pi_i$ zur Folge hätte. Die Futterkosten „$-z$" erhöhen sich also um $\epsilon \pi_i$. Diese Eigenschaft erklärt den Namen Schattenpreise für den Vektor π.

4. Etwas komplizierter ist der Einfluss von Änderungen der Daten in der Basismatrix $\hat{A}_{\hat{j}^*}$ zu bestimmen.

So kann man sich z. B. fragen, wieviel sich in (3.3.8) bzw. (3.8.1) der bisherige Preis von 10 EUR des alten Kraftfutters zur Variablen x_1 ändern kann, ohne dass die Fütterung umgestellt werden muss?
Die Beantwortung dieser Frage benutzt die sogenannte

Sherman-Morrison-Woodbury-Formel (SMW)

Es seien eine $n \times n$-Matrix A und zwei Vektoren $u, v \in \mathbb{R}^n$ gegeben. Falls A^{-1} existiert und $v^T A^{-1} u \neq -1$, so gilt:

$$(A + uv^T)^{-1} = A^{-1} - \frac{A^{-1} uv^T A^{-1}}{1 + v^T A^{-1} u}.$$

Den Beweis führt man einfach durch Ausmultiplizieren:

$$(A + uv^T)(A^{-1} - \frac{A^{-1} uv^T A^{-1}}{1 + v^T A^{-1} u})$$

$$= I - \frac{uv^T A^{-1}}{1 + v^T A^{-1} u} + uv^T A^{-1} - \frac{u\left[v^T A^{-1} u\right] v^T A^{-1}}{1 + v^T A^{-1} u} = I.$$

Wir ändern nun in der vierten Gleichung von (3.8.1) den Preis des Kraftfutters von 10 auf $10 + \epsilon$ und bezeichnen das Inverse der Basismatrix zu $\hat{\jmath}^* = (x_1, x_2, x_5, z)$ mit

$$\left(\hat{A}_{\hat{\jmath}_*}(\epsilon)\right)^{-1} = \begin{bmatrix} 20 & 20 & 0 & 0 \\ 15 & 3 & 0 & 0 \\ 5 & 10 & -1 & 0 \\ 10+\epsilon & 7 & 0 & 1 \end{bmatrix}^{-1}$$

$$\overset{\text{SMW}}{=} \hat{A}_{\hat{\jmath}^*}^{-1} - \frac{\epsilon}{240(1 + 0 \cdot \epsilon)} \begin{pmatrix} 0 \\ 0 \\ 0 \\ 1 \end{pmatrix} (-3\ 20\ 0\ 0).$$

Dabei haben wir die Rang-1-Darstellung

$$\begin{pmatrix} 0 & 0 & 0 & 0 \\ 0 & 0 & 0 & 0 \\ 0 & 0 & 0 & 0 \\ \epsilon & 0 & 0 & 0 \end{pmatrix} = \epsilon \begin{pmatrix} 0 \\ 0 \\ 0 \\ 1 \end{pmatrix} (1\ 0\ 0\ 0),$$

sowie $\hat{A}_{\hat{\jmath}^*}^{-1}(0, 0, 0, 1)^T = (0, 0, 0, 1)^T$ und $(1, 0, 0, 0)\hat{A}_{\hat{\jmath}^*}^{-1} = \frac{1}{240}(-3, 20, 0, 0)$ benutzt. Wir untersuchen, für welche ϵ das gestörte Tableau zur Basis $\hat{\jmath}^*$ noch optimal (d. h. primär und dual zulässig) bleibt. Seine letzte Spalte ist

$$\left(\hat{A}_{\hat{\jmath}_*}(\epsilon)\right)^{-1} \begin{pmatrix} 60 \\ 15 \\ 20 \\ 0 \end{pmatrix} = \frac{1}{48} \begin{pmatrix} 24 \\ 120 \\ 360 \\ -1080 \end{pmatrix} - \frac{\epsilon}{240} \begin{pmatrix} 0 \\ 0 \\ 0 \\ 120 \end{pmatrix} = \begin{pmatrix} 0{,}5 \\ 2{,}5 \\ 7{,}5 \\ -22{,}5 - \frac{\epsilon}{2} \end{pmatrix}.$$

Das Tableau bleibt also für alle ϵ primär zulässig, und in der Basislösung $(\bar{x}(\epsilon), \bar{z}(\epsilon))$ hängt $\bar{x}(\epsilon)$ nicht von ϵ ab, die optimalen Kosten hängen dagegen linear von ϵ ab.

Zur Prüfung der dualen Zulässigkeit des gestörten Tableaus untersuchen wir seine letzte Zeile, die die reduzierten Kosten enthält.

Zunächst erhält man die Schattenpreise $\pi(\epsilon)$ des gestörten Tableaus aus der letzten Zeile von $(\hat{A}_{\hat{j}*}(\epsilon))^{-1}$,

$$(-\pi(\epsilon), 1) = (0, \ldots, 0, 1)(\hat{A}_{\hat{j}*}(\epsilon))^{-1} = (-\pi(0), 1) - \frac{\epsilon}{240}(-3, 20, 0, 0).$$

Die reduzierten Kosten $\bar{c}_s$ aller $x_s \in K$ ändern sich also zu

$$\bar{c}_s(\epsilon) := \bar{c}_s - \frac{\epsilon}{240}(-3, 20, 0, 0)\hat{A}_s.$$

Das gestörte Tableau ist dual zulässig genau dann, wenn $\bar{c}_s(\epsilon) \geq 0$ für alle $x_s \in K = (x_3, x_4)$. Konkret ergibt sich in diesem Beispiel für

- $s = 3$: $\hat{A}_3 = \begin{pmatrix} -1 \\ 0 \\ 0 \\ 0 \end{pmatrix}$ und $\bar{c}_3 - \frac{\epsilon}{240}(-3, 20, 0, 0)\hat{A}_3 = \frac{15}{48} - \frac{3}{240}\epsilon \overset{!}{\geq} 0$,

  also $\epsilon \leq 25$,

- $s = 4$: $\hat{A}_4 = \begin{pmatrix} 0 \\ -1 \\ 0 \\ 0 \end{pmatrix}$ und $\bar{c}_4 - \frac{\epsilon}{240}(-3, 20, 0, 0)\hat{A}_4 = \frac{12}{48} + \frac{20}{240}\epsilon \overset{!}{\geq} 0$,

  also $\epsilon \geq -3$.

Für $\epsilon \in [-3, 25]$ sind beide Bedingungen erfüllt; für diese ϵ bleibt der optimale Futterplan von (3.3.8) bzw. (3.8.1) gleich.

Falls das neue Futter (zur Variablen x_6) zum Preis von 12 EUR pro Einheit mit berücksichtigt werden soll, erhält man eine zusätzliche Schranke für die reduzierten Kosten der neuen Variablen x_6 wegen

- $\hat{A}_6 = \begin{pmatrix} 30 \\ 10 \\ 10 \\ 12 \end{pmatrix}$ und $\bar{c}_6 - \frac{\epsilon}{240}(-3, 20, 0, 0)\hat{A}_6 = \frac{1}{8} - \frac{110}{240}\epsilon \overset{!}{\geq} 0$,

  also $\epsilon \leq 3/11$.

In diesem Fall sind also für $\epsilon \in [-3, 3/11]$ alle drei Bedingungen erfüllt, d. h. für diese ϵ bleibt der alte Futterplan $(x_1^*, x_2^*, x_6^*) = (0, 5, 2.5, 0)$ optimal.

3.9 Eine Anwendung aus der Spieltheorie

In den Wirtschaftswissenschaften werden Probleme der folgenden Art betrachtet: Eine Firma A plant ihre Produktion mit dem Ziel den Gewinn zu maximieren und muss dabei mögliche Entscheidungen anderer konkurrierender Firmen berücksichtigen, die ihrerseits den eigenen

Gewinn maximieren möchten. Dabei geht die eigene Profitmaximierung jeweils zu Lasten der Gewinne der anderen Firmen. Fasst man die konkurrierenden Firmen zu einem „gemeinsamen Gegenspieler" zusammen, so ergibt sich für die Firma A eine Art Zwei-Personenspiel, das an einem Beispiel veranschaulicht werden soll.

Zwei Spieler spielen folgendes Spiel: Gegeben (und bekannt) sei eine $m \times n$-Matrix A. Spieler 1 wählt verdeckt eine Zeile i der Matrix aus und Spieler 2 eine Spalte j, ohne dass der eine Spieler wissen kann, was der andere auswählt. Dann wird die Auswahl offengelegt und falls $A_{i,j} > 0$, so wird der Betrag $A_{i,j}$ von Spieler 1 an Spieler 2 ausgezahlt, andernfalls wird der Betrag $-A_{i,j}$ von Spieler 2 an Spieler 1 ausgezahlt. Kurz gesagt, Spieler 1 macht den Verlust $A_{i,j}$ und ein negativer Verlust ist ein Gewinn.

Beispiel
Wenn es z. B. eine Zeile i mit nur Einträgen ≤ 0 gibt, so ist es naheliegend, dass Spieler 1 eine solche Zeile auswählt (denn dann kann er nicht verlieren, egal was Spieler 2 auswählt) und wenn es eine Spalte j mit nur Einträgen ≥ 0 gibt, ist es naheliegend, dass Spieler 2 eine solche auswählt. Falls beides zutrifft, so muss für den gewählten Eintrag $A_{i,j} = 0$ gelten und der Gewinn für beide Spieler wäre Null. Keiner der beiden Spieler kann dabei seinen Gewinn verbessern, indem er zu der Strategie übergeht, eine andere Zeile bzw. eine andere Spalte zu wählen, d. h. die Strategie, dass die beiden Spieler jeweils diesen Index i bzw. j auswählen, ist eine sogenannte Gleichgewichtsstrategie.

Ansatz 1
Allgemeiner wird ein risikoscheuer Spieler 1, wenn er den schlimmst möglichen Fall optimieren will, eine Zeile i auswählen, in der der maximale Eintrag (an einer Stelle j) minimal ist,

$$\min_{1 \leq i \leq m} \{ \max_{1 \leq j \leq n} \{A_{i,j}\} \}; \tag{3.9.1}$$

diesen Min-Max-Betrag müsste er dann im schlimmsten Fall an Spieler 2 auszahlen. Mit analogen Überlegungen wird Spieler 2 eine Spalte j anhand von $\max_{1 \leq j \leq n} \{ \min_{1 \leq i \leq m} \{A_{i,j}\} \}$ auswählen, und falls

$$\min_{1 \leq i \leq m} \{ \max_{1 \leq j \leq n} \{A_{i,j}\} \} = \max_{1 \leq j \leq n} \{ \min_{1 \leq i \leq m} \{A_{i,j}\} \} \tag{3.9.2}$$

gilt, so führt dies zur Gleichgewichtsstrategie aus obigem Beispiel. Falls aber (3.9.2) nicht gilt, so ist bei mehrfacher Wiederholung desselben Spiels die Gefahr gegeben, dass Spieler 2 die Strategie von Spieler 1 durchschaut und seine Wahl entsprechend anpasst. Der folgende Ansatz reduziert die Vorhersagbarkeit der Wahl von Spieler 1.

Ansatz 2
Im allgemeinen Fall, dass (3.9.2) nicht erfüllt ist, lässt sich die Strategie von Spieler 1 durch einen randomisierten Ansatz dahingehend verbessern, dass er versucht, nicht den schlimmsten Fall sondern einen schlimmst möglichen Erwartungswert zu optimieren: Dazu bestimmt

Spieler 1 zunächst gewisse Wahrscheinlichkeiten $p_1, p_2, \ldots, p_m \geq 0$ mit $\sum_{i=1}^{m} p_i = 1$.
Er würfelt dann eine (Pseudo-)Zufallszahl und wählt anhand des Ergebnisses eine Zeile so,
dass Zeile i mit Wahrscheinlichkeit p_i gewählt wird. Falls Spieler 2 eine beliebige Spalte j
gewählt hat, so ist für Spieler 1 bei dieser Strategie der erwartete Verlust durch

$$\sum_{i=1}^{m} p_i A_{i,j}$$

gegeben. Wir nennen dieses Vorgehen „die Strategie p" von Spieler 1. Spieler 1 kann nun
den schlimmst möglichen erwarteten Verlust minimieren, indem er seine Strategie anhand
des linearen Programms

$$\operatorname*{minimiere}_{t \in \mathbb{R},\; p \in \mathbb{R}^m} \{\, t \mid \sum_{i=1}^{m} p_i A_{i,j} \leq t \text{ für } 1 \leq j \leq n, \;\; p \geq 0, \;\; e^T p = 1 \,\} \qquad (3.9.3)$$

bestimmt, wobei e den Vektor $e = (1, \ldots 1)^T$ bezeichnet, dessen Dimension sich aus dem
Kontext ergibt. Der Optimalwert von (3.9.3) sei mit α^* bezeichnet und die Optimallösung mit
p^*. Falls in (3.9.3) noch zusätzlich verlangt wird, dass p ein kanonischer Einheitsvektor sei,
so ergibt sich wieder das Problem (3.9.1) aus Ansatz 1. Da die Wahl von p in (3.9.3) aber viel
weniger eingeengt ist, ist α^* in der Regel niedriger als der Optimalwert von (3.9.1). Spieler
1 wird mit Strategie p^* im Schnitt nie mehr als α^* verlieren, egal welche Spalte Spieler
2 nun gewählt hat. Darüberhinaus kann Spieler 2 bei mehrfacher Wiederholung desselben
Spiels nicht mehr darauf spekulieren, dass Spieler 1 eine bestimmte Zeile auswählt. Mit
dieser Strategie kann Spieler 1 also den Erwartungswert des schlimmst möglichen Falls zu
Lasten des tatsächlich möglichen schlimmsten Falls verbessern.

Eine gemischte Strategie aus Ansatz 1 und Ansatz 2, die sowohl den tatsächlich möglichen
schlimmsten Fall kontrolliert als auch den erwarteten schlimmst möglichen Fall optimiert,
besteht darin, dass Spieler 1 einige Zeilen auswählt, für die das maximale Element nicht
„zu groß" ist, und für die restlichen Zeilen i in (3.9.3) zusätzlich $p_i = 0$ fordert. Dieser Fall
lässt sich aber durch Streichen von Zeilen von A auf das Ausgangsszenario zurückführen.

Ein Gleichgewichtspunkt
Mit den Überlegungen zu Ansatz 2 kann auch Spieler 2 Wahrscheinlichkeiten $q_j \geq 0$
bestimmen, indem er das lineare Programm

$$\operatorname*{maximiere}_{\tau \in \mathbb{R},\; q \in \mathbb{R}^n} \{\, \tau \mid \sum_{j=1}^{n} q_j A_{i,j} \geq \tau \text{ für } 1 \leq i \leq m, \;\; q \geq 0, \;\; e^T q = 1 \,\} \qquad (3.9.4)$$

löst. Wenn der Optimalwert von (3.9.4) mit β^* bezeichnet wird, so gilt offenbar $\beta^* \leq \alpha^*$,
denn der minimale erwartete Gewinn von Spieler 2 kann den maximalen erwarteten Verlust
von Spieler 1 nicht übersteigen. Ein zentraler Satz der Spieltheorie besagt, dass die Werte
sogar übereinstimmen.

Satz 3.9.5 *Die Optimalwerte von (3.9.3) und (3.9.4) stimmen überein.*

Beweis Problem (3.9.3) lässt sich in der Form

$$\underset{t\in\mathbb{R},\, p\in\mathbb{R}^m}{\text{minimiere}}\{\, t \mid A^T p \le te,\ e^T p = 1,\ p \ge 0 \,\}$$

bzw.

$$\underset{t\in\mathbb{R},\, p\in\mathbb{R}^m}{\text{minimiere}}\{\, t \mid -A^T p + te \ge 0,\ e^T p = 1,\ p \ge 0 \,\} \qquad (3.9.6)$$

schreiben, wobei sich die jeweilige Dimension des Vektors e aus dem Kontext ergibt. Wählt man p als den ersten kanonischen Einheitsvektor und $t \ge \max_j A_{1,j}$, so sieht man dass (3.9.6) zulässige Punkte besitzt, so dass der allgemeine Dualitätssatz für lineare Programme, Satz 3.7.11 anwendbar ist und der Optimalwert von (3.9.6) mit dem des dualen Problems

$$\underset{\tau\in\mathbb{R},\, q\in\mathbb{R}^n}{\text{maximiere}}\{\, \tau \mid -Aq + \tau e \le 0,\ e^T q = 1,\ q \ge 0 \,\} \qquad (3.9.7)$$

übereinstimmt. (Den Matrizen A_{11}, A_{12}, A_{21} und A_{22} aus Satz 3.7.11 entsprechen dabei die Daten $-A^T$, e, e^T und 0 aus Problem (3.9.6)). Problem (3.9.7) ist aber eine äquivalente Umformung von (3.9.4). $\qquad\qquad\qquad\qquad\qquad\qquad\qquad\qquad\qquad\qquad\quad$ □

Spieler 1 hatte seine Strategie p^* ja so hergeleitet, dass der maximal zu erwartende Verlust α^* minimiert wird, aber die Möglichkeit besteht, dass je nachdem welche Spalte j Spieler 2 auswählt, der tatsächliche erwartete Verlust vielleicht geringer ausfällt. Als Konsequenz aus Satz 3.9.5 ergibt sich, dass die optimale Strategie von Spieler 2 die Strategie ist, bei der Spieler 1 tatsächlich den durchschnittlichen Verlust α^* hinnehmen muss. (Die optimalen Strategien von Spieler 1 und Spieler 2 müssen aber beide nicht eindeutig sein.)

3.10 Übungsaufgaben

1. Sei A eine reelle $m \times n$-Matrix und $b \in \mathbb{R}^m$. Man gebe zu den Approximationsproblemen

$$\min_{x\in\mathbb{R}^n} \|Ax - b\|_1$$

und

$$\min_{x\in\mathbb{R}^n} \|Ax - b\|_\infty$$

jeweils ein äquivalentes lineares Programm an. (Man führe zusätzliche Variable und zusätzliche lineare Ungleichungen ein, mit deren Hilfe man die Norm beschränken kann.)

2. Eine Busgesellschaft habe im Tagesverlauf einen wechselnden Bedarf an Fahrern. Für $i = 1,\ldots,6$ werden dabei in der Zeit von t_i bis t_{i+1} Uhr stets d_i Fahrer benötigt, wobei $t = (1, 5, 9, 13, 17, 21, 1)$ sei. Jeder Fahrer arbeitet eine volle 8 h-Schicht lang und die Schichten können um t_i Uhr ($1 \le i \le 6$) beginnen. Formulieren Sie das Problem, einen Schichtenbeleg-

plan zu finden, der die Anzahl der eingestellten Fahrer minimiert und gleichzeitig den Bedarf an Fahrern zu jeder Zeit deckt als lineares Programm.

3. Man zeige: Eine abgeschlossene konvexe Menge $\mathcal{M}$, die eine Gerade enthält besitzt keinen Extremalpunkt.

   Hinweis: Sei $x \in \mathcal{M}$. Um zu zeigen, dass x kein Extremalpunkt ist, betrachte man alle Verbindungsstrecken von x zu Punkten auf der Geraden und nutze die Abgeschlossenheit von $\mathcal{M}$ aus.

4. Man zeige: Ein Polyeder $\mathcal{P}$ der Form (2.4.1) enthält mindestens eine Ecke, sofern $\mathcal{P}$ nicht leer ist.

   Hinweis: Offenbar enthält $\mathcal{P}$ wegen $x \geq 0$ keine Gerade. Sei $p \in \mathcal{P}$. Falls p kein Extremalpunkt ist, gibt es eine Richtung $h \neq 0$, so dass $p \pm h \in \mathcal{P}$. Man laufe in Richtung $p + \lambda h$ so lange, bis man für $\lambda > 0$ oder $\lambda < 0$ an den Rand von $\mathcal{P}$ stößt. Der Randpunkt sei p'. Dann sind alle Ungleichungsrestriktionen, die in p aktiv sind, auch in p' aktiv (da $p \pm h \in \mathcal{P}$). Ferner muss in p' eine zusätzliche Restriktion aktiv sein. Nun ist entweder p' eine Ecke oder obiger Vorgang lässt sich in p' mit anderen Richtung h' wiederholen. Nach n Wiederholungen sind alle Ungleichungen $x \geq 0$ aktiv d. h. spätestens dann muss man eine Ecke gefunden haben.

5. Sei $M \subset \mathbb{R}^n$ konvex und $E \subset M$ eine Extremalmenge von M. Man zeige, dass neben E auch $M \setminus E$ konvex ist, dass aber umgekehrt aus der Konvexität von M, E und $M \setminus E$ nicht folgt, dass E Extremalmenge von M ist.

6. Seien $M_1 := \{x \in \mathbb{R}^3 \mid x_1 = 0, x_2^2 + x_3^2 = 1\}$ und $M_2 := \{x \in \mathbb{R}^3 \mid x_2 = 0, |x_1| = 1, |x_3| = 1\}$. Setze $M := \text{conv}(M_1 \cup M_2)$ die konvexe Hülle der Vereinigung von M_1 und M_2.

   a) Man zeige: Jeder Punkt von $M_1 \setminus M_2$ ist Extremalpunkt von M.

   b) Man zeige: Die Menge der Extremalpunkte von M ist nicht abgeschlossen.

7. Lösen Sie das folgende lineare Programm mit der Simplexmethode. Dabei soll das Programm zunächst (durch Einführung von Schlupfvariablen) in die Form ($\hat{P}$) (s. (3.2.2)) gebracht werden, und dann eine zulässige Startbasis aus den Schlupfvariablen gebildet werden. Stellen Sie den Verlauf der Iteration auch graphisch dar.

   $$\min \{-x_1 - x_2 \mid -2x_1 + x_2 \leq 2, \ x_1 + 2x_2 \leq 14, \ 4x_1 + 3x_2 \leq 36, \ x \geq 0 \}.$$

8. In Anwendungen z. B. aus den Wirtschaftswissenschaften treten Optimierungsprobleme mit linearen Nebenbedingungen und gebrochen linearer Zielfunktion der folgenden Form

   $$(*) \qquad \min \left\{ \frac{c^T x + \alpha}{d^T x + \beta} \mid x \in P \right\}$$

   auf, wobei

   $$P := \{x \mid Ax = b \text{ und } x \geq 0\}.$$

   Zur Lösung von $(*)$ betrachten wir das lineare Programm

   $$(**) \qquad \begin{aligned} \min \quad & c^T y + \alpha t \\ y, t : \ & Ay = bt, \ d^T y + \beta t = 1, \ y \geq 0, \ t \geq 0. \end{aligned}$$

   Die Menge der Optimallösungen von $(*)$ sei nicht leer und beschränkt, und es gelte $d^T x + \beta > 0$ für alle $x \in P$. Man zeige:

   a) $(**)$ besitzt eine Optimallösung und

   b) für jede Optimallösung $\bar{y}, \bar{t}$ von $(**)$ gilt $\bar{t} > 0$ und $\bar{y}/\bar{t}$ ist Optimallösung von $(*)$.

9. Seien $\hat{J}_0 \to \hat{J}_1 \to \ldots \to \hat{J}_k$, $\hat{J}_k = J_k \oplus \{z\}$ sukzessive Nachbarbasen in der Simplexmethode zur Lösung von $(\hat{P})$ [s. (3.2.2)].

$$\max \{z \mid Ax = b, \ c^T x + z = 0, \ x \geq 0 \},$$

und seien $x(J_l)$ die zugehörigen Basislösungen. Man zeige:

$$x(J_0) = x(J_k) \iff x(J_0) = x(J_1) = \ldots = x(J_k).$$

Man zeige ferner: Ist eine Variable r gerade aus der Basis entfernt worden, so kann sie im direkt anschließenden Simplexschritt nicht wieder in die Basis aufgenommen werden.

10. Lässt sich die Dreieckszerlegungsmethode aus Abschn. 3.6 auch bei der lexikographischen Simplexmethode anwenden?

11. Sei $A = -A^T$ eine schiefsymmetrische $n \times n$-Matrix, $b \in \mathbb{R}^n$ und $c = -b$. Man zeige: Das zu

(∗) $$\min \left\{ c^T x \mid x \in P := \{x \in \mathbb{R}^n \mid Ax \geq b, \ x \geq 0 \} \right\}$$

gehörige duale Programm ist äquivalent zu (∗).

  a) Ferner beweise man: Falls $P \neq \emptyset$ so besitzt (∗) eine Optimallösung und der Optimalwert ist Null.

  b) Man gebe ein primal-duales Paar linearer Programme an, die beide keine zulässige Lösung besitzen.

12. Man beweise die folgenden Aussagen mit Hilfe des Dualitätssatzes der linearen Programmierung.

  a) (Farkas Lemma)

$$(Ax \leq 0 \Rightarrow c^T x \leq 0) \iff \exists u \geq 0 : A^T u = c$$

  Hinweis: Die linke Seite besagt: $\max \{ c^T x \mid Ax \leq 0 \} = 0$. *Welcher andere Wert kommt für dieses Maximum (Supremum) noch in Frage?*

  b) (Transpositionssatz von Gordan)

$$\exists x \geq 0, \ x \neq 0 : Ax = 0 \iff \nexists u : A^T u < 0$$

  Hinweis: Die linke Seite hat eine Lösung $\iff \exists x \geq 0, \ Ax = 0, \ e^T x = 1$ *mit* $e^T = (1, 1, \ldots, 1)$.

  c) Seien $A \in \mathbb{R}^{m \times n}$ und $b \in \mathbb{R}^m$ derart, dass

(∗) $$\min \{ c^T x \mid Ax \geq b \}$$

  eine zulässige Lösung besitzt. Man zeige:
  Es gibt eine Optimallösung von (∗) $\iff c \in \{A^T y \mid y \geq 0\}$.

13. **(Klee-Minty-Beispiele)** Nachdem die Simplexmethode in praktischen Anwendungen meist nach wenigen Simplexschritten (vielleicht $20n$ Schritte) die Optimallösung berechnet, verursachte nachfolgendes Beispiel aus dem Jahr 1972 eine lange Diskussion über die Effizienz der Simplexmethode.
Wir betrachten für $0 < \epsilon < \frac{1}{2}$ und $n \in \mathbb{N}$ die folgenden linearen Programme, deren zulässige Menge aus einem „deformierten Einheitswürfel" besteht:

$$\max\{ x_n \mid \epsilon x_{i-1} \leq x_i \leq 1 - \epsilon x_{i-1} \text{ für } 1 \leq i \leq n\},$$

wobei wir $x_0 = 1$ fest setzen. (x_0 ist keine Variable sondern nur zur kompakteren Schreibweise eingeführt.)

a) Man bringe dieses lineare Programm durch Einführung von Schlupfvariablen s_i für die Ungleichungen $x_i \leq 1 - \epsilon x_{i-1}$ und r_i für die Ungleichungen $\epsilon x_{i-1} \leq x_i$ in die Simplexform $(\hat{P})$ [s. (3.2.2)].

b) Man zeige, dass jede zulässige Basis sämtliche x_i und für jedes $i = 1, \ldots, n$ entweder s_i oder r_i enthält. (Hinweis: Wenn eine Variable nicht Null sein kann so muss sie in der Basis enthalten sein.) Ist das Problem entartet?

c) Sei $L \subset N := \{1, \ldots, n\}$ und

$$J^L := \{x_1, \ldots, x_n\} \cup \{r_i \mid i \in L\} \cup \{s_i \mid i \in N \setminus L\}$$

eine zulässige Basis, sowie x^L die zugehörige Basislösung. Sei nun $n \in L$ und $n \notin L'$. Man zeige $x_n^{L'} < x_n^L$, und falls $L' := L \setminus \{n\}$, so gilt $x_n^{L'} = 1 - x_n^L$.

d) Man ordne die Teilmengen von N derart an, dass $x_n^{L_1} \leq x_n^{L_2} \leq \ldots \leq x_n^{L_{2^n}}$ gilt. Zeigen Sie unter Verwendung von c) und Induktion nach n, dass hier sogar strikte Ungleichungen gelten und für $j = 1, 2, \ldots, 2^n - 1$ die Basislösungen $x_n^{L_j}$ und $x_n^{L_{j+1}}$ zulässig und benachbart sind.

e) Man beweise mit $l_0 := 0$ und $L := \{l_1, \ldots, l_k\}$ ($l_1 < l_2 < \ldots < l_k$ und $0 \leq k \leq n$) dass

$$x_n^L = \sum_{j=0}^{k} (-1)^{k-j} \epsilon^{n-l_j}.$$

Man leite daraus ein Kriterium her, wann für benachbarte Basislösungen x und x' gilt $x_n > x_n'$.

f) Seien die Variablen in der Reihenfolge $x_1, \ldots, x_n, r_1, s_1, r_2, s_2, \ldots, r_n, s_n$ angeordnet. Die least-index-Pivotregel von Bland besteht darin, für den in die Basis aufzunehmenden Index stets den ersten möglichen zu wählen, d.h. $s = \min\{k \in K \mid \bar{c}_k < 0\}$. Man zeige, dass die Simplexmethode unter Verwendung dieser Pivotregel *exponentiell viele Schritte* benötigt, um von der Startbasis $\{x_1, \ldots, x_n, s_1, \ldots, s_n\}$ zur Optimalbasis

$$\{x_1, \ldots, x_n, s_1, \ldots, s_{n-1}, r_n\}$$

zu gelangen.

Bemerkung

Die exponentielle Laufzeit wurde in obigem Beispiel nur für eine ganz spezielle Pivotwahl im Simplexschritt gezeigt. Allerdings gibt es für viele der üblichen Pivotregeln Modifikationen des Beispiels, so dass die Simplexmethode zur Lösung des modifizierten Beispiels mit einer anderen Pivotregel ebenfalls exponentiell viele Schritte benötigt. Wählt man aber unter allen Pivotelementen mit profitablen Richtungen *zufällig* (gleichverteilt) ein Pivotelement aus, so ist die Methode im Mittel nach etwa n^2 Simplexschritten fertig!

Innere – Punkte – Methoden für Lineare Programme

4

Seit 1984 hat sich eine weitere Klasse von Verfahren zur Lösung von linearen Programmen etabliert, die Innere-Punkte-Verfahren. Sie arbeiten mit Techniken der nichtlinearen Optimierung. Es ist derzeit aber immer noch nicht geklärt, welcher der beiden Ansätze (Simplexmethode oder Innere-Punkte-Methoden) wirklich effizienter ist. Sicher ist, dass sich auch die Implementierungen der Simplexmethode im Wettlauf mit den Innere-Punkte-Programmen in den letzten Jahren wesentlich verbessert haben.

Ein klarer Vorteil der Innere-Punkte-Verfahren liegt in ihren theoretischen Eigenschaften. Wie wir gesehen haben, ist die Anzahl der Schritte, welche die lexikographische Simplexmethode bis zum Auffinden einer Optimallösung durchführen muss, durch $n!$ beschränkt. Dieser Ausdruck wächst mindestens exponentiell in n. Für keine der Pivotregeln ist es bisher gelungen, zu zeigen, dass die Anzahl der Schritte der Simplemethode durch einen Ausdruck beschränkt ist, der polynomial in n ist. (Dabei ist ein Ausdruck polynomial in n, falls er zum Beispiel kleiner als $\gamma \cdot n^{100}$ ist, mit einer passenden (großen) Konstanten γ.) Im Gegenteil, Klee und Minty [97] (siehe auch die Übung in Abschn. 3.10) haben einfache, nichtentartete Beispiele gefunden, für die die meisten Pivotstrategien eine exponentielle Anzahl von Schritten benötigen. Diese Beispiele sind aber sehr speziell konstruiert; in der Praxis sind nur sehr wenige (entartete) Fälle bekannt, in denen die Simplexmethode mit passenden Pivotregeln „unangenehm langsam" konvergiert. Die fehlende Garantie, dass das Simplexverfahren in „halbwegs vertretbarer" Zeit konvergiert, ist aber unbefriedigend.

Bei den nachfolgend vorgestellten Innere-Punkte-Verfahren werden wir sehen, dass man mit $\gamma \cdot \sqrt{n} \log(1/\varepsilon)$ Schritten[1] eine Näherungslösung des linearen Programms berechnen kann, welche bis auf einen Fehler in der Größenordnung ε genau ist. Zum einen ist $\log(1/\varepsilon)$

---

[1] Dieses Ergebnis geht im wesentlichen auf Karmarkar [93] (1984) zurück, dem wir durch seinen bahnbrechenden Beweis – und die ersten vielversprechenden numerischen Ergebnisse dazu – die Wiedergeburt der Innere-Punkte-Methoden von Fiacco und McCormick [46] von 1968 verdanken.

© Springer-Verlag GmbH Deutschland, ein Teil von Springer Nature 2019
F. Jarre und J. Stoer, *Optimierung,* Masterclass,
https://doi.org/10.1007/978-3-662-58855-0_4

für praktisch relevante Fehler wie $\varepsilon = 10^{-10}$ oder $\varepsilon = 10^{-15}$ keine große Zahl, so dass die Zahl der Schritte höchstens proportional mit $\sqrt{n}$ und damit keineswegs exponentiell mit n wachsen. Zum anderen ist es Khachiyan [95] gelungen, nachzuweisen, wie man auch theoretisch von einer hinreichend exakten Näherung eines linearen Programms mit rationalen Daten die exakte Lösung durch geschickte „Rundungsstrategien" ermitteln kann. Von daher benötigen die Innere-Punkte-Verfahren weder praktisch noch theoretisch jemals eine exponentielle Anzahl von Rechenschritten.

Im Gegensatz zur Simplexmethode arbeiten Innere-Punkte-Verfahren nicht mit den Ecken der zulässigen Menge, sondern nähern sich der Optimallösung des linearen Programms vom „Inneren" der zulässigen Menge her an. Dadurch können sie die kombinatorische Struktur der Eckenmenge umgehen, die für die exponentielle Worst-Case-Schranke der Simplexmethode verantwortlich ist. Das „Annähern von Innen" an die Optimallösung geschieht mit Hilfe des Newton-Verfahrens, das zunächst ganz allgemein vorgestellt wird, bevor wir seine Anwendung auf die linearen Programme genauer betrachten.

4.1   Exkurs: Newton -Verfahren, Konvergenzraten

Zur Vorbereitung dient der folgende Exkurs in die Analysis, der ohne weiteres übersprungen werden kann, falls das Resultat bekannt ist. Es werden nur der Satz von Taylor und das allgemeine Newton-Verfahren besprochen und die übliche Notation zur Charakterisierung von Konvergenzraten vorgestellt.

Satz 4.1.1 (Satz von Taylor im $\mathbb{R}^n$) *Sei $\mathcal{M} \subset \mathbb{R}^n$ offen und $g : \mathcal{M} \to \mathbb{R}^k$ zweimal stetig differenzierbar. Seien ferner $\bar{z} \in \mathcal{M}$ und $\delta > 0$ gegeben mit $\{z \mid \|z - \bar{z}\|_\infty \leq \delta\} \subset \mathcal{M}$. Dann gibt es ein $M = M(\delta) > 0$, so dass für alle Δz mit $\|\Delta z\|_\infty \leq \delta$ die Abschätzung*

$$g(\bar{z} + \Delta z) = g(\bar{z}) + Dg(\bar{z})\Delta z + r(\Delta z) \quad mit \quad \|r(\Delta z)\|_\infty \leq M\|\Delta z\|_\infty^2$$

gilt.

Beweis Sei $h \in \mathbb{R}^k$ beliebig und $\Delta z \in \mathbb{R}^n$ mit $|\Delta z\|_\infty \leq \delta$. Nach Voraussetzung ist $l(\lambda) := h^T g(\bar{z} + \lambda \Delta z)$ wohldefiniert für $\lambda \in [0, 1]$ und 2-mal stetig differenzierbar. Es folgt dann $l'(\lambda) = h^T Dg(\bar{z} + \lambda \Delta z)\Delta z$ und $l''(\lambda) = D^2 g(\bar{z} + \lambda \Delta z)[h, \Delta z, \Delta z]$.

Hierbei ist das Objekt $D^2 g(\bar{z} + \lambda \Delta z)$ eine Trilinearform, welche symmetrisch in den letzten beiden Argumenten $[\Delta z, \Delta z]$ (beide aus dem $\mathbb{R}^n$) ist und bei Festhalten dieser beiden Argumente linear in $h \in \mathbb{R}^k$ ist.

Nach dem bekannten Satz von Taylor für skalare Funktionen $l : \mathbb{R} \to \mathbb{R}$ gibt es ein $\xi \in [0, \lambda]$ mit:

$$l(\lambda) = l(0) + \lambda l'(0) + \frac{1}{2}\lambda^2 l''(\xi)$$

$$= h^T g(\bar{z}) + \lambda h^T Dg(\bar{z})\Delta z + \frac{1}{2}\lambda^2 D^2 g(z + \xi \Delta z)[h, \Delta z, \Delta z].$$

Wendet man diese Beziehung mit den Einheitsvektoren $e_1, \ldots e_k$ für h und $\lambda = 1$ an, so folgt

$$g(\bar{z} + \Delta z) = \begin{pmatrix} e_1^T g(\bar{z} + \Delta z) \\ \vdots \\ e_k^T g(\bar{z} + \Delta z) \end{pmatrix}$$

$$= \underbrace{\begin{pmatrix} e_1^T g(\bar{z}) \\ \vdots \\ e_k^T g(\bar{z}) \end{pmatrix}}_{g(\bar{z})} + \underbrace{\begin{pmatrix} e_1^T Dg(\bar{z})\Delta z \\ \vdots \\ e_k^T Dg(\bar{z})\Delta z \end{pmatrix}}_{Dg(\bar{z})\Delta z} + \frac{1}{2}\underbrace{\begin{pmatrix} D^2 g(\tilde{z}_1)[e_1, \Delta z, \Delta z] \\ \vdots \\ D^2 g(\tilde{z}_k)[e_k, \Delta z, \Delta z] \end{pmatrix}}_{=:r(\Delta z)}$$

mit Punkten $\tilde{z}_i$ aus dem Segment $[\bar{z}, \bar{z} + \Delta z]$ für $1 \leq i \leq k$.
Dabei gilt $\|r(\Delta z)\|_\infty = \frac{1}{2}\max\limits_{1 \leq l \leq k} \|D^2 g(\tilde{z}_l)[e_l, \Delta z, \Delta z]\| \leq M\|\Delta z\|_\infty^2$ mit

$$M := \max_{1 \leq l \leq k} \sup_{\substack{\|\bar{z} - z\|_\infty \leq \delta \\ \|u\|_\infty = 1}} \frac{1}{2}\|D^2 g(z)[e_l, u, u]\|.$$

(Man setze $u := \Delta z / \|\Delta z\|$.) Die Existenz von M folgt, da $D^2 g(z)$ als Trilinearform stetig ist in seinen drei linearen Argumenten (hier (e_l, u, u)) und bezüglich z ebenfalls stetig ist wegen $g \in C^2$. (Die Menge der z mit $\|z - \bar{z}\|_\infty \leq \delta$ ist kompakt). $\qquad\square$

Bemerkung

Die Konstante M hängt von der Wahl der Norm (hier $\|.\|_\infty$) ab. Eine passende Wahl ist oft wesentlich, wenn man an guten Konstanten bei einer solchen Abschätzung interessiert ist. Für $k > 1$ gibt es (im Gegensatz zu $k = 1$) im allgemeinen *keinen* Zwischenwert ξ auf der Strecke $[z, z+\Delta z]$, für den

$$g(z + \Delta z) = g(z) + Dg(z)\Delta z + \tfrac{1}{2}D^2 g(\xi)[\,.\,, \Delta z, \Delta z]$$

gelten würde.

4.1.1 Anwendung: Newton -Verfahren

Sei $g : \mathbb{R}^k \to \mathbb{R}^k$ eine 3-mal stetig differenzierbare Funktion, $g \in C^3(\mathbb{R}^k)$, mit $g(\bar{z}) = 0$ an einem unbekannten Punkt $\bar{z}$.

Man nehme an, es sei eine Näherung z von $\bar{z}$ gegeben. Man möchte nun einen Schritt Δz derart bestimmen, dass $z^+ := z + \Delta z$ eine bessere Näherung für $\bar{z}$ ist. Dazu ersetzt man die Funktion g durch ihre Linearisierung im Punkt z. Die Bestimmungsgleichung lautet also:

$$g(z + \Delta z) \approx g(z) + Dg(z)\Delta z \overset{!}{=} 0,$$

woraus sich unter der Annahme der Existenz von $Dg(z)^{-1}$ die Größen

$$\Delta z = -Dg(z)^{-1}g(z) \quad \text{und} \quad z^+ = z + \Delta z$$

ergeben.

Dies ist ein Newton-Schritt im $\mathbb{R}^k$ zur Bestimmung einer Nullstelle von g. Wiederholt man obige Berechnung, indem man in jedem Schritt den Punkt z durch den neu gewonnenen Wert z^+ ersetzt, so spricht man vom Newton-Verfahren.

Satz 4.1.2 *Seien g und $\bar{z}$ wie oben definiert und sei ferner* $\det(Dg(\bar{z})) \neq 0$. *Dann gibt es ein $\delta > 0$, so dass das Newton-Verfahren, ausgehend von einem beliebigen Punkt z^0 mit $\|z^0 - \bar{z}\|_\infty \leq \delta$, quadratisch gegen $\bar{z}$ konvergiert.*

Bemerkung

Wir benutzen hier die Definition aus Abschn. 4.1.2, nach der ein Verfahren quadratisch konvergiert, falls es konvergiert und es Konstanten $c > 0$ und $k_0 \geq 0$ gibt, so dass die Iterierten die Ungleichung

$$\|z^{k+1} - \bar{z}\| \leq c\|z^k - \bar{z}\|^2$$

für alle $k \geq k_0$ erfüllen. Dies bedeutet, dass sich die Anzahl der Ziffern, in denen z^k und $\bar{z}$ übereinstimmen, in jedem Schritt in etwa verdoppelt. (Die Konvergenz ist in der Regel allerdings nicht monoton in den einzelnen Komponenten von z.)

Beweis Da g dreimal stetig differenzierbar ist, folgt insbesondere, dass $\det(Dg(z))$ stetig von z abhängt. Also ist $\det(Dg(\hat{z})) \neq 0$ für $\hat{z}$ aus einer (kleinen) Umgebung $U = \{z \mid \|z - \bar{z}\| \leq \delta_1\}$ von $\bar{z}$. Mit der Iterationsfunktion

$$z_{k+1} = \Phi(z_k) = z_k - Dg(z_k)^{-1}g(z_k)$$

ist ein Punkt $\bar{z}$ genau dann Fixpunkt von Φ (d.h. $\Phi(\bar{z}) = \bar{z}$), wenn er Nullstelle von g ist und $Dg(z)^{-1}$ existiert.

Da g 3-mal stetig differenzierbar ist und $Dg(z)^{-1}$ für $z \in U$ existiert, ist Φ 2-mal stetig differenzierbar für $z \in U$. Wir nutzen hier die Tatsache, dass das Inverse einer invertierbaren

Matrix analytisch von den Matrixeinträgen abhängt (was z. B. aus der Cramerschen Regel gefolgert werden kann), machen uns aber keine weiteren Gedanken zur Berechnung der Ableitung der Inversen. Auch ohne $D(Dg(z)^{-1})$ zu kennen, errechnet man

$$D\Phi(z) = I - Dg(z)^{-1}Dg(z) - D(Dg(z)^{-1})g(z),$$

woraus man $D\Phi(\bar{z}) = 0$ abliest. Nach Satz 4.1.1 gibt es also ein $M > 0$, so dass für $\|z - \bar{z}\| \leq \delta_1$

$$\Phi(z) = \Phi(\bar{z}) + D\Phi(\bar{z})(z - \bar{z}) + r(z - \bar{z}) = \Phi(\bar{z}) + r(z - \bar{z})$$

mit $\|r(z - \bar{z})\| \leq M\|z - \bar{z}\|^2$ gilt. Daraus folgt

$$\|z_{k+1} - \bar{z}\| = \|\Phi(z_k) - \Phi(\bar{z})\| = \|r(z_k - \bar{z})\| \leq M\|z_k - \bar{z}\|^2.$$

Dies zeigt die quadratische Konvergenz für $\|z - \bar{z}\| \leq \delta := \min\{\delta_1, 1/(2M)\}$. (Die Aussage gilt für beliebige Normen im $\mathbb{R}^n$, wobei δ und M aber von der Wahl der Norm abhängen.)   □

4.1.2 Konvergenzgeschwindigkeiten, O-Notation

Bei der Untersuchung von Konvergenzgeschwindigkeiten verschiedener Verfahren hat sich folgende Notation eingebürgert.

Sei $\{z^k\}_k$ eine Folge mit $\lim_{k\to\infty} z^k = \bar{z}$. Dann konvergiert die Folge z^k *Q-quadratisch* gegen $\bar{z}$, wenn es Konstanten $M < \infty$ und $\delta > 0$ gibt, so dass

$$\|z^{k+1} - \bar{z}\| \leq M\|z^k - \bar{z}\|^2$$

für alle k gilt mit $\|z^k - \bar{z}\| \leq \delta$.

Die Folge konvergiert *R-quadratisch*, wenn es Konstanten $M < \infty$, $k_0 > 0$ und $c_{k_0} < 1/M$ gibt, so dass

$$\|z^k - \bar{z}\| \leq c_k \qquad \text{und} \qquad c_{k+1} = Mc_k^2$$

für alle $k \geq k_0$. In diesem Fall konvergieren also die oberen Schranken c_k für den Abstand zum Grenzwert quadratisch gegen Null. Aus der Q-quadratischen Konvergenz folgt stets die R-quadratische Konvergenz, aber nicht umgekehrt. (Ersetzt man in einer Q-quadratisch konvergenten Folge für alle geraden k die Iterierten z^k durch $\bar{z}$, so ist die entstehende Folge nicht mehr Q-quadratisch, wohl aber R-quadratisch konvergent.)

Wir werden im Folgenden keinen Wert auf den Unterschied dieser beiden Konvergenzarten legen und sprechen stets von *quadratischer Konvergenz,* wenn das Verfahren (bzw. die Folge der Iterierten) R-quadratisch konvergent ist.

Die Folge konvergiert *linear,* wenn es Konstanten $M < 1$, $k_0 > 0$ und $c_{k_0} < \infty$ gibt, so dass

$$\|z^k - \bar{z}\| \le c_k \quad \text{und} \quad c_{k+1} = Mc_k$$

für alle $k \ge k_0$. Häufig wird in der Literatur dabei auch zwischen Q-linearer und R-linearer Konvergenz unterschieden.

Zwar sind alle Normen auf dem $\mathbb{R}^n$ äquivalent, doch ist es für die Bestimmung von guten Konstanten bei einer Konvergenzanalyse oft wesentlich, dass man eine geeignete Norm für die Abschätzungen zugrunde legt. (So gilt z. B. die Q-lineare Konvergenz einer Folge z^k in aller Regel nur für gewisse Normen; d. h. bei einem Wechsel der Norm verliert man in der Regel die Q-lineare Konvergenz.)

Seien $\{r_k\}_k$ und $\{t_k\}_k$ zwei positive reelle Zahlenfolgen. Wir sagen $r_k \in O(t_k)$ oder $r_k = O(t_k)$, falls $\lim \sup r_k/t_k < \infty$. In diesem Fall existiert also eine Konstante $M > 0$, so dass $r_k \le Mt_k$ für alle k gilt. Falls $t_k \to 0$ und $r_k = O(t_k)$, dann konvergiert r_k *mindestens so schnell* gegen Null wie t_k; der konstante Term M wird bei dieser Aussage großzügig außer Acht gelassen.

Wir sagen $r_k \in \Omega(t_k)$ oder $r_k = \Omega(t_k)$, falls $\lim \inf r_k/t_k > 0$. In diesem Fall existiert also eine Konstante $M > 0$, so dass $r_k \ge Mt_k$ für alle k gilt.

Wir sagen $r_k \in \Theta(t_k)$, falls $r_k \in O(t_k)$ und $r_k \in \Omega(t_k)$. Falls $t_k \to 0$ und $r_k = \Theta(t_k)$, dann konvergiert r_k *genauso schnell* gegen Null wie t_k.

Schließlich schreiben wir $r_k \in o(t_k)$, falls $\lim r_k/t_k = 0$. Falls $t_k \to 0$, konvergieren also die r_k *schneller* gegen Null als die t_k.

In vielen Fällen hängen gewisse Größen, z. B. r und t voneinander ab, ohne dass ein Iterationsindex k in r oder in t auftritt. Bei der Betrachtung von Grenzwerten $t \to 0$ verallgemeinert man dann die O-Notation in naheliegender Weise; so bedeutet etwa $r = O(t)$: es gibt ein $\varepsilon > 0$ und ein $M < \infty$ mit

$$t < \varepsilon \quad \Longrightarrow \quad r < Mt,$$

in Worten: „r ist von gleicher oder kleinerer Größenordnung wie t".

4.2   Der Innere – Punkte -Ansatz

In diesem Kapitel betrachten wir wieder lineare Programme in der Standardform

$$(P) \qquad \text{minimiere } \{c^T x \mid Ax = b, \ x \ge 0\}, \qquad (4.2.1)$$

wobei $A \in \mathbb{R}^{m \times n}$, $c \in \mathbb{R}^n$ und $b \in \mathbb{R}^m$. Das duale Problem zu (4.2.1) ist dann durch

$$(D) \qquad \text{maximiere } \{b^T y \mid A^T y + s = c, \ s \geq 0\} \qquad (4.2.2)$$

gegeben. Auch in diesem Kapitel nehmen wir an, dass die Zeilen von A linear unabhängig sind, rg $A = m$.

Innere-Punkte-Verfahren erzeugen eine Folge von Punkten (x^k, y^k, s^k), $k = 0, 1, \ldots$, mit $x^k > 0$, $s^k > 0$, deren Grenzwerte Optimallösungen von (P) und (D) liefern. Die Verfahren heißen *zulässige-innere-Punkte-Verfahren*, wenn alle Punkte (x^k, y^k, s^k) zulässige innere Punkte von (P) bzw. (D) sind, also für alle k

$$A x^k = b, \quad x^k > 0, \quad A^T y^k + s^k = c, \quad s^k > 0$$

gilt; andernfalls heißen sie *unzulässige-innere-Punkte-Verfahren*.

Natürlich kann es zulässige-innere-Punkte-Verfahren nur für Probleme (P) und (D) geben, die strikt zulässige Lösungen besitzen. d. h. Probleme mit

$$\begin{aligned} \mathcal{P}^o &:= \{x > 0 \mid Ax = b\} \neq \emptyset, \\ \mathcal{D}^o &:= \{(y, s) \mid A^T y + s = c, \ s > 0\} \neq \emptyset. \end{aligned} \qquad (4.2.3)$$

Wichtige Begriffe und Verfahrenstechniken wurden zunächst für zulässige-innere-Punkte-Verfahren entwickelt, deren Theorie überdies einfacher ist. Wir werden deshalb als erstes diese Verfahren beschreiben und erst in den späteren Abschnitten zeigen, wie man sie zu unzulässige-innere-Punkte-Verfahren verallgemeinern kann: letztere sind für die Rechenpraxis bedeutsamer, auch weil sie ohne die Voraussetzung (4.2.3) auskommen.

4.2.1 Das primal – duale System

Wir erinnern noch einmal an die schwache Dualität, die für eine beliebige primal zulässige Lösung x und eine beliebige dual zulässige Lösung y, s besagt, dass[2]

$$0 \leq x^T s = x^T (c - A^T y) = c^T x - (Ax)^T y = c^T x - b^T y. \qquad (4.2.4)$$

Der Optimalwert von (4.2.1) ist also sicher größer oder gleich dem von (4.2.2). Wie in Satz 3.7.11 gezeigt wurde, gilt sogar, dass beide Optimalwerte angenommen werden und gleich sind, wenn nur einer der Optimalwerte endlich ist.

---

[2]Bemerkenswert ist hier, dass auf der primal-dual zulässigen Menge die quadratische Form

$$x^T s = \frac{1}{2}(x^T, s^T) \begin{bmatrix} 0 & I \\ I & 0 \end{bmatrix} \begin{pmatrix} x \\ s \end{pmatrix} \text{ und die Linearform } (c^T, -b^T) \begin{pmatrix} x \\ s \end{pmatrix} = c^T x - b^T y$$

übereinstimmen.

Aus der Gleichheit der Optimalwerte folgt die Komplementarität von x und s in folgendem Sinne: Die Punkte x und y, s seien für (4.2.1) und (4.2.2) zulässig. Dann sind x und y, s optimal für (4.2.1) und für (4.2.2) genau dann, wenn $x_i s_i = 0$ für alle i. (Denn wegen $x \geq 0, s \geq 0$, kann $c^T x = b^T y$ in (4.2.4) nur dann erfüllt sein, wenn $x_i s_i = 0$ für alle i gilt)

Aus obigen Betrachtungen folgt, dass die Optimallösungen von (4.2.1) und (4.2.2) mit den Lösungen des folgenden Systems

$$\Psi_0(x, y, s) := \begin{pmatrix} Ax - b \\ A^T y + s - c \\ Xs \end{pmatrix} = \begin{pmatrix} 0 \\ 0 \\ 0 \end{pmatrix}, \qquad x, s \geq 0, \qquad (4.2.5)$$

übereinstimmen. Hier und im Rest dieses Kapitels benutzen wir die mittlerweile übliche Schreibweise

$$e = (1, \ldots, 1)^T \in \mathbb{R}^n \quad \text{und} \quad X = \quad \text{Diag}(x), \qquad S = \text{Diag}(s),$$

in welcher ein Großbuchstabe (z. B. X oder S) die zu einem Vektor (x oder s) zugehörige Diagonalmatrix bezeichnet. Dies führt zu Rechenregeln wie $Xs = Sx, x = Xe, x^T = e^T X$. Das System (4.2.5) hat eine recht einfache Gestalt. Die ersten beiden Blockzeilen bestehen aus m bzw. n linearen Gleichungen, und die letzte aus n einfachen bilinearen Gleichungen. Es ist also ein System mit $2n + m$ Variablen und genauso vielen linearen bzw. bilinearen Gleichungen.

Wir merken an, dass die Jacobi-Matrix $D\Psi_0(x, y, s)$ von Ψ_0 gegeben ist durch

$$D\Psi_0(x, y, s) = \begin{bmatrix} A & 0 & 0 \\ 0 & A^T & I \\ S & 0 & X \end{bmatrix}.$$

Für sie gilt folgendes wichtige Resultat:

Satz 4.2.6 *Unter den Voraussetzungen* rg $A = m$ *und* $(x, s) > 0$ *ist die Matrix*

$$\begin{bmatrix} A & 0 & 0 \\ 0 & A^T & I \\ S & 0 & X \end{bmatrix}$$

nichtsingulär.

Beweis Angenommen, es gibt Vektoren $(u, v, w) \neq 0$ mit

$$\begin{bmatrix} A & 0 & 0 \\ 0 & A^T & I \\ S & 0 & X \end{bmatrix} \begin{pmatrix} u \\ v \\ w \end{pmatrix} = 0,$$

so folgt aus den beiden ersten Gleichungen $Au = 0$, $A^T v + w = 0$ und deshalb $u^T w = -u^T$ $A^T v = 0$. Die dritte Gleichung ergibt dann $Su + Xw = 0$, also $u = -S^{-1} X w$, und damit $0 = u^T w = -w^T X S^{-1} w$, also $w = 0$ wegen $x > 0$, $s > 0$. Aus $w = 0$ folgt $u = 0$. Die zweite Gleichung ergibt schließlich $A^T v + w = A^T v = 0$, also auch $v = 0$ wegen rg $A = m$, im Widerspruch zur Annahme.   □

Es liegt daher nahe, zu versuchen, ausgehend von einem Startpunkt mit $(x, s) > 0$, das System (4.2.5) mit dem Newton-Verfahren zu lösen.

Offenbar liegt die gesuchte Lösung aber am Rand der Menge $\Omega := \{x, y, s \mid x \geq 0, s \geq 0\}$, denn die Gleichungen $x_i s_i = 0$ in den letzten Komponenten von Ψ_0 implizieren, dass mindestens eine der beiden Variablen x_i oder s_i Null ist. Dies erschwert die theoretische Untersuchung des Newton-Verfahrens, z. B. mit Hilfe von Satz 4.1.2, ganz erheblich. Die Schwierigkeit liegt dabei nicht an der mangelhaften Qualität dieses Satzes (wie z. B. seiner Abhängigkeit von der gewählten Norm). Denn sofern man die Schrittweiten bei Ausführung der Newton-Schritte nicht geschickt dämpft, verlässt das Newton-Verfahren im allgemeinen die Menge Ω^o, auf der $D\Psi_0$ nach Satz 4.2.6 nichtsingulär ist, selbst wenn der Startpunkt in der Nähe der Lösung liegt. Falls das Newton-Verfahren die Menge Ω^o verlässt, ist zum einen die Nichtsingularität der Jacobi-Matrix nicht mehr garantiert, und zum anderen kann es passieren, dass das Newton-Verfahren entweder gar nicht konvergiert, oder gegen eine Lösung konvergiert, die die Nichtnegativitätsbedingungen verletzt.

4.2.2 Der zentrale Pfad

Um das System (4.2.5) trotzdem noch für ein Newton-ähnliches Verfahren verwenden zu können, betrachten wir im Folgenden für Parameter $\mu > 0$ die Lösungen des Systems

$$\Psi_\mu(x, y, s) := \begin{pmatrix} Ax - b \\ A^T y + s - c \\ Xs - \mu e \end{pmatrix} = \begin{pmatrix} 0 \\ 0 \\ 0 \end{pmatrix}, \qquad x, s > 0. \qquad (4.2.7)$$

Die Jacobimatrix

$$D\Psi_\mu(x, y, s) = \begin{bmatrix} A & 0 & 0 \\ 0 & A^T & I \\ S & 0 & X \end{bmatrix}$$

von Ψ_μ ist wegen Satz 4.2.6 nichtsingulär, falls rg $A = m$.

Natürlich ist das System (4.2.7) für $\mu > 0$ höchstens dann lösbar, wenn (P) und (D) strikt zulässige Lösungen besitzen. Diese Bedingung ist (im wesentlichen) auch hinreichend: Man kann für rg $A = m$ und unter der Voraussetzung 4.2.3 zeigen, dass das System (4.2.7) für alle $\mu > 0$ genau eine Lösung besitzt. Es liefert dann der Grenzwert (x^*, y^*, s^*) jeder konvergenten Folge $\lim_{\mu_k \downarrow 0}(x(\mu_k), y(\mu_k), s(\mu_k))$ eine Optimallösung x^* und (y^*, s^*) von (P) und (D). Der Einfachheit halber werden wir weiter unten einige anschauliche Eigenschaften des zentralen Pfades nur unter der schärferen Bedingung herleiten, dass das Innere $\mathcal{D}^o = \{y \mid A^T y < c\}$ der zulässigen Punkte des dualen Problems nichtleer und beschränkt ist.

Das schwerere, vorzeichenbeschränkte Problem, eine Nullstelle von (4.2.5) mit $\mu = 0$ zu finden (in dem mindestens n der Bedingungen $x_i \geq 0$, $s_i \geq 0$ aktiv sind) ersetzt man nun durch das einfachere Problem ohne Nebenbedingungen (4.2.7) mit $\mu > 0$. Für festes $\mu > 0$ sind die Probleme zwar nicht wirklich unbeschränkt, aber da in Ω die Lösung von $x_i s_i = \mu$ nur im Inneren ($x_i > 0$, $s_i > 0$) liegen kann und $D\Psi_\mu$ nach Satz 4.2.6 dort nichtsingulär ist, gibt es eine kleine Umgebung der gesuchten Lösung $x(\mu), y(\mu), s(\mu)$, in der das reine Newton-Verfahren ohne Berücksichtigung der Ungleichungen $x \geq 0$, $s \geq 0$ quadratisch konvergiert. Dabei ist zu erwarten, dass die Lösungen $x(\mu), y(\mu), s(\mu)$ umso weiter vom Rand der Menge Ω entfernt liegen, je größer μ ist. Beginnend mit einem großen Wert μ_0 (für den $x(\mu_0), y(\mu_0), s(\mu_0)$ leicht zu berechnen sind), wird man dann μ sukzessive verkleinern und jeweils die zugehörigen Lösungen bis auf eine gewisse Genauigkeit mit dem Newton-Verfahren approximieren.

Die Punktmenge $\{(x(\mu), y(\mu), s(\mu)) \mid \mu > 0\}$ wird *zentraler Pfad* genannt. Für seine Punkte gilt folgende Verschärfung des Resultates (4.2.4) bezüglich der *Dualitätslücke* von zulässigen Lösungen x und y, s:

$$n\mu = x(\mu)^T s(\mu) = x(\mu)^T (c - A^T y(\mu)) = c^T x(\mu) - (Ax(\mu))^T y(\mu)$$

$$= c^T x(\mu) - b^T y(\mu).$$

Der Name „zentraler Pfad" wird verständlich, wenn man zum Beispiel die dual zulässige Menge

$$\mathcal{D} := \{y \mid A^T y \leq c\}$$

näher betrachtet, in deren Innerem dieser Pfad verläuft. Wir wollen nun annehmen, dass die Menge $\mathcal{D}$ beschränkt ist und ein nichtleeres Inneres besitzt. Mit $a_i, i = 1, \ldots, n$, bezeichnen wir die Spalten von A und mit c_i die Komponenten von c. Da das Innere von $\mathcal{D}$ nichtleer und beschränkt ist, ist die Funktion

$$\phi(y) := - \sum_{i=1}^{n} \ln(c_i - a_i^T y)$$

eine streng konvexe Barrierefunktion, die im Inneren von $\mathcal{D}$ definiert ist und am Rand von $\mathcal{D}$ gegen unendlich strebt, siehe Übung 4.11. Da ϕ streng konvex ist, besitzt ϕ eine eindeutige Minimalstelle $\bar{y}$ im Inneren von $\mathcal{D}$, die man nach Sonnevend [158] *analytisches Zentrum* von $\mathcal{D}$ nennt.

Beachte, dass $\bar{y}$ auch das Produkt der Euklidischen Abstände $(c_i - a_i^T y)/\|a_i\|_2$ von y zu den Nebenbedingungen maximiert, denn

$$-\sum_{i=1}^{n} \ln(c_i - a_i^T y) = -\ln\left(\prod_{i=1}^{n}(c_i - a_i^T y)\right)$$

$$= -\ln\left(\prod_{i=1}^{n} \|a_i\|_2\right) - \ln\left(\prod_{i=1}^{n} \frac{c_i - a_i^T y}{\|a_i\|_2}\right),$$

und die Funktion „$-\ln t$" im letzten Term der rechten Seite ist streng monoton fallend. Insofern ist der Name „Zentrum" gerechtfertigt. Weiter hängt das Zentrum sehr glatt (analytisch) von allen Nebenbedingungen ab; auch von solchen Nebenbedingungen, die die Menge $\mathcal{D}$ nicht beeinflussen, also gänzlich „überflüssig" sind.

Addiert man jetzt noch ein negatives Vielfaches $-b^T y/\mu$ der dualen Zielfunktion $b^T y$ zu ϕ, so stimmt die zugehörige Minimalstelle der ebenfalls streng konvexen Funktion

$$\phi(y) - \frac{b^T y}{\mu}$$

gerade mit $y(\mu)$ überein. Dies sieht man, wenn man die Ableitung

$$\sum_{i=1}^{n} \frac{a_i}{c_i - a_i^T y} - \frac{b}{\mu}$$

von $\phi(y) - b^T y/\mu$ gleich Null setzt und die Hilfsvariablen x und s durch

$$x_i := \frac{\mu}{c_i - a_i^T y} \quad \text{und} \quad s_i := c_i - a_i^T y$$

definiert. Durch Einsetzen überprüft man leicht, dass diese Variablen alle Bedingungen von (4.2.7) erfüllen. Wir bemerken ferner, dass $y(\mu)$ das analytische Zentrum (in obigem Sinne) der Menge $\mathcal{D} \cap \{y \mid b^T y \leq \lambda\}$ für ein passendes $\lambda > c^T y(\mu)$ ist, siehe z. B. [159]. Eine ähnliche „Zentralitätseigenschaft" gilt für die Komponenten $x(\mu)$ im zentralen Pfad auch bezüglich der primal zulässigen Menge $\mathcal{P}$. Auf den ersten Blick mag dabei die Tatsache überraschen, dass die Minima einer logarithmischen Barrierefunktion mit den Lösungen eines recht einfachen quadratischen Gleichungssystems übereinstimmen.

Man kann auch die Minima der konvexen Barrierefunktionen mit dem Newton-Verfahren berechnen, indem man nach einer Nullstelle des Gradienten sucht. Das Newton-Verfahren konvergiert dann ebenfalls lokal quadratisch, liefert aber in aller Regel andere Iterierte als das Newton-Verfahren zur Berechnung einer Nullstelle von Ψ_μ, auch wenn der Grenzwert der Iterierten der gleiche ist.

Unter der Annahme dass das Innere von $\mathcal{D}$ eine nichtleere beschränkte Menge ist, haben wir also die eindeutige Lösbarkeit von (4.2.7) für jedes $\mu > 0$ gezeigt.

4.2.3 Newton-Verfahren für das primal – duale System

Die Idee, das lineare Programm mit Hilfe des Newton-Verfahrens zur Berechnung der Nullstellen von (4.2.7) zu lösen, soll im Folgenden präzisiert und genau untersucht werden.

Wir betrachten dazu zunächst einen Newton-Schritt. Seien $x > 0$, $s > 0$ und y so gegeben, dass $Ax = b$ und $A^T y + s = c$. Für $\mu > 0$ definieren wir das Residuum

$$r := Xs - \mu e,$$

so dass $\Psi_\mu(x, y, s)^T = (0, 0, r^T)$. Der Newton-Schritt $(\Delta x, \Delta y, \Delta s)$ zum Auffinden des analytischen Zentrums ist durch die Linearisierung von (4.2.7) (Vernachlässigung des quadratischen Termes $\Delta X \Delta s$) gegeben,

$$\Psi_\mu \begin{pmatrix} x + \Delta x \\ y + \Delta y \\ s + \Delta s \end{pmatrix} = \begin{pmatrix} Ax + A\Delta x - b \\ A^T y + A^T \Delta y + s + \Delta s - c \\ Xs + X\Delta s + S\Delta x + \Delta X \Delta s - \mu e \end{pmatrix}$$

$$\approx \begin{pmatrix} A\Delta x \\ A^T \Delta y + \Delta s \\ Xs + X\Delta s + S\Delta x - \mu e \end{pmatrix} \overset{!}{=} 0, \tag{4.2.8}$$

d. h. als Lösung des linearen Gleichungssystems

$$\begin{bmatrix} A & & \\ & A^T & I \\ S & & X \end{bmatrix} \begin{pmatrix} \Delta x \\ \Delta y \\ \Delta s \end{pmatrix} = \begin{pmatrix} 0 \\ 0 \\ -r \end{pmatrix}. \tag{4.2.9}$$

Die Matrix auf der linken Seite ist gerade $D\Psi_\mu(x, y, s)$. Man beachte, dass der Approximationsfehler in (4.2.8) in den ersten beiden (linearen) Gleichungen Null ist, und nur in der letzten (quadratischen) Gleichung der Term $\Delta X \Delta s$ vernachlässigt wird. Anders ausgedrückt, man erhielte das exakte Zentrum aus $(x + \Delta x, y + \Delta y, s + \Delta s)$, falls man in der Lage wäre, das (nichtlineare) System zu lösen, das dadurch entsteht, dass man in der letzten Gleichung von (4.2.9) den Term $\Delta X \Delta s$ zur linken Seite hinzuaddiert – denn dies ist äquivalent mit (4.2.7).

4.2.4 Lösung der linearen Gleichungssysteme

Die Lösung des Systems (4.2.9) ist für $x > 0$ und $s > 0$ wegen der Nichtsingularität von $D\Psi_\mu$ (Satz 4.2.6)) eindeutig bestimmt. Um es explizit zu lösen, definieren wir die positive Diagonalmatrix D durch $D^2 := XS^{-1}$. Da A vollen Zeilenrang hat, ist auch die Matrix $AD^2 A^T$ positiv definit und insbesondere invertierbar.

Löst man nun im System (4.2.9) die zweite Blockzeile nach Δs und die dritte Blockzeile nach Δx auf und setzt beide Ergebnisse in die erste Blockzeile ein, so erhält man das folgende System

$$
\begin{aligned}
q &= DX^{-1}r, \\
\Delta y &= (AD^2A^T)^{-1}ADq, \\
\Delta s &= -A^T\Delta y, \\
\Delta x &= -Dq - D^2\Delta s,
\end{aligned}
\qquad (4.2.10)
$$

in welchem wir für die spätere Analyse noch etwas „gekünstelt" den Hilfsvektor q definiert haben. (Ersetzt man q überall durch $DX^{-1}r$, so wird der Zusammenhang zu (4.2.9) offensichtlich.)

Bei der Lösung des Systems (4.2.10) konzentrieren wir uns auf die Ermittlung von Δy; die anderen Rechnungen in (4.2.10) sind einfache Matrix-Vektor Multiplikationen ! Zur Bestimmung von Δy kann man zunächst die Cholesky-Zerlegung der positiv definiten Matrix AD^2A^T berechnen und anschließend den Vektor Δy durch die Lösung eines gestaffelten Gleichungssystems (sogenannte „back solves") ermitteln. An dieser Stelle sei nochmals angemerkt, dass für $x > 0, s > 0$ auch $D^2 = XS^{-1}$ positiv definit ist. Wenn $x > 0$ oder $s > 0$ verletzt ist, bricht obige Lösungsmethode zusammen, weil dann evtl. die Matrix $XS^{-1} = D^2$ nicht existiert oder nicht positiv definit ist, so dass AD^2A^T im Allgemeinen keine Cholesky-Zerlegung besitzt.

Die Lösung von (4.2.10) hängt sehr eng mit gewissen Orthogonalprojektionen zusammen, deren allgemeine Eigenschaften wir kurz zusammenstellen wollen.

Einschub zu Orthogonalprojektionen
Seien eine Matrix $A \in \mathbb{R}^{m \times n}$ mit Rang m und eine nichtsinguläre symmetrische Matrix $D \in \mathbb{R}^{n \times n}$ gegeben. Die Abbildung

$$
\Pi_{\mathcal{R}} = DA^T(AD^2A^T)^{-1}AD
$$

ist die *Orthogonalprojektion* auf den Bildraum $\mathcal{R} = \mathcal{R}(DA^T) = \{DA^Tw \mid w \in \mathbb{R}^m\}$ von DA^T.

Wir erinnern daran, dass

$$
\mathcal{R}(DA^T) \perp \mathcal{N}(AD) \quad \text{und} \quad \mathcal{R}(DA^T) \oplus \mathcal{N}(AD) = \mathbb{R}^n,
$$

wobei $\mathcal{N} = \mathcal{N}(AD) := \{y \in \mathbb{R}^n \mid ADy = 0\}$ den Nullraum von AD bezeichne. Die Orthogonalprojektionseigenschaft von $\Pi_{\mathcal{R}}$ kann damit wie folgt nachgeprüft werden:

- $\Pi_{\mathcal{R}}$ ist auf $\mathcal{R}$ die Identität:

$$
\begin{aligned}
y \in \mathcal{R} &\implies y = DA^Tw \quad \text{für ein } w \in \mathbb{R}^m \\
&\implies \Pi_{\mathcal{R}}y = DA^T(AD^2A^T)^{-1}ADDA^Tw = y.
\end{aligned}
$$

- $\Pi_{\mathcal{R}}$ ist auf $\mathcal{N} = \mathcal{N}(AD)$ die Nullabbildung:

$$y \in \mathcal{N} \implies \Pi_{\mathcal{R}}\, y = DA^T (AD^2 A^T)^{-1} AD y = 0.$$

Die Matrix $\Pi_{\mathcal{R}}$ ist symmetrisch; sie besitzt den m-fachen Eigenwert 1, und den $(n - m)$-fachen Eigenwert 0. Die zugehörigen Eigenräume sind $\mathcal{R} = \mathcal{R}(DA^T)$ und $\mathcal{N} = \mathcal{N}(AD)$. Für die Orthogonalprojektion $\Pi_{\mathcal{N}}$ auf $\mathcal{N} = \mathcal{N}(AD)$ gilt $\Pi_{\mathcal{N}} = I - \Pi_{\mathcal{R}}$.

Wir leiten nun die Äquivalenz von (4.2.10) zu den folgenden Gleichungen (4.2.11)–(4.2.12) her, die die „Geometrie" des Newton-Schritts beschreiben und in der nachfolgenden Analyse benutzt werden.

Da A vollen Zeilenrang hat und D nichtsingulär ist, kann die zweite Gleichung in (4.2.10) zunächst von links mit DA^T multipliziert werden, ohne die Lösungsmenge zu ändern. Wegen $\Pi_{\mathcal{R}} = DA^T (AD^2 A^T)^{-1} AD$ ist die zweite Zeile von (4.2.10) äquivalent zu

$$DA^T \Delta y = \Pi_{\mathcal{R}}\, q. \tag{4.2.11}$$

Also folgt aus der dritten Zeile von (4.2.10)

$$D\Delta s = -DA^T \Delta y = -\Pi_{\mathcal{R}}\, q \quad \text{bzw.} \quad \Delta s = -D^{-1} \Pi_{\mathcal{R}}\, q \tag{4.2.12}$$

Für die Orthogonalprojektion $\Pi_{\mathcal{N}}$ auf $\mathcal{N} = \mathcal{N}(AD)$ gilt $\Pi_{\mathcal{N}} = I - \Pi_{\mathcal{R}}$. Somit folgt aus der vierten Zeile von (4.2.10)

$$\Delta x = -D(q + D\Delta s) = -D(q - \Pi_{\mathcal{R}}\, q) = -D\Pi_{\mathcal{N}}\, q. \tag{4.2.13}$$

Die Newtonschritte Δx und Δs lassen sich also mit Hilfe von Orthogonalprojektionen und „diagonalen Skalierungen" (Multiplikationen mit positiven Diagonalmatrizen) aus dem Residuum r berechnen.

4.3   Analyse des Newton – Schrittes

Nach Ausführung des Newton-Schrittes $(x, y, s) \to (x + \Delta x, y + \Delta y, s + \Delta s)$ ist das neue Residuum $\tilde{r}$ durch

$$\tilde{r} = (X + \Delta X)(s + \Delta s) - \mu e = Xs + \overbrace{X\Delta s + S\Delta x}^{-r} + \Delta X \Delta s - \mu e$$

$$= Xs - r + \Delta X \Delta s - \mu e = \Delta X \Delta s = \Delta \tilde{X} \Delta \tilde{s} \tag{4.3.1}$$

gegeben, wobei $\Delta \tilde{x} := -D^{-1}\Delta x = \Pi_{\mathcal{N}} q$ und $\Delta \tilde{s} := -D\Delta s = \Pi_{\mathcal{R}} q$ ist. Man beachte, dass

$$DX^{-1} = \sqrt{X^{-1}S^{-1}} = \left(\sqrt{R + \mu I}\right)^{-1} \qquad (4.3.2)$$

mit $Xs = r + \mu e$ und $R = \text{Diag}(r)$ gilt. Wir wollen an dieser Stelle nochmals auf eine Besonderheit hinweisen, die wir bereits mehrfach benutzt haben und die uns später bei der Betrachtung sogenannter semidefiniter Programme fehlen wird: Da X und S diagonal sind, gilt offenbar $XS = SX$.

Aus (4.3.1)–(4.3.2) und der Definition von q in (4.2.10) kann man sofort die „klassischen" Konvergenzresultate der primal-dualen Methode herleiten, wie sie in [102] oder [146] beschrieben sind. Es sei $x > 0$, $s > 0$ und y so gegeben, dass man ein positives μ finden kann, für das wiederum

$$\|r\|_2 \le \beta\mu \qquad (4.3.3)$$

mit einer Konstante $\beta \in [0, \frac{1}{2}]$ gilt. Diese Bedingung bedeutet, dass sich (x, y, s) in einer gewissen Umgebung des zentralen Pfades befindet, deren Größe durch die Konstante β definiert ist: Für $\beta = 0$ ist diese Forderung nur für $r = 0$ erfüllt, d. h. für Punkte auf dem zentralen Pfad.

Es folgt nun aus (4.3.3)

$$\|(DX^{-1})^2\|_2 = \|(R + \mu I)^{-1}\|_2 = \max_{1 \le i \le n} \frac{1}{|r_i + \mu|} \le \frac{1}{\mu(1 - \beta)}, \qquad (4.3.4)$$

was

$$\tilde{\beta} := \|q\|_2 = \|DX^{-1}r\|_2 \le \beta\sqrt{\mu/(1 - \beta)}, \qquad (4.3.5)$$

und

$$\|\Delta \tilde{x}\|_2 = \tilde{\beta}\cos\theta, \quad \|\Delta \tilde{s}\|_2 = \tilde{\beta}\sin\theta, \qquad (4.3.6)$$

zur Konsequenz hat, wobei θ der Winkel zwischen q und $\Pi_{\mathcal{N}} q$ ist. Schließlich gilt mit (4.3.1), (4.3.6), (4.3.5) und $\|\Delta\tilde{x}\|_\infty \le \|\Delta\tilde{x}\|_2$:

$$\|\tilde{r}\|_2 = \|\Delta\tilde{X}\Delta\tilde{s}\|_2 \le \|\Delta\tilde{x}\|_\infty\|\Delta\tilde{s}\|_2 \le \tilde{\beta}^2\cos\theta\sin\theta \le \frac{1}{2(1-\beta)}\mu\beta^2 \le \mu\beta^2. \qquad (4.3.7)$$

In der vorletzten Ungleichung haben wir die Abschätzung $|2\cos\theta\sin\theta| = |\sin(2\theta)| \le 1$ benutzt. Aus (4.3.7) folgt, dass der relative Fehler $\|Xs - \mu e\|_2/\mu = \|r\|_2/\mu$ nach jedem Schritt des Newton-Verfahrens quadriert wird.

Wegen (4.3.6): $\|\Delta\tilde{x}\|_2 \le \tilde{\beta}$ folgt unter Benutzung von (4.3.2), (4.3.4) und (4.3.5) die Ungleichung $\|X^{-1}\Delta x\|_2 = \|X^{-1}D\Delta\tilde{x}\|_2 \le 1$, d. h. die Nichtnegativität von $x + \Delta x$ bleibt gewahrt! Für s gilt dies analog. Wegen $\|\tilde{r}\|_2 < \mu$ folgt aus $x + \Delta x \ge 0$ und $s + \Delta s \ge 0$ sogar $x + \Delta x > 0$ und $s + \Delta s > 0$.

4.4   Ein Kurz – Schritt – Algorithmus

Mit der vorangegangenen Untersuchung können wir den folgenden klassischen Modell-Algorithmus formulieren:

Algorithmus 4.4.1 (Kurz-Schritt-Algorithmus) *Es sei* $x^0 > 0$, y^0, $s^0 > 0$ *und* μ_0 *so gegeben, dass* $Ax^0 = b$, $A^T y^0 + s^0 = c$, $X^0 s^0 - \mu_0 e = r^0$ *und* $\|r^0\|_2/\mu_0 \le \frac{1}{2}$ *ist.* (Dies heißt wieder, dass der Startpunkt relativ nahe am zentralen Pfad liegen muss.) *Es sei ferner eine gewünschte Genauigkeit* $\varepsilon > 0$ *vorgegeben. Setze* $k = 0$.

1. *Führe einen Newton-Schritt gemäß (4.2.9) aus, um* $x^{k+1} = x^k + \Delta x$, $y^{k+1} = y^k + \Delta y$ *und* $s^{k+1} = s^k + \Delta s$ *zu erhalten.*
2. *Verkleinere* μ_k *zu* $\mu_{k+1} := \mu_k(1 - \frac{1}{6\sqrt{n}})$.
3. *Setze* $k = k + 1$.
4. *Falls* $\mu_k \le \varepsilon/n$*, dann STOPP, sonst gehe zurück zu Schritt 1.*

Die Bezeichnung „Kurz-Schritt-Algorithmus" hat sich für solche Algorithmen eingebürgert, für die der Parameter μ in jedem Schritt nur um Faktoren wie $1 - 1/\sqrt{n}$ verkleinert wird, die für großes n nahe bei 1 liegen.

Analyse des Kurz – Schritt – Algorithmus
Wir zeigen per Induktion, dass alle r^k und μ_k die Bedingung (4.3.3) mit $\beta = 1/2$ erfüllen, $\|r_k\|_2 \le \mu_k/2$.

Wegen der Forderungen an den Startpunkt ist diese Bedingung für $k = 0$ erfüllt. Sei nun $\|r_k\|_2 \le \mu_k/2$ für ein $k \ge 0$ richtig.

Mit $\tilde{r}^k = X^{k+1} s^{k+1} - \mu_k e$ (wie in (4.3.1) und (4.3.7)) folgt wegen der Definition von μ_{k+1}

$$r^{k+1} = X^{k+1} s^{k+1} - \mu_{k+1} e = \tilde{r}_k + (\mu_k - \mu_{k+1})e = \tilde{r}_k + \frac{\mu_k}{6\sqrt{n}} e.$$

Also folgt aus (4.3.7) mit $\beta = 1/2$ die Ungleichung

$$\|r^{k+1}\|_2 \le \|\tilde{r}^k\|_2 + \frac{\mu_k}{6\sqrt{n}} \|e\|_2 \le \mu_k \left(\frac{1}{4} + \frac{\sqrt{n}}{6\sqrt{n}}\right) = \frac{5}{12}\mu_k \le \frac{1}{2}\mu_{k+1}.$$

Dies ist die Aussage (4.3.3) mit $\beta = 1/2$ für die $(k + 1)$-te Iteration.

Am Ende von Abschn. 4.3 wurde auch gezeigt, dass die Iterierten bei Ausführung des Newton-Schritts strikt zulässig bleiben ($x > 0, s > 0$). Somit ist die Methode wohldefiniert. Es gilt daher der folgende Satz:

Satz 4.4.2 *Der Kurz-Schritt-Algorithmus 4.4.1 hält nach spätestens*

$$6\sqrt{n} \ln \frac{n\mu_0}{\varepsilon}$$

*Iterationen mit strikt zulässigen Näherungslösungen x und y, s zu (P) und (D) aus (4.2.1)
und (4.2.2), deren Dualitätslücke*

$$c^T x - b^T y \leq 2\varepsilon$$

erfüllt.

Beweis Nach den Vorüberlegungen genügt es, den Abbruchindex und den Abbruchfehler zu verifizieren. Die Abbruchbedingung in Schritt 4. ist erfüllt, wenn $\ln \mu_k \leq \ln(\epsilon/n)$ gilt. Durch Einsetzen von $\mu_k = (1 - 1/(6\sqrt{n}))^k \mu_0$ findet man mit Hilfe der Abschätzung $\ln t \leq t - 1$, dass das Verfahren nach spätestens $6\sqrt{n} \ln \frac{n\mu_0}{\varepsilon}$ Iterationen die Abbruchbedingung erfüllt. Die Abschätzung zur Dualitätslücke folgt mit (4.3.3) aus

$$c^T x - b^T y = x^T s = e^T(Xs) = e^T(\mu e + r) \leq n\mu + \|r\|_1 \leq 2\varepsilon. \qquad \square$$

Falls die Iterierten x^k, y^k, s^k im Laufe des Verfahrens beschränkt bleiben, so besitzen sie Häufungspunkte $\bar{x}, \bar{y}, \bar{s}$ und jeder der Häufungspunkte ist eine Optimallösung von (P) und (D). In Satz 4.4.2 haben wir allerdings nur das Konvergenzverhalten eines speziellen Verfahrens betrachtet, das in dieser Form in Implementierungen nicht benutzt wird. Die tatsächlich implementierten Verfahren benutzen zwar dieselbe Grundidee – den Newton-Ansatz für den zentralen Pfad – konvergieren aber in den meisten Anwendungsbeispielen wesentlich schneller als das Verfahren aus Satz 4.4.2. Das Resultat aus Satz 4.4.2 soll daher im nächsten Abschnitt noch verallgemeinert und verschärft werden. Zum einen soll eine Folge von Iterierten x^k, y^k, s^k betrachtet werden, die einer viel allgemeineren Bedingung genügt, welche für die meisten praktischen Implementierungen erfüllt ist, die einen strikt zulässigen Startpunkt benutzen. Zum anderen soll auch gezeigt werden, dass die Iterierten x^k, y^k, s^k in der Tat beschränkt bleiben und dass die Häufungspunkte eine sogenannte strikte Komplementaritätseigenschaft erfüllen. Diese Eigenschaft erlaubt uns später, durch einen sehr eleganten Zugang mit Hilfe von sogenannten selbstdualen Programmen das Problem zu umgehen, einen primal und dual strikt zulässigen Startpunkt angeben zu müssen, und trotzdem ein „zulässiges-innere-Punkte-Verfahren" anwenden zu können.

4.5 Konvergenz von Innere – Punkte -Verfahren

Wie wir im letzten Abschnitt gesehen haben, erzeugt das Kurz-Schritt-Verfahren eine Folge von Vektoren $(x^k, y^k, s^k), k \geq 0$, von (strikt) zulässigen Lösungen von (P) bzw. (D) und Zahlen $\mu_k \downarrow 0$, die Abschätzungen der Form

$$\|X^k s^k - \mu_k e\|_2 \leq \mu_k/2, \qquad k \geq 0,$$

genügen. Wir führen nun die Vektoren $\eta^k := X^k s^k / \mu_k > 0$ ein. Für sie gilt dann offensichtlich

$$\|\eta^k - e\|_2 \le \frac{1}{2}, \quad k \ge 0,$$

so dass

$$\frac{1}{2} e \le \eta^k \le \frac{3}{2} e \quad \text{für alle } k \ge 0.$$

In der Literatur wurden nun viele Varianten von Innere-Punkte-Verfahren beschrieben, denen gemeinsam ist, dass sie Zahlen $\mu_k \downarrow 0$ und Folgen (x^k, y^k, s^k), $k \ge 0$, von primal-dual (strikt) zulässigen Lösungen erzeugen, für die die zugehörigen Vektoren $\eta^k := X^k s^k / \mu_k > 0$ für alle $k \ge 0$ Ungleichungen der Form

$$\gamma_1 e \le \eta^k \le \gamma_2 e$$

mit Konstanten $0 < \gamma_1 < 1 < \gamma_2$ genügen. Wir wollen das Konvergenzverhalten solcher Verfahren untersuchen.

Ein wichtiges Hilfsmittel sind dabei strikt komplementäre primal-duale Optimallösungen (x^*, y^*, s^*). Jedes Paar x^*, (y^*, s^*) von Optimallösungen von (P) bzw. (D) besitzt bekanntlich die Komplementaritätseigenschaft

$$0 = (x^*)^T s^*, \quad x^* \ge 0, \quad s^* \ge 0.$$

Der Vektor (x^*, y^*, s^*) heißt nun *strikt komplementäre* primal-duale Optimallösung, falls zusätzlich $x^* + s^* > 0$ gilt. Zu jeder strikt komplementären primal-dualen Optimallösung (x^*, y^*, s^*) bilden die Indexmengen

$$I := \{i \mid x_i^* > 0\}, \quad J := \{j \mid s_j^* > 0\}$$

eine Partition der Menge $N = \{1, 2, \ldots, n\}$ aller Indizes von x^* und s^*. Ein bekanntes Resultat von Goldman und Tucker [68] ist der folgende Satz, dessen Beweis in den Übungen in Abschn. 4.11 skizziert ist:

Satz 4.5.1 *Jedes Paar von dualen linearen Programmen (P) (4.2.1) und (D) (4.2.2), das (endliche) Optimallösungen besitzt, besitzt auch strikt komplementäre Optimallösungen.*

Für allgemeinere Probleme, z.B. bereits für Optimierungsprobleme mit einer konvexen quadratischen Zielfunktion, die wir in späteren Kapiteln betrachten werden, und auch für sogenannte „lineare Komplementaritätsprobleme", ist die Existenz strikt komplementärer Lösungen in der Regel nicht gesichert.

Nach diesen Vorbereitungen können wir das folgende „technische" Lemma zeigen:

Lemma 4.5.2 *Sei* $0 \le \gamma_1 < 1 < \gamma_2$, $\mu_0 > 0$ *und* x^0, (y^0, s^0) *ein Paar strikt zulässiger Lösungen von* (P) *bzw.* (D), *so dass für den Vektor* $\eta^0 := X^0 s^0 / \mu_0$ *gilt*

$$\gamma_1 e \le \eta^0 \le \gamma_2 e.$$

Sei ferner $0 < \mu \le \mu^0$ *und* (x, y, s) *eine strikt zulässige primal-duale Lösung mit*

$$\gamma_1 e \le \eta \le \gamma_2 e, \qquad \eta := \frac{Xs}{\mu},$$

sowie (x^*, y^*, s^*) *eine strikt komplementäre primal-duale Optimallösung, und* $I := \{i \mid x_i^* > 0\}$, $J := \{j \mid s_j^* > 0\}$. *Dann gibt es eine von* μ *unabhängige Konstante* $C > 0$, *so dass*

$$0 < (s^0)^T x + (x^0)^T s + \mu_0 \left(1 - \frac{\mu}{\mu_0}\right) \left[\sum_{i \in I} \frac{x_i^* \eta_i}{x_i} + \sum_{j \in J} \frac{s_j^* \eta_j}{s_j} \right] \le C.$$

Beweis Da (x^*, y^*, s^*) primal-duale Optimallösung ist, gilt

$$Ax^* = b, \quad x^* \ge 0,$$
$$A^T y^* + s^* = c, \quad s^* \ge 0,$$
$$(x^*)^T s^* = 0.$$

Nach Voraussetzung sind (x^0, y^0, s^0) und (x, y, s) strikt zulässige primal-duale Lösungen. Also gilt

$$
\begin{aligned}
Ax^0 &= b, & Ax &= b, \\
A^T y^0 + s^0 &= c, & A^T y + s &= c, \\
x^0, \, s^0 &> 0, & x, \, s &> 0.
\end{aligned}
$$

Mit der Abkürzung $\alpha := \mu/\mu_0$, $0 < \alpha \le 1$, gilt für die konvexe Linearkombination

$$(\hat{x}, \hat{y}, \hat{s}) := \alpha(x^0, y^0, s^0) + (1 - \alpha)(x^*, y^*, s^*)$$

daher

$$A(\hat{x} - x) = 0, \quad A^T(\hat{y} - y) + (\hat{s} - s) = 0,$$

so dass $(\hat{x} - x)^T(\hat{s} - s) = 0$ und damit

$$\hat{s}^T x + \hat{x}^T s = \hat{s}^T \hat{x} + x^T s. \tag{4.5.3}$$

Nun folgt aus $Sx = Xs = \mu\eta = \alpha\mu_0\eta$ sofort

$$s = \alpha\mu_0 X^{-1}\eta, \quad x = \alpha\mu_0 S^{-1}\eta.$$

Damit erhält man

$$\hat{s}^T x + \hat{x}^T s = \left(\alpha s^0 + (1-\alpha)s^*\right)^T x + \left(\alpha x^0 + (1-\alpha)x^*\right)^T s$$
$$= \left[\alpha(s^0)^T x + \alpha(1-\alpha)\mu_0(s^*)^T S^{-1}\eta\right]$$
$$+ \left[\alpha(x^0)^T s + \alpha(1-\alpha)\mu_0(x^*)^T X^{-1}\eta\right]. \qquad (4.5.4)$$

Weiter folgt wegen $(x^*)^T s^* = 0$, $Xs = \mu\eta$ und $x^T s = \alpha\mu_0 e^T \eta$

$$\hat{s}^T \hat{x} + x^T s = \alpha^2 (x^0)^T s^0 + \alpha(1-\alpha)[(x^0)^T s^* + (s^0)^T x^*] + \alpha\mu_0 e^T \eta. \qquad (4.5.5)$$

Durch Kürzen von α erhält man so aus (4.5.3), (4.5.4) und (4.5.5) wegen $x_j^* = 0$ für $j \in J$ und $s_i^* = 0$ für $i \in I$,

$$0 < (s^0)^T x + (x^0)^T s + \mu_0(1-\alpha)\left[\sum_{i \in I}\frac{x_i^* \eta_i}{x_i} + \sum_{j \in J}\frac{s_j^* \eta_j}{s_j}\right]$$
$$= \alpha(x^0)^T s^0 + (1-\alpha)[(x^0)^T s^* + (s^0)^T x^*] + \mu_0 e^T \eta.$$

Nun ist nach Voraussetzung $0 < \alpha = \mu/\mu_0 \leq 1$ und $\gamma_1 e \leq \eta \leq \gamma_2 e$, so dass $e^T \eta \leq \gamma_2 n$. Mit der Konstanten

$$C := (x^0)^T s^0 + [(x^0)^T s^* + (s^0)^T x^*] + \mu_0\gamma_2 n$$

folgt dann die Abschätzung des Lemmas.   □

Wir können nun das Lemma auf alle zulässige-Innere-Punkte-Verfahren (wie zum Beispiel das Kurz-Schritt-Verfahren) anwenden, die eine Folge $\mu_k \downarrow 0$ und primal-dual (strikt) zulässige Lösungen (x^k, y^k, s^k) mit

$$\gamma_1 e \leq \eta^k := \frac{X^k s^k}{\mu_k} \leq \gamma_2 e, \quad k \geq 0,$$

erzeugen mit Konstanten $0 < \gamma_1 < 1 < \gamma_2$. Aus dem Lemma folgt einmal die Abschätzung

$$0 < (s^0)^T x^k + (x^0)^T s^k \leq C$$

für alle $k \geq 0$, so dass die Folge der (x^k, s^k) (und damit auch y^k) eine beschränkte Folge ist. Also besitzt die Folge (x^k, y^k, s^k), $k \geq 0$, Häufungspunkte $(\bar{x}, \bar{y}, \bar{s})$, die dann natürlich wegen $\mu_k \downarrow 0$ Optimallösungen von (P) bzw. (D) sind. Andererseits folgt aus dem Lemma wegen $\eta^k \geq \gamma_1 e$ sofort auch die Abschätzung

$$\gamma_1 \mu_0 \left(1 - \frac{\mu_k}{\mu_0}\right) \left[\sum_{i \in I} \frac{x_i^*}{x_i^k} + \sum_{j \in J} \frac{s_j^*}{s_j^k}\right] \leq C$$

für alle $k \geq 0$. Also bleiben die x_i^k für $i \in I$ und die s_j^k für $j \in J$ mit $\mu_k \downarrow 0$ von Null weg beschränkt. Mit anderen Worten: jeder Häufungspunkt $(\bar{x}, \bar{y}, \bar{s})$ ist strikt komplementäre primal-duale Optimallösung. Wir haben damit folgenden Satz bewiesen:

Satz 4.5.6 *Eine zulässige-Innere-Punkte-Methode erzeuge eine Folge von strikt zulässigen primal-dualen Lösungen* (x^k, y^k, s^k) *mit*

$$0 < \gamma_1 e \leq \eta^k := \frac{X^k s^k}{\mu_k} \leq \gamma_2 e, \quad k \geq 0,$$

und Zahlen $\mu_k \downarrow 0$. *Dann besitzt die Folge der* (x^k, y^k, s^k), $k \geq 0$, *Häufungspunkte, und jeder Häufungspunkt ist eine strikt komplementäre primal-duale Optimallösung von* (P) *und* (D).

4.6   Zur Konvergenzrate des Kurz – Schritt -Verfahrens

In vielen Anwendungen lässt sich ein Startpunkt zu Algorithmus 4.4.1 mit $n\mu_0 \leq 10^{10}$ angeben. Weiter liegt die gewünschte Genauigkeit ε oft in der Größenordnung von 10^{-8} bis 10^{-15}. In diesen Fällen ist der Faktor $6 \ln \frac{n\mu_0}{\varepsilon}$ von $\sqrt{n}$ aus Satz 4.4.2 durch eine „halbwegs moderate" feste Zahl (≤ 400) beschränkt. Die Anzahl der Iterationen bei dieser Abschätzung hängt dann im Wesentlichen von der Zahl $\sqrt{n}$ ab.

Nachdem in die Konvergenz-Analyse eine Reihe Abschätzungen eingegangen sind, die noch Spielraum für Verschärfungen lassen, ist es interessant zu untersuchen, ob man die Abhängigkeit von $\sqrt{n}$ durch sorgfältigere Abschätzungen verbessern kann. Dazu untersuchen wir, welche der Abschätzungen, die zu (4.3.7) führen, scharf sind, und welche evtl. verschärft werden können.

Man beachte, dass die Gl. (4.3.1), (4.3.2) und (4.3.6) exakt sind. Die nicht scharfen Abschätzungen (bei denen möglicherweise etwas „verschenkt" wurde) sind (4.3.4), (4.3.5) und (4.3.7). So hätten die Abschätzungen (4.3.4) und (4.3.5) auch unter der schwächeren Annahme

$$\|r\|_\infty \leq \beta\mu \tag{4.6.1}$$

anstelle von (4.3.3) hergeleitet werden können. Auch die Abschätzung (4.3.7) basiert auf der Ungleichung $\|St\|_2 \leq \|s\|_\infty \|t\|_2 \leq \|s\|_2 \|t\|_2$ (falls $S = \text{Diag}(s)$). Die analoge Ungleichung $\|St\|_\infty \leq \|s\|_\infty \|t\|_\infty$ gilt ebenfalls in der Unendlichnorm. Und schließlich würden die Ungleichungen $\|\Delta x\|_\infty$, $\|\Delta \tilde{x}\|_\infty \leq \tilde{\beta}$ an Stelle von (4.3.6) ausreichen, um die strikte

Zulässigkeit von $(x + \Delta x, y + \Delta y, s + \Delta s)$, d.h. $x + \Delta x > 0, s + \Delta s > 0$ zu garantieren[3]. Leider gilt eine Abschätzung, die (4.3.6) in der Unendlichnorm entspräche, nur in folgender Form (vgl. Übungsaufgabe):

$$\|\Delta \tilde{x}\|_\infty \le \frac{1 + \sqrt{n}}{2} \tilde{\beta} \cos \theta, \quad \|\Delta \tilde{s}\|_\infty \le \frac{1 + \sqrt{n}}{2} \tilde{\beta} \sin \theta.$$

Bei beiden Größen „verlieren" wir einen Faktor $O(\sqrt{n})$. Drückt man die Abschätzung (4.3.7) von $\tilde{r}$ in der Unendlichnorm aus, so verliert man einen Faktor $O(n)$ (und gewinnt, wie in der Fußnote 3 angemerkt, gleichzeitig nur einen Faktor $\sqrt{n}$).

Wir wollen nun die Rolle der offensichtlichen „Inkompatibilität" der Normen untersuchen. Es sei zunächst angenommen, dass für ein bestimmtes $\mu = \mu_k$ das exakte Zentrum x, y, s gegeben ist. Eine Analyse auf dem zentralen Pfad ist besonders interessant, da beobachtet wurde (siehe beispielsweise [37]), dass auf dem zentralen Pfad die unterschiedlichen Suchrichtungen, die seit Karmarkars Arbeit [93] für Innere-Punkte Algorithmen vorgeschlagen wurden, alle gleich sind. Im Zentrum reduzieren sich D, r und q auf

$$D^2 = XS^{-1} = \frac{1}{\mu}X^2, \quad r = (\mu_k - \mu_{k+1})e =: \delta\mu e, \quad q = \delta\sqrt{\mu}e, \qquad (4.6.2)$$

wobei $\delta \in (0, 1)$ angibt, wie stark μ reduziert wird. Der Newton-Schritt (4.2.9), der $x(\mu_{k+1})$, $y(\mu_{k+1})$, $s(\mu_{k+1})$ approximiert, ist (wegen (4.2.13)) durch

$$\Delta x = -\delta X \Pi_{\mathcal{N}} e \qquad (4.6.3)$$

gegeben. Wir fragen nun, wie groß die Schrittweite δ überhaupt sein darf, wenn sicher gestellt sein soll, dass der volle Newton-Schritt noch zulässig ist[4]? Offensichtlich wird die Bedingung $x + \Delta x > 0$ genau dann eingehalten, wenn $\delta \Pi_{\mathcal{N}} e < e$ ist. Wie oben erwähnt, kann die Orthogonalprojektion $\Pi_{\mathcal{N}}$ einige Komponenten von e um $O(\sqrt{n})$ vergrößern. Dieser ungünstigste Fall lässt sich mit folgendem einfachen Beispiel illustrieren: Seien $A = (-\sqrt{n}, 1, \ldots, 1) \in \mathbb{R}^{1 \times (n+1)}$, $x = s = c = e = (1, \ldots, 1)^T \in \mathbb{R}^{n+1}$, $y = 0$ und $b = n - \sqrt{n}$. Diese Vektoren genügen (4.2.7) mit $\mu = 1$, d.h. x, y, s sind ein Zentrum, und es gilt: $\Pi_{\mathcal{R}} e = \frac{n - \sqrt{n}}{2n}(-\sqrt{n}, 1, \ldots, 1)^T$ und damit $\Pi_{\mathcal{N}} e = \frac{n + \sqrt{n}}{2n}(\sqrt{n}, 1, \ldots, 1)^T$. In dieser Situation muss also $\delta < \frac{2}{1 + \sqrt{n}}$ gewählt werden. Sucht man also ein δ, das für alle linearen Programme und alle Startpunkte auf dem zentralen Pfad fest gewählt werden kann,

---

[3]Eine Analyse in der Unendlichnorm wäre besonders interessant, da bei Schritt 2 im Modell-Algorithmus sich das Residuum r^{k+1} aus $\tilde{r}^k$ durch $r^{k+1} = \tilde{r}^k + (\mu_k - \mu_{k+1})e$ ergibt, und die Unendlichnorm von e viel kleiner als die 2-Norm ist: $\|e\|_\infty = \frac{1}{\sqrt{n}}\|e\|_2$.

[4]Da x, y, s auf dem zentralen Pfad liegen, hat diese Frage noch eine andere Interpretation: Wir setzen $\mu_{k+1} := 0$ und berechnen, um welchen Faktor $\tilde{\delta}$ der resultierende Newton-Schritt verkürzt werden muss, um die Nichtnegativitätsbedingung zu wahren. Man kann nachrechnen, dass dieser Faktor $\tilde{\delta}$ mit dem Faktor δ der obigen Fragestellung übereinstimmt.

so muss sicher $\delta < \frac{2}{\sqrt{n}}$ gelten. Daher ist die Wahl $\delta = \frac{1}{6\sqrt{n}}$ in obigem Modellalgorithmus bis auf einen konstanten Faktor (≤ 12) *optimal* !

Da aber obiger „worst case" wohl kaum in jeder Iteration auftritt, gibt es trotzdem adaptive Varianten und Modifikationen, die über mehrere Iterationen gesehen wesentlich schneller konvergieren. Dies gilt insbesondere für die numerischen Implementierungen, die im nächsten Abschnitt kurz besprochen werden. Wir können jedoch festhalten, dass der Faktor $\sqrt{n}$ besser als „Vergrößerungsfaktor" für bestimmte Komponenten eines Vektors bei dessen Orthogonal-Projektion interpretiert werden kann und nicht als das Resultat von „Inkompatibilitäten" der Normen oder als Folge unserer Unfähigkeit, die bestmöglichen Schranken anzugeben.

In der Tat haben Deza et al. [39] gezeigt, dass der zentrale Pfad beliebig eng an allen Ecken des Klee-Minty-Würfels vorbeiläuft, sofern eine exponentielle Anzahl an redundanten Nebenbedingungen geeignet eingeführt wird. Der zentrale Pfad durchläuft dabei bei jeder Ecke eine „geglättete Knickstelle" in dem Sinn, dass er die Richtung auf einem kurzen Streckenstück um ca. 90 Grad ändert. Wenn man ein Pfadverfolgungsverfahren betrachtet, das zum Durchlaufen einer jeden solchen geglätteten Knickstelle mindestens eine Iteration benötigt (das ist eine durchaus plausible Annahme!), so ergibt sich ein Gesamtaufwand bis zum Erreichen der optimalen Ecke von mindestens $O(\sqrt{n})$ Schritten, wobei n jetzt die (exponentielle) Anzahl der Ungleichungsnebenbedingungen in der dualen Formulierung ist. Hier taucht der Term $\sqrt{n}$ dann also sogar als *untere* Schranke für den Gesamtaufwand auf.

Wir wollen nochmals an die eingangs gemachte Bemerkung erinnern. Ausgehend von einer hinreichend genauen Näherung eines linearen Programms mit rationalen Daten A, b, c kann man die exakte Lösung durch geeignetes „Runden" in polynomialer Zeit ermitteln. Damit liefert obige Analyse im wesentlichen den Beweis, dass lineare Programme in polynomial vielen Schritten gelöst werden können. Ihre Bedeutung wird eingeschränkt durch die Annahmen, dass man einen Startpunkt in der Nähe des zentralen Pfades kennt, und dass (P) und (D) strikt zulässige Lösungen besitzen. Außerdem ist der Kurz-Schritt-Algorithmus, den die theoretische Analyse liefert, zwar theoretisch bedeutsam, aber wegen seiner langsamen Konvergenz für praktische Zwecke kaum geeignet.

Wir stellen daher eine erste praktische Variante des Verfahrens vor, die mit beliebigen positiven Vektoren x und s starten kann (welche die linearen Gleichungen nicht notwendigerweise erfüllen), und deren Implementierungen sich als effizient herausgestellt haben. Anschließend gehen wir auf eine zweite, ebenfalls praktisch relevante Möglichkeit ein, wie man sich einen strikt zulässigen Startpunkt verschaffen kann.

4.7 Ein praktisches Innere – Punkte -Verfahren

Für die Analyse des obigen Kurz-Schritt-Verfahrens war es wesentlich, dass alle Iterierten des Newton-Verfahrens im Bereich der quadratischen Konvergenz des Verfahrens blieben und gleichzeitig innere Punkte des zulässigen Bereichs lieferten. Dadurch konnte man zwar ausschließen, dass sich die Iterierten dem Rand der zulässigen Menge zu sehr nähern, andererseits hat man dem Verfahren wegen der nur sehr vorsichtigen Verkleinerung der Parameter μ_k die Möglichkeit genommen, dass die Parameter μ_k schnell gegen Null konvergieren und das Verfahren schnell eine Optimallösung findet.

In praktischen Verfahren möchte man letztere Möglichkeit natürlich nutzen und dafür in Kauf nehmen, dass man nicht mehr garantieren kann, dass das Verfahren mit einer festen linearen Konvergenzrate konvergiert. Konkret wird das bisherige Konzept in zwei wesentlichen Punkten modifiziert.

Zum einen lässt man längere Schritte zu, die nicht mehr im Bereich der quadratischen Konvergenz des Newton-Verfahrens liegen. Dabei beruhen die unten angegebenen Heuristiken zur Wahl der Schrittweiten auf Werten, die sich in praktischen Implementierungen als effizient erwiesen haben.

Zum anderen werden die Schritte durch einen Prädiktor-Korrektor-Zugang verbessert. Dieser Zugang erlaubt auch den theoretischen Beweis, dass das Innere-Punkte-Verfahren lokal quadratisch gegen die Optimallösung des linearen Programms konvergiert, d. h. es gilt $\mu_{k+1} = O(\mu_k^2)$ für genügend großes k. Die zugehörigen Konvergenzbeweise sind jedoch so speziell, dass sie an dieser Stelle nicht weiter besprochen werden.

Wir motivieren zunächst den Prädiktor-Korrektor-Ansatz von Mehrotra [113, 117]:

Wie bisher berechnet man zu einem strikt zulässigen $(x, y, s) := (x^k, y^k, s^k)$ eine erste Newtonrichtung $(\Delta x^N, \Delta y^N, \Delta s^N)$ durch Lösung des Systems (4.2.9)

$$\begin{bmatrix} A & & \\ & A^T & I \\ S & & X \end{bmatrix} \begin{pmatrix} \Delta x^N \\ \Delta y^N \\ \Delta s^N \end{pmatrix} = \begin{pmatrix} 0 \\ 0 \\ \mu e - Xs \end{pmatrix}.$$

Diese Newton-Richtung ist als eine Näherung an die „exakte Richtung"

$$(\Delta x^{ex}, \Delta y^{ex}, \Delta s^{ex}) := (x(\mu) - x, y(\mu) - y, s(\mu) - s),$$

aufzufassen, die von (x, y, s) zum unbekannten Zentrum $(x(\mu), y(\mu), s(\mu))$ führt. Wir kennen den Schritt $(\Delta x^{ex}, \Delta y^{ex}, \Delta s^{ex})$ zwar nicht, er ist aber die exakte Lösung des nichtlinearen Gleichungssystems

$$\begin{bmatrix} A & & \\ & A^T & I \\ S & & X \end{bmatrix} \begin{pmatrix} \Delta x^{ex} \\ \Delta y^{ex} \\ \Delta s^{ex} \end{pmatrix} = \begin{pmatrix} 0 \\ 0 \\ \mu e - Xs - \Delta X^{ex} \Delta s^{ex} \end{pmatrix}.$$

Da vermutlich $(\Delta x^N, \Delta y^N, \Delta s^N)$ eine gute Näherung für $(\Delta x^{ex}, \Delta y^{ex}, \Delta s^{ex})$ ist, liegt es nahe, eine evtl. noch bessere Näherung $(\Delta x^C, \Delta y^C, \Delta s^C)$ durch Lösung des linearen Gleichungssystems

$$\begin{bmatrix} A & & \\ & A^T & I \\ S & & X \end{bmatrix} \begin{pmatrix} \Delta x^C \\ \Delta y^C \\ \Delta s^C \end{pmatrix} = \begin{pmatrix} 0 \\ 0 \\ \mu e - Xs - \Delta X^N \Delta s^N \end{pmatrix}$$

zu erhalten.

Für die praktische Bedeutung des Korrektorschritts ist dabei wesentlich, dass zur Berechnung von $(\Delta x^N, \Delta y^N, \Delta s^N)$ und von $(\Delta x^C, \Delta y^C, \Delta s^C)$ lineare Gleichungssysteme mit verschiedenen rechten Seiten aber mit der gleichen Matrix zu lösen sind, für die die gleiche Matrixfaktorisierung wie in (4.2.10) verwendet werden kann.

Im Prinzip kann man dieses Vorgehen durch weitere Korrektorschritte wiederholen, es hat sich aber herausgestellt, dass sie in der Regel zu keinen weiteren Verbesserungen führen.

Mehrotra hat noch eine weitere Heuristik in den obigen Ansatz aufgenommen. Er löst das Newton-System zunächst mit dem Zielwert $\mu = 0$. Dann berechnet er für den resultierenden Newton-Schritt $(\Delta x^N, \Delta y^N, \Delta s^N)$ die maximal zulässige Schrittweite, $\alpha \leq 1$, für welche $(x, s) + \alpha(\Delta x^N, \Delta s^N) \geq 0$ gilt. Falls α nahe bei 1 liegt, so ist der Newton-Schritt „sehr zufriedenstellend", und der Korrektorschritt wird im wesentlichen wie oben geschildert angewendet. Falls α nahe bei Null liegt, so ist der Newton-Schritt offenbar viel zu lang und die Reduktion von μ auf den Zielwert 0, die dem Newton-Schritt zugrunde lag, war zu stark. In diesem Fall wird man für den Korrektorschritt einen größeren Zielwert für μ wählen.

Schließlich haben sich noch zwei weitere (nicht ganz so wesentliche) Modifikationen des Kurz-Schritt-Verfahrens als sinnvoll erwiesen.

Zum einen erlaubt man verschiedene Schrittweiten für die primalen Variablen x und die dualen Variablen y, s. Zum anderen verlangt man nicht mehr, dass der Startpunkt die linearen Gleichungen $Ax = b$ bzw. $A^T y + s = c$ erfüllt, sondern nur noch die Vorzeichenbedingung $x > 0, s > 0$. Entsprechend ändert sich dann die Gleichungsbedingung für Δx z. B. von

$$A \Delta x = 0 \quad \text{zu} \quad A \Delta x = b - Ax$$

und ähnlich für $\Delta y, \Delta s$.

Nach diesen Vorbemerkungen geben wir nun ein praktisches Verfahren mit den oben besprochenen Merkmalen an.

Algorithmus 4.7.1 (**Prädiktor-Korrektor Algorithmus von Mehrotra**)
Eingabe: Ein Tripel (x^0, y^0, s^0) mit $(x^0, s^0) > 0$,
 eine Zielgenauigkeit $\varepsilon > 0$, eine Schranke $M \gg 0$. Setze $k := 0$.

1. *Setze $(x, y, s) := (x^k, y^k, s^k)$, $\mu_k := (x^k)^T s^k / n$.*
2. *Falls $\|Ax - b\| < \varepsilon$, $\|A^T y + s - c\| < \varepsilon$ und $\mu_k < \varepsilon$: STOPP, die Iterierte ist eine Näherungslösung an die gesuchte Optimallösung.*
3. *Falls $\|x\| > M$ oder $\|s\| > M$: STOPP, das Problem hat entweder keine zulässigen Lösungen oder es ist „schlecht konditioniert".*

4. *Löse*

$$\begin{bmatrix} A & & \\ & A^T & I \\ S & & X \end{bmatrix} \begin{pmatrix} \Delta x^N \\ \Delta y^N \\ \Delta s^N \end{pmatrix} = \begin{pmatrix} b - Ax \\ c - A^T y - s \\ -Xs \end{pmatrix}.$$

5. *Berechne die maximal möglichen Schrittweiten entlang Δx^N und Δs^N,*

$$\alpha_x^N := \min\{1, \min_{i:\Delta x_i^N < 0} -\frac{x_i}{\Delta x_i^N}\}, \qquad \alpha_s^N := \min\{1, \min_{i:\Delta s_i^N < 0} -\frac{s_i}{\Delta s_i^N}\}.$$

6. *Setze*

$$\mu_N^+ = (x + \alpha_x^N \Delta x^N)^T (s + \alpha_s^N \Delta s^N)/n$$

und

$$\mu_C = \mu_k \cdot (\mu_N^+/\mu_k)^3.$$

7. *Löse*

$$\begin{bmatrix} A & & \\ & A^T & I \\ S & & X \end{bmatrix} \begin{pmatrix} \Delta x^C \\ \Delta y^C \\ \Delta s^C \end{pmatrix} = \begin{pmatrix} b - Ax \\ c - A^T y - s \\ \mu_C e - Xs - \Delta X^N \Delta s^N \end{pmatrix}.$$

8. *Wähle einen Dämpfungsparameter $\eta_k \in [0.8, 1.0)$ und berechne die primale und duale Schrittweite entlang Δx^C und Δs^C mittels*

$$\alpha_{\max,x}^C := \min_{i:\Delta x_i^C < 0} \{-\frac{x_i}{\Delta x_i^C}\}, \qquad \alpha_{\max,s}^C := \min_{i:\Delta s_i^C < 0} \{-\frac{s_i}{\Delta s_i^C}\}$$

und

$$\alpha_x^C := \min\{1, \eta_k \alpha_{\max,x}^C\}, \qquad \alpha_s^C := \min\{1, \eta_k \alpha_{\max,s}^C\}.$$

9. *Setze*

$$x^{k+1} := x^k + \alpha_x^C \Delta x^C, \quad (y^{k+1}, s^{k+1}) := (y^k, s^k) + \alpha_s^C (\Delta y^C, \Delta s^C),$$

sowie $k := k + 1$ und gehe zu Schritt 1.

Bemerkungen

- Zu Schritt 3: Unter gewissen Zusatzvoraussetzungen kann man eine Aussage wie in Lemma 4.5.2 auch für Punkte x, y, s mit $Ax \neq b$ oder $A^T y + s \neq c$ treffen und damit für den Fall eines Abbruchs in Schritt 3 des Verfahrens nachweisen, dass das lineare Programm keine Lösung besitzt, deren Norm kleiner ist als eine gewisse Konstante, welche von M abhängt. Eine präzise Aussage findet man in [102].

- Zu Schritt 5 und 8: Da y keiner Vorzeichenbeschränkung unterliegt, wird die Variable y bei der Berechnung der maximal möglichen Schrittweiten nicht berücksichtigt. Aufgrund der linearen Gleichung $A^T y + s = c$ ist es sinnvoll, für y und s die gleiche Schrittweite zu wählen.

- Zu Schritt 6: Ein kleiner Wert von μ_N^+ besagt, dass der Newton-Schritt die Dualitätslücke stark verkleinert, also „erfolgreich" ist. In diesem Fall wird im Korrektorschritt für μ_C ein kleines Vielfaches des „alten" Wertes μ gewählt. Die dritte Potenz in der Definition dieses „kleinen Vielfachen" ist dabei reine Heuristik.
- Zu Schritt 8: Falls es kein i mit $\Delta x_i^C < 0$ gibt, setzen wir $\alpha_{\max,x}^C := \infty$. Genauso gehen wir für $\alpha_{\max,s}^C$ vor. Die Wahl von η_k orientiert sich typischerweise an der Qualität des Korrektorschritts. Für kleine μ_c und große $\alpha_{\max,x}^C$, $\alpha_{\max,s}^C$ wählt man η_k sehr nahe bei 1.
- Der vorstehende Algorithmus ist in seltenen Ausnahmefällen nicht konvergent. Einige „safeguards", die ebenfalls in [102] beschrieben sind, genügen aber, um das Verfahren so zu modifizieren, dass es stets konvergiert. Eine polynomiale Laufzeit lässt sich aber für dieses Verfahren nicht mehr nachweisen. Aus der Sicht der Praxis ist aber ein Verfahren, welches extrem langsam konvergiert, genauso schlecht ist wie ein Verfahren, welches überhaupt nicht konvergiert. Von daher sind „safeguards", welche eine Situation, in der Divergenz auftritt, in eine Situation mit extrem langsamer Konvergenz umwandeln, nur von eingeschränkter praktischer Bedeutung. (Die Korrektheit des Verfahrens muss natürlich stets gewährleistet sein.)

Man kann sich an dieser Stelle mit Recht fragen, wozu der Beweis der Konvergenzrate von $(1 - 1/(6\sqrt{n}))$ des Kurz-Schritt-Verfahrens gut ist, wenn die Verfahren, welche in den Implementierungen verwendet werden, nicht unter diese Komplexitätsanalyse fallen.

Eine Begründung liegt darin, dass zunächst einmal für das praktische Verfahren aus diesem Abschnitt das gleiche „Handwerkszeug", nämlich der primal-duale Pfad und das Newton-Verfahren benutzt wurden, wie für das Kurz-Schritt-Verfahren. Die Analyse des Kurz-Schritt-Verfahrens hat gezeigt, dass seine garantierte Konvergenzgeschwindigkeit nur von der Dimension n des Problems abhängt, nicht aber von übrigen Daten A, b, c des Problems (sofern nur die Voraussetzung (4.2.3) erfüllt ist): Irgendwelche Konditionszahlen spielen dabei keine Rolle (in der Theorie: sie spielen sehr wohl eine Rolle bei der numerischen Stabilität der Algorithmen zur Lösung der Gl. (4.2.10)). Wie wir später sehen werden, gilt eine solche Aussage z. B. nicht für das Verfahren des steilsten Abstiegs: Seine Konvergenzrate hängt sehr wohl von einer Konditionszahl der zu minimierenden Funktion im Optimalpunkt ab (selbst wenn keinerlei Rundungsfehler auftreten). Der Beweis einer Konvergenzrate wie $(1 - 1/(6\sqrt{n}))$ garantiert also eine besondere „Robustheit" der verwendeten Werkzeuge. Dass sich der konkrete Einsatz dieser Werkzeuge in einer Implementierung nicht an einem speziell konstruierten schlimmst möglichen Fall orientiert, der theoretisch eintreten könnte, sondern an den praktisch gegebenen Problemen, ist auch völlig normal, genauso wie die Entdeckung der Klee-Minty-Probleme den praktischen Einsatz der Simplexmethode kaum beeinflusst hat.

Typische Iterationszahlen für das Verfahren von Mehrotra liegen zwischen 8 Iterationen für einfache lineare Programme und 100 Iterationen für schwierigere Probleme. Man übersehe dabei nicht, dass der Rechenaufwand pro Iteration sicher auch von der Dimension n und den Daten des Problems abhängt. Immerhin hat man pro Iteration mindestens ein lineares Gleichungssystem der Form (4.2.10) zu lösen.

Das Lösen der linearen Gleichungssysteme
Ebenso wichtig wie die Modifikationen, die das Kurz-Schritt-Verfahren in einen praktisch brauchbaren Algorithmus umwandeln, sind Details wie die zu verwendenden Datenstrukturen und die praktische Lösung der linearen Gleichungssysteme. Wir betrachten diese Fragen nur am Rande, und von daher mögen sie nur wie „Details" aussehen: Für die Implementierung sind sie wesentlich. Sie bestimmen den Programmieraufwand und die Laufzeiten beim anschließenden Lösen der linearen Programme.

In der Regel ist es effizienter, das gegebene lineare Programm nicht erst in die Standardform (P) umzuformen, sondern den Innere-Punkte-Ansatz auf Programme in einem allgemeineren Format zu erweitern.

Wenn das Programm aber in der Form (P) gegeben ist, so kann man die Newton-Systeme des Verfahrens von Mehrotra ähnlich wie beim Kurz-Schritt-Verfahren auflösen. Konkret erhält man für den Korrektorschritt 7 von Algorithmus (4.7.1)

$$AD^2 A^T \Delta y^C = b - Ax + AXS^{-1}(c - A^T y)$$
$$- \mu_C AS^{-1}e + AS^{-1}\Delta X^N \Delta s^N, \tag{4.7.2}$$
$$\Delta s^C = c - A^T(y + \Delta y^C) - s, \tag{4.7.3}$$
$$\Delta x^C = \mu_C S^{-1}e - x - S^{-1}\Delta X^N \Delta s^N - XS^{-1}\Delta s^C. \tag{4.7.4}$$

Da A in vielen Anwendungen sehr groß aber auch sehr dünn besetzt ist, muss auch bei der Cholesky-Zerlegung von $AD^2 A^T$ die Struktur von A berücksichtigt werden und dazu die Matrix z. B. vorab so umpermutiert werden, dass auch der Cholesky-Faktor dünn besetzt ist. Ausführliche Literatur hierzu findet man bei [113].

4.8   Ein Trick zur Berechnung von Startpunkten

Der analysierte Kurz-Schritt-Algorithmus leidet unter der Voraussetzung, dass (P) und (D) strikt zulässige Lösungen besitzen müssen und man einen Startpunkt hinreichend nahe am zentralen Pfad kennen muss. Von Ye, Todd, Mizuno [181] wurde aber ein Trick beschrieben, der es erlaubt, diese Annahmen geschickt zu umgehen. Er beruht auf den besonderen Eigenschaften *selbstdualer* linearer Programme, d. h. Programmen, deren Duales gerade wieder das Ausgangsprogramm ist. Wir lehnen uns im Folgenden an die Darstellung aus [145] an.

4.8.1   Selbstduale lineare Programme

Sei C eine schiefsymmetrische[5] Matrix, $C = -C^T$, und a ein nichtnegativer Vektor, $a \geq 0$. Wir betrachten das Programm

$$\min\{a^T x \mid Cx \geq -a, \quad x \geq 0\}. \tag{4.8.1}$$

Wegen $a \geq 0$ und $x \geq 0$ ist $x = 0$ offenbar zulässig und zugleich optimal, d.h. (4.8.1) besitzt den Optimalwert 0 und $x \geq 0$ als eine triviale Optimallösung.

Durch Hinzufügen eines Vektors s von Schlupfvariablen, $Cx - s = -a, s \geq 0$, lässt sich obiges Programm leicht in die Standardform (4.2.1) überführen,

$$\min\{a^T x + 0^T s \mid Cx - s = -a, \ x \geq 0, \ s \geq 0\}.$$

Als duales Problem erhält man wegen $C^T = -C$

$$\begin{aligned}
\max\{-a^T y \mid C^T y \leq a, \ -y \leq 0\} \\
= \max\{-a^T y \mid Cy \geq -a, \ y \geq 0\} \\
= -\min\{a^T y \mid Cy \geq -a, \ y \geq 0\}.
\end{aligned}$$

Bis auf das Vorzeichen der Zielfunktion ist also das duale Problem mit (4.8.1) identisch. Man nennt deshalb (4.8.1) ein selbstduales lineares Programm. Beide Programme besitzen die gleichen zulässigen Lösungen und Optimallösungen.

Wie wir bereits gesehen haben, ist der Punkt $x^* = y^* = 0$ optimal für (4.8.1) und seinem dualen Programm. Ziel wird es nun sein, *strikt komplementäre* Optimallösungen zu finden, d.h. solche, für die $x^* + s^* > 0$ gilt, wobei $s^* := Cx^* + a$. Deren Existenz sichert der folgende Satz:

Satz 4.8.2 *Sei $C = -C^T$ und $a \geq 0$. Dann gibt es ein x und ein s mit*

$$Cx - s = -a, \quad x \geq 0, \quad s \geq 0, \quad x + s > 0, \quad x^T s = 0.$$

Beweis Nach dem Satz von Goldman und Tucker (Satz 4.5.1) kann man zunächst schließen, dass das primäre Problem

$$(P1) \qquad\qquad \min\{a^T x \mid Cx - s = -a, \ x, s \geq 0\}$$

---

[5]Wenn C schiefsymmetrisch und reell ist, gilt $x^T C x = 0$ für alle reellen Vektoren x; denn wegen $C = -C^T$ gilt für die reelle Zahl $x^T C x = (x^T C x)^T = x^T C^T x = -x^T C x$. Da iC hermitesch ist, folgt übrigens auch, dass alle Eigenwerte von C auf der imaginären Achse liegen.

eine Optimallösung $\bar{x}, \bar{s}$ (d.h. $\bar{x}, \bar{s} \geq 0$, $C\bar{x} - \bar{s} = -a$, $a^T\bar{x} = 0$) und das dazu duale Problem

$$(D1) \qquad\qquad \max\{-a^T y \mid C^T y \leq a, \ -y \leq 0\}$$

eine Optimallösung $\bar{y}$ (d.h. $\bar{y} \geq 0$, $a - C^T\bar{y} = a + C\bar{y} \geq 0$, $-a^T\bar{y} = 0$) mit der Komplementaritätseigenschaft

$$\bar{x}^T(a + C\bar{y}) = 0 \quad \text{und} \quad \bar{y}^T(a + C\bar{x}) = \bar{y}^T\bar{s} = 0$$

und der strikten Komplementarität

$$\bar{x} + (a + C\bar{y}) > 0 \quad \text{und} \quad \bar{y} + (a + C\bar{x}) > 0$$

besitzen. Dann ist aber $\bar{y}$ wegen der Selbstdualität des Problems auch Optimallösung von $(P1)$, und damit auch die konvexe Linearkombination $x := (\bar{x} + \bar{y})/2$. Für sie zeigt man sofort

$$x + (a + Cx) > 0$$

und damit alle Behauptungen des Satzes. $\qquad\qquad\qquad\qquad\qquad\qquad\qquad\qquad\square$

4.8.2 Zusammenhang mit anderen linearen Programmen

Wir wollen nun zeigen, wie man einem linearen Programm der Form

$$(\tilde{P}) \qquad\qquad \min\{c^T x \mid \tilde{A}x \geq \tilde{b}, \ x \geq 0\}$$

und seinem dualen Programm (s. Satz 3.7.11)

$$(\tilde{D}) \qquad\qquad \max\{\tilde{b}^T y \mid \tilde{A}^T y \leq c, \ y \geq 0\}$$

ein selbstduales Programm zuordnen kann, dessen strikt komplementäre Optimallösungen Auskunft über Optimallösungen von $(\tilde{P})$ und $(\tilde{D})$ liefern. Dazu wählen wir beliebige positive Vektoren $x^0, u^0 \in \mathbb{R}^n$ und $y^0, s^0 \in \mathbb{R}^m$ und setzen

$$\bar{b} := \tilde{b} - \tilde{A}x^0 + s^0, \quad \bar{c} := c - \tilde{A}^T y^0 - u^0$$

sowie

$$\alpha := c^T x^0 - \tilde{b}^T y^0 + 1, \quad \beta := \alpha + \bar{b}^T y^0 - \bar{c}^T x^0 + 1 = (y^0)^T s^0 + (x^0)^T u^0 + 2.$$

Mit diesen Definitionen lässt sich das folgende selbstduale Programm formulieren:

$$(SD) \quad \begin{array}{llllll} \min & & & \beta\theta & & \\ x, y, \theta, \tau: & & \tilde{A}x & +\bar{b}\theta & -\tilde{b}\tau & \geq 0 \\ & -\tilde{A}^T y & & -\bar{c}\theta & +c\tau & \geq 0 \\ & -\bar{b}^T y & +\bar{c}^T x & & -\alpha\tau & \geq -\beta \\ & \tilde{b}^T y & -c^T x & +\alpha\theta & & \geq 0 \\ & y \geq 0, \ x \geq 0, \ \theta \geq 0, \ \tau \geq 0. & & & & \end{array}$$

Dieses Problem ist selbstdual (Beweis der Schiefsymmetrie: durch genaues Hinsehen !). Offenbar sind x^0, y^0 und $\theta = \tau = 1$ strikt zulässige Lösungen von (SD). Nach dem Satz 4.8.2 existiert also eine strikt komplementäre Lösung $x^*, y^*, \theta^*, \tau^*$. Weil aber $\beta > 0$, und der Optimalwert 0 ist, muss $\theta^* = 0$ gelten, und die strikte Komplementarität besagt dann wegen $\theta^* = 0$

$$\begin{aligned} y^* + \tilde{A}x^* - \tilde{b}\tau^* &> 0, \\ x^* - \tilde{A}^T y^* + c\tau^* &> 0, \\ -\bar{b}^T y^* + \bar{c}^T x^* - \alpha\tau^* + \beta &> 0, \\ \tau^* + \tilde{b}^T y^* - c^T x^* &> 0. \end{aligned} \qquad (4.8.3)$$

- Wenn jetzt $\tau^* > 0$ gilt, ist x^*/τ^*, y^*/τ^* eine strikt komplementäre Optimallösung für $(\tilde{P})$ und $(\tilde{D})$: Dass die Restriktionen von $(\tilde{P})$ und $(\tilde{D})$ jeweils erfüllt sind, folgt aus den ersten beiden Nebenbedingungen von (SD) wegen $\theta^* = 0$, und die Optimalität folgt aus der letzten Zeile $\tilde{b}^T y^* - c^T x^* \geq 0$. Die strikte Komplementarität dieser Optimallösungen für (P) und (D) folgt sofort aus (4.8.3).

- Wenn aber $\tau^* = 0$, dann ist $\tilde{A}x^* \geq 0$, $\tilde{A}^T y^* \leq 0$ und $\tilde{b}^T y^* - c^T x^* > 0$. (Letzteres folgt aus der strikten Komplementarität (4.8.3).) Dies bedeutet aber im Falle von $\tilde{b}^T y^* > 0$, dass $(\tilde{P})$ keine zulässigen Lösungen x besitzt (sonst wäre $0 \geq x^T \tilde{A}^T y^* \geq \tilde{b}^T y^* > 0$, ein Widerspruch), oder (im Falle von $c^T x^* < 0$), dass $(\tilde{D})$ keine zulässigen Lösungen y besitzt (denn sonst wäre $0 \leq y^T \tilde{A} x^* \leq c^T x^* < 0$, ein Widerspruch), oder dass (P) und (D) unzulässig sind (wenn $\tilde{b}^T y^* > 0$ und $c^T x^* < 0$).

Aus einer strikt komplementären Lösung von (SD) kann man also entweder (sogar strikt komplementäre) Optimallösungen von $(\tilde{P})$ und $(\tilde{D})$ konstruieren, oder aber die Information gewinnen, dass mindestens eines der beiden Programme $(\tilde{P})$ oder $(\tilde{D})$ keine zulässigen Lösungen besitzt. In diesem Zusammenhang weisen wir nochmals auf den Dualitätssatz der linearen Programmierung hin: Wenn auch nur eines der beiden Programme $(\tilde{P})$ und $(\tilde{D})$ unzulässig ist, dann haben weder $(\tilde{P})$ noch $(\tilde{D})$ eine endliche Optimallösung.

Es bleibt das Problem, ein Paar strikt komplementärer Optimallösungen für (SD) zu bestimmen. Da man eine strikt zulässige Lösung von (SD) kennt, nämlich $x^0, y^0, \theta^0 = \tau^0 :=$ 1, kann man zur Lösung von (SD) ein zulässiges-innere-Punkte Verfahren verwenden, zum Beispiel das Kurz-Schritt-Verfahren aus Abschn. 4.4. Wegen Satz 4.5.6 erzeugt es eine Folge, die nur strikt komplementäre Lösungen von (SD) als Häufungspunkte besitzt. Das gleiche gilt für praktisch alle zulässige-innere-Punkte-Verfahren, weil sie die relativ schwachen Bedingungen dieses Satzes erfüllen, [21, 145].

Anmerkung: Programme der Form (4.2.1) können z. B. durch

$$\tilde{A} := \begin{bmatrix} A \\ -A \end{bmatrix} \quad \text{und} \quad \tilde{b} := \begin{pmatrix} b \\ -b \end{pmatrix}$$

sofort in ein Programm der obigen Form $(\tilde{P})$ übergeführt werden. Diese Verdopplung der Daten ist natürlich nicht effektiv. Daher ist in [181] auch ein selbstduales Programm angegeben, das die Form (4.2.1) besser ausnutzt:

$$
\begin{array}{lllll}
\min & & \beta\theta & & \\
x, y, \theta, \tau : & Ax & +\bar{b}\theta & -b\tau & = 0 \\
& -A^T y & -\bar{c}\theta & +c\tau & \geq 0 \\
& -\bar{b}^T y & +\bar{c}^T x & -\alpha\tau & = -\beta \\
& b^T y & -c^T x & +\alpha\theta & \geq 0 \\
& y \in \mathbb{R}^m, \ x \geq 0, \ \theta \in \mathbb{R}, \ \tau \geq 0,
\end{array}
$$

mit passend definierten Größen $\bar{b}, \bar{c}, \alpha, \beta$. Im Unterschied zu (SD) sind jetzt die Komponenten von y freie Variable. Die Analyse der Dualität für dieses Programm ist ähnlich wie oben, abgesehen von dem zusätzlichen Aufwand, dass Gleichungen und Ungleichungen unterschieden werden müssen. Die in der Praxis auftretenden Programme haben aber im allgemeinen eine noch kompliziertere Struktur:

$$(LP) \qquad \min\{c^T x \mid \underline{b} \leq Ax \leq \bar{b}, \ l \leq x \leq u\}, \qquad (4.8.4)$$

mit $\underline{b}_j, l_i \in \mathbb{R} \cup \{-\infty\}$ und $\bar{b}_j, u_i \in \mathbb{R} \cup \{\infty\}$. Eine numerische Implementierung für die allgemeinen Probleme (LP), basierend auf der selbstdualen Formulierung, sollte die Struktur sicher ausnutzen, ohne die Dimensionen des Problems durch äquivalente Umformungen zu vergrößern.

Wir schließen diesen Abschnitt mit einer kurzen Betrachtung des zu (4.8.1) gehörigen Innere-Punkte-Ansatzes. Das nichtlineare primal-duale System, das dem System (4.2.7) entspricht, hat die Form

$$\begin{pmatrix} Cx - s + a \\ Xs \end{pmatrix} = \begin{pmatrix} 0 \\ \mu e \end{pmatrix}, \qquad x \geq 0, \ s \geq 0. \qquad (4.8.5)$$

Das lineare System entsprechend (4.2.9) ist dann durch

$$\begin{bmatrix} C & -I \\ S & X \end{bmatrix} \begin{pmatrix} \Delta x \\ \Delta s \end{pmatrix} = \begin{pmatrix} 0 \\ -r \end{pmatrix}$$

gegeben. Da X, S, I Diagonalmatrizen sind, lässt sich dieses System leicht reduzieren. Nutzt man dann noch die spezielle Struktur von C in (SD) aus, so kann man nachrechnen, dass man lineare Systeme der gleichen Struktur erhält, wie sie bei direkter Anwendung von Innere-Punkte-Verfahren auf $(\tilde{P})$ und $(\tilde{D})$ entstehen. Pro Iteration fallen lediglich zwei zusätzliche „back solves" mit an. Vom Rechenaufwand her ist der selbstduale Ansatz also kaum aufwändiger als der primal-duale Ansatz aus Sektion 4.7. Der einzig heikle Punkt bei dem selbstdualen Ansatz ist, dass man gelegentlich unterscheiden muss, ob τ^* gegen einen sehr kleinen positiven Wert oder gegen Null konvergiert.

4.9   Erweiterung auf konvexe quadratische Programme

Der Innere-Punkte-Ansatz dieses Kapitels kann in naheliegender Weise auf konvexe quadratische Zielfunktionen bei linearen Nebenbedingungen erweitert werden. Ein Problem der Form

$$\text{minimiere } c^T x + \frac{1}{2} x^T Q x \mid A x = b, \ x \geq 0 \qquad (QP)$$

mit den Daten wie in (4.2.1) und einer symmetrischen positiv semidefiniten Matrix Q wird in der Literatur als „konvexes QP" (konvexes quadratisches Programm) bezeichnet.

Die Zielfunktion von (QP) sei im Folgenden mit f bezeichnet, $f(x) \equiv c^T x + \frac{1}{2} x^T Q x$. Falls ein Punkt $x^* \in \mathbb{R}^n$ gegeben ist, so lässt sich die Zielfunktion auch in der Form

$$f(x) \equiv -\frac{1}{2} (x^*)^T Q x^* + (c + Q x^*)^T x + \frac{1}{2} (x - x^*)^T Q (x - x^*)$$

schreiben. Die ersten beiden Terme bilden dabei die Linearisierung von f im Punkt x^*.

Falls x^* eine Minimalstelle von (QP) ist, und $\tilde{c} := c + Q x^*$ gesetzt wird, so ist x^* auch eine Minimalstelle der Linearisierung

$$\text{minimiere } \tilde{c}^T x \mid A x = b, \ x \geq 0. \qquad (LP)$$

Denn falls x^* keine Minimalstelle von (LP) wäre, so gäbe es ein Δx mit $A \Delta x = 0, x + \Delta x \geq 0$ und $\tilde{c}^T \Delta x < 0$. Für kleine $\epsilon \in (0, 1]$ gilt dann auch $f(x^* + \epsilon \Delta x) < f(x^*)$ sodass x^* auch keine Minimalstelle von (QP) wäre. Man beachte aber, dass eine Minimalstelle x^* von (QP) in der Regel keine Ecke des zulässigen Bereichs ist, d. h. dass x^* in der Regel eine entartete Minimalstelle von (LP) ist.

Somit erfüllt x^* die Optimalitätsbedingungen von (LP), d. h. die Bedingungen

$$\begin{pmatrix} Ax - b \\ A^T y + s - c - Qx \\ Xs \end{pmatrix} = \begin{pmatrix} 0 \\ 0 \\ 0 \end{pmatrix}, \qquad x, s \geq 0,$$

die man erhält, wenn man in (4.2.5) den Vektor c durch $c + Qx$ ersetzt. Die ersten beiden Blockzeilen dieser Optimalitätsbedingungen sind wieder linear in den Unbekannten x, y, s während die dritte bilinear ist.

Falls Q leicht invertierbar ist – von besonderem Interesse ist häufig der Fall, dass Q eine Diagonalmatrix ist, so lässt sich zu gegebenen Punkten $x, s > 0$ und gegebenem y die Linearisierung

$$\begin{pmatrix} A(x + \Delta x) - b \\ A^T(y + \Delta y) + s + \Delta s - c - Q(x + \Delta x) \\ Xs + S\Delta x + X\Delta s \end{pmatrix} = \begin{pmatrix} 0 \\ 0 \\ 0 \end{pmatrix} \qquad (4.9.1)$$

in (x, y, s) im Wesentlichen ebenso einfach lösen wie bei linearen Programmen (Übungen 4.11). Bei der Anpassung des Mehrotra-Prediktor-Korrektor-Ansatzes im Algorithmus 4.7.1 ist darauf zu achten, dass die linearen Gleichungen zu den Variablen x, s nicht mehr getrennt sind und somit unterschiedliche Schrittweiten in x und s zu einer Vergrößerung des Residuums in der zweiten Blockzeile führen können. Um dies zu verhindern kann entweder stets dieselbe Schrittweite für x, y, s gewählt werden oder ein „safeguard" (eine Sicherheitsvorkehrung) implementiert werden, die bei nicht ausreichender Reduktion des Residuums die längere der beiden Schrittweiten reduziert. Zusammenfassend sind QP's mit dünn besetzter Matrix Q praktisch und theoretisch ebenso effizient lösbar wie Lineare Programme. Dies gilt auch ganz analog, wenn ein Problem in der dualen Form betrachtet wird, bei dem der zu maximierende Term nicht durch $b^T y$ sondern durch $b^T y - \frac{1}{2} y^T \tilde{Q} y$ mit einer (nicht notwendigerweise invertierbaren) symmetrischen positiv semi-definiten $m \times m$-Matrix $\tilde{Q}$ gegeben ist. In diesem Fall ist $Q = 0$ in (4.9.1) und der Vektor b in (4.9.1) ist durch $(b - \tilde{Q}(y + \Delta y))$ zu ersetzen. Dieses Format tritt z. B. im folgenden Abschnitt auf.

4.10   Support Vector Machines

Eine Anwendung, die in den letzten Jahren an Bedeutung gewonnen hat, ist die Entwicklung von Verfahren zum Maschinellen Lernen, unter anderem von sogenannten „Support Vector Machines" (SVM). SVMs sind Verfahren zur automatisierten Klassifizierung neuer Daten anhand einer Reihe von alten Daten mit zugehöriger Klassifizierung. Die Daten können dabei z. B. digitalisierte Bilder handschriftlicher Ziffern sein und die Klassifizierung besteht darin, die zu den Pixeln der Bilder zugehörige Ziffer zu ermitteln. Die alten Daten werden dabei Trainingsdaten genannt, deren Klassifzierung irgendwie vorab vorgenommen wurde (vom Menschen z. B., der die Bilder erkennt und die zugehörige Ziffer von Hand eingibt.)

Sind jetzt viele verschiedene Bilder handschriftlicher Ziffern eingescannt und klassifiziert werden, so soll die SVM neue Bilder handschriftlicher Ziffern automatisch erkennen, ohne dass ein Programmierer erst Spezifizierungen der Art „eine Drei hat folgende Merkmale" eingeben muss. Die Anwendungen sind vielfältig. Andere Anwendungen können das automatische Erkennen von Verkehrsschildern sein oder aus einer Datenbank mit Patientendaten abzulesen, ob ein neuer Patient in eine Risikogruppe für eine spezielle Krankheit fällt und sicherheitshalber eingehender untersucht werden sollte.

Im Folgenden wird ein ganz einfacher Fall vorgestellt, bei dem die Trainingsdaten durch Punkte $x^{(i)} \in \mathbb{R}^n$ für $1 \leq i \leq m$ gegeben sind, und lediglich zwei Klassen zu unterscheiden sind (z. B. 1, „da ist ein Stop-Schild" oder -1, „da ist kein Stop-Schild"). Zu den Trainingsdaten mögen jeweils die Klassifizierungen $y^{(i)} \in \{-1, 1\}$ gegeben sein.

Der einfachste Fall ist dabei der, dass es eine Hyperebene $\{x \in \mathbb{R}^n \mid a^T x = \beta\}$ mit einem festen Vektor $a \in \mathbb{R}^n \backslash \{0\}$ und einer Konstanten $\beta \in \mathbb{R}$ gibt, sodass

$$a^T x^{(i)} > \beta \ \forall i \text{ mit } y^{(i)} = 1 \text{ und}$$
$$a^T x^{(i)} < \beta \ \forall i \text{ mit } y^{(i)} = -1. \tag{4.10.1}$$

In diesem Fall nennen wir die Hyperebene $\{x \mid a^T x = \beta\}$ auch klassifizierend, da sie alle Datenpunkte „korrekt trennt". Abb. 4.1 zeigt ein Beispiel mit nur $n = 2$ Merkmalen und den Klassen -1 (o) und 1 (+). Eine mögliche klassifizierende Hyperebene (in Dimension $n = 2$ ist diese Hyperebene einfach eine Gerade) ist ebenfalls eingezeichnet, aber es ist unklar, ob diese Hyperebene neue Datenpunkte mit anderen Merkmalen stets korrekt klassifiziert.

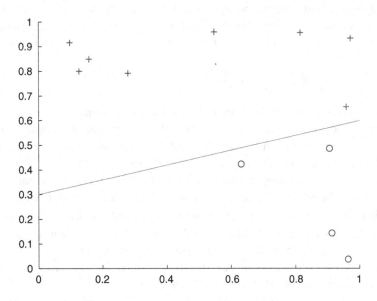

Abb. 4.1 Linear trennbare Daten

Um die Aussicht zu maximieren, dass die gewählte Hyperebene neue Punkte korrekt klassifiziert, soll die Hyperebene nun so gewählt werden, dass sie die gegebenen Punkte einerseits korrekt trennt, und dass sie andererseits von allen gegebenen Punkten möglichst weit entfernt liegt. Im Beispiel in Abb. 4.1 erkennt man z. B. durch Hinschauen, dass eine Gerade mit Steigung Null oder mit leicht negativer Steigung so gewählt werden kann, dass sich der minimale Abstand zu den gegebenen Punkten etwas vergrößert. Die in diesem Sinne beste Gerade zu finden lässt sich bei zwei Variablen noch von Hand vornehmen, bei vielen Variablen und vielen Testpunkten soll dies nachfolgend automatisiert erfolgen.

Zunächst schreiben wir dazu die Bedingungen (4.10.1) äquivalent in der kompakten Form

$$y^{(i)}(a^T x^{(i)} - \beta) > 0 \ \forall i. \tag{4.10.2}$$

Falls nun ein Punkt $x^{(i)}$ die Bedingung $\delta_i := y^{(i)}(a^T x^{(i)} - \beta) > 0$ erfüllt und eine Zahl $\lambda \geq 1/\delta_i$ gewählt ist, so erfüllt $x^{(i)}$ auch die Bedingung

$$y^{(i)}(\lambda a^T x^{(i)} - \lambda \beta) \geq 1.$$

Durch Übergang von a zu λa und β zu $\lambda \beta$ können also die scharfen Ungleichungen in (4.10.2) durch die schwachen Ungleichungen

$$y^{(i)}(a^T x^{(i)} - \beta) \geq 1 \ \forall i \tag{4.10.3}$$

mit rechter S. 1 ersetzt werden. Schließlich sei daran erinnert, dass der Abstand eines Punktes $\bar{x}$ von der Hyperebene $\{x \mid a^T x = \beta\}$ durch $|a^T x - \beta|/\|a\|_2$ gegeben ist. Die Maximierung des Abstands von $\bar{x}$ zur Hyperebene unter der Voraussetzung, dass $|a^T x - \beta| \geq 1$ gilt, ist daher äquivalent zur Minimierung der Norm von a. Somit lässt sich das Problem, den minimalen Abstand aller Punkte zu einer klassifizierenden Hyperebene zu maximieren in der Form

$$\min_{\beta,a}\{ \frac{1}{2}\|a\|_2^2 \mid y^{(i)}(a^T x^{(i)} - \beta) \geq 1 \ \forall 1 \leq i \leq m \} \tag{4.10.4}$$

schreiben. Dabei sind in der Regel viele der Nebenbedingungen $y^{(i)}(a^T x^{(i)} - \beta) \geq 1$ überflüssig (z. B. die Plus-Zeichen ganz oben in Abb. 4.1). Diejenigen Trainingspunkte, die nicht überflüssig sind, d. h. die minimalen Abstand zur Hyperebene haben, werden „support vectors" (Stützvektoren) genannt und erklären den Namen der SVM.

Durch passende Umformungen lässt sich das Problem (4.10.4) in die Form (QP) aus Abschn. 4.9 überführen und z. B. mit einem Innere-Punkte-Ansatz lösen. In vielen Anwendungen sind die Dimensionen m und n allerdings so groß, dass andere Verfahren (Modifizierungen des stochastic-gradient-Zugangs aus Abschn. 6.4) besser geeignet sind.

Ferner liegt häufig die Situation vor, dass nicht alle Trainingsdaten korrekt klassifiziert wurden und daher keine klassifizierende Hyperebene existiert. In diesem Fall nutzt man eine sogenannte „soft margin" SVM, bei der die Restriktionen zu $y^{(i)}(a^T x^{(i)} - \beta) \geq 1 - \xi_i$ mit $\xi_i \geq 0$ abgeschwächt werden und der Ausdruck

$$\frac{\epsilon}{2}\|a\|_2^2 + \sum_{i=1}^{m}\xi_i$$

für ein (moderat kleines) $\epsilon > 0$ minimiert wird. (Bei kleinem $\epsilon > 0$ werden also zunächst die $\xi_i \geq 0$ minimiert, die die Verletzung der Nebenbedingungen beschreiben und dann die Norm von a.)

Schließlich gibt es aber auch viele Anwendungen, die grundsätzlich nicht durch eine Hyperebene getrennt werden können. In diesen Fällen nutzt man eine nichtlineare Abbildung ϕ, die die $x^{(i)}$ so in einen höherdimensionalen Raum abbildet, dass die Bilder durch eine Hyperebene getrennt werden können. Bei einer geeigneten Wahl der Abbildung ϕ ist der sogenannte „kernel trick" anwendbar, bei dem die Trennung zwar in dem höherdimensionalen Raum erfolgt, die Rechnungen dazu aber auf den Ausgangsraum $\mathbb{R}^n$ zurücktransformiert werden können.

Die obigen Ausführungen zu SVMs haben sich auf die Lösung der Optimierungsprobleme konzentriert und die stochastische Analyse, wie hoch die Wahrscheinlichkeit für eine Fehlklassifizierung sein mag, völlig außer Acht gelassen. Insbesondere das Problem des „overfitting", bei dem zu viele freie Parameter anhand von zu wenigen Trainingsdaten so geschätzt werden, dass sie für neue Daten keine sinnvolle Vorhersage der Klassifizierung mehr liefern, ist beim Entwurf von SVMs zu beachten.

4.11 Übungsaufgaben

1. Sei $\mathcal{D} := \{y \mid A^T y \leq c\}$ beschränkt und es gebe ein y mit $A^T y < c$. Mit a_i, $i = 1, ..., n$, bezeichnen wir die Spalten von A und mit c_i die Komponenten von c. Man zeige, dass die Funktion

$$\phi(y) := -\sum_{i=1}^{n}\ln(c_i - a_i^T y)$$

streng konvex ist und am Rand von $\mathcal{D}$ gegen unendlich strebt.

Lösungsskizze: Die Hessematrix von $\phi(y)$ ist durch

$$\sum_{i=1}^{n}\frac{a_i a_i^T}{(c_i - a_i^T y)^2}$$

gegeben. Sie ist positiv definit, weil es wegen der Beschränktheit von $\mathcal{D}$ zu jedem $\Delta y \neq 0$ mindestens ein i mit $a_i^T \Delta y \neq 0$ gibt. Somit ist $\phi(y)$ streng konvex. Am Rand strebt mindestens einer der Terme $c_i - a_i^T y$ gegen Null und der Logarithmus davon gegen $-\infty$.

2. Für $\epsilon > 0$ betrachten wir das Problem

$$(D) \qquad \max\{y_1 + \epsilon y_2 \mid y_i \leq 1 \text{ und } -y_i \leq 0 \text{ für } 1 \leq i \leq 2\}.$$

a) Man gebe das zugehörige primale Problem (P) der Form

$$\min \{ \, c^T x \mid Ax = b, \ x \geq 0 \, \}$$

an.

b) Man gebe das nichtlineare Gleichungssystem an, das den primal-dualen Pfad $x(\mu)$, $y(\mu)$, $s(\mu)$ eindeutig charakterisiert. Welche Ungleichungen sind zusätzlich zu den Gleichungen zu fordern?

c) Man gebe die logarithmischen Barriereprobleme an, deren Lösungen die Punkte $y(\mu)$ sind.

d) Für gegebenes $\mu > 0$ gebe man die Lösung $x(\mu)$, $y(\mu)$, $s(\mu)$ explizit an. *Hinweis: Die Lösung $y(\mu)$ des Barriereproblems lässt sich durch Lösen von quadratischen Gleichungen mit einer Variablen berechnen.*

e) Für die fünf Werte $\epsilon = 3, 1, 1/3, 1/10, 0$ skizziere man die Kurve $y(\mu)$ für $\mu \in (0, \infty)$. (Mit Matlab geht das sehr schnell.)

f) Sei y^0 ein beliebiger Punkt in $(0, 1) \times (0, 1)$. Man gebe einen Vektor $\eta > 0$ an, so dass y^0 für $\mu = 1$ auf dem η-Pfad $\tilde{x}(\mu)$, $\tilde{y}(\mu)$, $\tilde{s}(\mu)$ liegt, der durch

$$A\tilde{x}(\mu) = b, \quad A^T \tilde{y}(\mu) + \tilde{s}(\mu) = c, \quad \tilde{X}(\mu)\tilde{s}(\mu) = \mu\eta \qquad (*)$$

gegeben ist. Ist der Vektor η durch die Forderung $y^0 = \tilde{y}(1)$ eindeutig bestimmt?

g) Für welche $\mu > 0$ ist der η-Pfad definiert, für welche ist er eindeutig? *Hinweis: Man versuche, die Lösung von $(*)$ als Lösung eines Barriereproblems darzustellen, bei dem die logarithmischen Terme mit passenden positiven Zahlen multipliziert sind.*

h) Man berechne die Tangente $\tilde{y}'(\mu)$ für $\mu = 1$.

3. Zur Lösung des primal-dualen Paars linearer Programme

(P) $\qquad\qquad\qquad\qquad \min\{ \, c^T x \mid Ax = b, \ x \geq 0 \, \}$

und

(D) $\qquad\qquad\qquad\qquad \max\{ \, b^T y \mid A^T y + s = c, \ s \geq 0 \, \}$

definiere man die Hilfsvektoren $\bar{b} = b - Ae$ und $\bar{c} = c - e$ und betrachte die Pfade $(x(\mu), y(\mu), s(\mu))$, die als Lösungen der Systeme

$$\bar{\Psi}_\mu(x, y, s) := \begin{pmatrix} Ax - b + \mu\bar{b} \\ A^T y + s - c + \mu\bar{c} \\ Xs - \mu e \end{pmatrix} = 0$$

und $x \geq 0$, $s \geq 0$ definiert sind. Dabei sei $e = (1, 1, \dots, 1)^T \in \mathbb{R}^n$ (wie in (4.2.5)), und A habe vollen Zeilenrang.

a) Für $\mu = 1$ gebe man eine Lösung $(x(\mu), y(\mu), s(\mu))$ explizit an.

b) Man stelle $y(\mu)$ als Lösung eines Barriereproblems mit einer logarithmischen Barrierefunktion dar.

c) Man zeige dass $y(\mu)$ für $\mu = 1$ eindeutig ist.
   Hinweis: Eine zweimal stetig differenzierbare konvexe Funktion mit positiv definiter Hessematrix hat höchstens eine Minimalstelle. (Warum ist das so?) Man leite daraus her, dass auch $x(\mu)$, $s(\mu)$ für $\mu = 1$ eindeutig definiert ist.

d) Von nun an gelte: (P) habe eine endliche Optimallösung. Man zeige dass für $\mu \in [0, 1]$ die Optimalwerte von

$$(*) \qquad \max\{\, (b - \mu \bar{b})^T y \mid A^T y + s = (c - \mu \bar{c}),\ s \geq 0 \,\}$$

   endlich sind. *Hinweis: Man begründe zunächst, dass das Problem $(*)$ für $\mu = 0$ und für $\mu = 1$ eine endliche Optimallösung hat, und betrachte dann den Fall $\mu \in (0, 1)$.*

e) Man zeige, dass für $\mu \in (0, 1]$ die Menge der Optimallösungen von $(*)$ in Teil d) beschränkt ist. *Hinweis: Für $\mu = 1$ kann man die Vektoren b und c ein wenig in alle Richtungen variieren, so dass $(*)$ immer noch eine Lösung hat. Das gleiche gilt auch für $\mu \in (0, 1]$.*

f) Man zeige, für $\mu \in (0, 1]$ existiert $y(\mu)$ und ist eindeutig. *Hinweis: Man leite aus e) her, dass $(b + \mu \bar{b})^T y$ für große zulässige $\|y\|$ linear fällt und nutze dass jede (noch so schwach) wachsende streng monotone lineare Funktion schneller wächst als jede monoton wachsende logarithmische Barrierefunktion.*

g) Man gebe Formeln für die ersten beiden Ableitungen von $(x(\mu), y(\mu), s(\mu))$ an. *Hinweis: Man differenziere das System $\bar{\Psi}(x, y, s) = 0$.*

h) Was passiert mit dem Pfad $(x(\mu), y(\mu), s(\mu))$ für $\mu \leq 1$ wenn (P) keine endliche Optimallösung besitzt?

4. Man zeige: Sei Π eine beliebige Orthogonalprojektion und $\|x\|_\infty \leq 1$, dann ist $\|\Pi x\|_\infty \leq (1 + \sqrt{n})/2$. (Dass $\|\Pi x\|_\infty = (1 + \sqrt{n})/2$ tatsächlich auftreten kann hatten wir an dem Beispiel in Abschn. 4.6 gesehen.

Lösungsskizze

Sei Π eine beliebige orthogonale Projektion auf einen beliebigen Unterraum U. Sei x ein beliebiger Vektor mit $\|x\|_\infty \leq 1$ und der Zerlegung $x = u + v$, wobei $u \in U$ und $v \in U^\perp$. Dann ist $\Pi x = u$. Zu zeigen ist

$$(*) \qquad \|\Pi x\|_\infty \leq \frac{1 + \sqrt{n}}{2}.$$

Dazu betrachten wir die Projektion Π' auf den eindimensionalen Unterraum $U' := \{\lambda u \mid \lambda \in \mathbb{R}\}$. Offenbar ist Π' durch $\Pi' = \tilde{u}\tilde{u}^T$ gegeben, wobei $\tilde{u} = u/\|u\|_2$. Außerdem ist $\Pi' x = u = \Pi x$. Wir können also o.B.d.A. Π durch Π' ersetzen. Somit gilt $\|\Pi x\|_\infty = |\tilde{u}^T x|\, \|\tilde{u}\|_\infty \leq \sum_{i=1}^n |\tilde{u}_i|\, \|\tilde{u}\|_\infty$. Letzteres, weil $x_i := \text{sign } u_i$ das Skalarprodukt $\tilde{u}^T x$

unter allen x mit $\|x\|_\infty \leq 1$ maximiert. Sei o.B.d.A. $\tilde{u} \geq 0$ und $\|\tilde{u}\|_\infty = \tilde{u}_1$. Dann ist $(*)$ gleichwertig damit, zu zeigen, dass

$$\max\left\{\tilde{u}_1 \sum_{i=1}^n \tilde{u}_i \;\Bigg|\; \sum_{i=1}^n \tilde{u}_i^2 = 1\right\} \leq \frac{1 + \sqrt{n}}{2}$$

gilt. Die Lagrange-Multiplikatorenregel der Analysis besagt, dass in der Maximalstelle der Gradient der Zielfunktion ein Vielfaches des Gradienten der Nebenbedingung ist, also

$$(\tilde{u}_1 + \textstyle\sum \tilde{u}_i, \; \tilde{u}_1, \; \ldots, \; \tilde{u}_1) = \lambda(\tilde{u}_1, \; \tilde{u}_2, \; \ldots, \; \tilde{u}_n).$$

Da $\lambda = 0$ kein Maximum liefert, nehmen wir an, dass $\lambda \neq 0$, d.h. $\tilde{u}_2 = \tilde{u}_3 = \cdots = \tilde{u}_n = u_1/\lambda$ und $\tilde{u}_1 + \sum_{i=1}^n \tilde{u}_i \; (= 2\tilde{u}_1 + (n-1)\tilde{u}_1/\lambda) = \lambda\tilde{u}_1$. Daraus folgt, dass $\lambda = 1 + \sqrt{n}$ (nur die positive Wurzel liefert auch $\tilde{u}_i \geq 0$). Daraus wiederum folgt mit $\sum_{i=1}^n \tilde{u}_i^2 = \tilde{u}_1^2(1 + (n-1)\lambda^{-2}) = 1$, dass

$$\tilde{u}_1^2 = 1/(1 + \frac{n-1}{(1+\sqrt{n})^2}),$$

und eingesetzt in

$$\tilde{u}_1 \sum \tilde{u}_i = \tilde{u}_1^2(1 + \frac{n-1}{1+\sqrt{n}}) = \frac{1+\sqrt{n}}{2},$$

liefert dies die Behauptung. $\square$

5. Man zeige Satz 4.5.1.

Hinweis: Sicher existieren „maximal komplementäre Lösungen", d.h. Optimallösungen $(\bar{x}, \bar{y}, \bar{s})$, für die die Anzahl der Komponenten i mit $\bar{x}_i = \bar{s}_i = 0$ minimal ist. (Warum?) Sei $(\bar{x}, \bar{y}, \bar{s})$ eine maximal komplementäre Lösung und $\gamma := c^T\bar{x}$. Falls $(\bar{x}, \bar{y}, \bar{s})$ nicht strikt komplementär ist, d.h. falls z.B. $\bar{x}_1 = \bar{s}_1 = 0$, dann ist:

$$\begin{aligned} 0 &= \min_{x \in \mathbb{R}^n} \; \{-x_1 \mid Ax = b, \; -c^T x \geq -\gamma, \; x \geq 0\} \\ &= \max_{y \in \mathbb{R}^m, \, y_{m+1} \in \mathbb{R}} \{b^T y - \gamma y_{m+1} \mid A^T y - c y_{m+1} \leq -e_1, \; y_{m+1} \geq 0\} \end{aligned}$$

wobei e_1 der erste kanonische Einheitsvektor sei (Satz 3.7.11). Falls $y_{m+1} = 0$ in einer Optimallösung, so folgt aus $b^T y = 0$, $A^T y \leq -e_1$ dass $\bar{s}_1 > 0$ gilt, und falls $y_{m+1} > 0$ so folgt mit $\hat{y} := y/y_{m+1}$ und $\hat{y}_{m+1} := 1$ ebenfalls $\bar{s}_1 > 0$. $\square$

6. Man leite eine zum allgemeinen linearen Programm (LP) aus (4.8.4) gehörige selbst-duale Formulierung her, die die gegebene Struktur ausnutzt, d.h. ohne Verdopplung der Anzahl der Variablen oder der Nebenbedingungen auskommt.

7. In welchem Sinne erben die Lösungen x^*/τ^* und y^*/τ^* der Programme $(\tilde{P})$ und $(\tilde{D})$ aus Abschn. 4.8.2 die strikte Komplementarität der Lösung x^*, y^* von (SD)?

8. Man reduziere das System (4.9.1) auf ein lineares Gleichungssystem mit m Variablen. (Man löse dazu zunächst die letzte Blockzeile nach Δs auf und setze dies in die zweite Blockzeile ein.)

Lineare Optimierung: Anwendungen, Netzwerke 5

Die Diskussion, ob in der Praxis Innere-Punkte-Methoden oder die Simplexmethode zum Lösen linearer Programme zu bevorzugen sind, ist noch offen. Es zeichnen sich aber einzelne Problemklassen ab, in denen jeweils eine Methode besonders effizient ist. Eine Problemklasse, für die die Simplexmethode gut geeignet ist, sind spezielle lineare Programme, die von Optimierungsproblemen über Netzwerken herrühren. Wir werden dazu im Folgenden drei Beispiele kennenlernen.

5.1 Das Transportproblem

Das Transportproblem ist eines der Probleme, welche Dantzig motivierten, ein allgemeines Lösungsverfahren für lineare Programme, die Simplexmethode, zu entwickeln. Er erkannte, dass sich ein bestimmtes Verfahren zur Lösung des Transportproblems zu einem Verfahren zur Lösung allgemeiner linearer Programme, der Simplexmethode, verallgemeinern lässt.

5.1.1 Problemstellung und Grundbegriffe der Graphentheorie

Das Transportproblem lässt sich am einfachsten an einem Beispiel illustrieren (s. Abb. 5.1). Es zeigt verschiedene Produktionsstätten (z. B. Ölfelder), in denen eine Firma ein bestimmtes Gut („Öl") gekauft hat, und verschiedene Orte (z. B. Raffinerien), in denen sie dieses Gut benötigt und zu denen es transportiert werden muss. Produktion und Bedarf (in Einheiten Öl) sind Abb. 5.1 zu entnehmen. Die möglichen Transporte zwischen den Produktions- und den Verbrauchsorten sind durch Pfeile dargestellt, an denen die Transportkosten pro Einheit Öl vermerkt sind.

Das Problem ist nun, einen kostengünstigsten Transportplan zu finden: welcher Anteil der gekauften Menge in den einzelnen Produktionsstätten soll an welche Verbrauchsorte

© Springer-Verlag GmbH Deutschland, ein Teil von Springer Nature 2019
F. Jarre und J. Stoer, *Optimierung*, Masterclass,
https://doi.org/10.1007/978-3-662-58855-0_5

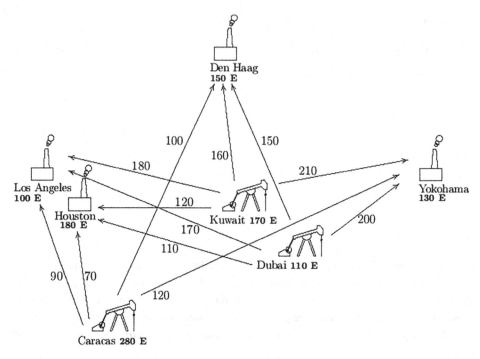

Abb. 5.1 Transportkostenplan

geliefert werden, damit dort der Bedarf an Öl gedeckt wird und die gesamten Transportkosten minimal werden.

Auch wenn das Transportproblem recht einfach aussieht, so ist die Klasse der Optimierungsprobleme, zu der es gehört, auch heute noch von größter praktischer Bedeutung. So mussten bei der Planung des Golfkrieges 1991 innerhalb kurzer Zeit gewaltige Mengen an Nachschub in der Golfregion verteilt werden. Bei der Organisation des Nachschubs sind damals täglich verallgemeinerte Transportprobleme (mit vielen verschiedenen Gütern und sehr vielen Produktions- und Verbrauchsorten; Transporte auf einem vorgegebenen Netzwerk von Straßen von evtl. beschränkter Kapazität, etc.) gelöst worden. Die Probleme waren dabei so groß, dass sie an die Grenzen der damaligen Rechenkapazitäten stießen. Das amerikanische Militär hat insbesondere angegeben, dass ohne die (damals) neuesten Fortschritte bei den Innere-Punkte-Methoden die Probleme nicht lösbar gewesen wären; der Nachschub wäre wegen des Einsatzes unnötiger Transportkapazitäten erheblich teurer geworden.

Bei einem einzigen zu transportierenden Gut ist das Transportproblem erheblich einfacher, und, wie wir sehen werden, der Einsatz von Innere-Punkte-Verfahren nicht nötig, weil bereits eine einfache problemangepasste Variante der Simplexmethode solche Probleme lösen kann.

Formal werden Strukturen wie in Bild 5.1, in denen gewisse Knoten (Fabriken, Städte) durch gerichtete Kanten (Pfeile) verbunden sind, durch *Graphen* beschrieben.

Definition 5.1.1 *Ein* gerichteter Graph *oder auch* Digraph *(„engl. directed graph") G ist ein Tupel G = (V, R), bestehend aus einer endlichen Knotenmenge V (im Englischen: „vertices") und einer Kantenmenge R („edges"[1]) mit R $\subset$ V $\times$ V, wobei u $\neq$ v für jede Kante r = (u, v) $\in$ R verlangt wird. Eine Kante r = (u, v) $\in$ R besitzt den* Anfangsknoten *u, den* Endknoten *v, sie berührt beide Knoten u und v; u heißt* Vorgänger *von v und v* Nachfolger *von u.*

Bemerkung
In dieser Definition werden Kanten der Form $r = (u, u)$ mit dem gleichen Anfangs- und Endknoten ausgeschlossen, und ebenso die Existenz mehrerer Kanten mit den gleichen Anfangs- und Endknoten.

Definition 5.1.2 *Ein* ungerichteter Graph $G = (V, R)$ *besteht aus einer endlichen Menge V, den Knoten von G, und einer Teilmenge*

$$R \subset \{\{u, v\} \mid u, v \in V, u \neq v\},$$

den Knoten von G : Jede Kante r $\in$ R, r = {u, v} ist also ein ungeordnetes Paar verschiedener Knoten u, v $\in$ V, sie besitzt keine Richtung.

Wir werden uns im Folgenden hauptsächlich mit gerichteten Graphen $G = (V, R)$ befassen. Sie lassen sich auf verschiedene Weise darstellen. Zum Beispiel lassen sich die Kanten aus R durch zwei Abbildungen $\alpha : R \to V$, $\omega : R \to V$ beschreiben: $\alpha(r)$ gibt den Anfangsknoten und $\omega(r)$ den Endknoten von r an, $r = (\alpha(r), \omega(r))$. Eine andere Möglichkeit ist die Angabe der Mengen

$$K^-(v) := \{r \mid \alpha(r) = v\}, \text{ alle Kanten, die von } v \in V \text{ ausgehen,}$$

$$K^+(v) := \{r \mid \omega(r) = v\}, \text{ alle Kanten, die in } v \in V \text{ enden.}$$

Diese Bezeichnung erklärt sich durch die Eigenschaft, dass der Knoten v bei dem Transport eines Gutes entlang einer Kante $r \in K^-(v)$ die transportierte Menge „verliert".

---

[1]Die im Englischen oft verwendete Notation des Buchstaben E für die Kantenmenge, und $e \in E$ für die Kanten ist auch in vielen deutschen Arbeiten übernommen worden. Wir haben die weniger häufig verwendete Bezeichnung R gewählt, da der Buchstabe e für die Exponentialfunktion und den Vektor aus lauter Einsen sowieso schon doppelt belegt ist.

Ein gerichteter Graph $G(V, R)$ wird auch durch seine *Inzidenzmatrix* $A \in \mathbb{R}^{V \times R}$

$$A_{vr} = \begin{cases} 1, & \text{falls } \omega(r) = v, \\ -1, & \text{falls } \alpha(r) = v, \\ 0, & \text{sonst.} \end{cases}$$

dargestellt. Die Zeilen dieser Matrix sind mit den Knoten $v \in V$ und ihre Spalten mit den Kanten $r \in R$ des Graphen indiziert. Wenn $n = |V|$ die Anzahl der Knoten, $V = \{v_1, \ldots, v_n\}$, und $m = |R|$ die Anzahl der Kanten ist, $R = \{r_1, \ldots, r_m\}$, so ist A eine $n \times m$-Matrix mit den Komponenten A_{v_i, r_k}, $i = 1, \ldots, n$, $j = 1, \ldots, m$.

Ebenso wird $G = (V, R)$ durch seine *Adjazenzmatrix* $B \in \mathbb{R}^{V \times V}$

$$B_{uv} = \begin{cases} 1 \text{ falls } (u, v) \in R, \\ 0 \quad \text{ sonst.} \end{cases}$$

beschrieben, deren Zeilen und Spalten mit den Knoten $v_1, v_2, \ldots, v_n$ indiziert sind, falls $V = \{v_1, v_2, \ldots, v_n\}$. B ist dann eine $n \times n$-Matrix.

Allgemein lässt sich nun das Transportproblem wie folgt formulieren: Gegeben seien n Quellen $S_1, \ldots, S_n$ (im Englischen „sources") und m Ziele oder Senken $D_1, \ldots, D_m$ („destinations") und ein bestimmtes Gut. Die Produktionsmenge des Gutes in S_i sei s_i und d_j der Verbrauch des Gutes in D_j. Weiter seien die Transportkosten pro Einheit des Gutes von S_i nach D_j bekannt und durch c_{ij} gegeben.

Dem Transportproblem liegt also ein gerichteter Graph $G = (V, R)$ zugrunde, dessen Knotenmenge $V = S \cup D$ in zwei disjunkte Teilmengen $S = \{S_1, S_2, \ldots, S_n\}$ und $D = \{D_1, D_2, \ldots, D_m\}$ zerfällt, und dessen Kantenmenge $R := S \times D$ ist (jedes S_i ist mit jedem D_j durch genau eine Kante $r = (S_i, D_j)$ verbunden (für diese Kante schreiben wir auch kurz $r = (i, j)$); andere Kanten treten nicht auf). Die Produktions- bzw. Verbrauchsmengen werden durch zwei Funktionen $s: S \to \mathbb{R}_+$ und $d: D \to \mathbb{R}_+$ gegeben, $s_i = s(S_i)$, $d_j = d(D_j)$, und die Transportkosten durch eine weitere Funktion $c: R \to \mathbb{R}_+$, $c((S_i, D_j)) = c_{ij}$.

Das Transportproblem besteht darin, die Transportmengen $x_{ij} \geq 0$ von S_i nach D_j für $1 \leq i \leq n$ und $1 \leq j \leq m$ so zu bestimmen, dass die Gesamttransportkosten möglichst niedrig sind und die Verbrauchs- bzw. Produktionsmengen nicht unter- bzw. überschritten werden. Wir erhalten so folgendes Problem:

$$\min \sum_{i=1}^{n} \sum_{j=1}^{m} c_{ij} x_{ij}$$

$$x: \sum_{j=1}^{m} x_{ij} \leq s_i \quad \text{für } 1 \leq i \leq n,$$

$$\sum_{i=1}^{n} x_{ij} \geq d_j \quad \text{für } 1 \leq j \leq m,$$

$$x_{ij} \geq 0.$$

Die Nebenbedingungen fordern z. B., dass die gesamte Transportmenge, die aus dem Knoten S_i abfließt, die Produktion s_i nicht übersteigen darf. Man erkennt sofort, dass der zulässige Bereich des linearen Programms leer ist, falls $\sum_{i=1}^{n} s_i < \sum_{j=1}^{m} d_j$. Falls umgekehrt $\sum_{i=1}^{n} s_i > \sum_{j=1}^{m} d_j$, kann man eine „Müllhalde" D_{m+1} einführen, mit dem „Verbrauch" $d_{m+1} := \sum_{i=1}^{n} s_i - \sum_{j=1}^{m} d_j$ und den Kosten $c_{i,m+1} = 0$ für $1 \le i \le n$. So kann stets erreicht werden, dass

$$\sum_{i=1}^{n} s_i = \sum_{j=1}^{m} d_j$$

gilt. Unter dieser Zusatzforderung erhalten wir die folgende Form des Transportproblems:

$$
\begin{aligned}
& \min \sum_{i=1}^{n} \sum_{j=1}^{m} c_{ij} x_{ij} \\
(TP) \qquad & x : \sum_{j=1}^{m} x_{ij} = s_i \quad \text{für} \ \ 1 \le i \le n, \\
& \sum_{i=1}^{n} x_{ij} = d_j \quad \text{für} \ \ 1 \le j \le m, \\
& x_{ij} \ge 0,
\end{aligned}
$$

bei dem jetzt Gleichungen an Stelle der Ungleichungen bei Produktion und Verbrauch vorliegen. Dies ist ein lineares Programm in Standardform (P), $\min\{\tilde{c}^T \tilde{x} \mid A\tilde{x} = b, \ \tilde{x} \ge 0\}$, mit

$$\tilde{x} = (x_{11}, \ldots, x_{1m}, x_{21}, \ldots, x_{2m}, \ \ldots \ , x_{n1}, \ldots, x_{nm})^T$$

und $\tilde{c}$ analog. Weiter ist

$$
A = \begin{pmatrix}
1 \cdots 1 & & & \\
& 1 \cdots 1 & & \\
& & \ddots & \\
& & & 1 \cdots 1 \\
1 & 1 & & 1 \\
\ddots & \ddots & \cdots & \ddots \\
& 1 & 1 & 1
\end{pmatrix}, \qquad
b = \begin{pmatrix}
s_1 \\ s_2 \\ \vdots \\ s_n \\ d_1 \\ \vdots \\ d_m
\end{pmatrix}. \tag{5.1.3}
$$

Wir schreiben $A = (a^{11}\, a^{12} \cdots a^{1m}\, a^{21}\ \cdots\ a^{nm})$ mit den Spaltenvektoren

$$a^{ij} = \begin{pmatrix} 0 \\ \vdots \\ 0 \\ 1 \\ 0 \\ \vdots \\ 0 \\ 1 \\ 0 \\ \vdots \\ 0 \end{pmatrix} \begin{matrix} \\ \\ \\ \leftarrow i \\ \\ \\ \\ \leftarrow n+j \\ \\ \\ \\ \end{matrix}.$$

Die Spalten von A sind mit den Indexpaaren (i, j) mit $1 \leq i \leq n$, $1 \leq j \leq m$ indiziert, das heißt mit den Kanten $r = (S_i, D_j) = (i, j)$ des Graphen. Sie ist, bis auf Vorzeichen in den ersten n Zeilen mit der Inzidenzmatrix des Graphen G des Transportproblems identisch. Der Rang von A ist offenbar kleiner als $n + m$, denn

$$(\underbrace{1, \ldots, 1}_{n-mal}, \underbrace{-1, \ldots, -1}_{m-mal})A = 0.$$

(Der Spaltenvektor $(1, \ldots, 1, -1 \ldots, -1)^T$ liegt im Nullraum von A^T.)

Wir bezeichnen die Matrix, die man aus A durch Streichen der letzten Zeile erhält, mit $\tilde{A}$, und mit $\tilde{b}$ den Vektor b ohne die letzte Komponente.

Das Gleichungssystem $\tilde{A}^T y = 0$ hat nur die Lösung $y_k = 0$, für $1 \leq k \leq n + m - 1$. Diese Eigenschaft kann man direkt aus der Matrix A ablesen: Die m-te Zeile von $\tilde{A}^T$ enthält eine einzige 1 an der Stelle $k = 1$, also ist $y_1 = 0$. Analog folgt aus der $2m$-ten Zeile des Gleichungssystems, dass $y_2 = 0$, und allgemein $y_k = 0$, für $1 \leq k \leq n$. Damit ist dann auch $y_{n+1} = \ldots = y_{n+m-1} = 0$. Also hat $\tilde{A}$ (und somit auch A) den Rang $n + m - 1$.

Aufgrund unserer Forderung $\sum s_i = \sum d_j$ ist die rechte Seite konsistent, d. h.

$$A\tilde{x} = b \Longleftrightarrow \tilde{A}\tilde{x} = \tilde{b}.$$

Um die einfache Struktur der Matrix A beizubehalten, benutzen wir im Folgenden weiterhin A anstelle von $\tilde{A}$. So betrachten wir wieder Indexvektoren $J \subset R := \{(1, 1), (1, 2), \ldots,$ $(n, m)\}$, wobei R die Menge aller Kanten des Graphen G repräsentiert, also J für eine Teilmenge der Kanten steht. Wir nennen J eine Basis von A, wenn $|J| = n + m - 1$ und die Spalten von A_J linear unabhängig sind (d. h., wenn $\tilde{A}_J^{-1}$ existiert).

Die Basen von A lassen sich mit Hilfe des Graphen beschreiben, der zu dem Transportproblem gehört. Dazu zunächst einige allgemeine Definitionen.

Definition 5.1.4 *Sei* $G = (V, R)$ *ein gerichteter Graph. Ein* Weg *von* $u \in V$ *(dem Anfangsknoten des Weges) nach* $v \in V$ *(dem Endknoten) ist eine Folge* $((u, v_1), (v_1, v_2),$ $(v_2, v_3), \ldots, (v_{n-1}, v)) \in R^n$ *von* n *Kanten für ein* $n \geq 1$. *Dabei stimmen der Endknoten der* i-*ten Kante und der Anfangsknoten der* $i + 1$-*ten Kante für* $1 \leq i \leq n - 1$ *stets überein. Der Weg heißt* geschlossen, *falls* $u = v$. *Er ist* einfach, *wenn er keine Kante mehr als einmal durchläuft. Ein einfacher geschlossener Weg heißt* Kreis.

In einem gerichteten Graphen sprechen wir von einem ungerichteten Weg, *wenn zugelassen ist, dass einige (oder alle) Kanten längs des Weges entgegen ihrer Kantenrichtung Richtung durchlaufen werden, z. B. in* $(u, v_1), (v_2, v_1), (v_2, v)$. *Ein gerichteter Graph* G *heißt* schwach *zusammenhängend, wenn es zu jedem Paar* $u, v \in V$ $(u \neq v)$ *einen ungerichteten Weg von* u *nach* v *gibt. Ein* Zyklus *ist ein ungerichteter einfacher geschlossener Weg. Zu einer Teilmenge* J *der Kantenmenge* R *bezeichnen wir mit* $G(J)$ *den durch* J *induzierten Graphen. Dieser hat die gleichen Knoten wie* G *und die Kanten* $r \in J$.

In einem ungerichteten Graphen sind Wege und Kreise analog definiert.

Wir wenden diese Begriffe nun auf das Transportproblem (TP) mit dem Graphen $G = (V = S \cup D, R = S \times D)$ und der Matrix A (5.1.3) an. Wir untersuchen zunächst, für welche Teilmengen (resp. Indexvektoren) $J \subset R$ die Matrix A_J linear unabhängige Spalten besitzt.

Lemma 5.1.5 *Sei* $J \subset R$ *ein Indexvektor, der nur verschiedene Indizes (Kanten) enthält. Dann besitzen die Matrizen* A_J *und* $\tilde{A}_J$ *linear unabhängige Spalten genau dann, wenn* $G(J)$ *keine Zyklen enthält.*

Beweis Zunächst eine Vorbemerkung. Weil die letzte Zeile von A eine Linearkombination der übrigen Zeilen von A ist, bestätigt man sofort, dass die Spalten von A_J genau dann linear unabhängig sind, wenn es die Spalten von $\tilde{A}_J$ sind.

Wir nehmen zunächst an, dass $G(J)$ einen Zyklus

$$D_{j_1} - S_{i_1} - D_{j_2} - S_{i_2} - \cdots - S_{i_k} - D_{j_1}$$

enthält. Aus der Struktur der zu J gehörigen Spalten a^{ij} von A können wir sofort ablesen, dass dann

$$a^{i_1 j_1} - a^{i_1 j_2} + a^{i_2 j_2} - a^{i_2 j_3} + \cdots + a^{i_k j_k} - a^{i_k j_1} = 0$$

folgt, d. h. die Spalten von A_J sind linear abhängig.

Falls andererseits A_J linear abhängige Spalten besitzt, gibt es Koeffizienten γ_{ij}, die nicht alle Null sind, so dass $\sum_{(i,j) \in J} \gamma_{ij} a^{ij} = 0$. Ohne Einschränkung nehmen wir an, dass alle γ_{ij} von Null verschieden sind (sonst Übergang zu $J' \subset J$). Da die a^{ij} nur an den Stellen i und $n + j$ von Null verschieden sind, muss ein Index i zu einem S_i entweder gar nicht, oder mindestens zweimal in J vorkommen. Das Gleiche gilt für die Indizes j der D_j. Wir fangen nun mit einer Kante (S_{i_1}, D_{j_1}) mit $(i_1, j_1) \in J$ an, und konstruieren sukzessive einen

Weg: Da j_1 mindestens zweimal in J vorkommt, gibt es ein i_2 mit $(i_2, j_1) \in J$. Wir hängen diese Kante an (i_1, j_1) an. Auch j_2 kommt mindestens zweimal in J vor, und so finden wir wieder eine Kante (i_2, j_2). Solange sich kein Index i_k oder j_k wiederholt, können wir die Konstruktion des Weges fortsetzen, da jeder neu aufgenommene Index ja zweimal in J vorkommen muss. Da J endlich ist, muss das Verfahren irgendwann einen Knoten S_i oder D_j wiederholen, und liefert somit einen Zyklus. □

Lemma 5.1.6 *Sei G ein zyklenfreier gerichteter Graph mit n Kanten und $n + 1$ Knoten. Dann ist G schwach zusammenhängend.*

Bemerkung
Ein schwach zusammenhängender zyklenfreier Graph heißt *Baum*.

Beweis Der Beweis lässt sich durch Induktion nach n führen. Für $n = 0$ ist nichts zu zeigen. Für den Schritt $n - 1 \to n$ nehmen wir an, dass G $n \geq 1$ Kanten und $n + 1$ Knoten besitzt. Da G zyklenfrei ist, gibt es einen Knoten, der nur von einer Kante berührt wird. (Wenn jeder Knoten von mindestens zwei Kanten berührt wird, könnten wir uns wie im Beweis von Lemma 5.1.5 wieder einen Zyklus konstruieren.) Man streiche diesen Knoten und die zugehörige Kante. Der entstandene Graph ist immer noch zyklenfrei, hat $n - 1$ Kanten und n Knoten, und ist nach Induktionsannahme daher zusammenhängend. Somit ist auch G schwach zusammenhängend. □

Wir wenden diese Resultate auf den Graphen des Transportproblems an. Als Korollar von Lemma 5.1.5 und 5.1.6 erhalten wir so eine Charakterisierung der Basen von A (d. h. von $\tilde{A}$).

Korollar 5.1.7 *Ein Indexvektor J mit $|J| = n + m - 1$ ist Basis von $\tilde{A}\tilde{x} = \tilde{b}$ genau dann, wenn $G(J)$ ein Baum ist.*

5.1.2 Simplexverfahren zur Lösung des Transportproblems

Die Simplexmethode lässt sich für das Transportproblem in einer besonders einfachen Form realisieren.

Beispiel Wir illustrieren das Verfahren anhand des Transportproblems aus der Abb. 5.1, dessen Daten c_i, d_j und c_{ij} durch die nachfolgende Tabelle gegeben sind. Dabei sind die Quellen und Ziele der Einfachheit halber von West nach Ost mit S_1, S_2, S_3 bzw. D_1, D_2, D_3, D_4 durchnummeriert. (s_1 steht dann z. B. für die Produktionsmenge in Caracas.)

Tab. 5.1 Daten des Transportproblems

	$d_1 = 100$	$d_2 = 180$	$d_3 = 150$	$d_4 = 130$
$s_1 = 280$	90	70	100	120
$s_2 = 170$	180	120	160	210
$s_3 = 110$	170	110	150	200

Wir beginnen mit der Konstruktion einer zulässigen Startbasis. Eine zulässige Basis des Transportproblems ist eine Teilmenge J von $|J| = n + m - 1$ verschiedenen Kanten, für die $G(J)$ ein Baum ist, zu der eine zulässige Lösung x des Transportproblems gehört, bei der nur längs der Kanten $(S_i, D_j) \in J$ von J positive Transportmengen x_{ij} befördert werden. Da nur Kanten zwischen den S_i und D_j auftreten (und nicht zwischen S_i und S_k oder zwischen D_j und D_l), nutzen wir im Folgenden Tabellen wechselnden Inhalts, in denen wie in Tab. 5.1 horizontal die Senken D_j und vertikal die Quellen S_i aufgelistet werden.

Zur Konstruktion einer ersten zulässigen Basis J dient die sog. *NW-Eckenregel* (Nord-West-Eckenregel). Dieser Regel liegt folgende Idee zugrunde: Beginnend mit dem Paar S_1, D_1 (im Nordwesten der S_i/D_j Tabelle: daher der Name der Regel) wird für ein Paar S_i, D_j zur Deckung des Restbedarfs in D_j zunächst die restliche Produktionsmenge von S_i herangezogen, bevor S_{i+1} in Anspruch genommen wird; bzw. S_i liefert seine restliche Produktion zunächst an D_j, um dort den restlichen Bedarf zu decken, bevor D_{j+1} bedacht wird. Wir erhalten das folgende Verfahren, bei dem die Daten s_i und d_j sukzessive überschrieben werden:

NW-Eckenregel

Gegeben: $s_i \geq 0$, $i = 1, ..., n$, $d_j \geq 0$, $j = 1, ..., m$, mit $\sum_i s_i = \sum_j d_j$.

0. Setze $i := 1$, $j := 1$ und $J := \emptyset$.
1. Falls $i = n$ und $j = m$: Setze $x_{nm} := s_n (= d_m)$, STOP.
2. a) Falls $s_i > d_j$,
      setze $J := J \cup \{(i, j)\}$, $x_{ij} := d_j$, $s_i := s_i - d_j$, $j := j + 1$ und gehe nach 1).
   b) Falls $s_i = d_j$,
      setze $J := J \cup \{(i, j)\}$, $x_{ij} := d_j$, $s_i := 0$, $d_j := 0$.
      Falls $j < m$ setze $j := j + 1$.
      Falls $j \geq m$ setze $i := i + 1$.
      Gehe nach 1).
   c) Falls $s_i < d_j$,
      setze $J := J \cup \{(i, j)\}$, $x_{ij} := s_i$, $d_j := d_j - s_i$, $i := i + 1$ und gehe nach 1).

Wegen $\sum s_i = \sum d_j$ liefert das Verfahren nach dem Abbruch in Schritt 1) stets eine zulässige Basis J. Es liefert eine zulässige Basis

$$J = \{(1, 1) = (i_1, j_1), \ldots, (i_k, j_k), \ldots, (i_{n+m-1}, j_{n+m-1}) = (n, m)\}$$

mit $i_k \le i_{k+1}$, $j_k \le j_{k+1}$ für alle k, die einer Treppe vom NW in der s_i/d_j-Tabelle in Richtung SO entspricht.

Wir erklären das Verfahren am Beispiel, das in Tab. 5.1 gegeben ist. In Tab. 5.2 geben wir die Zahlenwerte s_i und d_j und die Basislösung $\{x_{ij}\}_{(ij)\in J}$ an, die die NW-Eckenregel liefert. Dabei notieren wir alle Einträge aus der Basis, d. h. auch solche die Null sind; die frei gelassenen Positionen gehören zur Nichtbasis und sind per Definition Null.

Als Resultat hat man eine Indexmenge $J = \{(1, 1), (1, 2), (1, 3), (2, 3), (2, 4), (3, 4)\}$ von $n + m - 1 = 3 + 4 - 1 = 6$ Kanten und eine zugehörige zulässige Lösung des Transportproblems gefunden, nämlich

$$x_{11} = 100, \ x_{12} = 180, \ x_{13} = 0, \ x_{23} = 150, \ x_{24} = 20, \ x_{34} = 110,$$

und $x_{ij} = 0$ für die übrigen (i, j). Die Transportkosten für diese Basislösung sind

$$\sum_{i,j} c_{ij}x_{ij} = 90 \cdot 100 + 70 \cdot 180 + 100 \cdot 0 + 160 \cdot 150 + 210 \cdot 20 + 200 \cdot 110 = 71800.$$

Wie man an dem Beispiel sieht, sind auch Entartungen möglich: es kann vorkommen, dass einzelne Komponenten der Basislösung (im Beispiel x_{13}) Null sind.

Der zugehörige induzierte Graph $G(J)$ ist ein Baum (s. Bild. 5.2), so dass J in der Tat eine Basis mit der angegebenen zulässigen Basislösung ist.

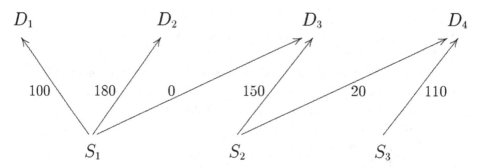

Abb. 5.2 Baum zur Startbasis aus Tab. 5.2

Lösung mit einer Variante der Simplexmethode Für das Transportproblem lässt sich die Pivotwahl der Simplexmethode anhand des dualen Problems einfach erläutern: Wir bemerken, dass das Problem (TP) die Standardform (P) besitzt, und erhalten unter Ausnutzung der Struktur von A deshalb als duales Problem

$$\max \left\{ \sum_{i=1}^{n} s_i u_i + \sum_{j=1}^{m} d_j v_j \;\middle|\; u_i + v_j \leq c_{ij} \text{ für } 1 \leq i \leq n, \; 1 \leq j \leq m \right\}.$$

Der Vektor y der dualen Variablen ist dabei in $y = \begin{pmatrix} u \\ v \end{pmatrix}$ aufgeteilt. Aus der Komplementarität bei dualen Programmen folgt, dass eine Basis J mit der Basislösung x_{ij} ($1 \leq i \leq n$, $1 \leq j \leq m$) optimal ist, falls es Zahlen u_i und v_j gibt mit

$$u_i + v_j = c_{ij} \text{ für alle } (i, j) \in J, \text{ und } u_i + v_j \leq c_{ij} \text{ sonst.}$$

Wählt man nun die u_i und v_j so, dass die obigen Gleichungen alle erfüllt sind, so zeigen die Indizes zu den verletzten Ungleichungen mögliche „Pivotelemente" an, die in eine neue Basis aufgenommen werden können. (In den Übungen 5.4 soll gezeigt werden, dass diese möglichen Pivotelemente genau den Pivotelementen der allgemeinen Simplexmethode entsprechen, die in Abschn. 3.3 durch die Ungleichung $\bar{c}_s < 0$ gekennzeichnet sind.) Wir formulieren nun einen Simplexschritt.

Algorithmus 5.1.8 (Simplexschritt für das Transportproblem)
1. *Bestimme u_i und v_j mit $u_i + v_j = c_{ij}$ für $(i, j) \in J$.*
   Dies ist wieder wie bei der NW-Eckenregel möglich. Da A^T nicht vollen Rang hat, sind die u_i und v_j nicht eindeutig bestimmt. Wir können ohne Einschränkung $u_1 = 0$ wählen. Für die Nachbarn D_l von S_1, die mit S_1 durch eine Kante in $G(J)$ verbunden sind, folgen aus $u_1 = 0$ und $u_1 + v_l = c_{1l}$ die Werte v_l. Für deren Nachbarn S_k (in $G(J)$) sind dann wiederum die Werte u_k durch $u_k + v_l = c_{kl}$ eindeutig gegeben. So lassen sich sukzessive alle u_i und v_j bestimmen.
2. *Falls $u_i + v_j \leq c_{ij}$ für alle i, j, STOP: J ist optimal.*
3. *Sonst gibt es Indizes r, s so dass $u_r + v_s > c_{rs}$. Man nehme x_{rs} in die Basis auf, d. h. man bilde $\tilde{J} = J \cup \{(r, s)\}$. Dadurch entsteht in $G(\tilde{J})$ ein Zyklus C. Man transportiert nun $\delta \geq 0$ Einheiten von S_r nach D_s, d. h. $x_{rs} := \delta$. In D_s mündet nun außer (r, s) eine weitere Kante (k, s) aus C. Die Transportmenge x_{ks} reduzieren wir auf $x_{ks} - \delta$, um den Gesamtzufluss in D_s unverändert (auf dem Wert d_s) zu halten. Aus S_k führt wiederum eine weitere Kante $(k, l) \in C$ heraus, längs der der Transport von x_{kl} auf $x_{kl} + \delta$ erhöht wird. Dadurch bleibt auch in S_k der Gesamtwarenabfluss konstant bei s_k. So addiert man zu allen (i, j) aus C entweder δ oder $-\delta$ zu x_{ij} hinzu, bis man wieder bei der Kante (r, s) anlangt. Dann wählt man δ maximal, so dass alle x_{ij} nichtnegativ bleiben.*

Eine der Kanten $(\bar{i}, \bar{j})$ aus C erhält dabei die Transportmenge $x_{\bar{i}\bar{j}} - \delta = 0$ und wird aus der Basis entfernt. (Im Nichtentartungsfall ist diese Kante eindeutig.) Als neue Basis erhält man $J' = J\backslash\{(\bar{i}, \bar{j})\} \cup \{(r, s)\}$.

Im obigen Beispiel (s. Tab. 5.1) gehören zur Basis J, die durch die NW-Eckenregel gefunden wurde, die in Tab. 5.3 angegebenen Werte u_i, v_j und $\bar{c}_{ij} := u_i + v_j - c_{ij}$:
Schritt 3 des Verfahrens führt z. B. zur Wahl $r = 1$, $s = 4$ mit dem markierten Element $\bar{c}_{14} = u_1 + v_4 - c_{14} = 30$. Der zu $\bar{J} := J \cup \{(r, s)\} = J \cup \{(S_1, D_4)\}$ gehörige induzierte Graph $G(\bar{J})$ enthält einen Zyklus C, nämlich S_1—D_4—S_2—D_3—S_1. Ein Transport von $\delta \geq 0$ Einheiten längs der hinzugefügten Kante (S_1, D_4) führt zu einer Modifikation der zu J gehörigen Basislösung entsprechend der Tab. 5.4 (vgl. Tab. 5.2)
Das maximale δ, für das die Transportmengen noch zulässig bleiben, ist $\delta = 0$. Im Beispiel gibt es dann genau eine Kante der alten Basis J, längs der nach Abzug von $\delta = 0$ Einheiten nichts mehr transportiert wird, nämlich die Kante (S_1, D_3). (Diese Kante ist nicht immer eindeutig.) Die Entfernung dieser Kante zerstört den Zyklus C in $G(\bar{J})$ und führt zu einer neuen zulässigen Basis $J' := \bar{J} \backslash \{(S_1, D_3)\}$ und einer Basislösung, die durch Tab. 5.5 beschrieben wird:
Die Transportkosten, die zur neuen Basislösung gehören, sind natürlich unverändert, da sich Basislösung selbst nicht geändert hat, sondern nur die zugehörige Basis.

Tab. 5.2 Startbasis nach der NW-Eckenregel

	$d_1 = 100$	$d_2 = 180$	$d_3 = 150$	$d_4 = 130$
$s_1 = 280$	100	180	0	
$s_2 = 170$			150	20
$s_3 = 110$				110

Tab. 5.3 Bestimmung eines Pivotelements

	$v_1 = 90$	$v_2 = 70$	$v_3 = 100$	$v_4 = 150$
$u_1 = 0$	0	0	0	30*
$u_2 = 60$	−30	10	0	0
$u_3 = 50$	−30	10	0	0

Tab. 5.4 Ein mit δ wachsender Zyklus

	$d_1 = 100$	$d_2 = 180$	$d_3 = 150$	$d_4 = 130$
$s_1 = 280$	100	180	$0 - \delta$	δ
$s_2 = 170$			$150 + \delta$	$20 - \delta$
$s_3 = 110$				110

Tab. 5.5 Eine neue Basislösung

	$d_1 = 100$	$d_2 = 180$	$d_3 = 150$	$d_4 = 130$
$s_1 = 280$	100	180		0
$s_2 = 170$			150	20
$s_3 = 110$				110

Wir berechnen jetzt allgemein die Gesamtkosten $c(\delta)$, die durch den Fluss der Größe δ längs des Zyklus C entstehen. Dazu fassen wir die Kanten aus C, für die der Fluss $x_{i,j}$ um δ erhöht wird in C^+ zusammen, und die übrigen in C^-. Da sich die Kanten aus C^+ und C^- entlang C stets abwechseln, erhalten wir wegen $u_k + v_l = c_{kl}$ für $(k, l) \in J$ den Wert

$$
\begin{aligned}
c(\delta) &= \sum_{(i,j)\in C^+} \delta c_{i,j} - \sum_{(i,j)\in C^-} \delta c_{i,j} \\
&= \left(\sum_{(i,j)\in C^+} \delta(u_i + v_j) - \sum_{(i,j)\in C^-} \delta(u_i + v_j) \right) + \delta(c_{r,s} - u_r - v_s) \\
&= \delta(c_{r,s} - u_r - v_s) < 0,
\end{aligned}
$$

falls $\delta > 0$. (Der Term $\delta(c_{r,s} - u_r - v_s)$ in obiger Gleichung ist ein Korrekturterm, da für die Kante (r, s) die in der linken Klammer verwendete Gleichung „$c_{r,s} = u_r + v_s$" nicht gilt.) Im Nichtentartungsfall konvergiert diese Variante der Simplexmethode daher in endlich vielen Schritten.

Wählt man in Tab. 5.3 das Pivotelement $(2,2)$ an Stelle von $(1,4)$, so liest man an der Abb. 5.2 ab, dass der Fluss entlang dieser Kante um $\delta = 150$ Einheiten erhöht werden kann und sich die Gesamtkosten somit um $10 \cdot 150 = 1500$ Einheiten verringern. Das Pivot mit dem größten Wert $\bar{c}_{i,j}$ in der Tab. 5.3 liefert also nicht immer die größte Verbesserung des Zielfunktionswertes. Dadurch, dass sich die Transportkosten aus Kuwait und Dubai bei diesem Beispiel stets nur um eine Konstante unterscheiden, ist das Problem zusätzlich entartet. Wenn solche Entartungen erkannt werden, so können sie, wie im Beispiel zu Delta Airlines in Abschn. 2.3 angemerkt, häufig benutzt werden, um das gegebene Problem zu vereinfachen. (Hier könnte man Kuwait und Dubai symbolisch zu einem Knoten vereinigen.)

Wir halten noch folgende besondere Eigenschaft des Transportproblems fest. Falls alle s_i und alle d_j ganzzahlig sind, dann ist auch die berechnete Optimallösung $\tilde{x}$ ganzzahlig. Der Grund ist der, dass in jedem Simplexschritt dann nur Additionen und Subtraktionen ganzer Zahlen bei der Berechnung von $\tilde{x}$ vorgenommen werden. Dies ist in vielen Fällen eine sehr wünschenswerte Eigenschaft, die hier aus der besonderen Struktur der Matrix A, der sogenannten „Unimodularität", folgt (siehe auch die Übungen in Abschn. 5.4).

5.2 Das Transshipment – Problem

Bei dem Transshipment-Problem handelt es sich um eine Verallgemeinerung des Transportproblems. Dazu sei ein allgemeiner gerichteter Graph $G = (V, R, \alpha, \omega)$ mit der Knotenmenge V und der Kantenmenge R gegeben. Mit $\alpha(r)$ werde der Anfangsknoten der Kante $r \in R$ bezeichnet, mit $\omega(r)$ deren Endknoten. Transportiert wird eine Ware, deren Nettobedarf im Knoten $v \in V$ durch die Funktion $d : V \longrightarrow \mathbb{R}$ dargestellt wird: $d_v > 0$ bedeutet, dass in v mehr verbraucht als produziert wird, und $d_v < 0$ das Gegenteil. Dabei gelte $\sum_{v \in V} d_v = 0$. Des weiteren bezeichne x_r die Transportmenge längs Kante r, und c_r die Transportkosten (pro Wareneinheit) entlang dieser Kante.

Wir verwenden die in Abschn. 5.1.1 eingeführte Terminologie und bezeichnen mit $K^-(v) := \{r \mid \alpha(r) = v\}$ die Menge der Kanten, die vom Knoten v wegführen und mit $K^+(v) := \{r \mid \omega(r) = v\}$ die Menge der Kanten, die in v münden. Ferner sei $n := |V|$ die Anzahl der Knoten, und $m := |R|$ die Anzahl der Kanten.

Man erhält so folgendes Problem:

$$(TS) \qquad \min \left\{ \sum_{r \in R} c_r x_r \,\middle|\, \sum_{r \in K^+(v)} x_r - \sum_{r \in K^-(v)} x_r = d_v \quad \forall v \in V, \; x_r \geq 0 \; \forall r \in R \right\}.$$

Natürlich kann man V wie beim Transportproblem wieder disjunkt in $S := \{v \mid d_v \geq 0\}$ und $D := \{v \mid d_v < 0\}$ zerlegen, aber in Verallgemeinerung zum Transportproblem ist der Graph nicht „bipartit", d. h. R ist diesmal nicht Teilmenge von $S \times D$; es sind auch Kanten aus $S \times S$ oder $D \times D$ möglich, und auf Grund dieser zusätzlichen Kanten ist die Lösung des Transshipmentproblems etwas schwieriger zu ermitteln als die des Transportproblems.

Mit A bezeichnen wir die Inzidenzmatrix von G: Sie ist eine $n \times m$-Matrix mit den Einträgen $A_{ir} = 1$, falls i Endknoten der Kante r, und $A_{ir} = -1$, falls i Anfangsknoten von r ist. Für die übrigen Knoten i, die von r nicht berührt werden, gilt $A_{ir} = 0$. Mit Hilfe der Matrix A kann man (TS) in der Form $\min\{c^T x \mid Ax = d, \; x \geq 0\}$ schreiben. Das duale Problem zu (TS) lautet daher

$$\max_y \left\{ d^T y \,\middle|\, y_{\omega(r)} - y_{\alpha(r)} \leq c_r \quad \text{für alle } r \in R \right\}.$$

Im Folgenden betrachten wir Indexvektoren $J = (r_1, \ldots, r_k) \subset R$ mit verschiedenen Kanten $r_i \in R$. Mit $G(J) = (V, J, \alpha', \omega')$ bezeichnen wir den durch J induzierten Teilgraphen mit $\alpha'(r) = \alpha(r)$ für $r \in J$ und $\omega'(r) = \omega(r)$ für $r \in J$. Gelegentlich betrachten wir auch die von J induzierte Knotenmenge $V(J) := \{v = \alpha(r) \mid r \in J\} \cup \{v = \omega(r) \mid r \in J\}$.

Satz 5.2.1 *Sei $G = (V, R, \alpha, \omega)$ ein schwach zusammenhängender gerichteter Graph mit $|V| = n$, $m = |R|$ und der Inzidenzmatrix A. Sei ferner $J \subset R$ ein Indexvektor mit $|J| = n - 1$. Dann ist Rang $(A) = n - 1$, und es gilt*

$$Rang\,(A_J) = n - 1 \quad \Longleftrightarrow \quad G(J) \text{ ist ein Baum.}$$

Beweis Es ist $A^T e = 0$, was $\mathrm{rg}\,(A) \leq n - 1$ zeigt.

Durch Streichen der letzten Zeile von A erhält man die Matrix $\tilde{A}$. Löse $\tilde{A}^T \tilde{y} = 0$. Die letzte Zeile von A entspricht einem Knoten v_n. Für alle Kanten $r, \hat{r}$ mit $\alpha(r) = v_n$ oder $\omega(\hat{r}) = v_n$ enthält die entsprechende Zeile von $\tilde{A}^T$ genau eine 1 bzw. eine -1 in der Spalte von $\tilde{A}^T$, die zu $v_j = \omega(r)$ bzw. $v_j = \alpha(\hat{r})$ gehört. Für die zugehörigen Knoten v_j gilt deshalb $y_j = 0$. Zu diesen v_j betrachten wir nun wieder alle Kanten $\tilde{r}, \hat{\hat{r}}$ mit $\alpha(\tilde{r}) = v_j$ oder

$\omega(\hat{r}) = v_j$ und schließen für die gegenüberliegenden Eckpunkte $\tilde{v}_k$ wieder, dass $y_k = 0$. So setzen wir das Verfahren fort. Da G zusammenhängend ist, wird auf diese Weise jedes $v_l \in V$ erreicht, d. h. $y_l = 0$ $\forall l = 1, \dots, n$. Also hat $\tilde{A}$ Höchstrang $n-1$, und somit ist auch rg $A = n - 1$.

Bemerkung

Die Konsistenz der Gleichung $Ax = d$ wird durch $e^T d = 0$ gewährleistet, d. h. es wird genausoviel produziert wie gebraucht wird.

Die Äquivalenz von Basen und Bäumen folgt wie im Beweis von Lemma 5.1.6.   □

Die *Optimalitätsbedingung* lässt sich wegen des Dualitätssatzes der linearen Programmierung (Satz 3.7.8) ähnlich zum Transportproblem formulieren: Die Basislösung $\bar{x} = \bar{x}(J)$ zu einer Basis J von (TS) ist optimal, falls es einen dualen Variablenvektor $y \colon V \to \mathbb{R}$ gibt mit

$$y_{\omega(r)} - y_{\alpha(r)} = c_r \ \text{ für } \ r \in J, \text{ und } y_{\omega(r)} - y_{\alpha(r)} \leq c_r \ \text{ sonst.}$$

Algorithmus 5.2.2 (Simplexschritt für das Transshipmentproblem)
Sei J eine zulässige Basis von (TS) und $x = x(J)$ die Basislösung.

1. *Bestimme $y_1, \dots, y_n$ mit $y_{\omega(r)} - y_{\alpha(r)} = c_r$ für $r \in J$. (Da die y_r bis auf eine additive Konstante eindeutig bestimmt sind, können wir o.B.d.A. $y_1 = 0$ wählen.)*
2. *Falls $y_{\omega(r)} - y_{\alpha(r)} \leq c_r$ für alle r, STOP: J ist optimale Basis.*
3. *Sonst wähle $\bar{r} \in R$ mit $y_{\omega(\bar{r})} - y_{\alpha(\bar{r})} > c_{\bar{r}}$.*
4. *$\tilde{J} := J \cup \{\bar{r}\}$ enthält einen Zyklus C.*
5. *Ändere längs C den Vektor x ab zu einem Vektor $x(\delta)$ mit $x_{\bar{r}}(\delta) = \delta$, der die linearen Gleichungen von (TS) erfüllt.*
   Bestimme ein maximales $\delta \geq 0$, für das $x(\delta)$ noch eine zulässige Lösung ist.
   Falls ein solches δ nicht existiert, weil $x(\delta)$ für alle $\delta \geq 0$ zulässig ist, STOP: (TS) besitzt keine endliche Optimallösung.
6. *Bestimme eine Kante $s \in C$ mit $x_s(\delta) = 0$ und entferne sie aus $\tilde{J}$; $J' := \tilde{J} \setminus \{s\}$ ist dann wieder eine zulässige Basis für (TS).*

Bemerkung

Die Bestimmung der y_i in Schritt 1 und die Bestimmung von s in Schritt 6 lassen sich wie beim Transportproblem durchführen.

Bestimmung einer zulässigen Startbasis

Wir betrachten hier nur den Fall, dass G schwach zusammenhängend ist. (Andernfalls zerfällt das Transshipment-Problem in kleinere Teilprobleme, deren Graphen schwach zusammenhängend sind.)

Algorithmus 5.2.3

1. *Bestimme einen G aufspannenden Baum (d. h. ein $J \subset R$ so, dass $V(J) = V$ und $G(J)$ ein Baum ist.)*
2. *Bestimme die Basislösung $\bar{x} = \bar{x}(J)$. Falls J für (TS) zulässig ist, STOP.*
3. *Für alle $r \in J$ mit $\bar{x}_r < 0$ ersetze die Kante r in J durch die entgegengesetzt orientierte Kante $\bar{r}$ (man muss dazu solche neue Kanten $\bar{r}$ zu R hinzufügen, falls sie nicht schon in R enthalten sind). Das Resultat ist ein Graph $\bar{G} = (V, \bar{R})$ mit $R \subset \bar{R}$, für den J jetzt eine zulässige Basis ist. Die neuen Kanten $\bar{r} \in \bar{R} \setminus R$ heißen „unzulässige Kanten". Falls $\bar{R} \subset R$: STOP.*
4. *Sonst löse das neue Transshipment-Problem $(\overline{TS})$ auf $\bar{G} := (V, \bar{R})$ mit den neuen Kosten*

$$\bar{c}_r := \begin{cases} 0, \ falls \ r \in R, \\ 1, \ sonst. \end{cases}$$

   Der Optimalwert sei w.
5. *Falls $w > 0$, besitzt (TS) keine zulässige Lösung. STOP.*
    Für $w = 0$ unterscheidet man zwei Fälle:
    a) *Alle Kanten r in der Optimallösung sind zulässig, d. h. $r \in R$. STOP.*
    b) *Es gibt eine Kante r in der Optimallösung, die zu $\bar{R} \setminus R$ gehört. Deren Wert x_r erfüllt dann $x_r = 0$. Ersetze r durch die entgegengesetzte Kante (sie gehört zu R !). STOP.*

Bemerkungen

*   Falls obiges Programm in Schritt 2, Schritt 3, Schritt 5 a) oder Schritt 5 b) hält, so bilden die für $(\overline{TS})$ gefundenen Kanten eine zulässige Startbasis für Algorithmus 5.2.2 zur Lösung des ursprünglichen Transshipmentproblems (TS).
*   Ein aufspannender Baum entspricht einer (möglicherweise unzulässigen) Basislösung. Einen solchen Baum zu finden, ist eine einfache Übungsaufgabe, die sich an den Techniken aus dem nächsten Abschnitt orientieren kann. Die Basislösung $x = x(J)$ ist dann leicht zu bestimmen: Ausgehend von einem Knoten v, der in dem Baum nur einen Nachbarn besitzt, legt man in der zugehörigen Kante den Fluss so fest, dass der Nettobedarf in v gedeckt wird. Dann streicht man v und die zugehörige Kante aus dem Baum und wiederholt den Vorgang.
*   Falls $c_r \geq 0$ und eine zulässige Lösung existiert, so ist die Zielfunktion offenbar beschränkt, $c^T x \geq 0$, und daher existiert eine Optimallösung. Ein Abbruch wegen Unbeschränktheit ist möglich, falls gewisse $c_r < 0$ sind. (Bei einer unsinnigen Subventionspolitik könnte so ein Fall z. B. vorkommen.)
*   Die berechneten Lösungen sind für ganzzahlige d_i wieder ganzzahlig.

5.3 Bestimmung kürzester und längster Wege in einem Netzwerk

Zum Abschluss soll hier noch ein sehr einfaches Netzwerkproblem betrachtet werden, das aber als Teilproblem in einer Vielzahl von Anwendungen auftritt. Gegeben sei ein gerichteter Graph $G = (V, R, \alpha, \omega)$ mit zwei ausgezeichneten Knoten P und Q. Weiter sei jeder Kante $r \in R$ eine (evtl. auch negative) „Länge" $l(r) \in \mathbb{R}$ zugeordnet.

Gesucht ist ein kürzester (gerichteter) Weg von P nach Q. (Das Problem, einen längsten Weg zwischen P und Q zu finden, ist damit eng verwandt: man hat „nur" die Weglängen $l(r)$ durch $-l(r)$ zu ersetzen.)

Wir beschreiben einige Ansätze, mit denen man kürzeste-Wege-Probleme lösen kann.

5.3.1 Reduktion auf ein Transshipment-Problem

Wir nehmen an, eine Einheit einer Ware werde in P produziert, $s_P := 1$, und in Q verbraucht, $s_Q := -1$. Für die übrigen Knoten aus V sei $s_v := 0$. Die Transportkosten mögen den Längen der Kanten entsprechen. Sofern der Graph keine Kreise negativer Gesamtlänge (= Summe der Längen der Kanten des Kreises) enthält, liefert die Simplexmethode zur Lösung des Transshipmentproblems einen ganzzahligen Vektor x. Dabei können wir ohne Einschränkung annehmen, dass die Komponenten x_r nur die Werte 0 und 1 annehmen[2]. Der Vektor x wird wie folgt interpretiert:

$$x_r = \begin{cases} 0, \text{ falls die Kante } r \text{ nicht auf dem kürzesten Weg liegt,} \\ 1, \text{ falls die Kante } r \text{ auf dem kürzesten Weg liegt.} \end{cases}$$

Die Reduktion des kürzeste-Wege-Problems auf spezielle lineare Programm wie das Transshipment-Problem führt aber in vielen Fällen zu wenig effizienten Verfahren. Andere kombinatorische Algorithmen, die keine linearen Programme benutzen, sind i.allg. wesentlich leistungsfähiger. Wir wollen hier nur einige dieser Verfahren kurz beschreiben, und verweisen auf die Spezialliteratur für eine eingehendere Behandlung, s. etwa [32].

5.3.2 Die Methode von Dantzig

Diese Methode kann benutzt werden, falls die Längen $l(r)$ der Kanten r alle nichtnegativ sind.

Mit $K^-(v)$ bezeichnen wir wieder die Menge aller Kanten r, die in v starten, $\alpha(r) = v$. Mit $\lambda(v)$ bezeichnen wir im Folgenden den kürzesten Abstand eines Knoten v zum Knoten

---

[2]Falls es ein r mit $x_r \geq 2$ gibt, so kann man einen Kreis konstruieren, entlang dem $x \geq 1$ gilt. Entlang dieses Kreises sind die Gesamtkosten nichtnegativ und x kann um eine Einheit reduziert werden, ohne die Kosten zu vergrößern.

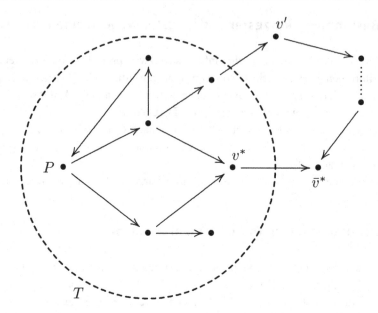

Abb. 5.3 Kürzeste Wege von P

P, mit T die Knotenmenge, für die der kürzeste Abstand zu P bereits bekannt ist, und mit S die Menge der Kanten, die auf einem schon bekannten kürzesten Weg vorkommen[3].

0. Setze $T := \{P\}$, $\lambda(P) := 0$, $S := \emptyset$ und $k := 1$.
1. Bestimme $\min\{\lambda(v) + l(r) \mid v \in T,\ r = (v, \bar{v}) \in K^-(v),\ \bar{v} \notin T\}$. Sei $r^* = (v^*, \bar{v}^*)$ eine Kante, für die das Minimum angenommen wird, d.h. v^* liegt in T und $\bar{v}^* \notin T$ ist ein Knoten, der von allen Knoten außerhalb von T am nächsten zu P liegt. (v^* und $\bar{v}^*$ sind nicht notwendig eindeutig.) Setze $S := S \cup \{r^*\}$, $T := T \cup \{\bar{v}^*\}$ und $\lambda(\bar{v}^*) := \lambda(v^*) + l(r^*)$.
2. Falls es ein $(v, u) \in R$ gibt mit $v \in T$ und $u \notin T$, setze $k := k + 1$ und gehe zu 1. Andernfalls, STOP.

Behauptung S ist ein Baum, der die kürzesten Wege von P angibt.

Beweis   Induktion nach k:
$k = 1$, $S = \emptyset$:
Wegen $l(r) \geq 0$ hat der kürzeste Weg von P nach P die Länge ≥ 0, daher ist auch der leere Weg (ein) kürzester Weg.
$k \to k + 1$: Die Punkte aus T liegen in Bild. 5.3 in dem gestrichelten Kreis. Der kürzeste Abstand dieser Punkte von P ist nach Induktionsannahme bekannt. Im k-ten Schritt werde

---

[3] Gibt es zwei kürzeste Wege zu einem Knoten v, so wird nur einer der beiden Wege in S berücksichtigt.

nun der Knoten $\bar{v}^*$ in T aufgenommen. Wir betrachten einen beliebigen anderen Weg von P zu $\bar{v}^*$. Der erste Knoten auf diesem Weg, der nicht mehr in T liegt werde mit v' bezeichnet. Nach Wahl von $\bar{v}^*$ ist $\lambda(v') \geq \lambda(\bar{v}^*)$ und der Weg von v' nach $\bar{v}^*$ hat nichtnegative Länge. Daher ist der gefundene Weg über v^* nach $\bar{v}^*$ ein kürzester Weg. (Dieser braucht aber nicht eindeutig zu sein.) $\qquad\square$

Was ist der Vorteil des Verfahrens von Dantzig ?

Man braucht nur n Schritte, da in jedem Schritt, $k \to k + 1$, ein Knoten neu in T aufgenommen wird. Dabei muss man pro Schritt maximal $|R|$ Kanten prüfen, im allgemeinen deutlich weniger. Daher ist dieses Verfahren in der Regel billiger als die Simplexmethode.

Allerdings benötigt man die Voraussetzung $l(r) \geq 0$, so dass das Verfahren nicht zur Bestimmung längster Wege in Graphen mit nichtnegativen Kantenlängen verwendet werden kann.

Wir wollen den Aufwand des Verfahrens hier nicht näher abschätzen, sondern ein verbessertes Verfahren betrachten.

5.3.3 Der Algorithmus von Dijkstra

Dieses Verfahren ist im Wesentlichen eine verfeinerte Version des Verfahrens von Dantzig. Gegeben sei wieder ein gerichteter Graph $G = (V, R, \alpha, \omega)$, und eine Funktion $l \colon R \to \mathbb{R}_+$, die jeder Kante $r \in R$ eine nichtnegative Länge $l(r) \geq 0$ zuordnet. Außerdem seien P, Q aus V gegeben ($P \neq Q$). Gesucht ist ein kürzester Weg von P nach Q.

Wir teilen die Knoten und Kanten aus G in je drei disjunkte Teilmengen A, B, C und I, II, III ein:

- $A := \{$ alle Knoten, für die der Minimalabstand zu P bereits bekannt ist $\}$
- $B := \{$ alle Knoten $\notin A$, die mit mindestens einem Knoten aus A durch eine Kante verbunden sind $\}$
  Zu jedem $v \in B$ ist also mindestens ein Weg von P nach v, $P \to v$ bekannt, der die Form $P \to u \ \cup \{(u, v)\}$ mit einem $u \in A$ hat.
- $C := \{$ restliche Knoten $\}$
- $I := \{$ Kanten, die Teile kürzester Wege von P zu $v \in A$ sind $\}$
- II: Für jedes $v \in B$ gebe es genau eine Kante $(u, v) \in II$ mit $u \in A$. Die Kante $(u, v) \in II$ liege dabei auf einem kürzesten der bislang bekannten Wege von P nach v.
- $III := \{$ restliche Kanten $\}$.

Mit $\lambda(v)$ bezeichnen wir für $v \in A \cup B$ die Länge des kürzesten (bislang bekannten) Weges von P nach v. Mit L bezeichnen wir den letzten Knoten, der zu A hinzugekommen ist. Mit diesen Definitionen lässt sich das Verfahren von Dijkstra wie folgt beschreiben:

Algorithmus 5.3.1

1. **Start**: *Setze* $A := \{P\}, \quad B := \emptyset, C := V \setminus \{P\},$
$$I := \emptyset, \; II := \emptyset, \; L := P, \; \lambda(P) = 0.$$
2. *Setze* $\Sigma := \{r \mid \alpha(r) = L\}$
   Für alle $r \in \Sigma$:
   a) *Falls* $\omega(r) \in B$:
      Falls $\lambda(L) + l(r) < \lambda(\omega(r))$, *ersetze die Kante* $s \in II$ *mit* $\omega(s) = \omega(r)$ *durch* r
      und setze $\lambda(\omega(r)) := \lambda(L) + l(r)$. *(Man hat einen neuen, kürzeren Weg zu* $\omega(r)$
      gefunden.)
   b) *Falls* $\omega(r) \in C$, *setze* $B := B \cup \{\omega(r)\}, C := C \setminus \{\omega(r)\}$ *und* $\lambda(\omega(r)) := \lambda(L) + l(r)$
      sowie $II := II \cup \{r\}$.
3. *Falls* $B = \emptyset$, *Stop: Q ist von P aus nicht erreichbar.*
   Sonst wähle $u \in B$, *so dass* $\lambda(u)$ *minimal ist.*
   Sei r *die Kante aus* II *mit* $\omega(r) = u$.
   Setze $A := A \cup \{u\}, \quad B := B \setminus \{u\}, \quad L := u,$
   $$I := I \cup \{r\}, \quad II := II \setminus \{r\}.$$
4. *Falls* $Q \in A$, *Stop: ein kürzester Weg von P nach Q ist gefunden. Sonst gehe zu 2.*

Die Menge A in Algorithmus 5.3.1 entspricht der Menge T in der Methode von Dantzig; die Menge III wird nicht explizit benutzt.

Man überzeugt sich leicht, dass aufgrund von $l(r) \geq 0$ für alle r, die Definitionen der Mengen A, B, C sowie I, II im Laufe des Verfahrens korrekt bleiben und das Verfahren einen kürzesten Weg findet. Dabei wird keine Kante $r \in R$ mehr als einmal betrachtet und bei Verwendung geeigneter Datenstrukturen beträgt der Gesamtaufwand für dieses Verfahren $O(|R|)$ Rechenschritte.

5.3.4 Die Methode von Fulkerson

Diese Methode ist auf kreisfreie Graphen $G = (V, R, \alpha, \omega)$ anwendbar. Die Nichtnegativität von $l(r)$ für $r \in R$ wird nicht benötigt. Dabei heißt ein gerichteter Graph G *kreisfrei*, wenn G keine Kreise im Sinne von Definition 5.1.4 enthält (man beachte, dass alle Kanten eines Kreises nur in Kantenrichtung durchlaufen werden).[4] Das Verfahren lässt sich wie folgt beschreiben:

Vorbereitung
Nummeriere die Knoten aus V so, dass $i < j$ gilt, falls es eine Kante $(i, j) \in R$ gibt. Man sieht leicht ein, dass die „kleinen" Knoten (d. h. solche mit kleiner Nummer) von den

---

[4]In der Literatur werden häufig kreisfreie Graphen auch als azyklisch bezeichnet, obwohl kreisfreie Graphen durchaus Zyklen im Sinne von Definition 5.1.4 enthalten können.

„großen" aus nicht erreichbar sind, falls es diese Nummerierung gibt. (Alle Pfeile gehen ja
von den „kleinen" Knoten zu den „großen".)

Die Vorbereitung kann so realisiert werden:

1. Es gibt einen Knoten $u \in V$, der keinen Vorgänger hat. (Hätte jeder Knoten $u \in V$ einen
   Vorgänger, so könnte man sich immer von Knoten zu Vorgängerknoten „weiterhangeln",
   und da $|V|$ endlich ist, müsste man irgendwann einen Knoten zweimal besuchen. Das
   Wegstück zwischen den beiden Besuchen ist dann aber ein Kreis—im Widerspruch zur
   Annahme, dass G kreisfrei ist.)
   Man wähle einen Knoten u ohne Vorgänger, gebe ihm die kleinste noch freie Nummer
   und streiche u und alle Kanten r mit $\alpha(r) = u$ aus G. (Der Graph bleibt dann natürlich
   kreisfrei.)
2. Falls $V = \emptyset$, Stop. Sonst gehe zu 1.

Nach dieser Vorbereitung bestimmen wir nun einen kürzesten Weg von $P = j$ nach $Q = k$
mit $j < k$. Für $j \leq i \leq k$ bezeichnen wir mit $\lambda(i)$ die Länge eines kürzesten Weges von j
nach i, sofern ein solcher existiert.

Algorithmus 5.3.2 (Verfahren von Fulkerson)

1. $\lambda(j) := 0$.
2. *Für $i = j + 1, \ldots, k$:*

$$\lambda(i) := \begin{cases} \min\{\lambda(u) + l((u,i)) \mid u \in \{j, \ldots, i-1\} \text{ und } (u,i) \in R\}, \\ +\infty \quad falls\ kein\ Weg\ von\ j\ nach\ i\ existiert. \end{cases}$$

Induktiv lässt sich zeigen, dass dieses Verfahren korrekt ist:

Da G kreisfrei ist, gibt es nur den leeren Weg von j nach j, und dessen Länge $\lambda(j) = 0$
ist korrekt.

Da i von Knoten $u > i$ aus nicht erreichbar ist, und da Knoten $u < j$ von j aus nicht
erreichbar sind, wird auch $\lambda(i)$ in jedem Schritt korrekt bestimmt.

Man überzeugt sich auch, dass das Verfahren höchstens $|R|$ Additionen benötigt.

Zwei Anwendungen aus der Netzplantechnik, die auf kürzeste-Wege-Probleme führen,
sind PERT (Program Evolution and Review Technique) zur Planung von großen Projekten
unter Berücksichtigung stochastischer Einflüsse bei der Dauer von Teilprojekten und CPM
(Critical Path Method). Bei letzterem geht es um die Planung eines Projektes, welches aus
n Jobs besteht, die gewissen Anordnungen gehorchen müssen. (So kann z. B. ein gewisser
Job i (Lackieren eines Tisches) erst dann beginnen, wenn ein anderer Job k (Verleimen des
Tisches) beendet ist.)

Die Aufgabe wird durch einen gerichteten Graphen $G = (V, R, \alpha, \omega)$ beschrieben,
dessen Kanten die Jobs sind. Die Länge der Kante ist durch die Zeitdauer des Jobs gegeben.

Die Knoten $v \in V$ sind als „Ereignisse" zu interpretieren, wie z. B. der potentielle Beginn einer Reihe von Jobs oder die Beendigung einer anderen Reihe von Jobs.

Die Mengen $K^+(v) = \{r \mid \omega(r) = v\}$ und $K^-(v) = \{r \mid \alpha(r) = v\}$, die zum „Ereignis" v gehören, beschreiben den Sachverhalt, dass alle Jobs aus $K^-(v)$ gemeinsam gestartet werden können, aber erst dann, wenn alle Jobs aus $K^+(v)$ beendigt worden sind. Der Knoten P entspricht dem Ereignis „Start des Projekts", der Knoten Q der „Beendigung des Projekts".

Der Graph G ist kreisfrei, weil zum Start eines Jobs nicht seine eigene Beendigung vorausgesetzt werden kann. Man kann sich leicht überlegen, dass die Länge des längsten Weges von P nach Q die kürzeste Zeitdauer für die Erledigung des gesamten Projekts angibt. Dieser Weg heißt kritischer Pfad (critical path, daher der Name CPM), weil bei den Jobs auf diesem Pfad keine zeitlichen Verzögerungen (bei ihrem Beginn, ihrem Ende und ihrer Dauer) auftreten dürfen, wenn man nicht die gesamte Dauer des Projekts beeinträchtigen will.

Zur Bestimmung des kritischen Pfades kann man das Verfahren von Fulkerson anwenden (aber nicht das von Dijkstra!). (Die erste Anwendung auf ein komplexes Projekt fand CPM bei dem Bau der Apollo-Raketen.)

5.4   Übungsaufgaben

1. Man löse das Transportproblem mit den folgenden Daten s_i, d_j, c_{ij}:

	$d_1 = 1$	$d_2 = 6$	$d_3 = 3$	$d_4 = 4$
$s_1 = 5$	3	2	5	7
$s_2 = 3$	1	4	1	0
$s_3 = 6$	0	2	2	3

2. Man berechne aus den dualen Variablen u_i und v_j in Algorithmus 5.1.8 die reduzierten Kosten und zeige, dass die in Algorithmus 5.1.8 verwendete Pivotregel mit der allgemeinen Pivotregel aus Abschn. 3.3 übereinstimmt.
3. Man wende das Verfahren von Dijkstra an, um einen kürzesten Weg von Knoten 1 nach Knoten 2 zu finden. Die Kantenkosten lese man unten in der Tabelle ab.

Anfangs-\Endknoten	1	2	3	4
1	–	5	1	–
2	1	–	3	0
3	0	3	–	1
4	1	1	–	–

Man lege dazu eine Tabelle an, in der man für jeden Schritt die Mengen A, B, C, I und II eintrage.
4. Eine Matrix A heißt *total unimodular*, falls die Minoren von A nur die Werte -1, 0 oder 1 annehmen. (Eine beliebige Auswahl von l Zeilen und l Spalten von A definiert eine $l \times l$ Untermatrix, deren Determinante Minor genannt wird.)

a) Sei $A = (a_{jk})$ eine $m \times n$ Matrix mit folgenden Eigenschaften:

    i) $a_{jk} \in \{-1, 0, 1\}$ für $1 \leq j \leq m$ und $1 \leq k \leq n$;

   ii)   in jeder Spalte von A stehen höchstens 2 von Null verschiedene Elemente;

  iii)   die Zeilenindizes $\{1, \ldots, m\}$ lassen sich in zwei disjunkte Mengen I_1 und I_2 einteilen, so dass gilt:

$$a_{jk} = a_{ik} \neq 0,\ i \neq j \quad \Rightarrow \quad j \in I_1 \text{ und } i \in I_2 \text{oder umgekehrt}$$
$$a_{jk} = -a_{ik} \neq 0,\ i \neq j \qquad \Rightarrow \quad i, j \in I_1 \text{oder } i, j \in I_2.$$

     Man zeige, dass A unimodular ist.

     Hinweis: Induktion nach l.

b) Man zeige, dass die Matrix A des Transshipmentproblems unimodular ist.

c) Sei A eine unimodulare $m \times n$ Matrix mit rg $(A) = m$ und b ein Vektor mit ganzzahligen Komponenten. Man zeige, dass jede Basislösung von $Ax = b$ ganzzahlig ist. *Hinweis: Cramersche Regel.*

Teil II

Nichtlineare Minimierung I

Minimierung ohne Nebenbedingungen

6

In diesem Kapitel betrachten wir die Minimierung von nichtlinearen Funktionen ohne Nebenbedingungen. Da einige der nachfolgend eingeführten Notationen auch für nichtlineare Programme (mit nichtlinearen Nebenbedingungen) verwendet werden, sollen einige Definitionen und einige einfache Resultate zunächst in größerer Allgemeinheit für nichtlineare Programme vorgestellt werden. In den Abschn. 6.1–6.9 wenden wir uns dann der nichtrestringierten Minimierung zu.

Aufgrund der allgemeineren Struktur der Zielfunktion oder der Nebenbedingungen wird es uns in vielen Fällen nicht möglich sein, eine *globale* Minimalstelle zu berechnen. Oft kann man aber Punkte berechnen, die die notwendigen Bedingungen für ein *lokales* Minimum erfüllen.

Definition 6.0.1 *Sei* $f: \mathcal{D} \to \mathbb{R}$ *eine beliebige Funktion mit* $\mathcal{D} \subset \mathbb{R}^n$. *Ein Punkt* $\xi \in \mathcal{D}$ *heißt* lokale Minimalstelle *von* f, *falls es eine Umgebung* U *von* ξ *gibt, so dass* $f(x) \geq f(\xi)$ *gilt für alle* $x \in U \cap \mathcal{D}$. *Der Punkt* $\xi \in \mathcal{D}$ *heißt* strikte lokale Minimalstelle *von* f, *falls es eine Umgebung* U *von* ξ *gibt, so dass* $f(x) > f(\xi)$ *gilt für alle* $x \in U \cap \mathcal{D} \setminus \{\xi\}$. *Ein Punkt* $\xi \in \mathcal{D}$ *heißt* globale Minimalstelle *von* f, *falls* $f(x) \geq f(\xi)$ *gilt für alle* $x \in \mathcal{D}$. *Der Wert* $f(\xi)$ *ist dann das* globale Minimum *oder der globale Minimalwert von* f.

Für eine genügend oft differenzierbare Funktion $f: \mathcal{D} \to \mathbb{R}$ auf einer offenen Menge $\mathcal{D} \subset \mathbb{R}^n$ liefert die elementare Analysis einfache notwendige bzw. hinreichende Kriterien für lokale Minima, die wir kurz in Erinnerung rufen wollen. Wir benutzen dabei folgende Notation. Für stetig differenzierbare Funktionen auf $\mathcal{D}$, $f \in C^1(\mathcal{D})$, bezeichnen wir mit

$$ Df(x) = \left[\frac{\partial f}{\partial x_1}, \ldots, \frac{\partial f}{\partial x_n} \right] $$

die Ableitung von f in $x = (x_1, \ldots, x_n)^T \in \mathcal{D}$, und mit

© Springer-Verlag GmbH Deutschland, ein Teil von Springer Nature 2019
F. Jarre und J. Stoer, *Optimierung*, Masterclass,
https://doi.org/10.1007/978-3-662-58855-0_6

$$\nabla f(x) := (Df(x))^T$$

den Gradienten von f in x, der ein Spaltenvektor ist. Falls f sogar zweimal stetig differenzierbar ist, $f \in C^2(\mathcal{D})$, bezeichnen wir für $x \in \mathcal{D}$ mit

$$\nabla^2 f(x) := \left(\frac{\partial^2 f(x)}{\partial x_i \partial x_k} \right)_{i,k=1,\dots,n}$$

die *Hessematrix* von f in x; sie ist eine symmetrische Matrix.

Ein Punkt $x^* \in \mathcal{D}$ mit $\nabla f(x^*) = 0$ heißt *stationärer Punkt*.

Satz 6.0.2 *Sei f auf einer offenen Menge $\mathcal{D} \subset \mathbb{R}^n$ einmal stetig differenzierbar, $f \in C^1(\mathcal{D})$, und $x^* \in \mathcal{D}$ eine lokale Minimalstelle von f. Dann ist x^* stationärer Punkt von f, $\nabla f(x^*) = 0$. Falls f darüber hinaus zweimal stetig differenzierbar ist, $f \in C^2(\mathcal{D})$, ist die Hessematrix $\nabla^2 f(x^*)$ positiv semidefinit.*

Beweis Sei zunächst $f \in C^1(\mathcal{D})$ und $x^* \in \mathcal{D}$ eine lokale Minimalstelle von f. Die Funktion $\varphi(t) := f(x^* - t\nabla f(x^*))$ ist dann für kleines $|t|$, $t \in \mathbb{R}$, stetig differenzierbar und es gilt

$$\varphi'(0) = -Df(x^*)\nabla f(x^*) = -\|\nabla f(x^*)\|_2^2,$$

so dass $\varphi'(0) < 0$, falls $\nabla f(x^*) \neq 0$. Dann ist $\varphi(\epsilon) < \varphi(0)$ für kleines $\epsilon > 0$, so dass x^* keine lokale Minimalstelle von f sein kann.

Sei nun zusätzlich $f \in C^2(\mathcal{D})$. Wäre $\nabla^2 f(x^*)$ nicht positiv semidefinit, so gäbe es einen Vektor $d \in \mathbb{R}^n$, $d \neq 0$, mit $d^T \nabla^2 f(x^*)d < 0$. Aus dem Satz von Taylor folgt dann für kleines $t > 0$ wegen $Df(x^*) = 0$ die Existenz eines $\tau \in (0, t)$ mit

$$f(x^* - td) = f(x^*) + \frac{1}{2}t^2 d^T \nabla^2 f(x^* - \tau d)d.$$

Für hinreichend kleines $t > 0$ folgt aus der Stetigkeit von $\nabla^2 f(.)$ wieder $f(x^* - td) < f(x^*)$ im Widerspruch zur lokalen Minimalität von x^*. $\qquad\square$

Ein bekanntes Resultat der Analysis ist folgendes hinreichende Kriterium:

Satz 6.0.3 *Sei $f \in C^2(\mathcal{D})$, $\mathcal{D} \subset \mathbb{R}^n$ offen, und $x^* \in \mathcal{D}$ ein stationärer Punkt von f mit positiv definiter Hessematrix $\nabla^2 f(x^*)$. Dann ist x^* eine strikte lokale Minimalstelle von f auf $\mathcal{D}$.*

Beweis Weil x^* im Inneren von $\mathcal{D}$ liegt ($\mathcal{D}$ ist offen) und $Df(x^*) = 0$, folgt aus dem Satz von Taylor für alle $d \in \mathbb{R}^n$ nahe bei 0

$$f(x^* + d) = f(x^*) + \frac{1}{2}d^T \nabla^2 f(x^* + \theta d)d$$

für ein $\theta = \theta(d) \in (0, 1)$. Weil $\nabla^2 f(x^*)$ positiv definit ist, gibt es ein $\alpha > 0$, so dass für alle $d \in \mathbb{R}^n$

$$d^T \nabla^2 f(x^*) d \geq \alpha d^T d$$

und deshalb

$$f(x^* + d) = f(x^*) + \frac{1}{2} d^T \nabla^2 f(x^*) d - \frac{1}{2} d^T \left(\nabla^2 f(x^*) - \nabla^2 f(x^* + \theta d) \right) d$$

$$\geq f(x^*) + \frac{1}{2} \left(\alpha - \left\| \nabla^2 f(x^*) - \nabla^2 f(x^* + \theta d) \right\| \right) d^T d.$$

Wegen $\alpha > 0$ und der Stetigkeit von $\nabla^2 f(.)$ folgt also $f(x^* + d) > f(x^*)$ für alle hinreichend kleinen Vektoren $d \neq 0$: x^* ist eine strikte lokale Minimalstelle von f.   □

Wir beginnen in diesem Kapitel mit dem Problem, eine Funktion f zu minimieren, ohne dass Nebenbedingungen an die Variablen vorliegen. Wir gehen dabei schrittweise vor.

Zunächst betrachten wir den einfachsten Fall der nichtlinearen Minimierung, die Berechnung einer Minimalstelle einer skalaren Funktion $f \colon \mathbb{R} \to \mathbb{R}$. Dieses Problem tritt häufig in Form einer sogenannten „line search" als Teilproblem bei der Lösung von komplizierteren nichtlinearen Problemen auf. Anschließend betrachten wir die Minimierung von differenzierbaren Funktionen $f \colon \mathbb{R}^n \to \mathbb{R}$, die von mehreren Unbekannten abhängen. Wir überlegen dabei, welche Situationen bei diesen Problemen überhaupt auftreten können. Wir betrachten dann die naheliegendsten Verfahren, nämlich die allgemeine Klasse der *Abstiegsverfahren*. Verfeinerungen dieser Verfahren sind das *Konjugierte-Gradienten-Verfahren* und die *Quasi-Newton-Verfahren*. Anschließend betrachten wir noch einen wichtigen Spezialfall, die *nichtlinearen Ausgleichsprobleme*. Als letzte Verfahrensklasse untersuchen wir die *Trust-Region-Methoden*, die in jedem Schritt ein Näherungsmodell für die zu minimierende Funktion f bilden und eine zugehörige Umgebung angeben, innerhalb derer das Modell die Funktion f „ausreichend gut" approximiert.

6.1   Minimierung skalarer Funktionen, direkte Suchverfahren

Wir beginnen diesen Abschnitt mit einer speziellen Klasse skalarer Funktionen, für die sich die Minimierung auch ohne Verwendung von Ableitungen effizient durchführen lässt. Das Verfahren wird anschließend auf allgemeinere Funktionen erweitert.

Definition 6.1.1 *Eine Funktion $f \colon [a, b] \to \mathbb{R}$ heißt* unimodal *falls es ein $\xi \in [a, b]$ gibt, so dass $f|_{[a,\xi]}$ streng monoton fallend und $f|_{[\xi,b]}$ streng monoton steigend ist. Dabei bezeichnet z. B. $f|_{[\xi,b]}$ die Einschränkung von f auf das Intervall $[\xi, b]$.*

Bemerkung

ξ ist dann eindeutig bestimmte Minimalstelle von f auf $[a, b]$. Jede streng monoton wachsende (fallende) Funktion $f : [a, b] \to \mathbb{R}$ ist unimodal. Streng konvexe Funktionen f sind unimodal. Unimodale Funktionen müssen nicht stetig sein.

Für unimodale Funktionen bestätigt man sofort

Lemma 6.1.2 *Sei* $f : [a, b] \to \mathbb{R}$ *eine unimodale Funktion und* $[a^1, b^1] \subset [a, b]$ *ein beliebiges Teilintervall von* $[a, b]$. *Dann ist die Einschränkung* $g := f|_{[a^1,b^1]}$ *von* f *auf* $[a^1, b^1]$ *eine unimodale Funktion auf* $[a^1, b^1]$.

6.1.1 Das Verfahren des goldenen Schnitts zur Bestimmung der Minimalstelle einer unimodalen Funktion

Bemerkung

Sei $f : [a, b] \to \mathbb{R}$ eine unimodale Funktion mit der Minimalstelle ξ, sowie $a < x_1 < x_2 < b$. Aus den Monotonieeigenschaften von f folgen dann die Implikationen

$$f(x_1) \geq f(x_2) \quad \Rightarrow \quad \xi \in [x_1, b] \qquad (i)$$
$$f(x_1) < f(x_2) \quad \Rightarrow \quad \xi \in [a, x_2] \qquad (ii)$$

Diese Implikationen gelten auch für konvexe Funktionen: strenge Monotonieeigenschaften werden dann nicht benötigt.

Bei Kenntnis von $f(x_1)$ und $f(x_2)$ kann man also sofort ein kleineres Intervall $[a^1, b^1] \subset [a, b]$ als $[a^0, b^0] := [a, b]$ angeben, das die Minimalstelle ξ von f enthält, nämlich

$$\left[a^1, b^1\right] := \begin{cases} [x_1, b] & \text{im Fall } (i), \\ [a, x_2] & \text{im Fall } (ii). \end{cases}$$

Wegen Lemma 6.1.2 ist dann $f|_{[a^1,b^1]}$ wieder unimodal, so dass das Verfahren wiederholt werden kann, wenn man die Werte von f an zwei verschiedenen Stellen im Inneren von $[a^1, b^1]$ kennt. Man erhält so eine Folge verschiedener verschachtelter Teilintervalle $[a^i, b^i] \subset [a^{i-1}, b^{i-1}]$, die ξ enthalten.

Zur Effektivität des Verfahrens

- In jedem Schritt werden die Werte von f an den Intervallgrenzen und an zwei verschiedenen Punkten im Inneren des Intervalls verglichen. Nachdem das Intervall verkleinert wurde, befindet sich noch einer der Punkte, an denen f zuvor ausgewertet wurde, im Inneren des neuen Intervalls. Dieser schon bekannte Stützpunkt (z. B. x_2 im Fall (i) und x_1 im Fall (ii)) soll im nächsten Schritt wieder benutzt werden, so dass in jedem Schritt

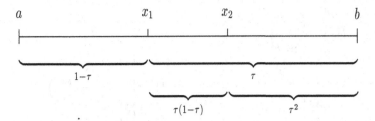

Abb. 6.1 Intervallaufteilung (goldener Schnitt)

nur *eine* neue Funktionsauswertung nötig ist. (Die Funktionsauswertungen können in einzelnen Anwendungen sehr teuer sein.)

- Die Länge der Intervalle $b^i - a^i$ soll rasch abnehmen. Dazu fordern wir, dass stets $b^i - a^i = \tau\left(b^{i-1} - a^{i-1}\right)$ gelte, mit einem festen (kleinen) $\tau \in (0,1)$, unabhängig davon, ob nun der Fall (i) oder der Fall (ii) oben eintritt.

Beide Forderungen sind in Abb. 6.1 für $i = 1$ skizziert, in welchem die Länge des linken Teilintervalls $[a, x_1]$ und des rechten Teilintervalls $[x_2, b]$ gleich sein soll. Aus Symmetriegründen genügt es dann, den Fall (i) zu betrachten, bei dem $[a^1, b^1] = [x_1, b]$ gesetzt wird. Dabei soll die Unterteilung von $[x_1, b]$ ähnlich (streckengleich) zur Ausgangsunterteilung sein.

Aus der Zeichnung liest man dazu die Bedingung ab: $1 - \tau = \tau^2$. Die positive Nullstelle dieser Gleichung ist $\tau = \left(\sqrt{5} - 1\right)/2 \approx 0{,}618$. Wir unterteilen daher die Intervalle in den Proportionen $1{:}\tau$ und erhalten das folgende Verfahren:

Algorithmus 6.1.3
Gegeben sei $[a^0, b^0]$ und eine unimodale Funktion $f : [a^0, b^0] \to \mathbb{R}$.

Setze

$$\tau := \left(\sqrt{5} - 1\right)/2,$$
$$x_1 := b^0 - \tau\left(b^0 - a^0\right),$$
$$x_2 := a^0 + \tau\left(b^0 - a^0\right).$$

Berechne

$$f_a^0 := f\left(a^0\right), \quad f_b^0 := f\left(b^0\right),$$
$$f_1^0 := f(x_1), \quad f_2^0 := f(x_2).$$

Setze $k = 0$.

Solange $b^k - a^k > \epsilon$, wiederhole:

$$
\begin{aligned}
\textit{falls } f_1^k \geq f_2^k: \quad & a^{k+1} := x_1^k, & f_a^{k+1} &:= f_1^k, \\
& b^{k+1} := b^k, & f_b^{k+1} &:= f_b^k, \\
& x_1^{k+1} := x_2^k, & f_1^{k+1} &:= f_2^k, \\
& x_2^{k+1} := a^{k+1} + \tau \left(b^{k+1} - a^{k+1} \right), & f_2^{k+1} &:= f\left(x_2^{k+1} \right), \\[4pt]
\textit{sonst} \quad & a^{k+1} := a^k, & f_a^{k+1} &:= f_a^k, \\
& b^{k+1} := x_2^k, & f_b^{k+1} &:= f_2^k, \\
& x_2^{k+1} := x_1^k, & f_2^{k+1} &:= f_1^k, \\
& x_1^{k+1} := b^{k+1} - \tau \left(b^{k+1} - a^{k+1} \right), & f_1^{k+1} &:= f\left(x_1^{k+1} \right).
\end{aligned}
$$

Ende.

Nach Konstruktion ist das Verfahren linear konvergent mit Rate $\tau \approx 0{,}618$, d. h.

$$
\left(b^{k+1} - a^{k+1} \right) = \tau \left(b^k - a^k \right),
$$

und es gilt $\lim a^k = \lim b^k = \xi$.

Bemerkung

Das Verfahren benötigt keine Ableitungen von f, daher der Name *direktes* Suchverfahren.

6.1.2 Verallgemeinerung auf stetiges $f : [a, b] \to \mathbb{R}$

Wir betrachten nun eine Funktion $f \in C(I)$, wobei $C(I)$ die Menge der stetigen Funktionen auf I sei und I ein Intervall $I \subset \mathbb{R}$. Das Ziel des folgenden Verfahren ist es, eine *lokale* Minimalstelle von f zu berechnen. Die Berechnung globaler Minima kann auch bei stetigen Funktionen sehr schwierig sein.

Bemerkung

Sei $a < x < b$ gegeben mit $f(x) \leq \min\{f(a), f(b)\}$. Dann besitzt f eine lokale Minimalstelle $\xi \in (a, b)$. Da ξ in einem offenen Intervall liegt, folgt $f'(\xi) = 0$ für differenzierbares f.

Beweis Da f stetig ist, besitzt f auf dem kompakten Intervall $[a, b]$ eine globale Minimalstelle ξ. Ist $\xi \in (a, b)$, so ist nichts zu zeigen. Ist $\xi = a$, so gilt $f(a) = f(\xi) \leq f(x) \leq f(a)$, also $f(x) = f(\xi)$, und damit ist auch $x \in (a, b)$ eine globale Minimalstelle. Der Fall $\xi = b$ ist analog zu $\xi = a$. $\square$

Da im Gegensatz zum unimodalen Fall $x \in (a, b)$ eine beliebige Zahl mit $f(x) \leq \min\{f(a), f(b)\}$ ist, wird x das Intervall $[a, b]$ i. a. nicht im Verhältnis $1{:}\tau$ aufteilen. Wir teilen deshalb nur das Längere der beiden Intervalle $[a, x]$ bzw. $[x, b]$ im Verhältnis $1{:}\tau$ auf. Man erhält so folgenden Algorithmus:

Algorithmus 6.1.4 (Lokale Minimierung für stetiges $f\colon \mathbb{R} \to \mathbb{R}$)

Gegeben $a < x < b$ mit $f(x) \leq \min\{f(a), f(b)\}$, $\tau := \frac{1}{2}\left(\sqrt{5} - 1\right)$ und ein ϵ mit $0 \leq \epsilon < b - a$.

1. *Setze $u := \begin{cases} x + (1 - \tau)(b - x), \textit{ falls } x \leq \frac{1}{2}(a + b), \\ x - (1 - \tau)(x - a), \textit{ sonst.} \end{cases}$*

2. *Berechne $f(u)$.*

   Falls $f(x) \leq f(u)$, setze $x^+ := x$,
   $$a^+ := \begin{cases} a, \textit{ falls } x < u, \\ u, \textit{ sonst,} \end{cases}$$
   $$b^+ := \begin{cases} u, \textit{ falls } x < u, \\ b, \textit{ sonst.} \end{cases}$$

   Falls $f(u) < f(x)$, setze $x^+ := u$,
   $$a^+ := \begin{cases} x, \textit{ falls } x < u, \\ a, \textit{ sonst,} \end{cases}$$
   $$b^+ := \begin{cases} b, \textit{ falls } x < u, \\ x, \textit{ sonst.} \end{cases}$$

3. *Solange $|b^+ - a^+| > \epsilon$, wiederhole das Verfahren mit $a := a^+, x := x^+, b := b^+$.*

Beispiel Wir nehmen ohne Einschränkung an, dass $x \leq (a + b)/2$. (Der andere Fall ist symmetrisch zu dieser Situation.) Dann ist $(b - x) \geq \frac{1}{2}(b - a)$. Falls $f(x) \leq f(u)$ gilt, folgt $a^+ = a$ und $b^+ = u$ und somit gilt

$$|b^+ - a^+| \leq \underbrace{\left(1 - \frac{\tau}{2}\right)}_{\approx 0{,}691} |b - a|.$$

Nach der Vorbemerkung liegt auch in (a^+, b^+) eine lokale Minimalstelle. Daraus ergibt sich für diesen Schritt eine lineare Konvergenzrate mit einem Faktor $\leq 0{,}691$.

Im Fall $f(x) > f(u)$ und $a^+ = x$, sowie $b^+ = b$ gilt zwar $|b^+ - a^+| < |b - a|$ aber möglicherweise $|b^+ - a^+|/|b - a| \geq 1 - \tau/2$ (s. Abb. 6.2); jedoch erhält man danach eine Unterteilung des neuen Intervalls $[a^+, b^+]$ nach dem goldenen Schnitt und für den Rest des Verfahrens in jedem Schritt eine Verkleinerung des Intervalls mit der Rate $\tau \approx 0{,}618$.

Lemma 6.1.5 *Falls $f \in C^1([a, b])$, so gilt für den Grenzwert $\xi := \lim_k a^k = \lim_k b^k$ die Bedingung $f'(\xi) = 0$. Falls $f \in C^2([a, b])$, so gilt $f''(\xi) \geq 0$.*

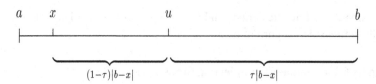

Abb. 6.2 Intervallaufteilung bei vorgegebenem x

Das Lemma besagt, dass das Verfahren einen Punkt ξ liefert, der die notwendigen Optimalitätsbedingungen erster und zweiter Ordnung von Satz 6.0.2 für ein lokales Minimum von f erfüllt. Sie sind leider keine hinreichenden Optimalitätsbedingungen.

Beweis Nach Definition des Verfahrens gilt

$$f\left(a^k\right) \geq f\left(x^k\right) \leq f\left(b^k\right),$$

mit $a^k < x^k < b^k$ und $\lim a^k = \lim x^k = \lim b^k = \xi$. Damit ist

$$f'(\xi) = \underbrace{\lim_k \frac{f\left(x^k\right) - f\left(a^k\right)}{x^k - a^k}}_{\leq 0} = \underbrace{\lim_k \frac{f\left(b^k\right) - f\left(x^k\right)}{b^k - x^k}}_{\geq 0} = 0.$$

Nach dem Mittelwertsatz der Differentialrechnung gibt es ein $\sigma^k \in \left(a^k, x^k\right)$ mit

$$f'\left(\sigma^k\right) = \frac{f\left(x^k\right) - f\left(a^k\right)}{x^k - a^k} \leq 0,$$

sowie ein $\rho^k \in \left(x^k, b^k\right)$ mit

$$f'\left(\rho^k\right) = \frac{f\left(b^k\right) - f\left(x^k\right)}{b^k - x^k} \geq 0.$$

Aus $\sigma^k < \rho^k$ und $\lim \sigma^k = \xi = \lim \rho^k$ folgt daher

$$f''(\xi) = \lim \frac{f'\left(\rho^k\right) - f'\left(\sigma^k\right)}{\rho^k - \sigma^k} \geq 0.$$

$\square$

Nachdem in jedem Teilintervall $\left(a^k, b^k\right)$, welches im Verfahren erzeugt wird, eine lokale Minimalstelle von f liegt, könnte man vermuten, dass auch der gemeinsame Grenzwert ξ der a^k, b^k stets eine lokale Minimalstelle von f ist. Dies ist leider nicht unbedingt der Fall, weil die lokalen Minimalstellen, ξ_k, von f in $\left(a^k, b^k\right)$ im allgemeinen von k abhängen und ihr Grenzwert $\xi = \lim_k \xi_k$ keineswegs eine lokale Minimalstelle von f sein muss.[1] Selbst für unendlich oft differenzierbares f folgt nicht notwendigerweise, dass der Grenzwert eine lokale Minimalstelle ist, wohl aber für analytisches f, d. h. für Funktionen f, die lokal mit ihrer Potenzreihe übereinstimmen.

Wir wiederholen hier noch einmal, dass uns die negativen Eigenschaften von sehr speziell konstruierten „gekünstelten" Beispielen nicht davon abhalten sollen, in praktischen Anwendungen gute Ergebnisse zu erwarten. Sie zeigen aber die Grenzen dessen auf, was man ohne weitergehende häufig kaum nachprüfbare Voraussetzungen theoretisch beweisen kann.

Das globale Konvergenzverhalten des obigen Ansatzes ist in der Tat sehr gut. Auch wenn es keine Garantie gibt, dass das Verfahren eine lokale Minimalstelle approximiert, so berechnet es zumindest den Punkt mit dem kleinsten Funktionswert unter allen ausgewählten Stützpunkten, die im Verlauf des Verfahrens erzeugt werden. Es gibt leider immer noch Optimierungssoftware, welche zwar in vielen Fällen schneller konvergiert, die aber nicht immer den kleinsten gefundenen Wert „verfolgt". In manchen Fällen, z. B. bei stetigen Funktionen, welche auf einem großen Teil des Intervalls konstant sind, kann dann sogar der *größte* der gefundenen Funktionswerte ausgegeben werden (der dann allerdings auf einem „konstanten Stück" von f liegt und somit nach Definition auch ein lokales Minimum ist).

Es gibt sehr viele Verbesserungen zum Verfahren des goldenen Schnitts. So kann man z. B. die Funktion f in gewisser Weise interpolieren und aus der Interpolierenden eine Approximation an eine lokale Minimalstelle berechnen. Diese Varianten der „line search" (d. h. der eindimensionalen Minimierung) konvergieren auch ohne Kenntnis der Ableitungen unter schwachen Voraussetzungen lokal superlinear. Ganz allgemein kann man festhalten, dass es eine Vielzahl von Möglichkeiten gibt, die „line search" zu beschleunigen. Diese Möglichkeiten werden in vielen Programmpaketen sehr weit ausgenutzt und führen dazu, dass die „line search" auch in sehr komplexen Programmpaketen zur nichtlinearen Minimierung eines der längsten Unterprogramme bildet. Ausführliche Beschreibungen findet man z. B. in [24].

---

[1] Um ein Gegenbeispiel zu konstruieren, nehme man z. B. die Funktion $f(x) = x^4$ auf dem Intervall $[-1, 1]$, $x^0 = 1 - \tau$, und wende das Verfahren des goldenen Schnitts auf diese Funktion an. Das Verfahren erzeugt zwei unendliche Folgen von Punkten $a^k < 0$ bzw. $b^k > 0$, die monoton gegen $\xi = 0$ konvergieren, der globalen Minimalstelle von f. Man kann nun eine neue zweimal stetig differenzierbare Funktion $\tilde{f}$ konstruieren, die an allen Punkten a^k und b^k mit f übereinstimmt und in jedem nichtleeren offenen Intervall $\left(a^{k-1}, a^k\right)$ bzw. $\left(b^k, b^{k-1}\right)$ lokale Minimalstellen ξ_k bzw. η_k mit $\tilde{f}(\xi_k) < 0$, $\tilde{f}(\eta_k) < 0$ besitzt. Offenbar ist dann $\xi = 0$ keine lokale Minimalstelle von $\tilde{f}$, aber das Verfahren, angewandt auf $\tilde{f}$, nimmt genau den gleichen Verlauf, wie das Verfahren angewandt auf f, d. h. es konvergiert gegen $\xi = 0$.

6.2 Nichtrestringierte Minimierung, Abstiegsmethoden

6.2.1 Einfache Grundlagen

In diesem Kapitel betrachten wir das Problem, eine *stetig differenzierbare* Funktion

$$f : \mathbb{R}^n \to \mathbb{R}$$

zu minimieren. Da keine Nebenbedingungen an die Variable x zu beachten sind, nennt man dies auch ein *nichtrestringiertes Minimierungsproblem*. Wir bezeichnen im Folgenden den Gradienten $\nabla f(x) = Df(x)^T$ in der Regel mit $g(x)$,

$$g(x) := \nabla f(x) = Df(x)^T.$$

Bekanntlich ist $g(x)$ ein Vektor in Richtung des steilsten Anstiegs der Funktion f im Punkte x: Definiert man nämlich für einen Vektor $d \in \mathbb{R}^n$ die differenzierbare Funktion $\varphi : \mathbb{R} \to \mathbb{R}$ durch $\varphi(t) := f(x + t\,d)$, so gilt für die Ableitung $\varphi'(0) = Df(x)d = g(x)^T d$. Für $g(x) \neq 0$ wird $g(x)^T d$ unter allen normierten Vektoren d mit $\|d\|_2 = 1$ für den Vektor $d := g(x)/\|g(x)\|_2$ maximal und für $d := -g(x)/\|g(x)\|_2$ minimal. $g(x)$ bzw. $-g(x)$ gibt also die Richtung des steilsten Anstiegs bzw. Abstiegs von f in x an.

Wir nehmen nun an, dass uns ein Startpunkt x^0 gegeben ist und Unterprogramme, die zu gegebenem x den Funktionswert $f(x)$ und den Gradienten $g(x)$ berechnen.

Bevor wir das Minimierungsproblem zu lösen versuchen, ist es sinnvoll, sich einige bekannte Eigenschaften eines Minimalpunktes zu vergegenwärtigen.

Nach Satz 6.0.2 ist der Gradient in jeder lokalen Minimalstelle der Nullvektor, und die zweite Ableitung ist, sofern sie existiert, positiv semidefinit. Punkte $\bar{x}$ mit $g(\bar{x}) = 0$ bezeichnen wir im Folgenden als stationäre Punkte. Solche stationären Punkte sind also „Kandidaten" für eine lokale Minimalstelle; ein Verfahren, welches stationäre Punkte berechnen kann, findet dabei vielleicht auch eine lokale Minimalstelle.

Falls g lokal Lipschitz-stetig ist, kann man, ausgehend von einem Punkt x^0, den Pfad des steilsten Abstiegs $x(.)$ betrachten, d. h. die Kurve, die die Differentialgleichung

$$\dot{x}(t) = -g(x(t)), \qquad x(0) = x^0,$$

löst. In diesem Fall ist für $g\left(x^0\right) \neq 0$ der Pfad des steilsten Abstiegs eine glatte Kurve $x(t)$, die für $t \in [0, \bar{t})$ mit einem maximalen $\bar{t} \leq \infty$ definiert ist. Längs der Kurve $x(t)$ nehmen die Funktionswerte $\varphi(t) := f(x(t))$ von f wegen $\varphi'(t) = Df(x(t))\dot{x}(t) = -g(x(t))^T g(x(t)) \leq 0$ streng monoton mit wachsendem t ab, solange $g(x(t)) \neq 0$ ist. Dies legt zwar die Vermutung nahe, dass $x(t)$ immer in einer lokalen Minimalstelle von f endet, sofern die Funktionswerte nicht gegen $-\infty$ divergieren. Leider ist die Situation aber nicht so einfach.

Wir halten zunächst folgendes fest: Falls $\bar{t} < \infty$, so divergiert die Kurve für $t \to \bar{t}$. (Denn gäbe es $\bar{x} := \lim_{t \to \bar{t},\ t < \bar{t}} x(t)$, so wäre $g(\bar{x})$ nach Voraussetzung an f wohldefiniert, lokal Lipschitz-stetig und die Kurve $x(.)$ ließe sich für $t > \bar{t}$ fortsetzen.) Falls $\bar{t} = \infty$, so konvergiert sie für $t \to \infty$ entweder gegen einen Punkt $\bar{x}$ mit $g(\bar{x}) = 0$, oder sie divergiert. Im Falle der Divergenz der Kurve $x(t)$ für $t \to \infty$ kann die Norm von $x(t)$ aber trotzdem beschränkt bleiben. In diesem Fall besitzt die Kurve $x(t)$ Häufungspunkte und jeder Häufungspunkt $\bar{x}$ erfüllt $g(\bar{x}) = 0$. Es kann aber sein, dass keiner der Häufungspunkte eine lokale Minimalstelle von f ist, oder dass nur ein Teil der Häufungspunkte lokale Minimalstellen sind. Diese Feststellung mag auf den ersten Blick etwas verblüffen. Wir werden sie an einigen Beispielen verdeutlichen.

6.2.2 Einige negative Beispiele

Beim Verfahren des Goldenen Schnitts für allgemeine stetige Funktionen $f : [a, b] \to \mathbb{R}$ hatten wir angemerkt, dass diese Verfahren unter einfachen Voraussetzungen nur mit „großer Wahrscheinlichkeit" eine lokale Minimalstelle von f liefern, und eine Verschärfung der Konvergenzaussagen unter solchen Voraussetzungen nicht möglich ist. Auch bei den Konvergenzresultaten in den folgenden Abschnitten wird man gelegentlich bessere theoretische Konvergenzresultate erwarten, zu deren Beweis aber einfache Voraussetzungen nicht ausreichen. In diesem Abschnitt sollen daher einige Beispiele angegeben werden, die zeigen, wie „unvorhersehbar" sich auch glatte Funktionen verhalten können. Diese Beispiele sollen begründen, warum man unter natürlichen aber einfachen Voraussetzungen auch nur schwache Konvergenzresultate beweisen kann. Bei der ersten Lektüre kann dieser Abschnitt ohne weiteres übersprungen werden.

1. „Fehlende Abstiegsrichtung" (von Ben-Tal und Zowe):
   Für dieses Beispiel konstruiert man ein Polynom vierten Grades in zwei reellen Variablen y, z wie folgt: Zunächst setzt man für einen reellen Parameter α:

$$q_\alpha(y, z) := z - \alpha y^2.$$

Offenbar ist $q_\alpha(y, z) \geq 0 \Longleftrightarrow z \geq \alpha y^2$. Setzt man nun

$$f(y, z) := q_1(y, z) \cdot q_2(y, z) = z^2 - 3zy^2 + 2y^4$$

so folgt $f(y, z) \leq 0 \Longleftrightarrow 2y^2 \geq z \geq y^2$. Der Punkt $(\bar{y}, \bar{z}) = (0, 0)$ ist der einzige stationäre Punkt von f (d. h. der einzige Punkt mit $Df(\bar{y}, \bar{z}) = 0$). Wählt man nun eine beliebige Richtung $(\hat{y}, \hat{z})$, und bezeichnet mit $\varphi(t) = f(t(\hat{y}, \hat{z}))$ die Einschränkung von f auf die Gerade $\{t(\hat{y}, \hat{z}) \mid t \in \mathbb{R}\}$ durch den Punkt $(\bar{y}, \bar{z}) = (0, 0)$, so hat φ stets an der Stelle $t = 0$ ein striktes lokales Minimum, ist nach unten beschränkt und erfüllt $\lim_{t \to \pm\infty} \varphi(t) = \infty$. Trotzdem ist $(\bar{y}, \bar{z}) = (0, 0)$ keine lokale Minimalstelle, denn $f\left(y, \frac{3}{2}y^2\right) < 0$ für alle $y \neq 0$. Da $(0, 0)$ der einzige stationäre Punkt ist, besitzt f keine lokale Minimalstelle. Ferner ist $\lim_{y \to \pm\infty} f\left(y, \frac{3}{2}y^2\right) = -\infty$.

2. „Fehlender Test der lokalen Minimaleigenschaft":

   Zu einer gegebenen lokalen Minimalstelle $\bar{x}$ einer unendlich oft differenzierbaren Funktion f kann man durch die Auswertung von f und seinen sämtlichen Ableitungen an endlich vielen Punkten x^i nicht garantieren, dass $\bar{x}$ wirklich eine lokale Minimalstelle ist.

   Man nehme z. B. die Funktion $f \colon \mathbb{R} \to \mathbb{R}$ mit $f(x) = 0$ für alle x. Zur Prüfung, dass $\bar{x} = 0$ eine lokale Minimalstelle ist, werde f und sämtliche Ableitungen von f an endlich vielen Stellen x^i mit $1 \le i \le k$ ausgewertet. Wähle ein $\epsilon > 0$ mit $\epsilon \le |x^i|$ für alle $x^i \ne 0$, $1 \le i \le k$. Nach der Auswertung von f und seinen Ableitungen an den Stellen x^i können wir aber nicht sicher sein, dass f in $\bar{x} = 0$ ein lokales Minimum besitzt: $\bar{x}$ ist keine lokale Minimalstelle der Funktion $\tilde{f}$,

   $$\tilde{f}(t) := \begin{cases} -e^{-\frac{1}{t^2} - \frac{1}{(t-\epsilon)^2}} & \text{für } t \in [0, \epsilon], \\ 0 & \text{sonst,} \end{cases}$$

   die mit f und allen seinen Ableitungen an den Stellen x^i, $1 \le i \le k$, übereinstimmt. Der Test, ob ein gegebener Punkt eine globale Minimalstelle ist, ist natürlich noch erheblich schwieriger.

3. „Fehlender Trust-Region-Radius":

   Ein ähnliches Beispiel zeigt: Auch wenn eine Funktion f außerhalb ihrer Polstellen unendlich oft differenzierbar ist und alle Ableitungen in einem Punkt $\bar{x}$ gegeben sind, kann man den Abstand zur nächsten Singularität von f nicht vorhersagen. Wenn daher in einem Punkt $\bar{x}$ irgendeine lokale Approximation von f gegeben ist, so kann man aus den Ableitungen von f in $\bar{x}$ keinen garantierten „Trust Region Radius" einer Umgebung von $\bar{x}$ angeben, innerhalb der die Abweichung von f zu der lokalen Approximation in irgendeiner Form beschränkt wäre. (Insbesondere können sowohl die lineare Approximation an eine Funktion f als auch die quadratische Approximation an f gleichermaßen „schlecht" sein. Das hat zur Folge, dass man die allgemein beobachtete Überlegenheit von Verfahren zweiter Ordnung über Verfahren erster Ordnung für die allgemeine Minimierung ohne weitere Annahmen an f nicht beweisen kann.)

4. „Spiralfunktion":

   Sei $x(t)$ die Kurve

   $$x(t) = \left(1 + 2^{-t}\right) \begin{pmatrix} \cos 2\pi t \\ \sin 2\pi t \end{pmatrix}, \quad t \in \mathbb{R}.$$

   Dann ist $\|x(t)\|_2 > 1$ für alle $t \in \mathbb{R}$, und $\|x(t)\|_2 \to 1$ monoton für $t \to \infty$.

   Die glatte Kurve $x(t)$ kreist in einer enger werdenden Spirale um den Einheitskreis. Wir konstruieren nun eine glatte Funktion f, die entlang der Spirale langsam abfällt und einen „kleinen Bergrücken" zwischen je zwei Windungen der Spirale besitzt: f besitzt ein langgestrecktes Tal in Form der Spirale $\{x(t)|t \in \mathbb{R}\}$.

   Für ein beliebiges $z \in \mathbb{R}^2$ mit $\|z\|_2 > 1$ gibt es einen größten Wert $\lambda = \lambda_z \le 1$, so dass λz auf der Kurve $x(t)$ liegt. Ebenso gibt es einen kleinsten Wert $\mu = \mu_z > 1$, so dass μz

auf der Kurve $x(t)$ liegt. Wir definieren eine Distanzfunktion $\mathbf{d}$ zur Kurve $x(t)$ mittels

$$\mathbf{d}(z) := \|z - \lambda_z z\|_2^4 \cdot \|z - \mu_z z\|_2^4$$

für $\|z\|_2 > 1$, und $\mathbf{d}(z) := 0$ für $\|z\|_2 \le 1$. Man rechnet leicht nach, dass $\mathbf{d}$ zweimal stetig differenzierbar ist. (λ_z und μ_z hängen für Punkte z, die nicht auf der Kurve $x(t)$ liegen glatt von z ab und in Punkten auf dieser Kurve stimmt $\mathbf{d}$ in dritter Ordnung mit der Nullfunktion überein.) Sei $f(z) := 2^{-20}(1 - \|z\|_2)^8 + \mathbf{d}(z)$. Wir betrachten die Werte von f entlang des Strahls $z = (z_1, 0)^T$ mit $z_1 > 1$. Sei n ganzzahlig. Für $z_1 = 1 + 2^{-n}$, ist der Wert von f durch $2^{-20}2^{-8n}$ gegeben. Für $z_1 = 1 + \frac{3}{4}2^{-n}$ ist der Wert von f etwas größer, nämlich $2^{-20}\left(\frac{3}{4}\right)^8 2^{-8n} + 2^{-8(n+2)}$. Ebenso ist der Wert von f für $z_1 = 1 + \frac{3}{2}2^{-n}$ noch etwas größer. Somit oszilliert die Funktion f entlang des Strahls $z = (z_1, 0)^T$ mit $z_1 > 1$. Aus Symmetriegründen verhält f sich entlang aller anderen Strahlen, die von $(0, 0)^T$ ausgehen, genauso. Daraus folgt, dass der Pfad des steilsten Abstiegs, angefangen z.B. bei $x^0 = (2, 0)^T$, der Kurve $x(t)$ in einem kleinem Abstand folgt. Insbesondere kreist der Pfad des steilsten Abstiegs in einer unendlich langen Spirale immer enger um den Einheitskreis ohne ihn je zu erreichen. Die Funktion f lässt sich im Inneren des Einheitskreises sogar so modifizieren, dass keiner der Punkte mit $\|z\|_2 = 1$ eine lokale Minimalstelle ist, oder dass nur ein Teil davon lokale Minimalstellen sind.
In Inneren des Einheitskreises ist eine unendlich oft differenzierbare Spiralfunktion mit ganz ähnlichen Eigenschaften in Absil et al. [1] (Definition (2.8)) als „mexican hat function" vorgestellt.

5. „Verallgemeinerte Rosenbrock-Funktion":
   Die Rosenbrock-Funktion ist eine viel zitierte Funktion. Die meisten „Abstiegsverfahren" konvergieren sehr langsam, wenn sie zu ihrer Minimierung eingesetzt werden. Die Rosenbrock-Funktion in ihrer ursprünglichen Definition ist ein Polynom von zwei Variablen,

$$f(x, y) = (x - 1)^2 + 100\left(y - x^2\right)^2.$$

Außer der globalen Minimalstelle $(\bar{x}, \bar{y}) = (1, 1)$ besitzt f keine weiteren stationären Punkte. Da der erste Term in der Definition von f mit dem hohen Gewicht 100 multipliziert wird, besitzt die Funktion f entlang der Kurve $y = x^2$ ein „Tal", das im Minimalpunkt $(1, 1)$ endet. Die Form der Höhenlinien von f, die um die Talsohle herum verlaufen, erinnert an eine Banane. Als Startpunkt wählt man nun den Punkt $(-1, 1)$, der „links unten im Tal" liegt. Die meisten Abstiegsverfahren konvergieren dann recht langsam, wenn sie dem gekrümmten Tal zum Punkt $(1, 1)$ folgen.
Die folgende Verallgemeinerung der Rosenbrock-Funktion illustriert eine weitere Schwierigkeit bei nichtrestringierten Minimierungsproblemen. Für $n \ge 2$ setzen wir

$$f_n(x) = (x_1 - 1)^2 + 10\sum_{i=2}^{n}\left(x_i - x_{i-1}^2\right)^2.$$

Offenbar ist $\bar{x} = (1, \ldots, 1)^T$ die einzige lokale und gleichzeitig die globale Minimalstelle von f. Wir sehen ferner, dass f_n ein Polynom vierten Grades ist, bei dem der Betrag
der von Null verschiedenen Koeffizienten zwischen 1 und 10 liegt. Als Startpunkt wählt
man hier $x = (-1, \ldots, -1, 1)^T$. Für $n \geq 3$ ist die Minimierung von f_n mit Hilfe von
Abstiegsverfahren nicht nur langsamer als bei der Standard-Rosenbrock-Funktion, es
zeigt sich auch, dass der Gradient von f_n schnell außerordentlich klein wird, obwohl
der laufende Punkt noch weit von der Minimalstelle entfernt liegt. Selbst für Polynome
vierten Grades mit kleinen Koeffizienten fehlt es uns also an einem zuverlässigen Kriterium, wann ein Punkt nahe bei einer lokalen Minimalstelle liegt. Die Information, dass
der Gradient klein ist und die zweite Ableitung positiv definit ist, reicht nicht aus!
Von Nesterov wurde folgende modifizierte Rosenbrock-Funktion vorgeschlagen

$$f_{\text{Nest}}(x) = (x_1 - 1)^2 + 1600 \sum_{i=1}^{n-1} \left(x_{i+1} - 2x_i^2 + 1 \right)^2.$$

Auch hier liegt der einzige kritische Punkt bei der globalen Minimalstelle $\bar{x} = (1, \ldots, 1)^T$
mit $f_{\text{Nest}}(\bar{x}) = 0$. In [88] wurde gezeigt, dass in Abhängigkeit von n jedes Abstiegsverfahren (das in jedem Schritt entlang einer beliebigen Abstiegsrichtung immer nur
„bergab" geht, siehe Abschn. 6.2.3) mindestens exponentiell viele Schritte benötigt, um
ausgehend von $x^0 = (-1, 1, \ldots, 1)^T$ mit $f_{\text{Nest}}\left(x^0\right) = 4$ einen Punkt x zu erreichen,
dessen erste Komponente $x_1 \geq 0$ erfüllt, oder um einen Punkt x zu erreichen mit Funktionswert $f_{\text{Nest}}(x) \leq 1$. Dabei gibt es einen Abstiegspfad ausgehend von x^0 zu einem
Punkt x mit $f_{\text{Nest}}(x) \leq 1$ entlang dessen die Norm des Gradienten stets mindestens
2 ist und die Norm der Hessematrix gleichmäßig (unabhängig von der Dimension n)
beschränkt ist.

6.2.3 Abstiegsverfahren

Der folgende Algorithmus dient zur Minimierung einer stetig differenzierbaren Funktion f.
Er berechnet eine endliche oder unendliche Folge von Punkten x^k mit $f\left(x^{k-1}\right) > f\left(x^k\right)$.
Sie bricht entweder mit einem stationären Punkt x^* ab, der dann die notwendige Bedingung
$g(x^*) = 0$ für eine lokale Minimalstelle erfüllt (s. Satz 6.0.2). Andernfalls sind sämtliche
Häufungspunkte x^* der x^k stationäre Punkte von f. Wir stellen zunächst den Algorithmus
vor und untersuchen seine Konvergenzeigenschaften.

Algorithmus 6.2.1 (Lokale Minimierung für $f \in C^1(\mathbb{R}^n)$**)** *Man wähle* $0 < c_1 \leq c_2 < 1$
(in der Regel $c_1 \leq \frac{1}{2}$*) und* $0 < \gamma \leq 1$*. Gegeben sei ein beliebiger Startvektor* $x^0 \in \mathbb{R}^n$.
Für $k = 0, 1, \ldots$

1. Falls $g^k := g\left(x^k\right) = 0$, STOP: x^k ist stationärer Punkt von f.

2. Sonst wähle eine Suchrichtung *$s^k \in \mathbb{R}^n$ mit $\left(g^k\right)^T s^k \leq -\gamma \left\|g^k\right\|_2$ und $\left\|s^k\right\|_2 = 1$.*

3. Bestimme eine Schrittweite *$\lambda_k > 0$ und $x^{k+1} := x^k + \lambda_k s^k$ so, dass folgende Bedingungen erfüllt sind:*

$$(A) \qquad \begin{cases} f\left(x^{k+1}\right) \leq f\left(x^k\right) + \lambda_k c_1 \left(g^k\right)^T s^k \\ \left(g^{k+1}\right)^T s^k \geq c_2 \left(g^k\right)^T s^k. \end{cases}$$

Bemerkungen

Der Algorithmus beschreibt wegen seiner vielen Wahlmöglichkeiten im Grunde eine ganze Klasse von Verfahren.

Die Wahl der Suchrichtung s^k in Schritt 2 ist sehr großzügig geregelt: falls γ sehr nahe bei 0 ist, so erfüllt offenbar für fast jeden Vektor v mit $\|v\|_2 = 1$, entweder die Richtung $s^k := v$ oder die Richtung $s^k := -v$ die Bedingung $-\left(g^k\right)^T s^k \geq \gamma \left\|g^k\right\|_2$. Schritt 2 verlangt nur, dass der Winkel zwischen s^k und der Richtung $-g^k = -g\left(x^k\right)$ des steilsten Abstiegs kleiner als $90°$ ist und wegen $\gamma > 0$ sogar von $90°$ weg beschränkt bleibt. Falls $\gamma = 1$, folgt $s^k = -g^k / \left\|g^k\right\|_2$.

Die Bedingungen (A) in Schritt 3 werden auch Wolfe-Bedingungen (engl. Wolfe conditions) genannt. Die erste Bedingung von (A) erzwingt wegen $\lambda_k > 0$, $c_1 > 0$ und $\left(g^k\right)^T s^k \leq -\gamma \|g^k\|_2 < 0$ die Verkleinerung von f: $f\left(x^{k+1}\right) < f\left(x^k\right)$. Die zweite Bedingung von (A) ist wegen $c_2 \left(g^k\right)^T s^k > \left(g^k\right)^T s^k$ nur für genügend großes $\lambda_k > 0$ erfüllt. Beide Bedingungen zusammen garantieren, dass die Reduktion $f\left(x^k\right) - f\left(x^{k+1}\right)$ von f im k-ten Iterationsschritt nicht zu klein wird. Wir werden sehen, dass es, von einem uninteressanten Ausnahmefall abgesehen, immer eine Schrittweite λ_k gibt (sogar unendlich viele), die (A) erfüllen. Der Algorithmus lässt aber offen, wie man ein λ_k findet, das (A) erfüllt. Eine konstruktive Variante von (A) ist die sogenannte Armijo-line-search (C), die in Korollar 6.2.5 untersucht wird.

Wir wollen Bedingung (A) näher analysieren und bezeichnen mit

$$\varphi(t) := f\left(x^k + t s^k\right)$$

die Funktion, die angibt, wie sich f längs des Strahls $x^k + t s^k$, $t \geq 0$, verhält. Dazu nehmen wir an, dass f zweimal stetig differenzierbar ist. Mit $g(x) = Df(x)^T$ folgt aus der Definition von φ

$$\varphi'(t) = g\left(x^k + t s^k\right)^T s^k \qquad \text{und} \qquad \varphi''(t) = \left(s^k\right)^T Dg\left(x^k + t s^k\right) s^k.$$

Somit ist $\varphi'(0) = \left(g^k\right)^T s^k < 0$ nach Wahl von s^k. Die nachfolgende Bedingung (A) bedeutet, dass $\lambda = \lambda_k > 0$ eine positive Lösung zweier Ungleichungen ist,

Abb. 6.3 Schrittweitensteuerung
bei der „line search"

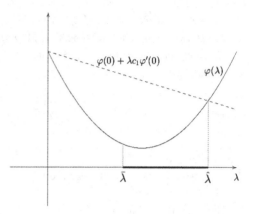

$$(A) \qquad \begin{aligned} \varphi(\lambda) &\leq \varphi(0) + \lambda c_1 \varphi'(0) \\ \varphi'(\lambda) &\geq c_2 \varphi'(0). \end{aligned}$$

Die Bestimmung der Schrittweite λ_k hängt also nur von dem Verhalten von f längs des Strahls $\{x^k + ts^k \mid t \geq 0\}$ ab. Für die Bestimmung von λ_k hat sich deshalb auch im Deutschen der Begriff „line search" eingebürgert.

In Abb. 6.3 sehen wir an einem Beispiel die kleinste Zahl $\bar{\lambda}$, die die zweite Bedingung von (A) erfüllt (natürlich hängt $\bar{\lambda}$ von c_2 ab): für $0 \leq t \leq \bar{\lambda}$ nimmt $\varphi(t)$ streng monoton ab, für $t \geq \bar{\lambda}$ fällt $\varphi(t)$ nur noch wenig oder wächst sogar.

Weiter sehen wir, dass die erste Bedingung links vom Schnittpunkt $(\hat{\lambda}, \varphi(\hat{\lambda}))$ des Graphen von φ mit der Halbgeraden $\{(t, \varphi(0) + tc_1\varphi'(0)) \mid t > 0\}$ (im Bild die gestrichelten Linie) erfüllt ist. Dick markiert ist der Bereich, in dem beide Bedingungen gelten. Dass dieser Bereich (bei beschränktem f) nie leer ist, ist Aussage des nächsten Lemmas. In Abb. 6.3 ist dieser Bereich für eine quadratische Funktion φ skizziert, er ist dann sogar ein Intervall $[\bar{\lambda}, \hat{\lambda}]$. Für allgemeine Funktionen φ kann er eine Vereinigung mehrerer disjunkter Intervalle sein.

Auch wenn der Algorithmus für $f \in C^1(\mathbb{R}^n)$ wohldefiniert ist, setzen wir für die folgenden Untersuchungen stets $f \in C^2(\mathbb{R}^n)$ voraus.

Lemma 6.2.2 *Sei $f \in C^2(\mathbb{R}^n)$ eine zweimal stetig differenzierbare Funktion mit $\inf_{x \in \mathbb{R}^n} f(x) > -\infty$ sowie $0 < c_1 \leq c_2 < 1$, $0 < \gamma \leq 1$.*
Für ein $x \in \mathbb{R}^n$ und ein $s \in \mathbb{R}^n$ gelte ferner $g := g(x) \neq 0$, $\|s\|_2 = 1$, sowie $g^T s \leq -\gamma \|g\|$.

Dann gilt: Unter allen $\lambda > 0$ gibt es ein kleinstes $\bar{\lambda} > 0$, so dass die zweite Bedingung von (A) erfüllt ist, d. h.

$$\varphi'(\bar{\lambda}) = c_2\varphi'(0) \quad und \quad \varphi'(t) < c_2\varphi'(0) < 0 \; f\ddot{u}r \; t \in (0, \bar{\lambda}).$$

Für $\lambda := \bar{\lambda}$ gilt auch die erste Bedingung von (A).

Sei $L \geq \max_{t \in [0, \bar{\lambda}]} \|Dg(x + ts)\|_2$, dann gilt für alle λ mit (A):

$$\inf_{\tau \geq 0} f(x + \tau s) \leq f(x + \lambda s) \leq f(x) - \frac{c_1(1 - c_2)\gamma^2}{L} \|g\|_2^2. \qquad (6.2.3)$$

Bemerkung

Für eine Matrix M (hier $M = Dg(x + ts) = D^2 f(x + ts)$) bezeichnen wir mit $\|M\|_2$ die lub$_2$-Norm,

$$\|M\|_2 = \max_{x \neq 0} \frac{\|Mx\|_2}{\|x\|_2}.$$

Die Frobeniusnorm bezeichnen wir mit $\|M\|_F := \left(\sum_{i,j} |M_{i,j}|^2 \right)^{1/2}$.

Beweis von Lemma 6.2.2 Nach Voraussetzung ist $\varphi(t)$ für $t \in \mathbb{R}$ zweimal stetig differenzierbar. Zunächst halten wir fest, dass es ein $\lambda > 0$ gibt, so dass $\varphi'(\lambda) > c_2\varphi'(0)$, denn sonst wäre $\varphi'(t) \leq c_2\varphi'(0)$ für alle $t > 0$, so dass

$$\varphi(\lambda) - \varphi(0) = \int_0^\lambda \varphi'(t)dt \leq \int_0^\lambda c_2\varphi'(0)dt = \lambda c_2\varphi'(0) \to -\infty$$

für $\lambda \to \infty$. Dies ist ein Widerspruch, da $\varphi(\lambda) = f(x + \lambda s)$ nach unten beschränkt ist. Aus der Stetigkeit von φ' folgt damit wegen $\varphi'(0) < c_2\varphi'(0)$, dass es ein (kleinstes) $\bar{\lambda} > 0$ gibt, mit $\varphi'(\bar{\lambda}) = c_2\varphi'(0)$ und $\varphi'(t) < c_2\varphi'(0)$ für $t \in [0, \bar{\lambda})$. Offenbar erfüllt $\bar{\lambda}$ die zweite Bedingung aus (A). Wegen

$$\varphi(\bar{\lambda}) = \varphi(0) + \int_0^{\bar{\lambda}} \varphi'(t)dt \leq \varphi(0) + \int_0^{\bar{\lambda}} c_2\varphi'(0)dt$$

$$\leq \varphi(0) + \bar{\lambda}c_2\varphi'(0) \leq \varphi(0) + \bar{\lambda}c_1\varphi'(0)$$

erfüllt $\bar{\lambda}$ auch die erste Bedingung in (A). (Dieser Teil des Beweises benötigt nur die einmalige stetige Differenzierbarkeit von f.)

Wir schätzen nun $\bar{\lambda}$ nach unten ab. Es ist nach Definition von L und wegen $\|s\|_2 = 1$

$$\bar{\lambda}L \geq \bar{\lambda} \max_{0 \leq \lambda \leq \bar{\lambda}} \varphi''(\lambda) \geq \int_0^{\bar{\lambda}} \varphi''(t)dt = \varphi'(\bar{\lambda}) - \varphi'(0)$$

$$= (c_2 - 1)\varphi'(0) = (c_2 - 1)g^T s \geq (1 - c_2)\gamma \|g\|_2,$$

wobei die zweite Zeile aus der Definition von $\bar{\lambda}$ und der Bedingung $-g^T s \geq \gamma \|g\|_2$ folgt. Da $\varphi'(t) = g(x + ts)^T s$ für $0 \leq t \leq \bar{\lambda}$ nicht konstant ist, muss $L > 0$ gelten. Nach Division durch L erhält man

$$\bar{\lambda} \geq \frac{(1 - c_2)\gamma \|g\|_2}{L}.$$

Setzen wir diese untere Schranke für $\lambda \geq \bar{\lambda}$ in den ersten Teil von (A) ein, so folgt wegen $\varphi'(0) = g^T s \leq -\gamma \|g\|_2$,

$$\varphi(\lambda) \leq \varphi(0) + \lambda c_1 \varphi'(0) \leq \varphi(0) - \frac{c_1(1-c_2)\gamma^2}{L} \|g\|_2^2,$$

und somit die letzte Behauptung. (Die erste Ungleichung in (6.2.3) ist trivial, wird aber später noch gebraucht.)   □

Es gilt folgender Satz:

Satz 6.2.4 *Sei* $f \in C^2(\mathbb{R}^n)$, $x^0 \in \mathbb{R}^n$ *und* $K := \left\{ x \mid f(x) \leq f\left(x^0\right) \right\}$ *kompakt. Dann lässt sich das Verfahren 6.2.1 anwenden und es bricht entweder nach endlich vielen Schritten mit einem* x^k *mit* $g\left(x^k\right) = 0$ *ab, wobei*

$$f\left(x^k\right) < f\left(x^{k-1}\right) < \cdots < f\left(x^0\right),$$

oder es erzeugt eine unendliche Folge $\{x^k\}_k$ *mit den Eigenschaften*

1) $f\left(x^{k+1}\right) < f\left(x^k\right)$ *für alle* $k \geq 0$,
2) $\{x^k\}_k$ *besitzt mindestens einen Häufungspunkt* x^*,
3) *jeder Häufungspunkt* x^* *erfüllt* $g(x^*) = 0$.

Die Menge K heißt auch Niveaumenge.

Beweis Da das Verfahren nur mit einem stationären Punkt x^k, $g^k = 0$, abbricht, nehmen wir an, dass es eine unendliche Folge x^k, $k = 0, 1, \ldots$, erzeugt. Die Eigenschaft 1) ist offensichtlich, und 2) gilt, weil wegen 1) alle x^k in der kompakten Menge K liegen. Zum Nachweis von 3) sei $L := \max_{x \in K} \|Dg(x)\|$. Dann existiert wegen Lemma 6.2.2 für jedes $k \geq 0$ eine kleinste Zahl $\bar{\lambda}_k > 0$, die die Bedingung (A) erfüllt. Es ist $\lambda_k \geq \bar{\lambda}_k > 0$ und

$$f\left(x^k + ts^k\right) \leq f\left(x^k\right) \leq f\left(x^0\right), \qquad \text{für } 0 \leq t \leq \bar{\lambda}_k,$$

so dass für alle $k \geq 0$

$$L \geq \max_{0 \leq t \leq \bar{\lambda}_k} \left\| Dg\left(x^k + ts^k\right) \right\|_2.$$

Also folgt wiederum aus Lemma 6.2.2 für alle $k \geq 0$ mit der positiven Konstanten $\alpha := c_1(1-c_2)\gamma^2/L$

$$f\left(x^{k+1}\right) \leq f\left(x^k\right) - \alpha \left\| g^k \right\|_2^2 \leq \cdots \leq f\left(x^0\right) - \alpha \sum_{j=0}^{k} \left\| g^j \right\|_2^2.$$

Dabei ist die linke Seite eine monoton fallende Folge in k, die wegen $f\left(x^k\right) \geq \min_{x \in K} f(x) > -\infty$ nach unten beschränkt ist, und somit für $k \to \infty$ konvergiert. Folglich konvergiert die Summe $\sum_j \left\|g^j\right\|_2^2$. Die $\left\|g^j\right\|_2^2 = \left\|g\left(x^j\right)\right\|_2^2$ bilden daher eine Nullfolge, und aus der Stetigkeit von g folgt $g\left(x^*\right) = 0$ für alle Häufungspunkte x^* der $\{x^j\}$. $\qquad\square$

Bemerkungen

Mit Ausnahme der Forderung, dass die zum Startpunkt x^0 gehörige Niveaumenge K kompakt ist, sind die Voraussetzungen des Satzes ziemlich schwach; das Verfahren ist einfach und sehr allgemein, aber dafür ist das Konvergenzresultat zu diesem Algorithmus in gewisser Hinsicht enttäuschend. Wir können nicht beweisen, dass sich unter den stationären Punkten x^*, die das Verfahren findet, eine lokale Minimalstelle oder gar eine globale Minimalstelle befindet. Erst recht ist die Eindeutigkeit der x^* nicht gesichert. Bei Anwendung des Verfahrens auf die Spiralfunktion in Abschn. 6.2.2 z. B. liegen alle Häufungspunkte auf dem Rand des Einheitskreises. Je nachdem, wie die Funktion im Inneren des Einheitskreises fortgesetzt ist, ist nur ein Teil oder keiner der Häufungspunkte eine lokale Minimalstelle. Weiter fehlen Aussagen über die Konvergenzgeschwindigkeit der $f\left(x^k\right)$ (und der x^k, falls diese konvergieren sollten), die für das praktische Verhalten wichtig sind.

Ferner bleibt offen, welche Suchrichtungen s^k man in Schritt 2 des Verfahrens wählen soll. Es sei hier angemerkt, dass die scheinbar sinnvolle Wahl $\gamma = 1$, mit der erzwungen wird, dass die Suchrichtung genau die Richtung des steilsten Abstiegs ist, selbst für konvexe quadratische Funktionen nicht immer sinnvoll ist. Die Richtung des steilsten Abstiegs $s^k := -g^k/\|g^k\|_2$ kann auch für x^k, die sehr nahe bei einer Minimalstelle x^* liegen, immer noch einen Winkel von nahezu 90° zur idealen Suchrichtung $s = -\left(x^k - x^*\right)/\|x^k - x^*\|_2$ einschließen, so dass man sich in Richtung s^k der gesuchten Minimalstelle nur ganz geringfügig nähert. Darüber hinaus bleibt die langsame Konvergenz typischerweise über viele Iterationen erhalten. Dieses Verhalten des Verfahrens des steilsten Abstiegs bei der Minimierung konvexer quadratischer Funktionen wird im nächsten Abschnitt näher studiert.

Wir stellen noch zwei Varianten der Bedingung (A) zur „line search" vor.

Korollar 6.2.5 *Satz 6.2.4 gilt auch, wenn im Algorithmus die Bedingung (A) zur Bestimmung der Schrittweite λ_k durch eine der beiden folgenden Regeln ersetzt wird. Die erste Regel ist*

$$(B) \qquad \lambda_k := \arg\min\left\{f\left(x^k + \lambda s^k\right) \mid \lambda \geq 0\right\}.$$

d. h. für λ_k gilt $f\left(x^k + \lambda_k s^k\right) = \min_{\lambda \geq 0} f\left(x^k + \lambda s^k\right)$. Diese Regel erfordert die Bestimmung der globalen Minimalstelle von f längs des Strahls $x + \lambda s$, $\lambda \geq 0$.[2] Diese Schrittweitenregel wird als exakte line search *bezeichnet.*

---

[2]Gelegentlich wird bei der „exakten line search" auch die „erste" lokale Minimalstelle gewählt, wobei mit „erster" Minimalstelle der kleinste Wert $\lambda_k > 0$ gemeint ist, an dem $f(x + \lambda s)$ ein lokales Minimum besitzt. (So ein kleinster Wert λ_k existiert zwar unter den Voraussetzungen von Satz 6.2.4

Die zweite Regel heißt

(C)   Armijo line search.

*Hier benutzt man eine von k unabhängige Konstante $\sigma > 0$ und wählt im k-ten Iterations-
schritt ein $\bar{\lambda}_0 \geq \sigma \|g^k\|$ und bestimmt unter den Zahlen $\bar{\lambda}_j := 2^{-j}\bar{\lambda}_0$, $j = 0, 1, \ldots$, die
erste, für die*

$$f\left(x^k + \bar{\lambda}_j s^k\right) \leq f\left(x^k\right) + \bar{\lambda}_j c_1 \left(g^k\right)^T s^k \tag{6.2.6}$$

gilt. Man setzt dann

$$\lambda_k = \bar{\lambda}_j \ oder$$
$$\lambda_k = \arg\min\{f\left(x^k + \bar{\lambda}_i s^k\right) \mid \bar{\lambda}_i = \bar{\lambda}_0, \ldots, \bar{\lambda}_j\}.$$

Bemerkungen
Regel (B) besitzt nur theoretische Bedeutung, weil sie die exakte Lösung eines eindimen-
sionalen Minimierungsproblems erfordert, $\min_{\lambda \geq 0} f\left(x^k + \lambda s^k\right)$, die i. allg. nur näherungsweise möglich ist; Ausnahme: Für konvexe quadratische Funktionen f kann man λ_k als
Lösung einer einfachen linearen Gleichung erhalten.
    Die Bedeutung der Armijo line-search (C) liegt darin, dass sie die Schrittweite λ_k in
endlichen vielen Schritten liefert.

Beweis Im Fall (B) folgt die Existenz der Schrittweite λ_k aus der Kompaktheit von K; die
Ungleichung (6.2.3) erlaubt wieder den gleichen Beweis wie zu Satz 6.2.4.
    Im Fall (C) setzen wir wieder $\varphi(t) := f\left(x^k + ts^k\right)$. Die Existenz von $\bar{\lambda}_j$ sieht man so:
Wäre (6.2.6) für alle j verletzt, d. h.

$$\bar{\lambda}_j c_1 \varphi'(0) < \varphi(\bar{\lambda}_j) - \varphi(0)$$

für alle j, dann folgte für $j \to \infty$ aus

$$c_1 \varphi'(0) < \frac{\varphi(\bar{\lambda}_j) - \varphi(0)}{\bar{\lambda}_j} \to \varphi'(0)$$

ein Widerspruch (beachte $\varphi'(0) = \left(g^k\right)^T s^k < 0$ und $0 < c_1 < 1$). Um den Beweis von
Satz 6.2.4 anzuwenden, genügt es zu zeigen, dass es ein festes $\alpha > 0$ gibt mit

$$f\left(x^{k+1}\right) \leq f\left(x^k + \bar{\lambda}_j s^k\right) \leq f\left(x^k\right) - \alpha \left\|g^k\right\|_2^2, \quad k \geq 0. \tag{6.2.7}$$

---

nicht immer, doch sind die Beispiele, für die λ_k nicht existiert, sehr speziell konstruiert und für die
Anwendungen irrelevant.)

Wir unterscheiden dazu zwei Fälle:

(i) Es ist $j > 0$. Dann gilt $\bar{\lambda}_{j-1} > \bar{\lambda}$, wobei $\bar{\lambda}$ wieder das größte $\lambda > 0$ ist, für das $\varphi'(t) < c_2\varphi'(0)$ für alle $t \in [0, \bar{\lambda})$ gilt. Denn wäre $\bar{\lambda}_{j-1} \leq \bar{\lambda}$, so folgte aus

$$\varphi(\bar{\lambda}_{j-1}) - \varphi(0) = \int_0^{\bar{\lambda}_{j-1}} \varphi'(t)dt$$

$$\leq \int_0^{\bar{\lambda}_{j-1}} c_2\varphi'(0)dt = \bar{\lambda}_{j-1}c_2\varphi'(0) \leq \bar{\lambda}_{j-1}c_1\varphi'(0),$$

dass bereits $\bar{\lambda}_{j-1}$ die Bedingung (6.2.6) erfüllt, im Widerspruch zur Definition von j. Somit ist

$$\bar{\lambda}_j = \frac{\bar{\lambda}_{j-1}}{2} \geq \frac{\bar{\lambda}}{2} \geq \frac{(c_2 - 1)\varphi'(0)}{2L},$$

wie im Beweis von Lemma 6.2.2, und weiter

$$\varphi(\bar{\lambda}_j) - \varphi(0) \leq -\frac{c_1(1 - c_2)\gamma^2}{2L} \left\| g^k \right\|_2^2.$$

(ii) Für $j = 0$ hat man

$$\varphi(\bar{\lambda}_0) - \varphi(0) \leq c_1\bar{\lambda}_0\varphi'(0) \leq -c_1\sigma \left\| g \right\|_2 \gamma \left\| g \right\|_2.$$

Mit $\alpha := \min\left\{ \frac{c_1(1-c_2)\gamma^2}{2L}, c_1\sigma\gamma \right\}$ folgt (6.2.7) und damit die Behauptung. $\square$

6.2.4 Steilster Abstieg für konvexe quadratische Funktionen

Wir betrachten nun den Algorithmus des steilsten Abstiegs an einem einfachen Spezialfall, der das Konvergenzverhalten des Verfahrens besonders deutlich illustriert. Sei $A \in \mathbb{R}^{n \times n}$ eine symmetrische positiv definite Matrix, $b \in \mathbb{R}^n$, $c \in \mathbb{R}$ und f die konvexe quadratische Funktion

$$f(x) := \frac{1}{2}x^T A x + b^T x + c.$$

Solche Funktionen liefern besonders einfache Beispiele für unbeschränkte Minimierungsprobleme: die globale Minimalstelle x^* der unbeschränkten Minimierung ist durch

$$g(x^*) = Df(x^*)^T = Ax^* + b \overset{!}{=} 0 \implies x^* = -A^{-1}b$$

gegeben. Die Minimierung von f ist hier also äquivalent mit der Lösung des linearen Gleichungssystems $Ax = -b$ mit der positiv definiten Matrix A. Es gilt

$$f(x) = \frac{1}{2}(x - x^*)^T A(x - x^*) + c - \frac{1}{2}(x^*)^T Ax^*.$$

(Ausmultiplizieren und die Definition von x^* einsetzen!) Da der Gradient $g(x)$ und die Minimierung von f unabhängig von additiven Konstanten wie c bzw. $c - (x^*)^T Ax^*$ sind, lassen wir solche Konstanten im Folgenden außer acht. Außerdem sind die Gradienten und die line search und damit das Minimierungsverfahren translationsinvariant in folgendem Sinne: Das Verfahren angewandt auf $f(x)$ mit Startpunkt x^0 und angewandt auf $\tilde{f}(x) := f(x + x^*)$ mit Startpunkt $\tilde{x}^0 := x^0 - x^*$ liefert jeweils einander entsprechende Iterierte, nämlich $\tilde{x}^k = x^k - x^*$. Wir können daher für die Untersuchung des Verfahrens ohne Einschränkung $x^* = 0$ annehmen, wobei der Startpunkt $x^0 \neq 0$ aber willkürlich vorgegeben sei.

Als geeignetes Maß für den Abstand von x^k zum Optimalpunkt $x^* = 0$ stellt sich die Norm

$$\|x\|_A := \sqrt{x^T A x}$$

heraus. Da A positiv definit ist, ist $\|x\|_A$ stets definiert. Die Normeigenschaften bestätigt man leicht, insbesondere folgt die Dreiecksungleichung für $\| \cdot \|_A$ aus der Cauchy-Schwarz'schen Ungleichung. Der folgende Satz gilt nur bezüglich der Norm $\| \cdot \|_A$.

Satz 6.2.8 *Die symmetrische und positiv definite Matrix $A \in \mathbb{R}^{n \times n}$ besitze die Eigenwerte $0 < \mu_1 \leq \cdots \leq \mu_n$. Dann liefert das Verfahren des steilsten Abstiegs ($\gamma = 1$ in Algorithmus 6.2.1) verbunden mit der exakten line search (B), angewandt auf $f(x) = \frac{1}{2}x^T Ax + b^T x + c$, eine Folge von x^k mit*

$$\left\| x^{k+1} - x^* \right\|_A \leq \left(1 - \frac{2}{\kappa + 1} \right) \left\| x^k - x^* \right\|_A$$

für $k = 0, 1, 2, \ldots$, wobei $\kappa := \mu_n/\mu_1 = cond_2(A)$ die Kondition von A ist.

Beweis Wie zuvor begründet, können wir für den Beweis ohne Einschränkung $c = 0$ und $b = 0$, d. h. $x^* = 0$ annehmen. Dann ist

$$2f(x) = x^T Ax = \|x\|_A^2, \qquad g(x) = Ax.$$

Es folgt

$$x^{k+1} = x^k - \lambda_k g^k = x^k - \lambda_k Ax^k = (I - \lambda_k A)x^k, \qquad (6.2.9)$$

wobei λ_k so gewählt ist, dass $2f\left(x^{k+1}\right) = \left\|(I - \lambda_k A)x^k\right\|_A^2$ minimal ist. Seien $v^1, \ldots, v^n$ Eigenvektoren von A zu $\mu_1, \ldots, \mu_n$ mit $\left\|v^i\right\|_2 = 1$. (Beachte, dass λ_k die Schrittweite angibt, und die Eigenwerte von A daher mit μ_i bezeichnet werden.) Da A symmetrisch ist, können die Eigenvektoren paarweise orthogonal gewählt werden:

$$\left(v^i\right)^T v^j = \begin{cases} 0 \text{ für } i \neq j, \\ 1 \text{ sonst.} \end{cases} \qquad (6.2.10)$$

Nun besitze x^k die Darstellung $x^k = \sum_{i=1}^{n} \alpha_i v^i$. Dann ist

$$2f\left(x^k\right) = \left\|x^k\right\|_A^2 = \left(\sum_{i=1}^{n} \alpha_i v^i\right)^T A \sum_{j=1}^{n} \alpha_j v^j$$

$$= \left(\sum_{i=1}^{n} \alpha_i v^i\right)^T \sum_{j=1}^{n} \alpha_j \mu_j v^j = \sum_{i=1}^{n} \alpha_i^2 \mu_i.$$

In der letzten Gleichung wurde (6.2.10) verwendet. Analog folgt natürlich aus (6.2.9)

$$2f\left(x^{k+1}\right) = \sum_{i=1}^{n} \alpha_i^2 (1 - \lambda_k \mu_i)^2 \mu_i \leq \left(\max_{1 \leq i \leq n} (1 - \lambda_k \mu_i)^2\right) \sum_{i=1}^{n} \alpha_i^2 \mu_i.$$

Aus $\sum_{i=1}^{n} \alpha_i^2 \mu_i = 2f\left(x^k\right) = \left\|x^k\right\|_A^2$ folgt, dass $\max_{1 \leq i \leq n} |1 - \lambda_k \mu_i|$ eine obere Schranke für die Reduzierung von $\|x\|_A$ ist. Wir zeigen, dass diese Schranke kleiner als $1 - 2/(1 + \kappa)$ ist. Dazu wählen wir willkürlich den Wert $\tilde{\lambda}_k := 2/(\mu_1 + \mu_n)$. Für diesen Wert verifiziert man leicht

$$1 - \tilde{\lambda}_k \mu_1 \geq 1 - \tilde{\lambda}_k \mu_i \geq 1 - \tilde{\lambda}_k \mu_n = -(1 - \tilde{\lambda}_k \mu_1).$$

Die Beträge von $1 - \tilde{\lambda}_k \mu_i$ sind also alle kleiner oder gleich $1 - \tilde{\lambda}_k \mu_1$. Mit

$$1 - \tilde{\lambda}_k \mu_1 = 1 - \frac{2\mu_1}{\mu_1 + \mu_n} = 1 - \frac{2}{\kappa + 1}$$

folgt die Behauptung, denn λ_k war so gewählt, dass $f(x)$ und somit auch $\|x\|_A$ minimiert werden. Insbesondere ist $f\left(x^{k+1}\right) \leq f\left(x^k - \tilde{\lambda}_k g^k\right)$. □

In obigem Beweis kommen eine Reihe von Abschätzungen vor, die für allgemeine Punkte x^k nicht scharf sind. Man könnte daher glauben, das Konvergenzresultat sei zu pessimistisch am 'worst case' orientiert, und in der Praxis konvergiere das Verfahren im allgemeinen wesentlich besser. Dies ist leider nicht der Fall. Umfangreiche numerische Beispiele belegen, dass das Verfahren des steilsten Abstiegs in der Praxis kaum schneller ist, als in Satz 6.2.8 bewiesen. In den Übungen 6.10 wird ferner gezeigt, dass bei gewissen Startpunkten die Konvergenzrate von $1 - 2/(\kappa + 1)$ für alle Iterierten angenommen wird.

6.3 Konjugierte – Gradienten Verfahren (cg -Verfahren)

Das konjugierte-Gradienten Verfahren ist zunächst ein Abstiegsverfahren zur Minimierung konvexer quadratischer Funktionen, das wesentlich schneller als das Verfahren des steilsten Abstiegs konvergiert. Es findet, verbessert mit Hilfe von „Präkonditionierungstechniken", vielfach Einsatz bei der Lösung von großen, dünn besetzten linearen Gleichungssystemen mit positiv definiten Matrizen.

Definition 6.3.1 *Sei $A \in \mathbb{R}^{n \times n}$ symmetrisch positiv definit. Die Vektoren $s^1, \ldots, s^m \in \mathbb{R}^n$ heißen A-konjugiert, falls $s^i \neq 0$ für $1 \leq i \leq m$ und $\left(s^i\right)^T As^j = 0$ für $i \neq j$.*

Bemerkung

A-konjugierte Vektoren s^i für $1 \leq i \leq m$ sind stets linear unabhängig.

Denn aus $\sum_{i=1}^{n} \alpha_i s^i = 0$ folgt durch Multiplikation mit $\left(s^k\right)^T A$ für $1 \leq k \leq m$, sofort

$$0 = \left(s^k\right)^T A \left(\sum_{i=1}^{n} \alpha_i s^i\right) = \alpha_k \underbrace{\left(s^k\right)^T As^k}_{>0},$$

und somit $\alpha_k = 0$ für alle k.

Satz 6.3.2 *Sei $f(x) = \frac{1}{2}x^T Ax + b^T x + c$ mit $A \in \mathbb{R}^{n \times n}$ symmetrisch positiv definit, $b \in \mathbb{R}^n$ und $c \in \mathbb{R}$. Ferner seien die Vektoren $s^0, \ldots, s^{n-1}$ A-konjugiert und $x^0 \in \mathbb{R}^n$ beliebig. Für $k = 0, 1, \ldots, n - 1$ sei $x^{k+1} := x^k + \lambda_k s^k$ mit*

$$\lambda_k = \arg \min_{\lambda \in \mathbb{R}} f\left(x^k + \lambda s^k\right).$$

Dann gilt $f(x^n) = \min_{x \in \mathbb{R}^n} f(x)$.

Beweis Sei $v \in \mathbb{R}^n$ beliebig. Da die s^i eine Basis des $\mathbb{R}^n$ bilden, gibt es Zahlen α_i mit

$$v = \sum_{i=0}^{n-1} \alpha_i s^i \quad \text{und somit} \quad \left(s^i\right)^T Av = \alpha_i \left(s^i\right)^T As^i.$$

Nach Division durch $\left(s^i\right)^T As^i > 0$ folgt für alle $v \in \mathbb{R}^n$ die Identität

$$v = \sum_{i=0}^{n-1} \frac{\left(s^i\right)^T A v}{\left(s^i\right)^T As^i} s^i. \tag{6.3.3}$$

In der Minimalstelle λ_k des k-ten Schrittes gilt $\varphi'(\lambda_k) = Df\left(x^k + \lambda_k s^k\right) s^k = 0$, wobei wieder $\varphi(\lambda) := f\left(x^k + \lambda s^k\right)$ ist. Es folgt:

$$0 = \left(s^k\right)^T \nabla f\left(x^{k+1}\right) = \left(s^k\right)^T \left(Ax^{k+1} + b\right)$$

$$= \left(s^k\right)^T \left(A\left(x^0 + \sum_{i=0}^{k-1} \lambda_i s^i + \lambda_k s^k\right) + b\right) = \left(s^k\right)^T \left(Ax^0 + b\right) + \lambda_k \underbrace{\left(s^k\right)^T As^k}_{>0}.$$

Also ist

$$\lambda_k = \frac{-\left(s^k\right)^T \left(Ax^0 + b\right)}{\left(s^k\right)^T As^k}.$$

Wegen $x^n = x^0 + \sum_{i=0}^{n-1} \lambda_i s^i$ findet man so

$$x^n = x^0 - \sum_{i=0}^{n-1} \frac{\left(s^i\right)^T \left(Ax^0 + b\right)}{\left(s^i\right)^T As^i} s^i = x^0 - \sum_{i=0}^{n-1} \frac{\left(s^i\right)^T A \overbrace{\left(x^0 + A^{-1}b\right)}^{v}}{\left(s^i\right)^T As^i} s^i$$

und somit wegen (6.3.3) mit $v := x^0 + A^{-1}b$

$$x^n = x^0 - \left(x^0 + A^{-1}b\right) = -A^{-1}b = \arg \min_{x \in \mathbb{R}^n} f(x). \qquad \square$$

Dieses Resultat ist wesentlich stärker als das Konvergenzresultat für das Verfahren des steilsten Abstiegs. Es legt nahe, A-konjugierte Vektoren als Suchrichtungen s^k zusammen mit der exakten line-search (B) in Algorithmus 6.2.1 zu verwenden. Wie Hestenes und Stiefel (1952) zeigten, lassen sich solche A-konjugierten Vektoren in dem folgenden *konjugierte-Gradienten Verfahren* (conjugate-gradient algorithm, cg-algorithm) mit geringem Aufwand erzeugen:

Algorithmus 6.3.4 (cg-Algorithmus)
Voraussetzung: Sei $f(x) = \frac{1}{2}x^T Ax + b^T x + c$, $A \in \mathbb{R}^{n \times n}$ eine symmetrische positiv definite Matrix und $g(x) := Ax + b = \nabla f(x)$ der Gradient von f.
Start: Wähle $x^0 \in \mathbb{R}^n$ und setze $g^0 := g\left(x^0\right)$, $s^0 := -g^0$.
Für $i = 0, 1, \ldots$

1. Falls $g^i = g\left(x^i\right) = 0$, STOP: x^i ist Minimalstelle von f.
2. Sonst setze $x^{i+1} := x^i + \lambda_i s^i$, wobei

$$\lambda_i := \arg \min_{\lambda \geq 0} f\left(x^i + \lambda s^i\right) = -\frac{\left(g^i\right)^T s^i}{\left(s^i\right)^T As^i}.$$

3. Berechne $\gamma_{i+1} := \left(\left(g^{i+1}\right)^T g^{i+1}\right) / \left(g^i\right)^T g^i$ und setze $s^{i+1} := -g^{i+1} + \gamma_{i+1}s^i$.

Die Wahl von λ_i im Schritt 2.) ist eine exakte line search, das Minimum von f entlang $x^i + \lambda s^i$ wird exakt bestimmt. Es wird sich zeigen (Satz 6.3.5), dass λ_i wegen $\left(s^i\right)^T As^i > 0$ für $g^i \neq 0$ wohldefiniert ist und $\lambda_i > 0$ gilt.

Satz 6.3.5 *Sei $f(x) := \frac{1}{2}x^T Ax + b^T x + c$, $A \in \mathbb{R}^{n \times n}$ symmetrisch positiv definit, und $x^0 \in \mathbb{R}^n$ ein beliebiger Startvektor für Algorithmus 6.3.4.*

Dann gibt es ein kleinstes $m \leq n$, so dass $g^m = 0$. Weiter gelten in jedem Schritt $l \leq m$ die Aussagen

$$
\left.
\begin{array}{lll}
1. & \left(s^i\right)^T g^k = \quad 0 & f\ddot{u}r \; 0 \leq i < k \leq l \\
   & \left(s^k\right)^T g^k = -\left(g^k\right)^T g^k & f\ddot{u}r \quad 0 \leq k \leq l \\
2. & \left(g^i\right)^T g^k = \quad 0 & f\ddot{u}r \; 0 \leq i < k \leq l \\
3. & \left(s^i\right)^T A s^k = \quad 0 & f\ddot{u}r \; 0 \leq i < k \leq l
\end{array}
\right\} \quad (\mathcal{A}_l)
$$

Beweis Induktion nach l:

- $l = 0$: Es ist $\left(s^0\right)^T g^0 = -\left(g^0\right)^T g^0$ wegen $s^0 = -g^0$. Die übrigen Behauptungen von $(\mathcal{A}_0)$ sind trivial weil leer.
- Es gelte $(\mathcal{A}_i)$ und damit $g^i \neq 0$ für $i \leq l$, also $l < m$. Wir zeigen die Gültigkeit von $(\mathcal{A}_{l+1})$.

1. Wegen $(\mathcal{A}_l)$ 1) ist $\left(s^l\right)^T g^l = -\left(g^l\right)^T g^l < 0$, also $s^l \neq 0$, $\left(s^l\right)^T A s^l > 0$, so dass λ_l wohldefiniert ist und $\lambda_l > 0$ gilt. Allgemein gilt wegen $(\mathcal{A}_i)$

$$
\lambda_i > 0 \quad \text{für alle } 0 \leq i \leq l. \tag{6.3.6}
$$

Weiter ist wegen der exakten line-search $\left(s^l\right)^T g^{l+1} = 0$ und für $i < l$

$$
\begin{aligned}
\left(s^i\right)^T g^{l+1} &= \left(s^i\right)^T \left(A x^{l+1} + b\right) = \left(s^i\right)^T \left(A \left(x^{i+1} + \sum_{j=i+1}^{l} \lambda_j s^j \right) + b \right) \\
&= \left(s^i\right)^T \left(A x^{i+1} + b \right) + 0 \quad \text{wegen } (\mathcal{A}_l)\, 3) \\
&= \left(s^i\right)^T g^{i+1} = 0 \quad \text{(line search)}.
\end{aligned}
$$

Schließlich ist γ_{l+1} wegen $g^l \neq 0$ wohldefiniert, und es folgt wegen der exakten line-search

$$
\left(s^{l+1}\right)^T g^{l+1} = \left(-g^{l+1} + \gamma_{l+1} s^l\right)^T g^{l+1} = -\left(g^{l+1}\right)^T g^{l+1}.
$$

Also gilt $(\mathcal{A}_{l+1})$ 1).

2. Setzt man der Reihe nach $(\mathcal{A}_{l+1})$ 1), dann die Definition von s^i, und nochmals $(\mathcal{A}_{l+1})$ 1) ein, so folgt für $i \leq l$:

$$
0 = \left(s^i\right)^T g^{l+1} = \left(-g^i + \gamma_i s^{i-1}\right)^T g^{l+1} = -\left(g^i\right)^T g^{l+1}.
$$

(Um den Induktionsanfang korrekt zu verankern, setzen wir $s^{-1} := 0$.)

3.

Fall a) $i \leq l - 1$:

Dann ist wegen $\lambda_i \neq 0$ (s. 6.3.6)

$$\left(s^i\right)^T A s^{l+1} = \left(s^i\right)^T A \left(-g^{l+1} + \gamma_{l+1} s^l\right)$$

$$= -\left(s^i\right)^T A g^{l+1} \qquad \text{(wegen } (\mathcal{A}_l)\, 3)$$

$$= \frac{1}{\lambda_i} \left(A x^i - A x^{i+1}\right)^T g^{l+1} \qquad \left(\text{verwende } s^i = \frac{x^{i+1} - x^i}{\lambda_i}\right)$$

$$= \frac{1}{\lambda_i} \left(g^i - g^{i+1}\right)^T g^{l+1} = 0 \qquad \text{(wegen } (\mathcal{A}_{l+1})\, 2).$$

Fall b) $i = l$:

$$\left(s^l\right)^T A s^{l+1} = \left(s^l\right)^T A \left(-g^{l+1} + \gamma_{l+1} s^l\right) = 0, \quad \text{wenn} \quad \gamma_{l+1} = \frac{\left(s^l\right)^T A g^{l+1}}{\left(s^l\right)^T A s^l}.$$

α)   Falls $g^{l+1} = 0$, so ist $\gamma_{l+1} = 0$ und damit $s^{l+1} = 0$, so dass $\left(s^l\right)^T A s^{l+1} = 0$.

β)   Sei $g^i \neq 0$ für $0 \leq i \leq l + 1$.

Dann gilt $s^l = \left(x^{l+1} - x^l\right) / \lambda_l$ wegen $\lambda_l > 0$ (s. 6.3.6). Es folgt

$$\frac{\left(s^l\right)^T A g^{l+1}}{\left(s^l\right)^T A s^l} = \frac{\left(A \left(x^{l+1} - x^l\right)\right)^T g^{l+1}}{\left(A \left(x^{l+1} - x^l\right)\right)^T s^l} = \frac{\left(g^{l+1} - g^l\right)^T g^{l+1}}{\left(g^{l+1} - g^l\right)^T \left(-g^l + \gamma_l s^{l-1}\right)}$$

$$= \frac{\left(g^{l+1}\right)^T g^{l+1}}{\left(g^l\right)^T g^l} = \gamma_{l+1}.$$

Im vorletzten Schritt wurden wieder $(\mathcal{A}_{l+1})$ 1) und $(\mathcal{A}_{l+1})$ 2) benutzt.

Das Verfahren bricht mit einem $m \leq n$ ab; denn wegen $(\mathcal{A}_l)$ 2) sind die $l + 1$ Vektoren g^i, $i = 0, 1, \ldots, l$, nicht verschwindende orthogonale Vektoren, falls g^l noch von Null verschieden ist. Da im $\mathbb{R}^n$ höchstens n Vektoren zueinander orthogonal sind, folgt $l + 1 \leq n$, so dass es ein erstes $m \leq n$ mit $g^m = 0$ gibt; x^m ist dann die Minimalstelle von f.   □

Bemerkung

Das cg-Verfahren wurde zunächst als „direktes Verfahren" eingesetzt, d. h. als ein Verfahren, welches – im Gegensatz zu iterativen Verfahren – nach einer endlichen Anzahl von Rechenschritten (nach dem letzten Satz höchstens n) die exakte Lösung des Problems berechnet. Das numerische Verhalten des cg-Verfahrens als „direktes Verfahren" ist aber enttäuschend, denn wegen des Einflusses von Rundungsfehlern bricht es in der Regel nicht nach n Schritten mit dem exakten Minimum von f ab. Es wird deshalb heute mehr als ein iteratives Verfahren angesehen, auf dessen Konvergenzgeschwindigkeit es ankommt. Ein Vorteil der Methode liegt darin, dass man die (eventuell sehr dünne) Struktur von A leicht ausnutzen kann: Der Rechenaufwand pro Iteration entspricht bei dem cg-Verfahren im wesentlichen den Kosten der Multiplikation von A mit einem Vektor; er ist also umso geringer, je dünner die Matrix A besetzt ist. Versucht man das Gleichungssystem $Ax = -b$ mittels der Cholesky-Zerlegung $A = LL^T$ zu lösen, so ist L oft sehr viel dichter besetzt als A. Als iteratives Verfahren ist das cg-Verfahren heute daher sehr populär, insbesondere weil mit der wachsenden Leistungsfähigkeit der heutigen Rechner wesentlich größere Probleme gerechnet werden können, bei denen es auf die Ausnutzung der dünnen Struktur von A ankommt.

Bemerkungen zum Konvergenzverhalten
Die Funktionswerte $f\left(x^k\right)$ und deshalb auch die Abstände $\|x^k - x^*\|_A$ (gemessen in der A-Norm $\|x\|_A = (x^T A x)^{1/2}$) der Iterierten x^k von der Minimalstelle x^* nehmen mit wachsendem k streng monoton ab. Man kann darüber hinaus zeigen, dass

$$\frac{\|x^k - x^*\|_A}{\|x^0 - x^*\|_A} \leq 2 \left(\left(\frac{\sqrt{\kappa}+1}{\sqrt{\kappa}-1} \right)^k + \left(\frac{\sqrt{\kappa}-1}{\sqrt{\kappa}+1} \right)^k \right)^{-1}$$
$$< 2 \left(1 - \frac{2}{\sqrt{\kappa}+1} \right)^k,$$

wobei κ die Kondition von A bezüglich der lub$_2$-Norm ist. Für jedes k wird die erste Ungleichung dabei für gewisse Daten A, b angenommen, und die Zweite stimmt für große k mit der Ersten fast überein. Obige Abschätzung impliziert für großes $\kappa \gg 1$ wegen $\sqrt{\kappa} \ll \kappa$ eine wesentlich bessere lineare Konvergenz als beim Verfahren des steilsten Abstiegs (vgl. Satz 6.2.8). Trotzdem erkennt man auch hier, dass es günstig wäre, wenn man die Konditionszahl von A „verkleinern" könnte. Dieses Ziel soll im Folgenden besprochen werden.

6.3.1 Präkonditionierung

Wir betrachten hier die Lösung eines Gleichungssystems $Ax = -b$ mit einer symmetrischen, positiv definiten Matrix A. Wie bereits erwähnt, ist dieses Problem äquivalent zur Minimierung von $f(x) = \frac{1}{2}x^T A x + b^T x$. Häufig ist eine invertierbare Matrix L bekannt, sodass Systeme der Form $Lx = u$ oder $L^T x = u$ leicht lösbar sind, und für die $LL^T \approx A$ gilt, wobei die Güte dieser Approximation durchaus schwach sein kann. Anstelle von $Ax = -b$ löst man für die transformierte Variable $z := L^T x$ das äquivalente Problem

$$\begin{aligned} L^{-1}AL^{-T}z &= -L^{-1}b \\ L^{-T}z &= x \end{aligned}, \qquad (*)$$

d. h. man wendet das cg-Verfahren auf die Minimierung von $\tilde{f}$ mit $\tilde{f}(z) := z^T \tilde{A} z + \tilde{b}^T z$ und $\tilde{A} := L^{-1} A L^{-T}$ sowie $\tilde{b} := L^{-1} b$ an, um dann aus der zugehörigen Lösung $\bar{z}$ die Lösung $\bar{x} = L^{-T} \bar{z}$ des Ausgangsproblems abzulesen. Dies hat dann Vorteile, wenn die Kondition von $\tilde{A}$ wesentlich besser ist als die von A.

Wählt man die Matrix L wie oben, sodass $LL^T \approx A$ ist, dann ist $\tilde{A} = L^{-1} A L^{-T} \approx I$ und $1 \approx \kappa(\tilde{A}) \ll \kappa(A)$. Darüber hinaus ist, wie man leicht zeigt, A genau dann symmetrisch und positiv definit, wenn dies auch für $\tilde{A} = L^{-1} A L^{-T}$ gilt. (Dies ist eine Kongruenztransformation, keine Ähnlichkeitstransformation !)

Wir nehmen im Folgenden nur an, dass M eine positiv definite Matrix mit $M \approx A$ ist, für die man Gleichungssysteme der Form $Mu = v$ leicht lösen kann, was z. B. der Fall ist, wenn man die Cholesky-Zerlegung $M = LL^T$ von M kennt und L eine dünn besetzte Matrix ist. Solche Matrizen M heißen *Präkonditionierer* von A. Man beachte, dass es nicht möglich ist, anstelle von $Ax = -b$ das Gleichungssystem $M^{-1} Ax = -M^{-1} b$ direkt mit dem cg-Verfahren zu lösen, da $M^{-1} A$ in aller Regel nicht symmetrisch ist, und dann die Theorie der A-konjugierten Richtungen nicht mehr greift. Daher betrachtet man das System $(*)$.

Das cg-Verfahren angewandt auf $(*)$ liefert eine Folge von Vektoren z^k. Wir vermeiden aber die explizite Berechnung der z^k, indem wir die z^k gleich in die zugehörigen $x^k = L^{-T} z^k$ zurücktransformieren.

Dazu bezeichnen wir die Suchrichtungen und Gradienten von $\tilde{f}$ mit s_z bzw. g_z und definieren die rücktransformierten Richtungen durch $x := L^{-T} z$, $s_x := L^{-T} s_z$ und $g_x := L^{-T} g_z$. Man beachte: Hier ist g_x nicht der Gradient Lg_z von f in x sondern die mit L^{-T} umskalierte Richtung g_z. Wir erhalten

$$g_x = L^{-T}(L^{-1} A L^{-T} z + L^{-1} b) = L^{-T} L^{-1} Ax + L^{-T} L^{-1} b = M^{-1}(Ax + b),$$

$$\lambda_x = \lambda_z = \frac{-g_z^T s_z}{s_z^T L^{-1} A L^{-T} s_z} = \frac{-s_z^T L^{-1}(Ax + b)}{s_z^T L^{-1} A L^{-T} s_z} = \frac{-s_x^T(Ax + b)}{s_x^T A s_x},$$

$$\gamma_x = \gamma_z = \frac{g_z^{+T} g_z^+}{g_z^T g_z} = \frac{g_x^{+T}(Ax^+ + b)}{g_x^T(Ax + b)},$$

wobei g^+ bzw. x^+ jeweils die neue Iterierte bezeichnen.

Setzt man diese Größen in Algorithmus 6.3.4 ein und definiert man zusätzliche Hilfsvektoren a und r um doppelte Rechnungen zu sparen, so ergibt sich folgendes Präkonditioniertes cg-Verfahren:

Algorithmus 6.3.7 (Präkonditionierter cg-Algorithmus)
Voraussetzung: Sei $f(x) = \frac{1}{2} x^T Ax + b^T x$, $A \in \mathbb{R}^{n \times n}$ eine symmetrische positiv definite Matrix und M eine symmetrische positiv definite Approximation an A, für die $M^{-1} u$ zu gegebenem u leicht berechenbar ist.
Ziel: Minimiere f, d. h. berechne ein $x \in \mathbb{R}^n$ mit $Ax \approx -b$.
Start: Wähle eine Abbruchgenauigkeit tol > 0 *und eine maximale Iterationszahl* maxit.

Wähle einen Startvektor $x^0 \in \mathbb{R}^n$, setze $r^0 = b + Ax^0$; $s^0 = -M^{-1}r^0$; $\rho_0 = -\left(r^0\right)^T s^0$; und $i = 0$;
Solange $\sqrt{\rho_i} >$ tol und $i \leq maxit$

1)
$$a^i = As^i; \quad \lambda_i = \frac{\rho_i}{\left(s^i\right)^T a^i}; \quad x^{i+1} = x^i + \lambda_i s^i;$$

2)
$$r^{i+1} = r^i + \lambda_i a^i; \quad g^{i+1} = M^{-1}r^{i+1}; \quad \rho_{i+1} = \left(g^{i+1}\right)^T r^{i+1}$$

3)
$$\gamma_{i+1} = \frac{\rho_{i+1}}{\rho_i}; \quad s^{i+1} = -g^{i+1} + \gamma_{i+1}s^i; \quad i = i + 1;$$

end

Im Vergleich zu den Größen, die beim cg-Verfahren zur Lösung von $Ax = -b$ benötigt werden, ist hier also eine zusätzliche Multiplikation mit M^{-1} zur Berechnung von $M^{-1}(Ax+b)$ nötig. Selbstverständlich wird dabei M nicht wirklich invertiert, sondern nur das zugehörige Gleichungssystem gelöst.

6.3.2   Das Verfahren von Polak-Ribière

Das cg-Verfahren (Algorithmus 6.3.4) wurde absichtlich so formuliert, dass seine Anwendung auf beliebige differenzierbare Funktionen $f\colon \mathbb{R}^n \to \mathbb{R}$ naheliegt. Wir stellen hier eine Variante des cg-Verfahrens zur Minimierung einer konvexen Funktion $f\colon \mathbb{R}^n \to \mathbb{R}$ vor. Ein erster Vorschlag geht auf Fletcher und Reeves (1964) zurück, die hier vorgestellte Variante von Polak und Ribière (1971) ist in der Regel deutlich besser als das ursprüngliche Fletcher-Reeves Verfahren.

Wir setzen $g(x) := \nabla f(x)$ und suchen eine Nullstelle von $g(x)$.
Dazu sei (vgl. Algorithmus 6.3.4)

Algorithmus 6.3.8 (Verfahren von Polak und Ribière)
Start: Wähle $x^0 \in \mathbb{R}^n$, $\epsilon > 0$, und setze $g^0 := g\left(x^0\right)$, $s^0 := -g^0$.
Für $i = 0, 1, \ldots$

1. Falls $\|g^i\| \leq \epsilon$, STOP: x^i ist ϵ-Näherung für eine Minimalstelle von f.
2. Sonst setze $x^{i+1} := x^i + \lambda_i s^i$, wobei

$$\lambda_i \approx \arg\min_{\lambda \geq 0} f\left(x^i + \lambda s^i\right)$$

(näherungsweise exakte line-search).

3. *Berechne* $g^{i+1} := g\left(x^{i+1}\right)$ *und* $s^{i+1} := -g^{i+1} + \beta_i s^i$, *wobei*

$$\beta_i := \frac{\left(g^{i+1} - g^i\right)^T g^{i+1}}{\left(g^i\right)^T g^i}.$$

Bemerkung

Man beachte Satz 6.3.5: Für konvexe quadratische Funktionen f gilt $\beta_i = \gamma_{i+1} = \left(g^{i+1}\right)^T g^{i+1} / \left(g^i\right)^T g^i$. Auch für nichtquadratische Funktionen f ist bei exakter line search die Richtung s^{i+1} stets eine Abstiegsrichtung, denn

$$\left(g^{i+1}\right)^T s^{i+1} = -\left(g^{i+1}\right)^T g^{i+1} + \beta_i \left(g^{i+1}\right)^T s^i = -\left(g^{i+1}\right)^T g^{i+1} < 0.$$

Die Abstiegseigenschaft kann aber bei inexakter line search verlorengehen. Da eine exakte line search recht teuer ist, muss man sich in der Praxis häufig mit einer inexakten line search zufrieden geben.

Konvergenzresultat

Unter den Voraussetzungen einer asymptotisch exakten line search sowie der positiven Definitheit von $D^2 f(x^*)$ und der Lipschitzstetigkeit von $\nabla^2 f(x)$ bei x^* kann man für kleines $\|x^0 - x^*\|$ zeigen, dass das Verfahren *n-Schritt quadratisch konvergent ist*, d. h. es gibt eine Konstante $c > 0$ mit $\|x^{n-1} - x^*\|_2 \leq c\|x^0 - x^*\|_2^2$.

Folgende Modifikationen des cg-Verfahrens wurden bei der Minimierung von nichtquadratischen Funktionen unter anderem vorgeschlagen.

- Verwendung von „Restarts": Um das obige Konvergenzresultat auszunutzen wird das cg-Verfahren alle n Schritte neu gestartet, d. h. man setzt $s^{kn} = -g^{kn}$ (anstelle von $s^{kn} = -g^{kn} + \beta^{kn-1} s^{kn-1}$) für $k = 0, 1, 2, \ldots$. In der Praxis bringen Restarts aber kaum Vorteile.
- Auch bei nicht-quadratischen Funktionen ist der Einsatz von Präkonditionierungstechniken möglich.

Das cg-Verfahren ist wesentlich besser als das Verfahren des steilsten Abstieges, aber nicht viel teurer. Trotzdem sind Varianten des Newton-Verfahrens mit dünner Faktorisierung oder die nachfolgend beschriebenen Quasi-Newton-Verfahren oft noch besser geeignet, um konvexe Funktionen zu minimieren. Die Quasi-Newton-Verfahren sind dabei vor allem bei teuren und voll besetzten Hessematrizen $\nabla^2 f(x)$ von Vorteil. Varianten von Quasi-Newton-Verfahren, die mit geringem Speicherbedarf auskommen, die sogenannten „limited memory" Quasi-Newton-Verfahren, sind dabei auch den oben beschriebenen cg-Ansätzen häufig überlegen.

6.4   Stochastic Gradient and Block Coordinate Descent

In den letzten Jahren wurden Anwendungen untersucht, bei denen extrem hoch-dimensionale
Minimierungsprobleme auftreten, für die selbst die Auswertung eines einzelnen Funktions-
wertes oft so viel Rechenzeit beansprucht, dass neue iterative Verfahren zum Einsatz kommen, bei denen die einzelnen Iterationen billiger sind als eine Funktionsauswertung. Dazu
wird allerdings ausgenutzt, dass diese Anwendungen eine sehr spezielle Struktur besitzen.
Die Grundzüge dieser neuen Verfahren lassen sich nachfolgend aus den Betrachtungen in
den Abschn. 6.2 und 6.3 motivieren.

6.4.1   Stochastic Gradient Descent

Schätzprobleme, wie sie sie z. B. bei Internet-Anwendungen oder im Bereich des maschinellen
Lernen auftreten, haben oft die Form, dass eine konvexe Funktion $f : \mathbb{R}^n \to \mathbb{R}$ mit

$$f(x) := \frac{1}{m} \sum_{i=1}^{m} f_i(x)$$

zu minimieren ist, wobei die Funktionen $f_i : \mathbb{R}^n \to \mathbb{R}$ eine einfache Struktur haben
und die Anzahl m der Summanden extrem groß sein kann. Der Einfachheit halber nehmen
wir an, dass die f_i alle differenzierbar sind, für den nachfolgenden Beweis genügt aber
die Verfügbarkeit von Subgradienten. Die Funktion f basiert z. B. auf m Stichproben und
häufig sind die einzelnen Funktionen f_i nichtnegativ und werden als „loss function" zur i-ten
Stichprobe bezeichnet. Der Wert $f_i(x)$ ist ein Maß dafür, wie weit gewisse Merkmale, die zu
einem gegebenen Schätzwert x gehören von den Merkmalen, die zur Stichprobe i gehören,
abweichen. Die Anzahl der bekannten Stichproben kann viele Milliarden betragen und wenn
sehr viele Stichproben gegeben sind, so sind sich in der Regel manche der zugehörigen
Funktionen f_i recht ähnlich. Gleichzeitig ist die vollständige Auswertung der Funktion f
bzw. die Auswertung eines einzelnen Gradienten von f an einer gegebenen Stelle x sehr
teuer.

Dies motiviert den Ansatz, eine Abstiegsrichtung für f anhand einiger ausgesuchter
Stichproben zu raten. Da aus Kostengründen weder f noch ∇f vollständig ausgewertet
werden sollen und somit eine Reduzierung von f nicht direkt überprüft werden kann (eine
line search also nicht möglich ist), sind die Wahl der Schrittweite und die Wahl der Stichprobe
von besonderer Wichtigkeit. Die Schrittweiten werden beim maschinellen Lernen häufig als
„learning rate" bezeichnet.

Die Methoden beruhen in der Regel auf der Auswahl einer Teilmenge S aller Indices
$\{1, \ldots, m\}$ (ein „sample" S) und der darauf basierenden Approximation f_S an f, die durch
$f_S(x) := \frac{1}{|S|} \sum_{i \in S} f_i(x)$ definiert ist. Nach Wahl einer kleinen Schrittweite $\alpha > 0$ erzeugt
man in der einfachsten Variante ausgehend von x^0 die Iterierten

$$x^{k+1} := x^k - \alpha \nabla f_S\left(x^k\right) \qquad \text{für } k \geq 0. \tag{6.4.1}$$

Die Wahl von S wird in jedem Schritt zufällig und unabhängig von den vorangegangenen Iterationen neu getroffen; die Wahl von α wird nicht notwendigerweise aktualisiert. Da die genäherten Gradienten $\nabla f_S(x^*)$ in einer exakten Minimalstelle x^* von f in der Regel von Null verschieden sind, entfernen sich die Iterierten wieder von der exakten Minimalstelle sollte diese zufällig einmal als Iterierte erzeugt werden. Eine Konvergenz ist für feste Schrittweiten α daher grundsätzlich nicht möglich.

Daher kann man die Schrittweite α in (6.4.1) langsam reduzieren und z. B. $\alpha = \alpha_k := c/\sqrt{k+1}$ setzen mit einer Konstanten $c > 0$. Bezeichnet man zu $x \in \mathbb{R}$ mit $\lfloor x \rfloor \in \mathbb{Z}$ die nach unten gerundete Zahl, so folgt

$$\sum_{j=0}^{k} \alpha_j = \int_1^{k+2} \frac{c}{\sqrt{\lfloor x \rfloor}}\, dx \geq \int_1^{k+2} \frac{c}{\sqrt{x}}\, dx \geq 2c\left(\sqrt{k+2} - 1\right).$$

Analog gilt $\sum_{j=0}^{k} \alpha_j^2 \leq c^2(1 + \ln(k+1))$. Zur Konvergenzabschätzung des Ansatzes mit $\alpha_k := c/\sqrt{k+1}$ nehmen wir an, dass in jedem Punkt x^k der Erwartungswert des zufällig gewählten Schätzwertes $\nabla f_S\left(x^k\right)$ für $\nabla f\left(x^k\right)$ stets mit $\nabla f\left(x^k\right)$ übereinstimme (dies ist z. B. der Fall, wenn S gleichverteilt aus $\{1, \ldots, m\}$ gewählt wird) und dass der Erwartungswert $E\left(\left\|\nabla f_S\left(x^k\right)\right\|_2^2\right)$ unabhängig von k durch eine Zahl V^2 beschränkt sei. Dies ist z. B. der Fall, wenn die x^k beschränkt sind und die Gradienten $\nabla f_i(\,.\,)$ alle stetig sind. Schließlich sei noch angenommen, dass f eine Minimalstelle x^* besitze. Wir halten den Startpunkt x^0 im Folgenden fest und setzen $R := \|x^0 - x^*\|_2$.

In Anlehnung an [141] betrachten wir zunächst eine einzelne Iteration k und nehmen an, dass x^k gegeben sei. Mit der zufälligen Auswahl von S im k-ten Schritt ergibt sich dann für den Erwartungswert „E" von $\|x^{k+1} - x^*\|_2^2$ die Abschätzung

$$E\left(\left\|x^{k+1} - x^*\right\|_2^2\right)$$
$$= E\left(\left\|x^k - \alpha_k \nabla f_S\left(x^k\right) - x^*\right\|_2^2\right)$$
$$= \|x^k - x^*\|_2^2 - 2\alpha_k E\left(\nabla f_S\left(x^k\right)^T\left(x^k - x^*\right)\right) + \alpha_k^2 E\left(\left\|\nabla f_S\left(x^k\right)\right\|_2^2\right)$$
$$= \|x^k - x^*\|_2^2 - 2\alpha_k \nabla f\left(x^k\right)^T\left(x^k - x^*\right) + \alpha_k^2 E\left(\left\|\nabla f_S\left(x^k\right)\right\|_2^2\right)$$
$$\leq \|x^k - x^*\|_2^2 - 2\alpha_k\left(f\left(x^k\right) - f\left(x^*\right)\right) + \alpha_k^2 V^2,$$

wobei die letzte Zeile aus $f\left(x^*\right) \geq f\left(x^k\right) + \nabla f\left(x^k\right)^T\left(x^* - x^k\right)$ (Konvexität von f) und der Definition von V^2 folgt. Bildet man nun den Erwartungswert über die vorangegangenen Iterationen, so folgt aus der Unabhängigkeit der jeweiligen Wahl von S in den einzelnen

Iterationen

$$E\left(\left\|x^{k+1}-x^*\right\|_2^2\right) \le E\left(\left\|x^k-x^*\right\|_2^2\right) - 2\alpha_k\left(E\left(f\left(x^k\right)\right) - f\left(x^*\right)\right) + \alpha_k^2 V^2.$$

Setzt man rechts dieselbe Abschätzung mit $k-1$ anstelle von k ein, so lässt sich fortfahren

$$\le E\left(\left\|x^{k-1}-x^*\right\|_2^2\right) - 2\alpha_{k-1}\left(E\left(f\left(x^{k-1}\right)\right) - f\left(x^*\right)\right) + \alpha_{k-1}^2 V^2$$
$$-2\alpha_k\left(E\left(f\left(x^k\right)\right) - f\left(x^*\right)\right) + \alpha_k^2 V^2$$

und rekursiv folgt

$$E\left(\left\|x^{k+1}-x^*\right\|_2^2\right) \le E\left(\left\|x^0-x^*\right\|_2^2\right) + \sum_{j=0}^{k}\alpha_j^2 V^2 - 2\alpha_j\left(E\left(f\left(x^j\right)\right) - f\left(x^*\right)\right).$$

Nach Definition von α_j und R folgt weiter

$$E\left(\left\|x^{k+1}-x^*\right\|_2^2\right)$$
$$\le R^2 - 4c\left(\sqrt{k+2}-1\right)\min_{0\le j\le k}\left(E\left(f\left(x^j\right)\right) - f\left(x^*\right)\right) + c^2 V^2(1+\ln(k+1)).$$

Die Nichtnegativität von $E\left(\left\|x^{k+1}-x^*\right\|_2^2\right)$ impliziert

$$\min_{0\le j\le k}\left(E\left(f\left(x^j\right)\right) - f\left(x^*\right)\right) \le \frac{R^2 + c^2 V^2\left(1+\ln(k+1)\right)}{4c\left(\sqrt{k+2}-1\right)},$$

eine Konvergenz von nahezu der Ordnung $O(1/\sqrt{k})$. (Schätzwerte für V^2 ergeben sich im Lauf des Verfahrens bei Auswertung der Terme $\nabla f_S\left(x^k\right)$ und können ggf. genutzt werden, um die Konstante c anzupassen.) Da Funktionsauswertungen aber teuer zu berechnen sind und die Funktionswerte in der Regel nicht monoton fallen, ist obiges Resultat nur bedingt geeignet um ein j zu identifizieren mit kleinem Wert $f\left(x^j\right)$. Ferner ist die Wahl der Schrittweite $\alpha_k := c/\sqrt{k+1}$ zwar für obigen Beweis passend aber (bisher) nicht üblich; oft werden kürzere Schritte der Länge $\alpha_k = c/(k+1)$ vorgeschlagen. Für sehr große Iterationszahlen k ist die Wahl $\alpha_k = c/(k+1)$ optimal (siehe z. B. [141]). Wenn c „zu klein" gewählt wurde kann es für $\alpha_k := c/(k+1)$ aber sehr lange dauern, bis die Iterationszahl k ausreichend groß ist. Bei längeren Schritten wie $\alpha_k := c/\sqrt{k+1}$ reagiert das Verfahren weniger empfindlich auf eine „zu kleine" Wahl von c. So können die obigen Schritte ggf. sogar noch länger gewählt werden, $\alpha_k = c(k+1)^{-q}$ mit $q \in [0, 1/2]$ und dann mit einer gewichteten Mittelwertbildung kombiniert werden ähnlich wie nachfolgend in (6.4.2) beschrieben, aber z. B. mit $\beta_k := (k+1-N)^{-1+2q}$. Für $q = 1/2$ ergibt sich dabei das obige Verfahren und für $q = 0$ der nachfolgend beschriebene Ansatz.

Alternativ zu obigem Ansatz mit fallenden Werten $\alpha_k > 0$ kann man die Schrittweiten α_k auch auf einen festen Wert $\alpha > 0$ fixieren und in einer Anfangsphase von N Iterationen die Iterierten wie in (6.4.1) definieren. Danach wird ausgehend von $\bar{x}^N := x^N$ eine Folge von Mittelwerten erzeugt, indem für $k > N$ (weiterhin mit festem $\alpha > 0$) neben (6.4.1) zusätzlich

$$\beta_k := \frac{1}{k+1-N} \quad \text{und} \quad \bar{x}^{k+1} := (1-\beta_k)\bar{x}^k + \beta_k x^{k+1} \qquad (6.4.2)$$

berechnet wird. ($\bar{x}^{k+1}$ ist genau der Mittelwert der $\{x^\ell \mid N \le \ell \le k+1\}$.) Unter passenden Annahmen konnten die Autoren in [134] nachweisen, dass $\bar{x}^k$ für $k \gg N + m/|S|$ eine optimale Approximation an die unbekannte Lösung x^* bildet.

6.4.2 Block Coordinate Descent

Bei den obigen stochastic-gradient-descent-Methoden wurde die Zerlegbarkeit von f in viele Summanden ausgenutzt, deren Ableitungen einzeln billig zu ermitteln sind. Bei Anwendungen aus der Telekommunikation, dem „compressed sensing" oder bei Problemen aus der Datenanalyse tritt aber auch die Situation auf, dass eine Funktion $f : \mathbb{R}^n \to \mathbb{R}$ zu minimieren ist, für die die Anzahl n der Variablen sehr groß ist und die partiellen Ableitungen von f nach nur wenigen Komponenten wesentlich billiger zu ermitteln sind als die totale Ableitung. Etwas genauer sei angenommen, dass die Menge $\{1, \dots, n\}$ disjunkt in N Blöcke $B_1, \dots, B_N$ zerlegt sei. Für $i = 1, \dots, N$ seien die partiellen Ableitungen von f nach den Variablen in Block B_i im Ausdruck $\nabla_{(i)} f(x) = ((\nabla f(x))_j)_{j \in B_i}$ zusammengefasst und leicht zu berechnen. Analog sei für $x \in \mathbb{R}^n$ auch $x_{(i)} := ((x_j)_{j \in B_i})$. Mit $\overrightarrow{\nabla_{(i)} f(x)}$ sei die „Erweiterung" von $\nabla_{(i)} f(x)$ auf den $\mathbb{R}^n$ bezeichnet, d. h. für $z = \overrightarrow{\nabla_{(i)} f(x)}$ ist $z_j = 0$ für $j \notin B_i$ und $z_{(i)} = \nabla_{(i)} f(x)$. Analog sei für gegebenes $z_{(i)}$ die Erweiterung $\overrightarrow{z_{(i)}}$ definiert. Es sei im Folgenden angenommen, dass $f \in C^2(\mathbb{R}^n)$ konvex ist und dass Lipschitz-Konstanten $L_i > 0$ existieren und bekannt sind, so dass für $1 \le i \le N$ gilt:

$$\|\nabla_{(i)} f(x + \overrightarrow{y_{(i)}}) - \nabla_{(i)} f(x)\|_2 \le L_i \|y_{(i)}\|_2 \quad \text{für alle } x, y \in \mathbb{R}^n. \qquad (6.4.3)$$

Ferner sei $x^0 \in \mathbb{R}^n$ gegeben und die Niveaumenge $\{x \mid f(x) \le f(x^0)\}$ kompakt. Dann existiert $f^* := \min_{x \in \mathbb{R}^n} f(x)$ und eine Menge X^* von Optimalpunkten. Unter der Annahme (6.4.3) lässt sich folgende Variante der sogenannten block-coordinate-descent-Methoden anwenden:

Algorithmus 6.4.4 (Block-coodinate-descent-Verfahren) *Für* $1 \le i \le N$ *lege Wahrscheinlichkeiten* $p_i > 0$ *fest mit* $\sum_{i=1}^N p_i = 1$ *und wähle einen Startpunkt* x^0. *Für* $k = 0, 1, 2, 3, \dots$

1. Wähle unabhängig von den vorangegangenen Iterationen einen Block B_{i_k} mit $i_k \in \{1, \ldots, N\}$ gemäß den Wahrscheinlichkeiten $p_1, \ldots, p_N$.

2. Setze

$$x^{k+1} := x^k - \frac{1}{L_{i_k}} \overrightarrow{\nabla_{(i_k)}} f\left(x^k\right).$$

Zur Analyse des obigen Verfahrens sei $\overrightarrow{z_{(i_k)}} := -\frac{1}{L_{i_k}} \overrightarrow{\nabla_{(i_k)}} f\left(x^k\right)$. Die Teilmatrix von $H(x) := \nabla^2 f(x)$ mit Zeilen und Spalten aus B_i werde mit $H_{(i,i)}(x)$ bezeichnet. Dann folgt aus (6.4.3), dass die 2-Norm von $H_{(i,i)}(x)$ stets durch L_i beschränkt ist. Für eine zweimal stetig differenzierbare Funktion $\varphi : \mathbb{R} \to \mathbb{R}$ verifiziert man mittels partieller Integration, dass

$$\varphi(1) = \varphi(0) + \varphi'(0) + \int_0^1 (1-t)\varphi''(t)dt$$

gilt und somit folgt für $\varphi(t) := f\left(x^k + t\overrightarrow{z_{(i_k)}}\right)$ die Abschätzung

$$
\begin{aligned}
&f\left(x^k + \overrightarrow{z_{(i_k)}}\right) \\
&= f\left(x^k\right) + \nabla f\left(x^k\right)^T \overrightarrow{z_{(i_k)}} + \int_0^1 (1-t) \underbrace{\overrightarrow{z_{(i_k)}}^T \nabla^2 f\left(x^k + t\overrightarrow{z_{(i_k)}}\right) \overrightarrow{z_{(i_k)}}}_{z_{(i_k)}^T H_{(i_k,i_k)}\left(x^k + t\overrightarrow{z_{(i_k)}}\right) z_{(i_k)}} dt \\
&\leq f\left(x^k\right) + \nabla f\left(x^k\right)^T \overrightarrow{z_{(i_k)}} + \int_0^1 (1-t) L_{i_k} \|z_{(i_k)}\|^2 dt \\
&= f\left(x^k\right) - \frac{1}{L_{i_k}} \left\|\nabla_{(i_k)} f\left(x^k\right)\right\|_2^2 + \frac{1}{2L_{i_k}} \left\|\nabla_{(i_k)} f\left(x^k\right)\right\|_2^2,
\end{aligned}
$$

d. h.

$$f\left(x^{k+1}\right) - f\left(x^k\right) \leq -\frac{1}{2L_{i_k}} \left\|\nabla_{(i_k)} f\left(x^k\right)\right\|_2^2. \tag{6.4.5}$$

Wir betrachten nun den Fall, dass die $p_i \equiv 1/N$ für $1 \leq i \leq N$ gewählt sind. Gegeben x^k, so lässt sich der Erwartungswert $E_{i_k}\left(f\left(x^{k+1}\right)\right)$, welcher sich für $f\left(x^{k+1}\right)$ mit der zufälligen Auswahl der Koordinaten i_k im k-ten Schritt des Algorithmus 6.4.4 ergibt, dann mittels (6.4.5) abschätzen:

$$E_{i_k}\left(f\left(x^{k+1}\right)\right) - f\left(x^k\right) \leq -\sum_{i=1}^N \frac{1}{N} \frac{1}{2L_i} \left\|\nabla_{(i)} f\left(x^k\right)\right\|_2^2 \tag{6.4.6}$$

Um diese Reduktion mit dem Abstand zum Optimalwert zu vergleichen, beachte, dass für jedes $x^* \in X^*$

$$f(x^*) - f\left(x^k\right) \geq \nabla f\left(x^k\right)^T \left(x^* - x^k\right)$$

$$= \sum_{i=1}^{N} \frac{1}{\sqrt{L_i}} \nabla_{(i)} f\left(x^k\right)^T \left(\sqrt{L_i}(x_{(i)}^* - x_{(i)}^k)\right)$$

$$\geq -\sum_{i=1}^{N} \left\| \frac{1}{\sqrt{L_i}} \nabla_{(i)} f\left(x^k\right) \right\|_2 \left\| \sqrt{L_i}\left(x_{(i)}^* - x_{(i)}^k\right) \right\|_2$$

$$\geq -\left(\sum_{i=1}^{N} \frac{1}{L_i} \left\| \nabla_{(i)} f\left(x^k\right) \right\|_2^2\right)^{1/2} \left(\sum_{i=1}^{N} L_i \left\| x_{(i)}^* - x_{(i)}^k \right\|_2^2\right)^{1/2},$$

gilt, wobei die erste Ungleichung aus der Konvexität von f folgt, die Zweite aus der Cauchy-Schwarz'schen Ungleichung, und die Dritte wiederum aus der Cauchy-Schwarz'schen Ungleichung, diesmal im $\mathbb{R}^N$. Setzt man ferner $R := \max_{x:\, f(x) \leq f(x^0)}$ $\left(\min_{x^* \in X^*} \left(\sum_{i=1}^{N} L_i \left\| x_{(i)}^* - x_{(i)} \right\|_2^2\right)^{1/2}\right)$ als obere Schranke für den gewichteten Abstand der Iterierten von der Optimalmenge X^*, so folgt

$$f\left(x^*\right) - f\left(x^k\right) \geq -R \left(\sum_{i=1}^{N} \frac{1}{L_i} \left\| \nabla_{(i)} f\left(x^k\right) \right\|_2^2\right)^{1/2}$$

sodass mit $c := 1/\left(2NR^2\right)$ und (6.4.6) folgt

$$f\left(x^k\right) - E_{i_k}\left(f\left(x^{k+1}\right)\right) \geq c \left(f\left(x^k\right) - f^*\right)^2.$$

Dabei ist x^k auch das Ergebnis eines Zufallsprozesses. Bezeichnet man den Erwartungswert von $f\left(x^k\right)$ unter diesem Prozess mit $\Phi_k := E\left(f\left(x^k\right)\right)$, so folgt aus der Unabhängigkeit der Wahl von i_k von den vorangegangenen Zufallsentscheidungen, der Linearität des Erwartungswerts – und aus $E((\,.\,)^2) \geq (E(\,.\,))^2$

$$\Phi_k - \Phi_{k+1} \geq cE \left(\left(f\left(x^k\right) - f^*\right)^2\right) \geq c \left(\Phi_k - f^*\right)^2.$$

Dies zeigt

$$\frac{1}{\Phi_{k+1} - f^*} - \frac{1}{\Phi_k - f^*} = \frac{\Phi_k - \Phi_{k+1}}{(\Phi_{k+1} - f^*)(\Phi_k - f^*)} \geq \frac{\Phi_k - \Phi_{k+1}}{(\Phi_k - f^*)^2} \geq c$$

Summiert man obige Ungleichungen, so bildet die linke Seite eine Teleskopsumme sodass

$$\frac{1}{\Phi_k - f^*} - \frac{1}{\Phi_0 - f^*} \geq ck.$$

Wegen $\Phi_0 - f^* > 0$ impliziert dies für $k > 0$, dass für den erwarteten Abstand von Φ_k zum Optimalwert f^* die Beziehung

$$\Phi_k - f^* \leq \frac{2NR^2}{k} \quad \text{und insbesondere} \quad \lim_{k \to \infty} \Phi_k = f^*$$

gilt. Der Erwartungswert von $f\left(x^k\right)$ konvergiert mindestens mit einer Rate von $O(1/k)$ gegen den Optimalwert. Im Gegensatz zu den stochastic gradient descent Verfahren gilt hier Monotonie, d. h. falls z. b. eine Iterierte zufällig in der Minimalstelle liegen sollte, so entfernen sich die nachfolgenden Iterierten nicht wieder von dieser Minimalstelle. Allerdings wurden hier auch stärkere Annahmen an die zu minimierende Funktion f vorausgesetzt.

Obiger Beweis ist vereinfacht aus [125] übernommen, wo einerseits die etwas schärfere Schranke $\Phi_k - f^* \leq \frac{2NR^2}{k+4}$ bewiesen ist und andererseits auch andere Wahlen von p_i analysiert sind. Eine weitere Variante, die sich bei numerischen Tests bewährt hat, wurde z. B. in [143] untersucht.

6.4.3 Zusammenhang der beiden Ansätze

Beide Ansätze, stochastic gradient und block coordinate descent finden bei Problemen aus der „huge scale optimization" (Nesterov [125]) Anwendung. An einem speziellen Beispiel ist in dem Übersichtsartikel [179] der Zusammenhang zwischen coordinate-descent-Methoden und stochastic-gradient-Methoden ausgearbeitet. Dazu wird ein wichtiges Prinzip der konvexen Optimierung ausgenutzt, das zunächst kurz erklärt werden soll:

Zu einer konvexen Funktion $f : \mathbb{R}^n \to \mathbb{R} \cup \{\infty\}$ bezeichne

$$\text{dom}(f) := \{x \in \mathbb{R}^n \mid f(x) < \infty\}$$

den effektiven Definitionsbereich. Falls $\text{dom}(f) \neq \emptyset$ so ist die *konjugiert konvexe Funktion* (engl. convex conjugate) $f^* : \mathbb{R}^n \to \mathbb{R} \cup \{\infty\}$ mittels

$$f^*(y) := \sup_{x \in \mathbb{R}^n} \left(y^T x - f(x)\right) \tag{6.4.7}$$

definiert. Als Supremum von linearen Funktionen $y \mapsto y^T x - f(x)$ jeweils mit festem x ist f^* wieder konvex. Für viele konkrete Anwendungen ist f^* explizit berechenbar. In den Übungen 6.10 wird beispielhaft gezeigt, dass die konjugiert konvexe Funktion einer streng konvexen quadratischen Funktion ebenfalls eine streng konvexe quadratische Funktion ist. Für separables f, d. h. für f von der Form $f(x) = \sum_{i=1}^n f_i(x_i)$ rechnet man leicht nach, dass

$$f^*(y) = \sum_{i=1}^n f_i^*(y_i) \tag{6.4.8}$$

gilt, d. h. dass f^* ebenfalls separabel ist. Ferner gilt für festes $\lambda > 0$ die Beziehung $(\lambda f(\,.\,))^* = \lambda f^*\left(\frac{1}{\lambda}\,.\,\right)$.

Seien $f, \tilde{f} : \mathbb{R}^n \to \mathbb{R}$ zwei konvexe Funktionen. Der *Dualitätssatz von Fenchel* besagt nun, falls das Innere von $\mathrm{dom}(f) \cap \mathrm{dom}(\tilde{f})$ nicht leer ist, so gilt

$$\inf_x \left(f(x) + \tilde{f}(x) \right) = \sup_y \left(-f^*(y) - \tilde{f}^*(-y) \right). \tag{6.4.9}$$

Die Beziehung (6.4.9) ist eng mit der in Kap. 8 hergeleiteten allgemeinen „Lagrangedualität" verknüpft: Für den Fall, dass das Infimum auf der linken Seite von (6.4.9) endlich ist, folgt (6.4.9) direkt aus der Lagrangedualität. Um diesen Zusammenhang herzustellen seien zunächst einige Gleichungen angegeben, die nachfolgend erklärt werden:

$$
\begin{aligned}
&\inf_x \left\{ f(x) + \tilde{f}(x) \right\} \\
&= \inf_{x,\tilde{x}} \left\{ f(x) + \tilde{f}(\tilde{x}) \mid x = \tilde{x} \right\} \\
&= \inf_{x,\tilde{x}} \left(\sup_{y \in \mathbb{R}^n} \left\{ f(x) + \tilde{f}(\tilde{x}) + y^T(\tilde{x} - x) \right\} \right) \\
&= \sup_{y \in \mathbb{R}^n} \left(\inf_{x,\tilde{x}} \left\{ f(x) + \tilde{f}(\tilde{x}) + y^T(\tilde{x} - x) \right\} \right) \\
&= \sup_{y \in \mathbb{R}^n} \left(\inf_x \left\{ f(x) - y^T x \right\} + \inf_{\tilde{x}} \left\{ \tilde{f}(\tilde{x}) + y^T(\tilde{x}) \right\} \right) \\
&= \sup_{y \in \mathbb{R}^n} - \left(\sup_x \left\{ y^T x - f(x) \right\} - \sup_{\tilde{x}} \left\{ -y^T \tilde{x} - \tilde{f}(\tilde{x}) \right\} \right) \\
&= \sup_{y \in \mathbb{R}^n} - \left(f^*(y) + \tilde{f}^*(-y) \right).
\end{aligned}
$$

Das Infimum in der zweiten Zeile ist eine etwas kompliziertere äquivalente Umformung des Infimums in der ersten Zeile. Beim Infimum in der dritten Zeile kommen nur solche Werte von $x, \tilde{x}$ in Frage, für die das Supremum in der Klammer kleiner als unendlich ist, d. h. so dass $x = \tilde{x}$ gilt. In der vierten Zeile gilt zunächst die allgemeine Ungleichung „$\inf(\sup(\,.\,)) \geq \sup(\inf(\,.\,))$", die zur sogenannten schwachen Dualität führt. Falls jetzt das Infimum in der dritten Zeile endlich ist, so ist Punkt 3) von Satz 8.1.7 anwendbar d. h. „$\sup_y \inf_{x \in C} f(x) + y^T F(x) \geq \alpha$ in (8.1.8)", was die Gleichheit (bzw. die sogenannte starke Dualität) garantiert. Beim Übergang zur fünften Zeile wurden die Teile, die nur von x und die, die nur von $\tilde{x}$ abhängen getrennt, beim Übergang zur sechsten Zeile wurde die Identität $\sup(\,.\,) = -\inf(-(\,.\,))$ genutzt, und in der letzten Zeile die Definition von f^* bzw. $\tilde{f}^*$.

Wenn nun $f : \mathbb{R}^n \to \mathbb{R}$ und $g : \mathbb{R}^m \to \mathbb{R}$ zwei konvexe Funktionen sind und $A \in \mathbb{R}^{m \times n}$, so gilt in Verallgemeinerung von (6.4.9) auch

$$\inf_x \left(f(x) + g(Ax) \right) = \sup_y \left(-f^* \left(A^T y \right) - g^*(-y) \right). \tag{6.4.10}$$

Der obige Beweis des Dualitätssatzes von Fenchel lässt sich für (6.4.10) modifizieren; die in Satz 8.1.7 vorausgesetzte „Slaterbedingung" ist auch bei den hier vorliegenden linearen Gleichungen stets trivial gegeben.

Bei Problemen aus der empirischen Risikominimierung sind nun häufig Funktionen f : $\mathbb{R}^n \to \mathbb{R}$ der Form

$$f(x) = \frac{1}{m} \sum_{i=1}^{m} f_i \left(\left(w^{(i)} \right)^T x \right) + r(x)$$

zu minimieren. Dabei sind r und alle Summanden f_i konvexe Funktionen und $w^{(i)} \in \mathbb{R}^n$ fest vorgegebene Vektoren, die in einer Matrix $W := \left(w^{(1)}, \dots, w^{(m)} \right)$ zusammengefasst seien. Die Anwendung von (6.4.8) und (6.4.10) liefert dann das duale Problem, die Funktion $\hat{f}$ mit

$$\hat{f}(y) := \frac{1}{m} \sum_{i=1}^{m} f_i^*(-y_i) + r^* \left(\frac{1}{m} W y \right)$$

zu minimieren. (Man beachte, dass $\hat{f}$ nicht die konjugiert konvexe Funktion zu f ist, sondern der rechten Seite im Dualitätssatz von Fenchel entspricht, wobei noch mit den Faktoren m und $\frac{1}{m}$ skaliert wurde.) In wichtigen Anwendungen können die Funktion r^* und die Ableitungen von r^* mit moderatem Aufwand berechnet werden. Darüberhinaus lässt sich aus einer approximativen Minimalstelle von $\hat{f}$ oft auch eine approximative Minimalstelle von f ablesen. Wenn dann nicht nur m sondern auch n sehr groß ist, ist die Funktion des dualen Problems insofern für block-coordinate-descent-Verfahren geeignet, als dass die f_i^* nur von einzelnen Koordinaten abhängen, wohingegen die Ausdrücke $f_i \left(\left(w^{(i)} \right)^T x \right)$ von vielen Komponenten von x abhängen können. Für diese Probleme entspricht die Wahl einzelner Koordinaten von y bei der Minimierung von $\hat{f}$ in einem block-coordinate-descent-Verfahren der Wahl einer Teilmenge S im stochastic-gradient-Verfahren zur Minimierung von f. Dabei hat das block-coordinate-descent-Verfahren für $\hat{f}$ den Vorteil, dass die Reduzierung von $\hat{f}$ mit moderatem Aufwand kontrollierbar ist, und die Struktur des Problems sehr effizient ausgenutzt werden kann.

6.5   Trust-Region Verfahren zur Minimierung ohne Nebenbedingungen

Für eine Funktion $f : \mathbb{R}^n \to \mathbb{R}$, $f \in C^2(\mathbb{R}^n)$, betrachten wir wieder das Minimierungsproblem

$$\min_{x \in \mathbb{R}^n} f(x).$$

Den Gradienten und die Hessematrix von f bezeichnen wir mit

$$g(x) := \nabla f(x), \quad H(x) := \nabla^2 f(x).$$

Das Trust-Region Verfahren basiert auf folgendem Ansatz. Gegeben sei ein Punkt x^k, der zugehörige Funktionswert $f_k = f\left(x^k\right)$, sowie $g^k = g\left(x^k\right)$ und $B_k = B_k^T \approx H\left(x^k\right)$. Weiter sei $\delta_k > 0$ eine positive Zahl. Wir definieren die quadratische Approximation an f in x^k durch

$$\Phi_k(d) := f_k + \left(g^k\right)^T d + \frac{1}{2}d^T B_k d$$
$$\approx f\left(x^k + d\right).$$

$\Phi_k(.)$ liefert ein *Modell* für die Funktion $f\left(x^k + .\right)$ und wir betrachten das durch Φ_k und δ_k definierte Hilfsproblem (*Trust-Region Problem*)

$$\begin{aligned} \min \ & \Phi_k(d) \\ d: \ & \|d\|_2 \le \delta_k. \end{aligned} \qquad (6.5.1)$$

Für kleines δ_k ist die Übereinstimmung zwischen $\Phi_k(d)$ und $f\left(x^k + d\right)$ sehr gut, da in $d = 0$ Funktionswert und Ableitung gleich sind. Für genügend kleine Werte von δ_k wird man daher erwarten, dass die Lösung des Problems (6.5.1) eine gute Näherung für eine Minimalstelle von $f\left(x^k + z\right)$ auf dem Bereich $\{z \mid \|z\|_2 \le \delta_k\}$ ist, so dass man auf diesem Bereich auf die Qualität der Approximation Φ_k von f vertrauen kann. Der Bereich $\{z \mid \|z\|_2 \le \delta_k\}$ heißt deshalb *Vertrauensbereich* (trust region), sein Radius δ_k der *Trust-Region Radius*. Im folgenden Algorithmus benutzen wir die Bezeichnungen:

- s^k sei Optimallösung von (6.5.1).
- $\text{pred}_k := \Phi_k(0) - \Phi_k\left(s^k\right) \ge 0$ ist die vorhergesagte Verkleinerung (predicted reduction), gemessen mit der Modell-Funktion Φ_k, wenn man x^k durch $x^{k+1} := x^k + s^k$ ersetzt.
- $\text{ared}_k := f\left(x^k\right) - f\left(x^{k+1}\right)$ ist die tatsächliche Verkleinerung der eigentlichen Zielfunktion (actual reduction).
- Als Maß für die Übereinstimmung von ared_k und pred_k dient der Quotient

$$r_k := \frac{\text{ared}_k}{\text{pred}_k}.$$

(r_k ist stets wohldefiniert, da der Fall $\text{pred}_k = 0$, d. h. „$g^k = 0$ und B_k positiv semidefinit" im Verfahren nicht vorkommt.)

Der nachfolgende Ansatz ist einfach und naheliegend (die Konvergenzuntersuchung aber leider nicht). Im k-ten Schritt löst man näherungsweise das Trust-Region Problem (6.5.1) mit Zentrum x^k. Wenn die vom Modell vorhergesagte Reduzierung von f mit der tatsächlichen

Reduzierung von f im Punkt $x^{k+1} = x^k + s^k$ gut übereinstimmt, ist man „zufrieden“ und versucht, ausgehend von x^{k+1}, den Vorgang zu wiederholen, wobei man den Trust-Region Radius etwas vergrößert, um beim nächsten Mal einen noch größeren Fortschritt zu ermöglichen. Andernfalls, d.h. wenn f in x^{k+1} deutlich weniger als erwartet reduziert wurde, dann hält man x^k fest, d.h. man setzt $x^{k+1} := x^k$ (Nullschritt), verbessert ggf. die Approximation B_k, und verkleinert den Trust-Region Radius, in der Hoffnung, dass auf der kleineren Trust-Region die Vorhersage nun genauer ausfallen wird. In seinen Einzelheiten wird das Verfahren im folgenden Algorithmus beschrieben.

Algorithmus 6.5.2 (Trust-Region Algorithmus)
Gegeben seien Konstanten $0 < c_3 < c_4 < 1 < c_1$, $0 \leq c_0 \leq c_2 < 1$ mit $c_2 > 0$ sowie $\epsilon > 0$.

1. Wähle $x^0 \in \mathbb{R}^n$, $B_0 = B_0^T$, $\delta_0 > 0$ und setze $k := 0$.
2. Falls $\|g^k\| \leq \epsilon$ STOP: x^k ist näherungsweise stationär.
3. Bestimme eine Näherungslösung s^k von (6.5.1).
4. Berechne $r_k := ared_k/pred_k$ und setze

$$x^{k+1} := \begin{cases} x^k & falls\, r_k \leq c_0 \text{ (Nullschritt)}, \\ x^k + s^k & sonst. \end{cases}$$

Wähle $B_{k+1} = B_{k+1}^T$ (evtl. mit Hilfe einer update-Formel aus Abschn. 6.7) und δ_{k+1} mit

$$\delta_{k+1} \in \begin{cases} \left[c_3\|s^k\|, c_4\delta_k\right] & falls\, r_k \leq c_2, \\ [\delta_k, c_1\delta_k] & sonst. \end{cases}$$

Setze $k := k + 1$
GOTO 2.

Typische Konstanten sind dabei:

$$c_0 = 0, \quad c_1 = 2, \quad c_3 = \frac{1}{4}, \quad c_2 = c_4 = \frac{1}{2}.$$

Zur Lösung der Teilprobleme in Schritt 3. des Algorithmus kann die nachfolgende Charakterisierung der Optimallösungen von Trust-Region Problemen genutzt werden.

Lemma 6.5.3 *Sei $B = B^T$. Dann löst der Vektor d^* das Problem*

$$\begin{aligned} \min\ &\Phi(d) := g^T d + \tfrac{1}{2}d^T B d \\ &d:\ \|d\|_2 \leq \delta \end{aligned} \tag{6.5.4}$$

genau dann, wenn es ein $\lambda^* \geq 0$ gibt mit

$$B + \lambda^* I \quad ist \; positiv \, semidefinit,$$
$$(B + \lambda^* I)d^* = -g,$$
$$\|d^*\| \leq \delta, \qquad\qquad\qquad (6.5.5)$$
$$\lambda^*(\delta - \|d^*\|_2) = 0.$$

In Problem (6.5.4) wurde der konstante Term f_k aus (6.5.1) weggelassen, da er keinen Einfluss auf die Minimalstelle d^* hat.

Beweis Wir beweisen hier nur die Richtung (6.5.5) $\Rightarrow$ (6.5.4). Es gebe also ein $\lambda^* \geq 0$ mit den Eigenschaften (6.5.5).

1. Ist $\lambda^* = 0$, so ist B positiv semidefinit sowie $Bd^* = -g$, und wegen

$$\Phi(d^* + \Delta d)$$
$$= g^T(d^* + \Delta d) + \frac{1}{2}(d^* + \Delta d)^T B(d^* + \Delta d)$$
$$= \underbrace{g^T d^* + \frac{1}{2}d^{*T}Bd^*}_{=\Phi(d^*)} + \underbrace{\left(g^T + d^{*T}B\right)\Delta d}_{=0} + \underbrace{\frac{1}{2}\Delta d^T B \Delta d}_{\geq 0}$$
$$\geq \Phi(d^*)$$

ist d^* eine Minimalstelle von (6.5.4).

2. Ist dagegen $\lambda^* > 0$, so ist $\|d^*\| = \delta$ und für alle Δd mit $\|d^* + \Delta d\| \leq \delta$ gilt wie oben

$$\Phi(d^* + \Delta d) - \Phi(d^*)$$
$$= \left(g^T + d^{*T}B\right)\Delta d + \frac{1}{2}\Delta d^T B \Delta d$$
$$= \underbrace{\left(g^T + d^{*T}B + \lambda^* d^{*T}\right)}_{=0}\Delta d - \lambda^* d^{*T}\Delta d + \frac{1}{2}\Delta d^T B \Delta d$$
$$= -\lambda^* d^{*T}\Delta d + \underbrace{\frac{1}{2}\Delta d^T (B + \lambda^* I)\Delta d}_{\geq 0} - \frac{1}{2}\lambda^* \Delta d^T \Delta d$$
$$\geq -\frac{\lambda^*}{2}\underbrace{\left(2d^{*T}\Delta d + \Delta d^T \Delta d\right)}_{\leq 0} \geq 0,$$

wobei die Abschätzung des Terms $2d^{*T}\Delta d + \Delta d^T \Delta d$ aus

$$d^{*T}d^* + 2d^{*T}\Delta d + \Delta d^T \Delta d = (d^* + \Delta d)^T(d^* + \Delta d) \leq \Delta^2 = d^{*T}d^*$$

folgt.

Mit einer eingeschränkten Form der Semidefinitheit von $B + \lambda^* I$ folgt die Umkehrung (6.5.4) $\Rightarrow$ (6.5.5) direkt aus den notwendigen Bedingungen erster und zweiter Ordnung für ein lokales Minimum von (6.5.4). Diese Bedingungen werden in den Abschn. 9.1 und 9.2 in einem allgemeineren Rahmen ausführlich behandelt. Eine direkte Herleitung der Umkehrung (6.5.4) $\Rightarrow$ (6.5.5) ist in Übungsaufgabe 8 in Abschn. 6.10 skizziert.   □

Lemma 6.5.3 kann nun genutzt werden um die Optimallösung des Trust-Region Problems zu bestimmen.

Der Ansatz von Moré und Sorensen zur Lösung des Trust-Region Problems Nach Lemma 6.5.3 ist $B + \lambda^* I$ positiv semidefinit. Dabei ist der Fall, dass $B + \lambda^* I$ singulär (d. h. nicht positiv definit) ist, etwas schwieriger zu behandeln und wird in der Literatur [120] als „hard case" (schwieriger Fall) gesondert betrachtet. Wir untersuchen zunächst den Fall, dass $B + \lambda^* I$ nichtsingulär ist und bezeichnen diejenigen Werte von $\lambda \geq 0$, für die $B + \lambda I$ positiv definit ist als „zulässig". Für zulässiges λ^* folgt $d^* = -(B + \lambda^* I)^{-1} g$. Dabei muss aufgrund der letzten Gleichung in (6.5.5) entweder $\lambda^* = 0$ gelten oder $\lambda^* > 0$ muss so gegeben sein, dass $\|d^*\|_2 = \delta$ gilt. Der Fall $\lambda^* = 0$ lässt sich leicht testen; zunächst setzt man eine Cholesky-Zerlegung von B an; wenn diese wohldefiniert ist, lässt sich der zu $\lambda^* = 0$ gehörige Vektor d^* mithilfe der Cholesky-Zerlegung ermitteln und falls $\|d^*\|_2 \leq \delta$ gilt, so löst d^* das Trust-Region Problem. Wenn B aber indefinit ist (und somit die Cholesky-Zerlegung von B nicht definiert ist) oder falls der Wert $\lambda^* = 0$ zu $\|d^*\|_2 > \delta$ führt, so muss $\lambda^* > 0$ und $\|d^*\|_2 = \delta$ gelten. In diesem Fall versucht man, λ^* als größte Nullstelle der Funktion φ mit

$$\varphi(\lambda) := \frac{1}{\delta} - \frac{1}{\|(B + \lambda I)^{-1} g\|_2}$$

zu bestimmen (dann gilt $\delta = \|(B + \lambda^* I)^{-1} g\|_2 = \|d^*\|_2$). Mit dem Satz von Gershgorin lässt sich dazu zunächst ein zulässiges λ bestimmen. In den Übungen 6.10 wird gezeigt, dass

$$\varphi'(\lambda) = -\frac{\|(B + \lambda I)^{-3/2} g\|_2^2}{\|(B + \lambda I)^{-1} g\|_2^3}$$

gilt[3]. Damit lässt sich ein Schritt des Newton-Verfahrens zur Nullstellenbestimmung von φ anwenden. Der Trick bei diesem Ansatz ist, das Newton-Verfahren nicht auf die Funktion ϕ mit $\phi(\lambda) := \delta - \|(B + \lambda I)^{-1} g\|_2$ sondern auf obige Funktion φ anzuwenden, da die Funktion

---

[3]Hier bezeichnet $A^{1/2}$ die symmetrische positiv semidefinite Wurzel einer symmetrischen positiv semidefiniten Matrix A. Sie lässt sich aus der Eigenwertzerlegung $A = U D U^T$ von A mit einer unitären Matrix U und einer nichtnegativen Diagonalmatrix D mittels

$$A^{1/2} = U D^{1/2} U^T \tag{6.5.6}$$

berechnen, wobei in $D^{1/2}$ die Wurzeln komponentenweise gebildet werden. Man rechnet leicht nach, dass $\left(A^{1/2}\right)^2 = A$ gilt.

$-\varphi$ für zulässige λ streng monoton wächst und konkav und asymptotisch linear ist. Dadurch konvergiert das Newton-Verfahren ausgehend von einem zulässigen Startpunkt sehr rasch gegen die gesuchte Nullstelle; in der Praxis genügen drei oder vier Newton-Schritte um den Wert λ^* hinreichend genau zu approximieren.

Das Newton-Verfahren funktioniert bei „wenig gekrümmten" Funktionen natürlich besonders gut. Das unterschiedliche Krümmungsverhalten der (zur Veranschaulichung gespiegelten und verschobenen) Funktionen $\lambda \mapsto \frac{1}{\delta} - \varphi(\lambda)$ und $\lambda \mapsto \delta - \phi(\lambda)$ ist in Abb. 6.4 an einem Beispiel dargestellt. Ausschlaggebend ist dabei der zulässige Bereich rechts der größten Polstelle von ϕ. Zu $\delta := 1$ erhält man z. B. von $\lambda_0 := 8$ ausgehend die nächste Newtoniterierte, indem man die Tangente an ϕ bzw. φ bei $\lambda = 8$ anlegt und den Schnittpunkt mit der horizontalen Linie $y \equiv 1$ bildet. Die gestrichelte Linie ist für das Newtonverfahren deutlich besser geeignet.

Allerdings funktioniert dieser Ansatz im oben genannten „hard case" nicht. In diesem Fall liegt g zufällig senkrecht zu den Eigenvektoren, von B, die zum kleinsten Eigenwert von B gehören und der Trust-Region Radius δ ist so groß gewählt, dass die Funktion φ eine hebbare Sigularität rechts der größten Nullstelle von φ besitzt. Dann ist $(B + \lambda^* I)$ singulär und der gesuchte Vektor d^* lässt sich dann nicht in der Form $(B + \lambda I^*)^{-1} g$ darstellen. Wenn bei der Berechnung von B oder g zufällige Rundungsfehler anfallen, so ist das Auftreten des hard case unwahrscheinlich; die Rundungsfehler führen dann zu einer Richtung negativer Kümmung von f und insbesondere zu einer sinnvollen Suchrichtung.

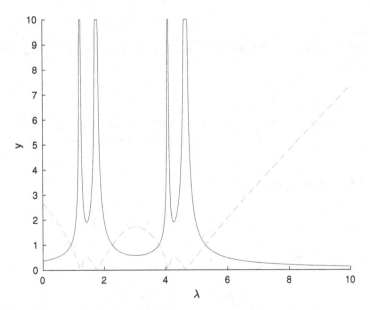

Abb. 6.4 Schaubilder von $\lambda \mapsto y = \frac{1}{\delta} - \varphi(\lambda)$ (gestrichelt) bzw. $\lambda \mapsto y = \delta - \phi(\lambda)$ (durchgezogene Linie)

Zur Berechnung der größten Nullstelle von φ mittels Newton-Verfahren,

$$\lambda_{k+1} = \lambda_k - \varphi(\lambda_k)/\varphi'(\lambda_k)$$

sei der Zähler von $\varphi'(\lambda)$ näher betrachtet und eine Cholesky-Zerlegung $LL^T = B + \lambda I$ gegeben. Dann ist

$$\|(B + \lambda I)^{-\frac{3}{2}} g\|_2^2 = g^T (B + \lambda I)^{-3} g = g^T \left(LL^T\right)^{-3} g = \|L^{-1}L^{-T}L^{-1}g\|_2^2,$$

sodass sich dieser Ausdruck mit drei Rückwärtssubstitutionen mit L bzw. mit L^T berechnen lässt; das dabei auftretende Zwischenergebnis $L^{-T}L^{-1}g$ kann genutzt werden, um auch die restlichen Terme in φ und φ' zu berechnen. Sollte im Verlauf der Newton-Iterationen die Situation auftreten, dass die Cholesky-Zerlegung nicht definiert ist (also $B + \lambda I \nsucc 0$) so heißt dies, dass der Newton-Schritt davor zu lang war und verworfen werden muss und mit einer Schrittweitendämpfung $c \in (0, 1)$ wiederholt werden muss. Da die Funktion φ oft nicht so schön ist wie in dem Beispiel von Abb. 6.4, kommt die Notwendigkeit einer solchen Schrittweitenkontrolle in der Praxis häufig vor.

Lemma 6.5.7 *Für die Lösung d^* von (6.5.4) gilt*

$$\Phi(0) - \Phi(d^*) = -\Phi(d^*) \geq \frac{1}{2}\|g\| \min \left\{\delta, \frac{\|g\|_2}{\|B\|_2}\right\}.$$

Bemerkung
Hier wird der Term $\Phi(0) = 0$ mitgeführt, da das Lemma später auf Φ_k angewendet wird mit $\Phi_k(0) \neq 0$.

Beweis

$$\Phi(d^*) \leq \min_{\lambda:\ |\lambda| \leq \frac{\delta}{\|g\|}} \Phi(-\lambda g) = \min_{\lambda:\ |\lambda| \leq \frac{\delta}{\|g\|}} \underbrace{-\lambda g^T g + \frac{\lambda^2}{2} g^T B g}_{=:\varphi(\lambda)}$$

1. Falls $g^T B g > 0$, so folgt:

$$\lambda^* := \frac{\|g\|_2^2}{g^T B g} = \arg\min_{\lambda \in \mathbb{R}} \varphi(\lambda) > 0.$$

Ist $\lambda^* \leq \delta/\|g\|$, so gilt

$$\Phi(d^*) \leq \varphi(\lambda^*) = -\frac{1}{2} \frac{\|g\|^4}{g^T B g} \leq -\frac{\|g\|^2}{2\|B\|},$$

und falls $\lambda^* > \delta/\|g\|$, d.h. $\|g\|^3/g^T Bg > \delta$, so ist

$$\Phi(d^*) \leq \varphi\left(\frac{\delta}{\|g\|}\right) = -\delta\|g\| + \frac{\delta^2}{2} \underbrace{\frac{g^T Bg}{\|g\|^2} \frac{1}{\|g\|}}_{< \frac{1}{\delta}} \frac{\|g\|}{1}$$

$$< -\delta\|g\| + \frac{\delta}{2}\|g\|$$

$$= -\frac{\delta}{2}\|g\|.$$

2. Falls $g^T Bg \leq 0$, so hat man

$$\min_{\lambda : |\lambda| \leq \frac{\delta}{\|g\|}} \varphi(\lambda) = \varphi\left(\frac{\delta}{\|g\|}\right) \leq -\delta\|g\| \leq -\frac{\delta}{2}\|g\|. \qquad \square$$

In einer Implementierung lohnt es sich in der Regel nicht, die Optimallösung von (6.5.1) (im Rahmen der Rechengenauigkeit) exakt zu berechnen. Wir lassen daher folgende Näherungslösungen des Trust-Region Problems (6.5.1) zu:

Wir fixieren ein $\tau > 0$ und verlangen für jedes $k \geq 0$ nur, dass s^k eine Näherungslösung von (6.5.1) ist im Sinne von $\|s^k\| \leq \delta_k$ und

$$\Phi_k(0) - \Phi_k\left(s^k\right) \geq \tau\|g^k\| \min\left\{\delta_k, \frac{\|g^k\|}{\|B_k\|}\right\}. \qquad (6.5.8)$$

Nach Lemma 6.5.7 ist dabei $\tau = \frac{1}{2}$ leicht realisierbar.

Wir leiten eine zweite zusätzliche Forderung her, mit deren Hilfe die Konvergenzeigenschaften des Trust-Region Verfahrens noch etwas verbessert werden können.

Lemma 6.5.8 *Sei $B = B^T$ eine symmetrische $n \times n$-Matrix mit den Eigenwerten $\lambda_1(B) \leq \cdots \leq \lambda_n(B)$. Dann gilt für die Lösung d^* von (6.5.4)*

$$\Phi(0) - \Phi(d^*) \geq \max\{-\lambda_1(B), 0\}\frac{\delta^2}{2}.$$

Beweis Sei $\lambda_1(B) < 0$ und z ein Eigenvektor zu λ_1, also $Bz = \lambda_1 z$. Wir wählen z so, dass $z^T z = 1$ und $g^T z \leq 0$. Dann folgt für alle λ mit $0 \leq \lambda \leq \delta$

$$\Phi(d^*) \leq \Phi(\lambda z) = \Phi(0) + \underbrace{\lambda g^T z}_{\leq 0} + \frac{1}{2}\lambda^2\lambda_1 \leq \Phi(0) + \frac{\lambda^2}{2}\lambda_1,$$

und somit

$$\Phi(d^*) \leq \min_{0 \leq \lambda \leq \delta} \Phi(\lambda z) \leq \min\left\{\Phi(0), \Phi(0) + \frac{\delta^2}{2}\lambda_1\right\}.$$

Multipliziert man diese Ungleichung mit -1 und addiert $\Phi(0)$ auf beiden Seiten, so folgt die Behauptung.   □

Dies motiviert folgende weitere Bedingung für eine Näherungslösung s^k von (6.5.1). Es wird $\tau_2 \in (0, 1)$ fixiert und für $k \geq 0$ verlangt man

$$\Phi_k(0) - \Phi_k\left(s^k\right) \geq \tau_2 \delta_k^2 \max\{-\lambda_1(B_k), 0\}. \tag{6.5.10}$$

Der folgende zentrale Satz beschreibt die Konvergenzeigenschaften des Trust-Region Verfahrens:

Satz 6.5.11 (Schulz, Schnabel, Byrd, 1985) *Sei $f \in C^2(\mathbb{R}^n)$ und $\|\nabla^2 f(x)\| \leq M$ für alle $x \in \mathbb{R}^n$. Sei ferner $c_0 > 0$ und $\varepsilon = 0$ im Algorithmus 6.5.2. Die Näherungslösungen s^k von (6.5.1) mögen (6.5.8) erfüllen. Die Matrizen $B_k = B_k^T$, $k \geq 0$, seien beschränkt, $\|B_k\| \leq M$ für alle k. Schließlich sei $\inf_k f\left(x^k\right) > -\infty$ für die Iterierten x^k aus Algorithmus 6.5.2. Dann gilt*

$$\lim_{k \to \infty} g\left(x^k\right) = 0.$$

Unter den Voraussetzungen von Satz 6.5.11 ist also jeder Häufungspunkt der x^k ein stationärer Punkt von f.

Beweis (Nach Y.X. Yuan)
Wir führen einen Widerspruchsbeweis. Wenn der Satz falsch ist, gibt es eine Teilfolge k_i, $i \geq 0$, aller k und ein $\mu > 0$ mit

$$\|g^{k_i}\| \geq 2\mu \quad \text{für alle } i.$$

Wir bezeichnen die Menge $\{k_i \mid i \in I\!N\}$ mit $\tilde{T}$ und mit T die Menge $\{k \mid \|g^k\| \geq \mu\}$. Wegen $\|B_k\| \leq M$ folgt für $k \in T$ aus (6.5.8)

$$\text{pred}_k = \Phi_k(0) - \Phi_k\left(s^k\right) \geq \tau\mu \min\left\{\delta_k, \frac{\mu}{M}\right\}. \tag{6.5.12}$$

Sei $S := \{k \mid r_k > c_0\}$ die Menge der Iterationsindizes in Algorithmus 6.5.2, in denen kein Nullschritt erfolgt. Es gilt nach Voraussetzung des Satzes und wegen $f\left(x^k\right) \geq f\left(x^{k+1}\right)$

$$-\infty < \inf_k f\left(x^k\right) = \lim_{k \to \infty} f\left(x^k\right) = f\left(x^0\right) - \sum_{k \geq 0} \underbrace{f\left(x^k\right) - f\left(x^{k+1}\right)}_{=\text{ared}_k \geq 0},$$

d. h. $\sum_{k \geq 0} \text{ared}_k < \infty$. Wegen $\text{pred}_k < \text{ared}_k/c_0$ für $k \in S$ und (6.5.12) folgt weiter

$$\sum_{k \in T \cap S} \delta_k < \infty. \qquad (6.5.13)$$

Wir unterscheiden nun zwei Fälle:

Fall a) $\{k \mid k \notin T\} = \{k \mid \|g^k\| < \mu\}$ ist eine *endliche* Menge.

Wegen (6.5.13) ist dann $\sum_{k \in S} \delta_k < \infty$.

Falls $k \notin S$, so folgt aus dem Algorithmus $r_k \leq c_0 \leq c_2$ und daher $\delta_{k+1} \leq c_4 \delta_k$ für ein $0 < c_4 < 1$.

Wir betrachten eine Folge von Iterationen k des Verfahrens mit $k \in S$, $k + i \notin S$ für $1 \leq i \leq l$ und $k + l \in S$ für ein $l < \infty$ (der Fall, dass es kein solches l gibt, kann mit der gleichen Argumentation völlig analog behandelt werden), also

$$\underset{\in S}{k} \to \underset{\notin S}{k+1} \to \cdots \to \underset{\in S}{k+l}$$

mit den zugehörigen Trust-Region Radien

$$\delta_k, \quad \delta_{k+1}, \quad \ldots, \quad \delta_{k+l}.$$

Diese erfüllen

$$\delta_k + \delta_{k+1} + \cdots + \delta_{k+l} \leq \delta_k \left(1 + c_4 + c_4^2 + \cdots\right) \leq \delta_k/(1 - c_4).$$

Wir erhalten damit

$$\sum_{k \in \mathbb{N}} \delta_k \leq \sum_{k \in S} \delta_k/(1 - c_4) < \infty.$$

Daraus folgt

$$\sum_k \delta_k < \infty, \quad \text{also} \lim_k \delta_k = 0. \qquad (6.5.14)$$

Da die zweite Ableitung $\nabla^2 f(x)$ *gleichmäßig* beschränkt ist, folgt wegen $\lim_k \delta_k = 0$ und der Endlichkeit von $\{k \mid k \notin T\}$ aber $\lim_k r_k = 1$, insbesondere $r_k > c_2$ für großes k und daraus wiederum $\delta_{k+1} \geq \delta_k$ für großes k wegen Schritt 4) im Algorithmus, $\delta_{k+1} \in [\delta_k, c_1 \delta_k]$ (beachte $c_1 > 1$). Dies widerspricht $\delta_k \to 0$.

Fall b) $\{k \mid k \notin T\} = \{k \mid \|g^k\| < \mu\}$ enthält unendlich viele Elemente $l_i, i = 1, \ldots$ mit $l_1 < l_2 < \ldots$.

Durch Weglassen einiger Indizes l_i und k_j können wir annehmen, dass für alle l_i ein $k_i \in \tilde{T}$ existiert mit $k_i < l_i < k_{i+1}$ und zwar so, dass für alle j mit $k_i \leq j < l_i$ gilt $j \in T$.

Wegen $x^{k+1} = x^k$ für $k \notin S$ und $\|\nabla f(x) - \nabla f(y)\| \leq M \|x - y\|$ für alle x, y folgt

$$+\infty = \sum_{i=1}^{\infty} \mu \le \sum_{i=1}^{\infty} (\|g^{k_i}\| - \|g^{l_i}\|) \quad (\text{wegen } \|g^{k_i}\| \ge 2\mu, \ \|g^{l_i}\| \le \mu)$$

$$\le \sum_{i=1}^{\infty} \|g^{k_i} - g^{l_i}\| \le \sum_{i=1}^{\infty} M \|x^{k_i} - x^{l_i}\|$$

$$\le M \sum_{i=1}^{\infty} \sum_{j=k_i}^{l_i-1} \|x^{j+1} - x^j\| = M \sum_{i=1}^{\infty} \sum_{\substack{j \in S \text{ und} \\ k_i \le j \le l_i-1}} \|x^{j+1} - x^j\|$$

$$\le M \sum_{k \in T \cap S} \delta_k < \infty.$$

Dies liefert den gesuchten Widerspruch. □

Satz 6.5.15 (Schulz, Schnabel, Byrd, 1985) *Es gelten wieder die Voraussetzungen von Satz 6.5.11. Ferner erfülle* s^k *in Schritt 3. von Algorithmus 6.5.2 stets (6.5.10). Wählt man* $B_k := \nabla^2 f(x^k)$ *für alle k und konvergiert die von Algorithmus 6.5.2 erzeugte Folge,* $\lim_k x^k = x^*$, *dann gilt:*

$$0 = g(x^*) \quad und \quad \nabla^2 f(x^*) \ \text{ist positiv semidefinit.}$$

Jeder Limes x^* der x^k erfüllt also die notwendigen Bedingungen 1. und 2. Ordnung von Satz 6.0.2 und Satz 6.0.3 für eine lokale Minimalstelle von f.

Beweis Nach Satz 6.5.11 ist $g(x^*) = 0$. Wir nehmen an, der Satz sei falsch, d.h. $\lambda_1(\nabla^2 f(x^*)) < 0$. Wegen $B_k = \nabla^2 f(x^k)$ und $x^k \to x^*$ folgt für großes k

$$\lambda_1(B_k) < \frac{\lambda_1(\nabla^2 f(x^*))}{2} =: \alpha < 0.$$

Nun liefert eine partielle Integration wegen $H(x) := \nabla^2 f(x)$

$$\int_0^1 \left(s^k\right)^T H\left(x^k + ts^k\right)(1-t)s^k \, dt$$

$$= \left[g\left(x^k + ts^k\right)^T s^k (1-t)\right]_0^1 + \int_0^1 g\left(x^k + ts^k\right)^T s^k \, dt$$

$$= -\left(g^k\right)^T s^k + f\left(x^k + s^k\right) - f\left(x^k\right).$$

Daraus folgt

$$\text{ared}_k - \text{pred}_k = f\left(x^k\right)$$

$$- f\left(x^k + s^k\right) - \left(f\left(x^k\right) - f\left(x^k\right) - \left(g^k\right)^T s^k - \tfrac{1}{2}\left(s^k\right)^T B_k s^k\right)$$

$$= \tfrac{1}{2} \left(s^k\right)^T B_k s^k - \int_0^1 \left(s^k\right)^T H \left(x^k + ts^k\right) (1-t)s^k \, dt$$

$$= \left(s^k\right)^T \left[\int_0^1 \left(H\left(x^k\right) - H\left(x^k + ts^k\right) \right) dt \right] s^k.$$

Wegen (6.5.10) ist $\operatorname{pred}_k \geq \tau_2 \delta_k^2 \max\{-\lambda_1(B_k), 0\} \geq \tau_2 \delta_k^2 \alpha$ für großes k. Somit folgt

$$|r_k - 1| \leq \frac{\|s^k\|^2 \int_0^1 \|H\left(x^k\right) - H\left(x^k + ts^k\right)\| dt}{\delta_k^2 \cdot \tau_2 \cdot \alpha}$$

$$\leq \frac{\int_0^1 \|H\left(x^k\right) - H\left(x^k + ts^k\right)\| dt}{\tau_2 \cdot \alpha} \xrightarrow{k \to \infty} 0$$

wegen $x^k \to x^*$.

Also gilt für großes k wieder $\delta_{k+1} \geq \delta_k$ wegen Schritt 4) in Algorithmus 6.5.2. Insbesondere ist $\delta_k \geq \delta > 0$ für alle k, d. h.

$$\operatorname{ared}_k \geq \operatorname{pred}_k \cdot c_2 \geq \tau_2 c_2 \delta_k^2 \alpha \geq \tau_2 c_2 \delta^2 \alpha > 0$$

für großes k, im Widerspruch zu $\lim_k \operatorname{ared}_k = 0$ (es gilt $\lim_k \operatorname{ared}_k = 0$ weil die $f\left(x^k\right)$ nach Voraussetzung nach unten beschränkt sind). $\qquad \square$

6.6 Das Newton -Verfahren

Zur Minimierung einer differenzierbaren Funktion $f: \mathbb{R}^n \to \mathbb{R}$ können Punkte $\bar{x}$, welche die notwendige Bedingung $\nabla f(\bar{x}) = 0$ erfüllen, auch mit dem Newton-Verfahren approximiert werden. In diesem Fall wendet man das Newton-Verfahren zur Bestimmung einer Nullstelle von $g(x) := \nabla f(x)$ an. Es ergeben sich dann Newton-Schritte der Form

$$\Delta x := -Dg(x)^{-1} g(x) = -(\nabla^2 f(x))^{-1} \nabla f(x).$$

In Abschn. 4.1 haben wir in Satz 4.1.2 bereits Bedingungen hergeleitet, unter denen das Newton-Verfahren lokal quadratisch gegen eine Nullstelle von g konvergiert.

Man beachte dabei allerdings, dass das Newton-Verfahren auch gegen eine Maximalstelle von f oder gegen einen Sattelpunkt $\bar{x}$ konvergieren kann, für den $\nabla^2 f(\bar{x}) = Dg(\bar{x})$ auch negative Eigenwerte besitzt. Außerdem können wir in der Regel nur dann sicher sein, dass der Newtonschritt Δx eine Abstiegsrichtung für f ist, wenn $\nabla^2 f(x)$ positiv definit ist. Und auch falls $\nabla^2 f(x)$ positiv definit ist, ist im Allgemeinen eine Schrittweitenkontrolle wie die Regel (A) in Algorithmus 6.2.1 notwendig, um die globale Konvergenz des Verfahrens zu gewährleisten. Bei der Minimierung von streng konvexen Funktionen $f: \mathbb{R}^n \to \mathbb{R}$, deren Hessematrix $\nabla^2 f(x)$ stets positiv definit ist, hat sich das Newton-Verfahren mit line search trotz dieser Einschränkung als ein sehr effizientes Verfahren bewährt. Bevor wir am Ende dieses Abschnitts eine anschauliche Erklärung für die gute globale Konvergenz des Newton-Verfahrens bei der Minimierung von streng konvexen Funktionen angeben, wollen wir an dieser Stelle die Ergebnisse aus Abschn. 4.1 vertiefen und den Bereich der quadratischen Konvergenz genauer abschätzen.

6.6.1 Der Satz von Newton – Kantorovich

Eine wichtige Eigenschaft des Newton-Verfahrens liegt in der Unabhängigkeit von der Basis und der Dimension des Raumes, in dem ein Nullstellenproblem gestellt ist. Auf die Unabhängigkeit von der gewählten Basis werden wir noch bei der Besprechung der affinen Invarianz eingehen. Die Unabhängigkeit von der Dimension des Raumes ist z. B. bei nichtlinearen Differentialgleichungen oder bei Problemen aus der Kontrolltheorie von Bedeutung. Für solche Probleme kann das Newton-Verfahren auch in unendlichdimensionalen Räumen erklärt werden, so dass sich z. B. die Lösung f einer nichtlinearen partiellen Differentialgleichung unter geeigneten Voraussetzungen mit dem Newton-Verfahren approximieren lässt. Dabei liegt die unbekannte Lösung f in einem unendlichdimensionalen Raum. Aufgrund der Bedeutung des Newton-Verfahrens für solche Anwendungen und auch weil dies nur mit geringem zusätzlichem Aufwand verbunden ist, stellen wir das Newton-Verfahren über Banachräumen[4] vor.

Der Satz von Newton-Kantorovich und auch die Konvergenzanalyse des Newton-Verfahrens in dem späteren Kap. 15 benutzen Tensoren, die höhere Ableitungen von Funktionen mehrerer Veränderlicher beschreiben. Wir erinnern daher auch an einige Grundbegriffe und Resultate aus der Analysis über Ableitungen von Funktionen mehrerer Veränderlicher (siehe z. B. Dieudonné, [41]).

Exkurs: Höhere Ableitungen In der Analysis definiert man Ableitungen nicht nur für Abbildungen (Operatoren) $f: \mathbb{R}^n \to \mathbb{R}^m$ zwischen endlich dimensionalen Räumen, sondern allgemeiner für Abbildungen von Banachräumen.

Definition 6.6.1 *Seien B_1, B_2 Banachräume, $\Omega \subset B_1$ eine offene Menge, f eine Funktion, $f: \Omega \to B_2$ und $x^0 \in \Omega$. Falls es eine lineare Abbildung $A: B_1 \to B_2$ gibt, so dass für alle $h \in B_1$*

$$\lim_{t \to 0} \frac{f\left(x^0 + th\right) - f\left(x^0\right)}{t} = Ah \tag{6.6.2}$$

gilt, dann heißt A schwache Ableitung *oder* Gâteaux'sche Ableitung *von f in x^0. Gilt sogar*

---

[4]Banachräume sind normierte lineare Räume B, die vollständig sind, d. h. es gilt in ihnen das Cauchysche Konvergenzkriterium: Eine Folge $x^k \in B$, $k \geq 0$ konvergiert, wenn es zu jedem $\varepsilon > 0$ ein $N \geq 0$ gibt, so dass $\|x^l - x^m\| \leq \varepsilon$ für alle l, $m \geq N$. Endlichdimensionale lineare Räume, wie der $\mathbb{R}^n$, sind bezüglich jeder Norm Banachräume.

$$\lim_{h \to 0} \frac{\left\| f(x^0 + h) - f\left(x^0\right) - Ah \right\|}{\|h\|} = 0, \tag{6.6.3}$$

dann heißt f in x^0 differenzierbar, *und A die* starke oder Fréchetsche Ableitung *von f in* x^0, *die man auch mit* $f'\left(x^0\right)$ *oder* $Df\left(x^0\right)$ *bezeichnet.*

Starke Ableitungen gehören zu dem Raum $\mathcal{L}(B_1, B_2)$ der *beschränkten* linearen Abbildungen $u \colon B_1 \to B_2$ mit

$$\|u\| := \sup_{\|x\| \le 1} \|u(x)\| < \infty.$$

Bezüglich dieser Norm ist $\mathcal{L}(B_1, B_2)$ selbst wieder ein Banachraum.

Sind A und B die schwachen Ableitungen von f bzw. g in x^0, so ist $\lambda A + \mu B$ für alle λ, $\mu \in \mathbb{R}$ die schwache Ableitung von $\lambda f + \mu g$ in x^0.

Für starke Ableitungen gilt zusätzlich die Kettenregel: Seien B_1, B_2 und B_3 Banachräume, $\Omega_1 \subset B_1$ und $\Omega_2 \subset B_2$ offene Mengen, $f \colon \Omega_1 \to B_2$, $g \colon \Omega_2 \to B_3$ Abbildungen mit $f(\Omega_1) \subset \Omega_2$. Falls f in $x^0 \in \Omega_1$ und g in $y^0 := f\left(x^0\right)$ (stark) differenzierbar ist, dann ist $h := g \circ f \colon \Omega_1 \to B_3$ in x^0 (stark) differenzierbar und es gilt

$$h'\left(x^0\right) = g'\left(y^0\right) \circ f'\left(x^0\right).$$

In den Übungen 6.10.2 sehen wir, dass eine Funktion von zwei Veränderlichen in einem Punkt die Gâteaux'sche Ableitung besitzen kann, ohne Fréchet-differenzierbar zu sein. Weiter sehen wir, dass (6.6.3) gilt, falls die Konvergenz in (6.6.2) gleichmäßig für alle h mit $\|h\| = 1$ ist.

Im Folgenden verstehen wir unter Ableitungen nur starke Ableitungen, sofern nichts anderes gesagt wird.

Beispiel 6.6.4 Für $B_1 = \mathbb{R}^n$ und $B_2 = \mathbb{R}$ ist die Ableitung $f'(x)$ einer differenzierbaren Funktion $f \colon \mathbb{R}^n \to \mathbb{R}$ in $x = (x_1, \dots, x_n)$ gegeben durch die lineare Abbildung

$$\mathbb{R}^n \ni s = (s_1, \dots, s_n) \mapsto \sum_{i=1}^{n} \frac{\partial f(x)}{\partial x_i} s_i$$

$$= \left(\frac{\partial f(x)}{\partial x_1}, \dots, \frac{\partial f(x)}{\partial x_n} \right) \begin{pmatrix} s_1 \\ \vdots \\ s_n \end{pmatrix}.$$

Die lineare Abbildung $f'(x)$ kann also bezüglich der Standardbasen von $\mathbb{R}^n$ und $\mathbb{R}$ mit der $1 \times n$-Matrix

$$Df(x) = f'(x) = \left(\frac{\partial f(x)}{\partial x_1}, \dots, \frac{\partial f(x)}{\partial x_n} \right)$$

identifiziert werden.

Analog kann man für eine differenzierbare Abbildung $f \colon \mathbb{R}^n \to \mathbb{R}^m$,

$$f(x_1, \ldots, x_n) = \begin{pmatrix} f_1(x_1, \ldots, x_n) \\ \vdots \\ f_m(x_1, \ldots, x_n) \end{pmatrix},$$

die Ableitung $f'(x)$ in $x \in \mathbb{R}^n$ mit ihrer *Jacobimatrix,* der $m \times n$-Matrix

$$Df(x) = f'(x) = \left(\frac{\partial f_i(x)}{\partial x_j} \right)_{\substack{i=1,\ldots,m \\ j=1\ldots n}},$$

identifizieren.

Seien nun wieder B_1, B_2 Banachräume, $\Omega \subset B_1$ offen und $f \colon \Omega \to B_2$ eine Funktion. Falls f für alle $x \in \Omega$ differenzierbar ist, definiert die Ableitung eine Abbildung

$$\Omega \ni x \mapsto Df(x) = f'(x) \in \mathcal{L}(B_1, B_2)$$

von Ω in die Menge $\mathcal{L}(B_1, B_2)$ aller beschränkten linearen Abbildungen u von B_1 in B_2, $Df = f' \colon \Omega \to \mathcal{L}(B_1, B_2)$. Die Funktion f heißt auf Ω einmal stetig differenzierbar, falls die Abbildung f' eine stetige Funktion ist, d. h. falls

$$f' \in C(\Omega, \mathcal{L}(B_1, B_2)).$$

Die Menge aller Funktionen $f \colon \Omega \to B_2$, die auf Ω einmal stetig differenzierbar sind bezeichnen wir mit $C^1(\Omega, B_2)$.

Wir können nun höhere Ableitungen $f^{(k)}$ von f rekursiv definieren: Für $k \geq 2$ kann man die Menge $C^k(\Omega, B_2)$ aller k-mal stetig differenzierbaren Funktionen als die Menge aller Funktionen $f \colon \Omega \to B_2$ definieren, deren erste Ableitung f' auf Ω $(k-1)$-mal stetig differenzierbar ist, $f' \in C^{k-1}(\Omega, \mathcal{L}(B_1, B_2))$. Für $k = 2$ ist also die Abbildung

$$\Omega \ni x \mapsto f'(x) \in \mathcal{L}(B_1, B_2)$$

auf Ω einmal stetig differenzierbar, sie besitzt also für alle $x \in \Omega$ eine Ableitung $f''(x) \in \mathcal{L}(B_1, \mathcal{L}(B_1, B_2))$, d.h. für jedes $s \in B_1$

$$B_1 \ni s \mapsto f''(x)(s) \in \mathcal{L}(B_1, B_2)$$

ist $f''(x)(s)$ eine lineare Abbildung von B_1 nach B_2. Mit $(f''(x)(s))(t)$ bezeichnen wir ihren Wert für $t \in B_1$. Nun ist die Funktion

$$B_1 \times B_1 \ni (s, t) \mapsto (f''(x)(s))(t) \in B_2$$

linear in s und linear in t, sie ist also eine bilineare Funktion, für die wir auch

$$f''(x)[s,t]$$

statt $(f''(x)(s))(t)$ schreiben. Man kann sogar zeigen, dass die bilineare Funktion $f''(x)[.\,,.]$ zum Banachraum $\mathcal{L}^2(B_1, B_2)$ aller beschränkten bilinearen Abbildungen $u\colon B_1 \times B_1 \to B_2$ gehört, der mit der Norm

$$\|u\| := \sup_{\|s\| \le 1} \sup_{\|t\| \le 1} \|u(s,t)\| < \infty$$

versehen ist.

Auf dieselbe Weise zeigt man für beliebiges $k \ge 1$, dass jedes $f \in C^k(\Omega, B_2)$ für alle $x \in \Omega$ eine k-te Ableitung $f^{(k)}(x)$ besitzt, die mit einer beschränkten k-linearen Abbildung $f^{(k)}(x) \in \mathcal{L}^k(B_1, B_2)$ identifiziert werden kann,

$$B_1^k = B_1 \times \cdots \times B_1 \ni \left(s^1, \ldots, s^k\right) \mapsto f^{(k)}(x)\left[s^1, \ldots, s^k\right] \in B_2.$$

Jede k-lineare Abbildung $u \in \mathcal{L}^k(B_1, B_2)$ besitzt eine Norm

$$\|u\| := \sup_{\|s^1\| \le 1} \cdots \sup_{\|s^k\| \le 1} \left\| u\left[s^1, \ldots, s^k\right] \right\| < \infty,$$

so dass für alle $s^i \in B_1$, $i = 1, \ldots, k$,

$$\left\| u\left[s^1, \ldots, s^k\right]\right\| \le \|u\|\, \|s^1\| \cdots \|s^k\|.$$

Beispiel 6.6.5 Sei $\Omega = B_1 := \mathbb{R}^n$, $B_2 := \mathbb{R}$ und $f\colon \mathbb{R}^n \to \mathbb{R}$ für alle $x \in \mathbb{R}^n$ zweimal stetig differenzierbar. Dann ist wegen $\left(s = (s_1, \ldots, s_n)^T\right)$

$$f'(x)(s) = \sum_{j=1}^{n} \frac{\partial f(x)}{\partial x_j} s_j$$

die zweite Ableitung $f''(x)$ durch die bilineare Abbildung

$$f''(x)[s,t] = \sum_{i=1}^{n} \sum_{j=1}^{n} \frac{\partial^2 f(x)}{\partial x_i \partial x_j} s_i t_j$$
$$= s^T H(x) t, \quad s = (s_1, \ldots, s_n)^T,\ t = (t_1, \ldots, t_n)^T,$$

gegeben, wobei $H(x) := \nabla^2 f(x)$ die Hessematrix von f an der Stelle x ist,

$$\nabla^2 f(x) = \left(\frac{\partial^2 f(x)}{\partial x_i \partial x_j}\right)_{i,\,j=1,\ldots,n}.$$

Allgemein wird die k-te Ableitung $f^{(k)}$ einer Funktion $f : \mathbb{R}^n \to \mathbb{R}^m$ durch die k-ten partiellen Ableitungen

$$\frac{\partial^k f(x)}{\partial x_{i_1} \partial x_{i_2} \ldots \partial x_{i_k}}, \quad i_j = 1, 2, \ldots, n, \; j = 1, 2, \ldots, k,$$

gegeben: Für k Vektoren $s^i = \left(s_1^i, \ldots, s_n^i\right)^T \mathbb{R}^n, i = 1, \ldots, k$, gilt dann

$$f^{(k)}(x)\left[s^1, \ldots, s^k\right] = \sum_{i_1=1}^{n} \cdots \sum_{i_k=1}^{n} \frac{\partial^k f(x)}{\partial x_{i_1} \ldots \partial x_{i_k}} s_{i_1}^1 \cdots s_{i_k}^k.$$

Eine wichtige Eigenschaft der k-mal stetig differenzierbaren Funktionen $f \in C^k(\Omega, B_2)$ ist die Symmetrie ihrer Ableitungen: Es gilt für alle $x \in \Omega$ und alle $1 \le i \le k$

$$f^{(i)}(x)\left[s^1, \ldots, s^i\right] = f^{(i)}(x)\left[s^{j_1}, \ldots, s^{j_i}\right]$$

für alle $s^j \in B_1$, $j = 1, \ldots, i$, und alle Permutationen $\left(s^{j_1}, \ldots, s^{j_i}\right)$ von $\left(s^1, \ldots, s^i\right)$.

Beispiel 6.6.6 Für $B_1 = \Omega = \mathbb{R}^n$, $B_2 := \mathbb{R}$, $f : \mathbb{R}^n \to \mathbb{R}$ (siehe Beispiel 6.6.5) bedeutet die Symmetrie von f'' nichts anderes als die Symmetrie der Hessematrix $\nabla^2 f(x)$, d.h. für $f \in C^2(\mathbb{R}^n, \mathbb{R})$ sind die zweiten partiellen Ableitungen vertauschbar,

$$\frac{\partial}{\partial x^i}\left(\frac{\partial f(x)}{\partial x^j}\right) = \frac{\partial}{\partial x^j}\left(\frac{\partial f(x)}{\partial x^i}\right).$$

Schließlich gilt allgemein für k-mal stetig differenzierbares $f \in C^k(\Omega, B_2)$ und $x^0 \in \Omega$ der Satz von Taylor

$$\lim_{x \to x^0} \frac{\left\| f(x) - f\left(x^0\right) - \sum_{j=1}^{k} \frac{1}{j!} D^j f\left(x^0\right) \overbrace{\left[\left(x - x^0\right), \ldots, \left(x - x^0\right)\right]}^{j\text{-mal}} \right\|}{\left\| x - x^0 \right\|^k} = 0.$$

(Der Beweis läuft wie im eindimensionalen Fall, siehe z.B. [101, S. 490].)

In den Übungen ist ein Beispiel angegeben, für das die Umkehrung dieser Aussage nicht richtig ist; der angegebene Grenzwert kann Null sein, ohne dass die Funktion stetig differenzierbar ist.

Nach diesen Vorbereitungen können wir die wichtigsten Eigenschaften des Newton-Verfahrens in folgendem Satz präzisieren:

Satz 6.6.7 (Newton-Kantorovich) [vgl. Satz 6 (1.XVIII) in [91]]. *Sei Ω eine offene Teilmenge eines Banachraumes B_1, und g ein Operator, der Ω in einen Banachraum B_2 abbildet. Ferner sei g auf Ω zweimal stetig differenzierbar, $g \in C^2(\Omega, B_2)$.*

Weiter sei ein $x^0 \in \Omega$ mit folgenden Eigenschaften gegeben:

1. *Der Operator $g'(x^0) \in \mathcal{L}(B_1, B_2)$ besitze einen inversen Operator $\Gamma_0 \in \mathcal{L}(B_2, B_1)$, mit $\Gamma_0(g'(x^0)(s)) = s$ und $g'(x^0)(\Gamma_0(t)) = t$ für alle $s \in B_1$ und $t \in B_2$;*
2. *$\|\Gamma_0(g(x^0))\| \le \eta$;*
3. *Für alle $x \in \Omega_0 := \{x \mid \|x - x^0\| \le r\}$ gilt*

$$\|\Gamma_0 g''(x)\| = \sup_{\|s\| \le 1} \sup_{\|t\| \le 1} \|\Gamma_0 g''(x)[s, t]\| \le K < \infty;$$

4. *$\nu := K\eta < 1/2$ und $r \ge 2\eta$ und $\Omega_0 \subset \Omega$.*

Dann besitzt g in Ω_0 genau eine Nullstelle x^*,

$$g(x^*) = 0,$$

das Newton-Verfahren

$$x^{k+1} := x^k - \left(g'\left(x^k\right)\right)^{-1} g\left(x^k\right), \quad k \ge 0,$$

ist wohldefiniert (d. h. es existieren $\left(g'\left(x^k\right)\right)^{-1} \in \mathcal{L}(B_2, B_1)$ für $k \ge 0$) und es gilt

$$\|x^* - x^k\| \le \sigma_k := \frac{\eta}{\nu} \frac{1}{2^k} (2\nu)^{2^k}.$$

Diskussion Die Bedingung 1) aus Satz 6.6.7 ist selbsterklärend: Falls Γ_0 singulär ist, so ist das Newton-Verfahren gar nicht anwendbar.

Bedingung 2) verlangt, dass eine gewisse Norm von $g(x^0)$ klein sei, wobei hier die Norm $\|\Gamma_0 \cdot \|$ gewählt wird. Falls x^0 hinreichend nahe bei einer nichtsingulären Nullstelle x^* von g liegt, so ist diese Forderung sicher erfüllt. Dabei nennen wir eine Nullstelle x^* nichtsingulär, wenn $g'(x^*)$ eine Inverse $(g'(x^*))^{-1} \in \mathcal{L}(B_2, B_1)$ besitzt.

Bedingung 3) verlangt, dass auch $g''(x)$ für alle x in der Nähe von x^0 bezüglich dieser Norm klein ist.

Bedingung 4) präzisiert, wie klein die obigen Größen sein müssen, und wie der Ausdruck „in der Nähe von" zu verstehen ist: es wird im wesentlichen verlangt, dass die Konstante η aus 2) genügend klein ist, d. h., dass bereits $g(x^0)$ „klein" ist und x^0 deshalb vermutlich nahe bei einer Nullstelle x^* von $g(x) = 0$ liegt.

Für alle großen k ist $\sigma_k \le \tilde{\sigma}_k := (2\nu)^{2^k} < 1$, und die $\tilde{\sigma}_k$ konvergieren quadratisch gegen Null, $\tilde{\sigma}_{k+1} = \tilde{\sigma}_k^2$. Ein Paradoxon ist, dass die σ_k zwar in gewissem Sinn noch rascher gegen Null konvergieren als die $\tilde{\sigma}_k$, dass sie aber nicht quadratisch gegen Null konvergieren, d.h. es gibt keine Konstante c mit $\sigma_{k+1} \leq c\sigma_k^2$ für alle ausreichend großen k. Wie schon bei der Diskussion um R-quadratische und Q-quadratische Konvergenz in Abschn. 4.1.2 werden wir auch hier den Unterschied in der Konvergenz der Folgen σ_k und $\tilde{\sigma}_k$ nicht weiter betonen und auch bei σ_k von „quadratischer Konvergenz" sprechen, falls z.B., wie hier, die Majorante $\tilde{\sigma}_k$ quadratisch konvergiert.

6.6.2 Affine Invarianz

Sei $A: B_0 \to B_1$ eine invertierbare affine Abbildung und $f: B_1 \to \mathbb{R}$ eine reellwertige Funktion. Zur Beschreibung der affinen Invarianz betrachten wir zunächst die Minimierungsprobleme

$$\text{minimiere } f(x) \tag{6.6.8}$$

ausgehend von einem Startpunkt $x^0 \in B_1$, und

$$\text{minimiere } \tilde{f}(z) := f(Az) \tag{6.6.9}$$

ausgehend von dem Startpunkt $z^0 = A^{-1}x^0 \in B_0$. Diese Probleme erachtet man als „äquivalent". Kennt man nämlich A und A^{-1}, so kann man aus Startwert und Lösung des einen Problems stets Startwert und Lösung des anderen Problems ermitteln. (Wenn $\bar{x}$ und $\bar{z}$ Optimallösungen von (6.6.8) und (6.6.9) sind, so gilt $\bar{z} = A^{-1}\bar{x}$.[5]) Die Abbildung A beschreibt also „nur" eine affine Transformation des Raumes. Wir wenden nun ein gegebenes Verfahren auf die Probleme (6.6.8) und (6.6.9) mit den Startwerten x^0 bzw. $z^0 = A^{-1}x^0$ an. Dabei erzeuge das Verfahren die Iterierten x^k bzw. z^k. Das Verfahren heißt dann *affin invariant*, wenn $z^k = A^{-1}x^k$ für alle $k \geq 0$ gilt, d.h. wenn das Verfahren bei beiden Problemen „ganz genau gleich verläuft".

Ein global konvergentes Verfahren, das nicht affin invariant ist, konvergiert in aller Regel bei einem der beiden Probleme (6.6.8) und (6.6.9) schneller als bei dem anderen. Dabei ist der Unterschied in der Konvergenzgeschwindigkeit typischerweise um so größer, je größer die Konditionszahl der affinen Abbildung A ist. Die Anzahl der Iterationen fällt bzw. wächst in vielen Fällen – wie z.B. bei dem Verfahren des steilsten Abstiegs – linear mit der Konditionszahl. Bei einer Konditionszahl von 1000 kann es dann passieren, dass das Verfahren zur Lösung von (6.6.9) 1000 mal schneller konvergiert als das gleiche Verfahren zur Lösung von (6.6.8).

Eine fehlende affine Invarianz mag auf den ersten Blick als Vorteil erscheinen, da man versuchen kann, das Verfahren mit Hilfe einer geeigneten Abbildung A zu beschleunigen. Allerdings ist sie meist ein großer Nachteil. Zum einen weiß man in der Regel nicht, wie man eine Abbildung A finden kann, die zu einem schnell konvergenten Verfahren führt. Zum anderen weiß man nicht einmal, ob eine Abbildung A, für die man sich entschieden

---

[5]Diese Beziehung stimmt sicher, wenn $\bar{x}$ eindeutig ist. Falls $\bar{x}$ nicht eindeutig ist, so ist für jede Optimallösung $\bar{x}$ von (6.6.8) auch $\bar{z} = A^{-1}\bar{x}$ eine Optimallösung von (6.6.9) und umgekehrt.

hat, durch eine andere Wahl von A evtl. erheblich verbessert werden kann: Nur zu häufig ist der Raum, in dem das Problem gerade gestellt ist, nicht der, in dem das Verfahren gut konvergiert. Von daher sind affin invariante Verfahren deutlich robuster; ihre Laufzeit hängt oft in deutlich schwächerer Art und Weise von den Daten des Problems ab, als die Laufzeiten von nicht affin unabhängigen Verfahren.

Wir kehren nun zu dem Problem der Nullstellenbestimmung zurück. Resultate in der Form des Satzes 6.6.7 – und zahlreiche Varianten davon (siehe z. B. [91]) – werden allgemein als passende Beschreibungen des Konvergenzverhaltens des Newton-Verfahrens angesehen. So hebt [38] z. B. die affine Invarianz in folgendem Sinne hervor:

Sei $\hat{A} \in \mathcal{L}(B_2, B_3)$ eine invertierbare lineare Abbildung von B_2 in einen Banachraum B_3 mit $\hat{A}^{-1} \in \mathcal{L}(B_3, B_2)$. Dann sind die Probleme, eine Nullstelle von g bzw. eine Nullstelle von $\hat{A}g$,

$$\hat{A}(g(x)) = 0, \tag{6.6.10}$$

zu finden, offenbar äquivalent. Es ist auch sofort ersichtlich, dass das Newton-Verfahren mit Startpunkt x^0 bei Anwendung auf g die gleichen Iterierten liefert, wie bei Anwendung auf $\hat{A}g$. Dieser Invarianzeigenschaft des Newton-Verfahrens trägt auch obiger Satz Rechnung; die Größen η und K sind für alle $\hat{A}$ die gleichen. Und daher ist auch die Konvergenzaussage unabhängig von $\hat{A}$.

Die Schwäche des Resultates in der obigen Form liegt aber darin, dass die Größe der Konstanten η und K von den Normen in B_1 und in B_2 abhängen. Hier kommt eine *zweite Form* affiner Invarianz des Newton-Verfahrens ins Spiel: Ist $A \in \mathcal{L}(B_0, B_1)$ nämlich eine invertierbare lineare Abbildung von B_0 nach B_1 mit einer Inversen $A^{-1} \in \mathcal{L}(B_1, B_0)$, und sucht man eine Nullstelle $z^* = A^{-1}x^*$ von

$$\tilde{g}(z) := g(A(z)) = 0, \tag{6.6.11}$$

so ist mit

$$\tilde{g}'(z) = g'(x)\Big|_{x=A(z)} A \tag{6.6.12}$$

leicht einzusehen, dass das Newton-Verfahren zur Lösung von $\tilde{g}(z) = 0$ mit Startpunkt $z^0 := A^{-1}x^0$ gerade die Iterierten $z^k := A^{-1}x^k$ liefert. Die Konvergenzeigenschaften sind also im wesentlichen gleich. Trotzdem kann es gut sein, dass die Voraussetzungen von Satz 6.6.7 für g und x^0 zutreffen aber nicht für $\tilde{g} = gA$ und $A^{-1}x^0$ (oder umgekehrt): Zum Beispiel ist

$$D^2\tilde{g}(z)[.,.] = D_z^2 g(A(z))[.,.] = D_x^2 g(A(z))[A.,A.].$$

Betrachten wir den einfachen Fall $g''(x) \equiv g''(x^0)$ für alle $x \in \Omega$. Der erste Teil der Bedingung 4) von Satz 6.6.7 verlangt

$$\nu := \left\| \Gamma_0 g\left(x^0\right) \right\| \left\| \Gamma_0 g''\left(x^0\right) \right\| < \frac{1}{2}. \tag{6.6.13}$$

Für den Fall, dass das Newton-Verfahren mit Startpunkt $z^0 = A^{-1}x^0$ auf $g(A(.))$ (anstatt auf g und Startpunkt x^0) angewandt wird, verlangt Bedingung 4) die Ungleichung

$$\tilde{\nu} := \left\| A^{-1}\Gamma_0 g\left(x^0\right)\right\| \left\| A^{-1}\Gamma_0 g''\left(x^0\right)[A., A.]\right\| < \frac{1}{2}. \qquad (6.6.14)$$

Falls A ein Vielfaches der Identität ist (dann ist auch $B_1 = B_0$), so sieht man leicht, dass $\nu = \tilde{\nu}$. Im allgemeinen gilt aber $\nu \neq \tilde{\nu}$, und da die Abschätzung für die Konvergenzgeschwindigkeit wesentlich von der Größe von ν bzw. $\tilde{\nu}$ abhängt, kann Satz 6.6.7 für das gleiche Verfahren (aber in zwei verschiedenen Räumen) sehr verschiedene Konvergenzabschätzungen liefern.

In den Übungen geben wir ein einfaches Beispiel an, für das die Fehlerabschätzungen des Satzes durch Hinzunahme einer solchen linearen Abbildung *beliebig* verschlechtert werden kann. Dies ist natürlich unbefriedigend, weil das Newton-Verfahren selbst wie schon erwähnt, unter beiden Transformationen (6.6.10) und (6.6.11) invariant ist. Für den allgemeinen Fall scheint es schwer zu sein, eine Norm zu finden, so dass auch (6.6.14) unter beiden Transformationen invariant ist. In der nachfolgenden Anwendung ist die Situation jedoch etwas einfacher:

Wie schon erwähnt können das Newton-Verfahren und Satz 6.6.7 auch auf die Bestimmung der Nullstelle des Gradienten $g(x) := \nabla f(x) = Df(x)^T$ einer dreimal differenzierbaren Funktion $f : \mathbb{R}^n \to \mathbb{R}$ angewendet werden. Dabei kommen für f im wesentlichen nur Transformationen der Form (6.6.11) in Frage, so dass für $g = \nabla f$ die Transformationen (6.6.10) und (6.6.11) gleichzeitig mit der Matrix A^T bzw. A erfolgen, $g(x) \to A^T \nabla_x f(A(z)) =: \tilde{g}(z)$.

Wie wir in den Übungen sehen werden, gilt dann für streng konvexes f, dass die Norm $\|\cdot\|_{g'(x^0)}$ affin invariant ist: Für alle h_x und h_z mit $h_x = Ah_z$ gilt

$$\|h_z\|^2_{\tilde{g}'(z^0)} := h_z^T \tilde{g}'\left(z^0\right)h_z = h_x^T g'\left(x^0\right)h_x = \|h_x\|^2_{g'(x^0)}, \qquad x^0 = Az^0.$$

Wie wir in Abschn. 15.1 weiter sehen, lässt sich Satz 6.6.7 unter geeigneten Bedingungen auch mit dieser Norm formulieren.

Wir wollen zum Abschluss dieses Abschnitts noch einen Zusammenhang zwischen dem Trust-Region Verfahren und dem Newton-Verfahren herstellen.

6.6.3 Interpretation des Newton-Verfahrens als Trust – Region Verfahren

Wir betrachten hier das Newton-Verfahren zur Minimierung einer glatten, streng konvexen Funktion f.

Aus der Linearisierung des Gradienten, d. h. aus der Forderung $\nabla f(x) \overset{!}{=} 0$ ergibt sich dabei der Newton-Schritt $\Delta x = -\left(\nabla^2 f(x)\right)^{-1} \nabla f(x)$. Der gleiche Suchschritt $s = \Delta x$

ergibt sich aus der Minimierung der quadratischen Taylor-Approximation $q(s) = f(x) + \nabla f(x)^T s + \frac{1}{2} s^T \nabla^2 f(x)s$ an f.

Wie wir in Satz 4.1.2 hergeleitet hatten, lassen sich aus der Linearisierung des Gradienten direkt die guten lokalen Konvergenzeigenschaften des Newton-Verfahrens herleiten, während sich aus der Interpretation zur Minimierung der Taylor-Approximation an f eine Abstiegseigenschaft des Suchschritts s ableiten lässt.

Wir möchten an dieser Stelle kurz auf eine dritte Interpretation eingehen, die die globalen Eigenschaften des Newton-Verfahrens gut erklärt: Man kann das Newton-Verfahren als Trust-Region Verfahren erklären: Bei dem Trust-Region Problem (6.5.1) kann man die Euklidische Norm in der Nebenbedingung „$\|d\|_2 \leq \Delta_k$" auch durch eine beliebige andere Norm ersetzen. Sei $H = H(x) = D^2 f(x)$ wieder die Hessematrix von f in x. Dann wählen wir als Norm die H-Norm, die durch $\|z\|_H := \left(z^T H z\right)^{1/2}$ definiert ist. Diese Norm hat zwei Vorteile: Zum einen ist sie affin invariant, eine Eigenschaft, die nicht für die Kugeln der Euklidischen Norm gilt. Zum anderen ist die Abweichung von $f(x + s)$ zu der Linearisierung $l(s) = f(x) + \nabla f(x)^T s$ von f auf dem Rand der Ellipse $\|s\|_H \leq r$ in erster Näherung konstant (nämlich $r^2/2$). Wenn man also die Linearisierung von f oder auch die quadratische Approximation von f über dieser Ellipse minimiert, so erhält man in beiden Fällen die gleiche Suchrichtung. Insbesondere ist das „Newton-Verfahren mit line search" *identisch* mit dem Trust-Region Algorithmus 6.5.2 mit der affin invarianten H-Norm, bei dem für die Matrix B_k die Hessematrix von f (oder ein nichtnegatives Vielfaches davon) gewählt wird und der Trust-Region Radius nicht durch Quotienten aus ared_k und pred_k bestimmt wird, sondern nur durch die Frage, welcher Schritt die größte ared_k liefert.

6.7 Quasi – Newton -Verfahren

6.7.1 Nichtlineare Gleichungssysteme

Wir betrachten zunächst das Problem, eine Gleichung $F(x) = 0$ für eine Funktion $F \colon \mathbb{R}^n \to \mathbb{R}^n$ zu lösen. Die Minimierung einer differenzierbaren Funktion $f \colon \mathbb{R}^n \to \mathbb{R}$ ist ein Spezialfall: sie führt auf die Lösung der speziellen Gleichung $F(x) = 0$ mit $F(x) := \nabla f(x)$.

Im Folgenden werden wir stets folgende Voraussetzung verlangen:

Voraussetzung 6.7.1

- F *ist auf* $\mathcal{D} \subset \mathbb{R}^n$ *stetig differenzierbar, d. h.* $F \in C^1(\mathcal{D})$,
- $\mathcal{D}$ *ist konvex und offen.*
- *Es gibt ein* $x^* \in \mathcal{D}$ *mit* $F(x^*) = 0$, *wobei* $F'(x^*) = DF(x^*)$ *nichtsingulär ist.*
- $\|F'(x) - F'(x^*)\| \leq \Lambda \|x - x^*\|$ *für alle* $x \in \mathcal{D}$: F' *ist in* x^* *Lipschitz-stetig.*

Hier, und im Folgenden werden wir oft die kürzere Schreibweise $F'(x)$ an Stelle von $DF(x)$ verwenden.

Im Newton-Verfahren berechnet man $x^{k+1} := x^k - F'\left(x^k\right)^{-1} F\left(x^k\right)$ (sofern $F'\left(x^k\right)$ nichtsingulär ist), bzw. im *gedämpften* Newton-Verfahren $x^{k+1} := x^k - \lambda_k F'\left(x^k\right)^{-1} F\left(x^k\right)$ mit einer geeigneten Schrittweite $0 < \lambda_k \leq 1$.

Ein Nachteil des Newton-Verfahrens ist der hohe Rechenaufwand, den man zur Bestimmung der $n \times n$-Matrix $F'\left(x^k\right)$ in jedem Iterationsschritt benötigt. Man versucht deshalb, die Matrix $F'\left(x^k\right)$ durch eine leichter zu berechnende Matrix B_k bzw. ihre Inverse $F'\left(x^k\right)^{-1}$ durch $H_k := B_k^{-1}$ zu approximieren. Man erhält so eine Iterationsvorschrift der Form

$$x^{k+1} := x^k - \lambda_k B_k^{-1} F\left(x^k\right),$$
$$\text{bzw.} \quad x^{k+1} := x^k - \lambda_k H_k F\left(x^k\right). \tag{6.7.2}$$

In Verallgemeinerung von Satz 4.1.2 und Satz 6.6.7 ist das Newton-Verfahren (mit $\lambda_k \equiv 1$) unter der schwächeren Voraussetzung 6.7.1 lokal quadratisch konvergent, d. h. es gibt ein $\varepsilon > 0$, so dass das Verfahren für alle Startwerte x^0 mit $\|x^0 - x^*\| \leq \varepsilon$ wohldefiniert ist (alle $F'\left(x^k\right)^{-1}$ existieren) und eine konvergente Folge von Vektoren x^k liefert, $\lim_k x^k = x^*$, die quadratisch gegen x^* konvergiert,

$$\|x^{k+1} - x^*\| \leq c \|x^k - x^*\|^2, \quad k = 0, 1, \ldots.$$

Insbesondere folgt für $x^k \neq x^*$

$$\lim_k \frac{\|x^{k+1} - x^*\|}{\|x^k - x^*\|} = 0.$$

Der folgende Satz gibt Kriterien an, wann die Verfahren (6.7.2) Vektoren x^k liefern, die ähnlich schnell wie das Newton-Verfahren konvergieren.

Wir verwenden dabei die Notation:

$$s^k := x^{k+1} - x^k, \quad y^k := F\left(x^{k+1}\right) - F\left(x^k\right).$$

Satz 6.7.3 (Dennis, Moré) *Es seien folgende Voraussetzungen erfüllt:*

- *Es gilt Voraussetzung 6.7.1,*
- *B_k sei für alle k nichtsingulär,*
- *$\lambda_k = 1$ für alle k,*
- *$\lim x^k = x^*$, $x^k \neq x^*$, und $x^k \in \mathcal{D}$ für alle k (man setzt also die Konvergenz der x^k voraus!)*
- *x^k werde durch (6.7.2) erzeugt.*

Dann sind äquivalent:

1. $\displaystyle \lim_k \frac{\|x^{k+1} - x^*\|}{\|x^k - x^*\|} = 0,$

2. $\displaystyle \lim_k \frac{\|(B_k - F'(x^*))s^k\|}{\|s^k\|} = 0,$

3. $\displaystyle \lim_k \frac{\|B_k s^k - y^k\|}{\|s^k\|} = 0.$

Bemerkungen

Eigenschaft (1) bezeichnet man als *Q-superlineare Konvergenz* der x^k gegen x^*. Sie besagt, dass für große k die Iterierte x^{k+1} wesentlich näher bei x^* liegt als x^k.

Die Bedeutung des Satzes liegt also darin, dass er Bedingungen angibt, die mit der *Q*-superlinearen Konvergenz der x^k äquivalent sind.

Bedingung (2) verlangt z. B., dass die Matrix B_k in (6.7.2) die unbekannte Matrix $F'(x^*)$ „zumindest in Richtung s^k" gut approximiert. Diese Bedingung ist beim Newton-Verfahren wegen $B_k - F'(x^*) = F'\left(x^k\right) - F'(x^*) \to 0$ für $x^k \to x^*$ stets erfüllt. Sie ist aber nicht nur für das Newton-Verfahren erfüllt: sie kann auch für Matrizen B_k gelten, die nicht gegen $F'(x^*)$ konvergieren.

Bedingung (3) kann wegen $y^k = F\left(x^{k+1}\right) - F\left(x^k\right) \approx F'(x^*)\left(x^{k+1} - x^k\right) = F'(x^*)s^k$ ähnlich interpretiert werden.

Die Voraussetzungen $\lambda_k \equiv 1$ und $\lim_k x^k = x^*$ sind in der Regel für Verfahren des Typs (6.7.2) nur für Startwerte x^0 nahe bei x^* erfüllt: Wenn x^0 weit von x^* entfernt liegt, dann ist selbst das Newton-Verfahren mit Schrittweite $\lambda_k \equiv 1$ nicht immer konvergent.

Beweis Wir beweisen nur die Äquivalenz von (1) und (3).
Wegen $y^k = F\left(x^{k+1}\right) - F\left(x^k\right) \approx F'(x^*)\left(x^{k+1} - x^k\right) = F'(x^*)s^k$ ist damit auch (2) plausibel.
$(1) \Rightarrow (3):$

Wegen (6.7.2) ist $B_k s^k = -F\left(x^k\right)$. Damit und aus der Definition von y^k folgt

$$F\left(x^{k+1}\right) = y^k + F\left(x^k\right) = y^k - B_k s^k;$$

dies ist der Zähler des Bruches in Aussage (3). Es gilt nun

$$F\left(x^{k+1}\right) = F\left(x^{k+1}\right) - F(x^*) = \int_0^1 F'\left(x^* + t\left(x^{k+1} - x^*\right)\right)\left(x^{k+1} - x^*\right)dt$$

$$= G_k\left(x^{k+1} - x^*\right)$$

mit der Matrix

$$G_k := \int_0^1 F'\left(x^* + t\left(x^{k+1} - x^*\right)\right) dt. \qquad (6.7.4)$$

Dabei folgt aus $\lim_k x^k = x^*$ wegen der Stetigkeit von $F'(x)$ sofort $\lim_k G_k = F'(x^*)$. Insbesondere ist $\|G_k\| \leq c$ mit einer Konstanten c, die nicht von k abhängt. Es folgt

$$\|F\left(x^{k+1}\right)\| \leq c\|x^{k+1} - x^*\|$$

Des weiteren gilt mit

$$c_k := \frac{\|x^{k+1} - x^*\|}{\|x^k - x^*\|}$$

die Abschätzung

$$\|s^k\| = \|x^{k+1} - x^* + x^* - x^k\| \geq \|x^k - x^*\| - \|x^{k+1} - x^*\| = (1 - c_k)\|x^k - x^*\|,$$

wobei nach (1) gilt: $c_k \xrightarrow{k \to \infty} 0$.

Zusammen ergibt sich damit die Aussage (3):

$$\frac{\|y^k - B_k s^k\|}{\|s^k\|} = \frac{\|F\left(x^{k+1}\right)\|}{\|s^k\|} \leq \frac{c\|x^{k+1} - x^*\|}{(1 - c_k)\|x^k - x^*\|} = \frac{cc_k}{1 - c_k} \xrightarrow{k \to \infty} 0.$$

$(3) \Rightarrow (1)$:

Aus (3) folgt zunächst

$$d_k := \frac{\|F\left(x^{k+1}\right)\|}{\|s^k\|} \xrightarrow{k \to \infty} 0.$$

Weil bekanntlich die Inverse einer Matrix stetig von den Komponenten der Matrix abhängt, folgt für die Matrizen G_k in (6.7.4) aus der Nichtsingularität von $F'(x^*)$ und $\lim_k G_k = F'(x^*)$ sofort $\lim_k G_k^{-1} = F'(x^*)^{-1}$ und damit die Beschränktheit der G_k^{-1}, d. h. $\|G_k^{-1}\| \leq \tilde{c}$. Es ist also

$$\left\|x^{k+1} - x^*\right\| \leq \left\|G_k^{-1}\right\| \left\|F\left(x^{k+1}\right)\right\| \leq \tilde{c}\left\|F\left(x^{k+1}\right)\right\| = \tilde{c}d_k \left\|x^{k+1} - x^k\right\|$$

$$\leq \tilde{c}d_k \left(\left\|x^{k+1} - x^*\right\| + \left\|x^* - x^k\right\|\right)$$

und somit

$$(1 - \tilde{c}d_k)\|x^{k+1} - x^*\| \leq \tilde{c}d_k\|x^k - x^*\|.$$

Da für große k der Term $(1 - \tilde{c}d_k) > 0$ positiv ist, folgt die Behauptung,

$$\frac{\|x^{k+1} - x^*\|}{\|x^k - x^*\|} \le \frac{\tilde{c}d_k}{1 - \tilde{c}d_k} \quad \overset{k\to\infty}{\longrightarrow} \quad 0. \qquad \square$$

Satz 6.7.3 verlangt $B_k s^k \approx y^k$, um superlineare Konvergenz zu garantieren. Da s^k und y^k von B_k abhängen, kann man i. allg. nicht $B_k s^k = y^k$ erwarten, aber man kann sehr wohl die *neue* Matrix B_{k+1} so wählen, dass

$$B_{k+1}s^k = y^k \qquad (6.7.5)$$

gilt. Diese Bedingung heißt *Quasi-Newton-Bedingung.*

Verfahren (6.7.2), die (6.7.5) erfüllen, heißen *Quasi-Newton-Verfahren.*

Unter den unendlich vielen Matrizen $\hat{B}$ mit $\hat{B}s^k = y^k$ versucht man, solche Matrizen B_{k+1} zu finden, die sich möglichst leicht aus B_k und den Vektoren s^k und y^k berechnen lassen. Dies führt zu verschiedenen sog. „update-Verfahren", bei denen die „alte" Matrix B_k durch Berücksichtigung der neuen „Informationen" s^k, y^k aktualisiert wird, $B_k \to B_{k+1}$.

Für die Beschreibung dieser update-Verfahren ist es zweckmäßig, den Iterationsindex k zu unterdrücken. Wir schreiben deshalb kurz

$$B = B_k, \quad B_+ = B_{k+1}, \quad x = x^k, \quad x^+ = x^{k+1},$$

$$s = s^k = x^+ - x, \quad y = y^k = F(x^+) - F(x).$$

In dieser Notation lautet die Quasi-Newton-Bedingung

$$B_+ s = y.$$

Ein erstes Verfahren dieser Art, ist das *Broydensche Rang-1-Verfahren*, in dem

$$B_+ = B + \frac{(y - Bs)s^T}{s^T s} \qquad (6.7.6)$$

gesetzt wird.

Wir sehen sofort, dass $B_+ s = y$ und $Bz = B_+ z$ für alle Vektoren z mit $s^T z = 0$ gilt. Darüber hinaus gilt der Satz

Satz 6.7.7 B_+ *ist die eindeutig bestimmte Lösung von*

$$\min_{\hat{B}} \left\{ \|\hat{B} - B\|_F \mid \hat{B}s = y \right\}.$$

Aufgrund dieses Satzes heißt B_+ in der englischen Literatur auch *least change secant update* der Matrix B: B_+ ist diejenige Matrix, die die Quasi-Newton-Bedingung („Sekantenbedingung") $B_+ s = y$ erfüllt und sich von B am wenigsten unterscheidet.

Beweis Zum Beweis beachten wir, dass für jedes $\hat{B}$ mit $\hat{B}s = y$ folgt

$$\|B_+ - B\|_F = \left\|\frac{(y - Bs)s^T}{s^T s}\right\|_F = \left\|\frac{(\hat{B} - B)ss^T}{s^T s}\right\|_F$$

$$\leq \|\hat{B} - B\|_F \left\|\frac{ss^T}{s^T s}\right\|_F = \|\hat{B} - B\|_F.$$

Die zweite Gleichung folgt aus $\hat{B}s = y$ und die letzte aus

$$\left\|ss^T\right\|_F^2 = \sum_{i,j}(s_i s_j)^2 = \left(\sum_i s_i^2\right)\left(\sum_j s_j^2\right) = \left(s^T s\right)^2.$$

B_+ ist eindeutig bestimmt, weil die Menge der $\hat{B}$, die $\hat{B}s = y$ erfüllen, eine affine Menge und die Zielfunktion $\|\,.\,\|_F^2$ streng konvex ist. Wir überlassen die exakte Ausarbeitung dazu als Übung.   □

Es gilt nun der folgende Satz von Broyden, Dennis und Moré (1973), der hier ohne Beweis (er ist nicht einfach) zitiert wird:

Satz 6.7.8 *Unter der Voraussetzung 6.7.1 gibt es ein $\epsilon > 0$, so dass für alle x^0 und B_0 mit $\|x^0 - x^*\| \leq \epsilon$ und $\|B_0 - F'(x^*)\| \leq \epsilon$ das Verfahren (6.7.2) mit $\lambda_k \equiv 1$ und der update-Formel (6.7.6) eine wohldefinierte Folge x^k liefert, die Q-superlinear gegen x^* konvergiert.*

Unter den Bedingungen dieses Satzes gilt nicht immer $\lim_k B_k = F'(x^*)$.

6.7.2 Minimierung glatter Funktionen

Wir betrachten nun nichtrestringierte Minimierungsprobleme

$$\inf\{f(x) \mid x \in \mathbb{R}^n\}$$

für genügend glatte Funktionen $f \colon \mathbb{R}^n \to \mathbb{R}$ und nehmen an, dass x^* eine strikte lokale Minimalstelle von f ist, $\nabla f(x^*) = 0$ mit einer positiv definiten Hessematrix $\nabla^2 f(x^*)$ (s. Satz 6.0.3). Mit $F(x) := \nabla f(x)$ führt die Forderung 6.7.1 an $F = \nabla f$ zu Forderungen an $f \colon \mathbb{R}^n \to \mathbb{R}$:

Voraussetzung 6.7.9

- f ist auf $\mathcal{D} \subset \mathbb{R}^n$ zweimal stetig differenzierbar, $f \in C^2(\mathcal{D})$,
- $\mathcal{D}$ ist konvex und offen.

- *Es gibt ein $x^* \in \mathcal{D}$, so dass $\nabla f(x^*) = 0$ und $\nabla^2 f(x^*)$ positiv definit ist,*
- *$\nabla^2 f$ ist in x^* Lipschitz-stetig: es gibt ein $\Lambda \geq 0$, so dass $\|\nabla^2 f(x) - \nabla^2 f(x^*)\| \leq \Lambda \|x - x^*\|$ für alle $x \in \mathcal{D}$.*

Wir bezeichnen im Folgenden mit $g(x) := \nabla f(x)$ den Gradienten von $f(x)$ und setzen $g^k = g\left(x^k\right)$. Die Iterationsvorschrift (6.7.2) schreibt sich dann

$$x^{k+1} := x^k - \lambda_k B_k^{-1} g^k,$$
$$\text{bzw.} \quad x^{k+1} := x^k - \lambda_k H_k g^k,$$

wobei jetzt B_k als eine Approximation der Hessematrix $\nabla^2 f\left(x^k\right)$ aufzufassen ist und wieder $H_k = B_k^{-1}$ gilt. Die Schrittweite $\lambda_k > 0$ kann man mittels einer line-search bestimmen, so dass

$$f\left(x^{k+1}\right) \approx \min_{\lambda \geq 0} f\left(x^k + \lambda d^k\right), \quad d^k := -B_k^{-1} g^k = -H_k g^k.$$

Da die Matrizen B_k die symmetrischen Matrizen $\nabla^2 f\left(x^k\right)$ approximieren sollen, ist es zweckmäßig im Rahmen von Quasi-Newton Verfahren nur update-Formeln zu verwenden, die anders als (6.7.6) die Symmetrie der B_k erhalten. Wir fordern also zusätzlich zu (6.7.5) noch $B_+^T = B_+$ (bzw. $H_+^T = H_+$), falls $B = B^T$ (bzw. $H^T = H$) gilt. Wir benutzen wieder die Abkürzungen des letzten Abschnitts, $B_+ := B_{k+1}$, $B := B_k$, $s := s^k = x^{k+1} - x^k$ und (wegen $F(x) = g(x)$) $y := y^k = g^{k+1} - g^k$.

Es gilt der folgende Satz, der als Analogon zu Satz 6.7.7 anzusehen ist:

Satz 6.7.10 *Sei $M = M^T \in \mathbb{R}^{n \times n}$ eine nichtsinguläre Matrix, y, $s \in \mathbb{R}^n$ mit $s \neq 0$, und $c := M^{-2} s$. Sei weiter $B = B^T$, dann wird die Minimalstelle von*

$$\min_{\hat{B}} \left\{ \left\| M(\hat{B} - B)M \right\|_F \mid \hat{B} = \hat{B}^T, \ \hat{B}s = y \right\} \tag{6.7.11}$$

angenommen durch

$$B_+ = B + \frac{(y - Bs)c^T + c(y - Bs)^T}{c^T s} - \frac{(y - Bs)^T s}{(c^T s)^2} cc^T. \tag{6.7.12}$$

Die Matrix M definiert eine gewichtete Frobeniusnorm; B_+ ist also diejenige symmetrische Matrix, die die Quasi-Newton-Bedingung $B_+ s = y$ erfüllt und den geringsten gewichteten Frobeniusabstand zu B besitzt.

Man nennt (6.7.12) eine „Rang-2 update-Formel", weil man B_+ durch Addition einer Matrix vom Rang 2 zu B erhält. (Beachte, dass die drei additiven Terme insgesamt Rang 2 haben.)

Beweis Die Symmetrie von B_+ liest man in (6.7.12) direkt ab. Ebenso verifiziert man

$$B_+s = Bs + (y - Bs) + c\frac{(y - Bs)^T s}{c^T s} - \frac{(y - Bs)^T s}{c^T s}c = y.$$

Seien nun $u^1, \ldots, u^n$ eine beliebige Orthonormalbasis (ON-Basis) im $\mathbb{R}^n$, d.h. Vektoren u^i mit $(u^i)^T u^k = \delta_{i,k}$. Sei $E \in \mathbb{R}^{n \times n}$. Wenn wir die Spalten von E^T mit e^i bezeichnen und mit U die orthogonale Matrix mit Spalten u^i, dann gilt

$$\|E\|_F^2 = \left\|E^T\right\|_F^2 = \left\|(e^1, e^2, \ldots, e^n)\right\|_F^2 = \sum_{i=1}^n \left\|e^i\right\|_2^2 = \sum_{i=1}^n \left\|U^T e^i\right\|_2^2$$

$$= \left\|\left(U^T e^1, \ldots, U^T e^n\right)\right\|_F^2 = \left\|U^T E^T\right\|_F^2 = \|EU\|_F^2$$

$$= \left\|(Eu^1, \ldots, Eu^n)\right\|_F^2 = \sum_{i=1}^n \left\|Eu^i\right\|_2^2. \tag{6.7.13}$$

Sei nun $\hat{B}$ eine beliebige Matrix, die für (6.7.11) zulässig ist, d.h. $\hat{B} = \hat{B}^T$, $\hat{B}s = y$. Mit den Abkürzungen

$$\hat{E} := M(\hat{B} - B)M, \quad \text{bzw.} \quad E_+ := M(B_+ - B)M$$

und $z := Mc = M^{-1}s$ gilt dann

$$(y - Bs)^T M = s^T(\hat{B} - B)M = s^T M^{-1}M(\hat{B} - B)M = z^T\hat{E},$$

$$c^T s = (M^{-2}s)^T s = \left(s^T M^{-1}\right)\left(M^{-1}s\right) = z^T z > 0, \quad Mcc^T M = zz^T.$$

Aus (6.7.12) folgt somit

$$E_+ = \frac{\hat{E}zz^T + zz^T\hat{E}}{z^T z} - \frac{z^T\hat{E}z}{\left(z^T z\right)^2}zz^T.$$

Für einen beliebigen Vektor v mit $v^T z = 0$ erhält man aus dieser Darstellung

$$\|E_+ v\|_2 = \left\|z\frac{z^T\hat{E}v}{z^T z}\right\|_2 \leq \|\hat{E}v\|_2, \tag{6.7.14}$$

wobei in der Ungleichung rechts $\|zz^T x\|_2 \leq \|zz^T\|_2 \|x\|_2$ und $\|zz^T\|_2 = z^T z$ benutzt wurde. Nach Definition von z gilt weiter

$$E_+ z = E_+ M^{-1}s = M(B_+ - B)s = M(\hat{B} - B)s = \hat{E}z$$

und insbesondere

$$\|E_+ z\|_2 = \|\hat{E}z\|_2. \tag{6.7.15}$$

Baut man aus $z/\|z\|_2$ und weiteren $n-1$ Vektoren v^i mit $\left(v^i\right)^T z = 0$ eine ON-Basis auf, so folgt aus (6.7.13), (6.7.14) und (6.7.15) schließlich die Behauptung $\|E_+\|_F \leq \|\hat{E}\|_F$. $\square$

Es gilt auch der folgende Satz:

Satz 6.7.16 *Sei $N = N^T \in \mathbb{R}^{n \times n}$ nichtsingulär, $y, s \in \mathbb{R}^n$ mit $y \neq 0$, und $d := N^{-2}y$. Sei weiter $H = H^T$, dann wird das Minimum in*

$$\min_{\hat{H}}\{\|N(\hat{H} - H)N\|_F \mid \hat{H} = \hat{H}^T, \ \hat{H}y = s\}$$

angenommen durch die Matrix

$$H_+ = H + \frac{(s - Hy)d^T + d(s - Hy)^T}{d^T y} - \frac{(s - Hy)^T y}{\left(d^T y\right)^2}dd^T. \tag{6.7.17}$$

Beweis Der Satz folgt aus Satz 6.7.10, wenn man dort B durch H, B_+ durch H_+, M durch N und c durch d ersetzt und die Vektoren s und y vertauscht. $\square$

Man kann sich überlegen, dass es für fest gegebene Vektoren y, d sehr viele Matrizen N gibt, die die Gleichung $d = N^{-2}y$ erfüllen. Für jede dieser Matrizen liefert Satz 6.7.16 die gleiche Matrix H_+. Der Abstand von H zu H_+ ist also bezüglich einer ganzen Reihe von Normen, die alle von N abhängen, minimal. Die gleiche Überlegung gilt natürlich auch für Satz 6.7.10.

Jede Wahl der Gewichtsmatrizen in den Sätzen 6.7.10 und 6.7.16 führt zu einer Rang-2 update-Formel, von denen wir hier nur die wichtigsten anführen:

Für die Wahl $M := I$ in Satz 6.7.10, die zu $c = s$ führt, erhält man aus (6.7.12) die update-Formel des PSB-Verfahrens (Powell symmetric Broyden), das später noch eine Rolle spielen wird:

$$B_+ = B + \frac{(y - Bs)s^T + s(y - Bs)^T}{s^T s} - \frac{(y - Bs)^T s}{\left(s^T s\right)^2}ss^T. \tag{6.7.18}$$

Das wichtigste Verfahren, das sich in den Anwendungen auf Minimierungsprobleme bewährt hat, beruht auf folgendem Ansatz: Falls $s^T y > 0$, so existiert eine positiv definite Matrix N mit $s = N^{-2}y$. Für diese Wahl von N ist $d = s$ in Satz (6.7.16), und (6.7.17) reduziert sich auf

$$H_+ = H + \frac{(s - Hy)s^T + s(s - Hy)^T}{s^T y} - \frac{(s - Hy)^T y}{\left(s^T y\right)^2}ss^T, \tag{6.7.19}$$

die *BFGS update-Formel*. Wir schreiben dann auch $H_+ = H_+^{BFGS}$. Sie wurde von verschiedenen Autoren (Broyden, Fletcher, Goldfarb und Shanno) vorgeschlagen.

Die Existenz einer positiv definiten Matrix N^2 mit $N^2 s = y$ folgt zum Beispiel aus dem Ansatz $\tilde{N} = \left(I + \mu s s^T + \nu y y^T\right)$ mit passenden Zahlen μ und ν für eine Matrix mit $\tilde{N} s = y$. Es folgt $\mu = -1/s^T s$ und $\nu = 1/y^T s > 0$. Außerdem ist für beliebige Vektoren $z \neq 0, z \in \mathbb{R}^n$,

$$z^T N^2 z = \underbrace{z^T z - \frac{\left(z^T s\right)^2}{s^T s}}_{\leq \|z\|_2^2 \|s\|_2^2 / s^T s = z^T z} + \underbrace{\frac{\left(y^T z\right)^2}{y^T s}}_{\geq 0}.$$

Dabei ist die Abschätzung von $z^T s$ (nach der Cauchy-Schwarzschen Ungleichung) genau dann scharf, wenn z ein Vielfaches von s ist, und dann ist $\left(y^T z\right)^2 > 0$. Es gilt also stets $z^T \tilde{N} z > 0$, so dass $\tilde{N}$ positiv definit ist. Die positiv definite Wurzel N von $\tilde{N}$, $\tilde{N} = N^2$, leistet das Verlangte, $N^2 s = y$. Da die Matrix N in der update-Formel nicht explizit gebraucht wird, ist diese Herleitung ausreichend.

Es gilt nun folgender Satz:

Satz 6.7.20 *Sei H eine symmetrische positiv definite Matrix, $y^T s > 0$ und $H_+ = H_+^{BFGS}$. Dann ist auch H_+ symmetrisch und positiv definit und es gilt neben (6.7.19) auch*

$$H_+ = \left(I - \frac{s y^T}{s^T y}\right) H \left(I - \frac{y s^T}{s^T y}\right) + \frac{s s^T}{y^T s},$$

sowie

$$(*) \qquad B_+ = B + \frac{y y^T}{s^T y} - \frac{B s s^T B}{s^T B s},$$

wobei $B := H^{-1}$ und $B_+ := H_+^{-1}$.

Der Beweis dieses Satzes ergibt sich durch Ausmultiplizieren. Die erste Formel in Satz 6.7.20 zeigt auch die positive Definitheit von H_+.

Das BFGS-Verfahren setzt die kritische Bedingung $s^T y > 0$ voraus. Es ist deshalb wichtig, dass diese Bedingung bei einer hinreichend guten line-search zur Bestimmung von $\lambda > 0$ und $x^+ = x + \lambda d$ automatisch richtig ist: Wenn $d = -B^{-1} g$, $g = g(x)$, und B positiv definit ist und man die Schrittweite so bestimmt, dass für $g^+ = g(x^+)$ gilt

$$(g^+)^T d \geq c_2 g^T d, \qquad 0 < c_2 < 1,$$

(vgl. Regel (A) in Schritt 3 von Algorithmus 6.2.1), dann ist die Bedingung

$$y^T s = (g^+ - g)^T \lambda d \geq \lambda(c_2 - 1) g^T d = \lambda(1 - c_2) g^T B^{-1} g > 0$$

für die Existenz des BFGS-Verfahrens und von Satz 6.7.20 erfüllt. Insbesondere ist mit B auch B_+ wieder positiv definit.

Die zweite Formel von Satz 6.7.20 ist die ursprüngliche BFGS update-Formel, die auch in dieser Form in der Praxis verwendet wird. Wie alle Quasi-Newton-Verfahren ist das BFGS-Verfahren hauptsächlich für Minimierungsprobleme mit voll besetzter Hessematrix $\nabla^2 f(x)$ interessant. In solchen Anwendungen wird dann eine Cholesky-Zerlegung von $B = LL^T$ mitgeführt, deren Faktor L in $O\left(n^2\right)$ Operationen zu einer Cholesky-Zerlegung von $B_+ = L_+L_+^T$ nachkorrigiert werden kann.

Das historisch erste Rang-2 update-Verfahren ist das DFP-Verfahren von Davidon, Fletcher und Powell (1963). Man erhält alle Formeln dieses Verfahrens, wenn man in den Formeln von Satz 6.7.20 die Vektoren s und y, die Matrizen B und H, sowie die Matrizen B_+ und H_+ vertauscht. In der Praxis hat sich aber das BFGS-Verfahren besser bewährt als das DFP-Verfahren.

In der Literatur wird auch die *Broydensche β-Klasse* von Rang-2 update-Verfahren viel zitiert, die sich aus einer Kombination von BFGS-Verfahren und DFP-Verfahren ergibt. Diese Klasse enthält einen frei zu wählenden Parameter $\theta \geq 0$ und ist definiert durch

$$H_+ = H + \left(1 + \theta \frac{y^T H y}{s^T y}\right) \frac{ss^T}{s^T y} - (1-\theta) \frac{Hyy^T H}{y^T H y} - \frac{\theta}{s^T y} \left(sy^T H + Hys^T\right). \quad (6.7.20)$$

Für $\theta = 1$ erkennen wir dabei nach kleineren Umformungen das BFGS-Verfahren wieder. Für $\theta = 0$ erhalten wir die zweite Formel aus Satz 6.7.20, wobei H und B sowie die Rollen von y und s vertauscht sind, also das DFP-Verfahren.

Man kann für alle Verfahren der Broydenschen β-Klasse mit $0 \leq \theta \leq 1$ ein Analogon zum Satz 6.7.8 (lokale superlineare Konvergenz) zeigen.

Eine Verallgemeinerung der Broydenschen β-Klasse ist die *Oren-Luenberger-Klasse* von Verfahren, bei der jedes H auf der rechten Seite von (6.7.20) noch mit einem positiven Faktor γ multipliziert wird. Damit sollen zusätzliche Informationen, die man vielleicht über die Größe von $\|B\|$ oder $\|H\|$ hat, in der update-Formel berücksichtigt werden können.

Ferner wurde auch der Ansatz untersucht, den Quasi-Newton Update im Vergleich zum BFGS-update zu vereinfachen und nur eine symmetrische Rang-1-Störung für den Quasi-Newton Update zu nutzen. Dies führt zum sogenannten SR1-Update (Symmetric Rank-1-Update)

$$H_+ = H + \frac{(s - Hy)(s - Hy)^T}{(s - Hy)^T y},$$

für den ebenfalls die Quasi-Newton-Bedingung $H_+ y = s$ erfüllt ist, der aber in der Regel keine positive Approximation an die Inverse der Hessematix garantiert und der nur anwendbar ist, falls $(s - Hy)^T y \neq 0$ gilt. Letzteres kann in der Regel ebenfalls nicht garantiert werden, sodass man den Update modifiziert oder ausfallen lässt, falls z. B. $|(s - Hy)^T y| < 0.1 \|s - Hy\|_2 \|y\|_2$ ist.

Bemerkung

Der Erfolg des BFGS-Verfahrens lässt sich auch anschaulich motivieren: Wir erzeugen x^{k+1} durch $x^{k+1} = x^k - Hg^k$. Aus Satz 6.7.3 folgt, dass es genau eine Matrix

$H = H^* = D^2 f(x^*)^{-1}$ gibt, so dass für alle x^k nahe bei x^* gilt: $\|x^{k+1} - x^*\| \ll \|x^k - x^*\|$. Diese Matrix H^* liegt nahe an der linearen Mannigfaltigkeit $\mathcal{L} := \{\tilde{H} \mid \tilde{H} y = s\}$. Die aktuelle Matrix H liegt typischerweise „etwas weiter von $\mathcal{L}$ entfernt". Durch die Projektion aus Satz 6.7.16 wird zum einen der Näherungswert H für H^* verbessert. Zum anderen hat die Projektion (bezüglich der zur Projektion gehörigen Norm) die Konditionszahl 1, d. h. frühere Rundungsfehler werden nicht vergrößert, sondern in der Regel sogar verkleinert. Das DFP-Verfahren erfüllt eine ähnliche Projektionseigenschaft, aber bezüglich der Matrix B mit $B^{-1} = H$. Nun kann aber selbst für kleine $\|B - B^*\|$ die Norm $\|B^{-1} - H^*\|$ groß sein. Die direkte Approximation der Matrix H im BFGS-Verfahren vermeidet diese Fehlerverstärkung. Schließlich ist die Gewichtung mit Matrizen N, die die Bedingung $N^2 s = y$ erfüllen für positiv definites B^* äquivalent zu einer Transformation des Problems auf den Fall $B^* \approx I$, d. h. auf ein gut konditioniertes Minimierungsproblem; die update-Formel ist im Gegensatz zum PSB-Verfahren „affin invariant", siehe Abschn. 6.6.2.

Zum Abschluss dieses Abschnitts soll noch eine Brücke zwischen dem BFGS-Verfahren und dem cg-Verfahren geschlagen werden.

Satz 6.7.22 *Sei* $f(x) = \frac{1}{2} x^T A x + b^T x + c$, *wobei* $A \in \mathbb{R}^{n \times n}$ *eine symmetrische, positiv definite Matrix ist. Sei weiter* $x^0 \in \mathbb{R}^n$ *und* $H_0 = H_0^T \in \mathbb{R}^{n \times n}$ *eine beliebige positiv definite Matrix.*

Dann liefert das BFGS-Verfahren (6.7.19) ausgehend von x^0, H_0 *bei exakter line search,*

$$\lambda_k = \arg\min_{\lambda \geq 0} f\left(x^k + \lambda d^k\right), \quad s^k = \lambda_k d^k, \quad d^k := -H_k g^k, \quad x^{k+1} = x^k + \lambda_k d^k,$$

Folgen x^k, H_k *mit der Eigenschaft*

a) *Es gibt ein kleinstes* $m \leq n$, *mit* $g^m = g(x^m) = 0$, $x^m = x^* = -A^{-1}b$.

b) *Für alle* l *mit* $0 \leq l \leq m$ *gelten folgende Aussagen:*

$$(\mathcal{A}_l) \quad \begin{cases} \alpha) \left(s^k\right)^T y^i = \left(s^i\right)^T y^k = \left(s^i\right)^T A s^k = 0 & (0 \leq i < k \leq l - 1), \\ \left(s^i\right)^T y^i > 0 & (0 \leq i \leq l - 1), \\ H_i \text{ ist positiv definit} & (0 \leq i \leq l), \\ \beta) \left(s^i\right)^T g^k = 0 & (0 \leq i < k \leq l), \\ \gamma) H_k y^i = s^i & (0 \leq i < k \leq l). \end{cases}$$

c) *Es gilt* $H_n = A^{-1}$, *falls* $m = n$.

Beweis Wir zeigen $(\mathcal{A}_l)$ durch Induktion nach l. Für $l = 0$ ist lediglich festzuhalten, dass H_0 symmetrisch und positiv definit ist. Seien also $g^i \neq 0$ für $i = 0, 1, \ldots, l$, und es gelte $(\mathcal{A}_l)$. Wir zeigen $(\mathcal{A}_{l+1})$.

α): Da H_l symmetrisch und positiv definit ist und $g^l \neq 0$, gilt für die Suchrichtung $d^l :=$ $-H_l g^l \neq 0$. Wegen der exakten line search entlang $x^l + \lambda d^l$ erhalten wir wieder

$$0 = \left(g^{l+1}\right)^T d^l = \left(Ax^l + \lambda_l Ad^l + b\right)^T d^l = \left(g^l\right)^T d^l + \lambda_l \left(d^l\right)^T Ad^l$$

und somit $\lambda_l = -\left(g^l\right)^T d^l / \left(d^l\right)^T Ad^l = \left(g^l\right)^T Hg^l / \left(d^l\right)^T Ad^l > 0$. Für $s^l := \lambda_l d^l$ folgt aus obiger Gleichung $\left(g^{l+1}\right)^T s^l = 0$ und

$$\left(s^l\right)^T y^l = \lambda_l \left(d^l\right)^T \left(g^{l+1} - g^l\right) = -\lambda_l \left(d^l\right)^T g^l = \lambda_l \left(g^l\right)^T H_l g^l > 0.$$

Dies ist die zweite Aussage von $(\mathcal{A}_{l+1})$, α). Nach Satz 6.7.20 ist somit auch H_{l+1} positiv definit (die dritte Aussage von $(\mathcal{A}_{l+1})$, α)). Schließlich ist für $i < l$

$$0 = -\lambda_l \left(g^l\right)^T s^i \quad \text{wegen}(\mathcal{A}_l), \beta),$$

$$= -\lambda_l \left(g^l\right)^T H_l y^i = \left(s^l\right)^T y^i \quad \text{wegen } (\mathcal{A}_l), \gamma),$$

$$= \left(s^l\right)^T \left(g^{i+1} - g^i\right) = \left(s^l\right)^T A \left(x^{i+1} - x^i\right) = \left(s^l\right)^T As^i.$$

Genauso folgt $As^l = y^l$, also $\left(s^l\right)^T As^i = \left(s^i\right)^T y^l$ und damit die erste Aussage von $(\mathcal{A}_{l+1})$, α).

β): Für $i < l + 1$ ist

$$\left(s^i\right)^T g^{l+1} = \left(s^i\right)^T \left(g^{i+1} + \sum_{j=i+1}^{l} y^j\right) = 0$$

wegen der exakten line search, $\left(s^i\right)^T g^{i+1} = 0$, und $(\mathcal{A}_{l+1}), \alpha)$, $\left(s^i\right)^T y^j = 0$ für $i < j \leq l$.

γ): Aus der Quasi-Newton-Bedingung folgt $H_{l+1} y^l = s^l$. Es genügt daher, $H_{l+1} y^i = s^i$ für $i < l$ zu zeigen.

Wegen $(\mathcal{A}_{l+1})$, α) ist $\left(s^l\right)^T y^i = 0$. Weiter ist wegen $(\mathcal{A}_l)$, γ) und $(\mathcal{A}_{l+1})$, α) auch $\left(y^l\right)^T H_l y^i = \left(y^l\right)^T s^i = 0$. Aus der update-Formel (6.7.19) folgt daher

$$H_{l+1} y^i$$

$$= H_l y^i + \left(\frac{\left(s^l - H_l y^l\right)\left(s^l\right)^T + s^l \left(s^l - H_l y^l\right)^T}{\left(s^l\right)^T y^l} - \frac{\left(s^l - H_l y^l\right)^T y^l}{\left(\left(s^l\right)^T y^l\right)^2} s^l \left(s^l\right)^T\right) y^i$$

$$= H_l y^i = s^i \quad \text{wegen } (\mathcal{A}_l), \gamma).$$

Die Aussage a) folgt aus b) aufgrund der A-Konjugiertheit der s^i und $s^i \neq 0$ für $i < m$.; Der Beweis der Aussage c) bleibt dem Leser überlassen. (Man nutze $(\mathcal{A}_m)\ \alpha)$ und $\gamma)$.) $\square$

Unter den Voraussetzungen von Satz 6.7.22 lässt sich für den Fall $H_0 := I$ außerdem noch zeigen, dass das BFGS-Verfahren die *gleichen* Iterierten erzeugt wie das cg-Verfahren.

6.8   Nichtlineare Ausgleichsprobleme

In diesem Abschnitt betrachten wir zweimal stetig differenzierbare Funktionen $f : \mathbb{R}^n \to \mathbb{R}^m$,

$$f(x) = \begin{pmatrix} f_1(x) \\ \vdots \\ f_m(x) \end{pmatrix},$$

mit $m \geq n$. Gesucht ist ein Vektor x, der alle Gleichungen $f_i(x) = 0$, $1 \leq i \leq m$, möglichst gut erfüllt: Man beachte, dass für $m > n$ das System $f(x) = 0$ „überbestimmt" ist und keine exakte Lösungen besitzen muss. Um das Problem zu präzisieren, setzt man

$$\Phi(x) := \frac{1}{2} \| f(x) \|_2^2 = \frac{1}{2} \sum_{i=1}^{m} f_i(x)^2$$

und sucht einen Vektor x^*, der $\Phi(x)$ minimiert,

$$x^* := \arg \min_{x \in \mathbb{R}^n} \Phi(x). \tag{6.8.1}$$

Dies ist ein nichtlineares Ausgleichsproblem oder nichtlineares „least-squares-Problem". Wir lassen im Folgenden den Index 2 bei $\|.\|_2$ fort und bezeichnen mit $\| . \|$ stets die Euklidische Norm.

   In Anwendungen besitzen die f_i häufig die Form $f_i(x) = \eta_i(x) - y_i$, wobei die $\eta_i(x)$ gegebene Ansatzfunktionen sind, die von den zu bestimmenden Parametern x abhängen. Der Index „i" repräsentiert frei wählbare „Versuchsbedingungen" und y_i einen von Messfehlern verfälschten Messwert des exakten Werts $\eta_i(x)$. Die $f_i(x)$ haben dann die Bedeutung von Messfehlern, und die Funktion $\Phi(x)$ wird als „Fehlerquadratsumme" bezeichnet.

   Man rechnet leicht nach, dass der Gradient von Φ durch

$$\nabla \Phi(x) = J(x)^T f(x), \qquad J(x) := Df(x),$$

gegeben ist. Die Jacobimatrix $J(x) = Df(x)$ von f ist eine rechteckige $m \times n$-Matrix, die wegen $m \geq n$ i.allg. mehr Zeilen als Spalten besitzt. Die Hesse-Matrix von Φ ist

$$\nabla^2 \Phi(x) = J(x)^T J(x) + B(x) \quad \text{mit } B(x) := \sum_{i=1}^{m} f_i(x) \nabla^2 f_i(x). \tag{6.8.2}$$

Jede Lösung x^* des Ausgleichsproblems (6.8.1) ist stationärer Punkt von Φ, d. h. Nullstelle von

$$\nabla\Phi(x) = J(x)^T f(x) = 0. \qquad (6.8.3)$$

Diese nichtlinearen Gleichungen heißen *Normalgleichungen* des Ausgleichsproblems. Eine Lösung x^* der Normalgleichungen ist eine strikte lokale Minimalstelle von Φ, wenn die Hesse-Matrix $\nabla^2\Phi(x^*)$ positiv definit ist (s. Satz 6.0.3). Unsere Standardvoraussetzung ist deshalb jetzt:

Voraussetzung 6.8.4

1. *Es gibt eine offene, konvexe Menge $\mathcal{D} \subset \mathbb{R}^n$ mit $f_i \in C^2(\mathcal{D})$.*
2. *Es gibt eine lokale Optimallösung $x^* = \arg\min\{\Phi(x) \mid x \in \mathcal{D}\}$ in $\mathcal{D}$.*
3. *$J(x^*)$ besitzt vollen Spaltenrang, $\mathrm{Rang}\,(J(x^*)) = n$, und $\nabla^2\Phi(x^*)$ ist eine positiv definite Matrix.*
4. *Die Funktionen $\nabla^2 f_i(x)$, $1, \ldots, m$, sind Lipschitz-stetig in x^*, d. h. es gibt ein $\Lambda > 0$ mit*

$$\left\| D^2 f_i(x) - D^2 f_i(x^*) \right\| \le \Lambda \left\| x - x^* \right\| \quad \textit{für alle } x \in \mathcal{D}, \; i = 1, 2, \ldots, m.$$

Falls f eine affine Funktion ist, $f(x) = Ax - b$ mit einer $m \times n$-Matrix A, erhalten wir ein *lineares least-squares-Problem*. Dies kann direkt mit Hilfe eines linearen Gleichungssystems gelöst werden. Denn die Normalgleichungen (6.8.3) sind jetzt wegen $J(x) = Df(x) = A$ lineare Gleichungen

$$A^T A x = A^T b.$$

Sie besitzen stets eine Lösung; sie ist sogar eindeutig, falls die Spalten von A linear unabhängig sind, und deshalb $A^T A$ positiv definit ist, Rang $A = n$. In aller Regel ist die Konditionszahl $\mathrm{cond}_2(A^T A)$ des Systems der Normalgleichungen aber deutlich schlechter als die Konditionszahl des Ausgleichproblems. In [163] ist eine einfache Methode diskutiert, die die schlechte Konditionszahl der Normalgleichungen umgeht und daher deutlich weniger anfällig gegenüber Rundungsfehlern ist. Eine ausführliche Behandlung von least-squares Problemen findet man in Björck [16].

Wir betrachten im Folgenden nur den nichtlinearen Fall unter der Voraussetzung 6.8.4. Dabei werden wir im Wesentlichen die Normalgleichungen ausnutzen.

6.8.1 Gauß – Newton -Verfahren

Das Newton-Verfahren zur Lösung von (6.8.1) schreibt sich als

$$x^{k+1} = x^k + \lambda_k d^k \quad \text{mit } d^k := -\nabla^2\Phi\left(x^k\right)^{-1} \nabla\Phi\left(x^k\right),$$

wobei die Schrittweite λ_k und damit x^{k+1} mittels line-search so bestimmt wird, dass

$$\Phi\left(x^{k+1}\right) \approx \min\left\{\Phi\left(x^k + \lambda d^k\right) \mid \lambda > 0\right\}.$$

Die Berechnung von $\nabla^2\Phi(x)$ kann wegen des $B(x)$-Anteils in (6.8.2) recht aufwendig sein. Man sucht sie deshalb zu vermeiden. Eine Möglichkeit ist es, den Summanden $B(x)$ in (6.8.2) einfach wegzulassen: Statt wie beim Newton-Verfahren $\nabla\Phi$ in x^k zu linearisieren, linearisieren wir nur die Funktion

$$f(x) \approx f\left(x^k\right) + J\left(x^k\right)\left(x - x^k\right)$$

und setzen $\left(\text{mit } f^k := f\left(x^k\right),\, J_k := J\left(x^k\right)\right)$

$$\begin{aligned}
\Phi_k(x) :&= \frac{1}{2}\left\| f\left(x^k\right) + J\left(x^k\right)\left(x - x^k\right) \right\|^2 \\
&= \frac{1}{2}\left(f^k + J_k\left(x - x^k\right)\right)^T\left(f^k + J_k\left(x - x^k\right)\right).
\end{aligned}$$

Man erhält dann

$$\nabla\Phi_k(x) = J_k^T\left(f^k + J_k\left(x - x^k\right)\right),\quad \nabla^2\Phi_k(x) = J_k^T J_k.$$

Die Funktion Φ_k wird an der Stelle

$$x^k + d^k \quad \text{mit} \quad d^k = -\left(J_k^T J_k\right)^{-1} J_k^T f^k$$

minimiert. Dabei ist d^k Lösung des linearen Ausgleichsproblems

$$\min_d \frac{1}{2}\|f^k + J_k d\|^2.$$

Dies legt folgendes Verfahren nahe:

$$x^{k+1} = x^k + \lambda_k d^k,\quad d^k := -\left(J_k^T J_k\right)^{-1} J_k^T f^k,$$

wobei die Schrittweite λ_k wieder mittels einer line search so bestimmt wird, dass näherungsweise gilt

$$\Phi\left(x^{k+1}\right) \approx \min_{\lambda > 0}\Phi\left(x^k + \lambda d^k\right).$$

Dieses Verfahren heißt *Gauß-Newton-Verfahren* mit line-search, das klassische Gauß-Newton-Verfahren verwendet nur die Schrittweiten $\lambda_k = 1$. Unter der Voraussetzung 6.8.4 existiert d^k für kleine $\left\| x^k - x^* \right\|$, denn dann besitzt $J\left(x^k\right)$ vollen Spaltenrang. Aus der Definition von d^k folgt $J_k^T f^k = -J_k^T J_k d^k$. Setzt man $\varphi(\lambda) := \Phi\left(x^k + \lambda d^k\right)$, so ist daher

$$\varphi'(0) = \left(d^k\right)^T \left(J_k^T f^k\right) = -\left(d^k\right)^T J_k^T J_k d^k = -\left\| J_k d^k \right\|^2 < 0.$$

In der letzten Ungleichung nutzen wir aus, dass $J_k d^k = J_k \left(J_k^T J_k\right)^{-1} J_k^T f^k = 0$ genau dann, wenn $J_k^T f^k = 0$ ist, d.h. wenn x^k stationärer Punkt von Φ ist. Somit ist d^k stets eine Abstiegsrichtung für Φ, so dass man sich bei der line-search auf Schrittweiten $\lambda > 0$ beschränken kann, sofern x^k kein stationärer Punkt von Φ ist.

Algorithmus 6.8.5 (**Gauß-Newton-Verfahren mit line-search**) *Sei* $x^0 \in \mathbb{R}^n$ *beliebig. Für* $k = 0, 1, \ldots$:

1. Berechne $d^k := -\left(J_k^T J_k\right)^{-1} J_k^T f^k$ *mit* $J_k = J\left(x^k\right)$, $f^k = f\left(x^k\right)$.
2. Bestimme $x^{k+1} = x^k + \lambda_k d^k$, $\lambda_k > 0$, *so dass*

$$\Phi(x^{k+1}) \approx \min_{\lambda > 0} \Phi\left(x^k + \lambda d^k\right).$$

Falls λ_k wie in Satz 6.2.4 (Satz zu den Abstiegsverfahren) bestimmt wird, $K := \{x \mid \Phi(x) \le \Phi\left(x^0\right)\}$ kompakt und $J(x)^T J(x)$ auf K positiv definit und deshalb invertierbar ist, so erzeugt Algorithmus 6.8.5 eine Folge x^k, deren Häufungspunkte stationäre Punkte von Φ sind.

Dies folgt aus Satz 6.2.4:

Es sind nämlich $\left\| J(x)^T J(x) \right\|$ und $\left\| \left(J(x)^T J(x)\right)^{-1} \right\|$ als stetige Funktionen auf der kompakten Menge K durch eine Konstante C beschränkt. Bezeichnen wir mit $\lambda_{\max}(x)$ bzw. $\lambda_{\min}(x)$ den maximalen bzw. den minimalen Eigenwert von $\left(J(x)^T J(x)\right)^{-1}$ im Punkt x, so ist für alle $x \in K$

$$\lambda_{\max}(x) = \left\| \left(J(x)^T J(x)\right)^{-1} \right\| \le C, \quad \frac{1}{\lambda_{\min}(x)} = \left\| J(x)^T J(x) \right\| \le C.$$

Wir erinnern, dass für eine symmetrische Matrix A stets $x^T A x \ge \lambda_{\min}(A) x^T x$ gilt, sowie $\lambda_{\min}(A^{-1}) = 1/\lambda_{\max}(A)$, falls A zusätzlich positiv definit ist. Es folgt mit der Abkürzung $\nabla \Phi_k := \nabla \Phi\left(x^k\right)$:

$$-\nabla \Phi_k^T d^k = \nabla \Phi_k^T \left(J_k^T J_k\right)^{-1} \nabla \Phi_k \ge \lambda_{\min}\left(x^k\right) \|\nabla \Phi_k\|^2$$

und

$$-\nabla \Phi_k^T d^k = \left(d^k\right)^T \left(J_k^T J_k\right) d^k \ge \frac{1}{\lambda_{\max}\left(x^k\right)} \left\| d^k \right\|^2.$$

Die Multiplikation beider Ungleichungen liefert

$$\left(\nabla \Phi_k^T d^k\right)^2 \ge \frac{\lambda_{\min}\left(x^k\right)}{\lambda_{\max}\left(x^k\right)} \|\nabla \Phi_k\|^2 \left\| d^k \right\|^2 \ge \frac{1}{C^2} \|\nabla \Phi_k\|^2 \left\| d^k \right\|^2$$

bzw.

$$-\nabla \Phi_k^T d^k \geq \frac{1}{C} \|\nabla \Phi_k\| \, \|d^k\|$$

womit $d^k / \|d^k\|$ die Voraussetzung von Schritt 2) an die Wahl der Suchrichtung s^k im Verfahren 6.2.1 erfüllt und Satz 6.2.4 anwendbar ist. □

Wir studieren jetzt die Konvergenzeigenschaften des klassischen Gauß-Newton-Verfahrens in der Nähe von $x^* = \arg \min_x \Phi(x)$. In Algorithmus 6.8.5 werde also stets $\lambda_k \equiv 1$ gewählt. Dann ist $x^{k+1} = \Psi(x^k)$, wobei

$$\Psi(x) := x - \left(J(x)^T J(x) \right)^{-1} J(x)^T f(x)$$

die Iterationsfunktion des klassischen Gauß-Newton-Verfahrens bezeichnet. Wegen $\nabla \Phi(x^*) = J(x^*)^T f(x^*) = 0$ ist x^* ein Fixpunkt von Ψ, $\Psi(x^*) = x^*$.

Nach einem bekannten Resultat der Numerischen Mathematik (s. z. B. [163]) konvergiert die Iteration $x^{k+1} = \Psi(x^k)$ lokal gegen einen Fixpunkt x^* mit der linearen Konvergenzrate ρ,

$$\limsup_k \left(\frac{\|x^k - x^*\|}{\|x^0 - x^*\|} \right)^{1/k} = \rho, \tag{6.8.6}$$

falls der *Spektralradius* $\rho = \rho(D\Psi(x^*))$ von $D\Psi(x^*)$ kleiner als 1 ist, $\rho < 1$. Für spezielle Startwerte x^0 kann die Konvergenzrate auch kleiner als ρ sein, falls aber $\rho(D\Psi(x^*)) \geq 1$ ist kann die Folge x^k lokal divergieren. Dabei ist der Spektralradius $\rho(A)$ einer quadratischen Matrix A als der Betrag des betragsgrößten Eigenwerts von A definiert, $\rho(A) = \max\{|\lambda_i(A)|\}$.

Für $D\Psi(x^*)$ findet man nach kurzer Rechnung wegen $J(x^*)^T f(x^*) = 0$

$$D\Psi(x^*) = I - D \left\{ \left(J(x)^T J(x) \right)^{-1} \right\} \Big|_{x=x^*} \left(J(x^*)^T f(x^*) \right)$$

$$- \left(J(x^*)^T J(x^*) \right)^{-1} \left(J(x^*)^T J(x^*) + \sum_{i=1}^m f_i(x^*) \nabla^2 f_i(x^*) \right)$$

$$= -(J_*^T J_*)^{-1} B(x^*),$$

wobei $J_* := J(x^*)$ und

$$B(x^*) = \sum_{i=1}^m f_i(x^*) \nabla^2 f_i(x^*) \tag{6.8.7}$$

die Matrix aus (6.8.2) ist.

Als symmetrische positiv definite Matrix besitzt $J_*^T J_*$ eine positiv definite Wurzel $\left(J_*^T J_* \right)^{1/2}$. Also ist die Matrix

$$\left(J_*^T J_* \right)^{-1} B(x^*) = \left(J_*^T J_* \right)^{-1/2} \left[\left(J_*^T J_* \right)^{-1/2} B(x^*) \left(J_*^T J_* \right)^{-1/2} \right] \left(J_*^T J_* \right)^{1/2}$$

ähnlich zur symmetrischen Matrix

$$M := \left(J_*^T J_*\right)^{-1/2} B(x^*) \left(J_*^T J_*\right)^{-1/2}, \tag{6.8.8}$$

so dass $\left(J_*^T J_*\right)^{-1} B(x^*)$ nur reelle Eigenwerte und den gleichen Spektralradius wie M besitzt,

$$\rho\left(D\Psi(x^*)\right) = \rho(-M) = \rho(M).$$

Das klassische Gauß-Newton-Verfahren konvergiert also lokal linear mit der Konvergenzrate $\rho = \rho(M) = \max\{|\lambda_{\min}(M)|, |\lambda_{\max}(M)|\}$, falls $\rho(M) < 1$, d. h. falls für den kleinsten bzw. größten Eigenwert von M gilt

$$-1 < \lambda_{\min}(M) \le \lambda_{\max}(M) < 1.$$

Die Konvergenzrate ρ wird umso besser sein, je kleiner die Matrix $B(x^*)$ aus (6.8.7) ist. Andererseits gilt wegen (6.8.2)

$$\nabla^2 \Phi(x^*) = J_*^T J_* + B(x^*) = \left(J_*^T J_*\right)^{1/2} (I + M) \left(J_*^T J_*\right)^{1/2},$$

so dass unter der Voraussetzung 6.8.4 (3) die Eigenwerte der Matrix $I + M$ positiv sind und deshalb automatisch $\lambda_{\min}(M) > -1$ gilt. Für die Konvergenz des Gauß-Newton-Verfahrens ist dann deshalb bereits die Bedingung $\lambda_{\max}(M) < 1$ hinreichend.

Bei Ausgleichsproblemen der Form $f_i(x) := \eta_i(x) - y_i$ mit Messwerten y_i der Funktion $\eta_i(x)$, repräsentieren die Funktionen $f_i(x)$ Messfehler. Falls die Messwerte gut sind, d. h. falls $\|f(x^*)\|$ klein ist, ist auch $\|B(x^*)\|$ aus (6.8.7) und somit auch ρ klein. (Beachte, dass $J(x)$ und $D^2 f_i(x)$ nicht von den y_i abhängen.) Allgemein gilt die Faustregel: je kleiner $\|f(x^*)\|$, desto besser die Konvergenz des Gauß-Newton-Verfahrens.

6.8.2 Quasi – Newton Ansatz für Ausgleichsprobleme

Im Gauß-Newton-Verfahren wird die schwer zu berechnende Matrix $B(x)$ in (6.8.2) einfach fortgelassen. Stattdessen kann man versuchen, die Matrizen $B\left(x^k\right)$ wie bei Quasi-Newton-Verfahren durch Matrizen A_k zu approximieren und sie durch geeignete update-Formeln $A_k \to A_{k+1}$ nach der Berechnung von x^{k+1} auf den neuesten Stand zu bringen. Da die Matrizen $B\left(x^k\right)$ symmetrisch sind, ist es zweckmäßig wie in Abschn. 6.7.2 nur update-Formeln zu verwenden, die die Symmetrie der A_k erhalten.

Wir gehen beim Start von einer symmetrischen Matrix $A_0 = A_0^T$ aus, die $B\left(x^0\right)$ approximiert,

$$A_0 \approx B\left(x^0\right) = \sum_{i=0}^m f_i\left(x^0\right) \nabla^2 f_i\left(x^0\right).$$

Sei nun x^k, $A_k = A_k^T \approx B\left(x^k\right)$ und x^{k+1} gegeben. Wegen

$$\nabla^2 f_i \left(x^{k+1}\right)\left(x^{k+1} - x^k\right) \approx \nabla f_i \left(x^{k+1}\right) - \nabla f_i \left(x^k\right), \quad i = 1, 2, \ldots, n,$$

folgt aus dem Ziel

$$A_{k+1} \approx \sum_{i=1}^{m} f_i \left(x^{k+1}\right) \nabla^2 f_i \left(x^{k+1}\right) = B\left(x^{k+1}\right),$$

die Forderung A_{k+1} als eine symmetrische Matrix zu wählen, die mit $s^k = x^{k+1} - x^k$ die Gleichung

$$A_{k+1} s^k = \sum_{i=1}^{m} f_i \left(x^{k+1}\right)\left(\nabla f_i \left(x^{k+1}\right) - \nabla f_i \left(x^k\right)\right) = \left(J_{k+1}^T - J_k^T\right) f^{k+1}$$

erfüllt. Damit erhält man die Quasi-Newton-Bedingung für $A_{k+1} = A_{k+1}^T$:

$$A_{k+1} s^k = y^k \quad \text{mit } y^k := \left(J_{k+1}^T - J_k^T\right) f^{k+1}.$$

Im Unterschied zur Minimierung einer skalaren konvexen Funktion f ist die Matrix $B(x^*)$, die von den Quasi-Newton-Matrizen A_k approximiert werden soll, i. allg. nicht positiv definit. Daher ist hier die Eigenschaft des BFGS-Verfahrens, dass es nur positiv definite Updates liefert, von Nachteil; sie verhindert möglicherweise die Konvergenz der Approximationen A_k gegen $B(x^*)$. Außerdem ist die Bedingung $\left(s^k\right)^T y^k > 0$, die für die Anwendung des BFGS-Verfahrens notwendig ist, i. allg. nicht erfüllt. Schließlich ist es hier sinnvoll, die Matrix $B(x^*)$ zu approximieren – und nicht wie im BFGS-Verfahren deren Inverse; die Inverse braucht gar nicht zu existieren! Daher empfiehlt sich, Satz 6.7.10 mit der Wahl $M = I$ anzuwenden, d. h.

$$\|A_{k+1} - A_k\|_F = \min_{\hat{A}} \left\{ \|\hat{A} - A_k\|_F \,\middle|\, \hat{A} = \hat{A}^T, \quad \hat{A} s^k = y^k \right\},$$

was auf die update-Formel des PSB-Verfahrens (6.7.18) führt. In der Tat hat sich diese update-Formel für Anwendungen in der Ausgleichsrechnung bewährt: Man erhält so den

Algorithmus 6.8.9 (PSB, nichtlineare Ausgleichsprobleme)
Wähle $x^0 \in \mathbb{R}^n$, $A_0 = A_0^T$, $\sigma \in [\frac{1}{2}, 1]$.
Für $k = 0, 1, \ldots$

1. Bestimme die Cholesky-Zerlegung $J_k^T J_k + A_k = L_k L_k^T$ falls diese wohldefiniert ist, sonst setze $A_k := \sigma A_k$ und bestimme die Cholesky-Zerlegung $J_k^T J_k = L_k L_k^T$.
2. Berechne $d^k := -L_k^{-T} L_k^{-1} J_k^T f^k$.

3. *Berechne λ_k und damit $x^{k+1} := x^k + \lambda_k d^k$, so dass*

$$\Phi\left(x^{k+1}\right) \approx \min_{\lambda} \, \Phi\left(x^k + \lambda d^k\right).$$

4. *Berechne die Vektoren $s^k := x^{k+1} - x^k$, $y_k := \left(J_{k+1}^T - J_k^T\right) f^{k+1}$ und damit die Matrix*

$$A_{k+1} := A_k + \frac{\left(y^k - A_k s^k\right)\left(s^k\right)^T + s^k \left(y^k - A_k s^k\right)^T}{\left(s^k\right)^T s^k} - \frac{\left(y^k - A_k s^k\right)^T s^k}{\left(\left(s^k\right)^T s^k\right)^2} s^k \left(s^k\right)^T.$$

Bemerkungen

Praktische Erfahrungen führen zu folgenden Empfehlungen zur Lösung allgemeiner least-squares-Probleme: Für kleine Werte von $\rho(M) = \max\{|\lambda_{\min}(M)|, |\lambda_{\max}(M)|\}$ (siehe (6.8.8)), etwa $\rho < 0.5$, ist das Gauß-Newton-Verfahren besser, für $\rho > 0.7$ hingegen der obige Quasi-Newton-Ansatz. Aus dem Verhalten der Iterierten x^k für größeres k kann man deshalb zumindest Schätzwerte für ρ herleiten.

6.9   **Ein praktisches Anwendungsbeispiel**

Das folgende Beispiel stammt aus einem größeren industriellen Projekt [55] und stellte dort eines von vielen Teilproblemen dar, deren Lösung für die erfolgreiche Bearbeitung des Gesamtprojekts wichtig war. Wir gehen hier auf einige mathematische Aspekte des Problems ein und lassen die technischen Aspekte aus.

Das Projekt hatte zum Ziel, ein großes Glasfasernetz in den USA aufzurüsten. Die bestehenden Kabel sollten dabei unverändert bleiben, die Kapazität jedes einzelnen Kabels sollte jedoch von maximal 8 parallel laufenden Übertragungsfrequenzen auf maximal 128 Frequenzen erhöht werden. Durch die langen Übertragungsdistanzen ist es notwendig, den Übertragungsverlust in den Glasfaserkabeln durch geeignete optische Verstärker zu kompensieren. Für die höhere Dichte an Übertragungsfrequenzen ist Verstärkung durch sogenannte Raman-Pumpen die bevorzugte Wahl. Für eine Dichte von maximal 128 Frequenzen kommt man typischerweise mit 6 Raman-Pumpen aus. Diese 6 Pumpen sollten so eingestellt werden, dass alle 128 Frequenzen möglichst mit der gleichen Stärke am Kabelende austreten. Die Einstellungsparameter der Pumpen wurden dazu in einem Vektor $x \in \mathbb{R}^6$ zusammengefasst und die gewünschte Austrittsstärke der Signale in einem Vektor $\bar{z} \in \mathbb{R}^{128}$. Die Stärke, mit der bei einer gegebenen Pumpeneinstellung x die Signale am Kabelende tatsächlich austreten wurde mit $f(x)$ bezeichnet.

Das mathematische Problem bestand also darin, zu der Funktion $f: \mathbb{R}^6 \to \mathbb{R}^{128}$ einen Punkt x^* zu bestimmen, der das folgende Problem löst:

$$\text{minimiere } \{\|f(x) - \bar{z}\|_\infty \mid l \le x \le u\}. \tag{6.9.1}$$

Hier waren $l < u \in \mathbb{R}^6$ fest gegebene untere und obere Schranken an x. Die Hauptschwierigkeit des Problems lag in der schweren Zugänglichkeit der Funktion f: Zu jeder Stelle x mit $l \leq x \leq u$ konnte ihr Wert $f(x)$ nur näherungsweise durch teure Messungen bestimmt werden. Es war jedoch bekannt, dass f in der zulässigen Menge differenzierbar war und man kannte eine Näherung $J_0 \in \mathbb{R}^{128 \times 6}$ an $Df\left(\frac{l+u}{2}\right)$.

Die Aufgabe eine Minimallösung x^* zu finden ist unter diesen Umständen mathematisch sicher nicht lösbar: Die Funktion f ist weitgehend unbekannt, zu den Messfehlern, die bei der Auswertung von f gemacht werden, lagen keine genauen Angaben vor, und trotzdem war es notwendig, *in wenigen Schritten* einen Punkt x zu finden, für den $\|f(x) - \bar{z}\|_\infty$ klein war. Denn die Pumpeneinstellung musste während des Betriebes direkt korrigiert werden, sobald sich an der Übertragung etwas änderte, und diese Korrekturen mussten in Sekundenbruchteilen bestimmt werden. Standard Software-Pakete waren hier sicher nicht einsetzbar. Eine genaue Untersuchung und Verständnis des Problems konnten aber helfen, die Aufgabe im Rahmen der gegebenen Möglichkeiten zu lösen.

Wir wollen nun einen Ansatz herleiten, um mit den Werkzeugen aus den vorangegangenen Kapiteln – Quasi-Newton-Verfahren, Trust-Region-Methoden und lineare Programme – das Problem (6.9.1) so gut wie möglich zu lösen.

Es liegt nahe, Suchschritte zu bestimmen, die aus einer Linearisierung von f in (6.9.1) abgeleitet werden. So wird man versuchen, zu einer gegebenen Iterierten x^k und einer Näherung $J_k \approx Df\left(x^k\right)$ aus der Optimallösung s des folgenden linearisierten Problems

$$\text{minimiere } \left\{\left\|f\left(x^k\right) + J^k s - \bar{z}\right\|_\infty \mid l \leq x^k + s \leq u\right\}$$

eine verbesserte Iterierte $x^{k+1} = x^k + s$ zu gewinnen. Es ist eine einfache Übung, zu zeigen, dass dieses Problem als ein lineares Programm in der Variablen s und einer zusätzlichen reellen Variablen t geschrieben werden kann. (Dabei treten neben den je 6 unteren und oberen Schranken an s noch $2 \cdot 128 = 256$ weitere lineare Ungleichungen auf.)

Da in der Regel $J_k \neq Df\left(x^k\right)$ gilt und f nichtlinear ist, ist es möglich, dass die so gebildete Iterierte x^{k+1} „schlechter" ist als x^k, in dem Sinne, dass $\left\|f\left(x^{k+1}\right) - \bar{z}\right\|_\infty > \left\|f\left(x^k\right) - \bar{z}\right\|_\infty$ gilt. Man kann dann versuchen, das Modell $f\left(x^k\right) + J_k s$ für die Funktion $f\left(x^k + s\right)$, d. h. die Matrix J_k, zu verbessern oder den Schritt s zu verkürzen.

Die Verbesserung des Modells kann mit Hilfe der Funktionsauswertungen von f erfolgen, die im Lauf des Verfahrens vorgenommen werden. Aus der Näherung

$$Df\left(x^k\right) s \approx f\left(x^k + s\right) - f\left(x^k\right)$$

erhalten wir die Quasi-Newton-Bedingung:

$$J_{k+1} s \overset{!}{=} f\left(x^k + s\right) - f\left(x^k\right) =: y^k,$$

die für jede der 128 Zeilen von J_k eine Gleichungsbedingung darstellt. Da J_k eine rechteckige Matrix ist, kommen viele der in Abschn. 6.7 vorgestellten Verfahren für einen Update nicht in Frage. Es zeigt sich aber, dass der einfache Broydensche Rang-1-Update genau die Eigenschaften besitzt, die hier benötigt werden: Er ist direkt auf rechteckige Matrizen übertragbar,

$$J_{k+1} = J_k - \frac{\left(y^k - J_k s\right) s^T}{s^T s}$$

und er stört die aktuelle Matrix J_k so wenig wie möglich, um die Quasi-Newton-Bedingung zu erfüllen.

Eine Schwierigkeit liegt in dem Einfluss der Messfehler, die bei der Auswertung von f und damit bei der Berechnung von $y^k = f\left(x^k + s\right) - f\left(x^k\right)$ auftreten. Falls $\|s\|$ von der gleichen Größenordnung ist oder kleiner als diese Messfehler, so liefert eine aus solchen Näherungen berechnete finite Differenz y^k keine gute Näherung für die tatsächliche Differenz $f\left(x^k + s\right) - f\left(x^k\right)$. Man wird den Rang-1-Update also nur für ausreichend große $\|s\|$ vornehmen.

Eine weitere Frage ist die, ob man eine (wie oben angesprochene) „schlechtere" Iterierte x^{k+1} dazu nutzen soll, um die Näherung $J_k \approx Df\left(x^k\right)$ zu korrigieren. Wir betrachten dazu ein einfaches Beispiel: Sei $x \in \mathbb{R}$, $f(x) = x^2$, $\bar{z} = -4$, $l = -1$, $u = 2$, $\tilde{x} = -1$ eine Startnäherung und $\tilde{J} = -1$ eine Näherung für $Df(\tilde{x}) = -2$ (die Näherung $\tilde{J}$ hat hier zumindest das richtige Vorzeichen). Ausgehend von $\tilde{x} = -1$ ist also die Minimalstelle der Normalparabel über dem Intervall $[-1, 2]$ zu finden.

Der Suchschritt s, der sich in dieser Situation aus der Linearisierung von f in $\tilde{x}$ ergibt, ist durch $s = 3$ gegeben und führt wegen $f(\tilde{x} + s) = f(2) = 4$ zu einem „schlechteren" Zielfunktionswert. Man wird also zunächst den Punkt $\tilde{x}$ beibehalten. Falls man in dieser Situation nun einen Rang-1-Update vornimmt, so rechnet man leicht nach, dass das neue $\tilde{J}_{\text{neu}}$ durch $\tilde{J}_{\text{neu}} = 1$ gegeben ist. Jetzt stimmt nicht einmal mehr das Vorzeichen. Falls s ein „langer" Schritt ist, der zu einem „schlechteren" Zielfunktionswert führt, ist ein Rang-1-Update daher im Allgemeinen nicht sinnvoll.

Aus diesen Vorbemerkungen kann man nun folgenden Ansatz ableiten, dessen Einzelheiten im Anschluss noch kurz besprochen werden:

Algorithmus 6.9.2 (Heuristik zur Lösung von (6.9.1)) *Eingabe:* $J_0 \in \mathbb{R}^{128 \times 6}$, $l < u$, $\epsilon_1, \epsilon_3 > 0$, $\epsilon_2 \in [0, 1)$. *Setze* $x^0 = (l + u)/2$.
Für $k = 0, 1, 2, \ldots$

1. *Setze* $\Delta_k := \|l - u\|$ (*eine obere Schranke an die Norm der Korrektur* s^k *von* x^k).
2. *Bestimme die Lösung* s^k *von*

$$minimiere \left\{ \left\| f\left(x^k\right) + J^k s - \bar{z} \right\|_\infty \mid l \leq x^k + s \leq u, \|s\| \leq \Delta_k \right\}. \qquad (6.9.3)$$

3. *Setze* $pred_k := \left\| f\left(x^k\right) - \bar{z} \right\|_\infty - \left\| f\left(x^k\right) + J^k s^k - \bar{z} \right\|_\infty$, *die vorhergesagte Reduktion.*
   Falls $pred_k \leq \epsilon_1$, *STOP.*

4. *Falls* $\left\| f\left(x^k + s^k\right) - \bar{z}\right\|_\infty < \left\| f\left(x^k\right) - \bar{z}\right\|_\infty - \epsilon_2\, pred_k$, *so setze* $x^{k+1} := x^k + s^k$,
   bestimme J_{k+1} *mit Hilfe eines Broydenschen Rang-1-Update, setze* $k = k + 1$ *und gehe*
   zu 1.
5. *Sonst setze* $\Delta_k = \|s^k\|/2$.
   Falls $\|s^k\| \approx \epsilon_3$ *so korrigiere* J_k *mit Hilfe eines Broydenschen Rang-1-Update.*
   Gehe zu 2.

Bemerkungen

Die Wahl geeigneter Zahlen ϵ_1, ϵ_2, ϵ_3 hängt von den Messfehlern bei der Auswertung von f und anderen problemspezifischen Merkmalen ab. ϵ_1 beschreibt die gewünschte Genauigkeit der Näherung an x^*, ϵ_2 wird man in der Regel sehr klein (oder Null) wählen, ϵ_3 sollte deutlich größer sein als die Messfehler, die bei Auswertung von f auftreten.

Beachte, dass die Abweichung von f zum Zielwert $\bar{z}$ in (6.9.3) in der Unendlichnorm gemessen wird, während die Norm bei der Trust-Region-Bedingung $\|s\| \leq \Delta_k$ nicht näher spezifiziert ist. Falls auch hier die Unendlichnorm gewählt wird, so lässt sich (6.9.3) als lineares Programm formulieren. Falls die Euklidische Norm gewählt wird, kann (6.9.3) immer noch sehr effizient mit Hilfe von Innere-Punkte-Verfahren (siehe Kap. 15) gelöst werden, die Suchrichtungen s haben sich in diesem Fall sogar als geringfügig besser herausgestellt. Da die Dimension der Probleme (6.9.3) sehr klein ist, war die schnelle numerische Lösung von (6.9.3) kein Thema, wichtig war, mit möglichst wenigen Auswertungen von f eine Pumpeneinstellung x mit geringer Abweichung $\|f(x) - \bar{z}\|_\infty$ zu finden.

Wir haben hier nur einige der Fragen aus einem größeren Projekt aufgegriffen. Eine ausführlichere Beschreibung, die die Struktur der Matrix $Df(x)$ eingehender untersucht und auch auf technische Aspekte eingeht, findet man in Freund [55]. Typisch für industrielle Projekte wie das obige ist, dass das Problem in einem engen zeitlichen Rahmen gelöst werden musste und sich die Problemstellung, wie z. B. die Art der Messung der Funktionswerte oder die genaue Form des Zielfunktionals, während des Projektes änderten. Die Zusammenarbeit mit den technischen Abteilungen, die z. B. Simulatoren für die Funktionswerte bereitstellten und die Modellierung der technischen Problemstellung übernahmen, war zeitaufwändig und lief nicht immer fehlerfrei.

6.10 Übungsaufgaben

6.10.1 Allgemeine Aufgaben

1. Das Verfahren des Goldenen Schnitts.
   a) Die stetige Funktion $f: [0, 1] \to \mathbb{R}$ habe genau eine lokale Minimalstelle in $(0, 1)$.
      Diese sei auch die globale Minimalstelle. Konvergiert das Verfahren des Goldenen
      Schnitts gegen diese Minimalstelle?
   b) Die (möglicherweise unstetige) Funktion $f: [0, 1] \to \mathbb{R}$ habe genau eine lokale
      Minimalstelle in $[0, 1]$. Konvergiert das Verfahren des Goldenen Schnitts gegen diese?

2. Man gebe eine zweimal stetig differenzierbare Funktion $f : \mathbb{R} \to \mathbb{R}$ an, für die es eine Folge von strikten lokalen Minimalstellen x^k ($1 \leq k < \infty$) gibt, die gegen eine strikte lokale Maximalstelle x^* von f konvergieren. (Dabei ist ein Punkt x^k eine strikte lokale Minimalstelle, falls es ein $\delta_k > 0$ gibt, so dass x^k die eindeutig bestimmte Minimalstelle von f auf dem Intervall $\left(x^k - \delta_k, x^k + \delta_k\right)$ ist.)

3. Sei $f(x) := \frac{1}{2} x^T A x + b x + c$ mit einer positiv definiten Matrix A. Wie groß darf die Zahl c_1 in der Bedingung (A) von Algorithmus 6.2.1 höchstens sein, damit die exakte Minimalstelle der Funktion f auf dem Strahl $\{x + \lambda s \mid \lambda \geq 0\}$ die Bedingung (A) erfüllt?

4. Zu einer beliebigen Zahl $\kappa \geq 1$ gebe man eine positiv definite Matrix $A = A^T \in \mathbb{R}^{n \times n}$ mit der Kondition $\text{cond}(A) = \kappa$, eine quadratische Funktion

$$f(x) = \frac{1}{2} x^T A x + bx + c$$

und einen Startwert x^0 an, so dass das Verfahren des steilsten Abstiegs genau mit der Konvergenzrate $(\kappa - 1)/(\kappa + 1)$ konvergiert.

Hinweis: Das ist mit $n = 2$ Unbekannten möglich. Dabei kann der Startpunkt so gewählt werden, dass nach dem ersten Schritt im wesentlichen (bis auf eine Spiegelung und eine Streckung) der Ausgangszustand wieder hergestellt ist.

5. (Knobelaufgabe)

Man zeige für $n = 2$ Variable, dass der Satz zur Konvergenz des Verfahren des steilsten Abstiegs für konvexe quadratischen Funktionen $f(x) = \frac{1}{2} x^T A x + b^T x + c$ in keiner von der Matrix A unabhängigen Norm gilt.

Genauer, sei $\|.\|$ irgendeine Norm, die nicht von A abhängt. Man gebe bezüglich dieser Norm ein Beispiel an, für das die Fehlerreduktion bereits im ersten Schritt schlechter ist als $1 - 2/(1 + \kappa)$, $\kappa := \text{cond}(A)$ die Kondition von A bezüglich der Euklidischen Norm.

6. Seien $x^0, x^1, \ldots, x^m = x^* := -A^{-1}b$ die Iterierten, welche der cg-Algorithmus bei Anwendung auf die quadratische Funktion $f : \mathbb{R}^n \to R$, $f(x) := \frac{1}{2} x^T A x + b^T x + c$, A eine positiv definiter Matrix, liefert. Seien $s^0, \ldots, s^{m-1}$ die zugehörigen Suchrichtungen, und für $k = 1, \ldots, m$

$$S_k := \text{span}\{s^0, \ldots, s^{k-1}\}.$$

Man zeige

a)

$$\|x^k - x^*\|_A = \min_{x \in x^0 + S_k} \|x - x^*\|_A.$$

b)

$$S_k = \text{span}\{s^0, As^0, \ldots, A^{k-1}s^0\}.$$

c)

$$\frac{\|x^k - x^*\|_A}{\|x^0 - x^*\|_A} \leq \min_{p \in \Pi_k} \max_{1 \leq j \leq n} |p(\mu_j)|,$$

wobei $\Pi_k = \{p(t) \equiv 1 + \sigma_1 t + \ldots + \sigma_k t^k | \sigma_i \in \mathbb{R}\}$ die Menge aller reellen Polynome $p(t)$ vom Grad $\leq k$ mit $p(0) = 1$ ist und die μ_j die Eigenwerte von A sind.

Hinweis: Man stelle $x^0 - x^*$ mit Hilfe orthonormaler Eigenvektoren von A dar.

7. Sei (ein kleiner Wert) $\gamma \in (0, 1)$ gegeben. Sei $f : \mathbb{R}^2 \to \mathbb{R}$ gegeben durch $f(x) = x_1^2 + \alpha x_2^2$ mit festem $\alpha > 0$.

   a) Man bestimme einen Wert von α und einen Punkt $x^1 \in \mathbb{R}^2$, sodass

   $$\nabla f\left(x^1\right)^T x^1 \leq \gamma \left\|\nabla f\left(x^1\right)\right\|_2 \left\|x^1\right\|_2,$$

   d.h. sodass die Richtung des steilsten Abstiegs einen Winkel von nahezu $90°$ mit der Richtung zur Minimalstelle einnimmt.

   b) Man bestimme einen Wert von α und einen Startpunkt x^0, sodass die Suchrichtung s des cg-Verfahrens in x^1 zwar zur globalen Minimalstelle von f zeigt, aber die Bedingung $\nabla f\left(x^1\right)^T s \leq -\gamma \left\|\nabla f\left(x^1\right)\right\|_2 \|s\|_2$ aus Schritt 2. in Algorithmus 6.2.1 verletzt. (Wo muss x^0 liegen, damit x^1 wie in Teilaufgabe a) ist?)

8. Sei $\Phi(d) := g^T d + \frac{1}{2} d^T B d$ durch einen Vektor g und eine symmetrische Matrix $B \in \mathbb{R}^{n \times n}$ definiert. Zu Φ und einem Trust-Region Radius $\delta > 0$ gehört das Trust-Region Problem (6.5.4),

   $$\min\{\Phi(d) \mid \|d\|_2 \leq \delta\},$$

   das den Vektor d^* als globale Optimallösung besitze.

   Man betrachte die Bedingungen

   $\alpha)$ $\lambda^* \geq 0$, $\|d^*\|_2 \leq \delta$, $\lambda^* (\delta - \|d^*\|_2) = 0$,

   $\beta)$ $(B + \lambda^* I) d^* = -g$,

   $\gamma)$ $B + \lambda^* I$ ist positiv semidefinit

   und zeige

   a) Falls $\|d^*\|_2 < \delta$, dann erfüllen d^* und $\lambda^* = 0$ die Bedingungen $\alpha)$, $\beta)$, und $\gamma)$.

   b) Sei $\|d^*\|_2 = \delta$ und v ein beliebiger Vektor mit $\|d^* + v\|_2 \leq \delta$. Man zeige $(g + B d^*)^T v \geq 0$.

   Hinweis: Man betrachte Φ auf dem Strahl $d^* + tv$ für kleines $t \geq 0$.

   c) Sei $\hat{v}$ ein beliebiger Vektor mit $\hat{v}^T d^* < 0$. Man zeige $(g + B d^*)^T \hat{v} \geq 0$.

   Hinweis: Man finde ein $\hat{t} > 0$ so dass $v := \hat{t} \hat{v}$ die Voraussetzung zu b) erfüllt.

   d) Man zeige $\beta)$.

   Hinweis: Sei für $y, z \in \mathbb{R}^n$ das Ungleichungssystem

   $$y^T v < 0 \quad \text{und} \quad z^T v < 0$$

   unlösbar. Wenn y und z linear unabhängig wären, d.h. wenn in der Cauchy-Schwarzschen Ungleichung $|y^T z| < \|y\|_2 \|z\|_2$ wäre, dann erhielte man für $v := -\|y\|_2 z - \|z\|_2 y$ einen Widerspruch.

   e) Man zeige $\gamma)$.

   Hinweis: Man füge die Gleichung $\beta)$ in den Ansatz aus Teil b) ein und zeige zunächst $\hat{t}^2 \hat{v}^T (B + \lambda^* I) \hat{v} \geq 0$ für $\hat{v}^T d^* < 0$.

f) Man zeige, dass das Trust-Region-Problem für $n = 2, d = (d_1, d_2)$,

$$\min\{d_1 - d_2^2 \mid \|d\|_2 \le 2\}$$

mehrere Punkte d^*, λ^* besitzt, die α) und β) erfüllen.

9. Seien eine symmetrische Matrix B mit Eigenwerten $D_{11}, \ldots, D_{n,n}$, ein Vektor g passender Dimension und eine Funktion $\varphi : \mathbb{R}\backslash\{-D_{11}, \ldots, -D_{n,n}\} \to \mathbb{R}$ definiert durch

$$\varphi(\lambda) := -\frac{1}{\|(B + \lambda I)^{-1} g\|_2}.$$

(Der Einfachheit halber wurde der additive Term $\frac{1}{\delta}$ aus Abschn. 6.5 hier weggelassen.) Man zeige dass

$$\varphi'(\lambda) = -\frac{\|(B + \lambda I)^{-3/2} g\|_2^2}{\|(B + \lambda I)^{-1} g\|_2^3}$$

gilt. (Wenn die Eigenwertzerlegung von B gegeben ist, so lässt sich φ^{-2} als Summe von Termen der Form $\tilde{g}_i^2/(D_{ii} + \lambda)^2$ schreiben, wobei die Terme $\tilde{g}_i$ nicht von λ abhängen. Die Summe kann dann elementar abgeleitet werden.)

10. Sei zu zwei gegebenen Zahlen $l < u$ die Funktion $f : \mathbb{R} \to \mathbb{R}$ definiert durch

$$f(x) = \begin{cases} 0 & \text{falls } x \in [l, u] \\ \infty & \text{sonst.} \end{cases}$$

Man gebe die konjugiert konvexe Funktion (siehe (6.4.7)) an.

11. Man zeige, dass die konjugiert konvexe Funktion (siehe (6.4.7)) einer streng konvexen quadratischen Funktion f mit $f(x) := \frac{1}{2}(x - a)^T H(x - a)$ durch f^* mit $f^*(y) := \frac{1}{2}y^T H^{-1} y + a^T y$ gegeben ist.

6.10.2 Aufgaben zum Satz von Newton Kantorovich

Die Übungen aus diesem Abschnitt sollen auch zum Verständnis von Grundlagen aus der Analysis helfen und werden mit kurzen Lösungen angegeben.

1. Man gebe eine Funktion $f : \mathbb{R}^2 \to \mathbb{R}$ in zwei Variablen an, die Gâteaux-differenzierbar, aber nicht Fréchet-differenzierbar ist.

2. Die Konvergenz in (6.6.2) sei gleichmäßig für alle h mit $\|h\| = 1$. Man zeige, dass dann (6.6.3) gilt.

3. Sei $B := \ell_\infty$ der Raum der beschränkten Folgen $x = (x_i)_{i=1,2,\ldots}$, der mit der Maximumnorm $\|x\| = \sup_i |x_i|$ versehen ist. Sei l eine Folge, für die das „Skalarprodukt" $\langle l, x \rangle := \sum_{i=1}^\infty l_i x_i$ für alle $x \in B$ definiert sei. Man zeige, dass l im Raum $\hat{B}$ der absolut

summierbaren Folgen mit der Norm $\|l\|_1 := \sum_{i=1}^n |l_i|$ liegt. Sei $g : \hat{B} \to \mathbb{R}$ durch $g(l) := (\sum_{i=1}^n l_i)^2$ definiert. Für welche l ist g differenzierbar? Man gebe die Ableitung an. In welchem Raum liegt diese? Wie sieht die zweite Ableitung aus?

4. Im Folgenden betrachten wir das j-fache kartesische Produkt $(\mathbb{R}^n)^j = \mathbb{R}^n \times \mathbb{R}^n \times \cdots \mathbb{R}^n$ (j Faktoren). Seien $\Omega \subset B_1 = \mathbb{R}^n$, $B_2 = \mathbb{R}^m$ und $f: \Omega \to B_2$ in Ω differenzierbar. Für jeden Punkt $x^0 \in \Omega$ gebe es weiter symmetrische j-Linearformen $A^{(j)}: (\mathbb{R}^n)^j \to \mathbb{R}^m$ für $1 \le j \le 3$, so dass

$$\lim_{x \to x^0} \frac{\left\| f(x) - f\left(x^0\right) - \sum_{j=1}^3 \frac{1}{j!} A^{(j)}\left[\left(x - x^0\right), \ldots, \left(x - x^0\right)\right] \right\|}{\left\| x - x^0 \right\|^3} = 0$$

gilt. Folgt daraus, dass f in Ω zweimal (dreimal?) differenzierbar ist?

5. Man gebe Beispiele an, für die das Konvergenzresultat von Satz 6.6.7 durch Hinzunahme linearer Abbildungen (6.6.11) *beliebig* verschlechtert werden kann.

6. Man wähle in (6.6.13) die Norm $\| . \| = \| . \|_{g'(x^0)^T g'(x^0)}$ und zeige, dass diese Norm gegenüber (6.6.11) invariant ist, dass aber die affine Invarianz im Sinne (6.6.10) verloren geht.

7. Man zeige: Falls f eine glatte konvexe Funktion ist und $g := Df(x)^T$, so ist die Norm $\| . \|_{g'(x^0)}$ affin invariant.

Lösungen

1. Die Funktion $f: \mathbb{R}^2 \to \mathbb{R}$ mit

$$f(x, y) := \frac{x^4 y^8}{x^{10} + y^{20}} \text{ für } (x, y) \ne (0, 0)$$

und $f(0, 0) := 0$ besitzt in $(\bar{x}, \bar{y}) = (0, 0)$ sämtliche Richtungsableitungen, die alle verschwinden. Wenn $x = 0$ oder wenn $y = 0$, ist $f = 0$, und damit sind auch alle Richtungsableitungen Null. Für $y = \lambda x$ mit konstantem $\lambda \ne 0$ steht im Zähler ein Vielfaches von x^{12}, und im Nenner eine Zahl die größer als x^{10} ist. Wählt man aber $y = \sqrt{x}$, so steht in Nenner $2x^{10}$ und im Zähler x^8. Der Quotient strebt für $x \to 0$ gegen unendlich. Die Funktion ist also in $(\bar{x}, \bar{y})$ nicht stetig, geschweige denn differenzierbar.

2. Es genügt eigentlich, die Definition der gleichmäßigen Konvergenz in (6.2.2) hinzuschreiben: Für jedes $\epsilon > 0$ gebe es ein $\delta > 0$, so dass für alle h und t mit $\|h\| = 1$, $0 < t \le \delta$

$$\frac{\left\| f\left(x^0 + th\right) - f\left(x^0\right) - tAh \right\|}{|t|} \le \epsilon.$$

Sei h_k eine Folge mit $\|h_k\| \to 0$ und $t_k := \|h_k\|$ sowie $\tilde{h}_k := h_k/t_k$, dann liefert obige Ungleichung die verlangte Konvergenz von

$$\lim_{k \to \infty} \frac{\left\| f\left(x^0 + h_k\right) - f\left(x^0\right) - A h_k \right\|}{\|h_k\|}$$

$$= \lim_{k \to \infty} \frac{\left\| f\left(x^0 + t_k \tilde{h}_k\right) - f\left(x^0\right) - t_k A \tilde{h}_k \right\|}{|t_k|}$$

$$= 0.$$

3. Zum zweiten Teil der Aufgabe sei nur angemerkt, dass die Ableitung für alle $l \in \hat{B}$ definiert ist und in der Form $Dg(l) = \left(\sum_{i=1}^{\infty} l_i\right)(1, \ldots, 1, \ldots)$ geschrieben werden kann. (Zur Überprüfung dieser Aussage bilde man einfach die partiellen Ableitungen nach l_i.) Die Ableitung liegt für $l \neq 0$ sicher nicht in $\hat{B}$, aber stets in B. Die zweite Ableitung $D^2 g(l)$ kann als Bilinearform: $\hat{B} \times \hat{B} \to \mathbb{R}$ aufgefasst und in der Form $D^2 g(l)[u, v] = \sum_{i,j=1}^{\infty} u_i v_j$ geschrieben werden. (Die zugehörige Matrix wäre eine unendlich große Matrix, deren Einträge alle 1 wären.)

4. Es sei noch einmal daran erinnert, dass im allgemeinen aus der Existenz der Richtungsableitungen nicht die (starke) Differenzierbarkeit folgt. Die Voraussetzungen aus der Aufgabe garantieren aber nicht einmal die Existenz der zweiten Richtungsableitungen (also erst recht keine zweimalige Differenzierbarkeit). Die Funktion f mit $f(x) = x^4 \sin\left(1/\left(x^3\right)\right)$ für $x \neq 0$ und $f(0) = 0$ ist z. B. überall in $\mathbb{R}\backslash\{0\}$ beliebig oft differenzierbar (und erfüllt daher überall in $\mathbb{R}\backslash\{0\}$ die Voraussetzungen des Satzes von Taylor). In $x = 0$ sind die Voraussetzungen auch leicht zu verifizieren. Trotzdem ist die erste Ableitung $f'(x) = 4x^3 \sin\left(x^{-3}\right) - 3\cos\left(x^{-3}\right)$ für $x \neq 0$) im Punkt 0 nicht stetig, und insbesondere ist f nicht zweimal differenzierbar.

5. Sei $\phi(x) := 3x_1^2 + x_1^3 + 3x_2^2 + x_2^3$. Für ein gegebenes (festes) $\beta \geq 1$ betrachten wir die Minimierung von

$$\tilde{\phi}(x) := \phi(Ax) = 3x_1^2 + x_1^3 + 3\beta^2 x_2^2 + \beta^3 x_2^3, \quad \text{wobei} \quad A := \begin{pmatrix} 1 & 0 \\ 0 & \beta \end{pmatrix}$$

mit Startpunkt $(0.1, 0)^T$. Als Norm legen wir die ∞-Norm zugrunde mit der Zeilensummennorm als zugehöriger Matrixnorm. Die Nullstelle $(0, 0)^T$ des Gradienten $\nabla \tilde{\phi}$ von $\tilde{\phi}$ soll berechnet werden. In der Sprache von Satz 6.6.7 ist also

$$\tilde{g}(x) = \begin{pmatrix} 6x_1 + 3x_1^2 \\ 6\beta^2 x_2 + 3\beta^3 x_2^2 \end{pmatrix}, \quad \tilde{g}'(x) = \begin{pmatrix} 6 + 6x_1 & 0 \\ 0 & 6\beta^2 + 6\beta^3 x_2 \end{pmatrix}.$$

Die zweite Ableitung, als dreifach indizierte Matrix aufgefasst, ist durch

$$g''(x) = \begin{cases} 6 & i = j = k = 1, \\ 6\beta^3 & i = j = k = 2, \\ 0 & \text{sonst}, \end{cases}$$

gegeben. Somit ist

$$\Gamma_0 = \frac{1}{6} \begin{bmatrix} \frac{1}{1.1} & 0 \\ 0 & \frac{1}{\beta^2} \end{bmatrix},$$

und $\eta = 0{,}63/6{,}6 = 0{,}09\overline{54}$ unabhängig von β. Auf der anderen Seite erhalten wir

$$\left\| \tilde{\Gamma}_0 \tilde{g}''(x) \right\|_\infty = \sup_{\|y\|_\infty, \|z\|_\infty \leq 1} \left\| \frac{1}{6} \begin{bmatrix} \frac{1}{1.1} & 0 \\ 0 & \frac{1}{\beta^2} \end{bmatrix} \begin{pmatrix} 6 y_1 z^1 \\ 6 \beta^3 y_2 z^2 \end{pmatrix} \right\|_\infty$$

$$= \left\| \begin{pmatrix} \frac{1}{1.1} \\ \beta \end{pmatrix} \right\|_\infty$$

$$= \beta.$$

(Letzte Gleichung wegen $\beta \geq 1$.) Für $\beta \geq 5{,}3$ ist Satz 6.6.7 daher nicht mehr anwendbar (auch wenn die vom Newton-Verfahren erzeugten Iterierten überhaupt nicht von β abhängen; der angegebene Startpunkt ist Fixpunkt der Abbildung A !). Insbesondere kann man für Startpunkte der Form $(\epsilon, 0)^T$, die beliebig nahe an der Minimalstelle liegen ($\epsilon > 0$ beliebig) und von der Abbildung A invariant gelassen werden, stets ein β finden (z. B. $\beta = 1/\epsilon$), so dass der Satz auf $\tilde{\phi}$ nicht anwendbar ist, obwohl das Newton-Verfahren unabhängig von β rasch konvergiert.

6. Die Aussage folgt sofort, wenn man (6.6.12) in (6.6.14) einsetzt.

7. Im Folgenden setzen wir $f \colon \mathbb{R}^n \to \mathbb{R}$ als konvex voraus und wenden Satz 6.6.7 (Satz von Newton-Kantorovich) auf die Bestimmung einer Nullstelle von $\nabla f(x)$ an. Zu zeigen ist, dass die Zahl ν in (6.6.13) unter linearen Transformationen $f(x) \leftrightarrow \tilde{f}(z) := f(Az)$ invariant ist, sofern A invertierbar ist. Hierbei setzen wir $g(x) = Df(x)^T$ und

$$\tilde{g}(z) = D\tilde{f}(z)^T = A^T D_x f(Az) = A^T g(Az).$$

Daraus folgt $\tilde{g}'(z) = A^T D_x g(Az) A$ und entsprechende Formeln für $\tilde{\Gamma}$ und $\tilde{g}''$. (Würde es auch genügen, anstelle der Invertierbarkeit den vollen Zeilenrang von A und x^0, $x^* \in R(A) := \{Az \mid z \in \mathbb{R}^m\}$ zu fordern ?) Sei $x^0 = Az^0$. Wir folgern unter Berücksichtigung der Symmetrie von g'

$$\left\| \tilde{\Gamma}_0 \tilde{g}\left(z^0\right) \right\|^2_{\tilde{g}'(z^0)} = \tilde{g}\left(z^0\right)^T \tilde{\Gamma}_0 \tilde{g}\left(z^0\right) = g\left(x^0\right)^T A A^{-1} g'\left(x^0\right)^{-1} A^{-T} A^T g\left(x^0\right)$$

$$= g\left(x^0\right)^T \Gamma_0 g\left(x^0\right) = \left\| \Gamma_0 g\left(x^0\right) \right\|^2_{g'(x^0)}.$$

Somit ist der erste Faktor in der Definition (6.6.13) von ν von A unabhängig. Weiter gilt, unter Vernachlässigung der Argumente x^0, z^0, dass sich der zweite Faktor in (6.6.13) auf

$$\sup_{\|y\|_{\tilde{g}'}\leq 1} \sup_{\|z\|_{\tilde{g}'}\leq 1} \left\| \tilde{\Gamma}_0 \tilde{g}''[Ay, Az] \right\|_{\tilde{g}'}$$

$$= \sup_{\|y\|_{A^T g' A}\leq 1} \sup_{\|z\|_{A^T g' A}\leq 1} \left\| A^{-1}\Gamma_0 g''[Ay, Az] \right\|_{A^T g' A}$$

$$= \sup_{\|\tilde{y}\|_{g'}\leq 1} \sup_{\|\tilde{z}\|_{g'}\leq 1} \left\| \Gamma_0 g''[\tilde{y}, \tilde{z}] \right\|_{g'}$$

reduziert. (Setze $\tilde{y} = Ay$.) Also sind beide Faktoren von A unabhängig.

Teil III

Optimalitätsbedingungen

Konvexität und Trennungssätze 7

Ausblick

In Abschn. 4.2 haben wir den Dualitätssatz der linearen Programmierung, d. h. die Optimalitätsbedingungen für lineare Programme zum Entwurf der primal-dualen Innere-Punkte-Verfahren genutzt. Für kompliziertere nichtlineare Programme lassen sich ebenfalls aus Optimalitätsbedingungen numerische Lösungsverfahren ableiten. Die Herleitung von Optimalitätsbedingungen für nichtlineare Programme erfolgt in den nächsten drei Kapiteln, in denen zunächst einige Grundlagen über konvexe Mengen und Trennungssätze, dann Optimalitätsbedingungen für konvexe Probleme und schließlich Optimalitätsbedingungen für allgemeine nichtlineare Programme gewonnen werden.

Wir erinnern daran, dass bei linearen Programmen entartete Probleme einen unangenehmen aber leider sehr wichtigen Spezialfall bilden, den wir mit Hilfe spezieller Techniken (der lexikographischen Simplexmethode) behandelt haben. Optimalitätsbedingungen für konvexe Probleme könnte man ähnlich anschaulich wie in Abschn. 3.7 herleiten. Leider können hier neben der Entartung wie bei den linearen Programmen weitere unangenehme aber wichtige Spezialfälle auftreten, die eine solche Beweisführung wesentlich erschweren. Wir haben im Folgenden daher den etwas abstrakteren Zugang über die Trennungssätze gewählt, der alle wichtigen Spezialfälle mit abdeckt. Trennungssätze lassen sich ebenfalls anhand von linearen Programmen illustrieren. Wir betrachten dazu das duale Problem $\max\{b^T y \mid A^T y \leq c\}$.

Sicherlich ist ein Punkt y^* dann optimal, wenn es keine besseren zulässigen Punkte als y^* gibt, d. h. wenn die konvexe Menge $\{y \mid b^T y > b^T y^*\}$ die konvexe Menge $\{y \mid A^T y \leq c\}$ der zulässigen Lösungen nicht schneidet. Gleichbedeutend dazu wird die Frage sein, ob sich der Halbraum $\{y \mid b^T y \geq b^T y^*\}$ in gewisser Weise von der zulässigen Menge trennen lässt. Dies führt zu einer zweiten allgemeineren Charakterisierung von Optimallösungen wie y^*, die auch für nichtlineare Programme tragfähig ist.

© Springer-Verlag GmbH Deutschland, ein Teil von Springer Nature 2019
F. Jarre und J. Stoer, *Optimierung,* Masterclass,
https://doi.org/10.1007/978-3-662-58855-0_7

Wir werden zeigen, dass beide Charakterisierungen unter bestimmten Voraussetzungen äquivalent sind und dann die erste Charakterisierung zum Entwurf von Lösungsverfahren nutzen.

In diesem Kapitel beschreiben wir verschiedene Möglichkeiten der „Trennung" konvexer Mengen. Dazu benötigen wir zunächst einige Grundlagen aus der konvexen Analysis. Obwohl Trennungssätze auch an sich interessant sind, genügt es aber, die Resultate dieses Kapitels ohne die Beweise zu lesen (und sich die Sachverhalte an 2- und 3-dimensionalen Beispielen zu veranschaulichen), wenn man lediglich an den praktischen Aspekten der Optimierung interessiert ist. Das Verständnis der späteren Ergebnisse wird dadurch nicht wesentlich beeinträchtigt.

7.1   Allgemeine Grundlagen

Wir erinnern zunächst an die Definition (2.5.2) einer konvexen Menge im Abschn. 2.5 zur linearen Optimierung:

Definition 7.1.1

1. *Eine Menge $\mathcal{K} \subset \mathbb{R}^n$ heißt* konvex *genau dann, wenn folgende Implikation gilt:*

$$x^1, x^2 \in \mathcal{K}, \quad \lambda \in [0, 1] \implies \lambda x^1 + (1 - \lambda)x^2 \in \mathcal{K},$$

   d. h. wenn mit x^1 und x^2 auch die ganze Strecke $[x^1, x^2] := \{\lambda x^1 + (1-\lambda)x^2 \mid 0 \le \lambda \le 1\}$ zwischen x^1 und x^2 in $\mathcal{K}$ liegt.
2. $\mathcal{K} \in \mathbb{R}^n$ *heißt ein* Kegel *genau dann, wenn gilt*

$$x \in \mathcal{K}, \quad \lambda \ge 0 \implies \lambda x \in \mathcal{K}.$$

Für $x^1, x^2, ..., x^k \in \mathbb{R}^n$ heißt jeder Vektor x der Form

$$x = \lambda_1 x^1 + \cdots + \lambda_k x^k$$

mit

$$\sum_{i=1}^{k} \lambda_i = 1, \ \lambda_i \ge 0 \ \text{für } i = 1, \ldots, k,$$

eine *konvexe Linearkombination* der Vektoren x^i. Man zeigt leicht, dass die Menge

$$\mathcal{K}(x^1, \ldots, x^k) := \left\{ \sum_{i=1}^{k} \lambda_i x^i \mid \lambda_i \ge 0, \ \sum_{i=1}^{k} \lambda_i = 1 \right\} \tag{7.1.2}$$

aller konvexer Linearkombinationen der x^i eine konvexe Menge ist. Sie kann nicht zu groß werden, denn für sie gilt:

Lemma 7.1.3 *Jede konvexe Menge $\mathcal{C}$, die $x^1, x^2, ..., x^k$ enthält, enthält auch $\mathcal{K}(x^1, \ldots, x^k)$.*

Beweis

Durch Induktion nach k. Für $k = 1$ ist die Aussage des Lemmas trivial. Sei nun $k > 1$ und das Lemma für $k - 1$ richtig. Dann besitzt jedes $x \in \mathcal{K}(x^1, \ldots, x^k)$ die Darstellung

$$x = \sum_{i=1}^{k} \lambda_i x^i, \quad \lambda_i \geq 0, \quad \sum_{i=1}^{k} \lambda_i = 1.$$

Für $\lambda_k = 1$ folgt $x = x^k \in \mathcal{C}$. Sei daher $\lambda_k < 1$. Dann ist

$$x = (1 - \lambda_k)z^k + \lambda_k x^k, \qquad 0 \leq \lambda_k < 1, \tag{7.1.4}$$

wobei

$$z^k := \sum_{i=1}^{k-1} \mu_i x^i, \quad \mu_i := \frac{\lambda_i}{1 - \lambda_k} \geq 0, \quad \sum_{i=1}^{k-1} \mu_i = 1.$$

Nach Induktionsvoraussetzung gilt also $z^k \in \mathcal{K}(x^1, \ldots, x^{k-1}) \subset \mathcal{C}$. Aus $x^k \in \mathcal{C}$, der Konvexität von $\mathcal{C}$ und (7.1.4) folgt dann $x \in \mathcal{C}$. $\qquad\qquad\qquad$ □

Der Durchschnitt konvexer Mengen ist wieder konvex. Dies motiviert folgende Definition:

Definition 7.1.5 *Sei $\mathcal{S} \subseteq \mathbb{R}^n$ eine beliebige Menge. Als konvexe Hülle $\mathrm{conv}(\mathcal{S})$ von $\mathcal{S}$ bezeichnen wir die kleinste konvexe Menge, die $\mathcal{S}$ enthält,*

$$\mathrm{conv}(\mathcal{S}) = \bigcap_{C:\, C \supseteq \mathcal{S},\, C\ \text{konvex}} C.$$

Es gilt folgende Darstellung:

$$\mathrm{conv}(\mathcal{S}) = \{x \mid \exists N \geq 1 \ \exists x^1, \ldots, x^N \in \mathcal{S} : x \in \mathcal{K}(x^1, \ldots, x^N)\} \tag{7.1.6}$$

Beweis

Sei M die Menge auf der rechten Seite von (7.1.6). Offensichtlich ist $\mathcal{S} \subseteq M$. Ferner ist M konvex: Denn zu jedem $x, y \in M$ und $\lambda \in [0, 1]$ gibt es endlich viele $x^i, y^j \in \mathcal{S}$ so dass

$$x \in \mathcal{K}(x^1, x^2, \ldots, x^k), \quad y \in \mathcal{K}(y^1, y^2, \ldots, y^l),$$

so dass $\lambda x + (1 - \lambda)y$ in der konvexen Menge $\mathcal{K}(x^1, \ldots, x^k, y^1, \ldots, y^l)$ liegt. Schließlich ist (wegen Lemma 7.1.3) M Teilmenge der konvexen Hülle von $\mathcal{S}$, $M \subseteq \operatorname{conv}(\mathcal{S})$. $\qquad\square$

Lemma 7.1.7 *Ist $\mathcal{S}$ endlich, $\mathcal{S} = \{x^1, x^2, \ldots, x^m\}$ für ein $m \geq 0$, so ist $\operatorname{conv}(\mathcal{S})$ eine kompakte konvexe Menge.*

Beweis

Die Menge $\operatorname{conv}(\mathcal{S})$ ist abgeschlossen: Denn sei $\bar{x} = \lim_j x_j$ Limes einer Folge $x_j \in \operatorname{conv}(\mathcal{S})$. Jedes x_j besitzt die Form

$$x_j = \sum_{i=1}^m \lambda_i^{(j)} x^i \ \text{ mit } \lambda_i^{(j)} \geq 0, \ \sum_{i=1}^m \lambda_i^{(j)} = 1.$$

Dann existiert wegen $0 \leq \lambda_i^{(j)} \leq 1$ eine Teilfolge $\{j_k\}$ aller j, so dass die Grenzwerte $\lim_k \lambda_i^{j_k} =: \bar{\lambda}_i, i = 1, \ldots, m$, existieren. Wegen $\bar{\lambda}_i \geq 0, \sum_i \bar{\lambda}_i = 1$ folgt sofort

$$\bar{x} = \sum_{i=1}^m \bar{\lambda}_i x^i \in \operatorname{conv}(S),$$

also die Abgeschlossenheit von $\operatorname{conv}(S)$. Sei

$$B := \{x \mid \|x\| \leq \max_{i=1,\ldots,m} \|x^i\|\},$$

so folgt aus der Konvexität der Kugel B die Beziehung $\operatorname{conv}(S) \subset B$ und damit die Beschränktheit von $\operatorname{conv}(S)$. $\qquad\square$

In der linearen Algebra definiert man affine Mengen (lineare Mannigfaltigkeiten) $\mathcal{A} \subseteq \mathbb{R}^n$ als Mengen, die mit je zwei Punkten x^1, x^2 auch die Verbindungsgerade $\{\lambda x^1 + (1 - \lambda)x^2 \mid \lambda \in \mathbb{R}\}$ dieser Punkte enthält. Ein Vektor x heißt *affine Linearkombination* der Punkte $x^i \in \mathbb{R}^n, i = 1, 2, \ldots, k$, falls x die Darstellung

$$x = \sum_{i=1}^k \lambda_i x^i \ \text{ mit } \sum_{i=1}^k \lambda_i = 1, \ \lambda_i \in \mathbb{R}$$

besitzt.

Ist $x^0 \in \mathcal{A} \subseteq \mathbb{R}^n$ irgendein Punkt der affinen Menge $\mathcal{A}$, so ist die Menge

$$\mathcal{L} := \{x - x^0 \mid x \in \mathcal{A}\}$$

ein linearer Teilraum des $\mathbb{R}^n$. Seine Dimension $k = \dim \mathcal{L}$ heißt auch die Dimension von $\mathcal{A}$, $\dim \mathcal{A} := \dim \mathcal{L}$. Eine Basis von $\mathcal{L}$ besteht aus k linear unabhängigen Vektoren a^i der Form $a^i = x^i - x^0, i = 1, \ldots, k$, mit $x^i \in \mathcal{A}$, und es lässt sich jedes $x \in \mathcal{A}$ eindeutig in der

Form

$$x - x^0 = \sum_{i=1}^{k} \lambda_i (x^i - x^0), \quad \lambda_i \in \mathbb{R},$$

darstellen, d. h. als affine Linearkombination

$$x = \sum_{i=0}^{k} \lambda_i x^i, \quad \sum_{i=0}^{k} \lambda_i = 1,$$

mit eindeutig bestimmten Koeffizienten λ_i. Die Punkte x^i, $i = 0, 1, ..., k$, heißen dann *affin unabhängige Punkte* von $\mathcal{A}$, die eine *affine Basis* von $\mathcal{A}$ bilden, und die λ_i, $i = 0$, $1, ..., k$, die baryzentrischen Koordinaten von $x \in \mathcal{A}$ bezüglich dieser Basis. Wegen der Eindeutigkeit der λ_i sind die Punkte x^i, $0 \le i \le k$, genau dann affin unabhängig, wenn aus

$$\sum_{i=0}^{k} \lambda_i x^i = 0, \quad \sum_{i=0}^{k} \lambda_i = 0,$$

folgt, dass alle λ_i verschwinden, $\lambda_0 = \cdots = \lambda_k = 0$. (Falls $0 \in \mathcal{A}$, so kann auch der Punkt $x_0 := 0$ Teil einer affinen Basis von $\mathcal{A}$ sein.)

Analog zur konvexen Hülle ist auch die affine Hülle einer Menge $\mathcal{S} \subseteq \mathbb{R}^n$ definiert:

Definition 7.1.8 *Sei $\mathcal{S} \subseteq \mathbb{R}^n$ eine beliebige Menge. Mit* aff $(\mathcal{S})$ *bezeichnen wir die kleinste affine Menge, die $\mathcal{S}$ enthält,*

$$\text{aff} (\mathcal{S}) = \bigcap_{C: C \supseteq \mathcal{S}, \, C \, affin} C. \tag{7.1.9}$$

Auch hier besitzt aff $(\mathcal{S})$ eine Darstellung, die (7.1.6) entspricht. Ist $k = \dim(\text{aff} (\mathcal{S}))$ $(\le n)$ die Dimension der affinen Hülle von $\mathcal{S}$, so gibt es eine affine Basis mit $k + 1$ affin unabhängigen Punkten $x^i \in \text{aff}(\mathcal{S})$, $i = 0, 1, ..., k$, die sogar in $\mathcal{S}$ liegen. Für diese gilt dann

$$\text{aff} (\mathcal{S}) = \left\{ \sum_{i=0}^{k} \lambda_i x^i \mid \lambda_i \in \mathbb{R} : \sum_{i=0}^{k} \lambda_i = 1 \right\}. \tag{7.1.10}$$

Denn ausgehend von einem beliebigen $x^0 \in \mathcal{S}$ kann man durch Hinzunahme weiterer Punkte $x^1, ..., x^k \in \mathcal{S}$ die affine Hülle aff $(\mathcal{S})$ schrittweise aufbauen,

$$\text{aff} (\{x^0\}) \subset \text{aff} (\{x^0, x^1\}) \subset \cdots \subset \text{aff} (\{x^0, x^1, ..., x^k\}) = \text{aff} (\mathcal{S}).$$

Der einfache Beweis sei dem Leser überlassen.

Es ist bemerkenswert, dass man in der Darstellung (7.1.6) der konvexen Hülle conv $(\mathcal{S})$ die Anzahl N ebenfalls durch $k := \dim (\mathrm{aff}\,(\mathcal{S})) + 1$ beschränken kann. Von Carathéodory stammt folgender Satz:

Satz 7.1.11 *Sei $\mathcal{S} \subseteq \mathbb{R}^n$ eine beliebige Menge und $k := \dim (\mathrm{aff}\,(\mathcal{S}))$. Dann ist jeder Punkt $x \in \mathrm{conv}(\mathcal{S})$ eine konvexe Linearkombination von $k + 1$ Punkten x^0, x^1, ..., $x^k \in \mathcal{S}$ (die x^i hängen i. allg. von x ab):*

$$x = \sum_{i=0}^{k} \lambda_i x^i \quad mit \ \sum_{i=0}^{k} \lambda_i = 1, \ \lambda_i \geq 0 \ \ f\ddot{u}r \ \ i = 0, \ 1, \ \ldots, \ k.$$

Beweis
Sei $x \in \mathrm{conv}\,(\mathcal{S})$ und N die kleinste Zahl, für die es $N + 1$ Punkte x^0, ..., $x^N \in \mathcal{S}$ gibt, so dass x eine konvexe Linearkombination dieser Punkte ist,

$$x = \sum_{i=0}^{N} \lambda_i x^i, \quad \sum_{i=0}^{N} \lambda_i = 1, \quad \lambda_i \geq 0.$$

Aus der Definition von N folgt dann $\lambda_i > 0$ für alle i. Wäre $N > k$, so sind die $N + 1$ Punkte x^0, ..., x^N affin abhängig. Also gibt es Zahlen μ_i, $i = 0, \ 1, \ \ldots, \ N$, die nicht alle verschwinden, mit

$$\sum_{i=0}^{N} \mu_i x^i = 0, \quad \sum_{i=0}^{N} \mu_i = 0. \tag{7.1.12}$$

Wegen $\sum_i \mu_i = 0$ ist mindestens ein μ_i positiv. Wir setzen

$$\lambda_i' := \lambda_i - \alpha^* \mu_i, \quad i = 0, \ 1, \ \ldots, \ N,$$

wobei

$$\alpha^* := \max\{\alpha \geq 0 \mid \lambda_i - \alpha\mu_i \geq 0 \ \text{für} \ i = 0, \ 1, \ \ldots, \ N\} = \min_{\mu_i > 0} \frac{\lambda_i}{\mu_i}$$

wohldefiniert ist. Offensichtlich sind alle λ_i' nichtnegativ und es gilt wegen (7.1.12)

$$x = \sum_{i=0}^{N} \lambda_i' x^i, \quad \sum_{i=0}^{N} \lambda_i' = 1.$$

Dies widerspricht der Definition von N, weil nach der Definition von α^* mindestens ein $\lambda_j' = 0$ verschwindet. $\qquad\qquad\qquad\qquad\qquad\qquad\qquad\qquad\qquad\qquad\qquad\square$

Weitere interessante Aussagen über konvexe Mengen und die konvexe Hülle findet man in Stoer und Witzgall [164]. So ist die konvexe Hülle einer kompakten Menge stets kompakt, während die konvexe Hülle einer abgeschlossenen Menge (z. B. von $\{(x, y) \in \mathbb{R}^2 \mid x = 0\} \cup \{(1, 0)\}$) nicht unbedingt abgeschlossen ist.

Wir beschränken uns in diesem Kapitel auf Resultate, die wir im Folgenden noch benötigen. Wichtig sind verschiedene Begriffe der Trennung von konvexen Mengen:

Definition 7.1.13 *Sei $a \in \mathbb{R}^n$, $a \neq 0$, $\alpha \in \mathbb{R}$ und $H := \{x \mid a^T x = \alpha\}$ eine affine Hyperebene. Ferner seien $H_+ := \{x \mid a^T x \geq \alpha\}$ und $H_- := \{x \mid a^T x \leq \alpha\}$ die zu H gehörigen Halbräume. Schließlich seien $\mathcal{K}_i \subset \mathbb{R}^n$, $i = 1, 2$, Teilmengen des $\mathbb{R}^n$. Es werden folgende Trennungsbegriffe eingeführt:*

1. *H trennt $\mathcal{K}_1$ und $\mathcal{K}_2$, falls $a^T x^1 \leq \alpha \leq a^T x^2$ für alle $x^i \in \mathcal{K}_i$, d. h. falls $\mathcal{K}_1 \subseteq H_-$ und $\mathcal{K}_2 \subseteq H_+$.*
2. *H trennt $\mathcal{K}_1$ und $\mathcal{K}_2$ strikt, falls $a^T x^1 < \alpha < a^T x^2$ für alle $x^i \in \mathcal{K}_i$, d. h. falls $\mathcal{K}_1 \subseteq H_-^o$ und $\mathcal{K}_2 \subseteq H_+^o$, wobei $H_\pm^o$ das Innere von $H_\pm$ bezeichnet.*
3. *H trennt $\mathcal{K}_1$ und $\mathcal{K}_2$ eigentlich, falls $\mathcal{K}_1$ und $\mathcal{K}_2$ durch H getrennt wird und $\mathcal{K}_1 \cup \mathcal{K}_2 \not\subseteq H$ gilt, d. h. es ist $a^T x^1 \leq \alpha \leq a^T x^2$ für alle $x^i \in \mathcal{K}_i$, aber es gibt $\bar{x}^i \in \mathcal{K}_i$ mit $a^T \bar{x}^1 < a^T \bar{x}^2$.*

Beispiel
Anschaulich besagt die Trennung von $\mathcal{K}_1$ und $\mathcal{K}_2$ durch H, dass die $\mathcal{K}_i$ auf verschiedenen Seiten der Hyperebene H liegen; aber es wird noch zugelassen, dass die $\mathcal{K}_i$ gemeinsame Punkte mit H haben. Bei der strikten Trennung wird dies ausgeschlossen. Zum Beispiel werden im $\mathbb{R}^2$ die x-Achse $\mathcal{K}_1 := \{(x, 0) \mid x \in \mathbb{R}\}$ von der abgeschlossenen oberen Halbebene $\mathcal{K}_2 := \{(x, y) \mid y \geq 0\}$ nur durch die Hyperebene $H := \{(x, y) \mid y = 0\} = \mathcal{K}_1$ getrennt und sogar eigentlich getrennt; eine strikte Trennung dieser Mengen ist nicht möglich.

Die eigentliche Trennung schließt den Fall aus, dass die trennende Hyperebene H sowohl $\mathcal{K}_1$ als auch $\mathcal{K}_2$ enthält. Zum Beispiel ist im $\mathbb{R}^2$ die einzige Hyperebene, die die Mengen $\mathcal{K}_1 := \{(x, 0) \in \mathbb{R}^2 \mid x \geq -1\}$ und $\mathcal{K}_2 := \{(x, 0) \in \mathbb{R}^2 \mid x \leq 1\}$ trennt, die Hyperebene $H := \{(x, y) \in \mathbb{R}^2 \mid y = 0\}$, die aber sowohl $\mathcal{K}_1$ wie $\mathcal{K}_2$ enthält: diese Mengen können also zwar getrennt aber nicht eigentlich getrennt werden. Der Grund liegt darin, dass diese Mengen gemeinsame „relativ innere Punkte" (im Beispiel alle Punkte $(x, 0)$ mit $-1 < x < 1$) besitzen, ein Begriff, der in Abschn. 7.2.2 präzisiert wird.

7.2 Trennungssätze

7.2.1 Schwache Trennungssätze

In diesem Abschnitt untersuchen wir, unter welchen Bedingungen zwei konvexe Mengen $\mathcal{K}_i \subset \mathbb{R}^n$, $i = 1, 2$, getrennt bzw. strikt getrennt werden können. Mit $\|.\| = \|.\|_2$ bezeichnen wir stets die euklidische Norm. Wir merken aber an, dass die folgenden Resultate auch richtig bleiben, wenn man das Standardskalarprodukt $y^T x$ zweier Vektoren x, $y \in \mathbb{R}^n$ und die euklidische Norm durch irgendein Skalarprodukt $\langle y, x \rangle$ im $\mathbb{R}^n$ und die zugehörige Norm $\|x\| = (\langle x, x \rangle)^{1/2}$ ersetzt.

Das folgende Resultat, das sich mit der strikten Trennung eines einzelnen Punktes von einer abgeschlossenen konvexen Menge befasst, ist grundlegend:

Satz 7.2.1 *Sei $\mathcal{K} \subset \mathbb{R}^n$ abgeschlossen und konvex. Falls $0 \notin \mathcal{K}$, dann kann $\{0\}$ strikt von $\mathcal{K}$ getrennt werden, d. h. es gibt ein $a \in \mathbb{R}^n$, $a \neq 0$, und ein $\alpha > 0$, so dass*

$$0 < \alpha < a^T x \quad \textit{für alle } x \in \mathcal{K}.$$

Beweis
Im Fall $\mathcal{K} = \emptyset$ ist nichts zu zeigen.
Wir setzen also voraus, dass es einen Punkt $\bar{x} \in \mathcal{K}$ gibt. Dann existiert

$$\min \left\{ \|x\| \mid x \in \mathcal{K} \right\} = \min \left\{ \|x\| \mid x \in \mathcal{K} \cap \{z \mid \|z\| \leq \|\bar{x}\|\} \right\},$$

weil $\mathcal{K} \cap \{z \mid \|z\| \leq \|\bar{x}\|\}$ kompakt und $\|.\|$ eine stetige Funktion ist. Sei y der Minimalpunkt (als Übung überlege man sich, dass y eindeutig ist), also $y \in \mathcal{K}$ und $y \neq 0$ (weil $0 \notin \mathcal{K}$).

Für beliebiges $x \in \mathcal{K}$ setze man für $\lambda \in \mathbb{R}$

$$\begin{aligned}
\varphi(\lambda) &:= \|\lambda x + (1 - \lambda)y\|^2 = \left(\lambda(x - y) + y\right)^T \left(\lambda(x - y) + y\right) \\
&= \lambda^2 (x - y)^T (x - y) + 2\lambda y^T (x - y) + y^T y.
\end{aligned}$$

Dann ist $\lambda x + (1 - \lambda)y \in \mathcal{K}$ für alle $\lambda \in [0, 1]$, so dass $\varphi(\lambda) \geq \varphi(0) = \|y\|^2$ für $\lambda \in [0, 1]$ und deshalb $\varphi'(0) = 2y^T (x - y) \geq 0$. Also gilt $y^T x \geq y^T y$. Da dies für jedes $x \in \mathcal{K}$ gilt, trennt die Hyperebene mit $a := y$, $\alpha := \frac{1}{2} y^T y > 0$ die Null strikt von $\mathcal{K}$. $\square$

Unter etwas schwächeren Voraussetzungen kann man die Trennung eines Einzelpunktes von einer konvexen Menge zeigen:

Satz 7.2.2 *Sei $\mathcal{K} \subset \mathbb{R}^n$ konvex und $0 \notin \mathcal{K}$. Dann kann $\{0\}$ von $\mathcal{K}$ getrennt werden.*

Beweis
Wir können wieder $\mathcal{K} \neq \emptyset$ annehmen. Für $x \in \mathcal{K}$ definieren wir die kompakte nichtleere Menge

$$A_x := \left\{ y \mid \|y\| = 1, \ y^T x \geq 0 \right\}.$$

1. *Teilbehauptung:* Für $x^1, x^2, \ldots, x^k \in \mathcal{K}$ ist $A_{x^1} \cap A_{x^2} \cap \ldots \cap A_{x^k} \neq \emptyset$.
   Beweis: $P := \mathrm{conv}\,(x^1, \ldots, x^k)$ ist nach Lemma 7.1.7 eine abgeschlossene konvexe Menge mit $P \subset \mathcal{K}$. Wegen $0 \notin P$ und Satz 7.2.1 kann der Punkt $\{0\}$ strikt von P

getrennt werden, d. h. es gibt ein $\hat{y} \neq 0$, mit $\hat{y}^T x > 0$ für alle $x \in P$. Insbesondere ist $\hat{y}^T x^i \geq 0$ für $1 \leq i \leq k$. Sei o.B.d.A. $\|\hat{y}\| = 1$. Aus der Definition von A_x folgt $\hat{y} \in A_{x^i}$ für alle i, also

$$\hat{y} \in A_{x^1} \cap \ldots \cap A_{x^k} \neq \emptyset.$$

Damit ist die 1. Teilbehauptung gezeigt.

Sei nun $S := \{y \mid \|y\| = 1\}$. Wir definieren für $x \in \mathcal{K}$ die offenen Mengen C_x durch $C_x := \mathbb{R}^n \setminus A_x$.

2. *Teilbehauptung:* Es gibt ein $y \in S$ mit $y \notin \bigcup_{x \in \mathcal{K}} C_x$.

Wir beweisen die Behauptung durch Widerspruch und nehmen dazu an, dass $S \subseteq \bigcup_{x \in \mathcal{K}} C_x$.

Dies ist eine offene Überdeckung von S.

Da S kompakt ist, folgt aus dem Satz von Heine-Borel, dass es eine endliche Überdeckung von S gibt, $S \subseteq C_{x^1} \cup \ldots \cup C_{x^k}$ für gewisse $x^i \in \mathcal{K}$. Also gibt es für jedes $y \in S$ ein i mit $y \in C_{x^i}$, d.h. $y \notin A_{x^i}$, oder kurz ausgedrückt $S \cap A_{x^1} \cap \ldots \cap A_{x^k} = \emptyset$. Nach Definition von S und A_x ist aber $A_{x^i} \subset S$ für jedes i und somit folgt aus $\hat{y} \in A_{x^1} \cap \ldots \cap A_{x^k} \cap S$ der gesuchte Widerspruch. Damit ist die 2. Teilbehauptung gezeigt.

Aus der zweiten Teilbehauptung folgt die Existenz eines $y \in S$ mit $y \notin \bigcup_{x \in \mathcal{K}} C_x$. Also gilt $y \in A_x$ für alle $x \in \mathcal{K}$ und deshalb $y^T x \geq 0$ für alle $x \in \mathcal{K}$. Damit ist Satz 7.2.2 bewiesen. $\qquad\square$

Eine einfache Anwendung des letzten Satzes ist folgender Trennungssatz:

Satz 7.2.3 *Seien $\mathcal{K}_1, \mathcal{K}_2 \subset \mathbb{R}^n$ nichtleere konvexe Mengen, die disjunkt sind,*

$$\mathcal{K}_1 \cap \mathcal{K}_2 = \emptyset.$$

Dann gibt es eine Hyperebene H, die $\mathcal{K}_1$ und $\mathcal{K}_2$ trennt.

Beweis

Setze $\mathcal{K} := \mathcal{K}_2 - \mathcal{K}_1 = \{x^2 - x^1 \mid x^1 \in \mathcal{K}_1, x^2 \in \mathcal{K}_2\}$.

Wie man leicht zeigt, ist $\mathcal{K}$ konvex. Außerdem ist $0 \notin \mathcal{K}$, sonst gäbe es $x^1 = x^2 \in \mathcal{K}_1 \cap \mathcal{K}_2$. Somit existiert wegen Satz 7.2.2 ein y mit $y^T x \geq 0$, für alle $x \in \mathcal{K}$, d.h. $y^T (x^2 - x^1) \geq 0$, für alle $x^i \in \mathcal{K}_i$, $i = 1, 2$. Wegen $\mathcal{K}_i \neq \emptyset$ für $i = 1, 2$, folgt $\alpha \in \mathbb{R}$, wobei

$$\alpha := \sup_{x \in \mathcal{K}_1} y^T x.$$

Also ist

$$y^T x^1 \leq \alpha \leq y^T x^2 \quad \text{für alle } x^i \in \mathcal{K}_i, \ i = 1, 2.$$

$\qquad\square$

Beispiel

Im $\mathbb{R}^2$ können die abgeschlossenen konvexen Mengen $\{(x, y) \mid y \geq e^x\}$ und $\{(x, y) \mid y \leq 0\}$ nicht strikt getrennt werden, obwohl sie abgeschlossen sind und keine gemeinsamen Punkte haben.

Wenn aber eine der beiden nichtleeren, abgeschlossenen und konvexen Mengen $\mathcal{K}_1$ und $\mathcal{K}_2 \subset \mathbb{R}^n$ kompakt ist, ist auch $\mathcal{K}_2 - \mathcal{K}_1$ abgeschlossen. In diesem Falle ist die strikte Trennung von $\mathcal{K}_1$ und $\mathcal{K}_2$ möglich, wenn diese Mengen disjunkt sind (siehe Übungsaufgaben in Abschn. 7.4).

7.2.2   Das relativ Innere einer konvexen Menge

Im Folgenden bezeichnet $\mathcal{K} \subseteq \mathbb{R}^n$ eine konvexe Menge, und $\bar{\mathcal{K}}$ ihre abgeschlossene Hülle,

$$\bar{\mathcal{K}} := \{y \mid \text{es gibt } x^k \in \mathcal{K}, \ k \geq 0, \ \text{mit } y = \lim_{k \to \infty} x^k\}.$$

Wir bemerken an dieser Stelle, dass $\mathcal{K}$ und $\bar{\mathcal{K}}$ die gleiche affine Hülle besitzen, aff $(\mathcal{K}) = $ aff $(\bar{\mathcal{K}})$; denn $\bar{\mathcal{K}}$ ist die kleinste abgeschlossene Menge, die $\mathcal{K}$ enthält, und aff $(\mathcal{K})$ ist eine abgeschlossene Menge mit $\mathcal{K} \subseteq$ aff $(\mathcal{K})$.

Bei der Untersuchung der eigentlichen Trennbarkeit von konvexen Mengen spielt der Begriff der *relativ inneren Punkte* einer konvexen Menge eine wichtige Rolle:

Definition 7.2.4 *Sei $\mathcal{K} \subseteq \mathbb{R}^n$ eine konvexe Menge. Ein Punkt $x \in$ aff $(\mathcal{K})$ heißt* relativ innerer *Punkt von $\mathcal{K}$, $x \in \mathcal{K}^i$, falls es eine ε-Umgebung*

$$U_\varepsilon(x) = \{z \mid \|z - x\| < \varepsilon\} \quad \varepsilon > 0,$$

von x gibt, so dass $U_\varepsilon(x) \cap$ aff $(\mathcal{K}) \subseteq \mathcal{K}$ also insbesondere $x \in \mathcal{K}$ gilt. x heißt relativer Randpunkt von $\mathcal{K}$, wenn $x \in \bar{\mathcal{K}} \setminus \mathcal{K}^i$.

Man beachte, dass der obere Index i in $\mathcal{K}^i$ für „Inneres" steht und nicht mit der i-ten Komponente x_i eines Vektors $x \in \mathbb{R}^n$ zu verwechseln ist. Mit $\mathcal{K}^o$ bezeichnen wir das Innere der Menge $\mathcal{K}$ im Sinne der üblichen Topologie: es ist $x \in \mathcal{K}^o$, falls es eine ε-Umgebung $U_\varepsilon(x)$ mit $U_\varepsilon(x) \subset \mathcal{K}$ gibt. Wie wir gleich sehen werden, ist das relativ Innere $\mathcal{K}^i$ einer nichtleeren konvexen Menge $\mathcal{K}$ ebenfalls nicht leer, während $\mathcal{K}^o$ durchaus leer sein kann.

Satz 7.2.5 *Sei $\mathcal{K} \subseteq \mathbb{R}^n$ eine nichtleere konvexe Menge. Dann ist $\mathcal{K}^i \neq \emptyset$.*

Beweis

Wegen $\mathcal{K} \neq \emptyset$ ist $m := \dim \mathcal{K} := \dim(\mathrm{aff}\,(\mathcal{K})) \geq 0$.

Dann gibt es $m + 1$ affin unabhängige Punkte $x^0, \ldots, x^m \in \mathcal{K}$, so dass sich jedes $x \in \mathrm{aff}\,(\mathcal{K})$ eindeutig in der Form $x = \lambda_0 x^0 + \cdots + \lambda_m x^m$ mit $\sum_i \lambda_i = 1$ schreiben lässt, d. h. das lineare Gleichungssystem

$$\underbrace{\begin{bmatrix} 1 & \ldots & 1 \\ x^0 & \ldots & x^m \end{bmatrix}}_{=:M} \begin{pmatrix} \lambda_0 \\ \vdots \\ \lambda_m \end{pmatrix} = \begin{pmatrix} 1 \\ x \end{pmatrix}$$

ist für alle $x \in \mathrm{aff}\,(\mathcal{K})$ eindeutig nach den λ_i auflösbar.

Die Matrix $M \in \mathbb{R}^{(n+1)\times(m+1)}$ hat deshalb den Rang $m+1$ und es ist $M^T M$ nichtsingulär. Durch Multiplikation mit $(M^T M)^{-1} M^T$ folgt

$$\begin{pmatrix} \lambda_0 \\ \vdots \\ \lambda_m \end{pmatrix} = (M^T M)^{-1} M^T \begin{pmatrix} 1 \\ x \end{pmatrix}.$$

Wir schließen den Beweis ab, indem wir zeigen, dass der Punkt

$$\bar{x} := \frac{1}{m+1} \sum_{i=0}^{m} x^i,$$

ein relativ innerer Punkt von $\mathcal{K}$ ist, $\bar{x} \in \mathcal{K}^i$. Dabei ist $\bar{x}$ der *Schwerpunkt* der x^i.

Sei $\tilde{x} \in \mathrm{aff}\,(\mathcal{K})$ mit $\|\tilde{x} - \bar{x}\|_\infty \leq \varepsilon$ für ein positives ε mit $\varepsilon \leq 1/\big((m+1)\mathrm{lub}_\infty\big((M^T M)^{-1} M^T\big)\big)$. Hier bezeichnen wir mit $\mathrm{lub}_\infty(A)$ die lub_∞-Norm einer Matrix A, $\mathrm{lub}_\infty(A) := \max_{\|x\|_\infty = 1} \|Ax\|_\infty$. Es ist

$$\tilde{x} = \sum_{i=0}^{m} \tilde{\lambda}_i x^i \quad \text{mit} \quad \sum_{i=0}^{m} \tilde{\lambda}_i = 1, \quad \text{bzw.} \quad \begin{pmatrix} \tilde{\lambda}_0 \\ \vdots \\ \tilde{\lambda}_m \end{pmatrix} = (M^T M)^{-1} M^T \begin{pmatrix} 1 \\ \tilde{x} \end{pmatrix}.$$

Aus

$$\frac{1}{m+1} \begin{pmatrix} 1 \\ \vdots \\ 1 \end{pmatrix} = \begin{pmatrix} \bar{\lambda}_0 \\ \vdots \\ \bar{\lambda}_m \end{pmatrix} = (M^T M)^{-1} M^T \begin{pmatrix} 1 \\ \bar{x} \end{pmatrix}$$

folgt somit

$$\left\| \begin{pmatrix} \tilde\lambda_0 \\ \vdots \\ \tilde\lambda_m \end{pmatrix} - \frac{1}{m+1} \begin{pmatrix} 1 \\ \vdots \\ 1 \end{pmatrix} \right\|_\infty \le \mathrm{lub}_\infty \big((M^T M)^{-1} M^T\big) \left\| \begin{pmatrix} 1 \\ \tilde x \end{pmatrix} - \begin{pmatrix} 1 \\ \bar x \end{pmatrix} \right\|_\infty$$

$$\le \frac{1}{m+1}.$$

Also ist $\tilde\lambda_0, \ldots, \tilde\lambda_m \ge 0$, d. h. $\tilde x$ ist Konvexkombination der $x^i \in \mathcal{K}$ und somit ist $\tilde x \in \mathcal{K}$. $\square$

Die Beziehung zwischen relativ inneren und relativen Randpunkten einer konvexen Menge wird im folgenden Lemma beschrieben, das in der Literatur unter dem Namen „Accessibility Lemma" bekannt ist:

Lemma 7.2.6

a) *Sei $\mathcal{K} \subset \mathbb{R}^n$ konvex, $\bar y \in \bar{\mathcal{K}}$ und $x \in \mathcal{K}^i$. Dann gilt*

$$[x, \bar y) := \{(1-\lambda)x + \lambda \bar y \mid 0 \le \lambda < 1\} \subseteq \mathcal{K}^i.$$

b) *$\mathcal{K}^i$ und $\bar{\mathcal{K}}$ sind konvex und es gilt $\overline{\mathcal{K}^i} = \bar{\mathcal{K}} \subseteq$ aff $\mathcal{K}$, sowie $(\bar{\mathcal{K}})^i = \mathcal{K}^i$.*

Beweis

a) Der folgende kurze Beweis stammt von Hiriart-Urruty und Lemaréchal [79]. Da relativ innere Punkte von $\mathcal{K}$ gewöhnliche innere Punkte von $\mathcal{K}$ sind, wenn man $\mathcal{K}$ als Teilmenge von aff $(\mathcal{K})$ auffasst, können wir ohne Einschränkung der Allgemeinheit aff $(\mathcal{K}) = \mathbb{R}^n$ annehmen sowie $x \in \mathcal{K}^o$, $\bar y \in \bar{\mathcal{K}}$. Wir müssen dann $z := (1-\lambda)x + \lambda \bar y \in \mathcal{K}^o$ für jedes $0 \le \lambda < 1$ zeigen.

Dazu bezeichnen wir mit $U(x; r)$ die Kugel mit Radius r um den Punkt x. Wegen $\bar y \in \bar{\mathcal{K}}$ gilt $\bar y \in \mathcal{K} + U(0; \varepsilon)$ für jedes $\varepsilon > 0$, so dass

$$U(z; \varepsilon) = \lambda \bar y + (1-\lambda)x + U(0; \varepsilon)$$
$$\subset \lambda \mathcal{K} + (1-\lambda)x + (1+\lambda)U(0; \varepsilon)$$
$$= \lambda \mathcal{K} + (1-\lambda)\{x + U(0; \tfrac{1+\lambda}{1-\lambda}\varepsilon)\}.$$

Wegen $x \in \mathcal{K}^o$ kann man $\varepsilon > 0$ so klein wählen, dass

$$x + U(0; \tfrac{1+\lambda}{1-\lambda}\varepsilon) \subset \mathcal{K}.$$

Aus der Konvexität von $\mathcal{K}$ folgt dann

$$U(z; \varepsilon) \subset \lambda \mathcal{K} + (1-\lambda)\mathcal{K} = \mathcal{K},$$

also $z \in \mathcal{K}^o$.

b) Siehe Übungsaufgaben in Abschn. 7.4. □

Lemma 7.2.6 erlaubt eine zweite Charakterisierung des relativ Inneren einer konvexen Menge:

Satz 7.2.7 *Sei $\mathcal{K} \subseteq \mathbb{R}^n$ konvex und nicht leer. Dann sind folgende Aussagen äquivalent.*

1. $x \in \mathcal{K}^i$.
2. *Zu jedem $y \in$ aff $(\mathcal{K})$ existiert ein $\varepsilon > 0$, so dass $x \pm \varepsilon(y - x) \in \mathcal{K}$.*

Beweis

1. Wir zeigen zunächst die Implikation $1 \Rightarrow 2$:
   Sei $x \in \mathcal{K}^i$, dann gibt es ein $\tilde{\varepsilon} > 0$, so dass $U_{\tilde{\varepsilon}}(x) \cap$ aff $(\mathcal{K}) \subseteq \mathcal{K}$. Sei $y \in$ aff $(\mathcal{K})$ und ohne Einschränkung der Allgemeinheit $y \neq x$. Für $\varepsilon := \tilde{\varepsilon}/\|y - x\|$ ist dann

$$\underbrace{x \pm \varepsilon(y - x)}_{\in \text{aff}\,\mathcal{K}} \in U_{\tilde{\varepsilon}}(x) \cap \text{aff}\,\mathcal{K} \subseteq \mathcal{K}.$$

2. $2 \Rightarrow 1$:
   Nach Satz 7.2.5 gibt es ein $y \in \mathcal{K}^i$ und nach Voraussetzung existiert ein $\varepsilon > 0$ mit $\hat{x} := x - \varepsilon(y - x) \in \mathcal{K}$. Die Definition von $\hat{x}$ lässt sich auch in der Form

$$x = \frac{1}{1 + \varepsilon}\hat{x} + \frac{\varepsilon}{1 + \varepsilon}y$$

schreiben. Daraus folgt, dass x im Inneren der Verbindungsstrecke zwischen $\hat{x} \in \mathcal{K}$ und $y \in \mathcal{K}^i$ liegt. Nach dem Accessibility Lemma 7.2.6 liegt x somit in $\mathcal{K}^i$. □

7.2.3 Eigentliche Trennung

Wir kommen nun zum Hauptresultat in diesem Kapitel, der Charakterisierung eigentlich trennbarer Mengen.

Satz 7.2.8 *Seien $\mathcal{K}_1$, $\mathcal{K}_2 \subseteq \mathbb{R}^n$ konvex und nicht leer. Dann existiert eine Hyperebene $H = \{x \mid a^T x = \alpha\}, a \neq 0$, die $\mathcal{K}_1$ und $\mathcal{K}_2$ eigentlich trennt, genau dann, wenn $\mathcal{K}_1^i \cap \mathcal{K}_2^i = \emptyset$.*

Beweis:

„$\Longrightarrow$" H trenne $\mathcal{K}_1$ und $\mathcal{K}_2$ eigentlich, d.h. es gibt ein $a \in \mathbb{R}^n$, $a \neq 0$, und ein $\alpha \in \mathbb{R}$, so dass $a^T x^1 \leq \alpha \leq a^T x^2$ für alle $x^1 \in \mathcal{K}_1$, $x^2 \in \mathcal{K}_2$ und es gibt $\bar{x}^1 \in \mathcal{K}_1$ und $\bar{x}^2 \in \mathcal{K}_2$ mit $a^T \bar{x}^1 < a^T \bar{x}^2$.

Wir zeigen nun folgende Behauptung: Für alle $x^1 \in \mathcal{K}_1^i$ und $x^2 \in \mathcal{K}_2^i$ gilt $a^T x^1 < a^T x^2$, so dass $\mathcal{K}_1^i \cap \mathcal{K}_2^i = \emptyset$.

Wenn die Behauptung falsch ist, gibt es $x^1 \in \mathcal{K}_1^i$ und $x^2 \in \mathcal{K}_2^i$ mit $a^T x^1 = a^T x^2$. Aus Satz 7.2.7 folgt die Existenz eines $\varepsilon > 0$ mit $\tilde{x}^1 = x^1 - \varepsilon(\bar{x}^1 - x^1) \in \mathcal{K}_1$ und $\tilde{x}^2 = x^2 - \varepsilon(\bar{x}^2 - x^2) \in \mathcal{K}_2$. Dann ist $a^T(\tilde{x}^1 - \tilde{x}^2) = -\varepsilon a^T(\bar{x}^1 - \bar{x}^2) > 0$, also $a^T \tilde{x}^1 > a^T \tilde{x}^2$ im Widerspruch zur Trennung von $\mathcal{K}_1$ und $\mathcal{K}_2$ durch H.

„$\Longleftarrow$" Wir zeigen zunächst: Für nichtleere konvexe Mengen $\mathcal{K}_1, \mathcal{K}_2 \subseteq \mathbb{R}^n$ gilt allgemein

$$\mathcal{K}_1^i + \mathcal{K}_2^i = (\mathcal{K}_1 + \mathcal{K}_2)^i. \tag{7.2.9}$$

„$\subseteq$" Sei $x \in \mathcal{K}_1^i + \mathcal{K}_2^i$. Setze $x = x^1 + x^2$ mit $x^k \in \mathcal{K}_k^i$ für $k = 1, 2$. Sei $y \in \mathrm{aff}(\mathcal{K}_1 + \mathcal{K}_2) \subset \mathrm{aff}(\mathcal{K}_1) + \mathrm{aff}(\mathcal{K}_2)$ beliebig, $y = y^1 + y^2$ mit $y^k \in \mathrm{aff}(\mathcal{K}_k)$. Dann existiert aufgrund von Satz 7.2.7 ein $\varepsilon > 0$, so dass $x^k \pm \varepsilon(y^k - x^k) \in \mathcal{K}_k$ für $k = 1, 2$. Also ist $x \pm \varepsilon(y - x) \in \mathcal{K}_1 + \mathcal{K}_2$ und somit folgt wiederum wegen Satz 7.2.7 $x \in (\mathcal{K}_1 + \mathcal{K}_2)^i$.

„$\supseteq$" Es ist $\left(\mathcal{K}_1 + \mathcal{K}_2\right)^i \subseteq \left(\bar{\mathcal{K}}_1 + \bar{\mathcal{K}}_2\right)^i = \left(\overline{\mathcal{K}_1^i} + \overline{\mathcal{K}_2^i}\right)^i \subseteq \left(\overline{\mathcal{K}_1^i + \mathcal{K}_2^i}\right)^i = (\mathcal{K}_1^i + \mathcal{K}_2^i)^i \subseteq \mathcal{K}_1^i + \mathcal{K}_2^i$, wobei wir $\bar{\mathcal{K}} = \overline{\mathcal{K}^i}$, $\bar{A} + \bar{B} \subseteq \overline{A + B}$ für $A, B \subseteq \mathbb{R}^n$ und $(\bar{\mathcal{K}})^i = \mathcal{K}^i$ (Accessibility Lemma) benutzt haben (siehe auch Übungen 7.4).

Sei nun $\mathcal{K}_1^i \cap \mathcal{K}_2^i = \emptyset$. Wir zeigen, dass es eine eigentlich trennende Hyperebene H gibt. Nach Voraussetzung ist $0 \notin \mathcal{K}_1^i - \mathcal{K}_2^i = (\mathcal{K}_1 - \mathcal{K}_2)^i$. Wir betrachten zunächst den Fall, dass $\mathrm{aff}(\mathcal{K}_1 - \mathcal{K}_2) = \mathbb{R}^n$ ist. Dann ist $\dim(\mathcal{K}_1 - \mathcal{K}_2) = n$ und $0 \notin (\mathcal{K}_1 - \mathcal{K}_2)^i = (\mathcal{K}_1 - \mathcal{K}_2)^o$, wobei A^o das Innere einer Menge A bezeichnet. $(\mathcal{K}_1 - \mathcal{K}_2)^o$ ist eine konvexe Menge. Wegen Satz 7.2.2 gibt es ein $a \in \mathbb{R}^n, a \neq 0$, so dass $a^T(x^1 - x^2) \leq 0$ für alle $x^1 \in \mathcal{K}_1$ und $x^2 \in \mathcal{K}_2$. Für die inneren Punkte von $\mathcal{K}_1 - \mathcal{K}_2$ ist diese Ungleichung sogar strikt. Also gibt es $\bar{x}^k \in \mathcal{K}_k$ mit $a^T(\bar{x}^1 - \bar{x}^2) < 0$. Mit $\alpha = \sup_{x^1 \in \mathcal{K}_1} a^T x^1$ erhält man eine Hyperebene $H = \{x \mid a^T x = \alpha\}$, die $\mathcal{K}_1, \mathcal{K}_2$ eigentlich trennt. Falls $\dim(\mathcal{K}_1 - \mathcal{K}_2) = m < n$, so lässt sich, wie eben gezeigt, $\mathcal{K}_1 - \mathcal{K}_2$ innerhalb von $\mathrm{aff}(\mathcal{K}_1 - \mathcal{K}_2)$ durch eine Hyperebene H_m von 0 eigentlich trennen. Setzt man H_m orthogonal zu $\mathrm{aff}(\mathcal{K}_1 - \mathcal{K}_2)$ zu einer Hyperebene im $\mathbb{R}^n$ fort, so folgt die Behauptung. $\qquad\square$

Das folgende Korollar werden wir in Kap. 8 benutzen.

Korollar 7.2.10

1. *Sei $\mathcal{K}$ konvex und $0 \notin \mathcal{K}$. Dann kann $\{0\}$ eigentlich von $\mathcal{K}$ getrennt werden.*
2. *Für nichtleere konvexe Mengen $\mathcal{K}_1, \mathcal{K}_2 \subseteq \mathbb{R}^n$ gilt: $\mathcal{K}_1^i + \mathcal{K}_2^i = (\mathcal{K}_1 + \mathcal{K}_2)^i$.*
3. *Falls A eine $m \times n$-Matrix ist und $\mathcal{K} \subset \mathbb{R}^n$ konvex ist, gilt $A(\mathcal{K}^i) = (A\mathcal{K})^i$.*

Beweis zu 1): Folgt direkt aus Satz 7.2.8, wegen $\{0\}^i = \{0\}$.

Beweis zu 2): Siehe Beweis von Satz 7.2.8.

Beweis zu 3): $A\mathcal{K} = \{z = Ax \mid x \in \mathcal{K}\}$ ist konvex. Sei $\tilde{z} \in A(\mathcal{K}^i)$, d. h. $\tilde{z} = A\tilde{k}$ mit $\tilde{k} \in \mathcal{K}^i$, und $y \in \mathrm{aff}(A\mathcal{K}) = A \, \mathrm{aff}(\mathcal{K})$, d. h. $y = Ak$ mit $k \in \mathrm{aff}(\mathcal{K})$. Aufgrund von Satz 7.2.7

existiert ein $\varepsilon > 0$ mit $\tilde{k} \pm \varepsilon(k - \tilde{k}) \in \mathcal{K}$, so dass $\tilde{z} \pm \varepsilon(y - \tilde{z}) = A(\tilde{k} \pm \varepsilon(k - \tilde{k})) \in A\mathcal{K}$. Aus Satz 7.2.7 folgt deshalb $\tilde{z} \in (A\mathcal{K})^i$. Sei nun umgekehrt $\tilde{z} \in (A\mathcal{K})^i$. Wäre $\tilde{z} \notin A(\mathcal{K}^i)$, so könnte $\tilde{z}$ von $A(\mathcal{K}^i)$ nach Satz 7.2.8 durch eine Hyperebene H eigentlich getrennt werden, $a^T z \leq a^T(Ak)$ für alle $k \in \mathcal{K}^i$ und $a^T \tilde{z} < a^T(A\bar{k})$ für mindestens ein $\bar{k} \in \mathcal{K}$. Wegen Lemma 7.2.6 trennt H auch $\tilde{z}$ von $A\mathcal{K}$ eigentlich. Dies ist aber ein Widerspruch zu Satz 7.2.8, denn $\{\tilde{z}\} \cap (A\mathcal{K})^i = \{\tilde{z}\} \neq \emptyset$. $\qquad\square$

7.3 Polare Kegel und konvexe Funktionen

Die Optimalitätsbedingungen von konvexen Programmen lassen sich mit Hilfe von konvexen und polaren Kegeln beschreiben.

Aus Definition 7.1.1 folgt, dass ein Kegel $\mathcal{K} \subseteq \mathbb{R}^n$ konvex ist, falls

$$x^1, x^2 \in \mathcal{K} \implies x^1 + x^2 \in \mathcal{K}.$$

Für eine beliebige Menge $A \subseteq \mathbb{R}^n$ bezeichnen wir mit cone (A) die konvexe konische Hülle von A, d. h. den kleinsten konvexen Kegel, der A enthält. Für ihn gilt

$$\text{cone}\,(A) = \bigcap_{C:\ C \supseteq A,\ C \text{ konvexer Kegel}} C,$$

weil der Durchschnitt konvexer Kegel wieder ein konvexer Kegel ist. Er besitzt die Darstellung (vgl. (7.1.6))

$$\text{cone}\,(A) = \Big\{ \sum_{i=1}^{N} \lambda_i x^i \mid N \geq 1,\ x^1, x^2, \ldots, x^N \in A,\ \lambda_1 \geq 0, \ldots, \lambda_N \geq 0 \Big\}.$$

Im Hinblick auf spätere Anwendungen definieren wir polare Kegel bezüglich eines beliebigen Skalarprodukts $\langle ., . \rangle$ im $\mathbb{R}^n$, nicht nur für das Standardskalarprodukt $\langle x, y \rangle := x^T y$:

Definition 7.3.1 *Sei $\langle ., . \rangle$ ein Skalarprodukt im $\mathbb{R}^n$ und $A \subseteq \mathbb{R}^n$ eine beliebige Menge. Dann heißt die Menge*

$$A^P := \{ y \in \mathbb{R}^n \mid \langle y, x \rangle \leq 0 \ \text{ für alle } \ x \in A \}$$

der bezüglich des Skalarprodukts $\langle ., . \rangle$ zu A polare Kegel.
Die Menge $A^D := -A^P$ heißt dualer Kegel von A.

(Offensichtlich ist A^P ein Kegel.)

Die Aussagen des folgenden Satzes sind für das Standardskalarprodukt $\langle y, x \rangle := y^T x$ in Abb. 7.1 skizziert.

Abb. 7.1 Polarer Kegel

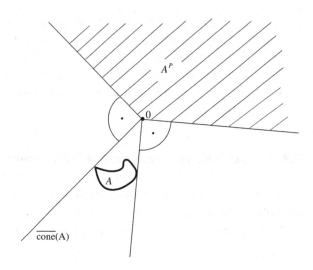

Satz 7.3.2 *Seien A, A_1, $A_2 \subseteq \mathbb{R}^n$ beliebige Mengen. Dann gilt*

1. *A^P ist ein nichtleerer abgeschlossener konvexer Kegel.*
2. *$A_1 \subseteq A_2 \implies A_1^P \supseteq A_2^P$.*
3. *Für nichtleeres $A \neq \emptyset$ ist A^{PP} die abgeschlossene Hülle $\overline{\mathrm{cone}}\,(A)$ von $\mathrm{cone}\,(A)$, d. h.*
   $A^{PP} = \overline{\mathrm{cone}}\,(A)$.
   Es ist $A^{PP} = A$ genau dann, wenn A ein nichtleerer abgeschlossener konvexer Kegel ist.
4. *Es gilt $\left(\overline{\mathrm{cone}}\,(A)\right)^P = A^P$.*
5. *Ist A ein linearer Teilraum von $\mathbb{R}^n$, so gilt*
   $A^P = A^\perp = \left\{y \in \mathbb{R}^n \mid \langle y, x \rangle = 0 \;\; für\; alle\; x \in A\right\}$.

Bemerkung

Für $A = \emptyset$ ist Aussage 3) des Satzes wegen $A^P = \mathbb{R}^n$ und $A^{PP} = \{0\} \neq \overline{\mathrm{cone}}\,(A) = \emptyset$ falsch.

Beweis

1. $A^P = \bigcap_{x \in A}\{y \mid \langle y, x \rangle \leq 0\}$ ist als Schnitt abgeschlossener Halbräume selbst abgeschlossen. Aus der Definition von A^P folgt sofort, dass A^P ein konvexer Kegel ist mit $0 \in A^P$.
2. Offensichtlich.
3. Sei nun $A \neq \emptyset$.
   $\overline{\mathrm{cone}}\,(A) \subseteq A^{PP}$: Sei $x \in A$, dann ist $\langle y, x \rangle \leq 0$ für alle $y \in A^P$, und deshalb $x \in (A^P)^P$. Dies zeigt $A \subset A^{PP}$. Wegen 1) ist A^{PP} ein abgeschlossener konvexer Kegel. Aus $A \subset A^{PP}$ folgt somit $\overline{\mathrm{cone}}\,(A) \subseteq A^{PP}$.

$A^{PP} \subseteq \overline{\text{cone}}(A)$: Wäre dies falsch, dann gäbe es ein $x_0 \in A^{PP} \setminus \overline{\text{cone}}(A)$. Nach Trennungssatz 7.2.1 existieren dann ein $y \neq 0$ und ein α mit

$$\langle y, x_0 \rangle > \alpha \geq \langle y, x \rangle \text{ für alle } x \in \overline{\text{cone}}(A).$$

Da $\overline{\text{cone}}(A) \supseteq A \neq \emptyset$ ein nichtleerer Kegel ist, folgt $\alpha \geq 0 \geq \langle y, x \rangle$ für alle $x \in A$. Also ist $y \in A^P$. Wegen $x_0 \in (A^P)^P$, folgt $\langle y, x_0 \rangle \leq 0$, im Widerspruch zu $\langle y, x_0 \rangle > 0$. Die zweite Behauptung von 3) folgt aus der ersten.

4. Für $A = \emptyset$ ist die Aussage trivial. Für $A \neq \emptyset$ folgt aus 3) $\left(\overline{\text{cone}}(A)\right)^P = (A^{PP})^P = (A^P)^{PP} = A^P$, weil wegen 1) A^P abgeschlossen, konvex und nichtleer ist.
5. Sei A ein linearer Teilraum. Dann ist mit $x \in A$ auch $-x \in A$, also

$$A^P = \left\{ y \mid \langle y, x \rangle = 0 \ \forall x \in A \right\} = A^\perp.$$

$\square$

Schließlich wollen wir konvexe Funktionen, die in Definition 2.5.2 als gewisse Funktionen $f: \mathcal{K} \to \mathbb{R}$ auf einer nichtleeren konvexen Menge $\mathcal{K} \subseteq \mathbb{R}^n$ eingeführt wurden, etwas verallgemeinern, indem wir auch den Wert $+\infty$ als Funktionswert von f zulassen: Man kann f formal zu einer solchen Funktion $f_e: \mathbb{R}^n \to \overline{\mathbb{R}} := \mathbb{R} \cup \{+\infty\}$ erweitern, indem man setzt

$$f_e(x) := \begin{cases} f(x) & \text{für } x \in \mathcal{K}, \\ +\infty & \text{sonst.} \end{cases}$$

Wenn wir den Index „e" wieder fortlassen, erhalten wir folgenden Begriff einer konvexen Funktion $f: \mathbb{R}^n \to \overline{\mathbb{R}}$, die auf dem ganzen $\mathbb{R}^n$ definiert ist:

Definition 7.3.3

a) *Eine Funktion $f: \mathbb{R}^n \to \overline{\mathbb{R}} := \mathbb{R} \cup \{+\infty\}$ heißt konvex, falls*
   1) *die Menge*

   $$\text{dom } f := \{x \in \mathbb{R}^n \mid f(x) < \infty\},$$

   nicht leer ist, und
   2) *$f(\lambda x + (1 - \lambda)y) \leq \lambda f(x) + (1 - \lambda)f(y)$ für alle $0 < \lambda < 1$ und alle $x, y \in \mathbb{R}^n$ gilt.*
b) *$g: \mathbb{R}^n \to \mathbb{R} \cup \{-\infty\}$ heißt konkav, falls $-g$ ist konvex ist. Mit dom g bezeichnen wir dann die nichtleere Menge $\{x \in \mathbb{R}^n \mid g(x) > -\infty\}$.*
c) *f heißt streng konvex, falls f konvex ist und $f(\lambda x + (1 - \lambda)y) < \lambda f(x) + (1 - \lambda)f(y)$ für alle $0 < \lambda < 1$ und alle $x, y \in \mathbb{R}^n$ mit $x \neq y$ gilt.*

Bei dieser Definition verwenden wir folgende Rechenregeln in $\overline{\mathbb{R}}$:

$$x + \infty = \infty + x = \infty \quad \text{für } x \in \overline{\mathbb{R}},$$

$$\lambda\infty = \infty \quad \text{für } 0 < \lambda \in \mathbb{R}.$$

Man bestätigt sofort, dass dom $f \subseteq \mathbb{R}^n$ eine konvexe Menge ist und die Einschränkung $f|_{\text{dom } f}$ einer konvexen Funktion f auf dom f im bisherigen Sinne (s. Definition 2.5.2) konvex ist. Die Menge dom f heißt deshalb auch *eigentliches Definitionsgebiet* von f.

Bemerkung 7.3.4

Es gibt auch Definitionen (siehe z. B. Rockafellar [144]) von verallgemeinerten konvexen Funktionen $f: \mathbb{R}^n \to \mathbb{R} \cup \{\pm\infty\}$, bei denen auch $-\infty$ als Funktionswert zugelassen ist. Solche Funktionen, die an einem Punkt den Wert $-\infty$ annehmen, nehmen fast überall nur die Werte $-\infty$ oder ∞ an. Sie sind daher für uns uninteressant. Um Fallunterscheidungen zu vermeiden, werden wir solche Funktionen nicht weiter betrachten.

Wichtig ist folgende Stetigkeitseigenschaft konvexer Funktionen:

Satz 7.3.5 *Sei $f: \mathbb{R}^n \to \overline{\mathbb{R}} = \mathbb{R} \cup \{+\infty\}$ konvex, $C := \text{dom } f$ und C^o das Innere von C. Dann ist $f(x)$ für alle $x \in C^o$ stetig.*

Beweis Für $C^o = \emptyset$ ist nichts zu zeigen. Sei deshalb $x^o \in C^o$, also aff $(C) = \mathbb{R}^n$. Da x^o innerer Punkt von C ist, gibt es $n + 1$ affin unabhängige Punkte $y^0, \ldots, y^n \in C$, deren konvexe Hülle (s. (7.1.2))

$$Q := \mathcal{K}(y^0, \ldots, y^n) = \left\{ x = \sum_{i=0}^{n} \lambda_i y^i \;\middle|\; \sum_{i=0}^{n} \lambda_i = 1, \; \lambda_i \geq 0 \text{ für } 0 \leq i \leq n \right\}$$

den Punkt x^o als Schwerpunkt besitzt:

$$x^o = \frac{1}{n+1} \sum_{i=0}^{n} y^i.$$

Q ist ein Simplex mit den Ecken y^i, $0 \leq i \leq n$, das in $C = \text{dom } f$ enthalten ist, und es ist $x^o \in Q^o$. Für alle $x = \sum \lambda_i y^i \in Q$ ist daher wegen der Konvexität von f und $Q \subseteq C$

$$f(x) = f\left(\sum_{i=0}^{n} \lambda_i y^i\right) \leq \sum_{i=0}^{n} \lambda_i f(y^i) \leq \max_{0 \leq i \leq n} f(y^i) =: M.$$

Also ist f auf Q beschränkt. Man wähle nun eine ε-Umgebung $U(x^o; \varepsilon) = \{x \mid \|x - x^o\| \leq \varepsilon\}$, $\varepsilon > 0$, von x^o mit $U(x^o; \varepsilon) \subset Q$. Für $\Delta x \in \mathbb{R}^n$ mit $\|\Delta x\| < \varepsilon$ und $\sigma \in [0, 1]$ gilt dann

$x^o, x^o \pm \sigma \Delta x \in Q \subseteq C$. Wegen $x^o \pm \sigma \Delta x = \sigma(x^o \pm \Delta x) + (1 - \sigma)x^o$ folgt für $0 \le \sigma \le 1$ die Ungleichung

$$f(x^o + \sigma \Delta x) \le \sigma f(x^o + \Delta x) + (1 - \sigma)f(x^o) < \infty.$$

Daraus folgt

$$f(x^o + \sigma \Delta x) - f(x^o) \le \sigma\big(f(x^o + \Delta x) - f(x^o)\big) \le \sigma\big(M - f(x^o)\big).$$

Wegen

$$x^o = \frac{\sigma}{1 + \sigma}(x^o - \Delta x) + \frac{1}{1 + \sigma}(x^o + \sigma \Delta x)$$

ist aber auch

$$f(x^o) \le \frac{\sigma}{1 + \sigma}f(x^o - \Delta x) + \frac{1}{1 + \sigma}f(x^o + \sigma \Delta x) < \infty.$$

Multipliziert man dies mit $1 + \sigma$, so folgt

$$f(x^o + \sigma \Delta x) - f(x^o) \ge \sigma\big(f(x^o) - f(x^o - \Delta x)\big) \ge \sigma(f(x^o) - M).$$

Also gilt $|f(x^o + \sigma \Delta x) - f(x^o)| \le \sigma(M - f(x^o))$ für kleines Δx und $0 \le \sigma \le 1$. Somit ist f in x^o stetig. □

Bemerkung

Man kann auf ähnliche Weise zeigen, dass generell für konvexes f die Einschränkung $f|_C$ von f auf $C := \operatorname{dom} f$ auf dem relativen Inneren C^i von C stetig ist. Satz 7.3.5 gilt nicht in unendlichdimensionalen Räumen, dort können sogar lineare Abbildungen (die selbstverständlich konvex sind) unstetig sein.

Weitere interessante Eigenschaften zu konvexen Funktionen sind in den Übungen 7.4 angegeben.

7.4 Übungsaufgaben

1. Man zeige folgende Aussage: Wenn zwei Mengen $\mathcal{K}_1$ und $\mathcal{K}_2 \subset \mathbb{R}^n$ abgeschlossen sind und $\mathcal{K}_1$ kompakt ist, dann ist auch $\mathcal{K}_1 - \mathcal{K}_2$ abgeschlossen. Falls außerdem $\mathcal{K}_1$ und $\mathcal{K}_2$ konvex, nicht leer und disjunkt sind, $\mathcal{K}_1 \cap \mathcal{K}_2 = \emptyset$, so können $\mathcal{K}_1$ und $\mathcal{K}_2$ strikt getrennt werden.
2. Man zeige Teil b) von Lemma 7.2.6. *Hinweis:* Man verwende das Ergebnis und die Beweistechnik aus Teil a).
3. Seien $\mathcal{K}_1, \mathcal{K}_2$ konvexe Mengen. Man zeige, dass $-\mathcal{K}_1$ sowie $\mathcal{K}_1 + \mathcal{K}_2$ konvex sind. Man zeige, dass aus der Abgeschlossenheit von $\mathcal{K}_1$ und $\mathcal{K}_2$ im allgemeinen nicht die Abgeschlossenheit von $\mathcal{K}_1 + \mathcal{K}_2$ folgt.
4. Seien $A, B \subseteq \mathbb{R}^n$. Man zeige

$$\overline{A} + \overline{B} \subseteq \overline{A + B} \qquad \text{und} \qquad \operatorname{aff}(A + B) \subseteq \operatorname{aff}(A) + \operatorname{aff}(B).$$

5. Sei $f : \mathbb{R}^n \to \overline{\mathbb{R}} = \mathbb{R} \cup \{+\infty\}$ konvex. Man zeige: Jedes lokale Minimum von f ist auch globales Minimum von f. Die Menge der lokalen Minimalstellen von f ist konvex. Falls f streng konvex ist, ist die Minimalstelle von f eindeutig bestimmt, sofern sie existiert.

6. Sei $f : \mathbb{R}^n \to \overline{\mathbb{R}}$ gleichzeitig konvex und konkav. Man zeige, dass f affin ist, d. h. dass es ein $a \in \mathbb{R}^n$ und ein $\gamma \in \mathbb{R}$ gibt mit $f(x) = a^T x + \gamma$ für alle $x \in \mathbb{R}^n$.

7. Sei $U \subseteq \mathbb{R}^n$ konvex und offen und $f : U \to \mathbb{R}$ differenzierbar. Man zeige:

   a) f ist konvex in U genau dann, wenn $f(y) \geq f(x) + Df(x)(y - x)$ für alle $x, y \in U$.

   b) f ist streng konvex in U genau dann, wenn $f(y) > f(x) + Df(x)(y - x)$ für alle $x, y \in U$ mit $x \neq y$.

   c) Sei $f \in C^2(U)$. Falls $D^2 f(x)$ für alle $x \in U$ positiv semidefinit ist, so ist f konvex auf U.

   d) Es gilt die Umkehrung von c).

   e) Sei $f \in C^2(U)$. Falls $D^2 f(x)$ für alle $x \in U$ positiv definit ist, so ist f streng konvex.

   f) Gilt die Umkehrung von e)?

8. Es sei $f : \mathbb{R}^n \to \mathbb{R} \cup \{+\infty\}$ eine konvexe Funktion und $z \in \mathbb{R}^n$ eine beliebige Richtung. Ferner sei $x \in \operatorname{dom} f \; (= \{x \in \mathbb{R}^n \mid f(x) < \infty\}$, dem eigentlichen Definitionsbereich von f). Man zeige:

   a) $\dfrac{f(x + tz) - f(x)}{t}$ ist als Funktion von t schwach monoton wachsend für $t > 0$, und es gilt

   $$f'(x, z) := \lim_{t \downarrow 0} \frac{f(x + tz) - f(x)}{t} = \inf_{t > 0} \frac{f(x + tz) - f(x)}{t}.$$

   Man gebe Beispiele an mit $f'(x, z) = \infty$ und $f'(x, z) = -\infty$.

   Im weiteren sei stets $x \in (\operatorname{dom} f)^o$.

   b) $f'(x, z) \in \mathbb{R}$ für alle $z \in \mathbb{R}^n$.

   c) $f'(x, \lambda z) = \lambda f'(x, z)$ und $f'(x, z + v) \leq f'(x, z) + f'(x, v)$ für alle $\lambda \geq 0$ und $z, v \in \mathbb{R}^n$.

   d) Der sogenannte *Subgradient* von f im Punkt x

   $$\partial f(x) := \{\xi \in \mathbb{R}^n \mid f(y) - f(x) \geq \xi^T (y - x) \text{ für alle } y \in \mathbb{R}^n\}$$

   ist nie leer.

   Hinweis Man zeige, dass

   $$\operatorname{epi} f := \left\{ \begin{pmatrix} y \\ w \end{pmatrix} \in \mathbb{R}^{n+1} \mid w \geq f(y) \right\},$$

   konvex ist und verwende einen geeigneten Trennungssatz.

   e) i) $f'(x, z) \geq \xi^T z$ für alle $\xi \in \partial f(x)$, $z \in \mathbb{R}^n$.

      ii) Es gibt ein M, so dass $f'(x, z) \leq M$ für alle $z \in \mathbb{R}^n$ mit $\|z\|_2 = 1$.

   f) $\partial f(x)$ ist kompakt.

   g) $\partial f(x) = \{\nabla f(x)\}$ falls f in x differenzierbar ist.

Optimalitätsbedingungen für konvexe Optimierungsprobleme

8

In diesem Kapitel werden Bedingungen hergeleitet, die es erlauben, für konvexe Optimierungsprobleme zu entscheiden, ob ein gegebener Punkt optimal ist oder nicht. Diese Frage ist bei Funktionen von mehreren Unbekannten – und bei gegebenen Nebenbedingungen an die Unbekannten – in der Tat nicht leicht zu beantworten. Die Resultate dieses Kapitels sind Ausgangspunkt für viele numerische Verfahren zur Bestimmung einer Optimallösung und sind für das Verständnis dieser Verfahren wichtig, so dass sich ihr Studium lohnt. Ihre Bedeutung ist grundlegend, während die praktische Bedeutung einzelner Optimierungsverfahren relativ ist: die Vorzüge vieler Verfahren hängen häufig von der benutzten Computerarchitektur und davon ab, wie gut sie die besondere Struktur des jeweiligen Problems berücksichtigen.

8.1 Konvexe Ungleichungssysteme

Eine differenzierbare konvexe Funktion $f: \mathbb{R}^n \to \mathbb{R}$ besitzt x^* genau dann als Minimalpunkt, wenn $\nabla f(x^*) = 0$ gilt. (Wir überlassen den Nachweis dieser Aussage als einfache Übung.) Ziel der folgenden Betrachtungen ist es, diese Bedingung auf konvexe Optimierungsprobleme zu verallgemeinern, bei denen endlich viele Nebenbedingungen in der Form von Gleichungen oder Ungleichungen zu berücksichtigen sind.

Wir beginnen mit einem Resultat über die Lösbarkeit von Systemen von konvexen strikten Ungleichungen:

Satz 8.1.1 *Seien $f_i: \mathbb{R}^n \to \overline{\mathbb{R}}$, $i = 1, ..., m$, konvexe Funktionen auf dem $\mathbb{R}^n$ und $C \subset \mathbb{R}^n$ eine konvexe Menge mit $\emptyset \neq C \subset \bigcap_{i=1}^m \mathrm{dom}\, f_i$. Dann gilt: Die Ungleichung*

© Springer-Verlag GmbH Deutschland, ein Teil von Springer Nature 2019
F. Jarre und J. Stoer, *Optimierung*, Masterclass,
https://doi.org/10.1007/978-3-662-58855-0_8

$$F(x) := \begin{pmatrix} f_1(x) \\ \vdots \\ f_m(x) \end{pmatrix} < 0 \tag{8.1.2}$$

ist genau dann für $x \in C$ unlösbar, wenn es ein $z \in \mathbb{R}^m$ gibt mit $z \geq 0$, $z \neq 0$ und

$$z^T F(x) = \sum_{i=1}^m z_i f_i(x) \geq 0 \quad \text{für alle } x \in C. \tag{8.1.3}$$

Beweis

„$\Longleftarrow$" Diese Richtung ist offensichtlich richtig, weil (8.1.3) und $z \geq 0$ implizieren, dass für jedes $x \in C$ mindestens ein i mit $f_i(x) \geq 0$ existiert.

„$\Longrightarrow$" Die Menge $A := \{ v \in \mathbb{R}^m \mid \exists x \in C : v > F(x) \}$ ist konvex, da alle f_i konvex sind. Weiter ist $A \subset \mathbb{R}^m$, $A \neq \emptyset$ und $0 \notin A$ wegen der Unlösbarkeit von (8.1.2). Nach Satz 7.2.2 kann {0} von A getrennt werden, d. h. es gibt ein $z \in \mathbb{R}^m$, $z \neq 0$, so dass $z^T v \geq z^T 0 = 0$ für alle $v \in A$. Nun ist mit $v \in A$ auch $v + w \in A$ für alle $0 \leq w \in \mathbb{R}^m$. Aus $\lim_{\lambda \to \infty} z^T (v + \lambda w) \geq 0$ folgt $z^T w \geq 0$ für alle $w \geq 0$, also $z \geq 0$. Weiter kann man zu jedem $x \in C$ ein $v > F(x)$ finden, das beliebig nahe bei $F(x)$ liegt. Nach Definition ist $v \in A$ und daher $z^T v \geq 0$. Insgesamt gilt also $z \geq 0$ und $z^T F(x) \geq 0$ für alle $x \in C$. $\square$

Der letzte Satz betrifft die Lösbarkeit eines Systems von *strikten* Ungleichungen. Dies ist für Anwendungen auf Optimierungsprobleme der Form

$$\begin{aligned} & \inf \quad f(x) \\ & x \in \mathbb{R}^n : \ f_i(x) \leq 0 \ \text{für } i = 1, \ldots, p, \\ & \qquad\qquad f_j(x) = 0 \ \text{für } p+1, \ldots, m, \\ & \qquad\quad x \in C, \end{aligned} \tag{8.1.4}$$

zu eng, bei denen üblicherweise die zulässige Menge durch ein System von nichtstrikten Ungleichungen und von Gleichungen beschrieben wird. Hier repräsentiert C weitere Nebenbedingungen, die man nicht in der Form endlich vieler Ungleichungen oder Gleichungen schreiben kann oder will. In den meisten Anwendungen ist $C = \mathbb{R}^n$.

Für f schreiben wir im Folgenden auch $f_0 := f$ und fassen die Restriktionen zu Vektoren von Funktionen zusammen:

$$F_1(x) := \begin{pmatrix} f_1(x) \\ \vdots \\ f_p(x) \end{pmatrix}, \quad F_2(x) := \begin{pmatrix} f_{p+1}(x) \\ \vdots \\ f_m(x) \end{pmatrix}; \quad F(x) = \begin{pmatrix} F_1(x) \\ F_2(x) \end{pmatrix},$$

so dass die zulässige Menge $\mathcal{S}$ von (8.1.4) durch

$$\mathcal{S} := \{ x \in C \mid F_1(x) \leq 0, \ F_2(x) = 0 \} \tag{8.1.5}$$

gegeben ist.

Damit (8.1.4) ein konvexes Optimierungsproblem wird, treffen wir die

Voraussetzung 8.1.6

1. $C \subseteq \mathbb{R}^n$ ist eine konvexe Menge mit $C \subset \operatorname{dom} f_i$ für $i = 0, 1, \ldots, m$. Dabei ist $f_0 := f$ in (8.1.4)
2. Die Funktionen $f_i \colon \mathbb{R}^n \to \overline{\mathbb{R}} = \mathbb{R} \cup \{+\infty\}$ sind für $i = 0, 1, \ldots, p$ konvex (s. Definition 7.3.3).
3. Die Funktionen $f_j \colon \mathbb{R}^n \to \mathbb{R}$ sind für $j = p + 1, p + 2, \ldots, m$ affin.

Man überzeugt sich leicht, dass die Menge $\mathcal{S}$ unter dieser Voraussetzung konvex ist. Darüber hinaus ist sie auch abgeschlossen, falls C eine abgeschlossene konvexe Menge und die Einschränkungen aller $f_i, i = 1, 2, \ldots, p$, auf C reellwertige stetige Funktionen sind.

Ein wichtiges Resultat zur Charakterisierung von Optimalpunkten von konvexen Programmen der Form (8.1.4) ist der folgende Satz:

Satz 8.1.7 *Seien folgende Voraussetzungen erfüllt:*

1. *Voraussetzung 8.1.6.*
2. *Für die konvexe Menge $\mathcal{S}$ (8.1.5) gelte:*
   a) *Es gibt ein $\bar{x} \in \mathcal{S} \cap C^i$. (Dabei ist C^i das relativ Innere von C.)*
   b) *Zu jeder nichtaffinen Funktion f_i mit $i \geq 1$ gibt es ein $x^i \in \mathcal{S}$ mit $f_i(x^i) < 0$.*
3. *Das Optimierungsproblem (8.1.4) besitzt einen endlichen Optimalwert $\alpha := \inf\{ f_0(x) \mid x \in \mathcal{S}\} \in \mathbb{R}$.*

Dann gibt es ein $y \in \mathbb{R}^m$ mit $y_i \geq 0$ für $i = 1, \ldots, p$, so dass

$$f(x) + y^T F(x) \geq \alpha \quad \textit{für alle } x \in C. \tag{8.1.8}$$

Bemerkungen

Voraussetzung 2) stellt eine Regularitätsforderung dar; sie wird weiter unten noch näher erläutert und analysiert. Ferner wird nur die Endlichkeit des Optimalwerts α von (8.1.4) verlangt, keine Differenzierbarkeit und auch nicht die Existenz einer Optimallösung. So erfüllt z.B. für $n = 2$ das Problem $\inf\{x_2 \mid x_2 \geq e^{x_1}\}$, das keine Optimallösung besitzt, alle Voraussetzungen des Satzes mit $\alpha = 0$. Satz 8.1.7 ist also auch auf solche Probleme anwendbar. Beachte, dass es kein $\epsilon > 0$ gibt, sodass (8.1.8) mit rechter Seite $\alpha + \epsilon$ anstelle von α erfüllt ist. Denn für $x \in \mathcal{S}$ ist $y^T F(x) \leq 0$ und nach Definition von α existiert zu $\epsilon > 0$ ein $x \in \mathcal{S}$ mit $f(x) < \alpha + \epsilon$. Der Vektor y aus Satz 8.1.7 maximiert also die „rechte Seite α" unter allen $y \in \mathbb{R}^m$ mit $y_i \geq 0$ für $1 \leq i \leq p$. Tritt dieses Maximierungsproblem wie in Punkt (3) in Satz 8.3.4 auf, so wird es auch als *Lagrange-Duales bezeichnet*.

Wir zeigen zunächst, dass die Bedingung 2)b) zu der Forderung äquivalent ist, dass es einen Punkt $\hat{x} \in \mathcal{S}$ gibt, mit $f_i(\hat{x}) < 0$ für *alle* nichtaffinen Funktionen f_i mit $i \geq 1$.

Beweis: Seien ohne Einschränkung der Allgemeinheit $f_1, \dots, f_l$ die nichtaffinen Funktionen f_i mit $i \geq 1$. Dann ist $l \leq p$. Wegen 2)b) gibt es zu jedem i mit $1 \leq i \leq l$ ein $x^i \in \mathcal{S}$ mit $f_i(x^i) < 0$, $f_k(x^i) \leq 0$ für $k \neq i$, $k = 1, \dots, p$, sowie $f_j(x^i) = 0$ für $j = p + 1, \dots, m$. Für $\hat{x} := (x^1 + x^2 + \dots + x^l)/l$ gilt dann $\hat{x} \in \mathcal{S}$ wegen der Konvexität von $\mathcal{S}$. Weiter folgt aus der Konvexität der f_i für $i = 1, 2, \dots, l$

$$
\begin{aligned}
f_i(\hat{x}) &= f_i\left(\frac{1}{l}(x^1 + \dots + x^i + \dots + x^l)\right) \\
&\leq \frac{1}{l}\big(\underbrace{f_i(x^1)}_{\leq 0} + \dots + \underbrace{f_i(x^i)}_{< 0} + \dots + \underbrace{f_i(x^l)}_{\leq 0}\big) < 0.
\end{aligned}
$$

$\square$

Beweis von Satz 8.1.7 Wir setzen zunächst voraus, dass es ein $\hat{x} \in \mathcal{S}$ gibt mit $F_1(\hat{x}) < 0$, d. h. wir fordern zunächst $f_i(\hat{x}) < 0$ auch für die *affinen Funktionen* f_i mit $i \in \{1, \dots, p\}$.

Wie im Beweis der vorangegangenen Bemerkung, können wir durch eine Konvexkombination von $\bar{x}$ aus Bedingung 2)a) und $\hat{x}$ sogar ein neues $\hat{x}$ mit folgenden Eigenschaften finden:

$$
\hat{x} \in \mathcal{S} \cap C^i, \quad F_1(\hat{x}) < 0. \tag{8.1.9}
$$

Indem wir „$f(x)$" durch „$f(x) - \alpha$" ersetzen, nehmen wir für den nachfolgenden Beweis ohne Einschränkung zusätzlich an, dass $\alpha = 0$ gilt.

Der Beweis von Satz 8.1.7 teilt sich nun in zwei Schritte auf:

1. Ohne die Regularitätsvoraussetzung 2) des Satzes zu benutzen, zeigen wir zunächst, dass es einen Vektor $z \in \mathbb{R}^{m+1}$, $z \neq 0$, gibt mit den Eigenschaften

$$
z_i \geq 0 \text{ für } 0 \leq i \leq p \text{ und } \sum_{i=0}^m z_i f_i(x) \geq 0 \text{ für alle } x \in C. \tag{8.1.10}
$$

2. Unter Verwendung von Voraussetzung 2) zeigen wir dann $z_0 > 0$. Dann erfüllt der Vektor $y := \left(z_1, z_2, \dots, z_m\right)^T / z_0$ die Behauptung des Satzes.

Zu 1) Der Beweis lässt sich wie bei Satz 8.1.1 mit Hilfe eines Trennungssatzes führen. Sei $A \subset \mathbb{R}^{m+1}$ die Menge

$$A := \left\{ v = \begin{pmatrix} v_0 \\ \vdots \\ v_m \end{pmatrix} \in \mathbb{R}^{m+1} \;\middle|\; \exists x \in C : v_0 > f_0(x), \right.$$

$$v_i \geq f_i(x) \text{ für } 1 \leq i \leq p,$$

$$\left. \text{und } v_j = f_j(x) \text{ für } p + 1 \leq j \leq m \right\}.$$

Aus der Konvexität von C, der Funktionen f_i, $i = 0, 1, \ldots, p$, und der Affinität der Funktionen f_j, $p + 1 \leq j \leq m$, folgt wie im Beweis von Satz 8.1.1, dass A eine nichtleere konvexe Menge ist. Wegen Voraussetzung 3) ist $0 \notin A$. Also kann $\{0\}$ wegen Korollar 7.2.10, Teil 1) von A eigentlich getrennt werden. Es gibt also einen Vektor $z = (z_0, z_1, \ldots, z_m)^T$, der nicht verschwindet, $z \neq 0$, so dass

$$z^T v \geq 0 \text{ für alle } v \in A,$$

und es gibt ein $\tilde{v} \in A$ mit $z^T \tilde{v} > 0$.

Aus der Definition von A folgt wieder $z_i \geq 0$ für $0 \leq i \leq p$ und es gilt

$$v_\varepsilon := \begin{pmatrix} f_0(x) + \varepsilon \\ F(x) \end{pmatrix} \in A$$

für alle $\varepsilon > 0$ und alle $x \in C$. Wegen

$$0 \leq z^T v_\varepsilon = z_0(f(x) + \varepsilon) + \sum_{i \geq 1} z_i f_i(x) \text{ für alle } \varepsilon > 0, \; x \in C$$

folgt für $\varepsilon \to 0$ die Teilbehauptung 1).

Zu 2). Falls $z_0 = 0$ wäre, so gilt wegen (8.1.9)

$$v := \left(f_0(\hat{x}) + 1, f_1(\hat{x}), \ldots, f_p(\hat{x}), 0, \ldots, 0 \right)^T \in A.$$

Also ist $z^T v \geq 0$. Aus $z_0 = 0$, $z_1 \geq 0$, $\ldots$, $z_p \geq 0$ und $f_i(\hat{x}) < 0$ für $i = 1, \ldots, p$ folgt deshalb $z_1 = \cdots = z_p = 0$.

Die Definition von A zeigt dann

$$z_{p+1} f_{p+1}(x) + \cdots + z_m f_m(x) \geq 0 \quad \text{für alle } x \in C. \tag{8.1.11}$$

Da $\{0\}$ von A eigentlich getrennt wird, folgt sogar

$$z_{p+1} f_{p+1}(\tilde{x}) + \cdots + z_m f_m(\tilde{x}) > 0 \quad \text{für ein } \tilde{x} \in C.$$

Nach Satz 7.2.7 ist wegen $\hat{x} \in C^i$ für kleines $\varepsilon > 0$ auch $\hat{x} - \varepsilon(\tilde{x} - \hat{x}) \in C$. Da die f_j für $j \geq p + 1$ affin sind, folgt

$$f_j\big(\hat{x} - \varepsilon(\tilde{x} - \hat{x})\big) = \underbrace{f_j(\hat{x})}_{=0} - \varepsilon\big(f_j(\tilde{x}) - f_j(\hat{x})\big) = -\varepsilon f_j(\tilde{x}) \qquad \text{für } j \geq p+1.$$

Also ist

$$z_{p+1} f_{p+1}\big(\hat{x} - \varepsilon(\tilde{x} - \hat{x})\big) + \cdots + z_m f_m\big(\hat{x} - \varepsilon(\tilde{x} - \hat{x})\big)$$
$$= -\varepsilon\big(z_{p+1} f_{p+1}(\tilde{x}) + \cdots + z_m f_m(\tilde{x})\big) < 0$$

im Widerspruch zu (8.1.11).

Für den Fall aff$(C) = \mathbb{R}^n$ skizzieren wir nun noch kurz den Fall, dass Voraussetzung 2) b) in Satz 8.1.7 nur für die nichtaffinen Nebenbedingungen erfüllt ist, d. h. wir nehmen an, dass es ein $k < p$ gibt, sodass $f_i(x) = 0$ für alle $x \in S$ und für alle $i \in \{k+1, \ldots, p\}$. In diesem Fall kann man die affinen Ungleichungen $k+1, \ldots, p$ durch Gleichungen ersetzen. Aus obigem Beweis lässt sich dann aber zunächst nicht ablesen, dass eine Wahl von y mit $y_i \geq 0$ auch für $i \in \{k+1, \ldots, p\}$ möglich ist. Nun gibt es aber ein $\epsilon > 0$, sodass $\hat{x} + \Delta x$ die Bedingungen (8.1.9) (für die nichtaffinen Ungleichungen) ebenfalls erfüllt, sofern nur $\|\Delta x\| \leq \epsilon$ gilt. Die affinen Ungleichungen $k+1, \ldots, p$ sind also bereits durch Hinzunahme der affinen Gleichungen $p+1, \ldots, m$ nur als Gleichung erfüllbar, d. h. für $\nu \in \{k+1, \ldots, p\}$ gilt

$$0 = \max\{\, t \mid \begin{pmatrix} f_{k+1}(x) \\ \vdots \\ f_p(x) \end{pmatrix} - t e_\nu \leq 0, \quad \begin{pmatrix} f_{p+1}(x) \\ \vdots \\ f_m(x) \end{pmatrix} = 0 \,\},$$

wobei e_ν den ν-ten kanonischen Einheitsvektor in $\mathbb{R}^{p-k}$ bezeichne. Dies ist ein lineares Programm, dessen Duales eine Optimallösung $z_{k+1}, \ldots, z_m$ besitzt mit $z_\nu = 1$, $z_i \geq 0$ für die restlichen i mit $k+1 \leq i \leq p$ und

$$\sum_{i=k+1}^{p} z_i \nabla f_i(x) = -\sum_{j=p+1}^{m} z_m \nabla f_m(x).$$

Addition von positiven Vielfachen von z zu den entsprechenden Komponenten von y zeigt, dass $y_\nu \geq 0$ erreicht werden kann, ohne dabei die restlichen Indizes aus $\{k+1, \ldots, p\}$ zu verkleinern oder $y^T F(x)$ zu ändern. $\square$

Definition 8.1.12 *Die zur Voraussetzung 2) von Satz 8.1.7 äquivalente Bedingung*

$$\exists x^1 \in C^i \cap S: \quad f_i(x^1) < 0 \ \textit{für alle nichtaffinen } f_i \textit{ mit } i \leq p$$

heißt Regularitätsbedingung von Slater (Slater's constraint qualification) *oder auch kurz* Slater-Bedingung.

Diese Bedingung schließt gewisse Entartungen der nichtaffinen Nebenbedingungen aus. Wir erläutern sie an zwei einfachen Beispielen im $\mathbb{R}^1 = \mathbb{R}$, $n = 1$, die zeigen, dass die Aussage des Satzes falsch sein kann, wenn die Slater-Bedingung verletzt ist:

Beispiel 8.1.13 Wir betrachten das Optimierungsproblem vom Typ (8.1.4)

$$\min \{x \in \mathbb{R} \mid x^2 \leq 0\},$$

d. h. es ist $n = m = p = 1$, $C := \mathbb{R}$, $f(x) := x$ und $f_1(x) := x^2$. Es besitzt die zulässige Menge $S := \{0\}$, die einzige Optimallösung $x^* = 0$ und den Optimalwert $\alpha := 0$. Das Problem verletzt nur die Bedingung 2)b) des Satzes. In diesem Beispiel gibt es aber kein $y \geq 0$ mit $x + y x^2 \geq 0$ für alle $x \in C = \mathbb{R}$. Man kann deshalb Bedingung 2)b) nicht fortlassen.

Beispiel 8.1.14 Die Unverzichtbarkeit der Voraussetzung 2)a) in Satz 8.1.7 zeigt folgendes Beispiel mit $n = m = p = 1$: Man wähle

$$f(x) := \begin{cases} -\sqrt{x} & \text{für } x \geq 0, \\ \infty & \text{sonst,} \end{cases}$$

$f_1(x) := x$ und $C := \{x \in \mathbb{R} \mid x \geq 0\}$. Das zugehörige Optimierungsproblem

$$\min \{f(x) \mid x \in C, \ x \leq 0\}$$

besitzt die zulässige Menge $S = \{x \in C \mid f_1(x) \leq 0\} = \{0\}$, die einzige Optimallösung $x^* = 0$ und den Optimalwert $\alpha = 0$. Jetzt ist Bedingung 2a) des Satzes verletzt, $C^i \cap S = \emptyset$. Wir prüfen die Existenz von $y \geq 0$ mit

$$f(x) + y f_1(x) \geq 0 \quad \text{für alle } x \in C,$$

d. h. $-\sqrt{x} + yx \geq 0$ für alle $x \geq 0$. Es existiert kein solches y, denn für jedes $y > 0$ gilt für $x := 1/(4y^2) > 0$ die Ungleichung $-\sqrt{x} + yx = -1/(2y) + 1/(4y) < 0$.

8.2 Die KKT-Bedingungen

Im ersten Teil des Beweises von Satz 8.1.7 wurde die Voraussetzung 2) (die Slater-Bedingung) nicht benötigt. Er zeigt, dass es allein unter den Voraussetzungen 1) und 3) ein $z \in \mathbb{R}^{m+1}$ gibt mit $z \neq 0$ und (8.1.10). Wir wollen dieses Teilresultat auf das Optimierungsproblem (8.1.4) mit einer Optimallösung $x^* \in S$ anwenden,

$$\alpha = f(x^*) = \min \{f(x) \mid x \in S\}.$$

Man erhält so allein unter der Voraussetzung 8.1.6, dass es einen Vektor $z = (z_0, z_1, \ldots z_m)^T$ gibt mit $z \neq 0$, $z_i \geq 0$ für $i = 0, 1, \ldots, p$ und

$$z_0(f(x) - f(x^*)) + \sum_{i=1}^{m} z_i f_i(x) \geq 0 \quad \text{für alle } x \in C. \tag{8.2.1}$$

Wir betrachten nun den häufigsten Spezialfall $C := \mathbb{R}^n$ von (8.1.4), nämlich das Optimierungsproblem

$$\begin{aligned} \inf \quad & f(x) \\ x \in \mathbb{R}^n: \quad & f_i(x) \leq 0 \quad \text{für } i = 1, \ldots, p, \\ & f_j(x) = 0 \quad \text{für } j = p + 1, \ldots, m, \end{aligned} \tag{8.2.2}$$

wobei wir jetzt annehmen, dass die Funktionen f, $f_i: \mathbb{R}^n \to \mathbb{R}$, $i = 1, 2, \ldots, p$, differenzierbare konvexe Funktionen, und die f_j, $j = p + 1, \ldots, m$, wieder affin sind. Wenn nun x^* eine Optimallösung von (8.2.2) ist, so folgt sofort aus (8.2.1) ohne weitere Regularitätsbedingung, dass das folgende System in den Variablen (x, z) eine Lösung $x = x^*$ und $z = (z_0, \ldots, z_m)$ mit $z \neq 0$ besitzt (hier ist wieder $f_0 := f$):

$$\begin{aligned} \sum_{i=0}^{m} z_i \nabla f_i(x) &= 0, \\ f_i(x)z_i = 0, \quad f_i(x) \leq 0 \quad \text{für } 1 \leq i \leq p, \quad z_i &\geq 0 \quad \text{für } 0 \leq i \leq p, \\ f_j(x) &= 0 \quad \text{für } p + 1 \leq j \leq m. \end{aligned} \tag{8.2.3}$$

Diese Bedingungen für z und x^* heißen *Fritz-John-Bedingungen*.

Zur Begründung von (8.2.3) beachte man, dass die Funktion

$$\phi(x) := z_0(f(x) - f(x^*)) + \sum_{i=1}^{m} z_i f_i(x)$$

konvex und differenzierbar ist und $\phi(x^*) \leq 0$ gilt (wegen $z_i \geq 0$ für $0 \leq i \leq p$, $f_i(x^*) \leq 0$ für $1 \leq i \leq p$, sowie $f_j(x^*) = 0$ für $j \geq p + 1$). Außerdem gilt $\phi(x) \geq 0$ für alle $x \in \mathbb{R}^n$ wegen (8.2.1), und so nimmt ϕ bei x^* sein Minimum an, d.h. der Gradient von ϕ bei $x = x^*$ ist Null. Dies ist genau die erste Zeile von (8.2.3). Die zweite Zeile folgt aus $z_i \geq 0$, $f_i(x) \leq 0$ für $x \in \mathcal{S}$ und $1 \leq i \leq p$. Wäre nämlich eines der Produkte von Null verschieden, so müsste es strikt negativ sein, und dann wäre $\phi(x^*) < 0$, ein Widerspruch. Die dritte Zeile schließlich folgt wieder aus $x \in \mathcal{S}$.

Falls die Slater-Bedingung für das Optimierungsproblem (8.2.2) erfüllt ist, d.h. wenn es $x^1 \in \mathcal{S}$ mit $f_i(x^1) < 0$ für alle nichtaffinen Funktionen f_i mit $1 \leq i \leq p$ gibt, dann gibt es nach Satz 8.1.7 einen Vektor $y \in \mathbb{R}^m$ mit $y_1 \geq 0, \ldots, y_p \geq 0$, so dass

$$f(x) + \sum_{i=1}^{m} y_i f_i(x) \geq f(x^*) \quad \text{für alle } x \in \mathbb{R}^n.$$

Wie eben folgt dann, dass das folgende System in den Variablen (x, y)

$$\nabla f(x) + \sum_{i=1}^{m} y_i \nabla f_i(x) = 0,$$

$$f_i(x)y_i = 0, \quad f_i(x) \le 0, \quad y_i \ge 0 \quad \text{für} \quad 1 \le i \le p, \tag{8.2.4}$$

$$f_j(x) = 0 \quad \text{für} \quad p+1 \le j \le m,$$

eine Lösung besitzt, jedenfalls für eine Optimallösung $x = x^*$ von (8.2.2). (Ohne die Ungleichungen stellt (8.2.4) ein Gleichungssystem von $n + m$ Gleichungen für die $n + m$ Unbekannten (x, y) dar.)

Die Bedingungen (8.2.4) werden *KKT-Bedingungen* für das Optimierungsproblem (8.2.2) genannt: Sie gehen auf Karush, Kuhn und Tucker zurück.

Für Probleme (8.2.2), die die Slater-Bedingung erfüllen, werden wir im nächsten Abschnitt sehen (s. Satz 8.3.4), dass die Lösung des KKT-Systems (8.2.4) mit der Lösung des Optimierungsproblems (8.2.2) äquivalent ist.

8.3 Die Lagrangefunktion

Eines der wichtigsten Werkzeuge der Optimierung ist die Lagrangefunktion, die dazu dient, ein gewisses „Gleichgewicht" zwischen der Zielfunktion und den Nebenbedingungen zu beschreiben. Bevor wir die Lagrangefunktion formal einführen, soll sie anhand eines kleinen Beispiels motiviert werden.

Beispiel: Wir betrachten ein konvexes Optimierungsproblem im $\mathbb{R}^1 = \mathbb{R}$ mit nur einer Ungleichungsrestriktion

$$\inf \{ f_0(x) \mid f_1(x) \le 0 \}. \tag{8.3.1}$$

Man führt dann zu jedem Parameter $y \ge 0$, $y \in \mathbb{R}$, Hilfsprobleme ein, die von y abhängen:

$$\inf \{ f_0(x) + y f_1(x) \mid x \in \mathbb{R} \}. \tag{8.3.2}$$

Der Parameter y beschreibt das Gewicht, das man der Erfüllung der Nebenbedingung $f_1(x) \le 0$ beimisst. Wir nehmen an, dass (8.3.2) für jedes feste $y \ge 0$ eine Optimallösung $x^*(y)$ besitzt. Für $y = 0$ wird vermutlich der Optimalpunkt $x^*(0)$ die Nebenbedingung $f_1(x) \le 0$ im Allgemeinen verletzen, es sei denn, die Nebenbedingung $f_1(x) \le 0$ war „überflüssig". Wenn man aber y sehr groß wählt, wird das Hauptgewicht des Problems (8.3.2) bei der Minimierung von f_1 liegen; in der Regel wird dann $f_1(x^*(y)) < 0$ gelten und $x^*(y)$ wird für (8.3.1) nicht optimal sein. Lässt man nun, beginnend bei $y = 0$, den Wert von y langsam wachsen und verfolgt die zugehörigen Lösungen $x^*(y)$, so wird es einen Zwischenwert oder „Gleichgewichtspunkt" $\bar{y} > 0$ geben, für den $f_1(x^*(\bar{y})) = 0$ gilt. Dann löst $x^*(\bar{y})$ auch (8.3.1).

Die Zielfunktion $L(x, y) := f_0(x) + y f_1(x)$ des Hilfsproblems ist die Lagrangefunktion zu (8.3.1), die wir nun allgemein für Optimierungsprobleme (8.1.4) definieren wollen.

Definition 8.3.3

1. *Sei D die Menge $D := \{y \in \mathbb{R}^m \mid y_i \geq 0$ für $1 \leq i \leq p\}$. Dann heißt die Funktion $L: C \times D \rightarrow \mathbb{R}$, die durch*

$$L(x, y) := f(x) + \sum_{i=1}^{m} y_i f_i(x) = f(x) + y^T F(x)$$

   definiert ist, die Lagrangefunktion *von (8.1.4).*
2. *Ein Punkt $(\bar{x}, \bar{y}) \in C \times D$ heißt* Sattelpunkt *von L auf $C \times D$, falls*

$$L(x, \bar{y}) \geq L(\bar{x}, \bar{y}) \geq L(\bar{x}, y) \quad \text{für alle } x \in C \text{ und alle } y \in D.$$

Diese Definitionen erlauben es, den folgenden Satz zu zeigen, der im wesentlichen äquivalent zu Satz 8.1.7 und als Satz von Karush, Kuhn und Tucker für konvexe Optimierungsprobleme (8.1.4) bekannt ist:

Satz 8.3.4 (Karush, Kuhn & Tucker)
Sei Voraussetzung 8.1.6 für Problem (8.1.4) erfüllt. Dann gilt:

1. *Falls $(\bar{x}, \bar{y})$ Sattelpunkt der Lagrangefunktion auf $C \times D$ ist, dann ist $\bar{x}$ optimal für (8.1.4) und $\bar{y}_i f_i(\bar{x}) = 0$ für $1 \leq i \leq m$, d. h.*

$$L(\bar{x}, \bar{y}) = f(\bar{x}).$$

2. *Falls umgekehrt $\bar{x}$ Optimallösung von (8.1.4) ist und die Slater-Bedingung (siehe Definition 8.1.12) erfüllt ist, gibt es ein $\bar{y} \in D$, so dass $(\bar{x}, \bar{y})$ Sattelpunkt von L ist.*
3. *Falls der Optimalwert α von (8.1.4) endlich ist,*

$$\alpha = \inf\{f(x) \mid x \in \mathcal{S}\} \in \mathbb{R},$$

   und die Slater-Bedingung erfüllt ist, gibt es ein $\bar{y} \in D$, so dass

$$\alpha = \inf_{x \in C} L(x, \bar{y}) = \max_{y \in D} \inf_{x \in C} L(x, y).$$

Beweis

1. Sei $(\bar{x}, \bar{y})$ ein Sattelpunkt von L auf $C \times D$. Dann ist für alle $y \in D$

$$L(\bar{x}, \bar{y}) \geq L(\bar{x}, y) = f(\bar{x}) + \sum_{i=1}^{p} y_i f_i(\bar{x}) + \sum_{j=p+1}^{m} y_j f_j(\bar{x}).$$

Aus der Definition von D folgt dann $f_i(\bar{x}) \leq 0$ für $1 \leq i \leq p$ und $f_j(\bar{x}) = 0$ für $p + 1 \leq j \leq m$, denn die linke Seite ist beschränkt und die $y_i \geq 0$, bzw. $y_j \in \mathbb{R}$ können für $1 \leq i \leq p$ bzw. für $p + 1 \leq j \leq m$ beliebig gewählt werden. Also ist $\bar{x} \in S$.

Falls $f_i(\bar{x})\bar{y}_i \neq 0$ für ein $i \in \{1, \ldots, p\}$, so muss $f_i(\bar{x}) < 0$ und $\bar{y}_i > 0$ sein. Wir setzen dann $y_i = 0$ für dieses i und $y_l = \bar{y}_l$ für alle anderen Komponenten von y. Daraus folgt dann $L(\bar{x}, y) > L(\bar{x}, \bar{y})$, im Widerspruch zur Definition des Sattelpunktes. Also ist $\bar{y}_i f_i(\bar{x}) = 0$ für alle $i = 1, \ldots, m$.

Für beliebiges $x \in S$ ist

$$f(\bar{x}) = L(\bar{x}, \bar{y}) \leq L(x, \bar{y}) = f(x) + \sum_{i=1}^{p} f_i(x)\bar{y}_i + \sum_{j=p+1}^{m} f_j(x)\bar{y}_j \leq f(x),$$

wegen $f_i(x) \leq 0$ und $\bar{y}_i \geq 0$ für $1 \leq i \leq p$ und $f_j(x) = 0$ für $p + 1 \leq j \leq m$. Also ist $\bar{x}$ eine Optimallösung von (8.1.4).

2. Falls $\bar{x}$ für (8.1.4) optimal ist und die Slater-Bedingung erfüllt ist, ist Satz 8.1.7 mit $\alpha := f(\bar{x})$ anwendbar, d. h. es gibt ein $\bar{y} \in D$ mit

$$L(x, \bar{y}) = f(x) + \bar{y}^T F(x) \geq f(\bar{x}) \quad \text{für alle } x \in C.$$

Für $x = \bar{x}$ folgt daraus $\bar{y}^T F(\bar{x}) \geq 0$. Wegen $f_j(\bar{x}) = 0$ für $j \geq p + 1$, ist daher $\sum_{i=1}^{p} \bar{y}_i f_i(\bar{x}) \geq 0$, und wegen $\bar{y}_i \geq 0$, $f_i(\bar{x}) \leq 0$ gilt $\bar{y}^T F(\bar{x}) = 0$. Zusammenfassend erhält man wegen $y_i \geq 0$, $f_i(\bar{x}) \leq 0$ für $1 \leq i \leq p$ und $f_j(\bar{x}) = 0$ für $j \geq p + 1$

$$L(x, \bar{y}) \geq L(\bar{x}, \bar{y}) = f(\bar{x}) \geq f(\bar{x}) + \sum_{i=1}^{p} y_i f_i(\bar{x}) + \sum_{p+1}^{m} y_j f_j(\bar{x}) = L(\bar{x}, y)$$

für alle $(x, y) \in C \times D$. Also ist $(\bar{x}, \bar{y})$ ein Sattelpunkt von L.

3. Es folgt sofort aus Satz 8.1.7 und (8.1.8) die Existenz eines $\bar{y} \in D$ mit

$$\alpha = \inf_{x \in C} L(x, \bar{y}). \tag{8.3.5}$$

Andererseits folgt für jedes $x \in C$ aus der Definition von L

$$\sup_{y \in D} L(x, y) = \begin{cases} f(x), & \text{falls } F_1(x) \leq 0, \ F_2(x) = 0, \\ +\infty, & \text{sonst,} \end{cases}$$

so dass

$$\inf_{x \in C} \sup_{y \in D} L(x, y) = \inf \{f(x) \mid x \in C, \ F_1(x) \leq 0, \ F_2(x) = 0\} = \alpha. \tag{8.3.6}$$

Da generell gilt

$$\inf_{x \in C} \sup_{y \in D} L(x, y) \geq \sup_{y \in D} \inf_{x \in C} L(x, y) \geq \inf_{x \in C} L(x, \bar{y}) = \alpha$$

folgt aus (8.3.5) und (8.3.6) sofort

$$\alpha = \inf_{x \in C} L(x, \bar{y}) = \max_{y \in D} \inf_{x \in C} L(x, y).$$

$\square$

Satz 8.3.4 gibt eine sehr allgemeine Fassung des Satzes von Karush-Kuhn-Tucker an, die für beliebige konvexe Mengen C und beliebige konvexe Funktionen f und f_i, $1 \le i \le p$, gilt, die sogar nichtdifferenzierbar sein können.

Für $C = \mathbb{R}^n$ und differenzierbare konvexe Funktionen f, f_i ist $(\bar{x}, \bar{y})$ Sattelpunkt von L auf $C \times D = \mathbb{R}^n \times D$ genau wenn die KKT-Bedingungen (8.2.4) für $(x, y) := (\bar{x}, \bar{y})$ erfüllt sind. Zum Beispiel folgt die erste Zeile dieser Bedingungen aus

$$L(x, \bar{y}) \ge L(\bar{x}, \bar{y}) \quad \text{für alle } x \in C = \mathbb{R}^n,$$

so dass

$$\nabla_x L(x, \bar{y})|_{x=\bar{x}} \equiv \nabla f(\bar{x}) + \sum_{i=1}^{m} \bar{y}_i \nabla f_i(\bar{x}) = 0.$$

8.4   Dualität bei konisch konvexen Programmen

In Anlehnung an das Buch [128] schildern wir hier noch eine weitere elegante Möglichkeit, für konvexe Probleme ein duales Problem zu formulieren. Sie beruht auf der Beobachtung, dass sich ein konvexes Problem stets in einer konischen Standardform schreiben lässt, in der Kegel $\mathcal{K} \subseteq \mathbb{R}^n$ und ihre dualen Kegel $\mathcal{K}^D$ bezüglich eines Skalarprodukts $\langle ., . \rangle$ eine wesentliche Rolle spielen.

Wir erinnern zunächst an die Definition 7.3.1 des polaren Kegels und des dualen Kegels

$$\mathcal{K}^D = -\mathcal{K}^P = \{ y \in \mathbb{R}^n \mid \langle y, x \rangle \ge 0 \text{ für alle } x \in \mathcal{K} \}. \tag{8.4.1}$$

Natürlich sind beide Kegel für jedes Skalarprodukt $\langle ., . \rangle$ im $\mathbb{R}^n$ definiert und nicht nur für das Standard-Skalarprodukt $\langle x, y \rangle = x^T y$.

Ein *konisches Programm* im $\mathbb{R}^n$ (versehen mit dem Skalarprodukt $\langle ., . \rangle$) ist ein konvexes Optimierungsproblem der Form

$$(P) \qquad \inf\{ \langle c, x \rangle \mid x \in \mathcal{K}, \ x \in \mathcal{L} + b \}. \tag{8.4.2}$$

Hier ist $\mathcal{K} \subseteq \mathbb{R}^n$ ein nichtleerer abgeschlossener konvexer Kegel, $b, c \in \mathbb{R}^n$ Vektoren und $\mathcal{L} \subseteq \mathbb{R}^n$ ein linearer Teilraum. Die Menge

$$\mathcal{L} + b = \{ x + b \mid x \in \mathcal{L} \}$$

ist eine affine Menge (eine lineare Mannigfaltigkeit) des $\mathbb{R}^n$, so dass die Menge der zulässigen Lösungen von (P) der Durchschnitt eines abgeschlossenen konvexen Kegels mit einer linearen Mannigfaltigkeit ist. Konische Programme verallgemeinern lineare Programme: Wählt man als Kegel $\mathcal{K}$ den positiven Orthanten $\mathcal{K} = \mathbb{R}^n_+ := \{x \in \mathbb{R}^n \mid x \geq 0\}$ des $\mathbb{R}^n$, so erhält man ein lineares Programm.

Als *duales* konisches Programm zu (P) bezeichnet man das konische Programm

$$(D) \qquad \inf\{\langle b, s \rangle \mid s \in \mathcal{K}^D, \ s \in \mathcal{L}^\perp + c\}. \qquad (8.4.3)$$

Hier ist $\mathcal{L}^\perp$ der Orthogonalraum von $\mathcal{L}$,

$$\mathcal{L}^\perp := \{y \in \mathbb{R}^n \mid \langle y, x \rangle = 0 \text{ für alle } x \in \mathcal{L}\}.$$

(D) ist vollkommen symmetrisch zu (P) formuliert: Wegen $\mathcal{K} \neq \emptyset$, der Abgeschlossenheit von $\mathcal{K}$ und Satz 7.3.2 ist $\mathcal{K}^{DD} = \mathcal{K}$, so dass das duale Programm zu (D) wieder (P) ist. Man beachte aber, dass anders als bisher sowohl (P) wie (D) Minimierungsprobleme sind.

Der weiter unten bewiesene Dualitätssatz 8.4.4 wird die Bezeichnung von (P) und (D) als duale Programme rechtfertigen.

Die Bedeutung von konischen Programmen liegt darin, dass man (nahezu) jedes konvexe Optimierungsproblem (8.1.4)

$$\inf\{f(x) \mid x \in \mathcal{S}\}$$

mit

$$\mathcal{S} := \left\{x \in C \mid f_i(x) \leq 0 \text{ für } 1 \leq i \leq p, \ f_j(x) = 0 \text{ für } j = p+1, \ldots, m\right\}$$

in ein äquivalentes konisches Programm umwandeln kann. Zunächst können wir ohne Einschränkung der Allgemeinheit annehmen, dass die Zielfunktion $f(x) = \langle c, x \rangle$ linear ist. Dies kann man stets erreichen, indem man z. B. eine neue Variable x_{n+1} und eine zusätzliche Nebenbedingung $f(x) \leq x_{n+1}$ einführt und dann x_{n+1} minimiert. Letzteres ist natürlich eine lineare Funktion des erweiterten Vektors (x, x_{n+1}) der Unbekannten.

Im Folgenden sei deshalb $f(x) = \langle c, x \rangle$ linear und wieder $x \in \mathbb{R}^n$, d. h. $\mathcal{S} \subseteq \mathbb{R}^n$. Wir setzen jetzt voraus, dass $\mathcal{S}$ eine abgeschlossene konvexe Menge ist. Dies ist sicher der Fall, wenn C eine abgeschlossene konvexe Menge ist und die Einschränkungen der Funktionen $f_i, i = 1, 2, \ldots, m$, auf C reellwertig stetig und konvex sind.

Wir „liften" nun die Menge $\mathcal{S}$ in einen abgeschlossenen konvexen Kegel im $\mathbb{R}^{n+1}$, indem wir definieren

$$\mathcal{K} := \overline{\mathrm{cone}}\{(x, 1) \in \mathbb{R}^{n+1} \mid x \in \mathcal{S}\}.$$

(Für die Definition des Abschluss der konvexen konischen Hülle $\overline{\mathrm{cone}}$ siehe Abschn. 7.3.) Da sowohl $\mathcal{S}$ wie $\mathcal{K}$ abgeschlossen und konvex sind, zeigt man leicht

$$x \in \mathcal{S} \iff (x, 1) \in \mathcal{K}.$$

Damit ist das konvexe Programm (8.1.4) äquivalent zu dem speziellen konischen Programm

$$\inf \{\langle c, x \rangle \mid x \in \mathcal{K}, \ x_{n+1} = 1\}.$$

In den Übungen 8.6 wird gezeigt, dass sich diese abstrakte Definition von $\mathcal{K}$ auch mit Hilfe konvexer Funktionen konkret angeben lässt.

Es gilt nun folgender Dualitätssatz

Satz 8.4.4 *Für die dualen Programme* (P) *(8.4.2) und* (D) *(8.4.3) gelten folgende Aussagen:*

1. *Für jede zulässige Lösung* x *von* (P) *und* s *von* (D) *ist*

$$\langle c, x \rangle + \langle b, s \rangle \geq \langle b, c \rangle.$$

2. *Falls* (P) *einen endlichen Optimalwert* α *besitzt,*

$$\alpha = \inf \{\langle c, x \rangle \mid x \in \mathcal{K} \cap (\mathcal{L} + b)\} \in \mathbb{R},$$

und (P) *die Slater-Bedingung* $\mathcal{K}^i \cap (\mathcal{L} + b) \neq \emptyset$ *erfüllt, dann besitzt* (D) *eine Optimallösung* s^* *und es gilt*

$$\alpha + \langle b, s^* \rangle = \langle b, c \rangle.$$

Für jede Optimallösung x^* *von* (P) *gilt dann*

$$\langle c, x^* \rangle + \langle b, s^* \rangle = \langle b, c \rangle.$$

Beweis Sei $\dim \mathcal{L} = n - m$. Dann gibt es eine reelle $m \times n$-Matrix A vom Rang $A = m$ mit $\mathcal{L} = \{x \in \mathbb{R}^n \mid Ax = 0\}$, so dass

$$\mathcal{L} + b = \{x \in \mathbb{R}^n \mid A(x - b) = 0\}.$$

Mit $A^* \in \mathbb{R}^{n \times m}$ bezeichnen wir die adjungierte Matrix mit der charakteristischen Eigenschaft

$$\langle A^* y, x \rangle = \langle y, Ax \rangle \quad \text{für alle } x \in \mathbb{R}^n, \ y \in \mathbb{R}^m.$$

(Hier ist $\mathbb{R}^m$ mit dem Standard-Skalarprodukt versehen, $\langle y, z \rangle := y^T z$ für $y, z \in \mathbb{R}^m$, das wir ebenfalls mit $\langle ., . \rangle$ bezeichnen.) Dann ist nach einem bekannten Resultat der linearen Algebra

$$\mathcal{L}^\perp = \{A^* y \mid y \in \mathbb{R}^m\}.$$

Das konische Programm (P) besitzt die Form (8.1.4) mit $f(x) = \langle c, x \rangle$, $C = \mathcal{K}$, $p = 0$ (keine Ungleichungen) und

$$F(x) := A(x - b).$$

Die Lagrangefunktion $L \colon \mathcal{K} \times \mathbb{R}^m \to \mathbb{R}$ (siehe Definition 8.3.3) für (P) ist deshalb

$$L(x, y) = \langle c, x \rangle + \langle y, A(x - b) \rangle.$$

1. Wir verwenden die bekannte Eigenschaft

$$\inf_{x \in \mathcal{K}} \sup_{y \in \mathbb{R}^m} L(x, y) \geq \sup_{y \in \mathbb{R}^m} \inf_{x \in \mathcal{K}} L(x, y).$$

Nun ist für jedes $x \in \mathcal{K}$

$$\sup_{y \in \mathbb{R}^m} L(x, y) = \begin{cases} \langle c, x \rangle, & \text{falls } A(x - b) = 0, \\ +\infty, & \text{sonst,} \end{cases}$$

so dass

$$\inf_{x \in \mathcal{K}} \sup_{y \in \mathbb{R}^m} L(x, y) = \inf_{x \in \mathcal{K} \cap (\mathcal{L} + b)} \langle c, x \rangle \leq \langle c, x \rangle \qquad (8.4.5)$$

für jede zulässige Lösung x von (P).

Weiter ist für jedes $y \in \mathbb{R}^m$

$$\inf_{x \in \mathcal{K}} L(x, y) = -\langle A^* y, b \rangle + \inf_{x \in \mathcal{K}} \langle c + A^* y, x \rangle$$

$$= \begin{cases} -\langle y, Ab \rangle, & \text{falls } c + A^* y \in \mathcal{K}^D, \\ -\infty, & \text{sonst.} \end{cases}$$

Wegen $\mathcal{L}^\perp = \{ A^* y \mid y \in \mathbb{R}^m \}$ folgt dann

$$\sup_{y \in \mathbb{R}^m} \inf_{x \in \mathcal{K}} L(x, y) = \sup_{y \colon c + A^* y \in \mathcal{K}^D} -\langle A^* y, b \rangle$$

$$= \sup_{s \colon s \in \mathcal{K}^D \cap (\mathcal{L}^\perp + c)} -\langle s - c, b \rangle \qquad (8.4.6)$$

$$\geq -\langle b, s \rangle + \langle b, c \rangle$$

für jede zulässige Lösung von (D). Die zweite Gleichung nutzt dabei, dass ein Vektor s genau dann die Darstellung $s = A^* y + c$ besitzt, wenn $s \in \mathcal{L}^\perp + c$. Wegen (8.4.5) folgt also für alle zulässigen Lösungen x und s von (P) bzw. (D) die Behauptung

$$\langle c, x \rangle + \langle b, s \rangle \geq \langle b, c \rangle.$$

2. Falls der Optimalwert α von (P) endlich ist und (P) die Slater-Bedingung erfüllt, gibt es wegen Satz 8.3.4, (3), ein $y^* \in \mathbb{R}^m$, so dass

$$\alpha = \inf \{ \langle c, x \rangle \mid x \in \mathcal{K} \cap (\mathcal{L} + b) \} = \inf_{x \in \mathcal{K}} L(x, y^*).$$

Andererseits folgt

$$\alpha = \inf_{x \in \mathcal{K}} L(x, y^*) \leq \sup_{y \in \mathbb{R}^m} \inf_{x \in \mathcal{K}} L(x, y)$$
$$\leq \inf_{x \in \mathcal{K}} \sup_{y \in \mathbb{R}^m} L(x, y)$$
$$= \alpha,$$

wobei in der letzten Gleichung (8.4.6) und die Definition von α benutzt werden. Also ist

$$\alpha = \inf_{x \in \mathcal{K}} L(x, y^*) = \max_{y \in \mathbb{R}^m} \inf_{x \in \mathcal{K}} L(x, y)$$

und y^* ist Optimallösung von

$$\sup_{y \in \mathbb{R}^m} \inf_{x \in \mathcal{K}} L(x, y).$$

Weiter folgt aus (8.4.5)

$$\sup_{y \in \mathbb{R}^m} \inf_{x \in \mathcal{K}} L(x, y) = \sup \{-\langle b, s \rangle + \langle b, c \rangle \mid s \in \mathcal{K}^D \cap (\mathcal{L}^\perp + c)\}.$$

Da y^* Optimallösung der linken Seite ist, folgt aus (8.4.6), dass $s^* := A^* y^* + c$ Optimallösung der rechten Seite, also von (D) ist, und es gilt

$$\alpha = -\langle b, s^* \rangle + \langle b, c \rangle.$$

Falls (P) zusätzlich eine Optimallösung x^* besitzt, ist $\alpha = \langle c, x^* \rangle$ und daher

$$\langle c, x^* \rangle + \langle b, s^* \rangle = \langle b, c \rangle.$$

Damit ist der Satz bewiesen.   □

Da (P) wegen $\mathcal{K}^{DD} = \mathcal{K}$ das duale Programm zu (D) ist, folgt sofort aus dem letzten Satz:

Korollar 8.4.7 *Falls beide konischen Programme (P) und (D) (siehe (8.4.2) und (8.4.3)) strikt zulässige Lösungen besitzen, besitzen sie auch Optimallösungen x^* bzw. s^* mit*

$$\langle c, x^* \rangle + \langle b, s^* \rangle = \langle b, c \rangle.$$

8.5   Dualität bei semidefiniten Programmen

Weitere Beispiele konischer Programme, in denen die Dualitätsbeziehungen zwischen (8.4.2) und (8.4.3) in natürlicher Weise auftreten, liefern die sogenannten semidefiniten

Programme: In einer Reihe von Anwendungen treten – wie wir in Kap. 16 sehen werden – Optimierungsprobleme auf, bei denen eine unbekannte symmetrische Matrix X so zu bestimmen ist, dass X positiv semidefinit ist und gegebene lineare Gleichungen erfüllt.

Um dies zu präzisieren, bezeichnen wir im Folgenden mit $\mathcal{S}^n$ die Menge $\mathcal{S}^n := \{A \in \mathbb{R}^{n \times n} \mid A = A^T\}$ aller reellen n-reihigen symmetrischen Matrizen. Sie ist ein reeller Vektorraum der Dimension $\bar{n} := n(n+1)/2$ (jede Matrix $A = (a_{ik}) \in \mathcal{S}^n$ wird durch die $\bar{n}$ Komponenten a_{ik} mit $1 \leq i \leq k \leq n$ eindeutig bestimmt). Wir versehen $\mathcal{S}^n$ mit dem Skalarprodukt

$$\langle X, Z \rangle := \mathrm{Spur}\,(X^T Z) = \sum_{i=1}^{n} \sum_{k=1}^{n} x_{i,k} z_{i,k}, \quad \text{für } X = (x_{i,k}),\ Z = (z_{i,k}) \in \mathcal{S}^n. \quad (8.5.7)$$

(Die obige Definition gilt auch für nichtsymmetrische Matrizen X, $Z \in \mathbb{R}^{n \times n}$; für symmetrisches X, Z kann man natürlich kürzer $\mathrm{Spur}\,(XZ)$ an Stelle von $\mathrm{Spur}\,(X^T Z)$ schreiben.) Dieses Skalarprodukt definiert die Frobeniusnorm,

$$\|X\|_F := \sqrt{\langle X, X \rangle} = \sqrt{\sum_{i,j} x_{i,j}^2}.$$

In $\mathcal{S}^n$ ist die Menge der symmetrischen *positiv semidefiniten* Matrizen $\mathcal{S}^n_+$ durch

$$\mathcal{S}^n_+ := \{X \in \mathcal{S}^n \mid h^T X h \geq 0 \text{ für alle } h \in \mathbb{R}^n\}$$

gegeben. Man überzeugt sich leicht, dass $\mathcal{S}^n_+$ ein abgeschlossener konvexer Kegel ist. Mit $\mathcal{S}^n_{++}$ bezeichnen wir den Kegel aller *positiv definiten* Matrizen in $\mathcal{S}^n$, und wir schreiben kurz $X \succeq 0$ für $X \in \mathcal{S}^n_+$, und $X \succ 0$ für $X \in \mathcal{S}^n_{++}$.

Bezüglich des Skalarprodukts (8.5.7) ist nach einem Satz von Féjer der Kegel $\mathcal{S}^n_+$ *selbstdual*, $\mathcal{S}^n_+ = (\mathcal{S}^n_+)^D$. Er spielt damit in $\mathcal{S}^n$ die gleiche Rolle wie der positive Orthant $\mathbb{R}^n_+ := \{x \in \mathbb{R}^n \mid x \geq 0\}$ im $\mathbb{R}^n$ versehen mit dem Standard-Skalarprodukt $\langle x, y \rangle := x^T y$.

Satz 8.5.2 (*Féjer*) *Eine symmetrische Matrix* Z *ist positiv semidefinit genau dann, wenn* $\langle X, Z \rangle \geq 0$ *für alle positiv semidefiniten Matrizen* X *gilt. Mit anderen Worten:* $(\mathcal{S}^n_+)^D = \mathcal{S}^n_+$.

Beweis Wir zeigen zunächst $\langle X, Z \rangle \geq 0$ für alle X, $Z \in \mathcal{S}^n_+$. Jede positiv semidefinite Matrix besitzt eine positiv semidefinite Wurzel. (Siehe auch Übung 8.6.) Es folgt daher für X, $Z \in \mathcal{S}^n_+$ wegen $\mathrm{Spur}\,(AB) = \mathrm{Spur}\,(BA)$

$$\begin{aligned}
\langle X, Z \rangle &= \mathrm{Spur}\,(X Z^{1/2} Z^{1/2}) = \mathrm{Spur}\,(Z^{1/2} X Z^{1/2}) \\
&= \mathrm{Spur}\,((X^{1/2} Z^{1/2})^T (X^{1/2} Z^{1/2})) \\
&= \|X^{1/2} Z^{1/2}\|_F^2 \geq 0.
\end{aligned}$$

Für den Beweis der Umkehrung möge $\langle X, Z \rangle \geq 0$ für alle $Z \succeq 0$ gelten. Zu jedem Eigenvektor v von X zu einem Eigenwert λ von X folgt mit $Z := vv^T \succeq 0$, dass

$$0 \leq \langle X, Z \rangle = \mathrm{Spur}\,(XZ) = \mathrm{Spur}\,(Xvv^T) = \mathrm{Spur}\,(v^T Xv) = \lambda \|v\|^2$$

d. h. dass $\lambda \geq 0$ gilt. Somit ist X positiv semidefinit. □

Es ist leicht zu sehen, dass der Kegel $\mathcal{K} := \mathcal{S}_+^n$ ein nichtleeres Inneres besitzt, nämlich den offenen Kegel $\mathcal{K}^o = \mathcal{S}_{++}^n$ der positiv definiten Matrizen.

Nach diesen Vorbereitungen können wir nun *semidefinite lineare Programme* wie folgt definieren:

$$(SDP) \qquad \inf\{\langle C, X \rangle \mid X \in \mathcal{S}^n : \mathcal{A}(X) = b,\ X \succeq 0\}. \qquad (8.5.3)$$

Hier ist $C \in \mathcal{S}^n$ eine symmetrische Matrix, $b \in \mathbb{R}^m$, und $\mathcal{A} \colon \mathcal{S}^n \to \mathbb{R}^m$ eine lineare Abbildung von $\mathcal{S}^n$ nach $\mathbb{R}^m$. Konkret wird die lineare Abbildung $\mathcal{A}$ durch m symmetrische Matrizen $A^{(i)}$ $(1 \leq i \leq m)$ gegeben, die jede für sich eine lineare Abbildung $A^{(i)} \colon \mathcal{S}^n \to \mathbb{R}$, definiert, $\mathcal{S}^n \ni X \mapsto \langle A^{(i)}, X \rangle$. Dann ist $\mathcal{A}(X)$ gegeben durch

$$\mathcal{A}(X) := \begin{pmatrix} \langle A^{(1)}, X \rangle \\ \vdots \\ \langle A^{(m)}, X \rangle \end{pmatrix}. \qquad (8.5.4)$$

Wir zeigen, dass (SDP) ein konisches Programm ist. Dazu sei

$$\mathcal{L} := \{X \in \mathcal{S}^n \mid \mathcal{A}(X) = 0\}$$

der Nullraum der linearen Abbildung $\mathcal{A}$, und $B \in \mathcal{S}^n$ eine Matrix mit $\mathcal{A}(B) = b$ (falls es keine solche Matrix gibt, ist (SDP) unlösbar, weil es keine zulässigen Lösungen besitzt). Dann hat (SDP) die Form (P) (8.4.2) eines konischen Programms:

$$\inf\{\langle C, X \rangle \mid X \in \mathcal{S}_+^n,\ X \in \mathcal{L} + B\}$$

Wir bestimmen das dazu duale Problem. Dazu benötigen wir die adjungierte Abbildung $\mathcal{A}^* \colon \mathbb{R}^m \to \mathcal{S}^n$, die durch die Eigenschaft

$$\langle y, \mathcal{A}(X) \rangle := y^T \mathcal{A}(X) = \langle \mathcal{A}^*(y), X \rangle \quad \text{für alle } X \in \mathcal{S}^n,\ y \in \mathbb{R}^m$$

definiert ist. Man bestätigt sofort, dass $\mathcal{A}^*(y)$ durch die symmetrische Matrix

$$\mathcal{A}^*(y) := A^{(1)} y_1 + \cdots + A^{(m)} y_m$$

gegeben ist. Ferner ist

$$\mathcal{L}^\perp = \{S \mid S = \mathcal{A}^*(y),\ y \in \mathbb{R}^m\}.$$

Für $S \in \mathcal{L}^{\perp}$ und $X \in \mathcal{L}$ gilt dann offenbar

$$\langle S, X \rangle = \langle \mathcal{A}^*(y), X \rangle = \langle y, \mathcal{A}(X) \rangle = \langle y, 0 \rangle = 0,$$

wie gefordert. Damit ist

$$\mathcal{L}^{\perp} + C = \{\mathcal{A}^*(y) + C \mid y \in \mathbb{R}^m\}.$$

Also ist das zu (SDP) duale konische Programm (vgl. (8.4.3)) durch

$$\inf\{\langle B, S \rangle \mid S = \mathcal{A}^*(y) + C, \ S \succeq 0, \ y \in \mathbb{R}^m\} \tag{8.5.5}$$

gegeben.

Sofern (SDP) eine Optimallösung X^* besitzt und die Slater-Bedingung für (SDP) erfüllt ist, d.h. hier also, sofern eine Matrix $X \succ 0$ mit $\mathcal{A}(X) = b$ existiert, folgt aus dem Dualitätssatz 8.4.4, dass dann auch (8.5.5) eine Optimallösung S^* besitzt und für die Optimalwerte gilt

$$\langle C, X^* \rangle + \langle B, S^* \rangle = \langle B, C \rangle. \tag{8.5.6}$$

Wegen

$$\langle B, S \rangle = \langle B, \mathcal{A}^*(y) + C \rangle = \langle B, \mathcal{A}^*(y) \rangle + \langle B, C \rangle$$
$$= \langle \mathcal{A}(B), y \rangle + \langle B, C \rangle = b^T y + \langle B, C \rangle$$

kann man als duales Problem von (SDP) auch das konische Problem

$$\inf\{b^T y \mid S = \mathcal{A}^*(y) + C, \ S \succeq 0\} \tag{8.5.7}$$

ansehen. Man beachte, dass sich für (8.5.7) der additive Term $\langle B, C \rangle$ in der Dualitätsbeziehung (8.5.6) weghebt, d.h. der Optimalwert von (8.5.7) stimmt bis auf das Vorzeichen mit dem von (SDP) überein. Ersetzen wir schließlich y durch $-y$ erhalten wir aus (8.5.7) das Maximierungsproblem

$$(DSDP) \quad \sup\{b^T y \mid \mathcal{A}^*(y) + S = C, \ S \succeq 0\} \equiv \sup\{b^T y \mid \mathcal{A}^*(y) \preceq C\}, \tag{8.5.8}$$

das in der Literatur wegen seiner Analogie zum dualen Problem der linearen Programmierung (vgl. (3.7.1)) als das eigentliche duale Programm zu (SDP) bezeichnet wird. Aus Satz 8.4.4 folgt sofort

Satz 8.5.9 *Für die dualen Programme (SDP) und $(DSDP)$ gilt immer*

$$\inf\{\langle C, X \rangle \mid \mathcal{A}(X) = b, \ X \succeq 0\} \geq \sup\{b^T y \mid \mathcal{A}^*(y) + S = C, \ S \succeq 0\},$$

sofern eines der beiden Probleme eine zulässige Lösung besitzt. Falls (SDP) strikt zulässige Lösungen besitzt, $\{X \succ 0 \mid \mathcal{A}(X) = b\} \neq \emptyset$, und sein Optimalwert

$$\alpha := \inf \{\langle C, X \rangle \mid \mathcal{A}(X) = b, X \succeq 0\} \in \mathbb{R}$$

endlich ist, dann besitzt $(DSDP)$ *eine Optimallösung und es gilt*

$$\alpha = \inf \{\langle C, X \rangle \mid \mathcal{A}(X) = b, \ X \succeq 0\} \ = \ \max \{b^T y \mid \mathcal{A}^*(y) + S = C, \ S \succeq 0\}.$$

Falls (SDP) *und* $(DSDP)$ *strikt zulässige Lösungen besitzen, besitzen sie auch Optimallösungen und es gilt*

$$\min \{\langle C, X \rangle \mid \mathcal{A}(X) = b, \ X \succeq 0\} \ = \ \max \{b^T y \mid \mathcal{A}^*(y) + S = C, \ S \succeq 0\}.$$

Wenn die Matrix X eine Diagonalmatrix ist, d. h. wenn die linearen Gleichungen $\mathcal{A}(X) = b$ nur für Diagonalmatrizen X erfüllbar sind, dann kann man (SDP) als eine komplizierte Art auffassen, um ein lineares Programm zu formulieren. Der Dualitätssatz stimmt dann mit dem der linearen Programmierung überein (man überlege kurz, dass das wirklich so ist!); allerdings gilt die hier hergeleitete Dualität nur unter der Voraussetzung der Slater-Bedingung. Wir werden später noch auf dieses Paar dualer Programme zurückkommen.

8.6   Übungsaufgaben

1. Gegeben sei die Menge

   $$\mathcal{S} := \left\{ x \in \mathbb{R}^2 \mid g_1(x) := x_1^2 - x_2 \leq 0, \ g_2(x) := x_2 - x_1 \leq 0 \right\}.$$

   Gesucht ist der Punkt $\bar{x} \in \mathcal{S}$, der zum Punkt $P = (2, 1)$ den kürzesten Euklidischen Abstand hat.
   a) Lösen Sie die Aufgabe graphisch.
   b) Lösen Sie die Aufgabe durch Auswertung der KKT-Bedingungen.
2. Sei $\mathcal{K} \neq \emptyset$ eine abgeschlossene, konvexe Teilmenge des $\mathbb{R}^n$. Man zeige die folgenden Eigenschaften der *Orthogonalprojektion* $\bar{x} := P_{\mathcal{K}}(x)$ von x auf K:
   a) Zu jedem $x \in \mathbb{R}^n$ gibt es genau ein $\bar{x} \in \mathcal{K}$ mit der Eigenschaft

   $$(*) \qquad\qquad \|x - \bar{x}\|_2 \leq \|x - y\|_2 \quad \text{für alle } y \in \mathcal{K}.$$

   $\bar{x}$ definiert die Orthogonalprojektion von x auf $\mathcal{K}$, $P_{\mathcal{K}}(x) := \bar{x}$.
   b) Bedingung $(*)$ ist äquivalent zu

   $$(x - \bar{x})^T (y - \bar{x}) \leq 0 \quad \text{für alle } y \in \mathcal{K}.$$

   Hinweis: Man betrachte $\varphi(\lambda) := \|x - \lambda \bar{x} - (1 - \lambda) y\|^2$.
   c) Es ist

   $$\|P_{\mathcal{K}}(x) - P_{\mathcal{K}}(y)\|_2 \leq \|x - y\|_2 \quad \text{für alle } x, y \in \mathbb{R}^n.$$

   Hinweis: Man setze $P_{\mathcal{K}}(y)$ und $P_{\mathcal{K}}(x)$ geeignet in b) ein und nutze die Cauchy-Schwarzsche Ungleichung aus.
   d) Die (Abstands-)Funktion $\rho(x) := \|x - P_{\mathcal{K}}(x)\|_2$ ist konvex.
   e) Es gilt $|\rho(x) - \rho(y)| \leq \|x - y\|_2$ für alle $x, y \in \mathbb{R}^n$.

f) Falls ρ in einem Punkt $x \in \mathbb{R}^n \setminus \mathcal{K}$ differenzierbar ist, so gilt

$$\nabla \rho(x) = \frac{x - P_\mathcal{K}(x)}{\|x - P_\mathcal{K}(x)\|_2}.$$

Hinweis: Man untersuche die Richtungsableitung in Richtung $z := P_\mathcal{K}(x) - x$ und nutze Teil e), um die Norm von $\nabla \rho(x)$ abzuschätzen.

3. Sei $\mathcal{S} := \{x \in \mathbb{R}^n \mid f_i(x) \leq 0 \ (1 \leq i \leq p), \ a_j^T x + b_j = 0 \ (p+1 \leq j \leq m)\}$ mit konvexen Funktionen $f_i : \mathbb{R}^n \to \mathbb{R} \ (1 \leq i \leq p)$ und festen $a_j \in \mathbb{R}^n$, $b_j \in \mathbb{R} \ (p+1 \leq j \leq m)$. Sei

$$\hat{\mathcal{K}} := \{(x, x_{n+1}) \in \mathbb{R}^{n+1} \mid x_{n+1} > 0, \ \frac{x}{x_{n+1}} \in \mathcal{S}\}$$

und $\mathcal{K} := \bar{\hat{\mathcal{K}}} = \overline{\mathrm{cone}}\,\{(x, 1) \mid x \in \mathcal{S}\}$ wie in Abschn. 8.4. Man zeige:

a) $x \in \mathcal{S} \Longleftrightarrow (x, 1) \in \hat{\mathcal{K}} \Longleftrightarrow (x, 1) \in \mathcal{K}$.

b) Die Menge $\hat{\mathcal{K}} \cup \{0\}$ ist genau dann abgeschlossen, wenn $\mathcal{S}$ beschränkt ist.

c) Sei $x_{n+1} > 0$ und $x \in \mathbb{R}^n$. Dann ist $(x/x_{n+1}, 1) \in \mathcal{K}$ genau dann, wenn für alle i mit $1 \leq i \leq p$ und alle j mit $p+1 \leq j \leq m$ gilt

$$x_{n+1} f_i \left(\frac{x}{x_{n+1}} \right) \leq 0, \quad a_j^T x + b_j x_{n+1} = 0.$$

d) Mit f_i ist auch die Funktion $\tilde{f}_i : \{(x, x_{n+1}) \in \mathbb{R}^{n+1} \mid x_{n+1} > 0\} \to \mathbb{R}$ mit $\tilde{f}_i(x, x_{n+1}) := x_{n+1} f_i(x/x_{n+1})$ konvex.

4. Sei $Z \succeq 0$ (d.h. symmetrisch und positiv semidefinit). Man zeige, dass es eine symmetrische Matrix $Z^{1/2} \succeq 0$ gibt (die symmetrische Wurzel von Z) mit $(Z^{1/2})^2 = Z$. (Man nutze die Normalform $Z = U D U^T$ mit einer unitären Matrix U und einer Diagonalmatrix $D \succeq 0$.)

5. Seien konvexe Funktionen $f_i : \mathbb{R}^n \to \mathbb{R}$ für $1 \leq i \leq m$ gegeben. Für $\tilde{x} := (x^T, t)^T \in \mathbb{R}^n \times \mathbb{R}$ definieren wir die Funktionen $\tilde{f}_i : \mathbb{R}^{n+1} \to \mathbb{R}$ durch $\tilde{f}_i(\tilde{x}) := t f_i(x/t)$. Man zeige, dass auch die $\tilde{f}_i$ konvex sind. Man schreibe das Problem

$$\text{minimiere } c^T x \mid f_i(x) \leq 0 \text{ für } 1 \leq 1 \leq m$$

mit Hilfe der Funktionen $\tilde{f}_i$ als konisches konvexes Programm.

6. Sei $\mathcal{K} := \{x \in \mathbb{R}^3 \mid x_1 \geq \sqrt{x_2^2 + x_3^2}\}$, $\mathcal{L} := \{x \in \mathbb{R}^3 \mid x_1 = 0, \ x_2 = x_3\}$, $c := 0 \in \mathbb{R}^3$, $b := (\sqrt{2}, 1, -1)^T$. Man betrachte das primal-duale Paar von Problemen der Form (8.4.2), (8.4.3)

(P) $\qquad\qquad\qquad \min\{c^T x \mid x \in (b + \mathcal{L}) \cap \mathcal{K}\}$

und

(D) $\qquad\qquad\qquad \min\{b^T s \mid s \in (c + \mathcal{L}^\perp) \cap \mathcal{K}^D\}$.

a) Man zeige $\mathcal{K} = \mathcal{K}^D$.

b) Man zeige, dass (P) die Slaterbedingung verletzt.

c) Man zeige, dass beide Probleme trotzdem eine endliche Optimallösung besitzen und die Optimalwerte sich zu Null addieren. (Vgl. Satz 8.4.4)

d) Man gebe ein Paar konischer konvexer Programme an, für das das primale Problem und das duale Problem beide die Slaterbedingung verletzen aber beide trotzdem endliche Optimallösungen besitzen, deren Optimalwerte sich zu Null addieren.

Optimalitätsbedingungen für allgemeine Optimierungsprobleme

9

9.1 Optimalitätsbedingungen erster Ordnung

Sei $S \subseteq \mathbb{R}^n$, $S \neq \emptyset$ und $f : \mathbb{R}^n \to \mathbb{R}$. Wir betrachten die Aufgabe, eine Lösung von

$$\inf \left\{ f(x) \mid x \in S \right\} \tag{9.1.1}$$

zu finden. In der Regel ist S dabei durch Gleichungen und Ungleichungen beschrieben, d. h.

$$S = \left\{ x \in \mathbb{R}^n \mid f_i(x) \leq 0 \text{ für } 1 \leq i \leq p, \ f_j(x) = 0 \text{ für } p+1 \leq j \leq m \right\} \tag{9.1.2}$$

mit gegebenen Funktionen $f_l : \mathbb{R}^n \to \mathbb{R}$ für $1 \leq l \leq m$.

Anders als in Kap. 8 betrachten wir jetzt nichtkonvexe Optimierungsprobleme, bei denen die Funktionen f, f_k und damit auch die zulässige Menge S nicht-konvex sein können. Unser Ziel wird es sein, notwendige und auch hinreichende Bedingungen zumindest dafür anzugeben, dass ein Punkt $\bar{x} \in S$ eine *lokale Minimalstelle* von f auf S ist.

9.1.1 Tangentialkegel und Regularität

Bei differenzierbarer Zielfunktion f lässt sich die lokale Optimalität eines Punktes $\bar{x} \in S$ mit Hilfe des sogenannten *Tangentialkegels* charakterisieren:

Definition 9.1.3 *Für eine Menge $S \subseteq \mathbb{R}^n$ und einen Punkt $\bar{x} \in S$ heißt*

© Springer-Verlag GmbH Deutschland, ein Teil von Springer Nature 2019
F. Jarre und J. Stoer, *Optimierung,* Masterclass,
https://doi.org/10.1007/978-3-662-58855-0_9

$$\mathcal{T}(\mathcal{S}; \bar{x}) := \Big\{ s \in \mathbb{R}^n \, |\exists \{\lambda_k\}_k, \, \exists \{x^k\}_k : \, \lambda_k \geq 0, \, x^k \in \mathcal{S},$$

$$\lim_{k \to \infty} x^k = \bar{x}, \, \lim_{k \to \infty} \lambda_k (x^k - \bar{x}) = s \Big\}$$

Tangentialkegel *von* $\mathcal{S}$ *in* $\bar{x}$.

Anschaulich beschreibt der Tangentialkegel folgende Menge: Für jedes $s \in \mathcal{T}(\mathcal{S}; \bar{x})$ gibt es eine Punktfolge x^k, $k \geq 0$, die innerhalb von $\mathcal{S}$ asymptotisch aus der Richtung s auf den Punkt $\bar{x}$ zuläuft. Dabei muss keiner der Punkte x^k exakt auf dem Strahl $\bar{x} + \lambda s$, $\lambda \geq 0$ liegen.

Es gilt folgender einfache Satz:

Satz 9.1.4 $\mathcal{T}(\mathcal{S}; \bar{x})$ *ist ein nichtleerer abgeschlossener Kegel.*

Beweis

$\mathcal{T}(\mathcal{S}; \bar{x})$ ist ein nichtleerer Kegel: denn $0 \in \mathcal{T}(\mathcal{S}; \bar{x})$ und mit s liegt aufgrund der Definition auch jedes λs mit $\lambda > 0$ in $\mathcal{T}(\mathcal{S}; \bar{x})$.

$\mathcal{T}(\mathcal{S}; \bar{x})$ ist auch abgeschlossen: Denn sei $s^k \in \mathcal{T}(\mathcal{S}; \bar{x})$, $k \geq 0$, mit $s^k \to \bar{s}$ für $k \to \infty$. Dann ist (ggf. nach Übergang zu einer Teilfolge) $\|s^k - \bar{s}\| \leq 1/k$ für alle k. Da $s^k \in \mathcal{T}(\mathcal{S}; \bar{x})$, gibt es für jedes k eine Folge $(\lambda_{k,j})_j$ und eine Folge $(x^{k,j})_j \subset \mathcal{S}$ mit $\lim_{j \to \infty} x^{k,j} = \bar{x}$, $\lim_{j \to \infty} \lambda_{k,j}(x^{k,j} - \bar{x}) = s^k$ und $\lambda_{k,j} \geq 0$. Wir wählen nun $j(k)$ so groß, dass für $j \geq j(k)$ der Abstand $\|x^{k,j} - \bar{x}\| \leq 1/k$ ist und auch $\|\lambda_{k,j}(x^{k,j} - \bar{x}) - s^k\| \leq 1/k$, also $\|\bar{s} - \lambda_{k,j(k)}(x^{k,j(k)} - \bar{x})\| \leq 2/k$ (Dreiecksungleichung) und $\|x^{k,j(k)} - \bar{x}\| \leq \frac{1}{k}$ gilt. Somit beweisen die Folgen $(\lambda_{k,j(k)})_k$ und $(x^{k,j(k)})_k$, dass $\bar{s} \in \mathcal{T}(\mathcal{S}; \bar{x})$. $\qquad \square$

Satz 9.1.5 *Sei* $\bar{x}$ *eine lokale Minimalstelle von* f *auf* $\mathcal{S}$. *Sei* $f \in C^1(\bar{x})$, *d. h.*

$$f(x) = f(\bar{x}) + Df(\bar{x})(x - \bar{x}) + o(\|x - \bar{x}\|)$$

für alle x *nahe bei* $\bar{x}$. *Dann gilt:* $Df(\bar{x})s \geq 0$ *für alle* $s \in \mathcal{T}(\mathcal{S}; \bar{x})$.

Wir benutzen hier die O-Notation aus Abschn. 4.1.2, wonach $a(t) = o(t)$, falls $\lim_{t \downarrow 0} a(t)/t = 0$.

Beweis Sei $s \in \mathcal{T}(\mathcal{S}; \bar{x})$, $s = \lim_{k \to \infty} \lambda_k(x^k - \bar{x})$ mit $x^k \in \mathcal{S}$, $\lambda_k \geq 0$ und $\lim_{k \to \infty} x^k = \bar{x}$. Weil $\bar{x}$ lokale Minimalstelle ist, folgt $f(\bar{x}) \leq f(x)$ für $x \in V(\bar{x}; \delta) := \{x \in \mathcal{S} \mid \|x - \bar{x}\| \leq \delta\}$, mit einem $\delta > 0$. Für genügend große k ist auch $\|x^k - \bar{x}\| \leq \delta$, also $f(\bar{x}) \leq f(x^k) = f(\bar{x}) + Df(\bar{x})(x^k - \bar{x}) + \|x^k - \bar{x}\| o(1)$, d. h. $0 \leq Df(\bar{x}) \cdot \lambda_k(x^k - \bar{x}) + \lambda_k \|x^k - \bar{x}\| o(1)$. Für $k \to \infty$ folgt $0 \leq Df(\bar{x})s$. $\qquad \square$

Die praktische Bedeutung von Satz 9.1.5 ist gering, da der Tangentialkegel in der Regel nur schwer beschreibbar ist. Im Folgenden soll die Menge $T(\mathcal{S}, \bar{x})$ durch „leichter handhabbare" Mengen ersetzt werden. Wir bemerken zunächst, dass aus Satz 9.1.5 folgender bekannte Sachverhalt folgt:

Korollar 9.1.6 *Falls $\bar{x} \in \mathcal{S}^o$, so ist $T(\mathcal{S}; \bar{x}) = \mathbb{R}^n$ und falls $\bar{x} \in S^o$ eine lokale Minimalstelle ist, so ist $Df(\bar{x}) = 0$.*

In diesem Kapitel werden wir das Problem (9.1.1) kurz mit (P') bezeichnen, wenn die zulässige Menge die Form (9.1.2) besitzt, d. h.

(P') $\inf \big\{ f(x) \mid f_i(x) \leq 0 \text{ für } 1 \leq i \leq p, \ f_j(x) = 0 \text{ für } p + 1 \leq j \leq m \big\}.$

Folgende kurze Schreibweise, die eng mit der konischen Formulierung von konvexen Programmen in Abschn. 8.4 zusammenhängt, wird sich als hilfreich erweisen: Das Problem (P') ist äquivalent zu

$$\inf \big\{ f(x) \mid x \in \mathbb{R}^n : F(x) \in -\mathcal{K} \big\} \qquad (9.1.7)$$

mit $F(x) = \big(f_1(x), \dots, f_m(x) \big)^T$ und

$$\mathcal{K} = \big\{ u \in \mathbb{R}^m \mid u_i \geq 0 \text{ für } 1 \leq i \leq p, \ u_j = 0 \text{ für } p + 1 \leq j \leq m \big\}. \qquad (9.1.8)$$

Offenbar ist $\mathcal{K}$ ein nichtleerer abgeschlossener konvexer Kegel.

Sei nun $\mathcal{K}$ ein beliebiger nichtleerer abgeschlossener konvexer Kegel. Er definiert eine Halbordnung im $\mathbb{R}^m$, nämlich durch

$$u \leq_{\mathcal{K}} v :\Longleftrightarrow v - u \in \mathcal{K}.$$

Für diese Halbordnung gilt

$$u \leq_{\mathcal{K}} 0, \ v \leq_{\mathcal{K}} 0, \ \lambda, \ \mu > 0 \implies \lambda u + \mu v \leq_{\mathcal{K}} 0,$$

aber sie muss nicht antisymmetrisch sein, d. h. aus $u \leq_{\mathcal{K}} v$ und $v \leq_{\mathcal{K}} u$ muss nicht $u = v$ folgen (z. B. nicht für den Kegel $\mathcal{K} := \mathbb{R}^m$).

Der Orthant $\mathcal{K} := \big\{ x \in \mathbb{R}^m \mid x \geq 0 \big\}$ erzeugt die Standardhalbordnung „$\leq$", die antisymmetrisch ist.

In Abschn. 8.5 haben wir im Zusammenhang mit semidefiniten Optimierungsproblemen gesehen, dass es sinnvoll ist, auch andere Kegel als Orthanten zuzulassen wie z. B. den Kegel $\mathcal{K} := \mathcal{S}_+^n$ der positiv semidefiniten Matrizen im Raum $\mathcal{S}^n$ der symmetrischen Matrizen.

Im Folgenden verwenden wir die

Voraussetzung 9.1.9

1. $C \subseteq \mathbb{R}^n$ *ist abgeschlossen, konvex und nicht leer.*
2. $\mathcal{K} \subseteq \mathbb{R}^m$ *ist ein nichtleerer, abgeschlossener, konvexer Kegel.*
3. $F: D \to \mathbb{R}^m$, *und* $f: D \to \mathbb{R}$ *sind einmal stetig differenzierbar*, $F, f \in C^1(D)$, *auf einer offenen Menge* $D \subseteq \mathbb{R}^n$, *die C enthält.*

Wir betrachten das Problem

$$(P) \qquad \inf \big\{ f(x) \mid x \in C, \ F(x) \leq_{\mathcal{K}} 0 \big\} = \inf \big\{ f(x) \mid x \in \mathcal{S} \big\}$$

mit der zulässigen Menge $\mathcal{S} := \big\{ x \in C \mid F(x) \leq_{\mathcal{K}} 0 \big\}$, welches, wie in (9.1.7) gezeigt, das Problem (P') als Spezialfall mit umfasst.

Die dabei benutzte konische Formulierung der Menge $\mathcal{S}$ bedeutet, dass x genau dann eine zulässige Lösung von (P) ist, wenn es ein $x \in C$ und ein $k \in \mathcal{K}$ mit $F(x) + k = 0$ gibt.

Mit $L(x, y) := f(x) + y^T F(x)$ bezeichnen wir wieder die Lagrangefunktion von (P), die unter der Voraussetzung 9.1.9 für alle $x \in D$ und alle $y \in \mathbb{R}^m$ nach (x, y) stetig differenzierbar ist.

Um eine lokale Minimalstelle $\bar{x} \in \mathcal{S}$ von (P) zu charakterisieren, werden wir eine vereinfachte Version von (P) betrachten, bei der alle Funktionen in der Beschreibung von (P) durch ihre Linearisierungen ersetzt werden.

Sei also $\bar{x}$ eine lokale Optimallösung von (P). Dann betrachten wir das zu (P) assoziierte *linearisierte Problem*

$$(P_L) \quad \inf \Big\{ f(\bar{x}) + Df(\bar{x})(x - \bar{x}) \mid F(\bar{x}) + DF(\bar{x})(x - \bar{x}) \leq_{\mathcal{K}} 0, \ x \in C \Big\}. \qquad (9.1.10)$$

Im Spezialfall (P') ist das linearisierte Problem (P'_L) gegeben durch:

$$\inf \Big\{ f(\bar{x}) + Df(\bar{x})(x - \bar{x}) \mid f_i(\bar{x}) + Df_i(\bar{x})(x - \bar{x}) \leq 0, \ 1 \leq i \leq p,$$

$$f_j(\bar{x}) + Df_j(\bar{x})(x - \bar{x}) = 0, \ p + 1 \leq j \leq m \Big\}.$$

Man beachte, dass (P_L) ein konvexes Optimierungsproblem ist, (P'_L) ist sogar ein lineares Programm. Mit

$$\mathcal{S}_L := \big\{ x \in C \mid F(\bar{x}) + DF(\bar{x})(x - \bar{x}) \leq_{\mathcal{K}} 0 \big\}$$

bezeichnen wir die zulässige Menge des linearisierten Problems (P_L): Im Fall (P_L) ist sie unter der Voraussetzung 9.1.9 abgeschlossen und konvex, die zulässige Menge $\mathcal{S}_L$ von Problem (P'_L) ist darüber hinaus ein Polyeder.

Mittels $\mathcal{S}_L$ soll nun eine Approximation an den Tangentialkegel $\mathcal{T}(\mathcal{S}; \bar{x})$ angegeben werden, mit deren Hilfe sich die lokale Optimalität eines Punktes $\bar{x}$ ähnlich einfach wie in Satz 9.1.5 beschreiben lässt. Dazu definieren wir den *linearisierten Kegel* $\mathcal{L}(\mathcal{S}; \bar{x})$ von $\mathcal{S}$ in $\bar{x}$ durch

$$\mathcal{L}(\mathcal{S}; \bar{x}) := \left\{ \lambda(x - \bar{x}) \mid \lambda \geq 0, \ x \in \mathcal{S}_L \right\}. \tag{9.1.11}$$

Man kann den linearisierten Kegel als „kegelförmige Vergrößerung" der Menge $\mathcal{S}_L$ auffassen. Es ist

$$\mathcal{L}(\mathcal{S}; \bar{x}) = \bigcup_{\lambda \geq 0} \lambda(\mathcal{S}_L - \bar{x}) \subseteq \mathcal{T}(\mathcal{S}_L; \bar{x}),$$

d. h. der Tangentialkegel der linearisierten Menge $\mathcal{S}_L$ enthält den linearisierten Kegel.

Beweis Sei $s \in \mathcal{L}(\mathcal{S}; \bar{x})$. Dann ist $s = \lambda(x - \bar{x})$ mit $x \in C$ und $F(\bar{x}) + DF(\bar{x})(x - \bar{x}) \leq_{\mathcal{K}} 0$ und einem $\lambda \geq 0$. Aus der Zulässigkeit von $\bar{x}$ für (P) folgt $F(\bar{x}) \leq_{\mathcal{K}} 0$, $\bar{x} \in C$. Setze $x^n := (x + (n - 1)\bar{x})/n$. C ist konvex, also gilt $x^n \in C$, sowie $s = n\lambda(x^n - \bar{x})$ und $\lim_{n \to \infty} x^n = \bar{x}$. Außerdem ist $x^n \in \mathcal{S}_L$, denn

$$F(\bar{x}) + DF(\bar{x})(x^n - \bar{x}) = \tfrac{1}{n} \underbrace{\left(F(\bar{x}) + DF(\bar{x})(x - \bar{x}) \right)}_{\leq_{\mathcal{K}} 0} + \tfrac{n-1}{n} \underbrace{F(\bar{x})}_{\leq_{\mathcal{K}} 0} \leq_{\mathcal{K}} 0.$$

Also ist $s \in \mathcal{T}(\mathcal{S}_L; \bar{x})$. □

Für nicht polyedrische Kegel $\mathcal{K}$ ist $\mathcal{L}(\mathcal{S}; \bar{x}) \neq \mathcal{T}(\mathcal{S}_L; \bar{x})$ möglich (siehe Übungen 9.4, Aufgabe 1). Für den Spezialfall (P'_L) lässt sich der linearisierte Kegel $\mathcal{L}(\mathcal{S}; \bar{x})$ direkt angeben: er ist die Menge aller Vektoren $s \in \mathbb{R}^n$ mit

$$Df_i(\bar{x})s \leq 0 \quad \text{für alle} \ i \in I(\bar{x}),$$
$$Df_j(\bar{x})s = 0 \quad \text{für alle} \ j \geq p + 1,$$

wobei

$$I(\bar{x}) := \left\{ i \in \{1, \dots, p\} \mid f_i(\bar{x}) = 0 \right\}$$

die Menge der Indizes aller in $\bar{x}$ „aktiven" Ungleichungen ist.

Beziehung zwischen $\mathcal{T}(\mathcal{S}; \bar{x})$ und $\mathcal{L}(\mathcal{S}; \bar{x})$
Falls $\mathcal{L}(\mathcal{S}; \bar{x}) \subseteq \mathcal{T}(\mathcal{S}; \bar{x})$, dann gilt nach Satz 9.1.5 für alle $s \in \mathcal{L}(\mathcal{S}; \bar{x})$ die Ungleichung $Df(\bar{x})s \geq 0$, wenn $\bar{x}$ eine lokale Minimalstelle von (P) ist, d. h. $\bar{x}$ ist dann auch lokale Minimalstelle von (P_L), und, da (P_L) konvex ist, sogar eine globale Minimalstelle von (P_L). Es gibt aber Beispiele mit $\mathcal{L}(\mathcal{S}; \bar{x}) \nsubseteq \mathcal{T}(\mathcal{S}; \bar{x})$, für die $\bar{x}$ keine Minimalstelle von (P_L) ist:

Beispiel 9.1.12 Sei $f(x) = x_1 + x_2$ und

$$F(x) = \begin{pmatrix} -x_2 \\ x_2 - x_1^3 \end{pmatrix}.$$

Setze $\mathcal{S} := \{x \in \mathbb{R}^2 \mid F(x) \le 0\}$, *d. h.*

$$\mathcal{S} = \left\{ \binom{x_1}{x_2} \in \mathbb{R}^2 \mid x_2 \ge 0, \ x_2 \le x_1^3 \right\}, \quad und \quad \bar{x} = \binom{0}{0}.$$

Die Menge $\mathcal{S}$ *ist in Bild 9.1 als Fläche oberhalb der* x_1*-Achse und unterhalb der Kurve* $x_2 = x_1^3$ *skizziert.*

Offensichtlich ist $\bar{x}$ *die Minimalstelle von* f *auf* $\mathcal{S}$ *und*

$$T(\mathcal{S}; \bar{x}) = \mathbb{R}_+ \times \{0\} = \left\{ \binom{x_1}{x_2} \ \middle| \ x_1 \ge 0, \ x_2 = 0 \right\}.$$

Weiter ist $Df(x) = (1, 1)$ *und*

$$DF(x) = \begin{pmatrix} 0 & -1 \\ -3x_1^2 & 1 \end{pmatrix},$$

so dass

$$F(\bar{x}) + DF(\bar{x})(x - \bar{x}) \le_{\mathcal{K}} 0 \iff \begin{pmatrix} 0 & -1 \\ 0 & 1 \end{pmatrix} \binom{x_1}{x_2} \le 0.$$

Für $\mathcal{L}(\mathcal{S}; \bar{x})$ *ergibt sich somit* $\mathcal{L}(\mathcal{S}; \bar{x}) = \mathbb{R} \times \{0\}$. *Es ist*

$$Df(\bar{x})s = s_1 + s_2.$$

Abb. 9.1 Menge, die in $\bar{x}$ nicht regulär ist

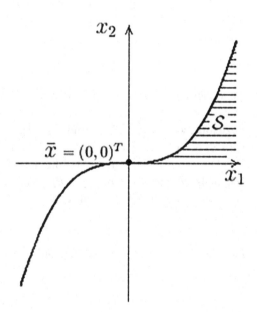

In der Tat ist dann auch $Df(\bar{x})s \geq 0$ für alle s aus dem Tangentialkegel $T(S; \bar{x})$, nicht aber für alle $s \in \mathcal{L}(S; \bar{x})$ aus dem linearisierten Kegel, d. h. $\bar{x}$ ist keine Optimallösung des linearisierten Problems.

Will man den linearisierten Kegel trotzdem zur Charakterisierung von Optimalpunkten nutzen, so muss man Entartungen wie in obigem Beispiel ausschließen (bzw. gesondert behandeln, falls das gegebene Problem nun solche Entartungen enthalten sollte). Wir versuchen daher, eine möglichst schwache Bedingung zu finden, die noch $\mathcal{L}(S; \bar{x}) \subseteq T(S; \bar{x})$ impliziert. Eine solche Bedingung, die in den meisten Fällen anwendbar ist, wurde von Robinson angegeben:

Definition 9.1.13 (Regularitätsbedingung von Robinson)
(P) heißt regulär *in* $\bar{x} \in S$, *wenn* 0 *ein innerer Punkt der Menge*

$$M := F(\bar{x}) + DF(\bar{x})(C - \bar{x}) + \mathcal{K}$$

ist, $0 \in M^o$.

Man beachte bei dieser Definition, dass wegen $\bar{x} \in S$ stets $0 \in M$ gilt.

Die Regularität von (P) hängt nicht von der Zielfunktion f ab, sondern nur von den Daten C, $\mathcal{K}$ und F, die die zulässige Menge S beschreiben. Man sagt deshalb auch, dass S in $\bar{x}$ regulär ist, obwohl die Regularität genau genommen keine Eigenschaft der Punktmenge S sondern nur ihrer Beschreibung ist (s. dazu Übungsaufgabe 3 in Abschn. 9.4).

Die Regularitätsbedingung von Robinson beschreibt eine Form von Slater-Bedingung im Bildraum von $DF(\bar{x})$. Falls sie verletzt ist, so existieren Punkte z^k mit $z^k \to 0$ und $z^k \notin M$, d. h. $F(\bar{x}) - z^k + DF(\bar{x})\Delta x \notin -\mathcal{K}$ für alle Δx mit $\bar{x} + \Delta x \in C$. Eine winzige Störung, bei der die Funktion $F(\,.\,)$ durch $F(\,.\,) - z^k$ ersetzt wird, würde das linearisierte Problem somit unzulässig machen. Insbesondere kann dann auch nicht garantiert werden, dass das gleichermaßen gestörte Ausgangsproblem (P) in der Nähe von $\bar{x}$ zulässige Punkte besitzt.

Wir stellen zunächst das zentrale Ergebnis dieses Kapitels vor.

Satz 9.1.14 *Sei die Voraussetzung 9.1.9 erfüllt und S in $\bar{x}$ regulär. Dann ist $\mathcal{L}(S; \bar{x}) \subseteq T(S; \bar{x})$, und jede lokale Minimalstelle $\bar{x}$ von (P) ist globale Minimalstelle von (P_L).*

Beachte, dass die zweite Aussage des Satzes sofort aus der Konvexität von $\mathcal{L}(S; \bar{x})$, aus $\mathcal{L}(S; \bar{x}) \subseteq T(S; \bar{x})$ und Satz 9.1.5 folgt. Der Beweis von $\mathcal{L}(S; \bar{x}) \subseteq T(S; \bar{x})$ wird erst in Abschn. 9.1.3 erbracht. Wir benutzen Satz 9.1.14 aber schon jetzt zum Beweis von Satz 9.1.15 im nächsten Abschnitt.

9.1.2   Der Satz von Kuhn und Tucker

Das zentrale Ergebnis dieses Abschnitts ist ein Satz über nichtkonvexe Optimierungsprobleme, der einmal für das allgemeine Problem (P) und dann als Spezialfall für das Problem (P') notwendige Bedingungen 1. Ordnung für ein lokales Minimum angibt. Er geht auf Kuhn und Tucker zurück.

Satz 9.1.15 *Es gelte Voraussetzung 9.1.9, es sei $\bar{x}$ lokale Minimalstelle von (P) und (P) in $\bar{x}$ regulär* (s. Definition 9.1.13)

Dann gibt es ein $\bar{y} \in \mathbb{R}^m$ mit folgenden Eigenschaften:

a) *$\bar{y}$ liegt in dem dualen Kegel von $\mathcal{K}$,*

$$\bar{y} \in \mathcal{K}^D = \left\{ y \in \mathbb{R}^m \mid y^T x \geq 0 \text{ für alle } x \in \mathcal{K} \right\}.$$

b) *$\bar{y}^T F(\bar{x}) = 0$ (complementary slackness),*
c) *Es gilt $D_x L(\bar{x}, \bar{y})(x - \bar{x}) = \left[Df(\bar{x}) + \bar{y}^T DF(\bar{x}) \right](x - \bar{x}) \geq 0$ für alle $x \in C$.*

Jedes Paar $(\bar{x}, \bar{y})$ von Vektoren $(\bar{x}, \bar{y})$ mit $\bar{x} \in \mathcal{S}$ und den Eigenschaften a) – c) heißt *Kuhn-Tucker Paar* oder *Karush-Kuhn-Tucker Paar*. Jeder zulässige Punkt $\bar{x} \in \mathcal{S}$, zu dem es ein $\bar{y}$ mit den Eigenschaften a) – c) gibt, heißt *Kuhn-Tucker Punkt* oder *KKT-Punkt* und $\bar{y}$ heißt dann *Vektor der Lagrangemultiplikatoren* zu $\bar{x}$.

Die Bedingungen a) – c) werden auch *(notwendige) Bedingungen 1. Ordnung* für ein lokales Minimum bzw. für eine lokale Minimalstelle $\bar{x}$ von (P) genannt; sie sind aber nur notwendige Bedingungen unter der zusätzlichen Voraussetzung, dass (P) in $\bar{x}$ regulär ist: Wie Beispiel 8.1.13 zeigt, gibt es einfache Optimierungsprobleme mit einer Optimallösung $\bar{x}$, die kein Kuhn-Tucker Punkt ist: Natürlich ist in diesem Beispiel die Regularität in $\bar{x}$ verletzt.

Beweis (vgl. den Beweis von Satz 8.1.7 – im Gegensatz zu Satz 8.1.7 wird hier aber nicht zwischen affinen und nichtaffinen Ungleichungen unterschieden.)
Nach Satz 9.1.14 folgt aus der Regularitätsbedingung, dass $\bar{x}$ globale Minimalstelle des konvexen Optimierungsproblems (P_L) ist. Setze

$$A := \left\{ \binom{v_0}{v} \in \mathbb{R}^{m+1} \mid \exists x \in C, \ v_0 > Df(\bar{x})(x - \bar{x}), \right.$$

$$\left. v \geq_{\mathcal{K}} F(\bar{x}) + DF(\bar{x})(x - \bar{x}) \right\}.$$

A ist eine konvexe Menge mit $0 \notin A$, weil $\bar{x}$ Optimallösung von (P_L) ist. Also kann 0 eigentlich von A getrennt werden (Satz 7.2.8), d. h. es gibt einen Vektor $(z_0, z^T)^T \in \mathbb{R}^{m+1}$, so dass

$$z_0 v_0 + z^T v \geq 0 \ \text{ für alle } \begin{pmatrix} v_0 \\ v \end{pmatrix} \in A \qquad\qquad (i)$$

und ein $(\bar{v}_0, \bar{v}^T)^T \in A$ mit

$$z_0 \bar{v}_0 + z^T \bar{v} > 0. \qquad\qquad (ii)$$

Wegen (i), und da v_0 in A nach oben unbeschränkt ist, folgt $z_0 \geq 0$. Setzt man $v = \bar{v} + \lambda k$, $k \in \mathcal{K}$, in (i) ein, so folgt für $\lambda \uparrow \infty$ aus (i) sofort $z^T k \geq 0$ für alle $k \in \mathcal{K}$, also $z \in \mathcal{K}^D$. Falls $z_0 > 0$, setze man $\bar{y} := z/z_0$. Dann ist $\bar{y} \in \mathcal{K}^D$ und es gilt

$$Df(\bar{x})(x - \bar{x}) + \bar{y}^T \big(F(\bar{x}) + DF(\bar{x})(x - \bar{x}) \big) \geq 0 \qquad\qquad (iii)$$

für alle $x \in C$. Wegen $\bar{y}^T F(\bar{x}) \leq 0$ (es ist $\bar{y} \in \mathcal{K}^D$ und $F(\bar{x}) \in -\mathcal{K}$) folgt daraus Aussage c).
Für $x = \bar{x}$ folgt andererseits aus (iii) auch $\bar{y}^T F(\bar{x}) \geq 0$, also $\bar{y}^T F(\bar{x}) = 0$. Daraus folgt b).
Falls $z_0 = 0$, so ist $z \neq 0$ (wegen (ii)) und $z^T v \geq 0$ für alle $v \in M := F(\bar{x}) + DF(\bar{x})$ $(C - \bar{x}) + \mathcal{K}$ (wegen (i)). Die Regularitätsbedingung 9.1.13 besagt $0 \in M^o$. Also gibt es ein $\tilde{v} \in M$ mit $z^T \tilde{v} < 0$, im Widerspruch zur Konstruktion von z. Damit ist der Satz bewiesen. □

Wir wollen den Satz auf das Problem (P') mit dem Kegel $\mathcal{K}$ (9.1.8) spezialisieren. Man verifiziert sofort, dass $\mathcal{K}$ den dualen Kegel

$$\mathcal{K}^D = \{u \in \mathbb{R}^m \mid u_i \geq 0 \text{ für } i = 1, \ldots, p\} = \mathbb{R}^p_+ \times \mathbb{R}^{m-p}$$

besitzt. Satz 9.1.15 liefert deshalb:

Satz 9.1.16 (Satz von Kuhn-Tucker für (P'))
Sei $C = \mathbb{R}^n$, $\mathcal{K} = \{y \in \mathbb{R}^m \mid y_1 \geq 0, \ldots, y_p \geq 0, \ y_{p+1} = \ldots = y_m = 0\}$, und es seien folgende Voraussetzungen erfüllt:

1. $f, F \in C^1(\mathbb{R}^n)$.
2. $\bar{x}$ ist eine lokale Optimallösung von (P').
3. (P') ist in $\bar{x}$ regulär (s. Definition 9.1.13).

Dann gibt es ein $\bar{y} \in \mathbb{R}^m$ mit

a) $\bar{y}_i \geq 0$ für $1 \leq i \leq p$,
b) $\bar{y}_i f_i(\bar{x}) = 0$ für $1 \leq i \leq m$ (complementary slackness),
c) $D_x L(\bar{x}, \bar{y}) = Df(\bar{x}) + \bar{y}^T DF(\bar{x}) = 0$. □

9.1.3   Beweis von Satz 9.1.14

Zum Beweis von Satz 9.1.14 benötigen wir eine neue äquivalente Formulierung der Regularitätsbedingung 9.1.13. Jede affine Menge (lineare Mannigfaltigkeit) lässt sich bekanntlich als Lösungsmenge eines linearen Gleichungssystems beschreiben. Wir können deshalb annehmen, dass aff (C) und aff $(\mathcal{K})$ in der folgenden Form gegeben sind:

$$\text{aff}\,(C) = \big\{x \in \mathbb{R}^n \mid Gx = g\big\}, \quad G \in \mathbb{R}^{k \times n},\ g \in \mathbb{R}^k,\ \text{rg}\,(G) = k,$$
$$\text{aff}\,(\mathcal{K}) = \big\{z \in \mathbb{R}^m \mid Hz = 0\big\}, \quad H \in \mathbb{R}^{l \times m},\ \text{rg}\,(H) = l. \tag{9.1.17}$$

Hierbei ist $k := n - \dim \text{aff}\,(C)$ und $l := m - \dim \text{aff}\,(\mathcal{K})$. Man beachte dabei, dass aff $(\mathcal{K})$ wegen $0 \in \mathcal{K}$ ein linearer Raum ist. Dann gilt

Satz 9.1.18 *(P) ist in $\bar{x}$ regulär genau dann, wenn gilt:*

a) *Die $(k + l) \times n$-Matrix*

$$A := \begin{bmatrix} H\,DF(\bar{x}) \\ G \end{bmatrix}$$

besitzt vollen Zeilenrang, $\text{rg}\,(A) = k + l$.
b) *Es gibt ein $x^1 \in C^i$ mit $F(\bar{x}) + DF(\bar{x})(x^1 - \bar{x}) \in -\mathcal{K}^i$. ($C^i$ das relativ Innere von C.)*

Beweis   Im Folgenden bezeichnen wir mit M wieder die Menge

$$M := F(\bar{x}) + DF(\bar{x})(C - \bar{x}) + \mathcal{K}.$$

Dann ist die Behauptung b) wegen Korollar 7.2.10 äquivalent mit $0 \in M^i = F(\bar{x}) + DF(\bar{x})(C^i - \bar{x}) + \mathcal{K}^i$.

1. Aus der Regularität folgen a) und b):
    Sei (P) in $\bar{x}$ regulär.
    a) Annahme: Die Matrix A habe keinen vollen Zeilenrang. Dann gibt es ein Paar $(s, t) \neq (0, 0)$ von Vektoren mit $s^T H\,DF(\bar{x}) + t^T G = 0$. Wäre $s^T H = 0$, so müsste $s = 0$ gelten, denn H besitzt vollen Zeilenrang. Es wäre dann auch $t^T G = 0$, d. h. $t = 0$, weil auch die Zeilen von G linear unabhängig sind. Dies widerspricht $(s, t) \neq (0, 0)$. Also ist $s^T H \neq 0$ und

$$\begin{aligned} s^T H M &= s^T H\big(F(\bar{x}) + DF(\bar{x})(C - \bar{x}) + \mathcal{K}\big) \\ &= s^T H\,DF(\bar{x})(C - \bar{x}) \quad (\text{wegen} - F(\bar{x}) \in \mathcal{K},\ H\mathcal{K} = 0) \\ &= -t^T G(C - \bar{x}) \\ &= 0 \quad (\text{nach Definition von } G \text{ ist } G(C - \bar{x}) = 0). \end{aligned}$$

Wegen der Regularität 9.1.13 gibt es eine Kugel $U = \{z \in \mathbb{R}^m \mid \|z\| < \varepsilon, \varepsilon > 0$, mit $0 \in U \subset M := F(\bar{x}) + DF(\bar{x})(C - \bar{x}) + \mathcal{K}$. Also ist $s^T H U \subseteq s^T H M = 0$. Da U eine volle Umgebung von 0 ist, folgt $s^T H = 0$, was den gewünschten Widerspruch liefert.

b) Wegen der Regularitätsbedingung ist $0 \in M^o \subset M^i = F(\bar{x}) + DF(\bar{x})(C^i - \bar{x}) + \mathcal{K}^i$. Also ist M^i nicht leer, und es gilt b).

2. Aus a) und b) folgt die Regularität:

Aus b) folgt $0 \in M^i$. Wäre $M^o \neq M^i$, so wäre dim aff $(M) < m$, und es gäbe ein $v \in \mathbb{R}^m$, $v \neq 0$ mit $v^T M = 0$. Aus der Definition von M folgt dann insbesondere $v^T F(\bar{x}) = 0$ und

(i) $v^T DF(\bar{x})(C - \bar{x}) = 0$, also $v^T DF(\bar{x})(x - \bar{x}) = 0$ für alle $x \in$ aff (C).

(ii) $v^T \mathcal{K} = 0$, also $v^T k = 0$ für alle $k \in$ aff $(\mathcal{K})$.

Falls $G\tilde{x} = 0$, d. h. $x = \tilde{x} + \bar{x} \in$ aff (C), dann folgt aus (i) auch $v^T DF(\bar{x})\tilde{x} = 0$. Also wird $v^T DF(\bar{x})$ von den Zeilen von G aufgespannt: es gibt ein $t \in \mathbb{R}^k$ mit $v^T DF(\bar{x}) = t^T G$. Als Konsequenz von (ii) impliziert $Hk = 0$ die Gleichung $v^T k = 0$. Also gibt es ein $s \in \mathbb{R}^l$, so dass $v^T = s^T H$. Wegen $v \neq 0$ ist $s \neq 0$ und somit $s^T H DF(\bar{x}) = v^T DF(\bar{x}) = t^T G$. Es folgt

$$\left(s^T, -t^T\right) A = \left(s^T, -t^T\right) \begin{bmatrix} H \, DF(\bar{x}) \\ G \end{bmatrix} = 0.$$

Da die Zeilen von A nach Voraussetzung a) linear unabhängig sind, erhält man $(s, -t) = (0, 0)$ im Widerspruch zu $s \neq 0$. $\qquad \square$

Für den Spezialfall (P') kann die Regularitätsbedingung 9.1.13 aufgrund von obigem Satz wie folgt formuliert werden:

Satz 9.1.19 (MFCQ und LICQ) *Sei $\bar{x} \in \mathcal{S}$ mit*

$$\mathcal{S} := \left\{x \in \mathbb{R}^n \mid f_1(x) \leq 0, \ldots, f_p(x) \leq 0, f_{p+1}(x) = \cdots = f_m(x) = 0\right\}.$$

$\mathcal{S}$ ist in $\bar{x}$ im Sinne von Definition 9.1.13 genau dann regulär, wenn die Gradienten $Df_{p+1}(\bar{x})$, ..., $Df_m(\bar{x})$ linear unabhängig sind und es ein $s \in \mathbb{R}^n$ gibt mit $Df_j(\bar{x})s = 0$ für $p + 1 \leq j \leq m$, und $Df_i(\bar{x})s < 0$, für die Indizes $i \in I(\bar{x}) := \{i \leq p \mid f_i(\bar{x}) = 0\}$. Diese Formulierung der Regularitätsbedingung wird auch Mangasarian-Fromowitz Constraint Qualification (MFCQ) genannt.

Hinreichend für die Regularität ist die sogenannte LICQ (Linear Independence Constraint Qualification) bei der gefordert wird, dass die $Df_i(\bar{x})$ für $i \in I(\bar{x}) \cup \{p+1, \ldots, m\}$ linear unabhängig sind.

Vor dem Beweis des Satzes sei noch einmal der Hinweis nach Definition 9.1.13 wiederholt: Streng genommen ist nicht die Menge $\mathcal{S}$ regulär, sondern die Beschreibung der Menge $\mathcal{S}$; definiert man $f_{m+1}(x) := 0$ für alle $x \in \mathbb{R}^n$ und fügt die Bedingung „$f_{m+1}(x) = 0$" zur Beschreibung von $\mathcal{S}$ mit hinzu, so ändert dies die Menge $\mathcal{S}$ nicht, aber die Regularität ist dann immer verletzt.

Beweis Wir untersuchen die Frage, wann die Regularitätsbedingung 9.1.13

$$0 \in \big(F(\bar{x}) + DF(\bar{x})(\mathbb{R}^n - \bar{x}) + \mathcal{K}\big)^o$$

mit $F = (f_1, \ldots, f_m)^T$ und dem Kegel

$$\mathcal{K} = \big\{u \in \mathbb{R}^m \mid u_1 \geq 0, \ldots, u_p \geq 0, u_{p+1} = \cdots = u_m = 0\big\}$$

gilt. Hier ist $C = \mathbb{R}^n$ (die Matrix G mit (9.1.17) ist also die leere Matrix) und aff $(\mathcal{K}) = \{u \in \mathbb{R}^m \mid Hu = 0\}$ mit der $(m - p) \times m$-Matrix

$$H = \begin{bmatrix} 0 & \cdots & 0 & 1 & & \\ \vdots & & \vdots & & \ddots & \\ 0 & \cdots & 0 & & & 1 \end{bmatrix}.$$

$$\begin{array}{cccc} \uparrow & \uparrow & \uparrow & \uparrow \\ 1 & p & p{+}1 & m \end{array}$$

a) Die $(m - p) \times m$-Matrix

$$A := \begin{bmatrix} HDF(\bar{x}) \\ G \end{bmatrix} = HDF(\bar{x})$$

des letzten Satzes besitzt vollen Zeilenrang genau dann, wenn die Vektoren $Df_{p+1}(\bar{x})$, ..., $Df_m(\bar{x})$ linear unabhängig sind.

b) Die zweite Bedingung aus Satz 9.1.18 besagt: Es existiert ein $x^1 \in \mathbb{R}^n (= C^i)$ mit

$$F(\bar{x}) + DF(\bar{x})(x^1 - \bar{x}) \in -\mathcal{K}^i.$$

Dies ist genau dann der Fall, wenn es ein $s \in \mathbb{R}^n$ gibt mit $Df_j(\bar{x})s = 0$ für $p+1 \leq j \leq m$ und $Df_i(\bar{x})s < 0$ für $i \in I(\bar{x})$.

Um die hinreichende Bedingung zu sehen, setzen wir zunächst $K = K(\bar{x}) := I(\bar{x}) \cup \{p+1, \ldots, m\}$. Wir unterteilen die $|K| \times n$-Matrix $DF_K(\bar{x}) = (M_1, M_2)$, wobei M_1 wegen rg $DF_K(\bar{x}) = |K|$ so gewählt werden kann, dass M_1 quadratisch und nichtsingulär ist. Wähle

u mit $u_{I(\bar{x})} < 0$ und $u_{\{p+1,\ldots,m\}} = 0$, dann liefert $s_1 := M_1^{-1}u$, $s_2 := 0$, $s := (s_1, s_2)^T$ die gewünschten Beziehungen. Die MFCQ ist also äquivalent zur Regularitätsbedingung 9.1.13.

Da das System

$$Df_i(\bar{x})s = -1, \ i \in I(\bar{x}), \quad Df_j(\bar{x})s = 0, \ (p+1 \le j \le m)$$

unter der LICQ immer eine Lösung $s \in \mathbb{R}^n$ hat, ist die MFCQ stets erfüllt, wenn die LICQ erfüllt ist. $\qquad\square$

Bemerkung

Falls die MFCQ erfüllt ist, so bilden die Bedingungen a), b), c) in Satz 9.1.16 für festes $\bar{x}$ ein System von linearen Gleichungen und Ungleichungen an $\bar{y}$. Die Menge der $\bar{y}$ ist daher eine abgeschlossene konvexe Menge. Multipliziert man jetzt noch die Gleichung c) von rechts mit dem Vektor s aus Satz 9.1.19, so folgt die Beschränktheit der y_i zu den aktiven Ungleichungen. Damit folgt dann ebenfalls aus c) auch die Beschränktheit der y_j zu den Gleichungen aufgrund der linearen Unabhängigkeit der zugehörigen Gradienten. Somit ist die Menge der Lagrange-Multiplikatoren in Satz 9.1.16 unter der MFCQ konvex und kompakt.

Beispiel Wir kehren noch einmal zu dem Beispiel 9.1.12 (s. Abb. 9.1) mit $\bar{x} = (0, 0)^T$ und $\mathcal{S} = \{x \mid x_2 \ge 0, \ x_2 \le x_1^3\}$ zurück. Wie wir gesehen hatten, ist $\bar{x}$ nicht die Optimallösung des linearisierten Problems. (Dies kann nur passieren, weil die zulässige Menge im Optimalpunkt nicht regulär ist.)

Mit der zusätzlichen Restriktion $x_1 \ge 0$ erreicht man in diesem Beispiel, dass $\mathcal{L}(\mathcal{S}; \bar{x}) = \mathcal{T}(\mathcal{S}; \bar{x})$. Dann ist $Df(\bar{x})s \ge 0$ für alle $s \in \mathcal{L}(\mathcal{S}; \bar{x})$. Nun ist $s \in \mathcal{L}(\mathcal{S}; \bar{x})$ genau dann, wenn $s = \lambda(x - \bar{x}) = \lambda x$ mit $\lambda \ge 0$ und $DF(\bar{x})x \le 0$. Mit dem Lemma von Farkas:

$$(A^T y \le 0 \Longrightarrow b^T y \le 0) \iff (\exists w \ge 0 : b = Aw)$$

folgt die Existenz eines Multiplikators $y \ge 0$ mit $Df(\bar{x}) + y^T DF(\bar{x}) = 0$, d.h. die Aussage aus Satz 9.1.15 gilt „ausnahmsweise", obwohl die zulässige Menge im Optimalpunkt immer noch nicht im Sinne von Robinson regulär ist.

Weitere Bemerkung Wenn, wie im obigen Beispiel, die Gleichheit $\mathcal{L}(\mathcal{S}; \bar{x}) = \mathcal{T}(\mathcal{S}; \bar{x})$ erfüllt ist, sagt man auch, die Menge $\mathcal{S}$ erfüllt in $\bar{x}$ die *Abadie constraint qualification* (ACQ). Noch etwas schwächer ist die *Guignard constraint qualification* (GCQ), die verlangt, dass die polaren Kegel (siehe Definition 7.3.1) von $\mathcal{L}(\mathcal{S}; \bar{x})$ und $\mathcal{T}(\mathcal{S}; \bar{x})$ übereinstimmen. Die Verifizierung, dass die ACQ oder die GCQ erfüllt sind, ist in der Regel aufwändig sofern sie nicht durch Nachweis der stärkeren MFCQ erfolgt. Die ACQ und GCQ spielen aber z. B. bei der Analyse von sogenannten MPCCs (mathematical programs with complementarity constraints), d. h. Optimierungsproblemen mit „Komplementaritätsnebenbedingungen", oder von MPECs (mathematical programs with equilibrium constraints), für die die MFCQ in der Regel verletzt sind, eine Rolle, siehe z. B. [180]. MPECs treten unter anderem bei Problemen aus den Wirtschaftswissenschaften auf, bei denen durch die „equilibrium constraints" z. B. ein Gleichgewicht des Marktes charakterisiert wird, aber auch bei Anwendungen aus den Ingenieurwissenschaften. Eine umfassende Einführung zu MPECs ist in [111] geschildert und ein speziell angepasster Lösungsansatz findet sich z. B. in [51].

Die Robinson-Bedingung impliziert die Existenz von hinreichend vielen differenzierbaren Kurven, die im Punkt $\bar{x}$ starten und zunächst in der zulässigen Menge verlaufen. Dieser Sachverhalt, der im nächsten Lemma präzisiert wird, ist für den Beweis von Satz 9.1.14 wichtig.

Lemma 9.1.20 *Sei* (P) *in* $\bar{x} \in \mathcal{S}$ *regulär. Dann gelten für jedes* $x^1 \in C^i$ *mit* $F(\bar{x}) + DF(\bar{x})(x^1 - \bar{x}) \in -\mathcal{K}^i$ *und* $s := x^1 - \bar{x}$ *folgende Aussagen:*

1. *Es gibt ein* $\varepsilon > 0$ *und eine auf* $[0, \varepsilon]$ *differenzierbare Funktion* $x \colon [0, \varepsilon] \to \mathbb{R}^n$ *mit* $x(0) = \bar{x}$ *und* $\dot{x}(0) = s$, *so dass für alle* $t \in [0, \varepsilon]$ *gilt:*

$$x(t) \in \text{aff}\,(C), \quad F(x(t)) \in \text{aff}\,(\mathcal{K})$$

2. *Es gibt ein* $\varepsilon_1 \in (0, \varepsilon]$, *so dass* $x(t) \in C$ *und* $F(x(t)) \leq_\mathcal{K} 0$ *für alle* $t \in [0, \varepsilon_1]$: *Es gibt also eine differenzierbare Kurve* $x(t)$ *mit* $x(0) = \bar{x}$, $\dot{x}(0) = s$ *und* $x(t) \in \mathcal{S}$ *für kleines* $t > 0$.

Bemerkung
Wegen der Regularitätsbedingung gilt für die Menge

$$M = \{F(\bar{x}) + DF(\bar{x})(C - \bar{x}) + \mathcal{K}\}$$

$0 \in M^o = M^i = F(\bar{x}) + DF(\bar{x})(C^i - \bar{x}) + \mathcal{K}^i$, so dass es Punkte $x^1 \in C^i$ mit $F(\bar{x}) + DF(\bar{x})(x^1 - \bar{x}) \in -\mathcal{K}^i$ gibt.

Beweis Sei $A(x)$ die Matrix

$$A(x) := \begin{bmatrix} H\,DF(x) \\ G \end{bmatrix}$$

wie in Satz 9.1.18, d. h. aff $(C) = \{x \in \mathbb{R}^n \mid Gx = g\}$ und aff $(\mathcal{K}) = \{x \mid Hx = 0\}$. Wegen der Regularität besitzt $A(\bar{x})$ vollen Zeilenrang (Satz 9.1.18). Aus der Stetigkeit von $DF(x)$ folgt, dass auch $A(x)$ für $\|x - \bar{x}\| \leq \tilde{\varepsilon}$ und kleines $\tilde{\varepsilon} > 0$ ebenfalls vollen Zeilenrang hat. Setze $P(x) := A(x)^T \left(A(x)A(x)^T\right)^{-1} A(x)$ für $\|x - \bar{x}\| \leq \tilde{\varepsilon}$. $P(x)$ ist die Orthogonalprojektion mit $P(x)z = 0$ für alle $z \in N\big(A(x)\big)$ aus dem Nullraum von $A(x)$, und $P(x)z = z$ für alle $z \in R\big(A(x)^T\big)$ aus dem Bild von $A(x)^T$.

Dann gilt für jeden Vektor s, der die Bedingungen des Lemmas erfüllt,

$$A(\bar{x})s = \begin{pmatrix} H\,DF(\bar{x})s \\ Gs \end{pmatrix} = 0,$$

denn wegen $x^1 \in C^i \subseteq \text{aff}\,(C)$ ist

$$Gs = G(x^1 - \bar{x}) = g - g = 0$$

und

$$DF(\bar{x})s \in -F(\bar{x}) - \mathcal{K}^i \subset \mathcal{K} - \mathcal{K} \subseteq \text{aff}\,(\mathcal{K}),$$

d.h. $H\,DF(\bar{x})s = 0$.

Betrachte folgendes Anfangswertproblem für eine gewöhnliche Differentialgleichung

$$\dot{x} = \bigl(I - P(x)\bigr)s, \quad x(0) = \bar{x}.$$

Die Abbildung $x \mapsto \bigl(I - P(x)\bigr)s$ ist eine stetige Vektorfunktion für $\|x - \bar{x}\| < \tilde{\varepsilon}$. Nach dem Satz von Peano gibt es ein $\varepsilon > 0$ und eine Funktion $x(t)$ mit $x(0) = \bar{x}$ und $\dot{x}(t) = \bigl(I - P(x(t))\bigr)s$ für $t \in [0, \varepsilon]$. Da $A(\bar{x})s = 0$ ist, folgt $\dot{x}(0) = \bigl(I - P(\bar{x})\bigr)s = s$. Es ist

$$\begin{pmatrix} H\,F\bigl(x(t)\bigr) \\ Gx(t) \end{pmatrix} = \begin{pmatrix} 0 \\ g \end{pmatrix} \iff \begin{cases} F\bigl(x(t)\bigr) \in \text{aff}\,(\mathcal{K}) \\ x(t) \in \text{aff}\,(C). \end{cases}$$

Die linke Seite ist sicherlich für $t = 0$ richtig. Wegen $A(x)(I - P(x)) = 0$ folgt

$$\frac{d}{dt}\begin{pmatrix} H\,F\bigl(x(t)\bigr) \\ Gx(t) \end{pmatrix} = \begin{bmatrix} H\,DF\bigl(x(t)\bigr) \\ G \end{bmatrix}\dot{x}(t)$$

$$= A\bigl(x(t)\bigr)\bigl(I - P(x(t))\bigr)s = 0,$$

und daher

$$\begin{pmatrix} H\,F\bigl(x(t)\bigr) \\ Gx(t) \end{pmatrix} = \begin{pmatrix} 0 \\ g \end{pmatrix}$$

für alle $t \in [0, \varepsilon]$, d.h. es gilt 1).

Da C konvex ist, $x(0) = \bar{x} \in C$, $x(0) + \dot{x}(0) = \bar{x} + s = x^1 \in C^i$, liegt $x(t)$ für kleine $t > 0$ in C. Ebenso ist $F(\bar{x}) = F(x(0)) \in -\mathcal{K}$ und

$$F\bigl(x(0)\bigr) + \frac{d}{dt}F\bigl(x(t)\bigr)\Big|_{t=0} = F(\bar{x}) + DF(\bar{x})\,s \in -\mathcal{K}^i,$$

d.h. in $t = 0$ zeigt die Tangente an die Kurve $F(x(t)) \in \mathbb{R}^m$ in Richtung $-\mathcal{K}^i$, und wie oben folgt aus der Konvexität von $\mathcal{K}$, dass $F(x(t)) \in -\mathcal{K}$ für kleine $t \geq 0$. Dies zeigt 2). $\square$

Wir können nun den Beweis von Satz 9.1.14 nachholen:

Beweis Sei

$$s^0 \in \mathcal{L}(\mathcal{S}; \bar{x}) = \Big\{ s \in \mathbb{R}^n \mid \exists \lambda \geq 0 \; \exists x \in C : \; s = \lambda(x - \bar{x}),$$

$$F(\bar{x}) + DF(\bar{x})(x - \bar{x}) \leq_{\mathcal{K}} 0 \Big\}.$$

Wir zeigen $s^0 \in \mathcal{T}(S; \bar{x})$. Da $\mathcal{T}(S; \bar{x})$ und $\mathcal{L}(\mathcal{S}; \bar{x})$ Kegel sind, können wir o. B. d. A. annehmen, dass s^0 die Form $s^0 = x^0 - \bar{x}$ mit einem $x^0 \in C$ mit $F(\bar{x}) + DF(\bar{x})(x^0 - \bar{x}) \leq_{\mathcal{K}} 0$ besitzt.

Aus der Regularität folgt: Es gibt ein $x^1 \in C^i$ mit $F(\bar{x}) + DF(\bar{x})(x^1 - \bar{x}) \in -\mathcal{K}^i$. Setze $s^1 := x^1 - \bar{x}$ und

$$w^k := \tfrac{k-1}{k} s^0 + \tfrac{1}{k} s^1 = \tfrac{k-1}{k} x^0 + \tfrac{1}{k} x^1 - \bar{x}.$$

Wegen $x^0 \in C$, $x^1 \in C^i$, gilt

$$\tfrac{k-1}{k} x^0 + \tfrac{1}{k} x^1 \in C^i$$

für $k \geq 1$ wegen Lemma 7.2.6. Außerdem ist $F(\bar{x}) + DF(\bar{x}) w^k \in -\mathcal{K}^i$. Nach Hilfssatz 9.1.20 gibt es zu jedem k ein $\varepsilon_k > 0$ und eine Kurve $x^k : [0, \varepsilon_k] \to \mathbb{R}^n$ mit $x^k(0) = \bar{x}$ und $\dot{x}^k(0) = w^k$, so dass $x(t)$ für $t \in [0, \varepsilon_k]$ zulässig für (P) ist. Also gilt für jedes $k \geq 1$

$$w^k = \lim_{t \downarrow 0} \frac{x_k(t) - \bar{x}}{t} \in \mathcal{T}(\mathcal{S}; \bar{x}).$$

Da $\mathcal{T}(\mathcal{S}; \bar{x})$ abgeschlossen ist und $\lim_{k \to \infty} w^k = s^0$, folgt $s^0 \in \mathcal{T}(\mathcal{S}; \bar{x})$. Dies zeigt $\mathcal{L}(\mathcal{S}; \bar{x}) \subseteq \mathcal{T}(\mathcal{S}; \bar{x})$. $\qquad\square$

Für den wichtigen Spezialfall (P') gilt stets die umgekehrte Inklusion als in Satz 9.1.14:

Lemma 9.1.21 *Falls für (P') die Voraussetzung 9.1.9 gilt, so ist $\mathcal{T}(\mathcal{S}; \bar{x}) \subseteq \mathcal{L}(\mathcal{S}; \bar{x})$.*

Beweis Übung 9.4.

Korollar 9.1.22 *Unter der Voraussetzung 9.1.9 gilt für reguläre Probleme (P')*

$$\mathcal{T}(\mathcal{S}; \bar{x}) = \mathcal{L}(\mathcal{S}; \bar{x}).$$

Wir können die bisherige Diskussion so zusammenfassen: Als Kandidaten für lokale Minima von (P) oder von (P') kommen nur Kuhn-Tucker Punkte $\bar{x}$ infrage sowie die Punkte, in denen (P) nicht regulär ist.

9.2 Optimalitätsbedingungen zweiter Ordnung

In diesem Abschnitt untersuchen wir nur noch das Problem (P'):

$$\inf \big\{ f(x) \mid x \in \mathbb{R}^n : \ f_i(x) \leq 0, \ i = 1, \ldots, p, \quad f_j(x) = 0, \ j = p + 1, \ldots, m \big\}.$$

Zusätzlich zu den Optimalitätsbedingungen erster Ordnung aus Abschn. 9.1 suchen wir jetzt notwendige bzw. hinreichende Bedingungen zweiter Ordnung für ein lokales Minimum, also Bedingungen, die die zweiten Ableitungen von f und f_i, $i = 1, 2, \ldots, m$, verwenden.

Beispiel Falls $p = m = 0$ ist, so ist (s. Satz 6.0.2) für eine lokale Minimalstelle von $f : \mathbb{R}^n \to \mathbb{R}$ in $\bar{x} \in \mathbb{R}^n$ notwendig, dass $\nabla f(\bar{x}) = 0$ und die Hessematrix $\nabla^2 f(\bar{x})$ positiv semidefinit ist.

Hinreichend für eine lokale Minimalstelle sind die Bedingungen $\nabla f(\bar{x}) = 0$ und die positive Definitheit von $\nabla^2 f(\bar{x})$ (s. Satz 6.0.3).

Für die skalare Funkion $f : \mathbb{R} \to \mathbb{R}$, $f(x) := x^k$, mit festem $k \geq 2$ ist

$$\nabla f(0) = 0, \quad \nabla^2 f(0) = \begin{cases} 2 \ \text{für } k = 2, \\ 0 \ \text{für } k \geq 3. \end{cases}$$

Dabei besitzt f für nur gerades k eine lokale Minimalstelle in $\bar{x} = 0$. Die Lücke zwischen notwendigen und hinreichenden Bedingungen erster und zweiter Ordnung (d.h Bedingungen, die nur Ableitungen bis zur Ordnung zwei verwenden) lässt sich selbst in diesem einfachen Beispiel nicht ganz schließen.

Um weitere notwendige bzw. hinreichende Optimalitätsbedingungen für lokale Minima von (P') anzugeben, benötigen wir bei nicht-konvexen Problemen Informationen über die zweiten Ableitungen der Funktionen f und f_i, $i = 1, 2, \ldots, m$.

Wir beginnen mit einem einfachen Lemma.

Lemma 9.2.1

Sei $\varphi : \mathbb{R}^n \to \mathbb{R}$ zweimal stetig differenzierbar, $\varphi \in C^2(\mathbb{R}^n)$, und $\mathcal{S} \subseteq \mathbb{R}^n$ eine beliebige Menge. Ferner sei $\bar{x} \in \mathcal{S}$ ein Punkt mit $\nabla \varphi(\bar{x}) = 0$. Dann gilt:

1. *Falls $\bar{x}$ eine lokale Minimalstelle von φ auf $\mathcal{S}$ ist, so ist $s^T \nabla^2 \varphi(\bar{x}) s \geq 0$ für alle $s \in \mathcal{T}(\mathcal{S}; \bar{x})$.*
2. *Falls $s^T \nabla^2 \varphi(\bar{x}) s > 0$ für alle $s \in \mathcal{T}(\mathcal{S}; \bar{x})$, dann ist $\bar{x}$ eine strikte lokale Minimalstelle von φ auf $\mathcal{S}$: Es gibt ein $\varepsilon > 0$ und ein $\delta > 0$, so dass*

$$\varphi(x) \geq \varphi(\bar{x}) + \epsilon \left\| x - \bar{x} \right\|^2$$

für alle $x \in \mathcal{S}$ mit $\| x - \bar{x} \| \leq \delta$.

Beweis

1. Sei $s \in \mathcal{T}(\mathcal{S}; \bar{x})$, d. h. $s = \lim_{k\to\infty} \lambda_k(x^k - \bar{x})$ mit $\lambda_k \geq 0$, $x^k \in \mathcal{S}$ und $\lim_{k\to\infty} x^k = \bar{x}$. Es folgt durch Taylorentwicklung wegen $D\varphi(\bar{x}) = 0$ für großes k:

$$0 \leq \varphi(x^k) - \varphi(\bar{x}) = \tfrac{1}{2}(x^k - \bar{x})^T \nabla^2 \varphi(\bar{x})(x^k - \bar{x}) + o\big(\|x^k - \bar{x}\|^2\big),$$

also auch

$$0 \leq \tfrac{1}{2}\lambda_k(x^k - \bar{x})^T \nabla^2 \varphi(\bar{x})\lambda_k(x^k - \bar{x}) + \lambda_k^2\, o\big(\|x^k - \bar{x}\|^2\big).$$

Wegen $s = \lim_{k\to\infty} \lambda_k(x^k - \bar{x})$ folgt

$$\lim_k \lambda_k^2\, o\big(\|x^k - \bar{x}\|^2\big) = \lim_k \big\|\lambda_k(x^k - \bar{x})\big\|^2 \frac{o(\|x^k - \bar{x}\|^2)}{\|x^k - \bar{x}\|^2} = 0$$

und

$$0 \leq \tfrac{1}{2}s^T \nabla^2 \varphi(\bar{x})s.$$

2. Wenn die Behauptung falsch ist, gibt es zu jeder natürlichen Zahl $k \geq 1$ ein $x^k \in \mathcal{S}$ mit

$$\|x^k - \bar{x}\| \leq 1/k, \quad \varphi(x^k) < \varphi(\bar{x}) + \|x^k - \bar{x}\|^2/k.$$

Also ist $x^k \neq \bar{x}$ für alle $k \geq 1$. Die Folge

$$\frac{x^k - \bar{x}}{\|x^k - \bar{x}\|}, \quad k \geq 1,$$

ist beschränkt und besitzt deshalb einen Häufungspunkt s. Es gibt also eine Teilfolge $(k_i)_i$ mit

$$\lim_{i\to\infty} \frac{x^{k_i} - \bar{x}}{\|x^{k_i} - \bar{x}\|} = s.$$

Mit den Zahlen

$$\lambda_i := \frac{1}{\|x^{k_i} - \bar{x}\|} > 0$$

gilt $\lim_{i\to\infty} \lambda_i\big(x^{k_i} - \bar{x}\big) = s$ und $x^{k_i} \in \mathcal{S}$. Also ist $s \in \mathcal{T}(\mathcal{S}; \bar{x})$. Es folgt durch Taylorentwicklung wegen $D\varphi(\bar{x}) = 0$

$$\varphi(\bar{x}) + \frac{1}{k_i}\|x^{k_i} - \bar{x}\|^2$$
$$> \varphi(x^{k_i})$$
$$= \varphi(\bar{x}) + \tfrac{1}{2}\big(x^{k_i} - \bar{x}\big)^T \nabla^2 \varphi(\bar{x})\big(x^{k_i} - \bar{x}\big) + o\big(\|x^{k_i} - \bar{x}\|^2\big).$$

Nach Multiplikation mit λ_i^2 erhält man die Ungleichung

$$\frac{1}{k_i}\left(\lambda_i \|x^{k_i} - \bar{x}\|\right)^2 > \tfrac{1}{2}\lambda_i\left(x^{k_i} - \bar{x}\right)^T \nabla^2\varphi(\bar{x})\,\lambda_i\left(x^{k_i} - \bar{x}\right)$$
$$+\lambda_i^2\, o\!\left(\|x^{k_i} - \bar{x}\|^2\right),$$

und für $i \to \infty$ wie oben

$$0 \geq \tfrac{1}{2}s^T D^2\varphi(\bar{x})s,$$

im Widerspruch zur Annahme. $\qquad\square$

Bemerkung

Falls $\bar{x} \in \mathcal{S}^o$, so ist $\mathcal{T}(\mathcal{S}; \bar{x}) = \mathbb{R}^n$ und das Lemma liefert die klassischen Sätze 6.0.2 und 6.0.3.

In der Regel gilt in einer lokalen Minimalstelle $\bar{x} \in \mathcal{S}$ nicht $\nabla\varphi(\bar{x}) = 0$. Wie wir aber im letzten Kapitel gesehen haben, erfüllt die Lagrangefunktion

$$L(x, y) := f(x) + y^T F(x) = f(x) + \sum_{i=1}^{m} y_i f_i(x)$$

von (P') die Voraussetzung $\nabla_x L(\bar{x}, \bar{y}) = 0$, falls $(\bar{x}, \bar{y})$ Kuhn-Tucker Paar von (P') ist. Wir können deshalb die Lösung von allgemeineren Problemen der Form (P') mittels der Lagrangefunktion auf Lemma 9.2.1 zurückführen. Wir erhalten so folgenden Satz:

Satz 9.2.2 (Notwendige Bedingungen 2. Ordnung)
Für das Problem (P') gelte:

1. $f \in C^2(\mathbb{R}^n)$ und $F = (f_1, \ldots, f_m)^T \in C^2(\mathbb{R}^n)$. *Weiter sei $L(x, y)$ die Lagrangefunktion von (P').*

2. $\bar{x} \in \mathcal{S}$ *sei eine lokale Minimalstelle für (P'), wobei*

$$\mathcal{S} := \left\{x \in \mathbb{R}^n \mid f_i(x) \leq 0 \text{ für } 1 \leq i \leq p, \quad f_j(x) = 0 \text{ für } p+1 \leq j \leq m\right\}.$$

3. *Es gibt ein $\bar{y} \in \mathbb{R}^m$ so dass $(\bar{x}, \bar{y})$ ein Kuhn-Tucker Paar von (P') ist, d. h. es ist*

α) $\bar{y}_i \geq 0$ *für* $1 \leq i \leq p$,
β) $\bar{y}_i f_i(\bar{x}) = 0$ *für* $1 \leq i \leq p$,
γ) $\nabla_x L(x, \bar{y})\mid_{x=\bar{x}} = \nabla f(\bar{x}) + \left(DF(\bar{x})\right)^T \bar{y} = 0$,

Dann gilt

$$s^T\left(\nabla_x^2 L(x, \bar{y})\mid_{x=\bar{x}}\right)s \geq 0 \quad \text{für alle } s \in \mathcal{T}(\mathcal{S}_1; \bar{x}),$$

wobei

$$\mathcal{S}_1 := \{x \in \mathcal{S} \mid f_i(x) = 0 \text{ für alle } i \in \tilde{I}(\bar{x})\}.$$

Hier ist $\tilde{I}(\bar{x})$ die Indexmenge

$$\tilde{I}(\bar{x}) := \{i \in I(\bar{x}) \mid \bar{y}_i > 0\}.$$

In diesem Satz können wir $\tilde{I}(\bar{x})$ als die Menge der „wichtigen" aktiven Indizes interpretieren, weil sie zu positiven Lagrangemultiplikatoren $\bar{y}_i > 0$ gehören.

Die Menge $\mathcal{S}$ wird also mittels der weiteren Gleichungsrestriktionen $f_i(x) = 0$ für $i \in \tilde{I}(\bar{x})$ zur Menge $\mathcal{S}_1$ verkleinert. Auf dem Tangentialkegel dieser verkleinerten Menge muss die Hessematrix der Lagrangefunktion „positiv semidefinit" sein. Der Kegel $T(\mathcal{S}_1, \bar{x})$ wird auch Kegel der kritischen Richtungen genannt, da die Krümmung der Lagrangefunktion in Richtung $T(\mathcal{S}_1, \bar{x})$ entscheidend dafür ist, ob ein KKT-Punkt $\bar{x}$ eine lokale Minimalstelle sein kann oder nicht.

Bemerkung

Falls die Lagrange-Multiplikatoren nicht eindeutig sind, so hängen sowohl $\tilde{I}(\bar{x})$ als auch die Lagrangefunktion und $\mathcal{S}_1$ sowie $T(\mathcal{S}_1, \bar{x})$ von der speziellen Wahl des Lagrange-Multiplikators $\bar{y}$ ab. Die notwendigen Bedingungen 2. Ordnung müssen dabei für jede Wahl erfüllt sein.

Beweis Sei $(\bar{x}, \bar{y})$ ein Kuhn-Tucker Paar von (P'), das die Bedingungen $\alpha) - \gamma)$ erfüllt. Dann gilt für $x \in \mathcal{S}_1$ nach Definition von $\mathcal{S}_1$

$$L(x, \bar{y}) = f(x) + \sum_{i=1}^{p} \bar{y}_i f_i(x) + \sum_{j=p+1}^{m} \bar{y}_j f_j(x) = f(x).$$

Denn für $i \leq p$ und $x \in \mathcal{S}_1$ ist entweder $\bar{y}_i = 0$ oder $f_i(x) = 0$ und für $j \geq p + 1$ gilt $f_j(x) = 0$. Wegen $\mathcal{S}_1 \subseteq \mathcal{S}$ ist $\bar{x}$ somit lokale Minimalstelle von $\varphi(x) := L(x, \bar{y})$ auf $\mathcal{S}_1$ und wegen $\gamma)$ ist

$$D\varphi(\bar{x}) = D_x L(x, \bar{y}) \mid_{x=\bar{x}} = 0.$$

Aus Lemma 9.2.1 (mit $\mathcal{S}_1$ an Stelle von $\mathcal{S}$) folgt dann

$$0 \leq s^T \nabla^2 \varphi(\bar{x}) s = s^T \left(\nabla_x^2 L(x, \bar{y}) \mid_{x=\bar{x}}\right) s \text{ für alle } s \in T(\mathcal{S}_1; \bar{x}). \qquad \square$$

Falls auch $\mathcal{S}_1$ in $\bar{x}$ regulär ist, können wir wegen Korollar 9.1.22 den Tangentialkegel $T(\mathcal{S}_1; \bar{x})$ durch lineare Gleichungen und Ungleichungen beschreiben, $T(\mathcal{S}_1; \bar{x}) = \mathcal{L}(\mathcal{S}_1; \bar{x})$, wobei mit der Abkürzung $K(\bar{x}) := \tilde{I}(\bar{x}) \cup \{p + 1, \ldots, m\}$ der Kegel $\mathcal{L}(\mathcal{S}_1; \bar{x})$ gegeben ist durch:

$$\mathcal{L}(\mathcal{S}_1; \bar{x}) := \Big\{ s \in \mathbb{R}^n \mid Df_j(\bar{x})s = 0 \text{ für } j \in K(\bar{x}) \text{ und}$$
$$Df_i(\bar{x})s \leq 0 \text{ für } i \in I(\bar{x}) \setminus \tilde{I}(\bar{x}) \Big\}. \tag{9.2.3}$$

Die Regularität von $\mathcal{S}_1$ in $\bar{x}$ nennt man die *Regularitätsbedingung 2. Ordnung in $\bar{x}$*: Wegen Satz 9.1.19 ist dies äquivalent + zu folgender Definition:

Definition 9.2.4 (P') *erfüllt die Regularitätsbedingung 2. Ordnung in $\bar{x}$, falls gilt:*

1. $Df_i(\bar{x})$, $i \in \tilde{I}(\bar{x}) \cup \{p+1, \ldots, m\}$, *sind linear unabhängig.*
2. *Es gibt ein $s \in \mathbb{R}^n$ mit*

$$Df_i(\bar{x})s = 0 \quad \text{für} \quad i \in \tilde{I}(\bar{x}) \cup \{p+1, \ldots, m\}, \tag{9.2.5}$$
$$Df_i(\bar{x})s < 0 \quad \text{für} \quad i \in I(\bar{x}) \setminus \tilde{I}(\bar{x}). \tag{9.2.6}$$

Korollar 9.2.7
Es mögen die Voraussetzungen von Satz 9.2.2 gelten und zusätzlich noch die Regularitätsbedingung 2. Ordnung in $\bar{x}$. Dann gilt

$$s^T \nabla_x^2 L(\bar{x}, \bar{y})s \geq 0 \quad \text{für alle } s \in \mathcal{L}(\mathcal{S}_1; \bar{x}),$$

d. h. für alle s mit

$$Df_i(\bar{x})s = 0 \quad \text{für} \quad i \in \tilde{I}(\bar{x}) \cup \{p+1, \ldots, m\} \text{ und}$$
$$Df_i(\bar{x})s \leq 0 \quad \text{für} \quad i \in I(\bar{x}) \setminus \tilde{I}(\bar{x}).$$

Wie schon im Fall der nichtrestringierten Minimierung gilt auch für (P') im Wesentlichen, dass eine Verschärfung der Semidefinitheitsaussage in Satz 9.2.2 auf strikte Definitheit hinreichend für das Vorliegen eines lokalen Minimums ist. Die genaue Aussage liefert der folgende Satz.

Satz 9.2.8 (Hinreichende Bedingung 2. Ordnung) *Zusätzlich zu den Voraussetzungen 1) und 3) von Satz 9.2.2 gelte*

$$s^T \nabla_x^2 L(\bar{x}, \bar{y})s > 0 \tag{9.2.9}$$

für alle $s \in \mathcal{L}(\mathcal{S}_1; \bar{x})$ mit $s \neq 0$.

Dann ist $\bar{x}$ eine strikte lokale Minimalstelle von (P'): Es gibt Zahlen $\varepsilon > 0$, $\delta > 0$, so dass für alle $x \in N_\delta(\bar{x}) := \{x \in \mathcal{S} \mid \|x - \bar{x}\| \leq \delta\}$ gilt

$$f(x) \geq f(\bar{x}) + \varepsilon \|x - \bar{x}\|^2.$$

Beweis Aus Lemma 9.1.21 folgt zunächst $T(\mathcal{S}_1; \bar{x}) \subseteq \mathcal{L}(\mathcal{S}_1; \bar{x})$.

Annahme: Die Behauptung des Satzes ist falsch. Dann gibt es zu jeder natürlichen Zahl $k \geq 1$ ein $x^k \in \mathcal{S}$ mit $\|x^k - \bar{x}\| \leq 1/k$ und

$$f(x^k) < f(\bar{x}) + \tfrac{1}{k}\|x^k - \bar{x}\|^2. \qquad (i)$$

Insbesondere folgt $x^k \neq \bar{x}$ für alle k. Die Folge

$$\frac{x^k - \bar{x}}{\|x^k - \bar{x}\|}, \quad k \geq 1,$$

besitzt einen Häufungspunkt s. Wir nehmen o. B. d. A. an, dass die Folge selbst konvergiert,

$$\lim_{k \to \infty} \frac{x^k - \bar{x}}{\|x^k - \bar{x}\|} = s,$$

so dass $s \in T(\mathcal{S}; \bar{x})$. Setze

$$g(x) := \sum_{i \in \tilde{I}(\bar{x})} \bar{y}_i f_i(x).$$

Dann gilt für $x \in \mathcal{S}$

$$L(x, \bar{y}) = f(x) + \bar{y}^T F(x) = f(x) + g(x).$$

Wegen (i), $g(\bar{x}) = 0$ und $g(x^k) \leq 0$ erhält man

$$\begin{aligned}
\tfrac{1}{k}\|x^k - \bar{x}\|^2 &> f(x^k) - f(\bar{x}) \\
&= \big(L(x^k, \bar{y}) - L(\bar{x}, \bar{y})\big) - \big(g(x^k) - g(\bar{x})\big) \qquad (9.2.10) \\
&\geq L(x^k, \bar{y}) - L(\bar{x}, \bar{y}).
\end{aligned}$$

Also folgt

$$\frac{1}{k} > \frac{L(x^k, \bar{y}) - L(\bar{x}, \bar{y})}{\|x^k - \bar{x}\|^2}.$$

Wegen (Taylorentwicklung)

$$L(x^k, \bar{y}) = L(\bar{x}, \bar{y}) + D_x L(\bar{x}, \bar{y})(x^k - \bar{x}) + \tfrac{1}{2}(x^k - \bar{x})^T \nabla_x^2 L(\bar{x}, \bar{y})(x^k - \bar{x}) + o\big(\|x^k - \bar{x}\|^2\big)$$

und $D_x L(\bar{x}, \bar{y}) = 0$ folgt

$$\frac{1}{k} > \frac{1}{\|x^k - \bar{x}\|^2}\left(\tfrac{1}{2}(x^k - \bar{x})^T \nabla_x^2 L(\bar{x}, \bar{y})(x^k - \bar{x}) + o\big(\|x^k - \bar{x}\|^2\big)\right)$$

und deshalb für $k \to \infty$

$$0 \geq s^T \nabla_x^2 L(\bar{x}, \bar{y}) s \qquad (9.2.11)$$

für ein $s \in \mathcal{T}(\mathcal{S}; \bar{x}) \subseteq \mathcal{L}(\mathcal{S}; \bar{x})$. Aus (9.2.10),

$$\frac{1}{k} \geq \underbrace{\frac{L(x^k, \bar{x}) - L(\bar{x}, \bar{y})}{\|x^k - \bar{x}\|^2}}_{\to s^T \nabla_x^2 L(\bar{x}, \bar{y}) s} - \frac{g(x^k) - g(\bar{x})}{\|x^k - \bar{x}\|^2},$$

folgt wegen $g(x^k) \leq g(\bar{x}) = 0$ die Existenz einer Zahl M mit

$$\frac{|g(x^k) - g(\bar{x})|}{\|x^k - \bar{x}\|^2} \leq M$$

für alle k, so dass wegen $\lim_k x^k = \bar{x}$

$$\lim_{k \to \infty} \frac{|g(x^k) - g(\bar{x})|}{\|x^k - \bar{x}\|} = 0.$$

Weiter ist

$$g(x^k) - g(\bar{x}) = \sum_{i \in \tilde{I}(\bar{x})} \bar{y}_i \big(f_i(x^k) - f_i(\bar{x}) \big) =$$

$$= \sum_{i \in \tilde{I}(\bar{x})} \bar{y}_i \Big(Df_i(\bar{x})(x^k - \bar{x}) + o\big(\|x^k - \bar{x}\|\big) \Big).$$

Nach Division durch $\|x^k - \bar{x}\|$ folgt also für $k \to \infty$:

$$0 = \sum_{i \in \tilde{I}(\bar{x})} \bar{y}_i \, Df_i(\bar{x}) s.$$

Mit $\bar{y}_i > 0$ und $Df_i(\bar{x}) s \leq 0$ für $i \in \tilde{I}(\bar{x})$ folgt $Df_i(\bar{x}) = 0$ für alle $i \in \tilde{I}(\bar{x})$, d.h. $s \in \mathcal{L}(\mathcal{S}_1; \bar{x})$. Damit steht (9.2.11) im Widerspruch zu Voraussetzung (9.2.9) des Satzes. $\square$

Wie man sieht, werden die Bedingungen 2. Ordnung kompliziert, wenn $\tilde{I}(\bar{x}) \neq I(\bar{x})$, denn dann kommen in der Beschreibung (9.2.3) von $\mathcal{L}(\mathcal{S}_1; \bar{x})$ Ungleichungen vor, was die Nachprüfung der Bedingungen 2. Ordnung in Korollar 9.2.7 und in (9.2.9) in Satz 9.2.8 sehr erschwert.

Im Falle $\tilde{I}(\bar{x}) = I(\bar{x})$ wird die Situation sehr viel einfacher. Es gilt dann $\bar{y}_i > 0$ für alle aktiven Indizes $i \in I(\bar{x}) = \{i \leq p \mid f_i(\bar{x}) = 0\}$, d.h. in jedem Produkt

$$\bar{y}_i f_i(\bar{x}) = 0, \quad i = 1, 2, \ldots, p,$$

ist *genau einer* der Faktoren $\bar{y}_i$, $f_i(\bar{x})$ gleich Null. Man sagt dann, dass das Kuhn-Tucker Paar $(\bar{x}, \bar{y})$ *strikt komplementär* ist. In diesem Fall ergeben sich folgende Vereinfachungen der Resultate dieses Abschnitts:

1. Die Menge $\mathcal{L}(\mathcal{S}_1; \bar{x})$ (9.2.3) ist ein linearer Teilraum

$$\mathcal{L}(\mathcal{S}_1; \bar{x}) = \{s \in \mathbb{R}^n \mid Df_j(\bar{x})s = 0 \text{ für alle } j \in K(\bar{x})\},$$

wobei $K(\bar{x}) := I(\bar{x}) \cup \{p + 1, \ldots, m\}$.
2. Die Regularitätsbedingung 2. Ordnung ist genau dann erfüllt, wenn die Vektoren $Df_j(\bar{x})$, $j \in K(\bar{x})$, linear unabhängig sind, d. h. sie ist mit der LICQ-Bedingung identisch. Unter dieser Bedingung ist die notwendige Bedingung 2. Ordnung von Satz 9.2.2 und Korollar 9.2.7 identisch mit der Bedingung, dass die Matrix

$$\nabla_x^2 L(\bar{x}, \bar{y})$$

auf dem linearen Teilraum $\mathcal{L}(\mathcal{S}_1; \bar{x}) \subseteq \mathbb{R}^n$ positiv semidefinit ist.

Die hinreichende Bedingung (9.2.9) von Satz 9.2.8 verlangt, dass diese Matrix auf $\mathcal{L}(\mathcal{S}_1; \bar{x})$ positiv definit ist. Beide Definitheitsbedingungen können mit den Mitteln der linearen Algebra nachgeprüft werden.

Bemerkung
Unter der MFCQ ist die Menge der Lagrange-Multiplikatoren in Satz 9.1.16 konvex und kompakt (siehe die Bemerkung nach Satz 9.1.19). Nichtleere konvexe Mengen haben immer relativ innere Punkte (Satz 7.2.5). Die relativ inneren Punkte aus der Menge der Lagrange-Multiplikatoren maximieren die Anzahl der positiven $\bar{y}_i > 0$, d. h. die Anzahl der streng aktiven Ungleichungsrestriktionen. Für maximal komplementäre $\bar{y}$ hängt die Menge $\tilde{I}(\bar{x})$ nicht von $\bar{y}$ ab. Falls die Regularitätsbedingung 2. Ordnung für ein maximal komplementäres $\bar{y}$ erfüllt ist, so muss der zugehörige Multiplikator eindeutig bestimmt sein. In diesem Fall sind die kritischen Richtungen also die Richtungen $s \in \mathcal{T}(\mathcal{S}_1, \bar{x})$ genau diejenigen Richtungen, die im Tangentialkegel der zulässigen Menge $\mathcal{S}$ liegen und die senkrecht zum Gradienten der Zielfunktion stehen.

Wie auch immer der Lagrange-Multiplikator $\bar{y}$ gewählt ist, die Semidefinitheit bzw. die Definitheit der Hessematrix der (mit demselben Lagrange-Multiplikator definierten) Lagrangefunktion auf $\mathcal{T}(\mathcal{S}_1, \bar{x})$ ist immer eine notwendige bzw. hinreichende Bedingung für lokale Optimalität. Für die notwendige Bedingung kann $\mathcal{T}(\mathcal{S}_1, \bar{x})$ durch den linearisierten Kegel von $\mathcal{S}_1$ in $\bar{x}$ ersetzt werden, falls die Regularität von $\mathcal{S}_1$ gegeben ist. (Für die hinreichende Bedingung kann $\mathcal{T}(\mathcal{S}_1, \bar{x})$ immer durch den linearisierten Kegel von $\mathcal{S}_1$ in $\bar{x}$ ersetzt werden.)

9.3 Sensitivität der Lösungen

Es zeigt sich, dass die notwendigen Bedingungen zweiter Ordnung eng mit der Frage verknüpft sind, wie sich kleine Änderungen in den Daten auf die Lösung von (P') auswirken. Zur Untersuchung dieser Fragen werden wir ein Gleichungssystem zur Beschreibung der lokalen Optimallösungen benutzen, welches dem System aus Abschn. 4.2 über Innere-Punkte-Verfahren für lineare Programme sehr ähnlich ist. Wir definieren dazu die Funktion $\Phi\colon \mathbb{R}^{n+m} \to \mathbb{R}^{n+m}$ durch

$$\Phi(x, y) := \begin{pmatrix} \nabla_x L(x, y) \\ y_1 f_1(x) \\ \vdots \\ y_p f_p(x) \\ f_{p+1}(x) \\ \vdots \\ f_m(x) \end{pmatrix} \equiv \begin{pmatrix} \nabla_x L(x, y) \\ Y_1 F_1(x) \\ F_2(x) \end{pmatrix} \quad \text{für } x \in \mathbb{R}^n, \ y \in \mathbb{R}^m.$$

Hier und im Folgenden verwenden wir wieder die Abkürzungen

$$F_1(x) := \begin{pmatrix} f_1(x) \\ \vdots \\ f_p(x) \end{pmatrix}, \quad F_2(x) := \begin{pmatrix} f_{p+1}(x) \\ \vdots \\ f_m(x) \end{pmatrix}, \quad F(x) := \begin{pmatrix} F_1(x) \\ F_2(x) \end{pmatrix}$$

und

$$Y_1 := \operatorname{diag}(y_1, \ldots, y_p),$$

sowie die Lagrangefunktion $L(x, y) := f(x) + \sum_{i=1}^m y_i f_i(x) = f(x) + y^T F(x)$ von (P').

Das System $\Phi(x, y) = 0$ besteht aus $n + m$ Gleichungen in den $n + m$ Unbekannten $(x, y) \in \mathbb{R}^n \times \mathbb{R}^m$. Ein Kuhn-Tucker Paar (x, y) von (P') ist definitionsgemäß eine Lösung von $\Phi(x, y) = 0$ mit $y_1 \geq 0$, ..., $y_p \geq 0$ und $f_1(x) \leq 0$, ..., $f_p(x) \leq 0$. Wegen

$$\nabla_x L(x, y) = \nabla f(x) + \sum_{i=1}^m y_i \nabla f_i(x) = \nabla f(x) + \big(DF(x)\big)^T y = \big(D_x L(x, y)\big)^T$$

ergibt sich für die Jacobimatrix $J(x, y) := D\Phi(x, y)$ von Φ:

$$J(x, y) := D\Phi(x, y) = \begin{bmatrix} H(x, y) & \big(DF_1(x)\big)^T & \big(DF_2(x)\big)^T \\ Y_1 DF_1(x) & \operatorname{diag}\big(F_1(x)\big) & 0 \\ DF_2(x) & 0 & 0 \end{bmatrix},$$

mit

$$H(x, y) = \nabla_x^2 L(x, y) = \nabla^2 f(x) + \sum_{l=1}^{m} y_l \nabla^2 f_l(x).$$

Die Regularität von $D\Phi(\bar{x}, \bar{y})$ erlaubt die Untersuchung der Sensitivität der Lösung von (P') in Abhängigkeit von den Eingabedaten. Es gilt folgender Satz.

Satz 9.3.1

Es mögen folgende Voraussetzungen gelten:

i) $f, f_i \in C^2(\mathbb{R})^n$, für $1 \leq i \leq m$.

ii) $(\bar{x}, \bar{y})$ *ist Lösung von* $\Phi(x, y) = 0$ *mit* $\bar{y}_i \geq 0$ *und* $f_i(\bar{x}) \leq 0$ *für* $1 \leq i \leq p$, d. h. $(\bar{x}, \bar{y})$ *ist ein Kuhn-Tucker Paar zu* (P').

Dann gilt:

1. $J(\bar{x}, \bar{y})$ *ist nicht singulär, falls folgende Bedingungen erfüllt sind:*

   a) $\bar{y}_i > 0$ *für* $i \in I(\bar{x})$, d. h. *das Kuhn-Tucker Paar ist strikt komplementär,*

   b) *die Regularitätsbedingung 2. Ordnung für* (P'), d. h. *die* $Df_j(\bar{x})$ *sind für* $j \in K(\bar{x}) = I(\bar{x}) \cup \{p+1, \ldots, m\}$ *linear unabhängig,*

   c) *die hinreichenden Bedingungen 2. Ordnung für ein lokales Minimum (9.2.9), d. h.* $s^T \nabla_x^2 L(\bar{x}, \bar{y})s > 0$ *für alle* $s \neq 0$ *mit* $Df_j(\bar{x})s = 0$ *für alle* $j \in K(\bar{x})$.

2. *Falls* $J(\bar{x}, \bar{y})$ *nichtsingulär ist, gelten* 1a), 1b), *und falls* $s^T \nabla_x^2 L(\bar{x}, \bar{y})s \geq 0$ *für alle* $s \in \mathcal{L}(\mathcal{S}_1; \bar{x})$ *(die notwendige Bedingung 2. Ordnung von Korollar 9.2.7), dann gilt auch* 1c).

Beweis Wir zeigen zunächst, dass 1a) und 1b) notwendige Bedingungen für die Nichtsingularität von $J(\bar{x}, \bar{y})$ sind.

Sei o. B. d. A. $I(\bar{x}) = \{1, \ldots, p_1\}$. Wir führen dann Abkürzungen ein, wie z. B.

$$F_{11}(x) := \begin{pmatrix} f_1(x) \\ \vdots \\ f_{p_1}(x) \end{pmatrix}, \quad F_{12}(x) := \begin{pmatrix} f_{p_1+1}(x) \\ \vdots \\ f_p(x) \end{pmatrix}, \quad Y_{11} = \begin{bmatrix} y_1 & & \\ & \ddots & \\ & & y_{p_1} \end{bmatrix}.$$

Dann sind $F_{11}(\bar{x}) = 0$ und $\bar{Y}_{12} = 0$ und wir erhalten

$$D\Phi(\bar{x}, \bar{y}) = \begin{bmatrix} H(\bar{x}, \bar{y}) & (DF_{11}(\bar{x}))^T & (DF_{12}(\bar{x}))^T & (DF_2(\bar{x}))^T \\ \bar{Y}_{11} DF_{11}(\bar{x}) & 0 & 0 & 0 \\ 0 & 0 & \text{Diag}(F_{12}(\bar{x})) & 0 \\ DF_2(\bar{x}) & 0 & 0 & 0 \end{bmatrix}.$$

$D\Phi(\bar{x}, \bar{y})$ ist regulär, wenn das Gleichungssystem

$$
\begin{bmatrix}
H(\bar{x}, \bar{y}) & \left(DF_{11}(\bar{x})\right)^T & \left(DF_{12}(\bar{x})\right)^T & \left(DF_2(\bar{x})\right)^T \\
\bar{Y}_{11} DF_{11}(\bar{x}) & 0 & 0 & 0 \\
0 & 0 & \mathrm{Diag}\left(F_{12}(\bar{x})\right) & 0 \\
DF_2(\bar{x}) & 0 & 0 & 0
\end{bmatrix}
\begin{pmatrix} u \\ v \\ w \\ z \end{pmatrix}
=
\begin{pmatrix} 0 \\ 0 \\ 0 \\ 0 \end{pmatrix}
$$

nur die Lösung 0 hat. Dies ist wegen $F_{12}(\bar{x}) < 0$ äquivalent zu $w = 0$ und

$$
\begin{bmatrix}
H(\bar{x}, \bar{y}) & \left(DF_{11}(\bar{x})\right)^T & \left(DF_2(\bar{x})\right)^T \\
\bar{Y}_{11} DF_{11}(\bar{x}) & 0 & 0 \\
DF_2(\bar{x}) & 0 & 0
\end{bmatrix}
\begin{pmatrix} u \\ v \\ z \end{pmatrix}
=
\begin{pmatrix} 0 \\ 0 \\ 0 \end{pmatrix}. \tag{9.3.2}
$$

Wir können daher o. B. d. A. $p_1 = p$ annehmen („w fällt weg"). Offenbar ist $J(\bar{x}, \bar{y})$ singulär, falls ein $\bar{y}_i = 0$ für $i \in I(\bar{x}) = \{1, \ldots, p\}$ (Nullzeile in (9.3.2)!) und somit ist 1a) notwendig.

Falls $\bar{Y}_{11}$ nur positive Diagonalelemente besitzt, kann man die 2. Blockzeile von (9.3.2) mit Y_{11}^{-1} durchmultiplizieren, ohne die Regularität zu ändern. Wir erhalten:

$$
\bar{J}(\bar{x}, \bar{y}) :=
\begin{bmatrix}
H(\bar{x}, \bar{y}) & \left(DF(\bar{x})\right)^T \\
DF(\bar{x}) & 0
\end{bmatrix}.
$$

Gäbe es ein $u \neq 0$ mit $\left(DF(\bar{x})\right)^T u = 0$, so wäre

$$
\bar{J}(\bar{x}, \bar{y}) \begin{pmatrix} 0 \\ u \end{pmatrix} = 0,
$$

d. h. $\bar{J}$ wäre singulär in $(\bar{x}, \bar{y})$.

Also ist auch 1b) notwendig für die Regularität von $J(\bar{x}, \bar{y})$ bzw. von $\bar{J}(\bar{x}, \bar{y})$.

Als nächstes zeigen wir die Nichtsingularität von $J(\bar{x}, \bar{y})$, falls die Bedingungen 1a) – 1c) erfüllt sind. Für die Regularität von $J(\bar{x}, \bar{y})$ genügt es zu zeigen, dass $\bar{J}(\bar{x}, \bar{y})$ nichtsingulär ist, falls 1a) – c) erfüllt sind. Sei daher (u, v) eine Lösung von

$$
\bar{J}(\bar{x}, \bar{y}) \begin{pmatrix} u \\ v \end{pmatrix} = 0,
$$

d. h.

$$
\begin{bmatrix}
H(\bar{x}, \bar{y}) & \left(DF(\bar{x})\right)^T \\
DF(\bar{x}) & 0
\end{bmatrix}
\begin{pmatrix} u \\ v \end{pmatrix}
=
\begin{pmatrix} 0 \\ 0 \end{pmatrix}. \tag{9.3.3}
$$

Aus der 1. Zeile folgt: $H(\bar{x}, \bar{y})u \in R\left(DF(\bar{x})^T\right)$, dem Bildraum von $DF(\bar{x})^T$.
Aus der 2. Zeile folgt: $u \in N\left(DF(\bar{x})\right)$, dem Nullraum von $DF(\bar{x})$.
Damit ist $u^T H(\bar{x}, \bar{y})u = 0$.

Wegen 1c) ist $\tilde{u}^T H(\bar{x}, \bar{y})\tilde{u} > 0$ für alle $\tilde{u} \in N(DF(\bar{x})) \setminus \{0\}$. Also ist $u = 0$ und somit auch $v = 0$, d. h. $\bar{J}(\bar{x}, \bar{y})$ ist regulär.

Falls umgekehrt $u^T H(\bar{x}, \bar{y})u \geq 0$ für alle $u \in N(DF(\bar{x}))$, so ist mit der Orthogonalprojektion

$$P_N := I - DF(\bar{x})^T \left(DF(\bar{x})DF(\bar{x})^T\right)^{-1} DF(\bar{x}) = P_N^T$$

die Matrix $M := P_N^T H(\bar{x}, \bar{y}) P_N$ positiv semidefinit. (Beachte, dass P_N wegen 1b) existiert.) Um die Aussage 2) des Satzes zu zeigen, genügt es, die Implikation

$$J(\bar{x}, \bar{y}) \text{ regulär} \implies u^T H(\bar{x}, \bar{y})u > 0 \text{ für alle } u \in N\big(DF(\bar{x})\big) \setminus \{0\}$$

nachzuweisen.

Wenn es ein $u \in N\big((DF(\bar{x}))\big)$, $u \neq 0$, mit $u^T H(\bar{x}, \bar{y})u = 0$ gibt, dann ist $u^T M u = 0$ und somit $Mu = 0$, weil M positiv semidefinit ist. Daraus folgt

$$0 = P_N H\big(\bar{x}, \bar{y}\big) P_N u = P_N H\big(\bar{x}, \bar{y}\big)u$$

und daher

$$H\big(\bar{x}, \bar{y}\big)u \in N(P_N) = R\big((DF(\bar{x}))^T\big),$$

d. h. es gibt ein v mit

$$H(\bar{x}, \bar{y})u = DF(\bar{x})^T v.$$

Diese Vektoren u, v liefern somit eine von 0 verschiedene Lösung von (9.3.3), denn

$$\bar{J}(\bar{x}, \bar{y})\begin{pmatrix} u \\ -v \end{pmatrix} = \begin{pmatrix} 0 \\ 0 \end{pmatrix},$$

was der Nichtsingularität von $\bar{J}(\bar{x}, \bar{y})$ widerspricht. Somit gilt auch 1c). $\qquad\qquad\square$

Wir untersuchen nun die Sensitivität von Kuhn-Tucker Paaren $(\bar{x}, \bar{y})$ bei kleinen Störungen der Daten von (P'), die durch einen Störungsparameter $t \in \mathbb{R}^q$ beschrieben werden.

Wir nehmen an, dass die Funktionen $f(x, t)$ und $f_k(x, t)$, $k = 1, \ldots, m$, von dem zusätzlichen Parameter t abhängen, f, $f_k \colon \mathbb{R}^{n+q} \to \mathbb{R}$, und zweimal stetig differenzierbar sind, f, $f_k \in C^2(\mathbb{R}^{n+q})$. Mit (P'_t) bezeichnen wir das Problem

$$(P'_t) \qquad \inf_{x \in \mathbb{R}^n} \left\{ f(x, t) \mid F_1(x, t) \leq 0 \text{ und } F_2(x, t) = 0 \right\}$$

wobei natürlich

$$F_1(x, t) := \begin{pmatrix} f_1(x, t) \\ \vdots \\ f_p(x, t) \end{pmatrix}, \quad F_2(x, t) := \begin{pmatrix} f_{p+1}(x, t) \\ \vdots \\ f_m(x, t) \end{pmatrix}.$$

Mit $x(t)$ bezeichnen wir eine lokale Minimalstelle von (P'_t), falls eine solche existiert. Die Probleme (P'_t) mit $t \neq 0$ fassen wir als Störungen des ungestörten Problems (P'_0) zum Parameter $t = 0$ auf. (Eine mögliche Form der Störung könnte z. B. $f_k(x, t) := f_k(x) - t_k$, $f(x, t) := f(x) + t_0 \cdot \tilde{c}^T x$ sein.)

Mit $L(x, y, t) := f(x, t) + \sum_{k=1}^m y_k f_k(x, t)$ bezeichnen wir die Lagrangefunktion von (P'_t).

Lemma 9.3.4 *Seien folgende Voraussetzungen für das ungestörte Problem (P'_0) erfüllt:*

a) *(P'_0) besitzt eine lokale Minimalstelle $\bar{x} = x(0)$ und ein zugehöriges Kuhn-Tucker Paar $(\bar{x}, \bar{y})$, das strikt komplementär ist, $\bar{y}_i - f_i(\bar{x}, 0) > 0$ für $i = 1, ..., p$.*
b) *Die Vektoren $D_x f_k(\bar{x}, 0)$, $k \in K(\bar{x}) := I(\bar{x}) \cup \{p + 1, ..., m\}$, sind linear unabhängig.*
c) *$\bar{x}$ erfüllt die hinreichenden Bedingungen 2. Ordnung für eine lokale Minimalstelle von (P'_0),*
$$s^T \nabla_x^2 L(\bar{x}, \bar{y}, 0)s > 0$$
für alle $s \neq 0$ mit $D_x f_k(\bar{x}, 0)s = 0$ für $k \in K(\bar{x})$.

Dann gibt es ein $\delta > 0$ und ein $\varepsilon > 0$, so dass es für jedes $t \in \mathbb{R}^q$ mit $\|t\| \leq \delta$ genau ein $x(t)$ mit folgenden Eigenschaften gibt:

1. *Es gilt $x(0) = \bar{x}$ und $\|x(t) - \bar{x}\| \leq \varepsilon$ für $\|t\| \leq \delta$. Für $\|t\| \leq \delta$ ist $x(t)$ eine zulässige Lösung von (P'_t) und die Funktion $x(t)$ ist nach t stetig differenzierbar.*
2. *Für $\|t\| \leq \delta$ gehört zu $x(t)$ ein strikt komplementäres Kuhn-Tucker Paar $(x(t), y(t))$, die Vektoren $D_x f_k(x(t), t)$, $k \in K(\bar{x})$, sind linear unabhängig und es gilt*

   $$I(\bar{x}) = \{i \leq p \mid f_i(\bar{x}, 0) = 0\} = I(x(t)) = \{i \leq p \mid f_i(x(t), t) = 0\},$$

   d. h. $x(t)$ und $\bar{x} = x(0)$ besitzen die gleichen aktiven Ungleichungen.
3. *$x(t)$ erfüllt für $\|t\| \leq \delta$ die hinreichenden Bedingungen 2. Ordnung für eine lokale Minimalstelle von (P'_t),*
   $$s^T \nabla_x^2 L(\bar{x}, \bar{y}, t)s > 0$$
   für alle $s \neq 0$ mit $Df_k(\bar{x}, t)s = 0$ für $k \in K(\bar{x})$.

Beweis

$x = \bar{x} = x(0)$ erfüllt zusammen mit $y = \bar{y}$ die Gleichung $\Phi(x, y, 0) = 0$. Hier ist wie zu Beginn dieses Abschnitts

$$\Phi(x, y, t) = \begin{pmatrix} D_x L(x, y, t) \\ Y_1 F_1(x, t) \\ F_2(x, t) \end{pmatrix}.$$

Wie im Beweis von Satz 9.3.1 können wir o. B. d. A. $I(\bar{x}) = \{1, \ldots, p\}$ annehmen. Wegen Satz 9.3.1 folgt aus den Voraussetzungen a) – c) die Nichtsingularität von

$$D_{x,y}\Phi(x, y, 0) = \begin{bmatrix} \nabla_x^2 L(x, y, 0) & (D_x F_1(x, 0))^T & (D_x F_2(x, 0))^T \\ Y_1 D_x F_1(x, 0) & 0 & 0 \\ D_x F_2(x, 0) & 0 & 0 \end{bmatrix}$$

für $(x, y) = (\bar{x}, \bar{y})$. Nach dem Satz über implizite Funktionen gibt es ein $\delta > 0$ und ein $\tilde{\varepsilon} > 0$, so dass $\Phi(x, y, t) = 0$ eine eindeutige Lösung $x(t)$, $y(t)$ besitzt mit

$$\left\| \begin{pmatrix} x(t) \\ y(t) \end{pmatrix} - \begin{pmatrix} \bar{x} \\ \bar{y} \end{pmatrix} \right\| \leq \tilde{\varepsilon} \quad \text{für} \quad \|t\| \leq \delta, \quad \begin{pmatrix} x(0) \\ y(0) \end{pmatrix} = \begin{pmatrix} \bar{x} \\ \bar{y} \end{pmatrix}.$$

Dabei hängen $x(t)$, $y(t)$ stetig differenzierbar von t ab.

Für $i \in I(\bar{x})$ bleiben die strikte Komplementarität $y_i(t) - f_i(x(t), t) > 0$ und die Gleichungen $f_i(x(t)) = 0$ aufgrund der Stetigkeit für kleine $\|t\|$ erhalten. Das gleiche gilt für die lineare Unabhängigkeit der $D_x f_k(x(t), t)$ für $k \in K(\bar{x}) = I(\bar{x}) \cup \{p+1, \ldots, m\}$. Die K entsprechende Matrix $D_x F_K(x(t), t)$ besitzt also für kleines $\|t\|$ vollen Zeilenrang, also existiert auch die Orthogonalprojektion

$$P(t) := I - D_x F_K(x(t), t)^T \left(D_x F_K(x(t), t) (D_x F_K(x(t), t))^T \right)^{-1} D_x F_K(x(t), t).$$

Die Matrix (s. Beweis von Satz 9.3.1) $M(t) := P(t)\nabla_x^2 L(x(t), y(t), t) P(t)$ ist positiv semidefinit. Die Definitheit von $M(t)$ auf dem Kern von $DF_K(x(t), t)$ bleibt ebenfalls erhalten, weil die positiven Eigenwerte von $M(t)$ stetig von t abhängen und die Null-Eigenwerte aufgrund der Projektionseigenschaft von $P(t)$ erhalten bleiben.

Sämtliche Bedingungen 2. Ordnung sind somit für kleine $\|t\|$ für das Kuhn-Tucker Paar $(x(t), y(t))$ erfüllt. □

Man kann diesen Satz verwenden, um zum Beispiel die Empfindlichkeit der Optimalwertfunktion

$$\varphi(t) := f(x(t), t)$$

des gestörten Problems (P_t') zu bestimmen. Für $I(\bar{x}) = \{1, \ldots, p\}$ gilt z. B. $D_y L(\bar{x}, \bar{y}, 0) = 0$. Nutzt man dies und $D_x L(\bar{x}, \bar{y}, 0) = 0$, so folgt aus $L(x(t), y(t), t) \equiv f(x(t), t)$

$$D_t\varphi(t)\big|_{t=0} = D_t L(\bar{x}, \bar{y}, t)\big|_{t=0}, \tag{9.3.5}$$

d. h. die partielle Ableitung von L nach der letzten Variablen t bestimmt die Sensitivität des Optimalwertes von (P_t') in $t = 0$. Die Kenntnis der Ableitungen $\frac{d}{dt}x(t)$ und $\frac{d}{dt}y(t)$ ist für die Berechnung von $D_t\varphi(t)\big|_{t=0}$ nicht notwendig. (Man könnte sie ggf. durch Differentiation der Identität $\Phi(x(t), y(t), t) \equiv 0$ nach t bestimmen.) Wegen $\dot{y}_i(0) = 0$ für $i \notin \tilde{I}(\bar{x})$ gilt die Beziehung (9.3.5) auch allgemeiner für strikt komplementäre Lösungen mit $I(\bar{x}) \neq \{1, \dots, p\}$.

Beweis Übungsaufgabe 7.

9.4 Übungsaufgaben

1. Man zeige anhand einer Zeichnung: Für $F(x) := (x_1, x_2, -1)^T$,

$$\mathcal{K} := \left\{ z \in \mathbb{R}^3 \mid \sqrt{z_1^2 + z_2^2} \le z_3 \right\}, \quad \mathcal{S} := \left\{ x \in \mathbb{R}^2 \mid F(x) \le_{\mathcal{K}} 0 \right\}$$

und geeignetes $\bar{x} \in \mathcal{S}$ ist

$$\mathcal{L}(\mathcal{S}; \bar{x}) \neq \mathcal{T}(\mathcal{S}_L; \bar{x}).$$

Dabei steht, wie in Kap. 9.1, $\mathcal{L}(\mathcal{S}; \bar{x})$ für den linearisierten Kegel, $\mathcal{S}_L$ für die zulässige Menge des linearisierten Problems, und $\mathcal{T}(\mathcal{S}_L; \bar{x})$ für deren Tangentialkegel.

2. Für die folgenden Probleme gebe man ohne Beweis die Optimallösung x^* an, den Tangentialkegel $\mathcal{T}(\mathcal{S}; x^*)$ und den linearisierten Kegel $\mathcal{L}(\mathcal{S}; x^*)$. Man prüfe ferner, ob die Regularitätsbedingung 9.1.13 erfüllt ist.

   a)
   $$\min \left\{ -x_1 \mid x_1^2 + x_2 \le 0, \ -x_2 \le \gamma, \ x_1 - x_2 \le 2 \right\}$$

   b)
   $$\min \left\{ x_1 \mid -(x_1 - 1)^3 + x_2 \le 0, \ \gamma - x_1 \le 0, \ -x_2 \le 0 \right\}.$$

   Für γ wähle man jeweils die Werte 0 und 1.

3. Die Sprechweise „$\mathcal{S}$ ist in $\bar{x}$ regulär" ist (streng genommen) nicht korrekt, da die Regularität einer Menge in einem Punkt auch von der Art abhängt, in der die Menge definiert wird (und nicht nur von den Elementen der Menge). Als Beispiel betrachte man $\mathcal{S}_1 := \{x \in \mathbb{R}^2 \mid x_1^2 + x_2^2 = 1\}$ und $\mathcal{S}_2 := \{x \in \mathbb{R}^2 \mid x_1^2 + x_2^2 = 1, \ x_1 \le 1\}$. Welche dieser Mengen ist in $\bar{x} = (1, 0)$ regulär im Sinne von Robinson und für welche Mengen stimmen linearisierter Kegel und Tangentialkegel in $\bar{x}$ überein?

4. Man zeige Lemma 9.1.21: Falls für (P') die Voraussetzung 9.1.9 gilt, so ist $\mathcal{T}(\mathcal{S}; \bar{x}) \subseteq \mathcal{L}(\mathcal{S}; \bar{x})$.

5. Im Folgenden sagen wir, dass ein Programm die Regularitätsbedingung von Robinson erfüllt, wenn es sie in jedem zulässigen Punkt $\bar{x}$ erfüllt.

   a) Gegeben sei ein konvexes Programm, welches die Slater-Bedingung erfüllt. Das Programm besitze keine linearen oder affinen Nebenbedingungen. Erfüllt das Programm dann auch die Regularitätsbedingung von Robinson?

   b) Gegeben sei ein lineares Programm. Erfüllt das Programm dann in jedem Fall die Slater-Bedingung? Erfüllt es in jedem Fall die Regularitätsbedingung von Robinson?

6. Man gebe ein Beispiel an, für das zwar die Menge $\mathcal{S}$ aber nicht die Menge $\mathcal{S}_1$ aus 9.2.2 regulär ist.

7. Man zeige
   $$D_t \varphi(t) \big|_{t=0} = D_t L(x(0), y(0), t) \big|_{t=0}.$$

   für $\varphi(t) := f(x(t), t)$ und $x(t)$ aus Lemma 9.3.4.

Projektionsverfahren **10**

Die in den vorangegangenen Kapiteln behandelten Optimalitätsbedingungen sollen nun genutzt werden, um Optimierungsverfahren zu entwickeln. Dazu werden je nach Struktur und Schwierigkeit des zu lösenden Problems unterschiedliche Verfahren vorgestellt. Wir beginnen mit dem Projektionsverfahren, einem recht einfachen Verfahren, welches das Konzept der Abstiegsverfahren aus Abschn. 6.2.3 auf Minimierungsprobleme mit konvexen Nebenbedingungen überträgt. Dabei wird eine Abstiegsrichtung für die Zielfunktion in geeigneter Weise auf die zulässige Menge projiziert. Wir betrachten das Problem

$$\text{minimiere } f(x) \text{ für } x \in \mathbb{R}^n \text{ mit } x \in \mathcal{S}, \tag{10.0.1}$$

wobei f einmal stetig differenzierbar, $f \in C^1(\mathbb{R}^n)$, und die zulässige Menge $\mathcal{S}$ nichtleer, konvex und abgeschlossen sei.

Von besonderer Bedeutung sind die Fälle, dass f quadratisch und

$$\mathcal{S} := \{ x \in \mathbb{R}^n \mid A^T x \leq b \} \tag{10.0.2}$$

ein Polyeder ist. Hier ist $b \in \mathbb{R}^m$ und $A = [a_1, \ldots, a_m] \in \mathbb{R}^{n \times m}$ eine Matrix mit den Spalten a_i, $i = 1, \ldots, m$. Solche Probleme treten als Teilprobleme bei den sogenannten SQP-Verfahren in Kap. 13 auf und müssen in diesen Verfahren wiederholt und mit unterschiedlichen Daten A, b und f gelöst werden; schnelle Lösungsverfahren für diese Teilprobleme sind für die Effizienz der SQP-Verfahren wesentlich.

In anderen Anwendungen liegen einfache sogenannte „box-constraints" vor, d. h. $\mathcal{S}$ hat die Form

$$\mathcal{S} = \{ x \in \mathbb{R}^n \mid l_i \leq x_i \leq u_i, \ i = 1, \ldots, n \} \tag{10.0.3}$$

mit $l_i \in \mathbb{R} \cup \{-\infty\}$ und $u_i \in \mathbb{R} \cup \{\infty\}$ für $1 \leq i \leq n$.

© Springer-Verlag GmbH Deutschland, ein Teil von Springer Nature 2019
F. Jarre und J. Stoer, *Optimierung*, Masterclass,
https://doi.org/10.1007/978-3-662-58855-0_10

Wir stellen Projektionsverfahren zunächst allgemein vor, werden uns aber bei der Besprechung konkreter Verfahren auf den Fall affiner Nebenbedingungen konzentrieren. Für die
noch spezielleren Anwendungen mit box-constraints sind z. B. in Moré und Toraldo [121]
effiziente Algorithmen entworfen worden, die die Struktur dieser Nebenbedingungen besser
ausnutzen als die hier betrachteten Verfahren für allgemeine affine Nebenbedingungen.

Ein allgemeines Projektionsverfahren
Wir führen zunächst einige Begriffe ein. Für $x \in \mathbb{R}^n$ ist

$$P(x) = P_{\mathcal{S}}(x) := \arg\min_{y \in \mathcal{S}} \| y - x \mid$$

die Projektion von x auf $\mathcal{S}$ bezüglich der Euklidischen Norm $\| . \|$. Falls $\mathcal{S}$ durch (10.0.2)
gegeben ist, läuft die Berechnung von $\bar{y} := P_{\mathcal{S}}(x)$ auf die Lösung eines konvexen quadratischen Programms hinaus,

$$
\begin{aligned}
\bar{y} &= \arg\min\{\|y - x\|^2 \mid A^T y \le b\} \\
&= \arg\min\{y^T y - 2y^T x \mid A^T y \le b\}.
\end{aligned}
$$

Falls $\mathcal{S}$ durch box-constraints (10.0.3) gegeben ist, ist die Projektion sehr viel einfacher
zu berechnen,

$$
P_{\mathcal{S}}(x)_i = \begin{cases} x_i, & \text{falls } l_i \le x_i \le u_i, \\ u_i, & \text{falls } x_i > u_i, \\ l_i, & \text{falls } x_i < l_i. \end{cases}
$$

Ferner soll die Definition eines stationären Punktes aus Satz 6.0.2 auf restringierte Minimierungsprobleme verallgemeinert werden:

Definition 10.0.4 Der Punkt $\bar{x} \in \mathcal{S}$ ist stationärer Punkt *von* (10.0.1), *falls für alle*
$s \in T(\mathcal{S}; \bar{x})$ *die Ungleichung* $\nabla f(\bar{x})^T s \ge 0$ *gilt, d. h.* $\bar{x}$ *erfüllt die Bedingungen von*
Satz 9.1.5.

Eine erste Klasse von Projektionsverfahren ist durch folgenden Algorithmus gegeben:

Algorithmus 10.0.5
Start: Bestimme $x^0 \in \mathcal{S}$ *und wähle drei reelle Parameter* $0 < \beta, \mu < 1$ *und* $\gamma > 0$.
Für $k = 0, 1, 2, \ldots$:
Gegeben $x^k \in \mathcal{S}$, *berechne* $\nabla f(x^k)$.

1. *Falls* x^k *stationärer Punkt ist, stopp.*
   Andernfalls
2. *betrachte für* $\alpha > 0$ *den Pfad* $x^k(\alpha) := P(x^k - \alpha \nabla f(x^k))$.

3. *Setze* $x^{k+1} := x^k(\alpha_k)$, *wobei* $\alpha_k := \beta^{m_k}\gamma$ *und* m_k *die kleinste Zahl aus* $\mathbb{N}_0$ *ist mit*

$$f\left(x^{k+1}\right) \le f\left(x^k\right) + \mu \nabla f\left(x^k\right)^T \left(x^{k+1} - x^k\right) \tag{10.0.6}$$

(Armijo line search längs des gekrümmten Pfades $x^k(\alpha)$.)

Bemerkungen
Ähnlich wie bei den Abstiegsverfahren in Abschn. 6.2.3 kann man zeigen, dass es zu jedem nichtstationären x^k ein wohldefiniertes α_k gibt, welches (10.0.6) erfüllt.

Falls $\mathcal{S}$ ein Polyeder ist, kann man einen Startpunkt $x^0 \in \mathcal{S}$ durch Lösung eines linearen Programms bestimmen, wofür in den Abschn. 3.3 und 4.2 bereits effiziente Verfahren beschrieben wurden.

10.1 Allgemeine Konvergenzeigenschaften

Bei der Untersuchung des Algorithmus 10.0.5 benutzen wir folgende

Definition 10.1.1 *Eine Abbildung* $F : \mathcal{D} \to \mathbb{R}^n$ *heißt* monoton, *falls der Definitionsbereich* $\mathcal{D} \subseteq \mathbb{R}^n$ *konvex ist und für* $x, y \in \mathcal{D}$ *gilt:*

$$(F(x) - F(y))^T (x - y) \ge 0.$$

Ferner zitieren wir folgendes Lemma, das bereits in den Übungen zu Kap. 8 in ähnlicher Form zu zeigen war.

Lemma 10.1.2 *Für die Projektion* $P = P_{\mathcal{S}}$ *gilt*

a) *Es ist*
$$(P(x) - x)^T (P(x) - z) \le 0 \quad \text{für alle } x \in \mathbb{R}^n, \, z \in \mathcal{S}.$$

b) *P ist ein monotoner Operator,*
$$(P(y) - P(x))^T (y - x) \ge \|P(y) - P(x)\|^2 \ge 0 \quad \text{für alle } x, y \in \mathbb{R}^n.$$

c) *P ist ein kontrahierender Operator,*
$$\|P(x) - P(y)\| \le \|x - y\| \quad \text{für alle } x, y \in \mathbb{R}^n. \qquad \square$$

Aus Aussage b) von Lemma 10.1.2 folgt mit $x := x^k$, $y := x^k - \alpha \nabla f(x^k)$ wegen $x^k \in \mathcal{S}$
für die Punkte $x^k(\alpha) = P(x^k - \alpha \nabla f(x^k))$, $\alpha > 0$, die Ungleichung

$$\nabla f\left(x^k\right)^T \left(x^k - x^k(\alpha)\right) \geq \frac{\|x^k(\alpha) - x^k\|^2}{\alpha}.$$

Insbesondere gilt für $x^{k+1} = x^k(\alpha_k)$

$$\nabla f\left(x^k\right)^T \left(x^k - x^{k+1}\right) \geq \frac{\|x^{k+1} - x^k\|^2}{\alpha_k}. \tag{10.1.3}$$

Also folgt für nichtstationäre x^k aus (10.0.6) $x^{k+1} \neq x^k$ und die Abstiegseigenschaft,
$f\left(x^{k+1}\right) < f(x^k)$.

Setzt man $y := x^k - \alpha \nabla f(x^k)$ und $x := x^k - \beta \nabla f(x^k)$ in Aussage b) von Lemma 10.1.2
ein, so folgt für $\alpha \geq \beta > 0$ ferner die Ungleichung

$$\nabla f\left(x^k\right)^T \left(x^k - x^k(\alpha)\right) \geq \nabla f\left(x^k\right)^T \left(x^k - x^k(\beta)\right). \tag{10.1.4}$$

(Man subtrahiere oben $\nabla f(x^k)^T x^k$ von beiden Seiten.) Wir beweisen ein weiteres Lemma:

Lemma 10.1.5 *Für jedes $x \in \mathbb{R}^n$ und $d \in \mathbb{R}^n$ ist die Funktion*

$$\Psi(\alpha) := \frac{\|P(x + \alpha d) - x\|}{\alpha}, \qquad \alpha > 0$$

schwach monoton fallend.

Beweis Seien $\alpha > \beta > 0$. Falls $P(x + \alpha d) = P(x + \beta d)$, so ist die Aussage sicher richtig.
Sei also $P(x + \alpha d) \neq P(x + \beta d)$.

Für u, $v \in \mathbb{R}^n$ mit $v^T(u - v) > 0$ folgt wegen $u^T v \leq \|u\|\,\|v\|$,

$$u^T v(\|u\| + \|v\|) \leq \|u\|\,\|v\|(\|u\| + \|v\|)$$

und

$$\|u\|u^T v - \|u\|\,\|v\|^2 \leq \|u\|^2 \|v\| - u^T v \|v\|.$$

Formt man beide Seiten mit $\|v\|^2 = v^T v$ bzw. $\|u\|^2 = u^T u$ um, so folgt

$$\|u\|v^T(u - v) \leq \|v\|u^T(u - v),$$

und somit

$$\frac{\|u\|}{\|v\|} \leq \frac{u^T(u - v)}{v^T(u - v)}. \tag{10.1.6}$$

Aus Lemma 10.1.2, Teil a) folgt mit $z := P(x + \alpha d) \in \mathcal{S}$ die Beziehung

$$(P(x + \beta d) - (x + \beta d))^T (P(x + \alpha d) - P(x + \beta d)) \geq 0.$$

Wir setzen nun $u := P(x + \alpha d) - x$ und $v := P(x + \beta d) - x$ und zeigen zunächst, dass $v^T(u - v) > 0$ gilt: Aus obiger Ungleichung folgt

$$
\begin{aligned}
v^T(u - v) &= (P(x + \beta d) - (x + \beta d) + \beta d)^T (P(x + \alpha d) - P(x + \beta d)) \\
&\geq \beta d^T (P(x + \alpha d) - P(x + \beta d)).
\end{aligned}
$$

Es bleibt zu zeigen, dass die rechte Seite positiv ist. Wegen $\alpha > \beta > 0$, $P(x + \alpha d) \neq P(x + \beta d)$, folgt aus Lemma 10.1.2, b)

$$(P(x + \alpha d) - P(x + \beta d))^T d > 0,$$

und somit die gesuchte Ungleichung $v^T(u - v) > 0$. Wir können nun (10.1.6) anwenden und erhalten

$$\frac{\|u\|}{\|v\|} = \frac{\|P(x + \alpha d) - x\|}{\|P(x + \beta d) - x\|} \leq \frac{\alpha d^T (P(x + \alpha d) - P(x + \beta d))}{\beta d^T (P(x + \alpha d) - P(x + \beta d))} = \frac{\alpha}{\beta},$$

und somit $\Psi(\alpha) \leq \Psi(\beta)$. $\qquad\qquad\square$

Wir können jetzt folgenden Satz beweisen, der einige Konvergenzeigenschaften von Algorithmus 10.0.5 zusammenfasst.

Satz 10.1.7 *Sei $f : \mathbb{R}^n \to \mathbb{R}$ auf $\mathcal{S}$ stetig differenzierbar und x^k, $k \geq 0$, eine von Algorithmus 10.0.5 erzeugte Folge. Dann gilt:*

a) *Falls ∇f auf $\mathcal{S}$ gleichmäßig stetig ist und $\inf_x \{ f(x) \mid x \in \mathcal{S} \} > -\infty$, so gilt*

$$\lim_k \frac{\|x^{k+1} - x^k\|}{\alpha_k} = 0.$$

Wegen $\alpha_k \leq \gamma$ folgt daraus $\lim_k \|x^{k+1} - x^k\| = 0$.

b) *Falls nicht bekannt ist, ob $\inf_x \{ f(x) \mid x \in \mathcal{S} \} > -\infty$ aber eine Teilfolge $\{ x^k \mid k \in K \}$ beschränkt ist, so gilt für diese Teilfolge*

$$\lim_{k \to \infty, k \in K} \frac{\|x^{k+1} - x^k\|}{\alpha_k} = 0.$$

Außerdem ist jeder Häufungspunkt der x^k ein stationärer Punkt von (10.0.1).

Beweis Wir zeigen a) durch einen Widerspruchsbeweis. Falls die Behauptung falsch ist, gibt es eine unendliche Indexmenge K_0 und ein $\epsilon > 0$ mit

$$\frac{\|x^{k+1} - x^k\|}{\alpha_k} \geq \epsilon$$

für $k \in K_0$. Dann gilt für $k \in K_0$ auch

$$\frac{\|x^{k+1} - x^k\|^2}{\alpha_k} \geq \epsilon \max\{\epsilon\alpha_k, \ \|x^{k+1} - x^k\|\}. \qquad (10.1.8)$$

Da $f(x^k)$ monoton fällt und nach unten beschränkt ist, folgt aus (10.0.6) und (10.1.3)

$$\lim_k \nabla f(x^k)^T(x^k - x^{k+1}) = 0 \quad \text{und} \quad \lim_k \frac{\|x^{k+1} - x^k\|^2}{\alpha_k} = 0.$$

Für $k \in K_0$ folgt daher für die rechte Seite von (10.1.8),

$$\lim_{k\to\infty, \ k\in K_0} \alpha_k = 0 \quad \text{und} \quad \lim_{k\to\infty, \ k\in K_0} \|x^{k+1} - x^k\| = 0.$$

Also gilt für große $k \in K_0$ nach Definition der Armijo line search $m_k > 0$. Ggf. nach Übergang zu einer Teilfolge können wir für alle $k \in K_0$ ohne Einschränkung $m_k > 0$ voraussetzen. Für $k \in K_0$ und $\bar{\alpha}_k := \alpha_k/\beta = \beta^{m_k-1}\gamma$ folgt aus der Definition der Armijo line search

$$f\left(x^k(\bar{\alpha}_k)\right) > f\left(x^k\right) + \mu\nabla f\left(x^k\right)^T\left(x^k(\bar{\alpha}_k) - x^k\right). \qquad (10.1.9)$$

Sei $k \in K_0$. Aus Lemma 10.1.5 und $\bar{\alpha}_k = \alpha_k/\beta > \alpha_k$ folgt für $\bar{x}^{k+1} := x^k(\bar{\alpha}_k)$ und $x^{k+1} := x^k(\alpha_k)$,

$$\frac{\|x^{k+1} - x^k\|^2}{\alpha_k} \geq \alpha_k \frac{\|x^{k+1} - x^k\|}{\alpha_k} \frac{\|\bar{x}^{k+1} - x^k\|}{\bar{\alpha}_k}$$

$$\geq \alpha_k \epsilon \frac{\|\bar{x}^{k+1} - x^k\|}{\alpha_k}\beta = \epsilon\beta\|\bar{x}^{k+1} - x^k\|.$$

Also folgt aus (10.1.4), (10.1.3)

$$\nabla f\left(x^k\right)^T\left(x^k - \bar{x}^{k+1}\right) \geq \nabla f\left(x^k\right)^T\left(x^k - x^{k+1}\right) \geq \epsilon\beta\|\bar{x}^{k+1} - x^k\| > 0. \qquad (10.1.10)$$

Wegen $\lim_k \nabla f(x^k)^T\left(x^k - x^{k+1}\right) = 0$ ist also $\lim_{k\to\infty, \ k\in K_0} \|\bar{x}^{k+1} - x^k\| = 0$. Nun folgt aus der gleichmäßigen Stetigkeit von ∇f für

$$\rho_k := \frac{f(x^k) - f\left(\bar{x}^{k+1}\right)}{\nabla f(x^k)^T\left(x^k - \bar{x}^{k+1}\right)}$$

sofort

$$|\rho_k - 1| = \frac{o\left(\|\bar{x}^{k+1} - x^k\|\right)}{\nabla f(x^k)^T \left(x^k - \bar{x}^{k+1}\right)},$$

wobei wir wieder die O-Notation aus Abschn. 4.1.2 benutzen. Setzen wir im Nenner (10.1.10) ein, so folgt

$$|\rho_k - 1| \le \frac{o\left(\|\bar{x}^{k+1} - x^k\|\right)}{\epsilon\beta\|\bar{x}^{k+1} - x^k\|} \xrightarrow{k \to \infty,\, k \in K_0} 0.$$

Aus (10.1.9) folgt dagegen

$$\rho_k = \frac{f(x^k) - f\left(\bar{x}^{k+1}\right)}{\nabla f\left(x^k\right)^T \left(x^k - \bar{x}^{k+1}\right)} < \mu,$$

was den gesuchten Widerspruch liefert.

Zu Aussage b): Der Beweis von Teil a) kann auch für die Teilfolge K durchgeführt werden. Die Stetigkeit von f und die Beschränktheit der x^k, $k \in K$, garantieren dann, dass $\{f(x^k) \mid k \in K\}$ nach unten beschränkt ist. Wegen der Beschränktheit der x^k folgt dann bereits aus der Stetigkeit von ∇f die Aussage

$$\rho_k \xrightarrow{k \to \infty,\, k \in K_0} 1$$

für eine geeignete Teilfolge $K_0 \subset K$.

Es bleibt noch zu zeigen, dass jeder Häufungspunkt der x^k ein stationärer Punkt ist. Sei $\bar{x}$ ein Häufungspunkt, d. h. $\bar{x} = \lim_{k \to \infty,\, k \in K} x^k$. Aus Lemma 10.1.2, a) folgt für beliebiges $z \in \mathcal{S}$

$$\left(x^{k+1} - (x^k - \alpha_k \nabla f(x^k))\right)^T \left(x^{k+1} - z\right) \le 0,$$

und daraus wegen $\left(x^{k+1} - x^k\right)^T x^{k+1} \ge \left(x^{k+1} - x^k\right)^T x^k$ und der Cauchy-Schwarz'schen Ungleichung,

$$\begin{aligned}
\alpha_k \nabla f\left(x^k\right)^T \left(x^{k+1} - z\right) &\le \left(x^{k+1} - x^k\right)^T \left(z - x^{k+1}\right) \\
&\le \left(x^{k+1} - x^k\right)^T \left(z - x^k\right) \\
&\le \|x^{k+1} - x^k\| \, \|x^k - z\|.
\end{aligned} \tag{10.1.11}$$

Nach Division durch $\alpha_k > 0$ erhält man

$$\begin{aligned}
\nabla f\left(x^k\right)^T (x^k - z) &= \nabla f\left(x^k\right)^T \left(x^k - x^{k+1}\right) + \nabla f\left(x^k\right)^T \left(x^{k+1} - z\right) \\
&\le \nabla f\left(x^k\right)^T \left(x^k - x^{k+1}\right) + \frac{\|x^{k+1} - x^k\|}{\alpha_k} \|x^k - z\|.
\end{aligned}$$

Wie im Beweis von Teil a) zeigt man

$$\lim_{k \to \infty,\, k \in K} \nabla f \left(x^k \right)^T \left(x^k - x^{k+1} \right) = 0.$$

Damit und aus dem ersten Teil von b) folgt die gesuchte Beziehung

$$\nabla f(\bar{x})^T (\bar{x} - z) \leq 0,$$

d. h. $\bar{x}$ ist stationärer Punkt von (10.0.1).   □

Für eine abgeschlossene konvexe Menge $\mathcal{S} \subset \mathbb{R}^n$ nennen wir $s \in \mathbb{R}^n$ eine *zulässige Richtung* in $x \in \mathcal{S}$, falls $x + \varepsilon \cdot s \in \mathcal{S}$ für kleines $\varepsilon > 0$. Weiter nennen wir s eine *profitable Richtung* in $x \in \mathcal{S}$, falls $\nabla f(x)^T s < 0$, denn dann ist $f(x + \varepsilon s) < f(x)$ für genügend kleines $\varepsilon > 0$.

Zulässige Richtungen haben für die Menge $\mathcal{S}$ aus (10.0.2) folgende einfache Charakterisierung: Bezeichnet man für $x \in \mathcal{S}$ mit

$$I(x) := \left\{ i \in \{1, \ldots, m\} \mid a_i^T x = b_i \right\}$$

die Menge der in x aktiven Indizes, so ist s genau dann eine zulässige Richtung in x, wenn $a_i^T s \leq 0$ für $i \in I(x)$.

Ferner definieren wir für eine abgeschlossene konvexe Menge $\mathcal{S} \subset \mathbb{R}^n$ den projizierten negativen Gradienten von f in $x \in \mathcal{S}$ durch

$$\nabla_{\mathcal{S}} f(x) := \arg \min\{\|v + \nabla f(x)\| \mid v \in T(\mathcal{S}, x)\},$$

wobei

$$T(\mathcal{S}, x) := \overline{\text{cone}} \{s = y - x \mid y \in \mathcal{S}\}$$
$$= \overline{\{s \mid s \text{ ist zulässige Richtung in } x \text{ bezüglich } \mathcal{S}\}}$$

der Tangentialkegel (s. Definition 9.1.3) von $\mathcal{S}$ in x ist und $\overline{\text{cone}}\,(M)$ für $M \subset \mathbb{R}^n$ der kleinste abgeschlossene konvexe Kegel ist, der M enthält, siehe Abschn. 7.3.

Falls $P_{T(\mathcal{S}, x)}$ die Projektion auf $T(\mathcal{S}, x)$ bezeichnet, so ist

$$\nabla_{\mathcal{S}} f(x) = P_{T(\mathcal{S}, x)}(-\nabla f(x)).$$

Für $\mathcal{S} = \mathbb{R}^n$ gilt z. B. $\nabla_{\mathcal{S}} f(x) = -\nabla f(x)$. Man beachte aber, dass im allgemeinen

$$P_{T(\mathcal{S}, x)}(-\nabla f(x)) \neq -P_{T(\mathcal{S}, x)}(\nabla f(x))$$

gilt. Die Größe „$-P_{T(\mathcal{S}, x)}(\nabla f(x))$" spielt bei Minimierungsproblemen keine Rolle; die Notation $\nabla_{\mathcal{S}} f(x)$ ist daher für den projizierten *negativen* Gradienten $P_{T(\mathcal{S}, x)}(-\nabla f(x))$ reserviert.

Lemma 10.1.12 *Für* $\nabla_{\mathcal{S}} f(x)$, $x \in \mathcal{S}$, *gelten folgende Aussagen*

a) $\nabla f(x)^T \nabla_{\mathcal{S}} f(x) = -\|\nabla_{\mathcal{S}} f(x)\|^2$,

b) $\min\{\nabla f(x)^T v \mid v \in T(\mathcal{S}, x), \|v\| \leq 1\} = -\|\nabla_{\mathcal{S}} f(x)\|$,

c) x *ist stationärer Punkt von* (10.0.1) *genau dann, wenn* $\nabla_{\mathcal{S}} f(x) = 0$ *ist.*

Beweis Teil a): Nach Definition von $\nabla_{\mathcal{S}} f(x)$ besitzt die quadratische Funktion $l(\lambda) := \frac{1}{2}\|\nabla f(x) + \lambda \nabla_{\mathcal{S}} f(x)\|^2$ an der Stelle $\lambda = 1$ ein Minimum, so dass

$$l'(1) = \nabla_{\mathcal{S}} f(x)^T (\nabla f(x) + \nabla_{\mathcal{S}} f(x)) = 0.$$

Daraus folgt

$$\nabla f(x)^T \nabla_{\mathcal{S}} f(x) = -\|\nabla_{\mathcal{S}} f(x)\|^2.$$

Teil b): Wegen Teil a) gilt

$$\|\nabla_{\mathcal{S}} f(x) + \nabla f(x)\|^2 = \|\nabla_{\mathcal{S}} f(x)\|^2 - 2\|\nabla_{\mathcal{S}} f(x)\|^2 + \|\nabla f(x)\|^2.$$

Für $\tilde{v} \in T(\mathcal{S}, x)$ mit $\|\tilde{v}\| \leq \|\nabla_{\mathcal{S}} f(x)\|$ gilt nach Definition von $\nabla_{\mathcal{S}} f(x)$

$$\|\nabla_{\mathcal{S}} f(x) + \nabla f(x)\|^2 \leq \|\tilde{v} + \nabla f(x)\|^2 \leq \|\nabla_{\mathcal{S}} f(x)\|^2 + 2\nabla f(x)^T \tilde{v} + \|\nabla f(x)\|^2.$$

Zusammengenommen ergibt sich daraus

$$\nabla f(x)^T \tilde{v} \geq -\|\nabla_{\mathcal{S}} f(x)\|^2,$$

und für $\tilde{v} = \nabla_{\mathcal{S}} f(x)$ ist diese Ungleichung mit Gleichheit erfüllt. Mit $v := \tilde{v}/\|\nabla_{\mathcal{S}} f(x)\|$ folgt dann die Behauptung.

Teil c): Nach Definition eines stationären Punktes ist $\bar{x} \in \mathcal{S}$ genau dann stationär, wenn

$$\nabla f(\bar{x})^T v \geq 0 \quad \text{für alle} \quad v \in T(\mathcal{S}, \bar{x}),$$

und nach Teil b) ist dies genau dann der Fall, wenn $\nabla_{\mathcal{S}} f(\bar{x}) = 0$ gilt. $\square$

Lemma 10.1.12 erlaubt folgende Verschärfung von Satz 10.1.7.

Satz 10.1.13 *Sei* $f : \mathbb{R}^n \to \mathbb{R}$ *auf* $\mathcal{S}$ *stetig differenzierbar und* x^k, $k \geq 0$, *eine von Algorithmus 10.0.5 erzeugte Folge. Dann gilt:*

a) *Falls* ∇f *auf* $\mathcal{S}$ *gleichmäßig stetig ist und* $\inf_x\{f(x) \mid x \in \mathcal{S}\} > -\infty$, *so gilt*

$$\lim_{k \to \infty} \nabla_{\mathcal{S}} f(x^k) = 0.$$

b) Falls eine unendliche Teilfolge $\{x^k \mid k \in K\}$ beschränkt ist, gilt für diese Teilfolge

$$\lim_{k \to \infty, \, k \in K} \nabla_{\mathcal{S}} f(x^k) = 0.$$

Beweis

Teil a): Sei $\epsilon > 0$. Wegen Lemma 10.1.12, Teil b) und der Definition,

$$T(\mathcal{S}, x) = \overline{\{v \mid v \text{ ist zulässige Richtung in } x \text{ bezüglich } \mathcal{S}\}}$$

gibt es eine zulässige Richtung v^k in x^k mit $\|v^k\| \le 1$ und

$$\|\nabla_{\mathcal{S}} f(x^k)\| \le -\nabla f(x^k)^T v^k + \epsilon.$$

Nun gilt ähnlich wie in (10.1.11) für alle $z \in \mathcal{S}$,

$$\alpha_k \nabla f\left(x^k\right)^T \left(x^{k+1} - z\right) \le \|x^{k+1} - x^k\| \, \|x^{k+1} - z\|.$$

Da v^{k+1} eine zulässige Richtung ist, gibt es ein $\tau_{k+1} > 0$, so dass $z_{k+1} := x^{k+1} + \tau_{k+1} v^{k+1}$ in $\mathcal{S}$ liegt, $z_{k+1} \in \mathcal{S}$. Nach Division durch $\alpha_k > 0$ folgt aus der letzten Ungleichung und Satz 10.1.7, Teil a)

$$\limsup_{k \to \infty} -\nabla f\left(x^k\right)^T v^{k+1} \le 0, \quad \text{sowie} \quad \lim_{k \to \infty} \|x^{k+1} - x^k\| = 0.$$

Die gleichmäßige Stetigkeit von ∇f ergibt daher

$$\limsup_{k \to \infty} -\nabla f\left(x^{k+1}\right)^T v^{k+1} \le 0,$$

also nach Wahl von v^{k+1}

$$\limsup_{k \to \infty} \|\nabla_{\mathcal{S}} f(x^k)\| \le \epsilon,$$

Da $\epsilon > 0$ beliebig gewählt werden kann, folgt die Behauptung.

Teil b) lässt sich unter Benutzung von Satz 10.1.7, b) ähnlich zeigen. $\square$

In einem stationären Punkt $\bar{x}$ von (10.0.1) ist $\nabla_{\mathcal{S}} f(\bar{x}) = 0$, doch gilt in aller Regel $\|\nabla f(\bar{x})\| = \delta > 0$. Falls $\mathcal{S}$ die Slaterbedingung erfüllt, so kann man leicht sehen, dass es ein $\epsilon > 0$ gibt, so dass für alle Punkte $\hat{x}$ im Inneren der Menge $\mathcal{S} \cap \{x \mid \|x - \bar{x}\| \le \epsilon\}$ die Ungleichung $\|\nabla_{\mathcal{S}} f(\hat{x})\| \ge \delta/2$ gilt. Der projizierte negative Gradient $\nabla_{\mathcal{S}} f$ ist dann in $\bar{x}$ offenbar nicht stetig. Aus Satz 10.1.13 folgt daher, dass sich die Punkte x^k aus Algorithmus 10.0.5 dem Punkt $\bar{x}$ stets entlang des Randes von $\mathcal{S}$ nähern. Diese Aussage werden wir dahingehend verschärfen, dass die x^k unter gewissen Voraussetzungen sogar die in $\bar{x}$ aktiven Indizes nach endlich vielen Schritten „identifizieren". Zunächst soll aber gezeigt werden, dass $\|\nabla_{\mathcal{S}} f(\,.\,)\|$ zumindest unterhalbstetig ist.

Lemma 10.1.14 *Falls* $f \colon \mathbb{R}^n \to \mathbb{R}$ *auf* $\mathcal{S}$ *stetig differenzierbar ist, ist die Funktion* $\|\nabla_{\mathcal{S}} f(\,.\,)\|$ *auf* $\mathcal{S}$ *unterhalbstetig, d. h. es gilt für alle* $x \in \mathcal{S}$ *und jede Folge* $x^k \in \mathcal{S}$ *mit* $\lim_k x^k = x$ *die Ungleichung*

$$\|\nabla_{\mathcal{S}} f(x)\| \le \liminf_{k \to \infty} \|\nabla_{\mathcal{S}} f(x^k)\|.$$

Beweis Sei $x^k \in \mathcal{S}$ und $\lim_k x^k = x \in \mathcal{S}$. Aus Lemma 10.1.12, Teil b) folgt für jedes $z \in \mathcal{S}$ die Ungleichung

$$\nabla f(x^k)^T (x^k - z) \le \|\nabla_{\mathcal{S}} f(x^k)\| \, \|x^k - z\|,$$

die für $k \to \infty$ die Abschätzung

$$\nabla f(x)^T (x - z) \le \liminf_{k \to \infty} \|\nabla_{\mathcal{S}} f(x^k)\| \, \|x - z\|$$

liefert. Sei nun $v \in T(\mathcal{S}, x)$ beliebig mit $\|v\| \le 1$. Dann gibt es Folgen $z_l \in \mathcal{S}$ und $\lambda_l > 0$, $l \ge 1$, mit

$$v = \lim_{l \to \infty} \lambda_k (z_l - x) \text{ mit } \lambda_l > 0, \ z_l \in \mathcal{S} \text{ und } \lim_{l \to \infty} z_l = x.$$

Setzt man in der letzten Ungleichung z_l an Stelle von z ein und multipliziert mit λ_l, so folgt im Grenzwert für $l \to \infty$ die Abschätzung

$$-\nabla f(x)^T v \le \liminf_{k \to \infty} \|\nabla_{\mathcal{S}} f(x^k)\|,$$

und daraus wegen Lemma 10.1.12, Teil b),

$$\sup_{v \in T(\mathcal{S}, x), \ \|v\| \le 1} -\nabla f(x)^T v = \|\nabla_{\mathcal{S}} f(x)\| \le \lim \inf_{k \to \infty} \|\nabla_{\mathcal{S}} f(x^k)\|. \qquad \square$$

10.2 Der Spezialfall affiner Nebenbedingungen

Die numerische Berechnung des gekrümmten Pfades $x(\alpha)$ ist für allgemeines $\mathcal{S}$, (10.0.2), recht teuer; für jedes feste $\alpha > 0$ ist $x(\alpha)$ als Lösung eines konvexen quadratischen Minimierungsproblems auf $\mathcal{S}$ gegeben. Für die Implementierung des Verfahrens ist es daher wichtig, andere, billigere Zwischenschritte einzuschieben. Bei Vorliegen von affinen Nebenbedingungen lassen sich solche Zwischenschritte wie folgt finden.

Sei $A = [a_1, \dots, a_m] \in \mathbb{R}^{n \times m}$, $b \in \mathbb{R}^m$ und $\mathcal{S} = \{x \mid A^T x \le b\}$ in der Form (10.0.2) gegeben. Für $x \in \mathcal{S}$ ist dann

$$I(x) = \{i \mid a_i^T x = b_i\}.$$

Sei $I(x) = (i_1, \ldots, i_k)$, wobei $k = |I(x)|$ natürlich von der Wahl von $x \in \mathcal{S}$ abhängt. Mit $A_{I(x)} := [a_{i_1}, \ldots, a_{i_k}]$ bezeichnen wir wieder die Teilmatrix von A mit den Spalten a_{i_j}, $1 \leq j \leq k$. Der Tangentialkegel von $\mathcal{S}$ in x ist dann durch

$$T(\mathcal{S}, x) = \{s \mid A_{I(x)}^T s \leq 0\}$$

gegeben. Nach Definition ist

$$\nabla_{\mathcal{S}} f(x) = \arg\min\{\tfrac{1}{2}\|v + \nabla f(x)\|^2 \mid A_{I(x)}^T v \leq 0\}. \tag{10.2.1}$$

Der Satz von Kuhn und Tucker (s. Satz 8.3.4) liefert daher für die Optimallösung $v = \nabla_{\mathcal{S}} f(x)$ von (10.2.1)

$$\nabla_{\mathcal{S}} f(x) + \nabla f(x) + A_{I(x)} u = 0 \quad \text{für ein} \quad u \geq 0,$$

sowie die Komplementaritätsbedingung $u^T A_{I(x)}^T \nabla_{\mathcal{S}} f(x) = 0$. Dieses u ist auch Optimallösung von

$$\min_u \{\tfrac{1}{2}\|\nabla f(x) + A_{I(x)} u\|^2 \mid u \geq 0\}. \tag{10.2.2}$$

Denn u erfüllt auch die Kuhn-Tucker-Bedingungen

$$A_{I(x)}^T (\nabla f(x) + A_{I(x)} u) \geq 0, \qquad u^T A_{I(x)}^T (\nabla f(x) + A_{I(x)} u) = 0$$

für (10.2.2). Es gilt nämlich $\nabla f(x) + A_{I(x)} u = -\nabla_{\mathcal{S}} f(x) \in -T(\mathcal{S}, x)$, so dass aus $A_{I(x)}^T \nabla_{\mathcal{S}} f(x) \leq 0$ die linke Ungleichung folgt. Die Komplementaritätsbeziehung rechts stimmt ebenfalls mit der von (10.2.1) überein.

Man erhält so folgende Charakterisierung von stationären Punkten: $\bar{x}$ ist genau dann ein stationärer Punkt von (10.0.1) wenn $\nabla_{\mathcal{S}} f(\bar{x}) = 0$ ist. Dies gilt genau dann, wenn

$$\nabla f(\bar{x}) + A_{I(\bar{x})} \bar{u} = 0 \quad \text{für ein} \quad \bar{u} \geq 0,$$

und dies gilt wiederum genau dann, wenn $\bar{x}$ Kuhn-Tucker Punkt von (10.0.1) ist.

Definition 10.2.3 *Der stationäre Punkt $\bar{x}$ heißt* nichtentartet, *wenn die a_i für $i \in I(x)$ linear unabhängig sind und $\bar{u} > 0$ gilt.*

In der Terminologie von Kap. 9.1 ist dann $(\bar{x}, \bar{u})$ ein strikt komplementäres Kuhn-Tucker Paar von (10.0.1) (s. Satz 9.1.15), und (10.0.1) erfüllt in $\bar{x}$ die Regularitätsbedingung 2. Ordnung (s. Definition 9.2.4).

Satz 10.2.4 *Sei* $f: \mathbb{R}^n \to \mathbb{R}$ *auf* $\mathcal{S} = \{x \mid A^T x \leq b\}$ *stetig differenzierbar und* $\{x^k\} \subset \mathcal{S}$ *eine beliebige Folge, die gegen* $\bar{x}$ *konvergiert. Falls* $\nabla_\mathcal{S} f(x^k)$ *gegen* 0 *konvergiert und* $\bar{x}$ *nichtentartet ist, dann gilt* $I(x^k) = I(\bar{x})$ *für alle genügend großen* k.

Die in $\bar{x}$ aktiven Indizes werden also nach endlich vielen Schritten k identifiziert.

Beweis Wegen Lemma 10.1.14 ist $\nabla_\mathcal{S} f(\bar{x}) = 0$, d. h. $\bar{x}$ ist stationärer Punkt von (10.0.1).
Offensichtlich folgt aus $x^k \to \bar{x}$ und $x^k \in \mathcal{S}$ sofort $I(x^k) \subseteq I(\bar{x})$ für genügend große k. Falls es kein k_0 gibt mit $I(x^k) = I(\bar{x})$ für alle $k \geq k_0$, so gibt es eine unendliche Teilfolge x^k, $k \in K$, und einen Index $l \in I(\bar{x})$ mit $l \notin I(x^k)$ für alle $k \in K$. Sei $\mathbf{P}$ die Orthogonalprojektion auf den linearen Teilraum

$$\{v \mid a_j^T v = 0 \text{ für } j \in I(\bar{x}) \backslash \{l\}\}.$$

Wegen der Nichtentartung von $\bar{x}$ sind $\{a_i\}_{i \in I(\bar{x})}$ linear unabhängig, also $\mathbf{P}a_i = 0$ für $i \in I(\bar{x}) \backslash \{l\}$, aber $\mathbf{P}a_l \neq 0$, so dass $\mathbf{P}a_l \in T(\mathcal{S}, x^k)$ für alle $k \in K$ wegen $l \notin I(x^k) \subset I(\bar{x})$. Also folgt aus Lemma 10.1.12, Teil b)

$$\nabla f(x^k)^T \mathbf{P}a_l \geq -\|\nabla_\mathcal{S} f(x^k)\| \, \|\mathbf{P}a_l\|,$$

also wegen $x^k \to \bar{x}$,

$$\nabla f(\bar{x})^T \mathbf{P}a_l \geq 0.$$

Andererseits ist $\bar{x}$ nichtentarteter Kuhn-Tucker Punkt, so dass wegen $\nabla f(\bar{x}) + A_{I(\bar{x})}\bar{u} = 0$, $P A_{I(\bar{x})} = [0, \dots, 0, Pa_l, 0, \dots, 0]$

$$\nabla f(\bar{x})^T \mathbf{P}a_l = (\mathbf{P}\nabla f(\bar{x}))^T a_l = -\bar{u}_l (\mathbf{P}a_l)^T a_l = -\bar{u}_l \|\mathbf{P}a_l\|^2 < 0$$

der gesuchte Widerspruch folgt. □

Da Algorithmus 10.0.5 im wesentlichen ein Gradientenverfahren ist, muss man langsame Konvergenz erwarten! Außerdem kann die Berechnung von $x^{k+1} = P_\mathcal{S}(x^k - \alpha_k \nabla f(x^k))$ für allgemeine Polyeder $\mathcal{S}$ recht aufwändig sein.
Wir betrachten daher eine Variante von Algorithmus 10.0.5, die zusätzliche leichter berechenbare Zwischenpunkte $x^k \in \mathcal{S}$ berechnet, deren Funktionswerte zumindest „nicht schlechter" werden. Für den Nachweis der Konvergenz einer solchen Variante reicht es, zu gewährleisten, dass die Schritte von Algorithmus 10.0.5 unendlich oft ausgeführt werden. Wir definieren folgende Verallgemeinerung von Algorithmus 10.0.5, in der wir zunächst offen lassen, wie Schritt b) realisiert wird:

Algorithmus 10.2.5 *Sei* $x^0 \in S$.
Für $k \geq 0$ *bestimme man* x^{k+1} *entweder nach* a) *oder nach* b):

a) $x^{k+1} = P_S(x^k - \alpha_k \nabla f(x^k))$, *wobei* α_k *wie in* (10.0.6) *bestimmt wird.*
b) *Bestimme* $x^{k+1} \in S$, *so dass* $f(x^{k+1}) \leq f(x^k)$.

Wir fassen die „projizierte-Gradienten-Schritte" in

$$K_{pg} := \{k \mid x^{k+1} \text{ wird nach a) bestimmt}\}$$

zusammen. Es gilt dann der

Satz 10.2.6 *Falls* $f: \mathbb{R}^n \to \mathbb{R}$ *auf* S *stetig differenzierbar ist,* x^k *von Algorithmus 10.2.5 erzeugt wird,* $|K_{pg}| = \infty$ *gilt, und eine unendliche Teilfolge* $\{x^k \mid k \in K\}$, $K \subset K_{pg}$, *beschränkt ist, dann gilt*

$$\lim_{k \to \infty, \, k \in K} \|\nabla_S f(x^k)\| = 0.$$

Beweis Wegen Satz 10.1.7, Teil b) gilt

$$\lim_{k \to \infty, \, k \in K} \frac{\|x^{k+1} - x^k\|}{\alpha_k} = 0.$$

Im Übrigen folgt der Beweis wie für Satz 10.1.13, Teil b); man berücksichtige, dass für alle k stets $f(x^{k+1}) \leq f(x^k)$ gilt. $\qquad\square$

Für Probleme mit linearen Restriktionen $S = \{x \mid A^T x \leq b\}$ wird Schritt b) von Algorithmus 10.2.5 häufig so realisiert, dass zusätzlich $I(x^k) \subseteq I(x^{k+1})$ gilt. Man wählt dazu in x^k eine Abstiegsrichtung

$$v^k \in L(x^k) := \{v \mid A_{I(x^k)}^T v = 0\}$$

für f in x^k: Die Abstiegseigenschaft wird dabei nur in der schwachen Form $\nabla f(x^k)^T v^k \leq 0$ verlangt; die Wahl von $v^k \in L(x^k)$ garantiert, dass $x^k + \alpha v^k \in S$ für genügend kleines $|\alpha| > 0$ gilt, also v^k eine zulässige Richtung in x^k ist.

Mit $\bar{\alpha}_k := \sup\{\alpha \mid x^k + \alpha v^k \in S\}$ wird dann eine line search durchgeführt, um ein $x^{k+1} = x^k + \alpha_k v^k \in S$, $0 \leq \alpha_k \leq \bar{\alpha}_k$ mit $f(x^{k+1}) \leq f(x^k)$ zu finden. Falls $\alpha_k < \bar{\alpha}_k$ gilt $I(x^k) = I(x^{k+1})$, sonst $I(x^k) \subset I(x^{k+1})$.

Verfahren dieses Typs haben dann die Form:

Algorithmus 10.2.7 *Sei* $x^0 \in S$.
Für $k \geq 0$ *bestimme man* x^{k+1} *entweder nach* a) *oder nach* b):

a) $x^{k+1} = P_S(x^k - \alpha_k \nabla f(x^k))$, wobei α_k wie in (10.0.6) bestimmt wird.

b) Bestimme $x^{k+1} \in S$, so dass $f(x^{k+1}) \leq f(x^k)$ und $I(x^k) \subseteq I(x^{k+1})$.

Es gilt dann

Satz 10.2.8 *Sei* $f: \mathbb{R}^n \to \mathbb{R}$ *auf* S *stetig differenzierbar. Ferner seien alle stationären Punkte von (10.0.1) nichtentartet. Falls Algorithmus 10.2.7 eine beschränkte Folge erzeugt, so gibt es ein* $I \subseteq \{1, \ldots, m\}$ *mit* $I(x^k) = I$ *für alle genügend großen* k.

Beweis Es genügt zu zeigen, dass $I(x^k) \subseteq I(x^{k+1})$ für alle genügend großen k gilt. (Denn dann bleibt $I(x^k)$ für genügend große k konstant.) Falls das nicht gilt, gibt es eine unendliche Teilmenge K der natürlichen Zahlen, so dass für $k \in K$ stets $I(x^k) \not\subseteq I(x^{k+1})$ gilt. Daher folgt $K \subset K_{pg}$. Wähle eine unendliche Teilmenge $K_0 \subseteq K$ mit $\lim_{k \to \infty, \, k \in K_0} x^k = \bar{x}$. Satz 10.2.6 besagt dann $\nabla_S f(x^k) \to 0$ für $k \to \infty, k \in K_0$, so dass $\bar{x}$ nach Lemma 10.1.14 ein stationärer Punkt von (10.0.1) ist. Da $\bar{x}$ nichtentartet ist, folgt aus Satz 10.2.4

$$I(x^k) \subseteq I(\bar{x}) = I(x^{k+1})$$

für große k. $\qquad\square$

10.3 Quadratische Optimierungsprobleme

Wie bereits erwähnt, sind im Rahmen der sogenannten SQP-Verfahren (s. Kap. 13) wiederholt quadratische Optimierungsprobleme zu lösen, bei denen S ein Polyeder und die Zielfunktion f quadratisch aber nicht notwendigerweise konvex ist,

$$f(x) = \frac{1}{2} x^T C x + c^T x, \quad C = C^T, \quad S = \{x \mid A^T x \leq b\}. \qquad (10.3.1)$$

Bei diesen Problemen wird Schritt b) von Algorithmus 10.2.7 folgendermaßen realisiert.

Zu gegebenem $x^k \in S$ bestimmt man eine Matrix Z_k, deren Spalten eine Basis des linearen Teilraums

$$L(x^k) = \{v \mid A_{I(x^k)}^T v = 0\} = \{Z_k w \mid w \in \mathbb{R}^{v_k}\}$$

bilden. Nach Konstruktion liegen für jedes $v \in L(x^k)$ und für kleines $|\epsilon|$ die Punkte $x^k + \epsilon v$ in S. Weiter ist $q_k(w) := f(x^k + Z_k w)$ eine quadratische Funktion. Man wird also versuchen, aus der Minimalstelle von q_k eine profitable Richtung zu gewinnen. Dazu unterscheidet man folgende Fälle:

1. $\nabla q_k(0) = 0$ und $\nabla^2 q_k(0)$ ist positiv semidefinit, $\nabla^2 q_k(0) \succeq 0$. Dann ist $w = 0$ globale Minimalstelle von q_k und

$$f(x^k) = \min\{f(x) \mid x \in F_{I(x^k)}\}, \quad \text{wobei} \quad F_{I(x^k)} := \{x \mid A_{I(x^k)}^T x = b_{I(x^k)}\}$$

die Seitenfläche von $\mathcal{S}$ von kleinster Dimension bezeichnet, die x^k enthält. In diesem Fall wird man in Schritt b) von Algorithmus 10.2.7 die Schrittlänge $\alpha_k = 0$ wählen und in der nächsten Iteration Schritt a) ausführen.

2. $\nabla q_k(0) \neq 0$ und $\nabla^2 q_k(0) \succ 0$ ist positiv definit. Dann ist $w^k := -\nabla^2 q_k(0)^{-1}\nabla q_k(0)$ die globale Minimalstelle von q_k und $v^k := Z_k w^k$ eine profitable Richtung für f. Hier wählt man

$$x^{k+1} := x^k + \alpha_k v^k, \quad \text{wobei} \quad \alpha_k := \max\{0 \leq \alpha \leq 1 \mid x^k + \alpha v^k \in \mathcal{S}\}.$$

Dieser Schritt erfüllt die Bedingungen von b) in Algorithmus 10.2.7. Ferner gilt: Falls $I(x^k) = I(x^{k+1})$, so ist $\alpha_k = 1$ und $f(x) \geq f(x^{k+1})$ für alle $x \in F_{I(x^k)}$, d. h. x^{k+1} ist die globale Minimalstelle von f auf $F_{I(x^k)} = F_{I(x^{k+1})}$.

3. $\nabla q_k(0) \neq 0$ und $\nabla^2 q_k(0) \succeq 0$ ist positiv semidefinit, aber nicht positiv definit. Zerlege dann

$$\nabla q_k(0) = w + w^\perp \quad \text{mit} \quad w \in \tilde{L} := \{u \mid \nabla^2 q_k(0)u = 0\}, \quad w^\perp \in \tilde{L}^\perp.$$

Mit dieser Zerlegung werden nochmals zwei Fälle unterschieden:

Fall a) $w \neq 0$: Wähle $w^k := -w$ und $v^k := Z_k w^k$. Es ist dann

$$\nabla f(x^k)^T v^k = \nabla f(x^k)^T Z_k w^k = (Z_k^T \nabla f(x^k))^T w^k = \nabla q_k(0)^T w^k$$
$$= (w + w^\perp)^T w^k = -w^T w < 0$$

und $(v^k)^T C v^k = (w^k)^T Z_k^T C Z_k w^k = (w^k)^T \nabla^2 q(0) w^k = 0$. Falls f auf $\mathcal{S}$ nach unten beschränkt ist, existiert in diesem Fall ein maximales $\alpha_k < \infty$, so dass $x^{k+1} := x^k + \alpha_k v^k \in \mathcal{S}$ gilt. Dabei ist $f(x^{k+1}) < f(x^k)$ und $I(x^{k+1}) \supset I(x^k)$.

Fall b) $w = 0$: Wähle $w^k := -\nabla^2 q_k(0)^\dagger w^\perp$, wobei mit $A^\dagger$ die Pseudoinverse der Matrix A bezeichnet sei. Dabei ist die Pseudoinverse einer reellen symmetrischen Matrix A wie folgt erklärt: Falls A die Eigenwertzerlegung $A = U \Lambda U^T$ mit einer orthogonalen Matrix U und einer Diagonalmatrix Λ besitzt, so ist $A^\dagger = U \Lambda^\dagger U^T$, wobei $\Lambda^\dagger$ eine Diagonalmatrix ist mit den Einträgen

$$\Lambda_{ii}^\dagger = \begin{cases} 1/\Lambda_{ii} & \text{falls } \Lambda_{ii} \neq 0, \\ 0 & \text{sonst.} \end{cases}$$

Man setze dann wieder $v^k := Z_k w^k$ und bestimme die maximale Schrittweite $\alpha_k \leq 1$, so dass $x^{k+1} := x^k + \alpha_k v^k \in \mathcal{S}$ gilt. Dabei gilt $f(x^{k+1}) < f(x^k)$, $I(x^k) \subseteq I(x^{k+1})$, und falls $I(x^{k+1}) = I(x^k)$, so ist $\alpha_k = 1$ und $f(x) \geq f(x^{k+1})$ für alle $x \in F_{I(x^{k+1})}$.

4. $\nabla^2 q_k(0)$ hat mindestens einen negativen Eigenwert. Wähle nun eine Abstiegsrichtung w^k „negativer Krümmung", d. h. ein w^k mit

$$\nabla q_k(0)^T w^k \leq 0 \quad \text{und} \quad (w^k)^T \nabla^2 q_k(0) w^k < 0.$$

Berechne das größte α_k mit $x^k + \alpha_k v^k \in \mathcal{S}$. Ein solches α_k existiert, falls f auf $\mathcal{S}$ nach unten beschränkt ist; in diesem Fall erfüllt x^{k+1} die Bedingungen b) von Algorithmus 10.2.7 und mindestens ein Index kommt neu zur Menge der aktiven Indizes hinzu.

Man kann also für quadratische Zielfunktionen f Schritt b) von Algorithmus 10.2.7 sogar so realisieren, dass er aus einem $x^k \in \mathcal{S}$ ein $x^{k+1} \in \mathcal{S}$ mit folgenden Eigenschaften erzeugt (vgl. Algorithmus 10.2.7, b)):

> Es gilt $x^{k+1} \in \mathcal{S}$, $f(x^{k+1}) \leq f(x^k)$ und $I(x^k) \subseteq I(x^{k+1})$.
> x^{k+1} ist Minimalstelle von f auf $F_{I(x^k)}$, falls $I(x^{k+1}) = I(x^k)$.
> $\qquad\qquad$ (10.3.2)

Bemerkung

Für die numerische Durchführung ist es wesentlich, die Daten so zu verwalten, dass Schritt b) mit geringem Aufwand durchgeführt werden kann. Falls f streng konvex ist, so kann man z. B. eine QR-Zerlegung der aktiven Nebenbedingungen mitführen, die auch die Zielfunktion so umformt, dass die Lösung w^k der Teilprobleme direkt ablesbar ist. Diese QR-Zerlegung kann mit $O(n^2)$ arithmetischen Operationen aufdatiert werden, falls sich die Menge $I(x^k)$ nur in einer Komponente ändert. Die Details dieser Zerlegung sind z. B. in [67] beschrieben.

Algorithmus 10.2.7 hat einen Nachteil: Er ist nicht für die Lösung quadratischer Programme (10.3.1) geeignet. Der Grund ist, dass Teilschritt a) die Berechnung von Projektionen $P_{\mathcal{S}}(x^k - \alpha \nabla f(x^k))$, $\alpha > 0$, erfordert, d. h. für allgemeines $\mathcal{S}$ die Lösung eines anderen quadratischen Programms. Wir stellen deshalb für quadratische Programme (10.3.1) eine Alternative für Schritt a) vor, die leichter zu berechnen ist und ohne Projektionen auskommt. Im Folgenden sei f eine quadratische Funktion, s. (10.3.1). Wir analysieren zunächst die Situation, dass der Algorithmus nach einem Schritt b) (vgl. (10.3.2)) ein $\bar{x} \in \mathcal{S}$ gefunden hat, das (globale) Minimalstelle von f auf $F_{I(\bar{x})}$ ist. Da die quadratische Funktion f evtl. nicht konvex ist, sind die Optimalitätsbedingungen aus Kap. 9.1 für nichtkonvexe Optimierungsprobleme anzuwenden. Wir setzen dazu die folgende *Nichtentartungsbedingung* voraus:

$$\text{Die Vektoren } a_i, \ i \in I(\bar{x}), \text{ sind linear unabhängig.} \qquad (10.3.3)$$

Dann sind nach Satz 9.1.19 die Mengen $F_{I(\bar{x})} = \{x \mid a_i^T x = b_i \text{ für } i \in I(\bar{x})\}$ und $\mathcal{S}$ in $\bar{x}$ regulär. Weil $\bar{x}$ die Funktion f auf $F_{I(\bar{x})}$ minimiert, folgt deshalb aus aus dem Satz von Kuhn und Tucker (Satz 9.1.16) die Existenz eines Vektors $u \in \mathbb{R}^{|I(\bar{x})|}$ mit

$$\nabla f(\bar{x}) + A_{I(\bar{x})} u \equiv \nabla f(\bar{x}) + \sum_{i \in I(\bar{x})} a_i u_i = 0.$$

Dies ist ein lineares Gleichungssystem für u, dessen Lösung eindeutig ist, weil die Vektoren a_i, $i \in I(\bar{x})$, linear unabhängig sind. Man kann u mit den üblichen numerischen Methoden berechnen.

Falls $u \geq 0$ ist $\bar{x}$ ebenfalls aufgrund von Satz 9.1.16 ein Kuhn-Tucker Punkt von (10.0.2), also ein stationärer Punkt des Problems, der die notwendigen Bedingungen 1. Ordnung für ein lokales Minimum von f auf $\mathcal{S}$ erfüllt.

Sei nun $u \not\geq 0$. Zur Vereinfachung der Notation setzen wir $J := I(\bar{x})$ und nehmen ohne Beschränkung der Allgemeinheit $J = \{1, 2, \ldots, q\}$ und $u_q < 0$ an.

Wie im nächsten Satz gezeigt, ist es dann sinnvoll, die Menge der aktiven Indizes um den Index q zu verkleinern.

Satz 10.3.4 *Es seien folgende Voraussetzungen erfüllt:*

a) f *ist eine quadratische Funktion,* (10.3.1), *und* $\bar{x} \in \mathcal{S}$,
b) $J := I(\bar{x}) = \{1, \ldots, q\}$ *und die Spalten von* A_J *linear unabhängig,*
c) $-\nabla f(x) = A_J u$ *und* $u_q < 0$.

Dann gilt für $\bar{J} := J \setminus \{q\} = \{1, \ldots, q-1\}$: *Die Optimallösung* $\bar{s}$ *von*

$$\min\{\nabla f(\bar{x})^T s \mid A_{\bar{J}}^T s = 0, \quad s^T s \leq 1\} \tag{10.3.5}$$

ist eine zulässige profitable Richtung von f *in* $\bar{x}$.

Beweis Nach Voraussetzung besitzt A_J linear unabhängige Spalten. Also gibt es ein $z \in \mathbb{R}^n$ mit

$$A_{\bar{J}}^T z = 0, \quad \alpha := a_q^T z < 0, \quad \|z\|_2 = 1,$$

d. h.

$$A_J z = \begin{bmatrix} A_{\bar{J}}^T \\ a_q^T \end{bmatrix} z = \begin{bmatrix} 0 \\ \alpha \end{bmatrix} \leq 0.$$

Wegen $A_J^T z \leq 0$ ist z eine zulässige Richtung in $\bar{x}$ und

$$\nabla f(\bar{x})^T z = -u^T(A_J^T z) = -u_q \alpha < 0,$$

d. h. z ist auch profitabel.

Also gilt für die Lösung $\bar{s}$ von (10.3.5) und obiges z

$$\nabla f(\bar{x})^T \bar{s} \leq \nabla f(\bar{x})^T z < 0.$$

Weiter ist $A_J^T \bar{s} = (0, \ldots, 0, \beta)^T$. Wegen

$$0 > \nabla f(\bar{x})^T \bar{s} = -u^T A_J^T \bar{s} = -u_q \beta$$

und $u_q < 0$ folgt $\beta < 0$, d. h. $\bar{s}$ ist eine zulässige profitable Richtung. $\square$

Die Optimallösung $\bar{s}$ von (10.3.5) kann man so bestimmen: Sei $\bar{u}$ die Lösung des linearen Ausgleichsproblems

$$\min_v \ \|\nabla f(\bar{x}) + A_{\bar{J}} v\|_2, \quad \text{d. h. } \bar{u} = -(A_{\bar{J}}^T A_{\bar{J}})^{-1} A_{\bar{J}}^T \nabla f(\bar{x}),$$

und $d := -(\nabla f(\bar{x}) + A_{\bar{J}} \bar{u})$. Dann ist $\bar{s} := d/\|d\|_2$ die Optimallösung von (10.3.5).

Beweis Für die Lösung $\bar{u}$ des Ausgleichsproblems gilt $d \in L_{\bar{J}} := \{z \mid A_{\bar{J}}^T z = 0\}$ und $e := A_{\bar{J}} \bar{u} \in L_{\bar{J}}^\perp$, so dass $-\nabla f(\bar{x})$ die (eindeutig bestimmte) Orthogonalzerlegung

$$-\nabla f(\bar{x}) = d + e, \quad d \in L_{\bar{J}}, \ e \in L_{\bar{J}}^\perp,$$

besitzt. Nun ist $d \neq 0$, denn sonst wäre

$$-\nabla f(\bar{x}) = A_{\bar{J}} \bar{u} = A_J \begin{pmatrix} \bar{u} \\ 0 \end{pmatrix} = A_J u.$$

Wegen $(\bar{u}^T, 0) \neq u^T$ (man beachte $u_q < 0$) erhält man einen Widerspruch zur linearen Unabhängigkeit der Spalten von A_J. Also ist $d \neq 0$.

Andererseits folgt aus dem Satz von Karush, Kuhn und Tucker für konvexe Optimierungsprobleme (Satz 8.3.4), dass es zu einer Optimallösung $\bar{s}$ von (10.3.5) einen Vektor $\tilde{u}$ und eine Zahl $u_0 \geq 0$ gibt mit

$$\nabla f(\bar{x}) + A_{\bar{J}} \tilde{u} + 2u_0 \bar{s} = 0, \quad u_0(\bar{s}^T \bar{s} - 1) = 0.$$

Wegen $2u_0 \bar{s} \in L_{\bar{J}}$ und $A_{\bar{J}} \tilde{u} \in L_{\bar{J}}^\perp$ folgt aus der Eindeutigkeit der Orthogonalzerlegung von $-\nabla f(\bar{x})$

$$A_{\bar{J}} \tilde{u} = A_{\bar{J}} \bar{u} \implies \tilde{u} = \bar{u},$$

$$2u_0 \bar{s} = d \neq 0 \implies u_0 > 0 \implies \bar{s}^T \bar{s} = 1 \implies \bar{s} = d/\|d\|_2.$$

und damit die Behauptung $\square$

Diese Resultate legen es nahe, Algorithmus 10.2.7 für quadratische Funktionen f zu ersetzen durch

Algorithmus 10.3.6 *Sei* $f: \mathbb{R}^n \to \mathbb{R}$ *eine quadratische Funktion und* $x^0 \in S$. *Beginnend mit Schritt* b) *für* $k = 0$ *bestimme man* x^{k+1} *für* $k \geq 0$ *wie folgt:*

a) *Sei* $x^k \in S$ *Minimalstelle von* f *auf* $F_{I(x^k)} = \{x \mid A_{I(x^k)}^T x = b_{I(x^k)}\}$. *Berechne ein* u *mit*

$$\nabla f(x^k) + A_{I(x^k)} u = 0.$$

Falls $u \geq 0$, *stopp:* x^k *ist stationärer Punkt (Kuhn-Tucker Punkt) von* (10.0.2).
Andernfalls bestimme ein $q \in I(x^k)$ *mit* $u_q < 0$, *setze* $\bar{J} := I(x^k) \setminus \{q\}$ *und berechne die Optimallösung* $\bar{s}$ *von*

$$\min \{\nabla f(x^k)^T s \mid A_{\bar{J}}^T s = 0, \ s^T s \leq 1\}.$$

Bestimme

$$\bar{\alpha} := \arg\min_{\alpha} \{f(x^k + \alpha \bar{s}) \mid \alpha \geq 0, \ x^k + \alpha \bar{s} \in S\}$$

und setze $x^{k+1} := x^k + \bar{\alpha} \bar{s}$, $k := k + 1$ *und gehe zu* b).

b) *Bestimme* $x^{k+1} \in S$, *so dass* $f(x^{k+1}) \leq f(x^k)$ *und* $I(x^k) \subseteq I(x^{k+1})$ *gilt und darüber hinaus* x^{k+1} *die Minimalstelle von* f *auf* $F_{I(x^k)}$ *ist, sofern* $I(x^k) = I(x^{k+1})$.
Falls $I(x^k) \neq I(x^{k+1})$, *setze* $k := k + 1$ *und gehe zu* b).
Sonst setze $k := k + 1$ *und gehe zu* a).

Es gilt folgendes Konvergenzresultat:

Satz 10.3.7 *Sei* $f: \mathbb{R}^n \to \mathbb{R}$ *eine quadratische Funktion, die auf* S *nach unten beschränkt ist, und* $x^0 \in S$. *Seien ferner für alle* $x \in S$ *die Spalten von* $A_{I(x)}$ *linear unabhängig. Dann liefert Algorithmus* 10.3.6 *nach endlich vielen Schritten einen stationären Punkt von* (10.0.2).

Beweis Da f nach unten beschränkt ist und $f(x^{k+1}) \leq f(x^k)$ für alle k gilt, für die x^k noch kein stationärer Punkt von (10.0.2) ist, ist das Verfahren wohldefiniert. Die Schritte b) werden nur endlich oft hintereinander ausgeführt und sie finden am Schluss die globale Minimalstelle x^{k+1} von f auf einer Menge $F_{I(x^k)} = F_{I(x^{k+1})}$. Für jeden anschließenden Schritt a) gilt zu Beginn: x^k ist globale Minimalstelle von f auf $F_{I(x^k)}$ und es ist $f(x^{k+1}) < f(x^k)$ und damit $I(x^{k+1}) \neq I(x^k)$, falls x^k kein stationärer Punkt von f ist. Da es nur endlich viele verschiedene Mengen $I(x^k)$ gibt, kann Schritt a) insgesamt nur endlich oft ausgeführt werden. $\square$

Bemerkung
Für strikt konvexes quadratisches f ist f nach unten beschränkt, das quadratische Programm (10.0.2) besitzt genau eine Optimallösung $\bar{x}$ und außer $\bar{x}$ keine weiteren stationären Punkte.

Falls für alle $x \in \mathcal{S}$ die Spalten von $A_{I(x)}$ linear unabhängig sind, findet also Algorithmus 10.3.6 die Optimallösung von (10.0.2) nach endlich vielen Schritten.

Abschließend möchten wir noch bemerken, dass in der Literatur gelegentlich einfachere Projektionsverfahren zur Lösung von quadratischen Programmen angegeben sind, die auf die Abstiegseigenschaft $f(x^{k+1}) < f(x^k)$ verzichten und nur einen stationären Punkt $\bar{x}$ berechnen. Ein solches Verfahren kann aber mit einem stationären Punkt abbrechen, dessen Funktionswert $f(\bar{x}) > f(x^0)$ schlechter ist als der Funktionswert des Startpunktes!

10.4 Übungsaufgaben

1. Ein lineares Programm in Standardform (siehe (2.4.1)) lässt sich mit der Variablen $z := (x^T, y^T, s^T)^T$ aufgrund des Dualitätssatzes äquivalent schreiben als

$$\text{minimiere } \|Ax - b\|_2^2 + \|A^T y + s - c\|_2^2 + \left(c^T x - b^T y \right)^2 \quad \text{wobei } x \geq 0, \ s \geq 0.$$

Dies ist genau die Form (10.0.1) mit einer konvexen quadratischen Funktion f und $\mathcal{S}$ in der Form (10.0.3).

a) A habe vollen Zeilenrang. Welchen Rang hat die Hessematrix der quadratischen Funktion f?

b) Wie sieht Verfahren 10.3.6 unter passenden Nichtentartungsvoraussetzungen für dieses Problem konkret aus? Wie würde man einen geeigneten Startpunkt wählen?

c) Das lineare Programm besitze eine strikt komplementäre Optimallösung (siehe Satz 4.5.1). Hat obiges Problem dann auch eine strikt komplementäre Optimallösung?

2. Sei A eine $n \times m$-Matrix, $b \in \mathbb{R}^m$ und $\mathcal{S} := \{x \in \mathbb{R}^n \mid A^T x \leq b\} \neq \emptyset$. Für $x \in \mathcal{S}$ bezeichnet $I(x)$ die Menge der aktiven Indizes, $H(x) := \{y \in \mathbb{R}^n \mid (A_{I(x)})^T y \leq 0\}$ und $P_{H(x)}(\xi)$ die Projektion von ξ auf $H(x)$ wie in den Übungen 8.6. Zur Lösung von

$$(*) \qquad \qquad \min\{f(x) \mid x \in \mathcal{S}\}$$

mit einer C^1-Funktion f betrachten wir folgenden Algorithmus:

Start: Wähle $x^0 \in \mathcal{S}$.

Für $k = 0, 1, 2, \ldots$

i) Setze $s^k := P_{H(x^k)}(-\nabla f(x^k))$.

ii) Falls $s^k = 0$: Stopp.

Sonst

iii) bestimme $\bar{\lambda}_k := \max\{\lambda > 0 \mid x^k + \lambda s^k \in \mathcal{S}\}$ und setze $x^{k+1} := x^k + \lambda_k s^k$ mit $f(x^{k+1}) = \min_{0 \leq \lambda \leq \bar{\lambda}_k} f(x^k + \lambda s^k)$.

a) Ist das Verfahren stets wohldefiniert?

b) Man zeige, dass s^k eine zulässige Richtung ist, die auch profitabel ist, falls $s^k \neq 0$.

c) Sei $\bar{x}$ eine Optimallösung von $(*)$. Man zeige $P_{H(\bar{x})}(-\nabla f(\bar{x})) = 0$.

d) Sei f von nun an zweimal stetig differenzierbar und streng konvex, d. h. es gebe ein $\mu > 0$, so dass $s^T \nabla^2 f(x) s \geq \mu \|s\|^2$ für alle s. Man zeige, dass $\lim_{\|x\| \to \infty} f(x) = \infty$.

e) Man zeige: Es gibt einen eindeutig bestimmten Kuhn-Tucker Punkt $\bar{x}$, und dieser ist globale Minimalstelle von f auf $\mathcal{S}$.

f) Man gebe ein Beispiel dafür an, dass die Projektion der Newtonrichtung in x^k auf die Menge $H(x^k)$ (an Stelle der Projektion des Gradienten in x^k) selbst bei streng konvexem f nicht immer eine Abstiegsrichtung ist.

g) Man löse das Problem

$$\inf \{x_1^2 + 2x_2^2 \mid -x_1 + 4x_2 \leq 0, \ -x_1 - 4x_2 \leq 0\}$$

mit dem obigen Algorithmus. Als Startpunkt wähle man $x^0 = (4, \ 1)^T$.

Penalty -Funktionen und die erweiterte Lagrangefunktion

11

11.1 Straffunktionen und Penalty -Verfahren

Wir betrachten wieder das Problem (10.0.1), d. h.

$$\text{minimiere } f(x) \text{ für } x \in \mathcal{S},$$

mit einer abgeschlossenen Menge $\mathcal{S} \subset \mathbb{R}^n$. Dabei setzen wir zunächst nur die Stetigkeit von $f \colon \mathbb{R}^n \to \mathbb{R}$ voraus.

Um die Lösung von (10.0.1) mit Hilfe einer Folge von einfacheren Optimierungsproblemen ohne Nebenbedingungen zu approximieren, verwenden wir eine *Straffunktion* $l \colon \mathbb{R}^n \to \mathbb{R}_+$ mit

$$\text{und} \quad \begin{aligned} l(x) > 0 \quad &\text{für } x \notin \mathcal{S}, \\ l(x) = 0 \quad &\text{für } x \in \mathcal{S}, \end{aligned}$$

die die Punkte x, welche nicht in der zulässigen Menge $\mathcal{S}$ liegen, durch positive Funktionswerte „bestraft". Für die Menge

$$\begin{aligned} \mathcal{S} := \big\{ x \in \mathbb{R}^n \mid \ & f_i(x) \le 0 \,\text{für } i = 1, \dots, p, \\ & f_j(x) = 0 \,\text{für } j = p+1, \dots, m \big\} \end{aligned}$$

ist z. B.

$$l(x) := \sum_{i=1}^{p} \big(f_i^+(x)\big)^\alpha + \sum_{j=p+1}^{m} \big|f_j(x)\big|^\alpha \tag{11.1.1}$$

mit $\alpha > 0$ und $f_i^+(x) := \max\{0; f_i(x)\}$ eine Straffunktion. Wir definieren dann die *Penalty-Funktion*

$$p(x, r) := f(x) + r \cdot l(x). \tag{11.1.2}$$

© Springer-Verlag GmbH Deutschland, ein Teil von Springer Nature 2019
F. Jarre und J. Stoer, *Optimierung*, Masterclass,
https://doi.org/10.1007/978-3-662-58855-0_11

Im Folgenden werden wir das englische Wort Penalty-Funktion also für die gewichtete Summe aus Zielfunktion und Straffunktion benutzen. Für fest gewählte $r > 0$ betrachten wir die nichtrestringierten Minimierungsprobleme

$$\min_{x \in \mathbb{R}^n} p(x, r). \tag{11.1.3}$$

Der Parameter $r > 0$ heißt *Strafparameter* (engl. Penalty-parameter) weil der Term $r \cdot l(x)$ in $p(x, r)$ die Punkte $x \notin S$ mit einer Strafe belegt, die mit $r > 0$ wächst. Daher hofft man, dass die Minima von (11.1.3) für große r gute Näherungen für die Minima des restringierten Problems (10.0.1) sind. Man erhält so folgendes einfache Konzept eines *Penalty-Verfahrens* (Strafverfahren) zur Lösung von (10.0.1):

Algorithmus 11.1.4 *[Allgemeines Penalty-Verfahren]*
Start: Wähle $x^0 \in \mathbb{R}^n$ beliebig und $r_1 > 0$.
Für $k = 1, 2, \dots$:

1. *Bestimme (eine Näherung x^k für) eine lokale Minimalstelle von $p(x, r_k)$.*
2. *Falls $x^k \in S$, STOP, sonst wähle $r_{k+1} \geq 2r_k$.*

Der folgende Satz, für den wir einen neuen einfacheren Beweis geben, stammt von Pietrzykowski [135]. Er besagt, dass die x^k unter gewissen Voraussetzungen tatsächlich Näherungen einer lokalen Minimalstelle von (10.0.1) sind.

Satz 11.1.5 *Sei $f \colon \mathbb{R}^n \to \mathbb{R}$ eine stetige Funktion, $\bar{x}$ eine strikte lokale Minimalstelle von (10.0.1) und $l \colon \mathbb{R}^n \to \mathbb{R}_+$ eine stetige Straffunktion. Dann gibt es ein $r_0 > 0$, so dass für $r > r_0$ die Funktion $p(x, r) := f(x) + r\, l(x)$ eine lokale Minimalstelle $x(r)$ besitzt, die für $r \to \infty$ gegen $\bar{x}$ konvergiert,*

$$\lim_{r \to \infty} x(r) = \bar{x}.$$

Beweis Sei $k \geq 0$ ganzzahlig und $\epsilon_k := 2^{-k}$. Wir zeigen zunächst, dass es ein $r_k \in \mathbb{R}$ gibt, so dass $p(., r)$ für $r \geq r_k$ eine lokale Minimalstelle $\tilde{x}$ besitzt mit $\|\tilde{x} - \bar{x}\| \leq \epsilon_k$. Für $\epsilon > 0$ setzen wir $C_\epsilon := \{x \mid \|x - \bar{x}\| = \epsilon\}$. Falls $S \cap C_\epsilon \neq \emptyset$, so setze

$$\delta := \delta(\epsilon) := \min_{x \in S \cap C_\epsilon} f(x) - f(\bar{x}),$$

ansonsten sei $\delta := 1$. Die Menge $S \cap C_\epsilon$ ist für jedes $\epsilon \geq 0$ kompakt. Da $\bar{x}$ eine strikte lokale Minimalstelle ist, ist $f(x) - f(\bar{x})$ auf $S \cap C_\epsilon$ für alle kleinen $\epsilon > 0$ strikt positiv (sofern $S \cap C_\epsilon \neq \emptyset$: Für $S \cap C_\epsilon = \emptyset$ ist die Aussage trivial richtig). Daher gibt es ein $k_0 \geq 0$, so dass für $k \geq k_0$ mit $\epsilon := \epsilon_k$ stets $\delta(\epsilon) > 0$ gilt. Wir wollen ohne Beschränkung der Allgemeinheit $k_0 = 0$ annehmen.

Wir setzen für $\rho > 0$

$$\mathcal{S}_{\rho,\epsilon} := \{x \in C_\epsilon \mid \exists z \in \mathcal{S} \cap C_\epsilon \text{ mit } \|z - x\| \leq \rho\} \supset \mathcal{S} \cap C_\epsilon,$$

wobei $\mathcal{S}_{\rho,\epsilon}$ auch leer sein kann. Da f auf der kompakten Menge C_ϵ gleichmäßig stetig ist, gibt es ein $\rho > 0$, so dass

$$\min_{x \in \mathcal{S}_{\rho,\epsilon}} f(x) - f(\bar{x}) \geq \frac{\delta}{2}.$$

Auf $\overline{C_\epsilon \setminus \mathcal{S}_{\rho,\epsilon}}$ gilt $l(x) > 0$, und aus der Kompaktheit folgt $\exists \lambda > 0$ mit $l(x) \geq \lambda$ für $x \in \overline{C_\epsilon \setminus \mathcal{S}_{\rho,\epsilon}}$. Sei schließlich $M \leq \min_{x \in C_\epsilon} f(x) - f(\bar{x})$. Dabei nehmen wir ohne Einschränkung $M \leq 0$ an. Die Werte M und λ hängen natürlich von $\epsilon = \epsilon_k$ ab. Nach Konstruktion gilt für $r > \tilde{r}_k := -M/\lambda$ und $x \in C_\epsilon$:

$$p(x, r) \geq f(x) \geq f(\bar{x}) + \delta/2 > f(\bar{x}) = p(\bar{x}, r),$$

falls $x \in \mathcal{S}_{\rho,\epsilon}$, und

$$p(x, r) > f(x) - M \geq f(\bar{x}) = p(\bar{x}, r),$$

falls $x \notin \mathcal{S}_{\rho,\epsilon}$. Also muss $p(., r)$ in $\{x \mid \|x - \bar{x}\| < \epsilon = \epsilon_k\}$ eine lokale Minimalstelle besitzen.
Durch die Definition $r_0 := \tilde{r}_0 + 1$ und $r_k := 1 + \max\{r_{k-1}, \tilde{r}_k\}$ für $k \geq 1$ erhält man eine monoton wachsende Folge $\{r_k\}_{k \geq 0} \subset \mathbb{R}$, so dass für $r \in [r_k, r_{k+1})$ die Funktion $p(., r)$ eine lokale Minimalstelle $x(r)$ besitzt mit $\|x(r) - \bar{x}\| \leq 2^{-k}$. Dies war zu zeigen. $\qquad \square$

Gewisse lokale Minima $x(r)$ von (11.1.3) konvergieren also für $r \to \infty$ gegen eine lokale Minimalstelle von (10.0.1). Allerdings kann $x(r)$ von $\bar{x}$ abhängen, und (11.1.3) noch weitere lokale Minimalstellen besitzen, die nicht gegen die Menge $\mathcal{S}$ konvergieren. Auch falls (11.1.3) für $r = r_k \to \infty$ eine Folge von lokalen Minima $x(r_k)$ besitzt, die gegen einen Punkt $\tilde{x} \in \mathcal{S}$ konvergiert, so ist $\tilde{x}$ nicht notwendigerweise eine lokale Minimalstelle von (10.0.1). Die zugehörigen Gegenbeispiele sind allerdings mit sehr speziellen Funktionen konstruiert, die nicht analytisch sind; sie spielen keine Rolle bei einer praktischen Anwendung von Penalty-Verfahren.

Wir wollen an dieser Stelle auf zwei Eigenschaften eingehen, die für Penalty-Verfahren von Bedeutung sind:

1. In vielen Fällen ist die Zielfunktion f differenzierbar. Damit die Bestimmung einer lokalen Minimalstelle von (11.1.3) mit Hilfe von Abstiegsverfahren oder Quasi-Newton-Verfahren möglich ist, ist es wünschenswert, dass auch die Straffunktion l differenzierbar ist.

2. Damit das Verfahren nach endlich vielen Schritten abbricht, ist es wünschenswert, dass es bereits einen endlichen Wert $\bar{r} > 0$ gibt, so dass eine lokale Minimalstelle $\bar{x}$ von (10.0.1) auch lokale Minimalstelle für jedes nichtrestringierte Problem (11.1.3) mit $r \geq \bar{r}$ ist. In diesem Fall heißt die Penalty-Funktion p exakt in $\bar{x}$.

Es stellt sich leider heraus, dass diese beiden wünschenswerten Eigenschaften in aller Regel unvereinbar sind. Wir betrachten zunächst einen Spezialfall, für den die zweite Eigenschaft erfüllt ist. Dazu sei das Problem

$$\min\{f(x) \mid f_i(x) \le 0, \ f_j(x) = 0, \ 1 \le i \le p < j \le m\} \qquad (11.1.6)$$

mit konvexen Funktionen f, $f_i : \mathbb{R}^n \to \mathbb{R}$ $(1 \le i \le p)$ und affinen Funktionen $f_j : \mathbb{R}^n \to \mathbb{R}$ $(p + 1 \le j \le m)$ gegeben.

Satz 11.1.7 *[Satz über die Exaktheit der Penalty-Funktion]*
Sei $\bar{x}$ eine Optimallösung von (11.1.6),

$$L(x, y) := f(x) + \sum_{k=1}^{m} y_k f_k(x)$$

die Lagrangefunktion, und

$$p(x, r) := f(x) + r \cdot \left(\sum_{i=1}^{p} f_i^+(x) + \sum_{j=p+1}^{m} |f_j(x)| \right)$$

die Penalty-Funktion (11.1.1) mit Exponent $\alpha = 1$. Weiter gebe es einen Vektor $\bar{y}$ mit $\bar{y}_i \ge 0$ für $1 \le i \le p$ und

$$L(x, \bar{y}) \ge L(\bar{x}, \bar{y}) \ge L(\bar{x}, y)$$

für alle $x \in \mathbb{R}^n$ und alle $y \in \mathbb{R}^m$ mit $y_i \ge 0$ für $1 \le i \le p$. Dann ist

$$\min_{x \in \mathbb{R}^n} \ p(x, r) = p(\bar{x}, r)$$

für alle $r \ge \bar{r}$ mit

$$\bar{r} := \max_{1 \le k \le m} |\bar{y}_k|,$$

und für $r > \bar{r}$ folgt aus

$$p(x^*, r) = \min_{x \in \mathbb{R}^n} \ p(x, r),$$

dass x^* Optimallösung von (11.1.6) ist.

Bemerkung
Da (11.1.6) ein konvexes Problem ist, sind die Slater-Bedingung und die Existenz einer Optimallösung $\bar{x}$ hinreichend für die Existenz des Vektors $\bar{y}$ in der Voraussetzung von Satz 11.1.7 (siehe Satz 8.3.4).

Beweis

1. Für $r \geq \bar{r}$ ist

$$
\begin{aligned}
p(\bar{x}, r) &= f(\bar{x}) + r \cdot \left(\sum_{i=1}^{p} f_i^+(\bar{x}) + \sum_{j=p+1}^{m} |f_j(\bar{x})| \right) \\
&= f(\bar{x}) \\
&= L(\bar{x}, \bar{y}) \\
&\leq L(x, \bar{y}) \\
&= f(x) + \sum_{k=1}^{m} \bar{y}_k f_k(x) \\
&\leq f(x) + \left(\sum_{i=1}^{p} \bar{y}_i f_i^+(x) + \sum_{j=p+1}^{m} |\bar{y}_j| |f_j(x)| \right) \\
&\leq f(x) + r \cdot \left(\sum_{i=1}^{p} f_i^+(x) + \sum_{j=p+1}^{m} |f_j(x)| \right) = p(x, r)
\end{aligned}
$$

für alle $x \in \mathbb{R}^n$.

In der dritten Zeile haben wir die Komplementarität $\bar{y}_i f_i(\bar{x}) = 0$ benutzt (siehe Beweis von Aussage (1) von Satz 8.3.4).

2. Für $r > \bar{r}$ und $p(x^*, r) = p(\bar{x}, r) = f(\bar{x})$ gilt: x^* ist zulässig für (11.1.6): Andernfalls gäbe es ein $l \in \{1, \ldots, p\}$ mit $f_l^+(x^*) > 0$ oder ein $l \in \{p+1, \ldots, m\}$ mit $|f_l(x^*)| > 0$. Dann ist die obige Ungleichungskette aus Teil 1 für $x = x^*$ an der letzten Stelle scharf, im Widerspruch zu $p(x^*, r) = p(\bar{x}, r)$. Wegen

$$
p(x^*, r) = f(x^*) = f(\bar{x}),
$$

ist x^* optimal für (11.1.6). $\qquad\square$

Leider ist die Funktion p aus Satz 11.1.7 auch für differenzierbare Funktionen f und f_i in (11.1.6) auf dem Rand von S (und meist auch für einige Punkte $x \notin S$) nicht differenzierbar sofern $r \neq 0$ ist. Diese fehlende Differenzierbarkeit ist eine typische Eigenschaft für alle exakten Penalty-Funktionen. Es gilt nämlich der folgende Satz:

Satz 11.1.8 *Das Problem (9.1.1)*

$$
\min_{x \in S} f(x)
$$

besitze eine lokale Minimalstelle $\bar{x}$ mit $Df(\bar{x}) \neq 0$. Wenn die Penalty-Funktion p aus (11.1.2) in $\bar{x}$ exakt ist, so ist sie dort nicht differenzierbar.

Beweis Da $\bar{x} \in S$ ist $l(\bar{x}) = 0$. Andererseits ist stets $l(x) \geq 0$, so dass $\bar{x}$ eine Minimalstelle von l ist und somit $\nabla l(\bar{x}) = 0$, falls l in $\bar{x}$ differenzierbar ist. Dann ist aber $0 \neq \nabla f(\bar{x}) = \nabla_x p(\bar{x}, r)$, so dass $\bar{x}$ keine Minimalstelle von $p(\,.\,, r)$ ist. $\qquad\square$

Bemerkung

Falls $Df(\bar{x}) = 0$ gilt, so sind sämtliche Nebenbedingungen in dem Sinne überflüssig, dass $\bar{x}$ bereits stationärer Punkt des unrestringierten Problems $\min_{x \in \mathbb{R}^n} f(x)$ ist. In allen anderen Fällen ist also eine differenzierbare Penalty-Funktion in $\bar{x}$ nicht exakt.

Bei konvexen Problemen (11.1.6) erkauft man sich die Exaktheit der Penalty-Funktion für $\alpha = 1$ in (11.1.1) auf Kosten der Nichtdifferenzierbarkeit von p. Für $\alpha = 2$ ist p (11.1.1) zwar differenzierbar, aber nicht mehr exakt. Für $\alpha = 2$ muss man deshalb den Grenzwert $r \to \infty$ von $x(r)$ betrachten und erhält für große r schlecht konditionierte Probleme.

Als Beispiel betrachte man das Problem

$$\min\{x_1^2 + x_2^2 \mid x_2 = 1\}.$$

Offenbar hat dieses Problem eine eindeutige Minimalstelle $\bar{x} := (0, 1)^T$, die auch die hinreichenden Bedingungen 2. Ordnung für ein lokales Minimum erfüllt. Die Penalty-Funktion

$$p(x, r) = x_1^2 + x_2^2 + r(x_2 - 1)^2$$

besitzt für $r > 0$ die eindeutige Minimalstelle $x(r) = (0, \frac{r}{1+r})^T$, die für große r gegen $\bar{x}$ konvergiert. Die Hessematrix von $p(., r)$ hat die Eigenwerte 2 und $2(1 + r)$; für große r strebt ihre Kondition $1 + r = \text{cond}(\nabla_x^2 p(x, r))$ gegen ∞. In etwas weniger trivialen Beispielen führt diese systematische schlechte Konditionierung zu erheblichen Rundungsfehlern, welche die numerische Lösung von Optimierungsproblemen mit Penalty-Methoden sehr schwierig machen.

Auf Grund der Unvereinbarkeit von Exaktheit und Differenzierbarkeit von Penalty-Funktionen werden die Penalty-Verfahren in der Form von Algorithmus 11.1.4 nicht benutzt, es gibt derzeit keine nennenswerten Programmpakete, die nur auf Penalty-Funktionen der Form (11.1.1) aufbauen.

Es gibt aber modifizierte Penalty-Funktionen, die zu effizienten Verfahren führen. Sie werden im nächsten Abschnitt beschrieben.

11.2   Differenzierbare exakte Penalty - Funktionen

Wir betrachten wieder das Problem (9.1.1), (9.1.2)

$$(P')   \min\{f(x) \mid f_i(x) \leq 0, \; i = 1, \ldots, p, \quad f_j(x) = 0, \; j = p + 1, \ldots, m\}$$

und stellen ein Verfahren zur Berechnung einer lokalen Minimalstelle von (P') vor. Dieses nutzt die Vorteile der Straffunktionen, nämlich die Reduktion des Ausgangsproblems auf nichtrestringierte Probleme, ohne die bisherigen Nachteile – Verlust der Differenzierbarkeit oder systematisch schlecht konditionierte Hessematrizen – in Kauf nehmen zu müssen. Das Hauptwerkzeug dieses neuen Verfahrens ist eine etwas veränderte Lagrangefunktion, die sogenannte „erweiterte Lagrangefunktion" (engl. augmented Lagrangian), die wir jetzt einführen wollen.

Wir beschränken hier die Untersuchung des neuen Verfahrens auf das Verhalten in der Nähe einer lokalen Minimalstelle $\bar{x}$ von (P'), die auch die hinreichenden Optimalitätsbedingungen 2. Ordnung erfüllt. (Falls diese Bedingungen verletzt sind, so konvergieren die meisten numerischen Verfahren nur langsam.) Wir treffen deshalb folgende Voraussetzung:

Voraussetzung 11.2.1

1. *$f,\ f_l \in C^2(\mathbb{R}^n)\ für\ l = 1, ..., m.$*
2. *$\bar{x}$ ist lokale Minimalstelle von (P').*
3. *$\{\nabla f_k(\bar{x}) \mid k \in I(\bar{x}) \cup \{p+1, ..., m\}\}$ sind linear unabhängig* (constraint qualification 2. Ordnung, s. Abschn. 9.1).
4. *$\bar{y} \in \mathbb{R}^m$ sei ein Kuhn-Tucker-Vektor, d. h. $\bar{y}_i \geq 0$ und $\bar{y}_i f_i(\bar{x}) = 0$ für $1 \leq i \leq p$, und $\nabla_x L(\bar{x}, \bar{y}) = 0$.*
5. *Es gelte strikte Komplementarität, d. h. $\bar{y}_i - f_i(\bar{x}) > 0$ für $i = 1, 2, ..., p$*
6. *Die hinreichenden Optimalitätsbedingungen 2. Ordnung seien erfüllt* (s Abschn. 9.1), *d. h.*

$$s^T D_x^2 L(\bar{x}, \bar{y})s > 0$$

für alle $s \neq 0$, die $Df_k(\bar{x})s = 0$ für alle $k \in I(\bar{x}) \cup \{p+1, ..., m\}$ erfüllen.

Definition 11.2.2   *Die* erweiterte Lagrangefunktion (Augmented Lagrangian) *für (P') ist für einen Vektor $r = (r_1, ..., r_m) > 0$ durch*

$$\Lambda(x, y; r)$$
$$:= f(x) + \sum_{i=1}^{p} \frac{r_i}{2}\left(\left(f_i(x) + \frac{y_i}{r_i}\right)^+\right)^2 + \sum_{j=p+1}^{m} \frac{r_j}{2}\left(f_j(x) + \frac{y_j}{r_j}\right)^2 - \frac{1}{2}\sum_{k=1}^{m}\frac{y_k^2}{r_k}$$

definiert. Dabei benutzen wir wieder die Notation $z^+ := \max\{0, z\}$ für $z \in \mathbb{R}$.

Bemerkungen

Da $h(t) := \frac{1}{2}(t^+)^2$ überall stetig differenzierbar ist und in $\mathbb{R} \setminus \{0\}$ zweimal stetig differenzierbar ist, „erbt" Λ diese Eigenschaft. Die Ableitung $h'(t) = t^+$ wird bei der Berechnung der Ableitungen von Λ noch oft benutzt werden.

Für $p = 0$ folgt aus

$$\frac{r}{2}\left(f + \frac{y}{r}\right)^2 - \frac{1}{2}\frac{y^2}{r} = \frac{r}{2}\left(f^2 + \frac{2yf}{r} + \frac{y^2}{r^2}\right) - \frac{1}{2}\frac{y^2}{r} = \frac{r}{2}f^2 + y\,f,$$

dass

$$\Lambda(x, y; r) = f(x) + \sum_{i=1}^{m} \left(\frac{r_i}{2} f_i^2(x) + y_i f_i(x) \right) = L(x, y) + \sum_{i=1}^{m} \frac{r_i}{2} f_i^2(x).$$

Die erweiterte Lagrangefunktion unterscheidet sich in diesem Fall von der üblichen Lagrangefunktion nur durch den zusätzlichen Term $\sum \frac{r_i}{2} f_i^2(x)$, der eine Verletzung der Gleichungsbedingungen bestraft.

Die qualitativ neue Eigenschaft der erweiterten Lagrangefunktion im Vergleich zur Lagrangefunktion L aus Kap. 9.1 ist eine etwas stärkere Sattelpunkteigenschaft. Wie der nächste Satz zeigt, ist nämlich auch die Ableitung nach y in einem KKT-Punkt gleich Null.

Satz 11.2.3 *Falls $(\bar{x}, \bar{y})$ ein Kuhn-Tucker-Punkt von (P') ist, d. h. falls*

I)   die Bedingungen i) – iv) gelten,

  i) $f_i(\bar{x}) \leq 0$, $\bar{y}_i \geq 0$ für $1 \leq i \leq p$,
  ii) $f_i(\bar{x}) \cdot \bar{y}_i = 0$ für $1 \leq i \leq p$,
  iii) $f_j(\bar{x}) = 0$ für $p + 1 \leq j \leq m$,
  iv) $D_x L(\bar{x}, \bar{y}) = 0$,

dann gilt für alle $r > 0$ auch

II) $D_x \Lambda(\bar{x}, \bar{y}; r) = 0$ und $D_y \Lambda(\bar{x}, \bar{y}; r) = 0$.

Falls umgekehrt (II) *für ein $r > 0$ gilt, dann gilt auch* (I).

Beweis   Für die Ableitung von Λ nach x erhalten wir

$$D_x \Lambda(x, y; r) = Df(x) + \sum_{i=1}^{p} r_i \left(f_i(x) + \frac{y_i}{r_i} \right)^+ Df_i(x)$$

$$+ \sum_{j=p+1}^{m} r_j \left(f_j(x) + \frac{y_j}{r_j} \right) Df_j(x).$$

Weiter ist

$$\frac{\partial}{\partial y_i} \Lambda(x, y; r) = r_i \cdot \left(f_i(x) + \frac{y_i}{r_i} \right)^+ \cdot \frac{1}{r_i} - \frac{y_i}{r_i} = \left(f_i(x) + \frac{y_i}{r_i} \right)^+ - \frac{y_i}{r_i}$$

für $1 \le i \le p$, und

$$\frac{\partial}{\partial y_j} \Lambda(x, y; r) = \left(f_j(x) + \frac{y_j}{r_j} \right) - \frac{y_j}{r_j} = f_j(x)$$

für $p + 1 \le j \le m$.

Sei (I) erfüllt. Dann ist wegen $iii)$ für $p + 1 \le j \le m$:

$$\frac{\partial}{\partial y_j} \Lambda(\bar{x}, \bar{y}; r) = f_j(\bar{x}) = 0,$$

und für $1 \le i \le p$:

$$\frac{\partial}{\partial y_i} \Lambda(\bar{x}, \bar{y}; r) = \left(f_i(\bar{x}) + \frac{\bar{y}_i}{r_i} \right)^+ - \frac{\bar{y}_i}{r_i}.$$

Für $1 \le i \le p$ sind zwei Fälle möglich:

$\alpha)$ $f_i(\bar{x}) = 0$ und $\bar{y}_i \ge 0$. Dann ist $\dfrac{\partial}{\partial y_i} \Lambda(\bar{x}, \bar{y}; r) = 0$.

$\beta)$ $f_i(\bar{x}) \le 0$ und $\bar{y}_i = 0$. Auch dann ist $\dfrac{\partial}{\partial y_i} \Lambda(\bar{x}, \bar{y}; r) = 0$.

In beiden Fällen ist die zweite Bedingung aus (II) erfüllt. Weiter ist

$$D_x \Lambda(\bar{x}, \bar{y}; r)$$

$$= Df(\bar{x}) + \sum_{i \in I(\bar{x})} r_i \cdot \left(f_i(\bar{x}) + \frac{\bar{y}_i}{r_i} \right)^+ Df_i(\bar{x}) + \sum_{j=p+1}^{m} r_j \cdot \left(f_j(\bar{x}) + \frac{\bar{y}_j}{r_j} \right) Df_j(\bar{x})$$

$$= Df(\bar{x}) + \sum_{i \in I(\bar{x})} \bar{y}_i Df_i(\bar{x}) + \sum_{j=p+1}^{m} \bar{y}_j Df_j(\bar{x})$$

$$= D_x L(\bar{x}, \bar{y})$$

$$= 0, \qquad \text{wegen } iv).$$

Also gilt (II).

Sei umgekehrt nun (II) erfüllt. Dann ist

$$0 = \frac{\partial}{\partial y_j} \Lambda(\bar{x}, \bar{y}; r) = f_j(\bar{x})$$

für $p + 1 \le j \le m$, d. h. es gilt $iii)$ und

$$0 = \frac{\partial}{\partial y_i} \Lambda(\bar{x}, \bar{y}; r) = \left(f_i(\bar{x}) + \frac{\bar{y}_i}{r_i} \right)^+ - \frac{\bar{y}_i}{r_i} \quad \text{für } 1 \le i \le p.$$

Wir unterscheiden wieder zwei Fälle:

α) Falls $f_i(\bar{x}) + \dfrac{\bar{y}_i}{r_i} \geq 0$, dann folgt

$$0 = \left(f_i(\bar{x}) + \frac{\bar{y}_i}{r_i}\right) - \frac{\bar{y}_i}{r_i} = f_i(\bar{x}),$$

und daher $\bar{y}_i \geq 0$.

β) Falls $f_i(\bar{x}) + \dfrac{\bar{y}_i}{r_i} < 0$, dann folgt $0 = -\dfrac{\bar{y}_i}{r_i} \Longrightarrow \bar{y}_i = 0 \Longrightarrow f_i(\bar{x}) < 0$.

Also gelten i) und ii). Wie oben erhält man mit i), ii) und iii), dass $D_x L(\bar{x}, \bar{y}) = D_x \Lambda(\bar{x}, \bar{y}; r) = 0$. Also ist (I) erfüllt. $\square$

Bemerkung

Aus den Eigenschaften (I) bzw. (II) des Satzes 11.2.3 folgt noch nicht notwendigerweise die Sattelpunkteigenschaft von $\Lambda(., .; r)$ im Punkt $\bar{x}$, $\bar{y}$. Es könnte auch eine andere Form eines stationären Punktes vorliegen. Unter der zusätzlichen Voraussetzung 11.2.1 können wir im nächsten Satz allerdings die Sattelpunkteigenschaft nachweisen.

Satz 11.2.4 *Sei Voraussetzung 11.2.1 erfüllt und $r = (r_1, \ldots, r_m) > 0$. Dann gilt:*

1. *$y \mapsto \Lambda(x, y; r)$ ist konkav für festes (x, r).*
2. *$(x, y) \mapsto \Lambda(x, y; r)$ ist in einer Umgebung von $(\bar{x}, \bar{y})$ zweimal stetig differenzierbar.*
3. *Für genügend großes $\rho > 0$ und $r_i \geq \rho$ für alle $i \in \{1, \ldots, m\}$ gilt: $D_x^2 \Lambda(\bar{x}, \bar{y}; r)$ ist positiv definit, d. h. $x \mapsto \Lambda(x, y; r)$ ist streng konvex für kleine $\|x - \bar{x}\|$, $\|y - \bar{y}\|$, und $\bar{x}$ ist eine strikte lokale Minimalstelle von $x \mapsto \Lambda(x, \bar{y}; r)$.*

Der Beweis von Satz 11.2.4 benutzt ein Lemma, das von Finsler stammt:

Lemma 11.2.5 *Sei $U = U^T \in \mathbb{R}^{n \times n}$ symmetrisch und $V \in \mathbb{R}^{m \times n}$. Falls $s^T U s > 0$ für alle $s \neq 0$ mit $Vs = 0$, dann gibt es ein $\rho_0 \geq 0$, so dass $U + \rho V^T V$ positiv definit ist für alle $\rho \geq \rho_0$.*

Beweis Sei

$$M := \{x \in \mathbb{R}^n \mid \|x\|_2 = 1, \ x^T U x \leq 0\}.$$

Da M kompakt ist und $Vs \neq 0$ auf M, gibt es positive Zahlen $p, q > 0$ mit

$$p \leq \|Vs\|_2^2 = s^T V^T V s \quad \text{und} \quad -q \leq s^T U s$$

für alle $s \in M$.

Behauptung:

$U + \rho V^T V$ ist für $\rho \geq \rho_0 := 1 + \frac{q}{p}$ positiv definit, d. h.

$$s^T (U + \rho V^T V)s = s^T U s + \rho \|V s\|_2^2 > 0 \qquad \text{für } s \neq 0.$$

O. B. d. A. sei $\|s\|_2^2 = 1$. Falls $s \notin M$, folgt die Behauptung aus $s^T U s > 0$, und falls $s \in M$, so ist $\|V s\| \neq 0$ und

$$s^T U s + \rho \|V s\|_2^2 > s^T U s + \frac{q}{p} \|V s\|_2^2 \geq -q + q = 0. \qquad \square$$

Die Umkehrung von Lemma 11.2.5 gilt natürlich auch: Falls es ein $\rho > 0$ gibt, so dass $U + \rho V^T V$ positiv definit ist, dann muss $s^T U s > 0$ gelten für alle $s \neq 0$ mit $V s = 0$. (Den Beweis dazu überlassen wir als einfache Übung.)

Beweis von Satz 11.2.4

1. Für $y \in \mathbb{R}$ und für festes $r, \varphi \in \mathbb{R}$ sei die Funktion $l_{r,\varphi} : \mathbb{R} \to \mathbb{R}$ durch

$$l_{r,\varphi}(y) := \frac{r}{2} \left(\left(\varphi + \frac{y}{r} \right)^+ \right)^2 - \frac{y^2}{2r} = \begin{cases} \frac{r}{2}\varphi^2 + y\varphi & \text{für } \varphi + \frac{y}{r} > 0, \\ -\frac{y^2}{2r} & \text{sonst,} \end{cases}$$

definiert. Die Funktion $l_{r,\varphi}$ ist linear in y für $y \geq -r\varphi$ und für $y \leq -r\varphi$ ist sie eine nach unten geöffnete Parabel. An der „Nahtstelle" $y = -r\varphi$ ist sie glatt zusammengesetzt. Insbesondere ist $l_{r,\varphi}$ konkav. Wir erhalten für $\Lambda(x, y; r)$ den Ausdruck

$$\Lambda(x, y; r) = f(x) + \sum_{i=1}^{p} \underbrace{l_{r_i, f_i(x)}(y_i)}_{\text{konkav in } y_i} + \sum_{j=p+1}^{m} \underbrace{\frac{r_j}{2} \left(f_j(x) + \frac{y_j}{r_j} \right)^2 - \frac{y_j^2}{2r_j}}_{\text{linear in } y_j}.$$

Hier ist jeder der Summanden konkav in y_i bzw. y_j. Da die einzelnen Summanden nur von je einem einzigen y_i oder y_j abhängen, ist jeder Summand bezüglich des „ganzen" Vektors y konkav, und damit ist auch die Summe Λ konkav in y.

2. Es genügt zu zeigen, dass

$$f_i(\bar{x}) + \frac{\bar{y}_i}{r_i} \neq 0 \qquad \text{für } 1 \leq i \leq p,$$

denn dann ist Λ in $(\bar{x}, \bar{y})$ zweimal stetig nach x, y differenzierbar. Obige Ungleichung folgt aber direkt aus der strikten Komplementarität.

3. Es genügt, die positive Definitheit von $D_x^2\Lambda(\bar{x},\bar{y};r)$ zu zeigen. Weil $D_x^2\Lambda(x,y;r)$ stetig von x, y abhängt, und weil $D_x\Lambda(\bar{x},\bar{y};r) = 0$ nach Satz 11.2.3, muss $\bar{x}$ dann eine strikte lokale Minimalstelle sein. Es sei

$$\mathcal{K} := I(\bar{x}) \cup \{p+1,\ldots,m\}.$$

Für kleine $\|x - \bar{x}\|$ ist aufgrund der strikten Komplementarität $f_i(x) + \frac{\bar{y}_i}{r_i} > 0$ für $i \in I(\bar{x})$, und $f_i(x) + \frac{\bar{y}_i}{r_i} < 0$ für $i \in \{1,\ldots,p\}\backslash I(\bar{x})$, und daher

$$D_x\Lambda(x,\bar{y};r) = Df(x) + \sum_{k\in\mathcal{K}} r_k\left(f_k(x) + \frac{\bar{y}_k}{r_k}\right)Df_k(x).$$

Somit ist

$$D_x^2\Lambda(\bar{x},\bar{y};r)$$
$$= D^2 f(\bar{x}) + \sum_{k\in\mathcal{K}}\left(r_k\big(Df_k(\bar{x})\big)^T Df_k(\bar{x}) + r_k\left(f_k(\bar{x}) + \frac{\bar{y}_k}{r_k}\right)D^2 f_k(\bar{x})\right)$$
$$= D^2 f(\bar{x}) + \sum_{k\in\mathcal{K}}\left(r_k\big(Df_k(\bar{x})\big)^T Df_k(\bar{x}) + \bar{y}_k D^2 f_k(\bar{x})\right)$$
$$= D_x^2 L(\bar{x},\bar{y}) + \big(D\tilde{F}(\bar{x})\big)^T R\, D\tilde{F}(\bar{x})$$

mit $R := \mathrm{Diag}(r)$ und $\tilde{F}(x) := (f_k(x))_{k\in\mathcal{K}}$.

Aufgrund von Voraussetzung 11.2.1 gelten die hinreichenden Bedingungen 2. Ordnung, d.h. $s^T D_x^2 L(\bar{x},\bar{y})s > 0$ für alle $s \neq 0$ mit $D\tilde{F}(\bar{x})s = 0$.

Lemma 11.2.5 mit $V = D\tilde{F}(\bar{x})$ und $U = D_x^2 L(\bar{x},\bar{y})$ besagt, dass $U + \rho V^T V$ positiv definit ist für $\rho \geq \rho_0$. Es ist daher für $r \geq \rho_0 e$, d.h. $r_j \geq \rho_0$ für $j = 1,\ldots,m$:

$$s^T\left(U + \big(D\tilde{F}(\bar{x})\big)^T RD\tilde{F}(\bar{x})\right)s = s^T Us + \sum_{k\in\mathcal{K}} r_k\|Df_k(\bar{x})s\|_2^2$$
$$\geq s^T Us + \rho_0 \sum_{k\in\mathcal{K}}\|Df_k(\bar{x})s\|_2^2$$
$$= s^T\left(U + \rho_0\big(D\tilde{F}(\bar{x})\big)^T D\tilde{F}(\bar{x})\right)s$$
$$> 0$$

für $s \neq 0$. $\qquad\square$

Satz 11.2.4 besagt also, dass für großes r der Punkt $\bar{x}$, $\bar{y}$ lokal ein Sattelpunkt der erweiterten Lagrangefunktion $\Lambda(., .; r)$ ist. Genauer gilt für kleine $\|x - \bar{x}\|$ und für *beliebige* y (es wird nicht $y_i \geq 0$ für $i \leq p$ verlangt!) die Beziehung

$$\Lambda(\bar{x}, y; r) \leq \Lambda(\bar{x}, \bar{y}; r) \leq \Lambda(x, \bar{y}; r).$$

Dadurch lässt sich die erweiterte Lagrangefunktion numerisch sehr gut zur Lösung von (P') nutzen: Man sucht eine speziell geartete Nullstelle des Gradienten $\nabla_{x,y}\Lambda$ von Λ, und zwar eine solche, für die die 2. Ableitung nach x positiv definit und die 2. Ableitung nach y negativ (semi-)definit ist.

Die Bedingung (II) aus Satz 11.2.3 besteht aus den beiden Gleichungen $D_x\Lambda(\bar{x}, \bar{y}; r) = 0$ und $D_y\Lambda(\bar{x}, \bar{y}; r) = 0$. Das Ziel wird im Folgenden sein, zu einem gegebenen y zunächst einen Punkt $x = x(y) = x(y, r)$ zu finden, der $x \mapsto \Lambda(x, y; r)$ minimiert und somit die erste Gleichung erfüllt. Es ist dann allerdings nicht möglich (und wie in den Übungen 11.4 gezeigt, auch gar nicht immer sinnvoll) bei Festhalten des aktuellen Wertes von x die zweite Gleichung durch Variation von y zu erfüllen. Um einen neuen, verbesserten Wert von y herzuleiten, kehren wir daher zu dem Ausgangsproblem (P') zurück: Die Kuhn-Tucker-Bedingungen für (P') lauten

$$D_x L(x, y) = Df(x) + \sum_{k=1}^{m} y_l Df_k(x) = 0, \qquad (11.2.6)$$

während die erste Gleichung $D_x\Lambda(x, y; r) = 0$ die Form

$$Df(x) + \sum_{i=1}^{p} r_i \left(f_i(x) + \frac{y_i}{r_i}\right)^+ Df_i(x) + \sum_{j=p+1}^{m} r_j \left(f_j(x) + \frac{y_j}{r_j}\right) Df_j(x) = 0$$

besitzt. Fasst man das zugehörige x als Näherung für einen Kuhn-Tucker-Punkt von (P') auf, so liegt es nahe, das neue $y = y^{neu}$ so zu wählen, dass

$$y_i^{neu} = r_i \left(f_i(x) + \frac{y_i}{r_i}\right)^+ \quad \text{für } 1 \leq i \leq p \qquad (11.2.7)$$

$$\text{und} \quad y_j^{neu} = r_j \left(f_j(x) + \frac{y_j}{r_j}\right) \quad \text{für } p + 1 \leq j \leq m,$$

d. h. dass x und y^{neu} die Bedingung (11.2.6) erfüllen. (Für x und y^{neu} ist dann die erste Gleichung $D_x\Lambda(x, y^{neu}; r) \overset{!}{=} 0$ wieder verletzt.)

Um die Konvergenz dieses Ansatzes zu untersuchen, zeigen wir, dass die obige Korrektur von y eine Anstiegsrichtung für eine implizit definierte Funktion φ_r ist, welche bei der gesuchten Lösung $\bar{y}$ ihr Maximum annimmt. Dazu wollen wir zunächst die Punkte x, die die erste Gleichung erfüllen, in Abhängigkeit von y charakterisieren. Dies geschieht in Korollar 11.2.8 und in Satz 11.2.9.

Korollar 11.2.8 *Sei Voraussetzung 11.2.1 erfüllt. Dann gibt es ein $\rho > 0$, so dass für jedes $r \geq \rho\,e$ Zahlen $\varepsilon > 0$ und $\delta > 0$ mit folgenden Eigenschaften existieren: Für alle y mit $\|y - \bar{y}\| \leq \delta$ existiert ein $x(y)$ mit $\|x(y) - \bar{x}\| \leq \varepsilon$ und*

$$\Lambda\big(x(y), y; r\big) < \Lambda(x, y; r)$$

für alle $x \neq x(y)$ mit $\|x - \bar{x}\| \leq 2\varepsilon$. Der Punkt $x(y)$ ist also strikte lokale Minimalstelle von $x \mapsto \Lambda(x, y; r)$ nahe bei $\bar{x}$.

Beweis Der Beweis benutzt den bekannten Satz über implizite Funktionen aus der Analysis.

i) Nach Satz 11.2.4 ist $D_x^2\Lambda(\bar{x}, \bar{y}; r)$ positiv definit für $r \geq \rho e$. Außerdem ist Λ in der Nähe von $\bar{x}, \bar{y}$ zweimal stetig nach (x, y) differenzierbar, d. h. $D_x^2\Lambda(x, y; r)$ ist positiv definit für $\|x - \bar{x}\| \leq \varepsilon_1$ und $\|y - \bar{y}\| \leq \delta_1$, weil die Eigenwerte der Matrix $D_x^2\Lambda(x, y; r)$ stetig von y abhängen.

ii) Nach Satz 11.2.3 ist $D_x\Lambda(\bar{x}, \bar{y}; r) = 0$. Nach dem Satz über implizite Funktionen angewandt auf das Gleichungssystem $D_x\Lambda(x, y; r) = 0$ gibt es ein $\varepsilon \in (0, \frac{1}{2}\varepsilon_1]$, und ein $\delta \in (0, \frac{1}{2}\delta_1]$, so dass für $\|y - \bar{y}\| \leq \delta$ eine differenzierbare Funktion $x(y)$ existiert mit $\|x(y) - \bar{x}\| \leq \varepsilon$, und $x(y)$ ist die einzige Lösung von $D_x\Lambda(x, y; r) = 0$ mit $\|x - \bar{x}\| \leq 2\varepsilon$. Da Λ als Funktion von x auf $\|x - \bar{x}\| \leq 2\varepsilon$ streng konvex ist, ist $x(y)$ die eindeutige Minimalstelle von Λ auf $\|x - \bar{x}\| \leq 2\varepsilon$. $\qquad\square$

Wir haben gesehen, dass es für ausreichend großes r und für kleine $\|y - \bar{y}\|$ Punkte $x(y)$ in der Nähe von $\bar{x}$ gibt, die strikte lokale Minima der erweiterten Lagrangefunktion $\Lambda(., y; r)$ sind. Um zu einem gegebenen Paar y und $x(y)$ nun einen besseren Wert y' zu finden, betrachten wir (wieder für kleine $\|y - \bar{y}\|$) die Funktion

$$\varphi_r(y) := \Lambda(x(y), y; r).$$

Für einen Schätzwert y der Lagrangemultiplikatoren wird also zunächst die Minimalstelle $x(y)$ der Funktion $x \to \Lambda(x, y; r)$ berechnet; und der zugehörige Optimalwert bestimmt dann $\varphi_r(y)$. Wir wissen bereits, dass $y \mapsto \Lambda(\bar{x}, y; r)$ bezüglich y konkav ist, und bei $\bar{y}$ ein Maximum hat. Es stellt sich nun heraus, dass auch die Funktion φ_r diese Eigenschaften für große r und kleine $\|y - \bar{y}\|$ „erbt". In Satz 11.2.9 geben wir weiter eine Formel für den Gradienten von φ an, die uns erlaubt eine Anstiegsrichtung von φ_r zu finden.

Satz 11.2.9 *Sei Voraussetzung 11.2.1 erfüllt. Dann gilt mit den Bedingungen von Korollar 11.2.8 für $\|y - \bar{y}\| \leq \delta$, dass $D\varphi_r(y) = D_y\Lambda(x, y; r)\,|_{x=x(y)}$ und dass $D_{\bar{y}}^2\varphi_r(\bar{y})$ negativ definit ist, d. h. $\bar{y}$ ist für große r eine strikte lokale Maximalstelle von $\varphi_r(y)$ und die Einschränkung von φ_r auf $\{y \mid \|y - \bar{y}\| \leq \delta\}$ ist konkav.*

Beweis Es ist für alle y:

$$\nabla_x \Lambda(x(y), y; r) = 0, \tag{11.2.10}$$

und somit folgt

$$
\begin{aligned}
D\varphi_r(y) &= D_x \Lambda\big(x(y), y; r\big) D_y x(y) + D_y \Lambda\big(x, y; r\big)|_{x=x(y)} \\
&= D_y \Lambda\big(x, y; r\big)|_{x=x(y)}.
\end{aligned}
\tag{11.2.11}
$$

Leitet man (11.2.10) nach y total ab, dann folgt

$$D_x^2 \Lambda(x(y), y; r) D_y x(y) + (D_y \nabla_x \Lambda(x, y; r))|_{x=x(y)} = 0. \tag{11.2.12}$$

Aufgrund der strikten Komplementarität in $\bar{x}, \bar{y}$, gilt für (x, y) nahe bei: $(\bar{x}, \bar{y})$:

$$
D_{y_k} \Lambda\big(x, y; r\big) = \begin{cases} -\dfrac{y_k}{r_k} & \text{für } k \in \{1, \ldots, p\} \setminus I(\bar{x}) \\ f_k(x) & \text{für } k \in \mathcal{K}, \end{cases}
\tag{11.2.13}
$$

wobei wieder $\mathcal{K} := \{p+1, \ldots, m\} \cup I(\bar{x})$. Mit $F(x) = (f_k(x))_{k=1,\ldots,m}$ folgt aus (11.2.13)

$$D_y \nabla_x \Lambda\big(x, y; r\big) = \Big(D_x \nabla_y \Lambda\big(x, y; r\big)\Big)^T = \Big(S \cdot DF(x)\Big)^T. \tag{11.2.14}$$

Hier ist S eine Diagonalmatrix S mit den Diagonalelementen

$$
s_{kk} = \begin{cases} 0 & \text{für } k \in \{1, \ldots, m\} \setminus \mathcal{K} \\ 1 & \text{für } k \in \mathcal{K} \end{cases}.
$$

Aus (11.2.12) erhält man somit

$$\dot{x}(y) := D_y x(y) = -\big(D_x^2 \Lambda(x(y), y; r)\big)^{-1} \big(S \cdot DF(x(y))\big)^T. \tag{11.2.15}$$

Aus (11.2.11) folgt

$$D_y^2 \varphi_r(\bar{y}) = D_x \nabla_y \Lambda(\bar{x}, \bar{y}; r) \dot{x}(\bar{y}) + D_y^2 \Lambda(\bar{x}, \bar{y}; r).$$

Mit (11.2.13) ergibt sich

$$D_y^2 \Lambda(\bar{x}, \bar{y}; r) = -R^{-1}(I - S) \quad \text{mit } R = \text{Diag}(r).$$

Eingesetzt ergeben die letzten drei Gleichungen und (11.2.14):

$$D^2 \varphi_r(\bar{y}) = -S\, DF(\bar{x}) \big(D_x^2 \Lambda(\bar{x}, \bar{y}; r)\big)^{-1} \big(S DF(\bar{x})\big)^T - R^{-1}(I - S).$$

Nun ist nach Satz 11.2.4

$$D_x^2 \Lambda(\bar{x}, \bar{y}; r) = D_x^2 L(\bar{x}, \bar{y}) + \sum_{i \in \mathcal{K}} r_i \big(Df_i(\bar{x})\big)^T Df_i(\bar{x}) \qquad (11.2.16)$$

positiv definit für alle $r \geq \rho e$. Die Inverse ist dann ebenfalls positiv definit, und ebenso

$$A := DF_{\mathcal{K}}(\bar{x})\big(D_x^2 \Lambda(\bar{x}, \bar{y}; r)\big)^{-1}\big(DF_{\mathcal{K}}(\bar{x})\big)^T, \qquad (11.2.17)$$

da die Spalten von $(DF_{\mathcal{K}}(\bar{x}))^T$ linear unabhängig sind. Die lineare Unabhängigkeit folgt dabei aus der Regularitätsbedingung 2. Ordnung. O. B. d. A. sei

$$\{1, \ldots, m\} \setminus \mathcal{K} = \{1, \ldots, l\}.$$

Dann hat $D^2\varphi_r(\bar{y})$ die Form

$$D^2\varphi_r(\bar{y}) = \begin{pmatrix} -\frac{1}{r_1} & & & \\ & \ddots & & \\ & & -\frac{1}{r_l} & \\ & & & -A \end{pmatrix}.$$

Aus dieser Form lässt sich leicht ablesen, dass $D^2\varphi_r(\bar{y})$ negativ definit ist.   □

Es zeigt sich sogar, dass für große ρ und $r = \rho\,e$ alle Eigenwerte von $D^2\varphi_r(\bar{y})$ sehr nahe bei $-1/\rho$ liegen, wobei die relative Abweichung kleiner als ein vorgegebenes $\varepsilon > 0$ ist. Genauer gilt:

Lemma 11.2.18 *Zu jedem $\varepsilon > 0$ gibt es ein $\bar{\rho} > 0$, so dass*

$$\big\| I + \rho D^2\varphi_r(\bar{y}) \big\| < \varepsilon$$

für alle $\rho \geq \bar{\rho}$ und $r = \rho\,e$.

Der Beweis benutzt die *Sherman-Morrison-Woodbury*-Formel. Seien eine quadratische Matrix M und beliebige Matrizen U, V passender Dimension gegeben. Dann ist

$$(M + UV^T)^{-1} = M^{-1} - M^{-1}U\big(I + V^T M^{-1} U\big)^{-1} V^T M^{-1},$$

sofern $(I + V^T M^{-1} U)^{-1}$ existiert.

Der Beweis dieser Formel erfolgt wieder durch Ausmultiplizieren:

$$(M + UV^T)\big(M^{-1} - M^{-1}U(I + V^T M^{-1}U)^{-1}V^T M^{-1}\big)$$
$$= I - U(I + V^T M^{-1}U)^{-1}V^T M^{-1} + UV^T M^{-1}$$
$$-UV^T M^{-1}U(I + V^T M^{-1}U)^{-1}V^T M^{-1}$$
$$= I + UV^T M^{-1} - U(I + V^T M^{-1}U)(I + V^T M^{-1}U)^{-1}V^T M^{-1}$$
$$= I. \qquad \square$$

Beweis von Lemma 11.2.18 Wir schreiben

$$D_x^2 \Lambda\big(\bar{x}, \bar{y}; (\rho_0 + \rho_1)e\big)$$
$$= D_x^2 L(\bar{x}, \bar{y}) + \rho_0\big(DF_{\mathcal{K}}(\bar{x})\big)^T DF_{\mathcal{K}}(\bar{x}) + \rho_1\big(DF_{\mathcal{K}}(\bar{x})\big)^T DF_{\mathcal{K}}(\bar{x}).$$

Dabei ist
$$M := D_x^2 L(\bar{x}, \bar{y}) + \rho_0\big(DF_{\mathcal{K}}(\bar{x})\big)^T DF_{\mathcal{K}}(\bar{x})$$

positiv definit für ein ausreichend großes, fest gewähltes ρ_0.
Setze $U := \sqrt{\rho_1}(DF_{\mathcal{K}}(\bar{x}))^T$ und definiere A wie in (11.2.17), d.h.

$$A = DF_{\mathcal{K}}(\bar{x})\big(D_x^2 \Lambda(\bar{x}, \bar{y}; (\rho_0 + \rho_1)e)\big)^{-1}\big(DF_{\mathcal{K}}(\bar{x})\big)^T$$
$$= DF_{\mathcal{K}}(\bar{x})\big(M + UU^T\big)^{-1}\big(DF_{\mathcal{K}}(\bar{x})\big)^T.$$

Nach dem Beweis von Satz 11.2.9 genügt es zu zeigen, dass $A \approx \frac{1}{\rho} \cdot I$, d.h. $\|I - (\rho_0 + \rho_1)A\| \le \varepsilon$ für genügend große ρ_1. Es ist nach Definition von U

$$A = \frac{1}{\rho_1} U^T\big(M + UU^T\big)^{-1}U$$
$$= \frac{1}{\rho_1} U^T\big(M^{-1} - M^{-1}U(I + U^T M^{-1}U)^{-1}U^T M^{-1}\big)U$$
$$= \frac{1}{\rho_1}\big(U^T M^{-1}U - U^T M^{-1}U(I + U^T M^{-1}U)^{-1}U^T M^{-1}U\big)$$
$$= \frac{1}{\rho_1}U^T M^{-1}U\big(I - (I + U^T M^{-1}U)^{-1}(I + U^T M^{-1}U - I)\big)$$
$$= \frac{1}{\rho_1}U^T M^{-1}U\big(I - I + (I + U^T M^{-1}U)^{-1}\big)$$
$$= \frac{1}{\rho_1}U^T M^{-1}U(I + U^T M^{-1}U)^{-1}$$
$$= \frac{1}{\rho_1}\big((I + U^T M^{-1}U)(U^T M^{-1}U)^{-1}\big)^{-1}$$
$$= \frac{1}{\rho_1}\big(I + (U^T M^{-1}U)^{-1}\big)^{-1}.$$

Dabei existiert $(U^T M^{-1} U)^{-1}$ und ist positiv definit, da M^{-1} positiv definit ist und die Spalten von U linear unabhängig sind. Also ist

$$A = \frac{1}{\rho_1} \left(\left(\rho_1 DF_{\mathcal{K}}(\bar{x}) M^{-1} \left(DF_{\mathcal{K}}(\bar{x}) \right)^T \right)^{-1} + I \right)^{-1}$$

$$= \frac{1}{\rho_1} \left(\frac{1}{\rho_1} \left(DF_{\mathcal{K}}(\bar{x}) M^{-1} \left(DF_{\mathcal{K}}(\bar{x}) \right)^T \right)^{-1} + I \right)^{-1},$$

und

$$I - (\rho_0 + \rho_1) A = I - \frac{\rho_0 + \rho_1}{\rho_1} \left(\frac{1}{\rho_1} \left(DF_{\mathcal{K}}(\bar{x}) M^{-1} \left(DF_{\mathcal{K}}(\bar{x}) \right)^T \right)^{-1} + I \right)^{-1} \to 0$$

für $\rho_1 \to \infty$. $\square$

Zusammenfassend gilt für große ρ, $r = \rho e$ und für kleine $\|y - \bar{y}\|$, $\|x - \bar{x}\|$ also folgendes: Zu gegebenem y lässt sich ein Punkt $x(y)$ durch Lösen eines nichtrestringierten glatten konvexen Minimierungsproblems ermitteln. Mithilfe von $x(y)$ lässt sich der Gradient der Funktion φ_r direkt aus der erweiterten Lagrangefunktion berechnen. Weiterhin ist die zweite Ableitung von φ_r für große ρ und in der Nähe von $\bar{y}$ in etwa $-I/\rho$. Gesucht ist nun die (lokale) Maximalstelle $\bar{y}$ von φ_r mit zugehörigem x-Wert: $\bar{x} = x(\bar{y})$. Um einen gegebenen Wert y iterativ zu verbessern, bietet sich daher der Suchschritt $\rho \nabla_y \varphi_r(y)$ an. Dieser Schritt stimmt näherungsweise mit dem Newtonschritt zur Maximierung von φ_r überein. Er wird im wesentlichen im folgenden Algorithmus in etwas verallgemeinerter Form benutzt.

Algorithmus 11.2.19 *[Shifted Penalty Multiplier Method] Start: Wähle $r > 0$, y^0 mit $y_i^0 \geq 0$ für $1 \leq i \leq p$. Für $k = 0, 1, 2, \ldots$:*

1. *Bestimme eine lokale Minimalstelle $x^k = x^k(y^k)$ von $x \mapsto \Lambda(x, y^k; r)$.*
2. *Falls (x^k, y^k) ein Kuhn-Tucker-Punkt von (P') ist:* STOP.
3. *Setze $y^{k+1} := U(x^k, y^k; r)$, wobei U eine geeignete Update-Formel ist. Als mögliche Update-Formel untersuchen wir im Folgenden die Powellsche Funktion:*

$$U(x, y; r) := y + R \, \nabla_y \Lambda(x, y; r). \tag{11.2.20}$$

Dabei ist $R = \text{Diag}(r)$, d. h.

$$y_i^{k+1} = \begin{cases} \left(y_i^k + r_i f_i(x^k) \right)^+ & \text{für } i \leq p, \\ y_i^k + r_i f_i(x^k) & \text{für } p + 1 \leq i \leq m. \end{cases} \tag{11.2.21}$$

Beachte, dass die Update-Formel (11.2.21) mit der in (11.2.7) hergeleiteten Update-Formel übereinstimmt.

In Schritt 1 von Algorithmus 11.2.19 ist ein unbeschränktes Minimierungsproblem zu lösen. Da die Funktion $x \to \Lambda(x, y; r)$ im Allgemeinen nur für kleine $\|x - \bar{x}\|$ und kleine $\|y - \bar{y}\|$ konvex ist, kann man nicht immer das Newtonverfahren anwenden. Gegebenenfalls sind hier Trust-Region-Verfahren oder andere Abstiegsverfahren anzuwenden. Es kann auch vorkommen, dass für gegebenes y, r die Funktion $x \to \Lambda(x, y; r)$ kein lokales Minimum besitzt. Geeignete Strategien, die diesen Fall feststellen, und y, r dann anpassen, sind in Conn, Gould and Toint [31] beschrieben.

Zu Schritt 3: Dass sich die Korrektur (11.2.20) im Fall $i \leq p$ tatsächlich in der Form (11.2.21) schreiben lässt, folgt aus

$$y_i^k + r_i \left(f_i(x^k) + \frac{y_i^k}{r_i} \right)^+ - y_i^k = \left(y_i^k + r_i f_i(x^k) \right)^+.$$

In der Situation von Satz 11.2.9 ist die Korrektur (11.2.20) für $r = \rho\, e$ die Richtung des steilsten Anstiegs für φ_r, wobei die Schrittlänge mit Satz 11.2.9 aus

$$0 \overset{!}{=} D\varphi_r(y + \Delta y) \cong D\varphi_r(y) + D^2\varphi_r(y)\Delta y$$

$$\cong D\varphi_r(y) - \frac{1}{\rho}\Delta y,$$

d. h. $\Delta y = \rho D_r \varphi_r(y)$ folgt. Da die Kondition der Hessematrix von φ_r für große ρ nahe bei eins liegt (Lemma 11.2.18), stimmt die im (11.2.20) gewählte Richtung des steilsten Anstiegs in etwa mit der Newtonrichtung (zur Maximierung von φ_r) überein. Auch die Schrittlänge stimmt in etwa mit der Länge des Newtonschritts überein. Für große ρ ist daher zu erwarten, dass das Verfahren sehr rasch konvergiert. Dass es trotzdem nicht sinnvoll ist, beliebig große Werte von ρ zu wählen, wird im Anschluss an Korollar 11.2.23 noch kurz besprochen.

Zunächst soll noch kurz gezeigt werden, dass die y-Werte in obigem Algorithmus im wesentlichen genauso schnell konvergieren, wie die zugehörigen x-Werte. Also genügt es, im Folgenden die Konvergenz der y^k im Algorithmus 11.2.19 zu untersuchen. Dies ist der Inhalt von Satz 11.2.22 und Korollar 11.2.23.

Satz 11.2.22 *Unter der Voraussetzung 11.2.1 gibt es Konstanten $m_1(\rho), m_2(\rho) > 0$ und $\delta = \delta(\rho) > 0$, die stetig von $\rho \geq \bar{\rho}$ abhängen, so dass für $\|y - \bar{y}\| \leq \delta$ die Funktion $x(y) = x(y, \rho)$ definiert ist und die Ungleichungskette*

$$m_1(\rho)\|x(y, \rho) - \bar{x}\| \leq \|y - \bar{y}\| \leq m_2(\rho)\|x(y, \rho) - \bar{x}\|$$

erfüllt.

Die Punkte $x(y) \equiv x(y, \rho)$ werden in Schritt 1 von Algorithmus 11.2.19 erzeugt.

Beweis von Satz 11.2.22

$$x(y, \rho) - \bar{x} = \int_0^1 \dot{x}\big(\bar{y} + t(y - \bar{y})\big)(y - \bar{y})dt = A(y) \cdot (y - \bar{y}),$$

wobei

$$A(y) = \int_0^1 \dot{x}\big(\bar{y} + t(y - \bar{y})\big)dt$$

stetig von y abhängt. Da $\|A(y)\|$ für $\|y - \bar{y}\| \leq \delta$ beschränkt ist, gibt es ein $m_1(\rho) > 0$, so dass

$$\|x(y, \rho) - \bar{x}\| \leq \|A(y)\| \cdot \|y - \bar{y}\| \leq \frac{1}{m_1(\rho)} \cdot \|y - \bar{y}\|.$$

Wegen (11.2.15) ist

$$A(\bar{y}) = \dot{x}(\bar{y}) = -\big(D_x^2 \Lambda(\bar{x}, \bar{y}; r)\big)^{-1}\big(D(F(\bar{x}))\big)^T S$$

mit $S = \mathrm{Diag}(s_{11}, \ldots, s_{mm})$, wobei

$$s_{kk} = \begin{cases} 0 & \text{für } k \in \{1, \ldots, m\} \setminus \mathcal{K}, \\ 1 & \text{für } k \in \mathcal{K}, \end{cases}$$

und $\mathcal{K} = I(\bar{x}) \cup \{p + 1, \ldots, m\}$. Also besitzt $A_\mathcal{K}(\bar{y})$ und somit auch $A_\mathcal{K}(y)$ für kleine $\|y - \bar{y}\|$ linear unabhängige Spalten.

Sei $J := \{1, \ldots, m\} \setminus \mathcal{K}$. Für $j \in J$ ist $f_j(\bar{x}) < 0$, also ist auch $f_j(x) < 0$ für kleine $\|x - \bar{x}\|$, und daher ist

$$y_j^{k+1} = \big(r_j f_j(x^k) + y_j^k\big)^+ = 0.$$

Die j-Komponenten von y^k sind also für große k immer korrekt. Wir erhalten aus

$$\begin{aligned} x(y, \rho) - \bar{x} &= A_\mathcal{K}(y)\big(y_\mathcal{K} - \bar{y}_\mathcal{K}\big) + A_J(y)\big(y_J - \bar{y}_J\big) \\ &= A_\mathcal{K}(y)\big(y_\mathcal{K} - \bar{y}_\mathcal{K}\big), \end{aligned}$$

dass

$$\begin{aligned} & \big(A_\mathcal{K}^T(y) A_\mathcal{K}(y)\big)^{-1} A_\mathcal{K}^T(y) \cdot \big(x(y, \rho) - \bar{x}\big) \\ = {}& \big(A_\mathcal{K}^T(y) A_\mathcal{K}(y)\big)^{-1} A_\mathcal{K}^T(y) A_\mathcal{K}(y)\big(y_\mathcal{K} - \bar{y}_\mathcal{K}\big) \\ = {}& y_\mathcal{K} - \bar{y}_\mathcal{K}. \end{aligned}$$

Somit ist

$$\begin{aligned} \|y - \bar{y}\| &= \|y_\mathcal{K} - \bar{y}_\mathcal{K}\| \\ &\leq \big\|\big(A_\mathcal{K}^T(y) A_\mathcal{K}(y)\big)^{-1} A_\mathcal{K}(y)\big\| \cdot \|x(y, \rho) - \bar{x}\| \\ &\leq m_2(\rho) \cdot \|x(y, \rho) - \bar{x}\|. \end{aligned}$$

Aus Punkt 3 von Satz 11.2.4 und dem Satz über implizite Funktionen folgt, dass $x(y; r)$ stetig von $r \geq \rho e$ abhängt. Aus (11.2.15) folgt, dass $\dot{x}$ und damit auch $A(y)$ stetig von r abhängt. Damit sind auch m_1 und m_2 stetige Funktionen von r. $\qquad\square$

Korollar 11.2.23 *Für $r = \rho\, e$ mit genügend großem $\rho > 0$ ist der Algorithmus 11.2.19 mit der Update-Formel (11.2.20) lokal linear konvergent. Die Konvergenzrate ist umso besser, je größer ρ ist.*

Begründung Nach Lemma 11.2.18 ist für große $r = \rho\, e$

$$\left\| I + \rho D_y^2 \varphi_r(\bar{y}) \right\| < \varepsilon,$$

und somit

$$\left\| I + \rho D_y^2 \varphi_r(y) \right\| < 2\varepsilon$$

für kleine $\| y - \bar{y} \|$. Der Schritt (11.2.20) nähert daher den Newtonschritt für große ρ lokal sehr gut an, und letzterer ist quadratisch konvergent.

Begründung Korollar 11.2.23 sollte nicht den Schluss nahelegen, dass die Qualität des Verfahrens umso besser wird, je größer ρ gewählt wird: Zum einen wird für große ρ die Bestimmung der Punkte $x(y)$ schwieriger, zum anderen kann mit wachsendem ρ die Größe des Konvergenzbereiches in y abnehmen.

In jüngeren Arbeiten wurden einige Verfeinerungen des Algorithmus 11.2.19 vorgeschlagen, wie z. B. eine Änderung von r im Laufe von Algorithmus. Für weitere theoretische und numerische Ergebnisse verweisen wir auf [29–31].

11.3 ADMM

Unter dem Oberbegriff ADMM (alternating direction method of multipliers) wurden in den letzten Jahren eine Reihe von Ansätzen vorgeschlagen um hochdimensionale Probleme mit teilweise separabler Struktur zu lösen. Der ADMM-Ansatz lässt sich mit dem Konzept der erweiterten Lagrangefunktion erklären: In der Regel werden ADMM Verfahren für konvexe Probleme eingesetzt, die z. B. eine Struktur der Form

$$\underset{x \in \mathbb{R}^n}{\text{minimiere}}\ f_0(x) \mid f_\ell(x) \leq 0 \text{ für } \ell \in I_1, \quad f_\ell(x) \leq 0 \text{ für } \ell \in I_2 \tag{11.3.1}$$

besitzen. Dabei seien alle Funktionen $f_\ell : \mathbb{R}^n \to \mathbb{R}$ für $\ell \in \{0\} \cup I_1 \cup I_2$ konvex und die Indexmengen I_1, I_2 so gegeben, dass das Problem, $f_0 + q$ jeweils unter den Nebenbedingungen aus I_1 bzw. aus I_2 zu minimieren, einfach lösbar sei sofern q eine konvexe quadratische Funktion ist. Insofern ist das Problem „teilweise separabel"; es kann zwar nicht in zwei separat lösbare Probleme zerlegt werden, aber eine Zerlegung der Nebenbedingungen in zwei separate Blöcke mit einfacher Struktur ist gegeben. Durch Einführung einer künstlichen Variablen $z \in \mathbb{R}^n$ kann das Problem nun in der äquivalenten Form

$$\underset{x \in \mathbb{R}^n, \, z \in \mathbb{R}^n}{\text{minimiere}} \quad \frac{1}{2} f_0(x) + \frac{1}{2} f_0(z) \mid x - z = 0, \quad f_\ell(x) \leq 0 \text{ für } \ell \in I_1,$$

$$f_\ell(z) \leq 0 \text{ für } \ell \in I_2$$

geschrieben werden, in der auch die Variablen in zwei Blöcke zerlegt sind, die durch lineare Gleichungen gekoppelt sind. Bei der Aufteilung der Zielfunktion wurde willkürlich das Gewicht $\frac{1}{2}$, $\frac{1}{2}$ gewählt; aufgrund der Nebenbedingung „$x = z$" ist dies unwesentlich. Die Nebenbedingungen aus I_1 seien im Folgenden in einer Menge Ω zusammengefasst und die aus I_2 in $\widehat{\Omega}$, d. h. $\Omega = \{x \mid f_\ell(x) \leq 0 \text{ für } \ell \in I_1\}$ und $\widehat{\Omega} = \{z \mid f_\ell(z) \leq 0 \text{ für } \ell \in I_2\}$. Dann ist das obige Problem ein Spezialfall der folgenden etwas allgemeineren Struktur:

$$\underset{x \in \mathbb{R}^{n_x}, \, z \in \mathbb{R}^{n_z}}{\text{minimiere}} \quad f_0(x) + \widehat{f_0}(z) \mid Ax + Bz = c, \quad x \in \Omega, \quad z \in \widehat{\Omega} \qquad (11.3.2)$$

mit konvexen Funktionen $f_0 : \mathbb{R}^{n_x} \to \mathbb{R}$, $\widehat{f_0} : \mathbb{R}^{n_z} \to \mathbb{R}$, konvexen Mengen $\Omega \subset \mathbb{R}^{n_x}$, $\widehat{\Omega} \subset \mathbb{R}^{n_z}$, Matrizen $A \in \mathbb{R}^{m \times n_x}$, $B \in \mathbb{R}^{m \times n_x}$ und einem Vektor $c \in \mathbb{R}^m$. Die Menge $\Omega \times \widehat{\Omega}$ entspricht dabei der Menge C aus Satz 8.3.4, für die keine Lagrange-Multiplikatoren definiert wurden. Mit Blick auf Problem (11.3.1) werden im Folgenden also nicht die Lagrange-Multiplikatoren zu den ursprünglichen Bedingungen aus $I_1 \cup I_2$ bestimmt, sondern die zu den künstlich erzeugten „Kopplungsrestriktionen" $x - z = 0$.

Die Form (11.3.2) ist recht allgemein; neben (11.3.1) lassen sich noch eine Reihe weiterer strukturierter konvexer Optimierungsprobleme in diese Form überführen. Zur Lösung von (11.3.2) sei zunächst eine angepasste Variante des Verfahren (11.2.19) des letzten Abschnitts betrachtet, in der der Strafparameter $r \in \mathbb{R}$, $r > 0$ für alle linearen Gleichungen gleich gewählt ist. (Da die Gleichungen vorab z. B. so skaliert werden können, dass alle Zeilen von $[A, B]$ die Norm 1 besitzen, ist dies keine wesentliche Einschränkung.) In diesem Fall ergibt sich:

Algorithmus 11.3.3 *[Shifted Penalty Multiplier Method für* (11.3.2)*]*
Start: Wähle $r \in \mathbb{R}$ mit $r > 0$ und $y^0 \in \mathbb{R}^m$.
Für $k = 0, 1, 2, \ldots$:

1. *Bestimme näherungsweise eine Minimalstelle (x^{k+1}, z^{k+1}) von*

$$(x, z) \mapsto f_0(x) + \widehat{f_0}(z) + (y^k)^T (Ax + Bz - c) + \frac{r}{2} \|Ax + Bz - c\|_2^2 \qquad (11.3.4)$$

   für $(x, z) \in \Omega \times \widehat{\Omega}$.
2. *Falls (x^{k+1}, z^{k+1}, y^k) ein Kuhn-Tucker-Punkt von* (11.3.2) *ist:* STOP *.*
3. *Setze $y^{k+1} := y^k + r(Ax^{k+1} + Bz^{k+1} - c)$.*

Obiger Ansatz unterscheidet sich dahingehend von dem Verfahren (11.2.19), dass in Schritt *1.* restringierte Teilprobleme zu lösen sind. Dabei sind zwar die Variablen zu Ω und zu $\widehat{\Omega}$ getrennt, durch die Kopplungsrestriktionen lässt sich diese Trennung aber nicht ausnutzen; das Problem in Schritt *1.* des obigen Ansatzes ist in der Regel schwierig zu lösen. Dies soll nun im nachfolgenden ADMM-Ansatz verbessert werden und das Problem in Schritt *1.* durch zwei deutlich „billigere" Probleme ersetzt werden auf Kosten einer oftmals langsameren Konvergenz; es werden in der Regel deutlich mehr Iterationen $k = 0, 1, 2, \ldots$ benötigt. Wenn die einzelnen Iterationen wesentlich billiger sind als die in Algorithmus 11.3.2, so kann dies die langsamere Konvergenz mehr als aufwiegen. Beim nachfolgenden Ansatz wird nicht nur ein Startwert für den Multiplikator y benötigt, sondern auch für eine der beiden Variablen, z. B. für $z \in \mathbb{R}^{n_z}$:

Algorithmus 11.3.5 *[ADMM für (11.3.2)]*
Start: Wähle $r \in \mathbb{R}$ mit $r > 0$, $y^0 \in \mathbb{R}^m$ und $z^0 \in \mathbb{R}^{n_z}$.
Für $k = 0, 1, 2, \ldots$:

1. *Bestimme (näherungsweise) eine Minimalstelle x^{k+1} von*

$$x \mapsto f_0(x) + (y^k)^T (Ax + Bz^k - c) + \frac{r}{2} \|Ax + Bz^k - c\|_2^2$$

   für $x \in \Omega$.
2. *Bestimme (näherungsweise) eine Minimalstelle z^{k+1} von*

$$z \mapsto \widehat{f_0}(z) + (y^k)^T (Ax^{k+1} + Bz - c) + \frac{r}{2} \|Ax^{k+1} + Bz - c\|_2^2$$

   für $z \in \widehat{\Omega}$.
3. *Falls (x^{k+1}, z^{k+1}, y^k) ein Kuhn-Tucker-Punkt von (11.3.2) ist:* STOP *.*
4. *Setze $y^{k+1} := y^k + r(Ax^{k+1} + Bz^{k+1} - c)$.*

Die Probleme in Schritt *1.* und *2.* sind jetzt separat bezüglich x bzw. bezüglich z lösbar, dafür ist aber (x^{k+1}, z^{k+1}) in der Regel keine Minimalstelle von (11.3.4).

11.3.1 Konvergenz des ADMM-Verfahrens

Zur Konvergenzuntersuchung (nach B.S. He, [25, 26, 77]) des obigen Ansatzes sei vorausgesetzt, dass $f := f_0$ und $\widehat{f} := \widehat{f_0}$ konvex sind, die Mengen Ω und $\widehat{\Omega}$ konvex und abgeschlossen und dass (11.3.2) eine Optimallösung besitzt. Ferner mögen die Teilprobleme in Schritt *1.* und *2.* endliche Optimallösungen besitzen, die im Folgenden mit x^{k+1} und z^{k+1} bezeichnet seien. Es gelten dann für alle $x \in \Omega$ bzw. für alle $z \in \widehat{\Omega}$ die Ungleichungen

$$f(x) - f(x^{k+1}) + (x - x^{k+1})^T (A^T y^k + r A^T (Ax^{k+1} + Bz^k - c)) \geq 0,$$
$$\widehat{f}(z) - \widehat{f}(z^{k+1}) + (z - z^{k+1})^T (B^T y^k + r B^T (Bz^{k+1} + Ax^{k+1} - c)) \geq 0,$$

denn wäre z.B. die erste Zeile durch ein $x \in \Omega$ verletzt, so wäre $x - x^{k+1}$ eine zulässige Abstiegsrichtung der Funktion aus Schritt *1.* im Punkt x^{k+1}, im Widerspruch zur Optimalität von x^{k+1}. Ersetzt man oben unter Ausnutzung von Schritt *4.* jeweils y^k durch $y^{k+1} - r(Ax^{k+1} + Bz^{k+1} - c)$, so ergibt sich

$$f(x) - f(x^{k+1}) + (x - x^{k+1})^T (A^T y^{k+1} + r A^T (B(z^k - z^{k+1}))) \geq 0 \ \forall x \in \Omega,$$
$$\widehat{f}(z) - \widehat{f}(z^{k+1}) + (z - z^{k+1})^T B^T y^{k+1} \geq 0 \ \forall z \in \widehat{\Omega}. \quad (11.3.6)$$

Nachfolgend werden folgende Bezeichnungen genutzt:

$$u := \begin{pmatrix} x \\ z \end{pmatrix}, \quad \mathbf{f}(u) := f(x) + \widehat{f}(z), \quad v := \begin{pmatrix} z \\ y \end{pmatrix}.$$

Ferner sei x^*, z^* eine Optimallösung von (11.3.2) – mit zugehörigem Multiplikator y^* aus Satz 8.1.7 für die linearen Gleichungen. Nach Punkt (3) von Satz 8.1.7 folgt

$$\mathbf{f}(u) - \mathbf{f}(u^*) + (y^*)^T (Ax + Bz - c) \geq 0 \ \forall x \in \Omega, \ z \in \widehat{\Omega}.$$

Setzt man oben $u = u^{k+1}$ und in (11.3.6) $u = u^*$ ein und addiert die beiden Ungleichungen so folgt

$$(u^* - u^{k+1})^T \left(\begin{pmatrix} A^T \\ B^T \end{pmatrix} y^{k+1} + \begin{pmatrix} r A^T B \\ 0 \end{pmatrix} (z^k - z^{k+1}) \right)$$
$$+ (y^*)^T (Ax^{k+1} + Bz^{k+1} - c) \geq 0. \quad (11.3.7)$$

Für die ersten beiden Terme in der ersten Zeile von (11.3.7) gilt nach Definition von u, unter Ausnutzung von $Ax^* + Bz^* = c$ und wegen Schritt *4.*

$$(u^* - u^{k+1})^T \begin{pmatrix} A^T \\ B^T \end{pmatrix} = (A(x^* - x^{k+1}) + B(z^* - z^{k+1}))^T$$

$$= (c - Ax^{k+1} - Bz^{k+1})^T = \frac{1}{r}(y^k - y^{k+1})^T.$$

In der zweiten Zeile von (11.3.7) kann der Term $Ax^{k+1} + Bz^{k+1} - c$ ebenfalls durch $-\frac{1}{r}(y^k - y^{k+1})^T$ substituiert werden, sodass sich

$$\frac{1}{r}(y^k - y^{k+1})^T (y^{k+1} - y^*) + (u^* - u^{k+1})^T \begin{pmatrix} r A^T B \\ 0 \end{pmatrix} (z^k - z^{k+1}) \geq 0 \quad (11.3.8)$$

ergibt.

Wir nutzen jetzt die zweite Zeile von (11.3.6) und setzen $z = z^k$ ein und dann wenden wir die zweite Zeile erneut, aber mit der vorangegangenen Iteration an, d.h. wir ersetzen z^{k+1} und y^{k+1} durch z^k und y^k und setzen dabei $z = z^{k+1}$ ein:

$$\widehat{f}(z^k) - \widehat{f}(z^{k+1}) + (z^k - z^{k+1})^T B^T y^{k+1} \geq 0,$$
$$\widehat{f}(z^{k+1}) - \widehat{f}(z^k) + (z^{k+1} - z^k)^T B^T y^k \geq 0.$$

Die Addition dieser Ungleichungen liefert

$$(z^k - z^{k+1})^T B^T (y^{k+1} - y^k) \geq 0.$$

Nutzt man $(A,\ B)u^* = c$ so folgt damit

$$(u^* - u^{k+1})^T \begin{pmatrix} r A^T B \\ r B^T B \end{pmatrix} (z^k - z^{k+1})$$
$$= r(c - Ax^{k+1} - Bz^{k+1})^T B(z^k - z^{k+1})$$
$$= (y^k - y^{k+1})^T B(z^k - z^{k+1}) \quad \leq 0,$$

wobei in der letzten Zeile wieder die Definition von y^{k+1} in Schritt *4.* genutzt wurde. Aus der ersten Zeile dieser Ungleichung ergibt sich

$$(u^* - u^{k+1})^T \begin{pmatrix} r A^T B \\ 0 \end{pmatrix} (z^k - z^{k+1}) \leq -r(z^* - z^{k+1})^T B^T B(z^k - z^{k+1}).$$

Wir ersetzen damit den zweiten Term von (11.3.8) und erhalten

$$\frac{1}{r}(y^k - y^{k+1})^T (y^{k+1} - y^*) + r(z^k - z^{k+1})^T B^T B(z^{k+1} - z^*) \geq 0$$

Definiert man H als die positiv semidefinite Block-Diagonalmatrix mit den beiden Diagonalblöcken $r B^T B$ und $\frac{1}{r} I$, so lässt sich diese Ungleichung kompakt schreiben, als

$$(v^k - v^{k+1})^T H(v^{k+1} - v^*) \geq 0.$$

Dies impliziert

$$\|v^k - v^*\|_H^2 = \|v^{k+1} - v^* + v^k - v^{k+1}\|_H^2 \geq \|v^{k+1} - v^*\|_H^2 + \|v^k - v^{k+1}\|_H^2,$$

d.h. die „Abstände" von v^k zu v^* fallen monoton mit k. Summiert man obige Ungleichung für $k = 0, \dots, N$ so folgt

$$\|v^0 - v^*\|_H^2 - \|v^{N+1} - v^*\|_H^2 \geq \sum_{k=0}^{N} \|v^k - v^{k+1}\|_H^2.$$

sodass die Terme $\|v^k - v^{k+1}\|_H$ eine Nullfolge bilden. Insbesondere bilden die $\|z^k - z^{k+1}\|_{B^T B}$ eine Nullfolge. Falls die Spalten von B linear unabhängig sind, folgt daraus, dass sich die Daten des Teilproblems in Schritt *1.* in jeder Iteration k nur wenig ändern. Unter schwachen zusätzlichen Voraussetzungen bilden dann auch die $\|x^k - x^{k+1}\|_2$ eine Nullfolge und die Residuen zu den Teilproblemen in Schritt *1.* und *2.* streben gegen Null.

Obiges Konvergenzresultat ist deutlich schwächer als die lokale Aussage in Korollar 11.2.23 zur Shifted Penalty Multiplier Method für nichtkonvexe Optimierungsprobleme und auch in Implementierungen ist das Konvergenzverhalten von ADMM wesentlich langsamer als bei der Shifted Penalty Multiplier Method. Das bedeutet, dass ADMM nur interessant ist, wenn die Teilprobleme in Schritt *1.* und *2.* wirklich wesentlich günstiger gelöst werden können als die Teilprobleme der Shifted Penalty Multiplier Method. In letzterem Fall haben sich Implementierungen von ADMM durchaus bewährt.

Wie bereits angesprochen, gibt es zahlreiche Modifikationen von Algorithmus 11.3.5. In Implementierungen hat es sich als günstig erwiesen, einen Extrapolationsschritt zur Bestimmung von x^{k+1}, z^{k+1} zu nutzen, wie z. B. in [25] oder eine „Symmetrisierung", bei der ein „halber" Update des Multiplikators y nicht nur nach Schritt *2.* sondern auch nach Schritt *1.* ausgeführt wird, wie z. B. in [77].

Theoretisch interessant ist die in [26] festgehaltene Beobachtung: Falls die Variablen in drei Blöcke (z. B., „x, s, z" anstelle von zwei Blöcken „x, z") aufgespalten werden, die durch lineare Gleichungen gekoppelt sind, und falls die drei Blöcke nach dem Muster in Algorithmus 11.3.5 sequentiell aktualisiert werden, so ist auch unter starken Voraussetzungen im Allgemeinen keine Konvergenz mehr gegeben.

11.4 Übungsaufgaben

1. Wir betrachten das Problem

$$(P) \qquad\qquad \min\{f(x) \mid f_i(x) \leq 0,\ 1 \leq i \leq m\}$$

mit konvexen Funktionen $f, f_1, \ldots, f_m \in C^1(\mathbb{R}^n)$. (P) erfülle die Slaterbedingung und besitze eine Optimallösung $\bar{x}$. Für feste Parameter $q \geq 1$ und $\alpha \geq 0$ sei

$$p(x, \alpha) := f(x) + \alpha \Big(\sum_{i=1}^{m}(f_i^+(x))^q\Big)^{1/q}.$$

Man zeige:

a) $p(., \alpha)$ ist eine konvexe Funktion.

b) Es gibt ein $\bar{u} \in \mathbb{R}^m$, so dass $(\bar{x}, \bar{u})$ ein Kuhn-Tucker-Punkt von 10.0.1 ist.

c) Es gilt $\Big(\sum_{i=1}^{m}(f_i^+(x))^q\Big)^{1/q} \geq m^{\frac{1}{q}-1}\sum_{i=1}^{m} f_i^+(x)$.

d) Falls $\alpha > m^{1-\frac{1}{q}} \|\bar{u}\|_\infty$, so ist jede Optimallösung von 10.0.1 auch optimal für

$$\min\{p(x, \alpha) \mid x \in \mathbb{R}^n\}$$

und umgekehrt.

Hinweis zu a) und c): Man benutze die Tatsache, dass für $1 \leq q \leq \infty$ durch

$$\|x\|_q := \begin{cases} (\sum_{i=1}^n |x_i|^q)^{1/q} & \text{für } 1 \leq q < \infty \\ \max |x_i| & \text{für } q = \infty \end{cases}$$

eine Norm definiert ist (Höldernorm), für die neben der Dreiecksungleichung auch die sogenannte Höldersche Ungleichung

$$\left| \sum_{i=1}^n x_i y_i \right| \leq \|x\|_p \cdot \|y\|_q$$

gilt, wobei p die Lösung von $1/p + 1/q = 1$ sei ($p = 1$ entspreche $q = \infty$).

2. Man zeige Satz 11.1.8.

3. Sei $p = 0$. Für die Funktion $\varphi_r(y) = \Lambda(x(y), y; r)$ aus Satz 11.2.9 gilt dann $D\varphi_r(y) = F(x(y))$. Ferner gilt $\varphi_r'(\bar{y}) = 0$. Wie vergleicht sich das Newton-Verfahren zur Berechnung einer Nullstelle $\bar{y}$ von $D\varphi_r(y)$ mit dem Update aus Schritt (11.2.20)? Was lässt sich in diesem Fall über die lokale Konvergenzrate von Verfahren 11.2.19 aussagen?

4. (Wie man Sattelpunkte manchmal nicht findet) Zu gegebenem $r \in \mathbb{R}$ betrachten wir die Funktion $\Lambda : \mathbb{R}^2 \to \mathbb{R}$, die durch

$$\Lambda(x, y; r) := x^2 - y^2 + 2rxy$$

definiert ist. (Dies ist keine erweiterte Lagrangefunktion.) Offenbar besitzt Λ den Sattelpunkt $(\bar{x}, \bar{y}) = (0, 0)$, ist stets konvex in x und konkav in y. Zur numerischen Berechnung dieses Sattelpunktes werde nun ausgehend vom Punkt $(x^0, y^0) = (1, 1)$ das folgende Verfahren gewählt: Für $k = 0, 1, 2, \ldots$: Halte y^k fest und setze $x^{k+1} = \arg\min_x\{\Lambda(x, y^k; r)\}$. Dann halte x^{k+1} fest und setze $y^{k+1} = \arg\min_y\{\Lambda(x^{k+1}, y; r)\}$. Für welche r konvergiert das Verfahren gegen $(\bar{x}, \bar{y})$?

Beachte, dass der Algorithmus 11.2.19 nicht die erweiterte Lagrangefunktion Λ bezüglich y maximiert, sondern die implizite Funktion φ_r. Letztere hat lokal eine eindeutige Maximalstelle, nämlich den gesuchten Punkt $\bar{y}$.

Barrieremethoden und primal – duale Verfahren $\quad$ 12

12.1 Klassische Barrieremethoden

Wir betrachten wieder das Problem (9.1.1), (9.1.2)

$$(P') \quad \min\{f(x) \mid f_i(x) \le 0 \text{ für } 1 \le i \le p, \quad f_j(x) = 0 \text{ für } p + 1 \le j \le m\}$$

mit glatten Funktionen $f, f_i, f_j \in C^2(\mathbb{R}^n)$ und nehmen an, dass (P') eine Optimallösung x^* besitzt.

Eng verwandt mit den Penalty-Verfahren aus Abschn. 11.1 zur Lösung von (P') sind Barrieremethoden. Auch hier betrachtet man eine Folge von Hilfsproblemen, bei denen die Zielfunktion f durch gewichtete Strafterme erweitert wird. Diese Verfahren erzeugen eine Folge von sogenannten „inneren Punkten", die alle Ungleichungsrestriktionen $f_i(x) \le 0$ strikt erfüllen, während die übrigen Restriktionen verletzt sein können. Wir bezeichnen die Menge dieser „inneren Punkte" mit $\hat{S}^o := \{x \in \mathbb{R}^n \mid f_i(x) < 0 \text{ für } i = 1, 2, \ldots, p\}$ und mit $\hat{S}$ die Menge $\{x \in \mathbb{R}^n \mid f_i(x) \le 0 \text{ für } i = 1, 2, \ldots, p\}$.[1] Barriereverfahren bestrafen solche Punkte $x \in \hat{S}^o$, die sich dem Rand von $\hat{S}^o$ nähern. Die Gleichungsrestriktionen werden dabei in der Regel unmittelbar mithilfe von Linearisierungen behandelt und nicht indirekt mittels weiterer Strafterme.

Wir stellen in diesem Kapitel nur die Grundidee dieser Verfahren vor. In Abschn. 15.1 werden das Barrierekonzept für konvexe Probleme auf eine solide theoretische Grundlage gestellt und Hinweise für eine praktisch implementierbare Variante angegeben.

---

[1] $\hat{S}^o$ ist nicht notwendig die Menge aller topologisch inneren Punkte von $\hat{S}$: dies zeigt bereits für $n = p = 1$ das Beispiel $f_1(x) \equiv 0$.

© Springer-Verlag GmbH Deutschland, ein Teil von Springer Nature 2019
F. Jarre und J. Stoer, *Optimierung*, Masterclass,
https://doi.org/10.1007/978-3-662-58855-0_12

12.1.1 Das Konzept der Barrieremethoden

Barriereverfahren sind iterative Verfahren, die eine Folge von „inneren Punkten" $x^k \in \hat{S}^o$ erzeugen. Die Strafterme werden hier *Barriereterme* genannt. Sie sind in $\hat{S}^o$ endlich und wachsen zum Rand dieser Menge hin nach unendlich an. Außerhalb von $\hat{S}$ nehmen sie den Wert $+\infty$ an. Im Gegensatz zu den Penalty-Verfahren, bei denen die Strafterme sukzessive immer stärker gewichtet werden, muss hier der Einfluss der Barriereterme sukzessive abgeschwächt werden. Weil die Strafe außerhalb von S unendlich groß ist, ist auch bei jedem noch so kleinen positiven Vielfachen des Barriereterms garantiert, dass die Minimalstellen der Barriereprobleme stets in $\hat{S}^o$ liegen. Werden die Barriereterme sukzessive immer schwächer gewichtet, so bedeutet dies, dass die Lage der Minimalstellen der Barriereprobleme in $\hat{S}^o$ immer stärker von der Zielfunktion f bestimmt wird, und dass diese Minimalstellen unter geeigneten Voraussetzungen gegen eine Minimalstelle von (P') konvergieren. Wir definieren zunächst skalare Barrierefunktionen:

Definition 12.1.1 *Eine skalare* Barrierefunktion *ist eine streng monoton fallende, glatte, konvexe Funktion* $b : \mathbb{R}_{++} \to \mathbb{R}$ *mit* $\lim_{t \downarrow 0} b(t) = \infty$.

Beispiel

$$b(t) = -\log t, \quad b(t) = \frac{1}{t}, \quad b(t) = \frac{1}{t^\alpha} \quad (\alpha > 0).$$

Außerdem setzen wir stets $b(t) := \infty$ für $t \leq 0$, so dass b formal eine auf $\mathbb{R}$ definierte konvexe Funktion ist, $b : \mathbb{R} \to \mathbb{R} \cup \{\infty\}$.

Die logarithmische Barrierefunktion $b(t) = -\log t$ ist in gewisser Hinsicht eine optimale Barrierefunktion, wie wir in Abschn. 15.1.6 noch sehen werden.

Im nachfolgend beschriebenen Verfahren nutzt man skalare Barrierefunktionen, um für kompliziertere hochdimensionale Mengen $\mathcal{M}$ Barrierefunktionen zu konstruieren, die im Inneren der Menge $\mathcal{M}$ endlich sind, und zum Rand hin nach $+\infty$ konvergieren. Falls $\mathcal{M}$ nicht konvex ist, so ist die Barrierefunktion ebenfalls nicht konvex.

12.1.2 Ein allgemeines Barriereverfahren

Zur Lösung von (P') betrachtet man nun Hilfsprobleme der Form

$$(B) \qquad \inf_x \left\{ f(x) + \mu \sum_{i=1}^{p} b\big(d_i - f_i(x)\big) \mid f_j(x) = 0, \quad j \geq p + 1 \right\},$$

wobei der Term $\mu > 0$ ein „Gewicht" für die Barriereterme ist und die Zahlen $d_i \geq 0$ „Verschiebungen" der Ungleichungen $f_i(x) \leq 0$ zu $f_i(x) \leq d_i$ beschreiben: Die Verschiebungen $d_i \geq 0$ erlauben es, dass man das Verfahren auch dann anwenden kann, wenn kein „innerer Punkt" für (P') existiert oder kein solcher Punkt bekannt ist.

Die Zielfunktion von (B) bezeichnen wir mit

$$\Phi(x; \mu, d) := f(x) + \mu \sum_{i=1}^{p} b\big(d_i - f_i(x)\big).$$

Sie besteht aus der Zielfunktion f von (P') und der gewichteten Summe der Barriereterme für die einzelnen Ungleichungen von (P').

Wir nehmen an, dass (B) eine endliche lokale Minimalstelle besitzt. Der Summand $\mu b\big(d_i - f_i(x)\big)$ in der Zielfunktion Φ garantiert für $\mu > 0$, dass jedes x mit $\Phi(x; \mu, d) \in \mathbb{R}$ die abgeschwächten Nebenbedingungen $f_i(x) \leq d_i, i = 1, 2, \ldots p$, strikt erfüllt. Falls $d_i = 0$, so erfüllt also x die Nebenbedingung $f_i(x) \leq 0$ von (P') strikt.

Lemma 12.1.2 *Falls f und die f_i für $i = 1, \ldots, p$ konvex sind, so ist auch $\Phi(.; \mu, d)$ konvex.*

Beweis Falls g, h konvex sind, dann auch $\lambda g + \mu h$ für $\lambda, \mu \geq 0$. Es genügt daher zu zeigen, dass $\varphi_i(x) := b\big(d_i - f_i(x)\big)$ für jedes $i = 1, \ldots, p$ konvex ist. Für $\varrho \in [0, 1]$ gilt:

$$d_i - f_i\big(\varrho x + (1 - \varrho)y\big) \geq d_i - \big(\varrho f_i(x) + (1 - \varrho)f_i(y)\big)$$
$$= \varrho\big(d_i - f_i(x)\big) + \big(1 - \varrho\big)\big(d_i - f_i(y)\big)$$

und

$$\varrho\varphi_i(x) + (1 - \varrho)\varphi_i(y) = \varrho b\big(d_i - f_i(x)\big) + \big(1 - \varrho\big)b\big(d_i - f_i(y)\big)$$
$$\geq b\big(\varrho\big(d_i - f_i(x)\big) + \big(1 - \varrho\big)\big(d_i - f_i(y)\big)\big)$$
$$\geq b\big(d_i - f_i\big(\varrho x + (1 - \varrho)y\big)\big)$$
$$= \varphi_i\big(\varrho x + (1 - \varrho)y\big),$$

aufgrund der Konvexität und Monotonie von b. $\qquad\square$

Für gegebene Parameter μ_k und d^k bezeichnen wir das Problem (B) mit $d = d^k$ und $\mu = \mu_k$ mit (B_k).

Algorithmus 12.1.3 (Allgemeine Barrieremethode)
Gegeben $x^0 \in \mathbb{R}^n$ mit $f_j(x^0) = 0$ für $p + 1 \leq j \leq m$. Wähle $\mu_0 > 0$ und $d^0 \geq 0$, so dass $d_i^0 > f_i(x^0)$ für $1 \leq i \leq p$.

Für $k = 1, 2, \ldots$:

1. *Wähle $\lambda_k \in (0, 1)$ so, dass mit $(\mu_k, d^k) := \lambda_k(\mu_{k-1}, d^{k-1})$ gilt:*
   $f_i(x^{k-1}) < d_i^k$ *für* $1 \leq i \leq p$.
2. *Ausgehend von x^{k-1} führe einige Schritte zum Lösen von (B_k) aus. Das Ergebnis sei x^k.*

Im konvexen Fall eignet sich in Schritt 2. des obigen Verfahrens das Newton-Verfahren. Im nichtkonvexen Fall muss selbst im unrestringierten Fall ein Newton-Schritt keine Abstiegsrichtung für die Zielfunktion sein. Das Newton-Verfahren ist daher durch eine geeignete Anpassung eines Trust-Region-Verfahrens zu ersetzen, das auch die Gleichungsrestriktionen mit berücksichtigt. Die Wahl einer passenden Schrittweite ist in diesem Fall schwierig, da bei einer Reduzierung der Verletzung der Nebenbedingungnen der Zielfunktionswert $\Phi(\,.\,; \mu_k, d^k)$ durchaus ansteigen kann.

12.2 Ein Primal – Duales Innere – Punkte -Verfahren

Wir betrachten weiterhin das Problem (P'). Sei x^* eine lokale Minimalstelle von (P'). Falls (P') in x^* regulär (s. Definition 9.1.13) ist, dann gibt es nach dem Satz von Kuhn und Tucker 9.1.16 einen zugehörigen Lagrange-Multiplikator $y^* \in \mathbb{R}^m$. Wir partitionieren y^* in die zwei Teilvektoren

$$y^* = \begin{pmatrix} y^*_{(1)} \\ y^*_{(2)} \end{pmatrix}$$

mit $y^*_{(1)} \in \mathbb{R}^p$ und $y^*_{(2)} \in \mathbb{R}^{m-p}$, sowie analog dazu

$$F(x) := \begin{pmatrix} F_1(x) \\ F_2(x) \end{pmatrix}, \quad F_1(x) := \begin{pmatrix} f_1(x) \\ \vdots \\ f_p(x) \end{pmatrix}, \quad F_2(x) := \begin{pmatrix} f_{p+1}(x) \\ \vdots \\ f_m(x) \end{pmatrix}.$$

Um bei Vektoren wie y die Partition $y_{(1)}$ von der Komponente y_1 unterscheiden zu können, schreiben wir hier die „1" in Klammern. Ähnliches gilt für $y_{(2)}$.

Nach dem Satz von Kuhn und Tucker haben x^*, y^* die folgenden Eigenschaften. Es ist

$$y^*_{(1)} \geq 0, \quad F_1(x^*) \leq 0, \quad F_2(x^*) = 0, \quad F_1(x^*)^T y^*_{(1)} = 0,$$

und $\nabla f(x^*) + \left((y^*)^T DF(x^*)\right)^T = 0$.

Wie schon bei den Innere-Punkte-Verfahren für lineare Programme in Abschn. 4.2 löst man auch hier für einen kleinen festen Parameter $\mu > 0$ näherungsweise das System

$$F_1(x) + s_{(1)} = 0, \quad s_{(1)} > 0,$$
$$F_2(x) = 0,$$
$$\nabla f(x) + \left(y^T DF(x)\right)^T = 0, \tag{12.2.1}$$
$$Y_{(1)} s_{(1)} = \mu e, \quad y_{(1)} > 0,$$

wobei

$$Y_{(1)} = \begin{bmatrix} y_1 \\ & \ddots \\ & & y_p \end{bmatrix}, \quad s_{(1)} = \begin{pmatrix} s_1 \\ \vdots \\ s_p \end{pmatrix}, \quad e = \begin{pmatrix} 1 \\ \vdots \\ 1 \end{pmatrix} \in \mathbb{R}^p.$$

Das System (12.2.1) beschreibt genau die notwendigen Bedingungen erster Ordnung zu dem Barriereproblem (B) des letzten Abschnitts, wenn für b die logarithmische Barrierefunktion $b(t) \equiv -\ln(t)$ gewählt wird und die Verschiebungen d_i alle auf Null gesetzt werden. Der Multiplikator y_i ist dann durch $-\mu/f_i(x)$ gegeben; und durch Einführung der Schlupfvariablen $s_i := -f_i(x)$ ergibt sich die bilineare Gleichung $y_i \cdot s_i = \mu$ anstelle von $y_i = -\mu/f_i(x)$. Es sei hier kurz wiederholt, dass die Lösungen dieser Gleichungen zwar dieselben sind, dass die Linearisierung der bilinearen Gleichung $y_i \cdot s_i = \mu$ aber andere und häufig besser geeignete Suchrichtungen liefert als die Linearisierung des Bruchs „$y_i = -\mu/f_i(x)$". Als Startpunkt zur Lösung von (12.2.1) können beliebige $x \in \mathbb{R}^n$, $y_{(1)} > 0$, $s_{(1)} > 0$, $y_{(2)} \in \mathbb{R}^{m-p}$ gewählt werden. Für solche Punkte sind alle Ungleichungen aus (12.2.1) erfüllt, möglicherweise auf Kosten von Residuen in den Gleichungen des Systems (12.2.1).

Wie in Abschn. 4.2 versucht man (12.2.1) mit dem gedämpften Newton-Verfahren unter Bewahrung der Ungleichungen zu lösen. Konkret bedeutet dies: Man linearisiert die Gleichungen in (12.2.1) und berechnet wie im Newton-Verfahren eine Newton-Richtung. Dann wählt man die Schrittweite des gedämpften Newton-Schritts so, dass die strikten Ungleichungen für die neuen Iterierten erhalten bleiben. Falls die Lösung von (12.2.1) hinreichend gut approximiert ist, so reduziere μ (z. B. auf $\mu^+ = 0{,}1\mu$) und wiederhole das Verfahren.

Dass solche Verfahren tatsächlich gegen eine lokale Minimalstelle von (P') konvergieren und nicht irgendwann mit immer kleiner werdenden Schrittweiten „hängen bleiben" oder wegen einer singulären Jacobimatrix abbrechen, ist bislang erst für spezielle Klassen von (konvexen) Programmen gezeigt worden. Dabei ist es wesentlich, dass stets $\mu > 0$ gewählt wird.

Der nachfolgende Algorithmus ist wegen fehlender Prädiktor-Korrektor-Strategie (siehe Abschn. 4.7) für eine Implementierung ungeeignet und unterschlägt wichtige Details, wie die Wahl der einzelnen Parameter in jedem Schritt, die für sein Konvergenzverhalten wesentlich sind. Er dient hier nur als Motivation, um Analogien zur linearen Programmierung sowie Parallelen und Unterschiede zur klassischen Barrieremethode aufzuzeigen.

Ein primal – duales Verfahren Mit der Notation

$$H(x, y) := \nabla^2 f(x) + \sum_{l=1}^{m} y_l \nabla^2 f_l(x) \qquad (12.2.2)$$

und $e := (1, \ldots, 1)^T \in \mathbb{R}^p$ beschreiben wir nun folgenden „konzeptionellen" Algorithmus.

Algorithmus 12.2.3 (Primal-dualer Algorithmus)
Seien x^0, y^0, s^0 gegeben mit $y^0_{(1)} > 0$ und $s^0_{(1)} > 0$. Wähle $\mu_0 > 0$.
  Für $k = 1, 2, \ldots$:

1. Wähle $\mu_k \in (0, \mu_{k-1}]$ so, dass $\lim_{l \to \infty} \mu_l = 0$.
2. Setze $(x, y, s) := (x^k, y^k, s^k)$, $\mu := \mu_k$ und löse die Linearisierung von (12.2.1) in (x, y, s) :

$$F_1(x) + DF_1(x)\Delta x + s_{(1)} + \Delta s_{(1)} = 0,$$
$$F_2(x) + DF_2(x)\Delta x = 0,$$
$$\nabla f(x) + \left(DF(x)\right)^T y + H(x, y)\Delta x + \left(DF(x)\right)^T \Delta y = 0, \qquad (12.2.4)$$
$$Y_{(1)}s_{(1)} + Y_{(1)}\Delta s_{(1)} + S_{(1)}\Delta y_{(1)} = \mu e,$$

  nach $(\Delta x, \Delta y, \Delta s)$ auf.
3. Bestimme eine Schrittweite $\alpha_k \in (0, 1]$ mit

$$y^k_{(1)} + \alpha_k \Delta y_{(1)} > 0 \quad und \quad s^k_{(1)} + \alpha_k \Delta s_{(1)} > 0.$$

4. Setze
$$\left(x^{k+1}, y^{k+1}, s^{k+1}\right) := \left(x^k, y^k, s^k\right) + \alpha_k(\Delta x, \Delta y, \Delta s).$$

Bemerkung
Falls das Ausgangsproblem nicht konvex ist, ist auch die Matrix $H(x, y)$ im obigen Algorithmus in der Regel nicht positiv semidefinit. In diesem Fall liefert auch das System (12.2.4) in der Regel keine sinnvolle Suchrichtung; hier muss der Ansatz geeignet modifiziert werden. Wie schon bei der Skizzierung des Barriereansatzes im letzten Abschnitt ist mit einer solchen Modifizierung die Wahl der Schrittweite α_k und anderer Parameter schwierig. Dass bei passender Wahl der Parameter – und geeigneten Lösern für die auftretenden Teilprobleme – trotzdem eine effiziente Implementierung entstehen kann, beweist z. B. das kommerzielle Softwarepaket KNITRO, das auf einer Modifizierung des obigen Ansatzes aufbaut.

12.3 Übungsaufgaben

1. Man betrachte das Problem

   minimiere $f(x)$ unter der Nebenbedingung $-1 \le x \le 1$,

   mit $f(x) := -x^4$. Offenbar hat dieses Problem in $x = \pm 1$ die globalen Minimalstellen und $x := 0$ ist die globale Maximalstelle von f auf $[-1, 1]$. Für $\mu > 0$ betrachten wir die Barriereprobleme

   minimiere $f(x) - \mu \ln(1 - x) - \mu \ln(x + 1)$ mit $-1 < x < 1$.

   a) Man berechne den kleinsten Wert $\bar{\mu} > 0$, so dass die Barriereprobleme für $\mu > \bar{\mu}$ eine eindeutige Minimalstelle besitzen.
   b) Man zeige: Sofern der Startwert μ_0 größer als $\bar{\mu}$ ist, konvergiert die Barrieremethode gegen die globale Maximalstelle von f (und nicht gegen eine lokale Minimalstelle) auf $[-1, 1]$.

2. Eng verwandt mit den primal-dualen Innere-Punkte-Verfahren sind Verfahren, die *NCP-Funktionen* benutzen. Zur Einführung dieser Verfahren betrachten wir das folgende Problem

   (P) $\qquad\qquad \min\{f(x) \mid f_i(x) \le 0, \quad 1 \le i \le m\}$

   mit $f,\ f_i \in C^2(\mathbb{R}^n)$ und der Lagrangefunktion $L(x, y) = f(x) + \displaystyle\sum_{i=1}^{m} y_i f_i(x)$.

   a) Unter welcher Standardvoraussetzung liefert das folgende Problem (C) eine notwendige Bedingung für eine lokale Optimallösung von (P)?

   (C) $\qquad$ Finde $y \ge 0,\ x \in \mathbb{R}^n:\quad \nabla_x L(x, y) = 0, \quad y_i f_i(x) = 0, \quad f_i(x) \le 0$

   für $1 \le i \le m$.
   b) Anstelle von (C) kann man versuchen, das folgende nichtrestringierte nichtlineare Gleichungssystem (C') mit einem Newtonverfahren (mit linesearch) zu lösen:

   (C') $\qquad$ Finde $x,\ z,\ s:\quad \nabla_x L(x, z^2) = 0, \quad f_i(x) + s_i^2 = 0,\ z_i s_i = 0$.

   Hierbei sei $z^2 := (z_1^2, \dots, z_n^2)^T$. Sind (C) und (C') äquivalent?
   c) Man zeige, dass das System (C') in der Nähe einer strikt komplementären Lösung, die die Regularitätsbedingung zweiter Ordnung sowie die hinreichenden Bedingungen zweiter Ordnung (s. Satz 9.2.8) erfüllt, regulär ist. Was lässt sich über die lokale Konvergenzrate des Newtonverfahrens zur Lösung von (C') aussagen?

d) Sei $\varphi : \mathbb{R}^2 \to \mathbb{R}$ eine Funktion mit

(∗) $\varphi(u, v) = 0 \iff uv = 0,\ u \geq 0,\ v \geq 0$

und

$$F(x, y, s) := \begin{pmatrix} \nabla_x L(x, y) \\ \varphi(y_1, s_1) \\ \vdots \\ \varphi(y_m, s_m) \\ f_1(x) + s_1 \\ \vdots \\ f_m(x) + s_m \end{pmatrix}.$$

Man zeige:

(C'') $F(x, y, s) = 0$

ist äquivalent zu (C) und die Funktionen

$$\varphi_1(u, v) := \sqrt{u^2 + v^2} - u - v,$$

$$\varphi_2(u, v) := \frac{1}{2}\min\{0,\ u + v\}^2 - uv,$$

$$\varphi_3(u, v) := |u - v| - u - v,$$

$$\varphi_4(u, v) := \min\{u, v\},$$

erfüllen (∗). Funktionen mit der Eigenschaft (∗) heißen *NCP-Funktionen*.

e) Sei x^*, y^* eine Lösung von (C), die die hinreichenden Bedingungen 2. Ordnung für (P) erfüllt, strikt komplementär ist und für die die Gradienten $\nabla f_i(x^*)$ für $i \in I := \{i \mid f_i(x^*) = 0\}$ linear unabhängig sind. Sei ferner $s^* := -f_i(x^*)$. Man zeige, dass für die Funktionen φ aus d) gilt

$$\frac{\partial \varphi}{\partial v}(y_i^*, s_i^*) \neq 0, \quad \frac{\partial \varphi}{\partial u}(y_i^*, s_i^*) = 0, \quad \text{für } i \in I,$$

$$\frac{\partial \varphi}{\partial v}(y_i^*, s_i^*) = 0, \quad \frac{\partial \varphi}{\partial u}(y_i^*, s_i^*) \neq 0, \quad \text{für } i \notin I.$$

f) Man gebe $DF(x, y, s)\Big|_{x=x^*,\ y=y^*,\ s=s^*}$ an.

g) Man zeige: $DF(x, y, s)\Big|_{x=x^*,\ y=y^*,\ s=s^*}$ ist nichtsingulär. Diese Eigenschaft kann man nutzen, um das Problem (C'') mit einer Variante des Newtonverfahrens zu lösen.

SQP-Verfahren

13

In diesem Kapitel stellen wir einen weiteren Zugang vor, um für ein nichtlineares Programm zumindest Kuhn-Tucker Punkte (s. Satz 9.1.16) zu bestimmen, die die notwendigen Optimalitätsbedingungen erster Ordnung erfüllen, die *SQP-Verfahren* (aus dem Engl.: *Sequential Quadratic Programs*). Wir betrachten dabei wieder Probleme der Form

$$(P') \qquad \min\big\{ f(x) \mid f_i(x) \le 0,\ f_j(x) = 0,\quad 1 \le i \le p < j \le m \big\}$$

und nehmen wieder an, dass Voraussetzung 11.2.1 aus Abschn. 11.2 für $x = x^*$ erfüllt sei, d. h. es gibt einen strikt komplementären Multiplikator $y = y^*$, der zusammen mit x^* die hinreichenden Bedingungen zweiter Ordnung für ein lokales Minimum von (P') erfüllt. Insbesondere erfüllen x^*, y^* das System

$$\Phi(x^*, y^*) := \begin{pmatrix} \nabla f(x^*) + \sum_{i=1}^{m} y_i^* \nabla f_i(x^*) \\ y_1^* f_1(x^*) \\ \vdots \\ y_p^* f_p(x^*) \\ f_{p+1}(x^*) \\ \vdots \\ f_m(x^*) \end{pmatrix} = 0, \qquad (13.0.1)$$

mit $y_i^* \ge 0$ und $f_i(x^*) \le 0$ für $1 \le i \le p$. Die Jacobimatrix von Φ ist durch

$$D\Phi(x, y) = J(x, y) = \Psi\big(x, y, D_x^2 L(x, y)\big)$$

© Springer-Verlag GmbH Deutschland, ein Teil von Springer Nature 2019
F. Jarre und J. Stoer, *Optimierung*, Masterclass,
https://doi.org/10.1007/978-3-662-58855-0_13

mit $\Psi(x, y, B)$

$$
:= \begin{pmatrix}
B & \nabla f_1(x) \ldots \nabla f_p(x) \, \nabla f_{p+1}(x) \ldots \nabla f_m(x) \\
y_1 Df_1(x) & f_1(x) \\
\vdots & \quad \ddots & \quad 0 \\
y_p Df_p(x) & \qquad f_p(x) \\
Df_{p+1}(x) \\
\vdots & \quad 0 & \quad 0 \\
Df_m(x)
\end{pmatrix}
$$

gegeben. Obige Schreibweise nimmt bereits ein Merkmal des SQP-Verfahrens vorweg. Wir werden die „teure" Matrix $D_x^2 L(x, y)$ in der Regel durch eine einfache Approximation B ersetzen und können diesen Schritt leicht mit Hilfe der Funktion Ψ darstellen. Aus Voraussetzung 11.2.1 folgt, dass $D\Phi(x^*, y^*)$ nichtsingulär ist (Satz 9.3.1). Daher konvergiert das Newton-Verfahren zur Nullstellenbestimmung von Φ lokal quadratisch gegen (x^*, y^*).

Sei nun eine aktuelle Iterierte x^k, y^k gegeben. Wir suchen eine neue Iterierte x^{k+1}, y^{k+1}, die in gewissem Sinne näher an der Lösung von (13.0.1) liegt. Mit obiger Notation bestimmt sich der Newton-Schritt $\left(\Delta x^k, \Delta y^k\right)$ aus dem System

$$
\Psi\left(x^k, y^k, D_x^2 L(x^k, y^k)\right)\left(\Delta x^k, \Delta y^k\right) \overset{!}{=} -\Phi(x^k, y^k). \tag{13.0.2}
$$

Wir erinnern hier noch einmal an mögliche Probleme beim Newton-Verfahren:

Man kann nur lokale Konvergenz nachweisen. Insbesondere kann nicht garantiert werden, dass die Iterierten alle Ungleichungen $y_i \geq 0$ und $f_i(x) \leq 0$ für $i \leq p$ im Laufe des Verfahrens erfüllen. Es kann also vorkommen, dass das Newton-Verfahren gegen eine „falsche" Lösung von $\Phi(x, y) = 0$ konvergiert (mit $y_i < 0$ oder $f_i(x) > 0$ für gewisse $i \leq p$). Die primal-dualen Verfahren des letzten Kapitels sind dem Newtonverfahren (13.0.2) sehr ähnlich, nur, dass die Komplementaritätsgleichungen (Zeilen $n + 1$ bis $n + p$ in (13.0.1)) durch den Term μe abgeschwächt werden, um eben die Konvergenz gegen eine „falsche" Lösung zu verhindern. Hier soll nun ein weiterer Ansatz vorgestellt werden, der das Konvergenzverhalten des Newton-Verfahrens verbessert.

13.1   Der SQP-Ansatz

Wir betrachten anstelle des Newton-Verfahrens den Ansatz

$$
\Psi\left(x^k, y^{k+1}, B_k\right)\left(\Delta x^k, \Delta y^k\right) \overset{!}{=} -\Phi(x^k, y^k), \tag{13.1.1}
$$

wobei $\Delta x^k, \Delta y^k$ und $y^{k+1} := y^k + \Delta y^k$ die zusätzlichen Forderungen

$$
y_i^{k+1} \geq 0 \quad \text{für } 1 \leq i \leq p, \tag{13.1.2}
$$

$$
f_i(x^k) + Df_i(x^k)\Delta x^k \leq 0 \quad \text{für } 1 \leq i \leq p, \tag{13.1.3}
$$

erfüllen soll. Im Vergleich zu (13.0.2) wird zum einen die Matrix $D_x^2 L(x^k, y^k)$ durch eine Matrix B_k ersetzt. Dabei werden wir B_k in der Regel durch gewisse Quasi-Newton-Updates erzeugen und die teure Berechnung von $D_x^2 L(x^k, y^k)$ sparen. Zum anderen wird der Vektor y^k auf der linken Seite von (13.0.2) beim Übergang zu (13.1.1) durch y^{k+1} ersetzt; wir erhalten ein implizites Gleichungssystem, das nicht mehr linear in den Unbekannten Δy^k ist. Außerdem werden noch gewisse lineare Ungleichungsbedingungen an Δx^k und Δy^k gestellt.

Ausgeschrieben besagt (13.1.1):

$$B_k \Delta x^k + \left(DF(x^k)\right)^T \Delta y^k = -\nabla f(x^k) - \sum_{l=1}^{m} y_l^k \nabla f_l(x^k),$$

$$\left(y_i^k + \Delta y_i^k\right) Df_i(x^k) \Delta x^k + f_i(x^k) \Delta y_i^k = -y_i^k f_i(x^k), \quad 1 \le i \le p,$$

$$Df_j(x^k) \Delta x^k = -f_j(x^k), \quad p < j \le m,$$

bzw.

$$\nabla f(x^k) + B_k \Delta x^k + \sum_{l=1}^{m} y_l^{k+1} \nabla f_l(x^k) = 0,$$

$$y_i^{k+1}\left(f_i(x^k) + Df_i(x^k) \Delta x^k\right) = 0, \quad 1 \le i \le p, \tag{13.1.4}$$

$$f_j(x^k) + Df_j(x^k) \Delta x^k = 0, \quad p < j \le m.$$

Bei den Innere-Punkte-Verfahren aus Abschn. 12.2 steht in der zweiten Gleichungszeile auf der linken Seite y_i^k anstelle von y_i^{k+1} und für $i \le p$ auf der rechten Seite der Parameter $\mu > 0$ statt 0, wobei der Term μ verhindern soll, dass die y_i^k oder die $f_i(x^k)$ für $i \le p$ gegen negative Zahlen konvergieren. Hier wird in (13.1.2) und (13.1.3) explizit $y_i^{k+1} \ge 0$ und $f_i(x^k) + Df_i(x^k) \Delta x^k \le 0$ gefordert, so dass eine „Störung" $\mu > 0$ der Kuhn-Tucker-Bedingung nicht notwendig ist.

Die Bedingungen (13.1.2), (13.1.3), (13.1.4) sind genau die Kuhn-Tucker-Bedingungen zu folgendem quadratischen Programm:

$$(P_k) \qquad \begin{aligned} &\inf\ Df(x^k)s + \tfrac{1}{2}s^T B_k s \\ &s:\ f_i(x^k) + Df_i(x^k)s \le 0, \quad 1 \le i \le p, \\ &\quad\ \ f_j(x^k) + Df_j(x^k)s = 0, \quad p+1 \le j \le m. \end{aligned}$$

Sie besagen, dass $(\Delta x^k, y^{k+1})$ ein Kuhn-Tucker Paar von (P_k) ist. Denn ein Paar (s, y) ist definitionsgemäß genau dann ein Kuhn-Tucker Paar von (P_k), wenn s eine zulässige Lösung von (P_k) ist und zusammen mit y die Bedingungen a)–c) von Satz 9.1.16) erfüllt, d. h. wenn

$$\begin{aligned} &\nabla f(x^k) + B_k s + \sum_{l=1}^{m} y_l \nabla f_l(x^k) = 0, \\ &f_i(x^k) + Df_i(x^k)s \le 0, \quad y_i \ge 0, && 1 \le i \le p, \\ &f_j(x^k) + Df_j(x^k)s = 0, && p < j \le m, \\ &y_i\left(f_i(x^k) + Df_i(x^k)s\right) = 0, && 1 \le i \le m. \end{aligned} \tag{13.1.5}$$

Aus der Herleitung von (P_k) ergibt sich folgender Algorithmus:

Algorithmus 13.1.6 (Grundform des SQP-Algorithmus)
Start: Wähle $x^0 \in \mathbb{R}^n$, $B_0 = B_0^T$ ($\approx D_x^2 L(x^0, y^0)$) *für ein* $y^0 \in \mathbb{R}^m$ *mit* $y_i^0 > 0$ *für* $1 \leq i \leq p$.
Für $k = 0, 1, \ldots$:
Gegeben x^k *und* B_k.

1. *Bestimme ein Kuhn-Tucker Paar* (s, y) *von* (P_k) *und setze* $x^{k+1} = x^k + s$, $y^{k+1} := y$.
2. *Bestimme eine symmetrische Matrix*

$$B_{k+1} \approx D_x^2 L(x^{k+1}, y^{k+1}).$$

Falls B_k positiv semidefinit ist, ist (P_k) ein konvexes quadratisches Programm. In diesem Fall sind die Kuhn-Tucker-Bedingungen für (P_k) notwendig und hinreichend für ein globales Minimum, und (P_k) ist mit Innere-Punkte-Verfahren aus Kap. 15 oder mit Projektionsverfahren aus Kap. 10 effizient lösbar. Wir werden nachfolgend einige Ansätze besprechen, wie man die positive Semidefinitheit von B_k erzwingen kann.

Für den Fall, dass im Problem (P') keine Ungleichungen vorliegen, d. h. falls $p = 0$ ist, reduziert sich die Lösung von (P_k) auf ein lineares Gleichungssystem. In diesem Fall stimmen der Suchschritt bei den Innere-Punkte-Verfahren sowie der Newtonschritt zur Lösung von (13.0.1) und auch die Lösung s von (P_k) überein. Diese drei Ansätze unterscheiden sich also nur in der Behandlung der Ungleichungen.

Falls diese Situationen nicht vorliegen, falls also B_k indefinit ist und Ungleichungsrestriktionen zu beachten sind, $p > 1$, ist die Berechnung einer globalen Minimalstelle von (P_k) $\mathcal{NP}$-schwer[1].

Wir besprechen nun die einzelnen Schritte im SQP-Verfahren etwas ausführlicher.

13.2 Quasi-Newton-Updates

Die Wahl von B_{k+1} erfolgt oft über Quasi-Newton-Updates, die die Bedingung

$$B_{k+1}s = u \tag{13.2.1}$$

mit

$$
\begin{aligned}
s &:= x^{k+1} - x^k, \\
u &:= \nabla_x L(x^{k+1}, y^{k+1}) - \nabla_x L(x^k, y^{k+1}) \\
  &\approx D_x^2 L(x^{k+1}, y^{k+1})(x^{k+1} - x^k),
\end{aligned}
\tag{13.2.2}
$$

erfüllen, insbesondere mit dem BFGS-Verfahren oder auch dem DFP-Verfahren.

---

[1]Der Begriff $\mathcal{NP}$-schwer wird in Kap. 15 erklärt. Bislang ist kein polynomiales Lösungsverfahren für ein $\mathcal{NP}$-schweres Problem bekannt.

Für diese beiden Verfahren ist mit B_k auch B_{k+1} wieder positiv definit, sofern $u^T s > 0$ gilt (Satz 6.7.20). Leider ist selbst unter der starken Voraussetzung 11.2.1 die Matrix $\nabla_x^2 L(x^*, y^*)$ nicht immer positiv definit. Daher kann der Fall

$$0 > s^T u \approx s^T D_x^2 L\big(x^{k+1}, y^{k+1}\big)s$$

auftreten, und die Forderung $s^T u = s^T B_k s > 0$ unerfüllbar sein, so dass das BFGS- und das DFP-Verfahren beide nicht anwendbar sind. Um auch für kleine Werte von $s^T u$ eine korrigierte, positiv definite Matrix B_{k+1} mit Quasi-Newton-Techniken zu erzeugen, kann man (nach Powell [137][2]) folgende Modifikation vornehmen. Falls etwa $s^T u < 0.2 \cdot s^T B_k s$, kann man

$$\theta := 0{,}8 \frac{s^T B_k s}{s^T B_k s - s^T u} \in (0, 1)$$

setzen und

$$\tilde{u} := \theta u + \big(1 - \theta\big)B_k s \tag{13.2.3}$$

wählen und die Quasi-Newton-Bedingung (13.2.1) mit $\tilde{u}$ anstelle von u erfüllen, d. h. $\tilde{u}$ anstelle von u in die Formeln für das BFGS- bzw. DFP-Verfahren einsetzen. Es folgt dann aus der Definition von θ

$$\begin{aligned}
\tilde{u}^T s &= \theta u^T s + \big(1 - \theta\big)s^T B_k s \\
&= \theta(u^T s - s^T B_k s) + s^T B_k s \\
&= -0{,}8 s^T B_k s + s^T B_k s \\
&= 0{,}2 s^T B_k s > 0.
\end{aligned}$$

Die positive Definitheit von B_{k+1} bleibt dann gewahrt; die Quasi-Newton-Bedingung (13.2.1) wird hier nur in „abgeschwächter Form" durchgeführt. Durch solche „abgeschwächten Updates" kann aber die Konvergenzgeschwindigkeit des SQP-Verfahrens beeinträchtigt werden. Man hat deshalb noch andere Modifikationen vorgeschlagen, die zu einer positiv definiten Approximation B_{k+1} führen:

Erweiterte Lagrangefunktion und reduzierte Hessematrix
Beachte, dass die Optimallösung s von (P_k) unverändert bleibt, wenn man (P_k) dahingehend modifiziert, dass man für ein $j > p$ zu B_k ein Vielfaches $\rho > 0$ der Rang-1-Matrix $Df_j(x^k)^T Df_j(x^k)$ hinzuaddiert. In den Optimalitätsbedingungen des modifizierten Problems ändert sich dadurch nur der zugehörige Lagrangeparameter von y_j zu $y_j - \rho Df_j(x^k)s$. Dies folgt unter Ausnutzung von (13.1.5):

---

[2]Die in dieser Definiton fest gewählte Zahl „0,8" kann durch jede andere Zahl in $(0, 1)$ ersetzt werden und Powell nannte später den in [137] vorgeschlagenen und viel zitierten Wert von 0,8 einen großen Fehler, wollte den Fehler aber nicht wiederholen und keinen alternativen Wert vorschlagen, den er später vielleicht erneut revidieren würde.

$$\nabla f(x^k) + \left(B_k + \rho Df_j(x^k)^T Df_j(x^k)\right)s + \sum_{l=1}^{m} y_l \nabla f_l(x^k) - \rho Df_j(x^k)s\nabla f_j(x^k)$$

$$= \nabla f(x^k) + B_k s + \sum_{l=1}^{m} y_l \nabla f_l(x^k)$$

$$= 0.$$

Ebenso kann man für $i \leq p$ kleine positive Vielfache der Rang-1-Matrix $Df_i(x^k)^T$ $Df_i(x^k)$ zu B_k addieren, solange der zugehörige Multiplikator y_i nichtnegativ bleibt. Bei Addition eines großen Vielfachen von $Df_i(x^k)^T Df_i(x^k)$ ändert sich die Lösung von (P_k); sie wird in der Regel etwas kürzer und liegt in einem stumpferen Winkel zu $Df_i(x^k)$, ist aber trotzdem als Suchschritt für das SQP-Verfahren verwendbar. Dies motiviert den Ansatz, für B_k eine Approximation an die Hessematrix $\nabla_x^2 \Lambda(x, y; r)$ der erweiterten Lagrangefunktion aus Abschn. 11.2 zu wählen, anstelle der Approximation von $\nabla_x^2 L(x, y)$. Dabei ist $r > 0$ ein zugehöriger Strafparameter und die Vektoren u in (13.2.2) definieren sich dann aus den Differenzen der Gradienten $\nabla_x \Lambda$. Unter der Voraussetzung 11.2.1 existiert $\nabla_x^2 \Lambda(x, y; r)$ in der Nähe von (x^*, y^*) und ist dort für ausreichend große r positiv definit. Daher kann man auch erwarten, dass die zugehörigen Werte von $s^T u$ im Grenzwert positiv sind und eine „Abschwächung" des Updates wie in (13.2.3) in der Nähe von (x^*, y^*) überflüssig wird. Hier kann allerdings die Wahl des Strafparameters kritisch sein. Von daher sind weder die „abgeschwächten Updates" noch die Approximation der Hessematrix der erweiterten Lagrangefunktion in allen Fällen zufriedenstellend.

Ein weiterer Ansatz, die Approximation der reduzierten Hessematrix, approximiert die Hessematrix von L nur auf dem Nullraum der Gradienten der aktiven Restriktionen. Die aktiven Restriktionen müssen dabei geraten und gelegentlich korrigiert werden. Auch hier gilt, dass unter Voraussetzung 11.2.1 die reduzierte Hessematrix lokal positiv definit ist, sofern die aktiven Indizes korrekt geraten wurden. Bei diesem Ansatz ist vor allem die Korrektur der Menge der aktiven Indizes problematisch.

13.3 Konvergenz

Ähnlich wie bei den Quasi-Newton-Verfahren für die glatte nichtrestringierte Minimierung kann man auch beim SQP-Verfahren mit „abgeschwächten" Quasi-Newton-Updates (13.2.3) die lokale superlineare Konvergenz zeigen, sofern die berechnete lokale Minimalstelle die hinreichenden Bedingungen zweiter Ordnung erfüllt.

Satz 13.3.1 *Unter der Voraussetzung 11.2.1 ist Algorithmus 13.1.6 in Verbindung mit dem abgeschwächten BFGS-Update (13.2.3) lokal superlinear konvergent in folgendem Sinne:*

Es gibt $\varepsilon > 0$, $\delta > 0$, so dass gilt: Falls $z^k := (x^k, y^k)$ und $\|z^0 - z^*\| \leq \delta$, sowie $\|B_0 - D_x^2 L(x^*, y^*)\| \leq \varepsilon$, dann ist der Algorithmus 13.1.6 wohldefiniert, d. h. alle (P_k) besitzen eine Lösung, und es ist

$$\lim_{k \to \infty} \|z^{k+1} - z^*\|^{1/k} = 0.$$

Beweis Ein längerer Beweis dieses Satzes ist in Lemma 9 und Theorem 3 in [138] gegeben. (In [138] wird nicht verlangt, dass $\|B_0 - D_x^2 L(x^*, y^*)\|$ klein ist, aber dafür wird die Konvergenz der x^k vorausgesetzt.)

13.3.1 Modifikation zur globalen Konvergenz

Falls 11.2.1 nicht erfüllt ist, oder falls $\|z^0 - z^*\|$ zu groß ist, kann es vorkommen, dass (P_k) keine zulässige Lösung besitzt. In diesem Fall löst man folgendes Ersatzproblem

(P_k')
$$\begin{aligned}
&\inf \quad Df(x^k)s + \tfrac{1}{2}s^T B_k s + \varrho^2 \eta^2 \\
&s, \eta: \quad f_i(x^k) + Df_i(x^k)s - \sigma_i \eta f_i(x^k) \leq 0, \quad 1 \leq i \leq p, \\
&\qquad\quad f_j(x^k) + Df_j(x^k)s - \eta f_j(x^k) = 0, \quad p+1 \leq j \leq m,
\end{aligned}$$

wobei

$$\sigma_i = \begin{cases} 0, & \text{falls } f_i(x^k) \leq 0, \\ 1, & \text{sonst,} \end{cases}$$

und $\varrho \gg 0$ das Gewicht eines „Strafterms" für die Verletzung der Restriktionen $f_j(x^k) \leq 0$ für $i \leq p$ bzw. von $f_j(x^k) = 0$ für $j > p$ beschreibt. Offenbar ist $(s, \eta) := (0, 1)$ zulässig für (P_k'). Weiter sind die einzelnen Nebenbedingungen von (P_k) in einer Lösung s aus (P_k') mit $\eta < 1$ weniger verletzt als in $s = 0$. Falls der Schritt s geeignet auf εs (mit $\varepsilon \in (0, 1]$) verkleinert wird, so nimmt auch die Verletzung der Nebenbedingungen von (P') ab.

Wenn die aktuelle Iterierte nicht in der Nähe einer Optimallösung liegt, welche die Voraussetzung 11.2.1 erfüllt, so kann das SQP-Verfahren divergieren. In diesem Fall ist eine Kontrolle der Schrittweite notwendig. Dies geschieht entweder durch sogenannte Trust Region SQP Methoden, die zu (P_k) noch eine Trust-Region-Bedingung ähnlich wie in Abschn. 6.5 hinzufügen oder durch eine line search, die auf einer Straffunktion basiert.

Insbesondere betrachten wir für einen Strafparameter $r > 0$ folgende *Straffunktion* Θ_r:

$$\Theta_r(x) := f(x) + r \sum_{i=1}^{p} \big(f_i(x)\big)^+ + r \sum_{j=p+1}^{m} |f_j(x)|,$$

die als Funktion von x kleiner wird, wenn der Zielfunktionswert verkleinert und die Restriktionen von (P') weniger verletzt werden. In Satz 11.1.7 wurde gezeigt, dass Θ_r für ausreichend große Parameter r bei konvexen Problemen, die die Slater-Bedingung erfüllen, eine exakte Straffunktion ist. Man verwendet Θ_r, indem man ausgehend von der Näherungslösung x^k von (P') und der Lösung $s = s^k$ von (P'_k) als neue Näherungslösung von (P') den Vektor $x^{k+1} := x^k + \lambda_k s^k$ wählt, wobei man λ_k durch eine line-search bestimmt,

$$\lambda_k \approx \arg \min_{0 \le \lambda \le 1} \Theta_r(x^k + \lambda s^k). \tag{13.3.2}$$

Aufgrund ihrer Nichtdifferenzierbarkeit eignet sich die Funktion Θ_r schlecht, um Suchrichtungen zu konstruieren, ist aber als Maß für den Abstand zu einer lokalen Minimalstelle von (P') geeignet. Θ_r wird auch gelegentlich mit dem englischen Begriff *merit function* bezeichnet.

Satz 13.3.3 *Sei* (s, y) *ein Kuhn-Tucker Paar von* (P_k). *Ferner seien* f, $f_l \in C^1(\mathbb{R}^n)$, *für* $1 \le l \le m$, *und* B_k *positiv definit. Dann gilt für* $r \ge \|y\|_\infty$

$$\lim_{\varepsilon \downarrow 0} \frac{1}{\varepsilon} \Big(\Theta_r\big(x^k + \varepsilon s\big) - \Theta_r\big(x^k\big) \Big) < 0.$$

Insbesondere existiert dieser Grenzwert; er wird auch Richtungsableitung von Θ_r *im Punkt* x^k *in Richtung* s *genannt und mit* $D_s \Theta_r(x^k)$ *bzw.* $\Theta'_r(x^k; s)$ *bezeichnet.*

Satz 13.3.3 besagt, dass für genügend großes r die Richtung s von (P_k) eine Abstiegsrichtung für Θ_r in x^k ist und in (13.3.2) eine positive Schrittweite gewählt werden kann, die zu $\Theta_r(x^{k+1}) < \Theta_r(x^k)$ führt. Die Suchrichtung s und die Straffunktion Θ_r sind also in diesem Sinne kompatibel. (Da sich die Definition von s nicht an der Definition von Θ_r orientiert, ist dies nicht selbstverständlich.)

Beweis Zum Beweis verwenden wir folgendes Resultat:

Lemma 13.3.4 *Seien* $h_1, \dots, h_k \in C^1(\mathbb{R}^n)$ *und* $\Phi(x) := \max_{1 \le i \le k} h_i(x)$. *Dann existiert für alle* $x, s \in \mathbb{R}^n$ *die Richtungsableitung*

$$D_s \Phi(x) := \lim_{\varepsilon \downarrow 0} \frac{\Phi(x + \varepsilon s) - \Phi(x)}{\varepsilon}$$

und es gilt

$$D_s \Phi(x) = \max_{i \in I(x)} Dh_i(x)s \quad mit \quad I(x) := \{i \mid h_i(x) = \Phi(x)\}.$$

Den Beweis von Lemma 13.3.4 überlassen wir als einfache Übung.   □
Beachte, dass $(f(x))^+ := \max\{0, f(x)\}$ und $|f(x)| = \max\{-f(x), f(x)\}$ nach Lemma 13.3.4 Richtungsableitungen besitzen, und dass die Richtungsableitung einer Summe von Funktionen die Summe der Richtungsableitungen der Summanden ist.

Zum Beweis von Satz 13.3.3 verwenden wir im Folgenden die Indexmengen

$$I_- := \{i \le p \mid f_i(x) < 0\},$$
$$I_0 := \{i \le p \mid f_i(x) = 0\},$$
$$I_+ := \{i \le p \mid f_i(x) > 0\},$$

und analog

$$J_- := \{j \ge p + 1 \mid f_j(x) < 0\},$$
$$J_0 := \{j \ge p + 1 \mid f_j(x) = 0\},$$
$$J_+ := \{j \ge p + 1 \mid f_j(x) > 0\}.$$

Nach Lemma 13.3.4 gilt

$$D_s \Theta_r(x) = Df(x)s + r \sum_{i \in I_+} Df_i(x)s + r \sum_{i \in I_0} (Df_i(x)s)^+$$
$$+ r \sum_{j \in J_+} Df_j(x)s - r \sum_{j \in J_-} Df_j(x)s + r \sum_{j \in J_0} |Df_j(x)s|.$$

Sei nun s eine Lösung von (P_k) und y ein zugehöriger Vektor von Lagrangemultiplikatoren. Aus $f_i(x) + Df_i(x)s \le 0$ für $i \le p$ folgt dann $(Df_i(x)s)^+ = 0$ für $i \in I_0$. Ebenso folgt aus $f_j(x) + Df_j(x)s = 0$ für $j \ge p + 1$, dass $|Df_j(x)s| = 0$ für $j \in J_0$. Somit reduziert sich die Richtungsableitung auf

$$D_s \Theta_r(x) = Df(x)s + r \sum_{i \in I_+} Df_i(x)s + r \sum_{j \in J_+} Df_j(x)s - r \sum_{j \in J_-} Df_j(x)s. \qquad (13.3.5)$$

Weiter folgt aus der Komplementarität „$y_i(f_i(x) + Df_i(x)s) = 0$", und aus $f_j(x) + Df_j(x)s = 0$

$$\sum_{I_- \cup I_0 \cup I_+} y_i Df_i(x)s + \sum_{I_- \cup I_0 \cup I_+} y_i f_i(x)$$
$$+ \sum_{J_- \cup J_0 \cup J_+} y_j Df_j(x)s + \sum_{J_- \cup J_0 \cup J_+} y_j f_j(x) = 0. \qquad (13.3.6)$$

Bezeichnen wir mit L_k die Lagrangefunktion für das Problem (P_k), dann folgt aus der Gleichung $\nabla_s L_k(s, y) = 0$, d.h.

$$\nabla f(x) + Bs + \sum_{i \le p} y_i \nabla f_i(x) + \sum_{j \ge p+1} y_j \nabla f_j(x) = 0,$$

sofort

$$Df(x)s = -s^T Bs - \sum_{i \le p} y_i Df_i(x)s - \sum_{j \ge p+1} y_j Df_j(x)s.$$

Wir ersetzen hier die beiden letzten Terme mittels (13.3.6) und setzen das Ergebnis in (13.3.5) ein. Dann folgt

$$D_s \Theta_r(x) = -s^T B s + r \sum_{i \in I_+} Df_i(x)s + r \sum_{j \in J_+} Df_j(x)s - r \sum_{j \in J_-} Df_j(x)s$$
$$+ \sum_{I_- \cup I_0 \cup I_+} y_i f_i(x) + \sum_{J_- \cup J_0 \cup J_+} y_j f_j(x).$$

Setzt man zunächst die Ungleichung $\sum_{I_- \cup I_0} y_i f_i(x) \leq 0$ und anschließend

$$f_i(x) + Df_i(x)s \leq 0, \quad f_j(x) = -Df_j(x)s$$

für $i \leq p < j$ ein, so folgt

$$D_s \Theta_r(x) \leq -s^T B s + r \sum_{i \in I_+} Df_i(x)s + r \sum_{j \in J_+} Df_j(x)s - r \sum_{j \in J_-} Df_j(x)s$$
$$+ \sum_{I_+} y_i f_i(x) + \sum_{J_- \cup J_+} y_j f_j(x)$$
$$\leq -s^T B s + \sum_{I_+}(y_i - r)f_i(x) + \sum_{J_+}(y_j - r)f_j(x) + \sum_{J_-}(y_j + r)f_j(x)$$
$$\leq -s^T B s < 0,$$

da $s \neq 0$, B positiv definit ist, und $r \geq |y_i|, |y_j|$. $\square$

13.3.2 Der Maratos-Effekt

Leider kann selbst für (x^k, y^k) nahe bei einem Kuhn-Tucker Paar (x^*, y^*) von (P') der Fall eintreten, dass die Schrittweitenregelung (13.3.2) eine Schrittweite λ_k erzwingt, die deutlich kleiner ist als 1 und deshalb die lokale superlineare Konvergenz des SQP-Verfahrens, die man mit den Schrittweiten $\lambda_k \equiv 1$ hätte, verhindert. Dieses Phänomen ist unter dem Namen „Maratos-Effekt" bekannt, siehe z.B. [116]. Es beruht auf einer gewissen Unverträglichkeit der Straffunktion Θ_r mit der Lösung s des Problems (P_k). So kann es passieren, selbst wenn x^k alle Restriktionen erfüllt, dass die Lösung s von (P_k) zwar die linearisierten Gleichungen und Ungleichungen erfüllt, aber $x^k + s$ einige der Restriktionen von (P') geringfügig verletzt. Die Funktion Θ_r bestraft aber diese Verletzung und verhindert die Wahl des vollen Schritts $x^k + s$, der sehr nahe an die Lösung von (P') führen würde. (Der nachfolgende SQP-Schritt würde die Zulässigkeit nahezu vollständig korrigieren.) In numerischen Beispielen sind Fälle aufgetreten, in denen die Straffunktion die Wahl der vollen Schrittweite $\lambda_k = 1$ wiederholt verhindert hat, so dass das SQP-Verfahren durch die Straffunktion empfindlich verlangsamt wurde. Leider lässt sich nur schwer feststellen, ob eine gegebene

Iterierte bereits im Bereich der quadratischen Konvergenz des SQP-Verfahrens liegt, so dass man die Schrittweitenkontrolle mittels der Funktion Θ_r aussetzen könnte.

Als Abhilfe zum Maratos-Effekt haben Schittkowski [150] und Fletcher eine line search basierend auf der erweiterten Lagrangefunktion an Stelle von Θ_r untersucht. Ein weiterer Vorschlag nutzt Korrekturterme zweiter Ordnung. Solche Korrekturterme werden in der Literatur auch gelegentlich als SOC-Schritt (Engl. second order correction) bezeichnet. Dabei sollen die in $x^k + s$ verletzten Restriktionen von (P') korrigiert werden. Fasst man z. B. in $\tilde{F}$ die f_i, $i \leq p$, mit $f_i(x^k + s) > 0$ und die f_j, $j > p$, mit $f_j(x^k + s) \neq 0$ zusammen, kann man einen Korrekturschritt c mittels

$$c := -D\tilde{F}(x^k)^T (D\tilde{F}(x^k) D\tilde{F}(x^k)^T)^{-1} \tilde{F}(x^k + s) \tag{13.3.7}$$

definieren, sofern $D\tilde{F}(x^k + s)$ vollen Zeilenrang besitzt. Dieser Korrekturschritt erfüllt näherungsweise die Gleichung

$$\tilde{F}(x^k + s + c) \approx \tilde{F}(x^k + s) + D\tilde{F}(x^k + s)c \approx \tilde{F}(x^k + s) + D\tilde{F}(x^k)c = 0,$$

d. h. er korrigiert gerade die verletzten Restriktionen. An Stelle des Schritts $\lambda_k s$ aus der line search (13.3.2) verwendet man dann einen Schritt $\lambda_k s + \lambda_k^2 c$ gemäß der Regel

$$\lambda_k \approx \arg \min_{0 \leq \lambda \leq 1} \Theta_r(x^k + \lambda s + \lambda^2 c).$$

In den Übungen 13.4 soll für dreimal stetig differenzierbares $\tilde{F}$ gezeigt werden, dass die Verletzung der Gleichungs- und Ungleichungsrestriktionen für kleine $\|s\|$ in der Größenordnung $O(\lambda^2 \|s\|^3)$ liegt, falls man diese Korrektur vornimmt. Da $\|c\|$ von der Größenordnung $\|\tilde{s}\|^2$ ist, werden die Werte von f und von den f_l, die nicht in $\tilde{F}$ erfasst sind, nur um $O(\lambda^2 \|s\|^2)$ gegenüber dem gedämpften SQP-Schritt λs gestört. Für größere $\|s\|$ ist der $O(\|s\|^2)$-Term aber oft so groß, dass die Schrittweite λ_k auch mit diesem Korrekturterm deutlich kleiner als 1 gewählt werden muss; der Korrekturterm c ist zu willkürlich gewählt (im Bildraum von $D\tilde{F}(x^k)^T$). Falls die Implementierung, die zur Lösung der quadratischen Unterprogramme (P_k) benutzt wird, einen sogenannten „warm start" unterstützt, (d. h. aus einer gegebenen Optimallösung in wenigen Schritten die Optimallösung eines leicht gestörten Problems ermitteln kann), wird daher ein SOC-Schritt häufig aus der Lösung eines neuen quadratischen Unterprogramms $(\hat{P}_k)$ mit leicht geänderten Eingabedaten berechnet, siehe z. B. [49]. Mit solch ausgefeilteren SOC-Schritten wurde in Implementierungen auch eine Beschleunigung der globalen Konvergenz beobachtet, d. h. auch bei Iterierten, die noch nicht in der Nähe eines stationären Punktes liegen.

13.3.3 Schlussbemerkung

SQP-Verfahren haben sich in verschiedenen Programmpaketen, wie z. B. in [151], für eine Vielzahl von nichtlinearen Problemen bestens bewährt. Der Unterschied zu den Innere-Punkte-Strategien lässt sich in Kürze so zusammenfassen. Bei den Innere-Punkte-Verfahren wird (derzeit) vorrangig mit exakten zweiten Ableitungen gearbeitet. Die Teilprobleme, die bei Innere-Punkte-Verfahren auftreten, sind strukturierte lineare Gleichungssysteme, und sind von daher einfacher zu lösen als die Teilprobleme bei den SQP-Verfahren. Falls das Problem (P') leicht berechenbare zweite Ableitungen besitzt, dann können Innere-Punkte-Verfahren sehr effizient sein. Andernfalls ist es in der Regel von Vorteil, etwas mehr Aufwand in die Berechnung der Suchschritte mittels der quadratischen Unterprogramme des SQP-Verfahrens zu stecken und dafür Funktionsauswertungen und Auswertungen bei den Ableitungen der f_i und f_j einzusparen. Insbesondere können konvexe quadratische Programme effizient durch Innere-Punkte-Methoden gelöst werden, während die SQP-Verfahren solche Probleme als Teilprobleme erzeugen, d. h. die SQP-Verfahren setzen voraus, dass diese Probleme mit anderen Mitteln gelöst werden.

Im nächsten Kapitel zeigen wir, wie SQP-Verfahren mit einem Trust-Region-Ansatz oder mit einem neueren Filter-Ansatz kombiniert werden können. Ein ausführlicher Übersichtsartikel zu SQP-Verfahren ist in [19] erschienen.

13.4   Übungsaufgaben

1. Man beweise Lemma 13.3.4.
2. Sei z^k eine Folge, die die Aussage aus Satz 13.3.1

$$\lim_{k\to\infty} \|z^{k+1} - z^*\|^{1/k} = 0$$

   erfüllt. Man zeige, dass es eine superlinear konvergente Majorante $\{\alpha_k\}_{k\in\mathbb{N}}$ für $\|z^k - z^*\|$ gibt, d. h. $\alpha_k \geq \|z^k - z^*\|$ und $\lim_k \alpha_k = \lim_k (\alpha_{k+1}/\alpha_k) = 0$.
3. Sei die Funktion $\tilde{F}$ in der Definition (13.3.7) von c dreimal stetig differenzierbar. Man zeige, dass

$$\|\tilde{F}(x^k + \lambda s + \lambda^2 c) - (1 - \lambda) F(x^k)\| = O(\lambda^2 \|s\|^3)$$

gilt.
4. Anstelle der Lösung eines quadratischen Teilproblems in jedem Schritt eines iterativen Lösungsverfahrens für Probleme der Form (P') kann man auch einfachere lineare Teilprobleme betrachten. Man erhält dann eine Klasse von Verfahren, die auf Arbeiten von Zoutendijk (1960) zurückgeht und auch Methode der zulässigen Richtungen genannt wird. Die folgende Aufgabe soll zeigen, dass ein einfacher Zugang zu dieser Klasse von Verfahren sehr ineffizient sein kann. Es wurden zwar Modifikationen vorgeschlagen, die das Verfahren verbessern und stabilisieren, doch auch diese Modifikationen sind nicht zufriedenstellend.
   Wir betrachten als Beispiel das Problem

$$\text{minimiere } f(x) := x_1^2 - x_2 \quad \text{wobei} \quad x \in [-1, 1]^2 \tag{$*$}$$

ausgehend von $x^0 := (1, 0)$. Für $k = 0, 1, 2, \ldots$ lösen wir in jedem Schritt das lineare Programm

$$\text{minimiere } f(x^k) + Df(x^k)s \quad \text{wobei} \quad x^k + s \in [-1, 1]^2, \tag{$**$}$$

dessen Lösung $s = s^k$ wegen $f(x^k + s^k) \approx f(x^k) + Df(x^k)s^k$ eine Näherungslösung für $(*)$ liefert. Die nächste Iterierte x^{k+1} ergibt sich dann mittels einer line search,

$$\lambda_k = \arg\min\{f(x^k + \lambda s^k) \mid x^k + \lambda s \in [-1, 1]^2\}$$

und $x^{k+1} = x^k + \lambda_k s^k$.

Man zeige, dass das obige Verfahren in einer „Zickzacklinie" gegen die Optimallösung $(0, 1)$ konvergiert, und dass die Konvergenzgeschwindigkeit sublinear ist, d. h. umso langsamer wird, je mehr sich die Iterierten der Optimallösung nähern. (Im Gegensatz zu superlinearer Konvergenz!)

Global konvergente Verfahren

14

In diesem Kapitel werden zwei neuere Ansätze vorgestellt, die mit Trust-Region-Verfahren, mit Innere-Punkte-Verfahren, oder mit SQP-Verfahren so kombiniert werden, dass sich global konvergente Verfahren ergeben. Beide Ansätze sind zunächst aus dem Wunsch entstanden, den Maratos-Effekt bei SQP-Verfahren (Kap. 13) zu vermeiden, haben sich aber vom ursprünglichen Konzept des SQP-Verfahrens aus Kap. 13 gelöst, und werden hier separat vorgestellt.

14.1 Trust - Region - Methoden II

Das hier vorgestellte Verfahren ist eine Verallgemeinerung des Trust-Region-Verfahrens aus Abschn. 6.5, die von Yuan [182] angegeben wurde. Anders als in Abschn. 6.5 können wir hier nicht die Konvergenz gegen einen Punkt nachweisen, der die notwendigen Bedingungen zweiter Ordnung für ein lokales Minimum erfüllt, weil wir jetzt mit schwächeren Voraussetzungen als in Abschn. 6.5 arbeiten. So werden wir weder die Regularität der zulässigen Menge fordern noch die Existenz von zweiten Ableitungen.

Wir betrachten wieder Probleme der Form

$$(P') \qquad \min\{f(x) \mid f_i(x) \le 0, \ f_j(x) = 0, \quad 1 \le i \le p < j \le m\}$$

mit $f, f_l \in C^1(\mathbb{R}^n)$ für $1 \le l \le m$, und schreiben

$$\begin{aligned} F(x) &:= \big(f_1(x), f_2(x), \dots, f_m(x)\big)^T, \\ F^+(x) &:= \big(f_1^+(x), \dots, f_p^+(x), \ f_{p+1}(x), \dots, f_m(x)\big)^T \end{aligned} \qquad (14.1.1)$$

mit $f_i^+(x) = \max\{0, \ f_i(x)\}$. Mit dieser Notation lässt sich die Zulässigkeit eines Punktes x für (P') kompakt ausdrücken:

$$x \text{ ist zulässig für } (P') \Longleftrightarrow F^+(x) = 0 \Longleftrightarrow \|F^+(x)\|_\infty = 0.$$

© Springer-Verlag GmbH Deutschland, ein Teil von Springer Nature 2019
F. Jarre und J. Stoer, *Optimierung*, Masterclass,
https://doi.org/10.1007/978-3-662-58855-0_14

Anders als in Abschn. 11.2 fordern wir zunächst nur die stetige Differenzierbarkeit der Funktionen f, f_l, $l = 1, 2, \ldots, m$.

Zu einem Penaltyparameter $\sigma_k > 0$ definieren wir die Penalty-Funktion

$$\Theta_k(x) := \Theta_{\sigma_k}(x) := f(x) + \sigma_k \cdot \left\| F^+(x) \right\|_\infty. \qquad (14.1.2)$$

Für $x^k \in \mathbb{R}^n$ sei weiter $g^k := \nabla f(x^k)$ und $F_k := F(x^k)$ definiert. Zu gegebenem $x = x^k$, einem Trust-Region-Radius $\Delta_k > 0$ und $\sigma_k > 0$ betrachten wir das Trust-Region-Hilfsproblem:

$$\min\left\{ (g^k)^T s + \tfrac{1}{2} s^T B_k s + \sigma_k \left\| (F_k + DF(x^k)s)^+ \right\|_\infty \;\middle|\; \|s\|_\infty \le \Delta_k \right\}. \qquad (14.1.3)$$

Dabei sei $B_k = B_k^T$ eine beliebige symmetrische Matrix. Die Zielfunktion von (14.1.3) bezeichnen wir mit

$$\Phi_k(s) := (g^k)^T s + \tfrac{1}{2} s^T B_k s + \sigma_k \left\| (F_k + DF(x^k)s)^+ \right\|_\infty.$$

Beachte, dass Θ_k in x^k differenzierbar ist, sofern die maximale Komponente von F_k^+ eindeutig ist. In diesem Fall gilt $\nabla \Phi_k(0) = \nabla \Theta_k(x^k)$. Auch für den Fall, dass die maximale Komponente von F_k^+ nicht eindeutig ist, ist $\Phi_k(s)$ in der Nähe von $s = 0$ eine gute Approximation von $\Theta_k(x^k+s)$, so dass in (14.1.3) eine Näherung der Penalty-Funktion Θ_k minimiert wird. Der Strafterm

$$\left\| (F_k + DF(x^k)s)^+ \right\|_\infty \approx \left\| (F(x^k + s))^+ \right\|_\infty$$

in (14.1.3) kontrolliert die Verletzung der Nebenbedingungen.

Wie in den Übungen 14.3 gezeigt wird, lässt sich (14.1.3) für $B_k = 0$ als ein lineares Programm schreiben und sonst als ein quadratisches Programm mit linearen Nebenbedingungen.

Bemerkungen

Für großes σ_k erfüllt die Lösung s von (14.1.3) die Nebenbedingungen des SQP-Hilfsproblems (P_k) aus Abschn. 13.1, sofern letzteres zulässige Punkte s mit $\|s\|_\infty \le \Delta_k$ besitzt. Falls (P_k) zulässige Punkte besitzt, Δ_k und σ_k groß genug und die Matrizen B_k für alle k gleich gewählt werden, so stimmen die Lösungen von (14.1.3) und von (P_k) sogar genau überein. Die hier vorgestellten Verfahren enthalten somit als Spezialfall die in Kap. 13 angesprochenen SQP-Trust-Region-Verfahren.

Mit dem Problem (14.1.3) lässt sich folgender Algorithmus formulieren:

Algorithmus 14.1.4 (Trust-Region-Algorithmus)
Gegeben sei $x^1 \in \mathbb{R}^n$, $\Delta_1 > 0$, $B_1 = B_1^T \in \mathbb{R}^{n \times n}$, $\sigma_1 > 0$, $\delta_1 > 0$.
Setze $k = 1$.

1. *Bestimme eine Lösung s^k von* (14.1.3). *Falls $s^k = 0$ und $F(x^k)^+ = 0$,* STOP: x^k *ist „stationärer Punkt" von (P') (siehe unten Definition 14.1.7).*
2. *Falls $s^k = 0$ setze $r_k = 0$, sonst berechne*

$$r_k := \frac{\Theta_k(x^k) - \Theta_k(x^k + s^k)}{\Phi_k(0) - \Phi_k(s^k)} \quad \left(= \frac{\text{tatsächliche Reduktion}}{\text{vorhergesagte Reduktion}} \right) \tag{14.1.5}$$

Falls $r_k > 0$, GOTO 3).
Andernfalls führe einen Nullschritt *aus, d. h. setze*
$\Delta_{k+1} := \frac{1}{4}\|s^k\|_\infty$, $x^{k+1} := x^k$, $k := k + 1$, GOTO 1).
3. *Setze $x^{k+1} := x^k + s^k$ und*

$$\Delta_{k+1} := \begin{cases} \max\{\Delta_k, 4 \cdot \|s^k\|_\infty\}, & \textit{falls } r_k > 0{,}9, \\ \Delta_k, & \textit{falls } 0{,}1 \le r_k \le 0{,}9, \\ \min\{\frac{1}{4}\Delta_k, \frac{1}{2}\|s^k\|_\infty\}, & \textit{falls } r_k < 0{,}1. \end{cases}$$

Wähle $B_{k+1} = B_{k+1}^T$.
4. *Falls*

$$\Phi_k(0) - \Phi_k(s^k) \le \delta_k \cdot \min\{\Delta_k, \|F_k^+\|_\infty\}, \tag{14.1.6}$$

setze $\sigma_{k+1} := 2\,\sigma_k$ und $\delta_{k+1} := \delta_k/2$,
andernfalls setze $\sigma_{k+1} := \sigma_k$ und $\delta_{k+1} := \delta_k$.
5. *Setze $k := k + 1$,* GOTO 1).

Bemerkung
Beachte, dass in Schritt 4) des Algorithmus 14.1.4 stets gilt $\Phi_k(0) - \Phi_k(s^k) \ge 0$. Die Ungleichung (14.1.6) ist immer dann erfüllt, wenn die Funktion Φ_k sehr wenig reduziert wird. Solche Fälle sind für den Fortschritt des Verfahrens ungünstig. In solchen Fällen wird σ_k vergrößert und δ_k gleichzeitig verkleinert. Die Vergrößerung von σ_k bedeutet, dass bei der Berechnung der Suchschritte mehr Gewicht auf die Einhaltung der Nebenbedingungen gelegt wird. Die Verkleinerung von δ_k impliziert, dass man künftig auch mit einer schwächeren Reduktion von Φ_k „zufrieden" ist. Beachte, dass (14.1.6) immer verletzt ist, wenn $\|F_k^+\|_\infty = 0$ gilt.

Da die Funktion Φ_k für große Werte von σ_k ganz wesentlich von dem linearisierten Term $\|F_k^+\|_\infty$ bestimmt wird, ist (14.1.6) für große σ_k auch dann verletzt, wenn $\|F_k^+\|_\infty > 0$ gilt und es einen Schritt s^k gibt, der die Linearisierung von $\|F_k^+\|_\infty$ um einen kleinen Faktor ($\approx \delta_k/\sigma_k$) reduziert.

Die Änderung von δ_k und σ_k in Schritt 4) korrigiert den Fall, dass das ursprünglich gewählte σ_1 in der Penalty-Funktion Φ_1 zu klein ist, um die Zulässigkeit der Iterierten zu „erzwingen". Wie wir sehen werden bewirkt nämlich Schritt 4), dass σ_k unendlich oft verdoppelt wird, wenn $\|F_k^+\|$ nicht gegen Null konvergiert.

Die Wahl des Trust-Region-Radius Δ_k in den Schritten 2) und 3) ist dagegen so getroffen, dass die Iterierten gegen einen stationären Punkt konvergieren, falls sie innerhalb der zulässigen Menge verlaufen. Für eine genauere Konvergenzanalyse von Algorithmus 14.1.4 seien folgende Definitionen gegeben:

Definition 14.1.7 *Ein Punkt x^* heißt* stationärer Punkt *von (P') genau dann, wenn gilt:*

1. $\|F^+(x^*)\|_\infty = 0$.
2. Falls es ein s gibt mit $Df_k(x^*)s \le 0$ für alle $k \in I(x^*) = \{i \in \{1, \ldots, p\} \mid f_i(x^*) = 0\}$ und $Df_j(x^*)s = 0$ für $p + 1 \le j \le m$, dann ist $Df(x^*)s \ge 0$.

Die Bedingung 2) für s bedeutet, dass die Richtung s entweder eine zulässige Richtung ist, oder „nahezu" zulässig in dem Sinne ist, dass

$$\|F^+(x^* + \varepsilon s)\|_\infty = o(\varepsilon)$$

gilt. Es wird gefordert, dass solche Richtungen s keine strikten Abstiegsrichtungen mit $Df(x^*)s < 0$ für die Zielfunktion f sind. Mit Farkas' Lemma folgt, dass x^* stationär ist, genau dann, wenn x^* ein Kuhn-Tucker-Punkt von (P') ist. Man kann leicht zeigen (s. Übungen), dass x^k ein stationärer Punkt von (P') ist, falls das Verfahren in Schritt 1) abbricht. Da keine Annahmen über zweite Ableitungen gemacht werden, kann man nicht erwarten, dass der Algorithmus 14.1.4 bei Abbruch in Schritt 1) einen Punkt x^k liefert, der weitergehende Eigenschaften als in Definition 14.1.7 besitzt (er muss z. B. nicht einmal die notwendigen Bedingungen 2. Ordnung für ein lokales Minimum von (P') erfüllen).

Definition 14.1.8 *x^* heißt* unzulässiger stationärer Punkt *von (P'), falls*

1. $\|F^+(x^*)\|_\infty > 0$.
2. $\min_{s \in \mathbb{R}^n} \left\| \left(F(x^*) + DF(x^*)s\right)^+ \right\|_\infty = \left\| F^+(x^*) \right\|_\infty$.

In diesem Fall gibt es keine Richtung s, entlang derer sich die Verletzung der linearisierten Nebenbedingungen – gemessen in der ∞-Norm – verbessern lässt. Der Punkt x^* ist dann eine lokale Minimalstelle von $\|F^+\|$ oder zumindest ein stationärer Punkt von $\|F^+\|$.

Definition 14.1.9 *x^* heißt* singulärer stationärer Punkt *von (P'), falls gilt:*

1. $\|F^+(x^*)\|_\infty = 0$.
2. Es gibt eine Folge $\{z^k\}_k \subset \mathbb{R}^n$ mit $\|F^+(z^k)\|_\infty > 0$ und $\lim_{k \to \infty} z^k = x^*$ und

$$\lim_{k \to \infty} \min_{\|s\|_\infty \le \|F^+(z^k)\|_\infty} \frac{\left\| \left(F(z^k) + DF(z^k)s\right)^+ \right\|_\infty}{\|F^+(z^k)\|_\infty} = 1.$$

Hier besitzen die z^k im Grenzfall ähnliche Eigenschaften wie in Definition 14.1.8; sie verletzen die Nebenbedingungen und diese Verletzung lässt sich lokal mit wachsendem k immer weniger verbessern. In den Übungen 14.3 soll gezeigt werden, dass in diesem Fall in x^* die Gradienten der aktiven Indizes linear abhängig sind.

Die Punkte x^* aus den Definitionen 14.1.7 bis 14.1.9 stellen sich als mögliche Kandidaten für Häufungspunkte der x^k aus Algorithmus 14.1.4 heraus.

Die Konvergenzresultate in diesem Kapitel sind insofern besser als die Ergebnisse in den Kap. 10–13, weil hier keine Regularitätsbedingungen gefordert werden. Wir nehmen lediglich an, dass folgende Voraussetzung erfüllt ist:

Voraussetzung 14.1.10

1. *$f, f_l \in C^1(\mathbb{R}^n)$ für $1 \le l \le m$.*
2. *Die Folgen $\{x^k\}_k$ und $\{B_k\}_k$ sind beschränkt.*

Im Rest dieses Kapitels wollen wir die Konvergenz von Algorithmus 14.1.4 in mehreren Schritten untersuchen. Wir zeigen zunächst, dass $\left\| F^+(x^k) \right\|_\infty$ für $k \to \infty$ konvergiert. Anschließend unterscheiden wir die Fälle, dass $\sigma_k \to \infty$ und dass σ_k beschränkt bleibt. Im ersten Fall liegt stets Konvergenz gegen einen unzulässigen oder singulären stationären Punkt vor, im zweiten Fall stets Konvergenz gegen einen stationären Punkt.

Lemma 14.1.11 *Falls Voraussetzung 14.1.10 erfüllt ist und* $\lim_{k\to\infty} \sigma_k = \infty$, *so existiert*

$$\lim_{k\to\infty} \left\| F^+(x^k) \right\|_\infty < \infty.$$

Beweis Wir betrachten die Iterationen, in denen σ_k in Schritt 4) des Algorithmus 14.1.4 verdoppelt wird. Dazu sei die Folge $\{k(l)\}_l$ von Iterationsindizes so definiert, dass $k(1) < k(2) < k(3) < \cdots$ und

$$\sigma_{k(1)} < \sigma_{k(2)} = 2 \cdot \sigma_{k(1)} < \sigma_{k(3)} = 2 \cdot \sigma_{k(2)} < \cdots \tag{14.1.12}$$

sowie

$$\sigma_l = \sigma_{k(i)} < \sigma_{k(i+1)} \quad \text{für} \quad l \in \{k(i), k(i)+1, \ldots, k(i+1)-1\}. \tag{14.1.13}$$

Seien $1 \le \bar{k} < \hat{k}$ beliebig mit $\sigma_{\bar{k}} < \sigma_{\hat{k}}$. Dann gibt es Indizes $\bar{\imath}$ und $\hat{\imath}$ mit

$$\sigma_{\bar{k}} = \sigma_{k(\bar{\imath})} < \sigma_{k(\bar{\imath}+1)} \le \sigma_{k(\hat{\imath})} = \sigma_{\hat{k}}.$$

Wegen Schritt 2) und 3) des Algorithmus ist

$$0 \le \sum_{l=\bar{k}}^{\hat{k}-1} \frac{1}{\sigma_l}\left(\Theta_l(x^l) - \Theta_l(x^{l+1})\right)$$

$$= \frac{1}{\sigma_{\bar{k}}}\left(f(x^{\bar{k}}) - f(x^{k(\bar{i}+1)})\right) + \sum_{i=\bar{i}+1}^{\hat{i}-1} \frac{1}{\sigma_{k(i)}}\left(f(x^{k(i)}) - f(x^{k(i+1)})\right)$$

$$+ \frac{1}{\sigma_{\hat{k}}}\left(f(x^{k(\hat{i})}) - f(x^{\hat{k}})\right) + \left\|F^+(x^{\bar{k}})\right\|_\infty - \left\|F^+(x^{\hat{k}})\right\|_\infty.$$

Der Fall $\sigma_{\bar{k}} = \sigma_{\hat{k}}$ fügt sich in obige Formel mit ein. Da $\{x^k\}_k$ beschränkt ist, ist $|f(x^k)| \le M$ für alle k. Es folgt wegen (14.1.12) und (14.1.13)

$$0 \le \frac{1}{\sigma_{\bar{k}}} \cdot 2M + \sum_{i=\bar{i}+1}^{\hat{i}-1} \frac{1}{\sigma_{k(i)}} \cdot 2M + \frac{1}{\sigma_{\hat{k}}} \cdot 2M + \left\|F^+(x^{\bar{k}})\right\|_\infty - \left\|F^+(x^{\hat{k}})\right\|_\infty$$

$$= \frac{1}{\sigma_{\bar{k}}} \cdot \sum_{i=0}^{\hat{i}-\bar{i}} \frac{1}{2^i} \cdot 2M + \left\|F^+(x^{\bar{k}})\right\|_\infty - \left\|F^+(x^{\hat{k}})\right\|_\infty.$$

Da für jedes $\hat{i} \ge \bar{i}$ die Summe $\sum_{i=0}^{\hat{i}-\bar{i}} \frac{1}{2^i} \le 2$ ist, folgt

$$\left\|F^+(x^{\hat{k}})\right\|_\infty - \left\|F^+(x^{\bar{k}})\right\|_\infty \le \frac{4M}{\sigma_{\bar{k}}} \quad \text{für alle} \quad 1 \le \bar{k} < \hat{k}.$$

Mit $\lim_{\bar{k}\to\infty} \sigma_{\bar{k}} = \infty$ folgt

$$\limsup_{\substack{\hat{k}\to\infty \\ \hat{k}>\bar{k}}}\left(\left\|F^+(x^{\hat{k}})\right\|_\infty - \left\|F^+(x^{\bar{k}})\right\|_\infty\right) \le 0.$$

Dies ist eine „abgeschwächte" Monotonie von $\{\|F^+(x^k)\|_\infty\}_k$. Außerdem ist $\{\|F^+(x^k)\|_\infty\}_k$ beschränkt, da x^k beschränkt ist. Daraus folgt nach dem Satz von Bolzano-Weierstraß die Konvergenz von $\|F^+(x^k)\|_\infty$. □

Lemma 14.1.14 *Die Funktion* $\tilde{\varphi}(t) := \|(a + t \cdot b)^+\|_\infty$, $t \in \mathbb{R}$, *ist für feste* $a, b \in \mathbb{R}^n$ *konvex.*

Beweis Für $0 \le \lambda \le 1$ ist

$$\lambda \cdot \tilde{\varphi}(t_1) + (1 - \lambda) \cdot \tilde{\varphi}(t_2) = \lambda \cdot \left\| (a + t_1 b)^+ \right\|_\infty + (1 - \lambda) \left\| (a + t_2 b)^+ \right\|_\infty$$

$$= \left\| \lambda \cdot (a + t_1 b)^+ \right\|_\infty + \left\| (1 - \lambda)(a + t_2 b)^+ \right\|_\infty$$

$$\geq \left\| \lambda \cdot (a + t_1 b)^+ + (1 - \lambda)(a + t_2 b)^+ \right\|_\infty$$

$$= \left\| \left(\lambda \cdot (a + t_1 b) \right)^+ + \left((1 - \lambda)(a + t_2 b) \right)^+ \right\|_\infty$$

$$\geq \left\| \left(\lambda \cdot (a + t_1 b) + (1 - \lambda)(a + t_2 b) \right)^+ \right\|_\infty$$

$$= \left\| \left(a + \left(\lambda t_1 + (1 - \lambda) t_2 \right) b \right)^+ \right\|_\infty$$

$$= \tilde{\varphi} \left(\lambda t_1 + (1 - \lambda) t_2 \right). \qquad \square$$

Lemma 14.1.15 *Unter der Voraussetzung 14.1.10 gilt:*

1. *Falls* $\lim_{k \to \infty} \sigma_k = \infty$ *und* $\lim_{k \to \infty} \| F^+(x^k) \|_\infty > 0$, *so besitzt die Folge* $\{x^k\}_k$ *einen unzulässigen stationären Punkt als Häufungspunkt.* [*Dies ist z. B. dann der Fall, wenn* (P') *keine zulässige Lösung besitzt.*]
2. *Falls* $\lim_{k \to \infty} \sigma_k = \infty$ *und* $\lim_{k \to \infty} \| F^+(x^k) \|_\infty = 0$, *so besitzt die Folge* $\{x^k\}_k$ *einen singulären stationären Punkt als Häufungspunkt.*

Beweis Wir betrachten den Fall $\lim_{k \to \infty} \| F^+(x^k) \|_\infty > 0$. Da die $\{x^k\}_k$ beschränkt sind, ist die Menge

$$\Omega := \Omega_{k_0} := \overline{\{x^k \mid k \geq k_0\}}$$

kompakt. Wir treffen die Widerspruchsannahme, dass $\{x^k\}_k$ keinen unzulässigen stationären Punkt als Häufungspunkt besitzt. Dann gibt es ein $k_0 > 0$, so dass $\Omega = \Omega_{k_0}$ keinen unzulässigen stationären Punkt enthält und dass

$$\left\| F^+(x) \right\|_\infty > 0$$

für $x \in \Omega$. Aus Definition 14.1.8 folgt: Für $x \in \Omega$ ist

$$\min_{\|s\|_\infty \leq 1} \left\| \left(F(x) + DF(x)s \right)^+ \right\|_\infty = \left\| \left(F(x) \right)^+ \right\|_\infty - \mu_x \qquad (14.1.16)$$

mit $\mu_x > 0$. Da die Abbildungen

$$x \mapsto \min_{\|s\|_\infty \leq 1} \left\| \left(F(x) + DF(x)s \right)^+ \right\|_\infty.$$

und

$$x \mapsto \left\| F^+(x) \right\|_\infty$$

stetig sind und Ω kompakt ist (siehe auch die Übungen 14.3), ist

$$\bar{\mu} := \min_{x \in \Omega} \mu_x > 0.$$

Sei s_x der Minimierer von (14.1.16). Nach Definition von s^k ist

$$\Phi_k(0) - \Phi_k(s^k) \geq \Phi_k(0) - \Phi_k\left(s_{x^k} \cdot \min\left\{1, \frac{\Delta_k}{\|s_{x^k}\|_\infty}\right\}\right).$$

Mit

$$\tilde{s}^k := s_{x^k} \cdot \tilde{t} \quad \text{und} \quad \tilde{t} := \min\left\{1, \frac{\Delta_k}{\|s_{x^k}\|_\infty}\right\}$$

ist

$$\begin{aligned}
\Phi_k(0) - \Phi_k(s^k) &\geq \Phi_k(0) - \Phi_k(\tilde{s}^k) \\
&= -(g^k)^T \tilde{s}^k - \tfrac{1}{2}(\tilde{s}^k)^T B_k \tilde{s}^k \\
&\quad + \sigma_k\left(\left\|F^+(x^k)\right\|_\infty - \left\|(F(x^k) + DF(x^k)\tilde{s}^k)^+\right\|_\infty\right).
\end{aligned}$$

Der letzte Term dieser Ungleichung soll weiter abgeschätzt werden. Er stimmt mit dem Wert der Funktion

$$\varphi(t) := \left\|F^+(x^k)\right\|_\infty - \left\|(F(x^k) + t\, DF(x^k)s_{x^k})^+\right\|_\infty$$

an der Stelle $\tilde{t}$ überein. Dabei ist φ nach Lemma 14.1.14 konkav mit $\varphi(0) = 0$. Wegen $0 < \tilde{t} \leq 1$ ist daher $\varphi(\tilde{t}) \geq \tilde{t} \cdot \varphi(1)$. Weiter ist

$$\varphi(1) = \left\|F^+(x^k)\right\|_\infty - \left\|(F(x^k) + DF(x^k)s_{x^k})^+\right\|_\infty = \mu_{x^k} \geq \bar{\mu}.$$

Wegen

$$\Delta_j \leq \max\left\{\Delta_{j-1}, 4\|x^{j+1} - x^j\|_\infty\right\}$$

und der Beschränktheit von $(x^j)_j$ gibt es ein $M > 0$ mit $\Delta_j \leq M$ für alle j. Damit und mit $\|s_{x^k}\|_\infty \leq 1$ folgt

$$\tilde{t} \geq \min\{1; \Delta_k\} \geq \frac{\Delta_k}{M}. \tag{14.1.17}$$

Wir erhalten

$$\left\|F^+(x^k)\right\|_\infty - \left\|(F(x^k) + DF(x^k)\tilde{s}^k)^+\right\|_\infty = \varphi(\tilde{t}) \geq \tilde{t} \cdot \bar{\mu}.$$

Aus der Beschränktheit der $\|g^k\|$ und $\|B_k\|$ folgt mit der unteren Schranke (14.1.17) an $\tilde{t}$ und mit $\bar{\bar{\mu}} := \dfrac{\bar{\mu}}{M} > 0$ für große k die Abschätzung:

$$\Phi_k(0) - \Phi_k(s^k) \geq \sigma_k \Delta_k \bar{\bar{\mu}} + O(\Delta_k) \geq \tfrac{1}{2}\sigma_k \Delta_k \bar{\bar{\mu}}.$$

Dabei wurde in der letzten Ungleichung die Voraussetzung $\lim_{k \to \infty} \sigma_k = \infty$ benutzt. Daraus folgt, dass (14.1.6) für große k stets verletzt wird und somit bleibt σ_k für alle großen k konstant. Dies liefert den gesuchten Widerspruch.

Die Diskussion des Falls, in dem $\|F^+(x^k)\|_\infty$ gegen Null konvergiert und $\sigma_k \to \infty$, folgt mit ähnlichen Argumenten (Übung 14.3). $\qquad \square$

Satz 14.1.18 *Falls die Folge $\{\sigma_k\}_k$ beschränkt ist, so ist einer der Punkte x^k stationärer Punkt für (P') oder die Folge $\{x^k\}_k$ besitzt einen Häufungspunkt, der für (P') stationär ist.*

Beweis Wir nehmen an, der Algorithmus erzeuge eine unendliche Folge von x^k und hält nicht in Schritt 1) mit einem stationären Punkt. Die σ_k werden dabei nur endlich oft verdoppelt. Ignoriert man diese ersten Iterationen, so kann o.B.d.A. $\sigma_k \equiv \sigma$ und $\delta_k \equiv \delta$ angenommen werden.
Wir setzen

$$\Omega := \left\{ y \in \overline{\{x^k \mid k \geq 1\}} \;\middle|\; F^+(y) = 0 \right\}.$$

Für $\bar{x} \in \Omega$ setze

$$\bar{\Phi}(s) := Df(\bar{x})s + \tfrac{1}{2}M\|s\|_2^2 + \sigma \left\| \left(F(\bar{x}) + DF(\bar{x})s \right)^+ \right\|_\infty,$$

wobei M so gewählt sei, dass $\|B_k\|_2 \leq M$ für alle k.

Annahme: In Ω gibt es keinen stationären Punkt für (P'). Für $\bar{x} \in \Omega$ ist dann wegen $F^+(\bar{x}) = 0$

$$\min_{\|s\|_\infty \leq 1} \left(\bar{\Phi}(s) - \bar{\Phi}(0) \right) = -\bar{\eta} \tag{14.1.19}$$

für ein geeignetes $\bar{\eta} > 0$. Aus der Kompaktheit von Ω folgt wie im Beweis von Lemma 14.1.15, dass $\bar{\eta}$ unabhängig von $\bar{x} \in \Omega$ gewählt werden kann. Für x^k sei

$$\Psi_k(s) := (g^k)^T s + \tfrac{1}{2}M\|s\|_2^2 + \sigma \cdot \left\| \left(F_k + DF(x^k)s \right)^+ \right\|_\infty.$$

(Hier wird die Matrix B_k aus der Definition von Φ_k durch $M \cdot I$ ersetzt, wobei I die Einheitsmatrix ist.) Wegen $\Phi_k(s) \leq \Psi_k(s)$ gilt mit $\Psi_k(0) = \Phi_k(0)$:

$$\min_{\|s\|_\infty \leq \Delta_k} \left(\Phi_k(s) - \Phi_k(0) \right) \leq \min_{\|s\|_\infty \leq \Delta_k} \left(\Psi_k(s) - \Psi_k(0) \right) \tag{14.1.20}$$

$$\leq \min_{\|s\|_\infty \leq 1} \left(\Psi_k(s) - \Psi_k(0) \right) \cdot \min\{\Delta_k, 1\}.$$

Die letzte Ungleichung folgt mit Fallunterscheidung ($\Delta_k \geq 1$ und $\Delta_k < 1$) und da $\Psi(\lambda s)$ nach Lemma 14.1.14 konvex in λ ist. Wegen der Kompaktheit von Ω, und der gleichmäßigen Stetigkeit von Df und DF auf kompakten Mengen, gibt es ein $\bar{\mu} > 0$, so dass für jedes x^k mit Abstand $\text{dist}(x^k, \Omega) \leq \bar{\mu}$ ein $\bar{x} \in \Omega$ existiert mit

$$\left| \Psi_k(s) - \bar{\Phi}(s) \right| \leq \frac{\bar{\eta}}{2} \quad \text{für alle} \quad s \in \mathbb{R}^n \quad \text{mit} \quad \|s\|_\infty \leq 1, \tag{14.1.21}$$

d. h.

$$
\left| Df(x^k)s + \frac{M}{2}\|s\|_2^2 + \sigma \left\| \left(F(x^k) + DF(x^k)s\right)^+\right\|_\infty \right.
$$
$$
\left. - \left(Df(\bar{x})s + \frac{M}{2}\|s\|_2^2 + \sigma \left\|\left(F(\bar{x}) + DF(\bar{x})\right)^+\right\|_\infty\right) \right| \le \tfrac{1}{2}\bar{\eta}
$$

für $\|s\|_\infty \le 1$ (siehe Übungen 14.3). Falls $\mathrm{dist}(x^k, \Omega) \le \bar{\mu}$, so ist

$$
\min_{\|s\|_\infty \le \Delta_k} \left(\Phi_k(s) - \Phi_k(0)\right) \le \min_{\|s\|_\infty \le 1} \left(\Psi_k(s) - \Psi_k(0)\right) \cdot \min\{\Delta_k, 1\} \qquad (14.1.22)
$$
$$
\le \min_{\|s\|_\infty \le 1} \left(\bar{\Phi}(s) - \bar{\Phi}(0) + \frac{\bar{\eta}}{2}\right) \cdot \min\{\Delta_k, 1\}
$$
$$
\le -\tfrac{1}{2}\bar{\eta} \cdot \min\{\Delta_k, 1\}
$$
$$
\le -\bar{\delta} \cdot \Delta_k
$$

für ein kleines $\bar{\delta} > 0$. In der letzten Ungleichung nutzen wir wieder wie in (14.1.17) die Schlussfolgerung, dass $\{\Delta_k\}_k$ beschränkt ist, so dass es eine Zahl $\tilde{M} > 0$ gibt mit $\Delta_k \le \tilde{M}$ für alle $k \in \mathbb{N}$. Somit gilt $\min\{1, \Delta_k\} \ge \Delta_k/\tilde{M}$.

Für k mit $\mathrm{dist}(x^k, \Omega) > \bar{\mu}$ ist $\|F^+(x^k)\|_\infty \ge \hat{\delta}$ für ein festes $\hat{\delta} > 0$, da $\|F^+(x)\|_\infty$ auf der kompakten Menge

$$
\overline{\left\{x^k \mid \mathrm{dist}(x^k, \Omega) \ge \bar{\mu}\right\}}
$$

stetig und größer als Null ist. Nach Definition von $\tilde{M}$ folgt auch $\|F^+(x^k)\|_\infty \ge \Delta_k \hat{\delta}/\tilde{M}$. Wegen Schritt 4) des Verfahrens folgt aus (14.1.6) für diese k

$$
\Phi_k(s^k) - \Phi_k(0) \le -\delta \min\left\{\Delta_k, \|F^+(x^k)\|_\infty\right\}
$$
$$
\le -\delta\hat{\delta} \cdot \frac{\Delta_k}{\tilde{M} + \hat{\delta}} = \bar{\bar{\delta}} \cdot \Delta_k \quad \text{mit } \bar{\bar{\delta}} > 0.
$$

Es ist also für alle $k \in \mathbb{N}$

$$
\Phi_k(0) - \Phi_k(s^k) \ge \tilde{\delta} \cdot \Delta_k \qquad\qquad (14.1.23)
$$

für ein $\tilde{\delta} > 0$, z. B. $\tilde{\delta} := \min\{\bar{\delta}, \bar{\bar{\delta}}\}$.

Sei $\mathcal{K} := \{k \mid r_k \ge 0,1\}$. Es gilt dann

$$
\infty > \sum_{k=1}^\infty \left(\Theta_\sigma(x^k) - \Theta_\sigma(x^{k+1})\right)
$$
$$
\ge \sum_{k \in \mathcal{K}} \left(\Theta_\sigma(x^k) - \Theta_\sigma(x^{k+1})\right)
$$
$$
\ge 0,1 \cdot \sum_{k \in \mathcal{K}} \left(\Phi_k(0) - \Phi_k(s^k)\right)
$$
$$
\ge 0,1 \cdot \tilde{\delta} \cdot \sum_{k \in \mathcal{K}} \Delta_k.
$$

Also ist $\sum_{k \in \mathcal{K}} \Delta_k < \infty$. Sei $\mathcal{K} = \{k_1, k_2, \ldots\}$, dann ist für $i \in \mathbb{N}$

$$\sum_{j=k_i}^{k_{i+1}-1} \Delta_j \le \sum_{j=k_i}^{k_{i+1}-1} \Delta_{k_i} \cdot \frac{1}{4^{j-k_i}} \le \Delta_{k_i} \sum_{j=0}^{\infty} \frac{1}{4^j} = \frac{4}{3} \Delta_{k_i}.$$

Die Summe aller Δ_k ist daher höchstens $4/3$ mal so groß wie die Summe der Δ_k für $k \in \mathcal{K}$. So folgt auch, dass $\sum_{k=1}^{\infty} \Delta_k < \infty$ und somit ist $\{\Delta_k\}_k$ eine Nullfolge.

Aus der Linearisierung folgt für $\|s^k\|_\infty \le \Delta_k$ und für große k, dass

$$\Theta_\sigma(x^k) - \Theta_\sigma(x^k + s^k) = \Phi_k(0) - \Phi_k(s^k) + o(\Delta_k)$$

mit $\Phi_k(0) - \Phi_k(s^k) \ge \tilde{\delta} \cdot \Delta_k$ wegen (14.1.23).

Daraus folgt

$$r_k = 1 + \frac{o(\Delta_k)}{\tilde{\delta} \Delta_k} \longrightarrow 1 \quad \text{für } k \to \infty.$$

Also ist $r_k > 0{,}1$ für großes k, z. B. für $k \ge k_0$ mit passendem k_0. Dies impliziert $\Delta_k \ge \Delta_{k_0} > 0$ für alle $k \ge k_0$, und somit $\sum_{k=1}^{\infty} \Delta_k = \infty$, was schließlich den gesuchten Widerspruch leistet. $\qquad\square$

Bemerkung

In den Konvergenzaussagen wurde stets vorausgesetzt, dass die Folge der x^k beschränkt ist. Wenn der Algorithmus 14.1.4 dann nicht nach endlich vielen Schritten abbricht, so erzeugt er eine Folge von Iterierten, die entweder einen stationären Punkt für (P'), einen unzulässigen stationären Punkt für (P') oder einen singulären stationären Punkt für (P') als Häufungspunkt besitzt. Da die nichtrestringierte Minimierung ein ganz einfacher Spezialfall von (P') ist, kann das Konvergenzresultat im Allgemeinen nicht stärker sein, man denke z. B. an die Spiralfunktion aus Abschn. 6.2.2.

Wie eingangs erwähnt, bilden die SQP-Verfahren aus Kap. 13 einen Spezialfall der hier vorgestellten Trust-Region-Verfahren. Insbesondere gelten für diesen Spezialfall die Ergebnisse der raschen lokalen Konvergenz aus Kap. 13. Da die Trust-Region-Verfahren aus diesem Abschnitt so wie die SQP-Verfahren mit einer Straffunktion (14.1.2) arbeiten, ist auch hier ein Auftreten des Maratos-Effekts möglich. Zu dessen Vermeidung werden auch hier die in Kap. 13 angesprochenen Korrekturterme zweiter Ordnung verwendet.

14.2 Filter-Verfahren

Der von Fletcher und Leyffer [50] vorgeschlagene Filter-Ansatz ist ebenfalls ein iteratives Verfahren zum Lösen von Problemen der Form (P'), d. h. von

$$\min\{f(x) \mid f_i(x) \le 0 \text{ für } 1 \le i \le p, \ f_j(x) = 0, \text{ für } p < j \le m\}.$$

Der Filter-Ansatz löst sich von dem Konzept der Straffunktion (Θ_r in Kap. 13 bzw. Θ_k in (14.1.2)) und kontrolliert den Fortschritt von Iterierten x^k mit Hilfe eines sogenannten Filters. Dabei können die Iterierten x^k mit verschiedenen Methoden erzeugt werden; sie können z. B. das Ergebnis eines Schrittes eines SQP-Verfahren, eines Innere-Punkte-Verfahren oder eines Trust-Region-Verfahren aus dem letzten Abschnitt sein. Wir bezeichnen die Methode, die zur Erzeugung der x^k benutzt wird, als „Basismethode", auf der der Filter-Ansatz aufbaut.

Zur Definition des Filters sei an die Funktion $F^+\colon \mathbb{R}^n \to \mathbb{R}^m$ aus (14.1.1) mit den Komponenten

$$f_l^+(x) := \begin{cases} \max\{0, f_l(x)\}, & \text{falls } l \le p, \\ f_l(x), & \text{falls } p+1 \le l \le m, \end{cases}$$

erinnert, für die $h(x) := \|F^+(x)\|_1$ die Verletzung der Nebenbedingungen misst. Die Wahl der Norm in der Definition von h kann dabei von der Basismethode abhängen. Ein Lösungsverfahren für (P') muss die beiden in Konflikt stehenden Kriterien $f(x)$ und $h(x)$ berücksichtigen. Diese beiden Funktionen sind simultan zu minimieren, wobei die Minimierung von h Vorrang hat, da $h(x) = 0$ notwendige Bedingung für eine Optimallösung von (P') ist.

Ein Filter $\mathcal{F} = \mathcal{F}_k$ ist eine Sammlung $\{(h^l, f^l)\}_{l \in L_k \subset \{1,2,\ldots,k\}}$ von Punkten in $\mathbb{R}^2$, die in früheren Iterationen als Werte $h^l = h(x^l)$ und $f^l = f(x^l)$ aufgetreten sind. Ein Punkt $(f,h) = (f(x), h(x))$ wird von einem Eintrag $(h^l, f^l) = (h(x^l), f(x^l))$ des Filters *dominiert*, falls sowohl $f(x) \ge f(x^l)$ als auch $h(x) \ge h(x^l)$ gilt, d. h. falls weder der Zielfunktionswert $f(x)$ noch die Verletzung der Nebenbedingungen $h(x)$ eine Verbesserung gegenüber f^l und h^l sind. Wir sagen dann auch: x wird von x^l dominiert. Falls nun eine Basismethode mit guten lokalen Konvergenzeigenschaften ausgehend von einer aktuellen Iterierten x^k einen neuen Punkt x erzeugt, so wird zunächst geprüft, ob x als neue Iterierte x^{k+1} akzeptiert wird. Falls x von einer früheren Iterierten x^l mit $l \in L_k$ dominiert wird, so wird x verworfen und ein neuer Kandidat x' für x^{k+1} erzeugt. Falls als Basismethode z. B. das Trust-Region-Verfahren aus Abschn. 14.1 gewählt wird, so könnte man etwa x' aus dem Startwert x^k mit verkleinertem Trust-Region-Radius Δ_k bzw. vergrößertem Penaltyparameter σ_k berechnen. Um einen gewissen „Mindestfortschritt" der neuen Iterierten x^{k+1} gegenüber dem aktuellen Filter $\mathcal{F}_k$ zu garantieren, wird die Forderung, dass x^{k+1} nicht dominiert werde, sogar noch etwas verschärft. Dazu werden zwei Größen $0 < \gamma < \beta < 1$ definiert, z. B. $\gamma = 0{,}01$ und $\beta = 0{,}99$. Ein Punkt x wird dann von dem Filter $\mathcal{F}_k$ *akzeptiert*, falls für jedes $l \in L_k$

$$\text{entweder} \quad h(x) \le \beta h^l \quad \text{oder} \quad f(x) + \gamma h(x) \le f^l$$

gilt. Da der angestrebte Optimalwert f^* nicht bekannt ist, wird hier die geforderte Mindestverbesserung von $f(x)$ in Abhängigkeit von $h(x)$ festgelegt. Falls x von $\mathcal{F}_k$ akzeptiert wird, setzt man $x^{k+1} = x$ und bildet $\mathcal{F}_{k+1}$, indem man $(h^{k+1}, f^{k+1}) = (h(x^{k+1}), f(x^{k+1}))$ gegebenenfalls mit in den Filter aufnimmt. Wird (h^{k+1}, f^{k+1}) in $\mathcal{F}_{k+1}$ aufgenommen, so können die Einträge (h^l, f^l) aus $\mathcal{F}_k$, die von dem neuen Eintrag (h^{k+1}, f^{k+1}) dominiert werden, aus $\mathcal{F}_{k+1}$ gelöscht werden.

Ein Filter $\mathcal{F}$ mit vier Einträgen ist in der Abb. 14.1 dargestellt. Die Filterpunkte sind fett markiert. Die Punkte in der schraffierten Menge rechts oberhalb der ausgezogenen Treppenlinie werden von $\mathcal{F}$ dominiert, die grau schattierten Punkte links unterhalb der gestrichelten Treppenlinie mit $h \geq 0$ werden vom Filter akzeptiert. Zur Verdeutlichung ist Abb. 14.1 mit einem Wert von $\gamma \approx 0{,}2$ und $\beta \approx 0{,}8$ skizziert; in Implementierungen werden deutlich kleinere Werte von γ und $1 - \beta$ verwendet.

Die Motivation für diesen Filter-Ansatz liegt darin, dass viele Verfahren, welche z.B. Iterierte x^k entlang eines gekrümmten Randes der zulässigen Menge erzeugen, fast immer nichtmonotone Werte $h^k = h(x^k)$ generieren, auch wenn h^k gegen Null strebt. Die Kontrolle der Iterierten an Hand einer Straffunktion Θ_r wie in Kap. 13 ist in solchen Fällen oft zu restriktiv. Denn dabei werden Iterierte „abgelehnt", die den Wert der Straffunktion vergrößern, auch wenn sie sehr nahe bei der Optimallösung liegen sollten. Dies führt zu dem besagten Maratos-Effekt (s. Kap. 13). Der Filter akzeptiert in der Regel weitaus mehr Punkte und orientiert sich bei der Auswahl der akzeptierten Punkte nicht an einem – oft willkürlich gewählten – Strafparameter, sondern an den zuvor bereits erzeugten Iterierten. Die fehlende

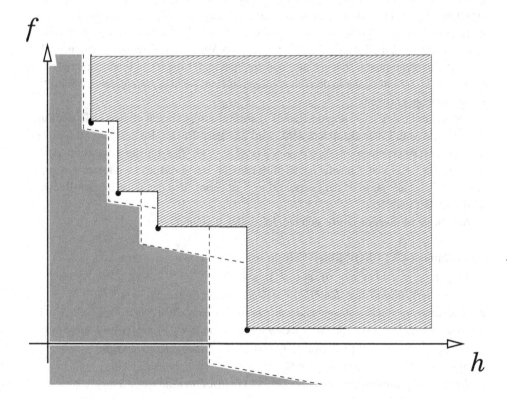

Abb. 14.1 Filter mit vier Einträgen

Monotonie der von den Filter-Verfahren erzeugten Iterierten hat sich in Implementierungen
(s. z. B. [50]) als vorteilhaft erwiesen.

Der Filteransatz wurde in [171] auch auf Innere-Punkte-Verfahren als Basismethode
übertragen und in [71] als allgemeines Konzept analysiert, ohne konkreten Bezug auf eine
spezielle Basismethode. Wir beschreiben einen Ansatz aus [52].

Als Basismethode wird ein Trust-Region-SQP-Verfahren gewählt, das Unterprobleme
der Form

$$(P_{x^k, \Delta}) \qquad \begin{aligned} &\text{minimiere} \quad \nabla f(x^k)^T s + \tfrac{1}{2} s^T B_k s \\ &\text{wobei} \quad f_i(x^k) + Df_i(x^k)s \leq 0 \quad \text{für} \quad 1 \leq i \leq p, \\ &\qquad\quad f_j(x^k) + Df_j(x^k)s = 0 \quad \text{für} \quad p+1 \leq j \leq m, \\ &\qquad\quad \|s\|_\infty \leq \Delta. \end{aligned}$$

löst. Falls dabei ein Problem $(P_{x^k, \Delta})$ auftritt, das keine zulässigen Punkte besitzt, so wird
eine sogenannte „Zulässigkeitsrestaurierung" vorgenommen, in der $h(x)$ minimiert wird,
ohne Berücksichtigung von $f(x)$. Eine Restaurierungsphase wird beendet, sobald ein Punkt
x gefunden ist, der vom Filter akzeptiert wird, und für den das Programm $(P_{x^k, \Delta})$ mit
ausreichend großem Δ zulässige Punkte besitzt. Damit das Abbruchkriterium der Restaurierungsphase auch stets durch eine ausreichend genaue Minimierung von h erreichbar ist,
werden nicht alle Einträge (h^k, f^k), die im Lauf des Verfahrens akzeptiert werden, auch in
den Filter aufgenommen, sondern nur manche Punkte, für die $h^k > 0$ ist. Und zwar wird
ein Punkt (h^k, f^k) nur dann in den Filter aufgenommen, wenn der *nachfolgende* Schritt ein
Restaurierungsschritt ist.

Die Kontrolle des Trust-Region-Radius Δ wird wie folgt vorgenommen. Falls der Punkt
$x^k + s$ nicht vom Filter akzeptiert wird, wird der Trust-Region-Radius halbiert. Falls die
quadratische Approximation $\Delta q := -\nabla f(x^k)^T s - \tfrac{1}{2} s^T B_k s$ für die Reduktion $\Delta f :=
f(x^k) - f(x^k + s)$ von f positiv ist, so prüft man, ob $\Delta f < \sigma \Delta q$ für ein festes $\sigma \in (0, 1)$,
z. B. $\sigma = 0,1$. Falls ja, so ist der Fortschritt in f zu gering, und der Trust-Region-Radius Δ
wird ebenfalls halbiert.

Aus dieser Motivation ergibt sich nun folgendes Verfahren:

Algorithmus 14.2.1 (SQP-Filter-Verfahren)

1. *Eingabe x, $u > h(x)$, $\sigma \in (0, 1)$ und $\Delta_0 > 0$.*
   Setze $k = 1$, initialisiere den Filter mit dem einzigen Eintrag $(u, -\infty)$.
2. *Restaurierungsschritt: Ausgehend von x bestimme man einen Punkt $\tilde{x}$ und ein $\tilde{\Delta} \geq \Delta_0$,
   so dass $(h(\tilde{x}), f(\tilde{x}))$ vom Filter akzeptiert wird und $(P_{\tilde{x}, \tilde{\Delta}})$ zulässige Punkte besitzt.
   Setze $x^k := \tilde{x}$, $(h^k, f^k) := (h(x^k), f(x^k))$, $\Delta := \tilde{\Delta}$ und gehe zu Schritt 3.*
3. *SQP-Schritt: Versuche $(P_{x^k, \Delta})$ zu lösen.*
   *Falls $(P_{x^k, \Delta})$ unzulässig ist, nehme (h^k, f^k) in den Filter auf, setze $x = x^k$, $k := k + 1$
   und gehe zu Schritt 2.*
   Falls $(P_{x^k, \Delta})$ eine Lösung s besitzt, gehe zu Schritt 4.
4. *Falls $s = 0$, STOP, x^k ist stationärer Punkt von (P').*

5. *Falls $x^k + s$ vom erweiterten Filter $\hat{\mathcal{F}} := \mathcal{F}_k \cup \{(h^k, f^k)\}$ akzeptiert wird, gehe zu Schritt 6.*
   Sonst setze $\Delta = \Delta/2$ und gehe zu Schritt 3.
6. *Setze $\Delta q = -\nabla f(x^k)^T s - \frac{1}{2} s^T B_k s$ und $\Delta f := f(x^k) - f(x^k + s)$.*
   Falls $\Delta f < \sigma \Delta q$ und $\Delta q > 0$, setze $\Delta = \Delta/2$ und gehe zu Schritt 3.
   Sonst gehe zu Schritt 7.
7. *Falls $\Delta q \leq 0$, so nehme (h^k, f^k) in den Filter auf.*
8. *Setze $x^{k+1} = x^k + s$, $k := k + 1$, initialisiere $\Delta \geq \Delta_0$ und gehe zu Schritt 3.*

Bemerkungen

- Die Initialisierung des Filters mit $(u, -\infty)$ bedeutet, dass Iterierte x, die die Zulässigkeitsforderung $h(x) = 0$ um mehr als u verletzen, nicht angenommen werden, egal wie klein $f(x)$ sein sollte.
- Die Minimierung von $h(x)$ in Schritt 2 kann durch ein beliebiges Verfahren erfolgen, z. B. mit einem iterativen Verfahren, das die Gleichungen sowie die verletzten Ungleichungen linearisiert und daraus Suchrichtungen bleitet.
  Wir setzen für das Verfahren nur voraus, dass es stets ein $\tilde{x}$ und ein $\tilde{\Delta} \geq \Delta_0$ findet, für die $(h(\tilde{x}), f(\tilde{x}))$ vom Filter akzeptiert wird und $(P_{\tilde{x}, \tilde{\Delta}})$ zulässige Punkte besitzt. Da in den Filter keine Punkte x mit $h(x) = 0$ aufgenommen werden, ist diese Voraussetzung sicher erfüllt, wenn das Verfahren einen Punkt generiert, der für (P') zulässig ist.
- Die Matrix B_k für das Problem $(P_{x^k, \Delta})$ kann mit den üblichen Quasi-Newton-Techniken wie in Kap. 13 erzeugt werden. In Schritt 3 wird vorausgesetzt, dass s eine globale Optimallösung von $(P_{x^k, \Delta})$ ist. Von daher sind Korrekturen, die positiv definite Matrizen B_k erzeugen, bei der Lösung der Teilprobleme in Schritt 3 von Vorteil. Für den Nachweis der globalen Konvergenz des Verfahrens ist die Wahl von B_k unerheblich, solange $\|B_k\|$ beschränkt bleibt.
- Wenn in Schritt 7 die Bedingung $\Delta q \leq 0$ erfüllt ist, so reduziert der Schritt s die Verletzung der linearisierten Nebenbedingungen und wird wie ein Restaurierungsschritt behandelt. Insbesondere ist x^k dann nicht zulässig und wird in den Filter aufgenommen.

Der folgende Satz nutzt die Notation aus den Definitionen 14.1.7 und 14.1.9.

Satz 14.2.2 *Es gelte die folgende Voraussetzung:*

- *Alle von Algorithmus 14.2.1 erzeugten Punkte x liegen in einer kompakten Menge Ω.*
- *Die Funktionen f und f_k ($1 \leq k \leq m$) sind auf einer offenen Menge, die Ω enthält, zweimal stetig differenzierbar.*
- *Es gibt eine obere Schranke M, so dass $\|B_k\| \leq M$ für alle k gilt.*

Dann bricht Algorithmus 14.2.1 entweder in Schritt 4 mit einem stationären Punkt von (P') ab oder er erzeugt eine unendliche Folge von Iterierten x^k. In letzterem Fall ist jeder Häufungspunkt entweder ein singulärer Punkt oder ein stationärer Punkt.

Zum Beweis von Satz 14.2.2 sei auf die Arbeit [52] verwiesen.   □

14.3 Übungsaufgaben

1. a) Man zeige, dass das Problem

$$\min_s \left\{ g^T s + \frac{1}{2} s^T B s + \sigma \|(F + As)^+\|_\infty \ \Big| \ \|s\|_\infty \leq \Delta \right\}$$

   ein quadratisches Programm ist, in dem eine quadratische Zielfunktion unter linearen Neben-bedingungen minimiert wird.

   b) Falls obiges Problem mit $g = \nabla f(x)$, $F = F(x)$ und $A = DF(x)$ die Optimallösung $s = 0$ besitzt, so ist x ein Kuhn-Tucker-Punkt von

   (P') $\min\{f(x) \mid f_i(x) \leq 0 \text{ für } 1 \leq i \leq p, \quad f_j(x) = 0 \text{ für } p < j \leq m\}$.

2. Man zeige, dass in einem unzulässigen und in einem singulären stationären Punkt x^* (Definitionen 14.1.8 und 14.1.9) die Gradienten der aktiven Restriktionen linear abhängig sind.

3. Man zeige, dass für eine stetig differenzierbare Funktion $F : \mathbb{R}^n \to \mathbb{R}^m$ die Abbildung

$$x \mapsto \min_{\|s\|_\infty \leq 1} \left\| (F(x) + DF(x)s)^+ \right\|_\infty$$

stetig ist.

4. Man zeige den zweiten Teil von Lemma 14.1.15.

5. Man zeige die Behauptung aus dem Beweis zu Satz 14.1.18: Sei

$$\Omega := \left\{ y \in \overline{\{x^k \mid k \geq 1\}} \ \Big| \ F^+(y) = 0 \right\}$$

kompakt, und seien Df und DF stetig. Dann gibt es ein $\bar{\mu} > 0$, so dass für jedes x^k mit $\operatorname{dist}(x^k, \Omega) \leq \bar{\mu}$ ein $\bar{x} \in \Omega$ existiert mit (14.1.21):

$$\left| \Psi_k(s) - \Phi(s) \right| \leq \frac{\bar{\eta}}{2} \quad \text{für alle} \quad s \in \mathbb{R}^n \quad \text{mit} \quad \|s\|_\infty \leq 1.$$

Innere-Punkte-Verfahren für konvexe Programme

15

Die moderne Optimierung hat nach 1984 eine deutliche Trendwende erfahren, die durch die Veröffentlichung von Karmarkar's Arbeit [93] ausgelöst wurde. Seitdem haben sich die Innere-Punkte-Verfahren als praktisch brauchbare Verfahren zum Lösen linearer Programme etabliert, und, wie schon erwähnt, in vielen Anwendungen der Simplexmethode ernste Konkurrenz gemacht. Die Stärke der Innere-Punkte-Verfahren liegt aber – wie hier deutlich werden soll – in ihrer Übertragbarkeit auf nichtlineare konvexe Programme. Deren Lösung ist mit Hilfe von Innere-Punkte-Verfahren oft kaum schwerer als das Lösen von linear beschränkten Problemen. Insbesondere werden wir sehen, dass die theoretisch nachweisbare „Mindestkonvergenzgeschwindigkeit" in beiden Fällen die gleiche ist. Die Möglichkeit, gewisse Klassen konvexer Probleme durch Innere-Punkte-Verfahren schnell lösen zu können, liefert uns ein neues Werkzeug. Dieses hat eine Vielzahl von Anwendungen, von denen wir einige aufzeigen. Insbesondere gehen die Anwendungen über konvexe Probleme hinaus. Zum Beispiel zeigen wir, wie anstelle der bislang üblichen linear beschränkten Relaxierungen von kombinatorischen Problemen nun auch nichtlineare konvexe Relaxierungen effizient gelöst werden können, die deutlich bessere Approximationseigenschaften besitzen als lineare Relaxierungen.

15.1 Theoretische Grundlagen

In Abschn. 4.2 haben wir bereits ein Innere-Punkte-Verfahren für lineare Programme betrachtet. Dieses soll nun zur Lösung von gewissen Klassen von konvexen Problemen verallgemeinert werden. Im Gegensatz zu Abschn. 4.2, in dem ein primal-duales Verfahren analysiert wurde, das die Variablen sowohl im primalen als auch im dualen Raum berechnet, betrachten wir hier zunächst ein rein primales Verfahren. Wir stellen dazu eine sehr allgemeine theoretische Analyse für konvexe Barriereprobleme vor und leiten wesentliche Eigenschaften des Newtonverfahrens her. Bei einer großen Klasse von nichtlinearen

© Springer-Verlag GmbH Deutschland, ein Teil von Springer Nature 2019
F. Jarre und J. Stoer, *Optimierung*, Masterclass,
https://doi.org/10.1007/978-3-662-58855-0_15

konvexen Problemen ist die theoretisch beweisbare Konvergenzgeschwindigkeit eines primalen Verfahrens mit kurzen Schrittweiten von *derselben* Größenordnung wie bei den primal-dualen Verfahren aus Abschn. 4.2 mit der Schrittweite $1 - 1/(6\sqrt{n})$ zur Lösung der wesentlich einfacheren linearen Programme. Allerdings ist dieses theoretisch analysierte primale Verfahren mit kurzen Schrittweiten genauso ungeeignet für eine praktische Implementierung wie z. B. das Verfahren mit der Schrittweite $1 - 1/(6\sqrt{n})$. Die theoretische Analyse zeigt aber zum einen, dass der Rechenaufwand beim Barriereansatz nur sehr schwach von den Daten des zu lösenden Problems abhängt, und sie liefert zum anderen wichtige Zusammenhänge, die bei einer praktischen Implementierung ausgenutzt werden können.

Am Ende des Kapitels geben wir eine implementierbare Variante eines primalen Verfahrens an, die aus den hier vorgestellten Konzepten heraus verständlich ist.

Die Verallgemeinerung von primalen Methoden für lineare Programme auf Klassen von konvexen Programmen basiert auf zwei Eigenschaften der Funktion $f(t) := -\ln t$, $f : \mathbb{R}_{++} \to \mathbb{R}$, ihrer „Selbstkonkordanz" und „Selbstbeschränkung". Diese Eigenschaften wurden in dem bahnbrechenden Buch [127, 128] von Nesterov und Nemirovski 1989 bzw. 1994 definiert und analysiert. Wir bemühen uns hier, die Darstellung aus [128] so weit wie möglich zu vereinfachen, ohne dabei auf die wesentlichen Resultate zu verzichten.

Im Folgenden definieren wir zunächst ein konvexes Programm in einer Standardform und geben ein elementares Verfahren an, mit dem das Problem gelöst werden kann. Am Beispiel dieses Verfahrens weisen wir auf zwei Fragen hin, deren Beantwortung für die Effizienz des Verfahrens entscheidend sind. Auf diesen Fragen aufbauend werden die Konzepte der Selbstkonkordanz und Selbstbeschränkung in natürlicher Weise hergeleitet. Außerdem beschreiben wir einige Beispiele, die selbstkonkordante logarithmische Barrierefunktionen verwenden und untersuchen die theoretische Konvergenzgeschwindigkeit eines Innere-Punkte-Verfahrens.

15.1.1 Ein konvexes Programm und Voraussetzungen

Wir stellen zunächst das Problem vor. Dabei fordern wir starke Voraussetzungen, unter denen sich später das Verhalten von Lösungsalgorithmen leicht analysieren lässt. Für das praktische Verfahren am Ende dieses Kapitels werden wir die Voraussetzungen abschwächen.

Sei $\mathcal{S} \subset \mathbb{R}^n$ eine konvexe Menge,

$$\mathcal{S} = \{x \mid f_i(x) \leq 0 \quad \text{für} \quad 1 \leq i \leq m\}, \tag{15.1.1}$$

die durch m Restriktionen $f_i : \mathbb{R}^n \to \mathbb{R}$ gegeben ist.

Wir setzen voraus, dass $\mathcal{S}$ abgeschlossen ist, ein nichtleeres Inneres $\mathcal{S}^o$ besitzt, dass die Funktionen f_i auf $\mathcal{S}$ stetig und auf $\mathcal{S}^o$ dreimal stetig differenzierbar sind. Wir betrachten das Problem, eine lineare Zielfunktion $c^T x$ unter der Nebenbedingung $x \in \mathcal{S}$ zu minimieren, d. h. wir suchen ein $x^* \in \mathcal{S}$ und $\lambda_* \in \mathbb{R}$, so dass

$$c^T x^* = \lambda_* := \min\{c^T x \mid x \in \mathcal{S}\}. \tag{15.1.2}$$

Die Menge aller $x^* \in \mathcal{S}$ mit (15.1.2) bezeichnen wir mit $\mathcal{S}^{\mathrm{opt}}$. Beachte, dass ohne Einschränkung eine (konvexe) nichtlineare Zielfunktion $c_0(x)$ durch Hinzufügen einer neuen Variablen x_{n+1} und einer weiteren konvexen Nebenbedingung $c_0(x) - x_{n+1} \leq 0$ als lineare Zielfunktion geschrieben werden kann, indem man einfach x_{n+1} minimiert. Die Forderung einer linearen Zielfunktion in (15.1.2) ist also keine Einschränkung der Allgemeinheit. Wir setzen stets voraus, dass die Menge $\mathcal{S}^{\mathrm{opt}}$ der Optimallösungen nicht leer und beschränkt ist ($\mathcal{S}$ selbst kann jedoch unbeschränkt sein).

15.1.2 Die Methode der Zentren

Eine einfache Methode, um (15.1.2) zu lösen, ist die Methode der Zentren [82, 158]. Sie basiert auf der logarithmischen Barrierefunktion

$$\phi(x) := -\sum_{i=1}^{m} \ln(-f_i(x)) \tag{15.1.3}$$

für die zulässige Menge $\mathcal{S}$. Wir gehen im Folgenden von Restriktionen f_i aus, für die das Innere $\mathcal{S}^o$ von $\mathcal{S}$ durch

$$\mathcal{S}^o = \{x \in \mathbb{R}^n \mid f_i(x) < 0 \text{ für } i = 1, \ldots, m\}$$

gegeben ist und für die ϕ im Inneren $\mathcal{S}^o$ von $\mathcal{S}$ glatt und konvex ist[1]. Es ist leicht einzusehen, dass diese Bedingungen erfüllt sind, wenn die Restriktionen f_i in $\mathcal{S}^o$ glatt und konvex sind und es einen Punkt $\bar{x}$ gibt, so dass $f_i(\bar{x}) < 0$ für alle i (vergleiche mit der Slater-Bedingung, Definition 8.1.12). Aber wir werden sehen, dass es Beispiele von glatten und konvexen Barrierefunktionen ϕ gibt, für die die f_i nicht konvex sind. Ebenso sieht man, dass bei Annäherung von x an den Rand $\partial \mathcal{S}$ von $\mathcal{S}$ die Funktion $\phi(x)$ unendlich groß wird,

$$\lim_{x \to \partial \mathcal{S}, \; x \in \mathcal{S}^o} \phi(x) = \infty. \tag{15.1.4}$$

In Verallgemeinerung der skalaren Barrierefunktionen aus Abschn. 12.1 definieren wir hier Barrierefunktionen für allgemeinere konvexe Mengen $\mathcal{S}$. Für konvexes $\mathcal{S}$ wollen wir dabei auch stets die Konvexität der Barrierefunktion voraussetzen:

---

[1] Insbesondere schließen wir damit z. B. Restriktionen der Art $f_i(t) := \max\{0, \, t\}^2$ für die negative Halbachse von $\mathbb{R}$ aus, denn obwohl in diesem Fall $f_i(t) \leq 0$ für jedes $t \leq 0$ gilt, ist $-\ln(-f_i(t))$ nirgends definiert.

Definition 15.1.5 (Barrierefunktion) *Sei* $\mathcal{S} \subset \mathbb{R}^n$ *eine abgeschlossene konvexe Menge, deren Inneres* $\mathcal{S}^o$ *nicht leer ist. Dann heißt* $\phi: \mathcal{S}^o \to \mathbb{R}$ *eine* Barrierefunktion *für* $\mathcal{S}$*, falls* ϕ *eine konvexe und glatte Funktion* (*im Folgenden wird nur* $\phi \in C^3(\mathcal{S}^o, \mathbb{R})$ *benötigt*) *mit der Eigenschaft* (15.1.4) *ist.*

Sei nun ein $\lambda > \lambda_*$ gegeben. Wenn ein Punkt $\hat{x} \in \mathcal{S}$ bekannt ist, können wir z. B. $\lambda = 1 + c^T \hat{x}$ wählen. Wir definieren die Niveaumenge

$$\mathcal{S}(\lambda) := \mathcal{S} \cap \{x \mid c^T x \leq \lambda\} \tag{15.1.6}$$

der Punkte in $\mathcal{S}$, deren Zielfunktionswert kleiner oder gleich λ ist. Für ein fest gewähltes $\kappa \geq 1$ betrachten wir die folgende Barrierefunktion für $\mathcal{S}(\lambda)$:

$$\varphi(x, \lambda) := -\kappa \ln(\lambda - c^T x) + \phi(x). \tag{15.1.7}$$

Die Minimalstelle von $\varphi(., \lambda)$ auf $\mathcal{S}(\lambda)^o$ wird im Folgenden mit

$$x(\lambda)$$

bezeichnet. Sie existiert, wenn $\mathcal{S}(\lambda)$ nichtleer und beschränkt ist, und sie ist eindeutig, wenn ϕ streng konvex ist. Wie in den Übungen 15.3 gezeigt werden soll, gilt allgemein für abgeschlossene konvexe Mengen $\mathcal{S}$:

$\mathcal{S}(\lambda)$ ist für ein $\lambda \in \mathbb{R}$ nichtleer und beschränkt,

$\Longleftrightarrow$ $\mathcal{S}(\lambda)$ ist für jedes $\lambda \geq \lambda_* := \inf\{c^T x \mid x \in \mathcal{S}\}$ nichtleer u. beschränkt,

$\Longleftrightarrow$ $\mathcal{S}^{\mathrm{opt}} := \{x \in \mathcal{S} \mid c^T x = \lambda_*\}$ ist nichtleer und beschränkt.

In den Übungen wird auch noch einmal der Name *analytisches Zentrum* für $x(\lambda)$ motiviert, der von Sonnevend [158] eingeführt und bereits in Abschn. 4.2 vorgestellt wurde. Eine einfache Variante des Verfahrens der Zentren lautet wie folgt:

Algorithmus 15.1.8
Initialisierung: Es sei eine Zahl $\lambda = \lambda_0 > \lambda_*$ *gegeben,*
    eine Fehlerschranke $\varepsilon > 0$ *und eine Näherung* $x^0 \in \mathcal{S}(\lambda_0)^o$ *an* $x(\lambda_0)$*. Setze* $k = 0$*.*
Wiederhole, solange $\lambda_k - c^T x^k > \epsilon$:

1) Reduziere λ_k *auf* $\lambda_{k+1} = \frac{1}{2}(\lambda_k + c^T x^k)$*.*
2) Bestimme, ausgehend vom Startpunkt x^k*, mit Hilfe des Newton-Verfahrens zur Minimierung von* $\varphi(., \lambda_{k+1})$ *eine Näherung* $x^{k+1} \in \mathcal{S}(\lambda_k)^o$ *für* $x(\lambda_{k+1})$*.*
3) Setze $k = k + 1$*.*

Ende.

Die Effizienz dieser Methode hängt offenbar von der Antwort auf zwei Fragen ab:

1. Wie schnell konvergiert das Newton-Verfahren zur Minimierung von $\varphi(\,.\,,\lambda)$? Wie viele Newton-Iterationen benötigt man in Schritt 2), um eine „ausreichend gute" Näherung $x^{k+1} \in \mathcal{S}^o$ für $x(\lambda_{k+1})$ zu finden.
2. Wegen $\lambda_k > \lambda_{k+1} > \lambda^*$ konvergieren die λ_k. Die Frage ist, ob sie gegen λ_* konvergieren. Im k-ten Schritt wird λ_k um $\frac{1}{2}(\lambda_k - c^T x^k)$ reduziert. Falls nun nachgewiesen werden kann, dass $\lambda_k - c^T x^k$ unabhängig von k z. B. stets mindestens die Hälfte des unbekannten Abstandes $\lambda_k - \lambda_*$ ist, so überlegt man sich leicht, dass dann in jedem Schritt der Abstand $\lambda_k - \lambda_*$ mindestens um den Faktor 1/4 reduziert wird.
   Wegen $x^k \approx x(\lambda_k)$ interessiert uns daher die Frage: Kann für das Zentrum $x(\lambda)$ die Ungleichung $\lambda - c^T x(\lambda) \geq c^T x(\lambda) - \lambda_*$ oder zumindest

$$\lambda - c^T x(\lambda) \geq \epsilon (c^T x(\lambda) - \lambda_*) \tag{15.1.9}$$

   für ein festes $\epsilon > 0$ nachgewiesen werden? Für $\epsilon = 1$ lautet die Frage dann: Liegt der Wert $c^T x$ im Zentrum $x = x(\lambda)$ näher bei dem unbekannten Wert λ_* als bei λ? Wie wir sehen werden, ist es möglich, diese Frage bei einer passenden (festen) Wahl von κ in (15.1.7) positiv zu beantworten.

Natürlich ist das Verfahren der Zentren nur dann interessant, wenn man beide Fragen befriedigend beantworten kann. Eine positive Antwort hängt mit zwei Formen von lokaler Lipschitzstetigkeit von ϕ zusammen.

15.1.3 Selbstkonkordanz

Wir führen zunächst den Begriff der Selbstkonkordanz ein. Dieser Begriff (engl. „selfconcordance") wurde 1989 von Nesterov und Nemirovski [126, 127] geprägt und bedeutet in etwa „Mit-sich-selbst-Übereinstimmung". Eine eingehende Untersuchung selbstkonkordanter Funktionen findet man in [128]. Die Selbstkonkordanz von ϕ wird es erlauben, die schnelle Konvergenz des Newton-Verfahrens zur Minimierung der Barrierefunktion ϕ auf $\mathcal{S}^o$ bzw. von $\varphi(., \lambda)$ auf $\mathcal{S}(\lambda)^o$ zu zeigen. Man beachte dabei, dass $\varphi(., \lambda)$ die gleiche Struktur wie ϕ besitzt: Beide Funktionen sind eine Summe der Logarithmen von endlich vielen glatten Nebenbedingungen.

Eine hinreichende Bedingung für die schnelle Konvergenz des Newton-Verfahrens zur Minimierung einer konvexen Funktion ϕ kann man durch folgende naive Überlegung gewinnen.

- Ein Schritt des Newton-Verfahrens, um ausgehend von einem Punkt x^k die Funktion ϕ zu minimieren, basiert auf einer Approximation der Hessematrix $\nabla^2 \phi(x)$ durch die konstante Matrix $H = \nabla^2 \phi(x^k)$. (Der Gradient wird linearisiert oder äquivalent, die Funktion wird durch ein quadratisches Modell angenähert.)

- Intuitiv ist klar, dass der Newton-Schritt „gut" ist, falls die Hessematrix nahezu konstant ist. Das ist jedoch etwas viel verlangt. Am Rand von $\mathcal{S}$ strebt die Barrierefunktion ja nach ∞ und daher müssen dort auch die Normen der Ableitungen unbeschränkt wachsen. Zumindest hätte man aber gerne, dass die Änderung der Hessematrix $\nabla^2 \phi(x)$ für kleine Änderungen in x auch klein ist. Dabei ist offenbar die *relative* Änderung der Hessematrix ausschlaggebend, denn falls der kleinste Eigenwert z. B. größer als 1000 ist, so ändert sich der Newtonschritt bei einer Störung der Eigenwerte um ± 1 fast nicht. Falls der kleinste Eigenwert aber 1 oder kleiner ist, so kann sich der Newtonschritt bei einer Störung der Eigenwerte um ± 1 in jeder nur denklichen Weise ändern. Wir suchen also eine „lokale relative Lipschitzbedingung".

- Die *absolute* Änderung von $\nabla^2 \phi(x)$ bzw. von $D^2 \phi(x)$ (man beachte die Identität $\langle r, \nabla^2 \phi(x) s \rangle = D^2 \phi(x)[r, s]$ für $r, s \in \mathbb{R}^n$) hängt von der dritten Ableitung $D^3 \phi(x)$ ab.

- Also hätte man gerne, dass $D^3 \phi(x)$ relativ zu $D^2 \phi(x)$ „klein" ist, wobei das Maß für die Kleinheit passend zu wählen ist.

- Betrachten wir als Beispiel die Funktion $\phi(t) := -\ln t$, d. h. die logarithmische Barrierefunktion für die positive reelle Achse, die bereits Karmarkar's Ansatz [93] von 1984 zugrunde liegt. Für $t > 0$ ist hier

$$\phi''(t) = \frac{1}{t^2} \text{ und } \phi'''(t) = -\frac{2}{t^3}.$$

Eine natürliche Bedingung, um ϕ''' relativ zu ϕ'' zu beschränken, ist deshalb die Forderung

$$|\phi'''(t)| \le 2\,\phi''(t)^{3/2} \quad \text{für alle, } t > 0. \tag{15.1.10}$$

Die Konstante „2" erscheint hierbei allerdings noch etwas willkürlich an der Funktion $-\ln t$ orientiert, und auch der Exponent $3/2$ braucht sicher eine weitere Rechtfertigung. Wie wir aber in Kürze sehen werden, ist diese Forderung in der Tat sinnvoll.

- Für Funktionen ϕ von mehreren Veränderlichen $x \in \mathbb{R}^n$ würden wir dann verlangen, dass zumindest die Richtungsableitungen von ϕ eine Ungleichung der Form (15.1.10) erfüllen. Dies ist der Inhalt der nächsten Definition.

Definition 15.1.11 (Selbstkonkordanz) *Sei* $\mathcal{S} \subset \mathbb{R}^n$, $\phi: \mathcal{S}^o \to \mathbb{R}$, $x \in \mathcal{S}^o$ *und* $h \in \mathbb{R}^n$ *eine gegebene Richtung. Definiere die Funktion* $\mathbf{f}_{x,h} : I \to \mathbb{R}$ *durch*

$$\mathbf{f}_{x,h}(t) := \phi(x + th). \tag{15.1.12}$$

Hierbei ist $I = \{t \mid x + th \in \mathcal{S}^o\}$ *ein offenes Intervall, das* $t = 0$ *enthält. Die Funktion* $\mathbf{f}$ *hängt von der Funktion* ϕ, *von* x *und* h *ab. Die Funktion* ϕ *heißt selbstkonkordant, falls* *sie konvex und auf $\mathcal{S}^o$ dreimal stetig differenzierbar ist, und für alle $x \in \mathcal{S}^o$, $h \in \mathbb{R}^n$ die Funktion $\mathbf{f}_{x,h}$ die Bedingung*

$$|\mathbf{f}'''_{x,h}(0)| \leq 2\,\mathbf{f}''_{x,h}(0)^{3/2} \qquad (15.1.13)$$

erfüllt.

Da ϕ konvex ist, ist $\mathbf{f}''_{x,h}(0) \geq 0$ und deshalb $\mathbf{f}''_{x,h}(0)^{3/2}$ wohldefiniert.

Obige Definition wurde aus gewissen sehr naiven Minimalforderungen an ϕ hergeleitet, die die schnelle Konvergenz Newton-Verfahren zur Minimierung von ϕ sicherstellen sollen. Dass die Forderung (15.1.13) tatsächlich ausreicht, um die schnelle Konvergenz des Newton-Verfahrens zu garantieren, und dass es „viele interessante" Barrierefunktionen ϕ gibt, die diese Forderung erfüllen, wird in den folgenden Abschnitten gezeigt.

Bemerkungen
In Definition 15.1.11 wird für ϕ nicht die Barriereeigenschaft (15.1.4) vorausgesetzt; selbstkonkordante Barrierefunktionen ϕ, die per definitionem auch die Eigenschaft (15.1.4) haben, werden in [127] „streng selbstkonkordant" genannt.

Wegen $\mathbf{f}'''_{x,h}(0) = D^3\phi(x)[h, h, h]$ und $\mathbf{f}''_{x,h} = D^2\phi(x)[h, h]$ ist die Selbstkonkordanzbedingung (15.1.13) äquivalent zu der folgenden Bedingung, die in [126] eingeführt wurde:

$$\left|D^3\phi(x)[h, h, h]\right|^2 \leq 4\big(D^2\phi(x)[h, h]\big)^3 \text{ für alle } x \in \mathcal{S}^o, h \in \mathbb{R}^n. \qquad (15.1.14)$$

Aus dieser Formulierung kann man sehr schön ablesen, dass die Exponenten 2 und 3 in (15.1.14) (3/2 in (15.1.13)) sinnvoll sind. Sie garantieren, dass diese Bedingungen nicht von der Skalierung von h abhängen: Ersetzt man h durch μh, $\mu \in \mathbb{R}$ ein beliebiger Skalierungsfaktor, so sieht man, dass sich die gleichen Potenzen der Skalierungsfaktoren $|\mu|$ rechts und links jeweils wegkürzen. Wir sehen außerdem, dass eine Funktion ϕ, die (15.1.14) erfüllt, wegen $D^2\phi[h, h] \geq 0$ für alle $h \in \mathbb{R}^n$ notwendigerweise konvex sein muss.

Wir können weiter sehen, dass die Konstante „4" in (15.1.14) („2" in (15.1.13)) zwar willkürlich an der Funktion $-\ln t$ orientiert ist, dass dies aber ohne Einschränkung der Allgemeinheit geschieht: Hätte man etwa eine Funktion ϕ, die der Ungleichung $|D^3\phi| \leq \alpha D^2\phi^{3/2}$ für ein festes $\alpha > 0$ genügt[2], so sieht man leicht, dass die Funktion $\bar\phi := \alpha^2\phi/4$ derselben Bedingung mit der Konstanten 2 anstelle von α genügt. Sofern also ϕ die Ungleichung $|D^3\phi| \leq \alpha D^2\phi^{3/2}$ erfüllt, und α (oder zumindest eine gute obere Schranke für α) bekannt ist, kann man ϕ stets mit einem geeigneten Faktor durchmultiplizieren, so dass die Konstante α durch 2 ersetzt werden kann.

Bevor wir uns mit den Konvergenzeigenschaften des Newton-Verfahrens zur Minimierung selbstkonkordanter Barrierefunktionen ϕ befassen, wollen wir einige interessante Beispiele von selbstkonkordanten Barrierefunktionen angeben, die in der Praxis von Bedeutung sind.

Einige Beispiele Um Barrierefunktionen zu finden, die die Bedingung (15.1.13) erfüllen, beginnen wir mit der Funktion $\phi := -\ln t$, die nach Herleitung von (15.1.13) diese Bedin-

---

[2]Dies ist eigentlich die Definition, die Nesterov und Nemirovski in [128] angeben, aber auch dort wird stets $\alpha = 2$ vorausgesetzt.

gung natürlich erfüllt und deshalb eine selbstkonkordante Barrierefunktion für die Menge
$\mathcal{S} := \mathbb{R}_+$ ist. Aus bekannten selbstkonkordanten Barrierefunktionen kann man durch einfache Operationen weitere solche Funktionen gewinnen:

- **Summenbildung.** Die Bedingung (15.1.13) ist bezüglich Summenbildung abgeschlos-
  sen, d. h. falls $\phi_i : \mathcal{S}_i^o \to \mathbb{R}$ die Bedingung (15.1.13) für $i = 1, 2$ erfüllen, dann auch
  $\phi_{1,2} := \phi_1 + \phi_2$ bezüglich der offenen konvexen Menge $\mathcal{S}^o := \mathcal{S}_1^o \cap \mathcal{S}_2^o$, falls der Schnitt
  der Definitionsbereiche von ϕ_1 und ϕ_2 nichtleer ist:
  Man rechnet leicht nach, dass

$$|(\mathbf{f}_1 + \mathbf{f}_2)'''| = |\mathbf{f}_1''' + \mathbf{f}_2'''| \le |\mathbf{f}_1'''| + |\mathbf{f}_2'''|$$
$$\le 2(\mathbf{f}_1'')^{3/2} + 2(\mathbf{f}_2'')^{3/2} \le 2(\mathbf{f}_1'' + \mathbf{f}_2'')^{3/2} = 2((\mathbf{f}_1 + \mathbf{f}_2)'')^{3/2}.$$

  Dabei ist $x \in \mathcal{S}^o$, $h \in \mathbb{R}^n$ und $\mathbf{f}_i$ die Einschränkung von ϕ_i auf die Gerade $x + th$, d. h.
  $\mathbf{f}_i(t) := \phi_i(x + th)$. □

- **Affine Transformationen.** Bedingung (15.1.13) ist auch affin invariant: Sei $\mathcal{A}(\tilde{x}) :=$
  $A\tilde{x} + b$ eine affine Abbildung mit einer Matrix $A \in \mathbb{R}^{p \times q}$ und einem Vektor $b \in \mathbb{R}^p$.
  Falls $\phi : \mathbb{R}^p \to \mathbb{R}$ die Bedingung (15.1.13) erfüllt, dann auch $\tilde{\phi} := \phi \circ \mathcal{A} : \mathbb{R}^q \to \mathbb{R}$
  (solange es ein $\tilde{x}$ gibt, so dass $\tilde{\phi}(\tilde{x})$ definiert ist). Dies verifiziert man leicht. Es ist nämlich

$$\tilde{\phi}(\tilde{x} + t\tilde{h}) = \phi(\mathcal{A}(\tilde{x} + t\tilde{h})) = \phi((A\tilde{x} + b) + t(A\tilde{h})) = \phi(x + th)$$

  mit $x := A\tilde{x} + b$ und $h := A\tilde{h}$. Falls also ϕ die Bedingung (15.1.13) mit $\mathbf{f}(t) = \phi(x + th)$
  erfüllt, dann auch $\tilde{\phi}$ mit $\tilde{\mathbf{f}}(t) = \tilde{\phi}(\tilde{x} + t\tilde{h})$ wegen $\mathbf{f}(t) \equiv \tilde{\mathbf{f}}(t)$. □

- **Barrierefunktionen für Polyeder.** Für die affinen Transformationen $\mathbb{R}^n \ni x \mapsto a_i^T x +$
  $\beta_i \in \mathbb{R}$ mit $a_i \in \mathbb{R}^n$, $\beta_i \in \mathbb{R}$, $i = 1, ..., m$, zeigen die vorangegangenen Überlegungen,
  dass die $\phi_i(t) := -\ln(a_i^T x + \beta_i)$ die Bedingung (15.1.13) bezüglich der Menge $\mathcal{S}_i :=$
  $\{x \in \mathbb{R}^n \mid a_i^T x + \beta_i \ge 0\}$ erfüllen. Durch Summenbildung findet man dann, dass

$$\phi(x) := -\sum_{i=1}^m \ln(a_i^T x + \beta_i) \tag{15.1.15}$$

eine selbstkonkordante Barrierefunktion für das Polyeder

$$\mathcal{P} := \{x \mid a_i^T x + \beta_i \ge 0 \text{ für } 1 \le i \le m\}$$

ist, wenn nur das Innere von $\mathcal{P}$ nicht leer ist.

Wir geben noch zwei weitere wichtige Beispiele selbstkonkordanter Barrierefunktionen für
Mengen $\mathcal{S}$ an, die keine Polyeder sind.

- **Konvexe quadratische Nebenbedingungen.** Die logarithmische Barrierefunktion

$$\phi(x) := -\ln(-q(x)) \tag{15.1.16}$$

für die Menge $S := \{x \in \mathbb{R}^n \mid q(x) \le 0\}$, die zu einer konvexen quadratischen Funktion $q: \mathbb{R}^n \to \mathbb{R}$ gehört, erfüllt (15.1.13).

Zum Beweis zeigen wir, dass für $x \in S^o$ und $h \in \mathbb{R}^n$ die Einschränkung $\mathbf{f}(t) := -\ln(-q(x + th))$ in zwei selbstkonkordante Summanden zerlegt werden kann: Weil q quadratisch ist, ist $q(x + th) = a_2 t^2 + a_1 t + a_0$ ein quadratisches Polynom in t mit Koeffizienten a_i, die nur von x und h abhängen. Da q konvex ist, folgt weiter $a_2 \ge 0$, und, da x strikt zulässig ist, $a_0 = q(x) < 0$. Also ist $q(x + th)$ entweder linear in t (falls $a_2 = 0$ ist) und dann ist ϕ selbstkonkordant, oder $q(x + th)$ besitzt als Funktion von t zwei reelle Wurzeln $t_1 < t_2$ mit $t_1 < 0 < t_2$ (wegen $q(0) < 0$). In letzterem Fall kann $\mathbf{f}$ als Summe $\mathbf{f}(t) = -\ln(t - t_1) - \ln(t_2 - t)$ geschrieben werden. Die Summanden sind selbstkonkordante Funktionen bezüglich der Mengen $\{t \mid t \ge t_1\}$ bzw. $\{t \mid t \le t_2\}$.

• **Semidefinitheitsbedingungen.** Das zweite und für uns sehr wichtige Beispiel betrifft positiv semidefinite Programme, wie wir sie bereits in Abschn. 8.4 eingeführt haben. Diese Programme sind in ihrer Struktur den linearen Programmen ähnlich, die Unbekannte ist jedoch kein Vektor $x \in \mathbb{R}^n$, sondern eine symmetrische $n \times n$-Matrix X, $X \in S^n$. Als Menge S nehmen wir die Menge aller positiv semidefiniten Matrizen,

$$S := \{X \in S^n \mid X \succeq 0\}.$$

(Diese Menge entspricht dem positiven Orthanten $\mathbb{R}_+^n = \{x \in \mathbb{R}^n \mid x \ge 0\}$ im $\mathbb{R}^n$.) Das Innere von S ist die Menge der positiv definiten Matrizen, $S^o = \{X \in S^n \mid X \succ 0\}$. Dann ist

$$\phi(X) := -\ln(\det X), \quad X \succ 0,$$

eine Barrierefunktion für S.

Für eine gegebene positiv definite $n \times n$-Matrix X und eine symmetrische Matrix Y betrachten wir die Einschränkung $\mathbf{f}$ von ϕ,

$$\mathbf{f}(t) = -\ln(\det(X + tY)). \tag{15.1.17}$$

Um $\mathbf{f}$ zu untersuchen, benutzen wir die Cholesky-Zerlegung von $X = LL^T$ und schreiben

$$\begin{aligned}
\mathbf{f}(t) &= -\ln\big(\det(L(I + tL^{-1}YL^{-T})L^T)\big) \\
&= -\ln(\det L) - \ln(\det L^T) - \ln\big(\det(I + tL^{-1}YL^{-T})\big) \\
&= -\ln\big(\det(LL^T)\big) - \ln \prod_{i=1}^{n} (1 + t\tilde{\lambda}_i) \\
&= -\ln(\det X) - \sum_{i=1}^{n} \ln(1 + t\tilde{\lambda}_i),
\end{aligned}$$

wobei $\tilde{\lambda}_i$ die Eigenwerte von $L^{-1}YL^{-T}$ (unabhängig von t) sind. Offenbar ist für jedes i die Funktion

$$t \mapsto -\ln(1 + t\tilde{\lambda}_i)$$

selbstkonkordant (als affine Transformation der Funktion $t \mapsto -\ln t$), und aufgrund der Abgeschlossenheit von (15.1.13) unter Summenbildung schließen wir wieder, dass $-\sum \ln(1 + t\tilde{\lambda}_i)$ die Bedingung (15.1.13) erfüllt. Da aus der Selbstkonkordanz von ϕ (15.1.17) die Konvexität von $\phi(X)$ auf $\mathcal{S}^o$ folgt, ist also ϕ eine Barrierefunktion. Dies ist bemerkenswert, weil die Funktion $X \mapsto \det(X)$ weder konvex noch konkav ist. (Die n-te Wurzel von $\det(X)$ ist eine konkave Funktion.)

Man sieht, wie leicht sich die Selbstkonkordanz selbst bei recht kompliziert aussehenden Funktionen nachweisen lässt.

15.1.4 Assoziierte Normen zu selbstkonkordanten Barrierefunktionen

Die Analyse des Newton-Verfahrens zur Minimierung einer Barrierefunktion ϕ hängt eng mit der Wahl geeigneter Normen zusammen. Im Folgenden sei $\phi \colon \mathcal{S}^o \to \mathbb{R}$ eine selbstkonkordante Barrierefunktion.

Aufgrund der Konvexität von ϕ ist die Hessematrix $H_x := \nabla^2 \phi(x)$ positiv semidefinit, und man kann für $x \in \mathcal{S}^o$ daher eine Halbnorm

$$\|z\|_{H_x} := \left(z^T H_x z \right)^{1/2} = (\phi''(x)[z, z])^{1/2}$$

definieren. Aufgrund unserer Voraussetzungen an das Problem (15.1.2) ist die Menge $\mathcal{S}^{\mathrm{opt}}$ der Optimallösungen beschränkt, $\mathcal{S}$ enthält daher keine Gerade. (Der Beweis dieser Schlussfolgerung wird in den Übungen 15.3 erbracht.)

Wie wir sehen werden, folgt damit aus der Selbstkonkordanz von ϕ dass die Funktion ϕ sogar streng konvex ist. Also ist $\| \cdot \|_{H_x}$ eine Norm, die im Folgenden als H-Norm bezeichnet wird, die mit ϕ assoziiert ist. Sie ist, wie sich zeigen wird, eine natürliche Norm für die Untersuchung des Konvergenzverhaltens des Newton-Verfahrens zur Minimierung von ϕ. Insbesondere ist sie im Hinblick auf die eingangs diskutierten Transformationen affin invariant und steht weiter in enger Beziehung zur Form der Menge $\mathcal{S}$.

Lemma 15.1.18 (Innere Ellipse) *Sei ϕ eine selbstkonkordante Barrierefunktion und $H_x := \nabla^2 \phi(x)$. Dann gilt für alle $x \in \mathcal{S}^o$ und $h \in \mathbb{R}^n$*

$$\|h\|_{H_x} \le 1 \quad \Longrightarrow \quad x + h \in \mathcal{S}.$$

Die Ellipse $\{z \mid \|z - x\|_{H_x} \le 1\}$ ist also ganz in $\mathcal{S}$ enthalten.

Beweis Wie in Definition 15.1.11 bezeichnen wir mit $\mathbf{f} = \mathbf{f}_{x,h}$ die Einschränkung von ϕ auf die Strecke $\{x + th \mid t \in I\}$, wobei $I := \{t \in \mathbb{R} \mid x + th \in \mathcal{S}^o\}$ ein Intervall ist, das

$t = 0$ im Inneren enthält. Man beachte, dass die Differentialungleichung (15.1.13) nur für das Argument $t = 0$ gefordert ist. Da jedoch vorausgesetzt wird, dass (15.1.13) für jedes $x \in \mathcal{S}^o$ und $h \in \mathbb{R}^n$ in (15.1.12) gilt, gilt sogar die etwas allgemeinere Ungleichung

$$|\mathbf{f}'''(t)| \leq 2\mathbf{f}''(t)^{3/2} \qquad (15.1.19)$$

für alle $t \in I$ (siehe die Übungen 15.3). Wir bezeichnen mit δ die nichtnegative Wurzel von $\delta^2 = \|h\|_{H_x}^2 = \mathbf{f}''(0)$. Um das Lemma zu beweisen, genügt es zu zeigen, dass der Punkt δ^{-1} (bzw. ∞, falls $\delta = 0$) im Definitionsbereich von $\mathbf{f}$ oder an dessen Rand liegt. Dazu betrachten wir die Funktion $u(t) = \mathbf{f}''(t)$. Beachte, dass aufgrund der Konvexität von $\mathbf{f}$ gilt: $u(t) \geq 0$ für alle $t \in I$. Beachte auch, dass $\mathbf{f}$ eine Barrierefunktion für I ist und am Rand von I nach unendlich strebt. Indem wir die Polstelle (Unendlichkeitsstelle) von u für $t \geq 0$ finden, können wir den Definitionsbereich von $\mathbf{f}$ abschätzen; am Rand von I muss auch u eine Polstelle besitzen. Nun schreiben wir die Differentialungleichung (15.1.19) in der Form

$$u'(t) \leq 2u(t)^{3/2}, \qquad u(0) = \delta^2.$$

Sei v die „extremale" Lösung dieser Differentialungleichung, d.h. sei v die Lösung von

$$v'(t) = 2v(t)^{3/2}, \qquad v(0) = \delta^2.$$

Dann ist $u(t) \leq v(t)$ (aufgrund eines einfachen Vergleichssatzes über Differentialungleichungen, siehe z.B. [98], Satz 3.1, S. 19). Da v durch $v(t) = (\delta^{-1} - t)^{-2}$ gegeben ist und seinen Pol bei $t = \delta^{-1}$ hat, folgt, dass $u(t) \leq v(t) < \infty$ für $0 \leq t < \delta$, und somit folgt die Behauptung. $\qquad\qquad\square$

Beachte, dass im Falle $\mathbf{f}''(0) = 0$ folgt: $v(t) \equiv 0$, und somit $\mathbf{f}''(t) = 0$ für alle t, d.h. der Definitionsbereich von $\mathbf{f}$ in (15.1.12) ist $I = \mathbb{R}$, und $\mathcal{S}$ enthält die Gerade $\{x + th | t \in \mathbb{R}\}$, im Widerspruch zu unseren Voraussetzungen an $\mathcal{S}$. Dies zeigt die oben erwähnte strenge Konvexität von ϕ.

Als einfaches Beispiel dafür, dass die Schranke $t < \delta^{-1}$ für die maximal zulässige Schrittweite scharf ist, betrachte man die Funktion $\mathbf{f}(t) = -\ln t$.

Man beachte, dass der obige Beweis nur skalare Ungleichungen benötigt (nämlich (15.1.13)), um eine innere Ellipse im n-dimensionalen Raum herzuleiten.

Die enge Verknüpfung der H-Norm mit der Form der zulässigen Menge $\mathcal{S}$ wird im Abschn. 15.1.6 deutlicher werden, wo gezeigt wird, dass ein gewisses Vielfaches der inneren Ellipse eine äußere Ellipse für einen Teil von $\mathcal{S}$ bildet.

Relative Lipschitz – Bedingung Die Selbstkonkordanz-Bedingung ist in der Form (15.1.13) besonders eingängig, da sie sich für viele Barrierefunktionen ϕ leicht verifizieren lässt. Für unsere Untersuchung des Newton-Verfahrens ist aber die folgende äquivalente „Finite-Differenz-Version" nützlicher.

Sei $\phi \in C^3(\mathcal{S}^o, \mathbb{R})$ eine dreimal stetig differenzierbare Barrierefunktion zu $\mathcal{S}$ mit der folgenden Eigenschaft:

Für alle $x \in \mathcal{S}^o$, alle $h \in \mathbb{R}^n$ und alle $\Delta x \in \mathbb{R}^n$ mit

$$\delta := \|\Delta x\|_{H_x} < 1$$

gelte die Inklusion $x + \Delta x \in \mathcal{S}^o$ sowie

$$(1 - \delta)\|h\|_{H_x} \leq \|h\|_{H_{x+\Delta x}} \leq \frac{1}{1 - \delta}\|h\|_{H_x}. \tag{15.1.20}$$

Wir wollen zeigen, dass die Bedingungen (15.1.13) und (15.1.20) äquivalent sind.

1. Wir zeigen zunächst, dass (15.1.13) aus (15.1.20) folgt. Dazu leiten wir aus (15.1.20) eine relative Lipschitzbedingung her, die der Forderung aus unserer früheren naiven Motivation von Selbstkonkordanz sehr ähnlich ist. Durch Subtraktion von $\|h\|_{H_x}$ erhalten wir aus (15.1.20)

$$-\delta\|h\|_{H_x} \leq \|h\|_{H_{x+\Delta x}} - \|h\|_{H_x} \leq \frac{\delta}{1 - \delta}\|h\|_{H_x},$$

und dies impliziert

$$\left|\|h\|_{H_{x+\Delta x}} - \|h\|_{H_x}\right| \leq \frac{\delta}{1 - \delta}\|h\|_{H_x}.$$

Daher[3] gilt für die Quadrate der Normen

$$|h^T(\nabla^2\phi(x + \Delta x) - \nabla^2\phi(x))h| \leq \delta M(\delta)\, h^T(\nabla^2\phi(x))h, \tag{15.1.21}$$

wobei

$$M(\delta) := \frac{2}{1 - \delta} + \frac{\delta}{(1 - \delta)^2} = 2 + O(\delta).$$

Die Bedingung (15.1.21) ist eine *relative Lipschitzbedingung* für die Hessematrix von ϕ.

Es ist leicht zu sehen, dass (15.1.13) aus (15.1.21) folgt: Wenn man $\Delta x = \delta h / \|h\|_{H_x}$ wählt und anschließend beide Seiten von (15.1.21) mit $\|h\|_{H_x} / \delta$ multipliziert so erhält man für $\delta \to 0$

$$|D^3\phi(x)[h, h, h]| \leq 2 \|h\|_{H_x}^3.$$

Dies ist genau (15.1.13).

2. Die umgekehrte Richtung zu zeigen, dass aus (15.1.13) die Eigenschaft (15.1.20) und deshalb (15.1.21) folgt, ist etwas schwieriger, da (15.1.20) zwei verschiedene Richtungen Δx und h verknüpft, wohingegen (15.1.13) nur h enthält. Das folgende Lemma erlaubt den Beweis der Umkehrung:

---

[3]Wir nutzen hier die Tatsache, dass aus $|a - b| \leq \mu a$ mit $a, b \geq 0$, die Ungleichung $|a^2 - b^2| = |a - b|(a + b) \leq \mu a(a + b) \leq \mu a(a + a + \mu a) = \mu a^2(2 + \mu)$ folgt.

Lemma 15.1.22 (**Abschätzung für symmetrische Trilinearformen**) *Sei*

$$M : \mathbb{R}^n \times \mathbb{R}^n \times \mathbb{R}^n \to \mathbb{R}$$

eine symmetrische homogene Trilinearform, $A : \mathbb{R}^n \times \mathbb{R}^n \to \mathbb{R}$ eine symmetrische positiv semidefinite Bilinearform und $\sigma > 0$ ein Skalar, so dass

$$(M[h, h, h])^2 \le \sigma (A[h, h])^3 \quad \textit{für alle } h \in \mathbb{R}^n.$$

Dann gilt auch

$$(M[x, y, z])^2 \le \sigma A[x, x] A[y, y] A[z, z] \quad \textit{für alle } x, y, z \in \mathbb{R}^n. \tag{15.1.23}$$

Wir wollen den Beweis dieses Lemmas nur skizzieren und für einen ausführlichen Beweis auf [84, 128] verweisen.

Man kann (15.1.23) auf eine äquivalente Aussage über die Lösung eines Optimierungsproblem reduzieren. Mit Hilfe der Optimalitätsbedingungen lässt sich dann der Beweis von Lemma 15.1.22 auf die folgende leicht verallgemeinerte Form der Cauchy-Schwarz'schen Ungleichung zurückführen:

Lemma 15.1.24 *Wenn A, B symmetrische Matrizen sind, die für alle $x \in \mathbb{R}^n$ die Ungleichung $|x^T Bx| \le x^T A x$ erfüllen, dann gilt*

$$(a^T Bb)^2 \le a^T A a \, b^T A b \quad \textit{für alle } a, b \in \mathbb{R}^n. \tag{15.1.25}$$

In den Übungen 15.3 sehen wir, wie sich die Verallgemeinerte Cauchy-Schwarz'sche Ungleichung elementar beweisen lässt. □

Mit Hilfe von Lemma 15.1.22 zeigen wir nun, dass (15.1.20) aus (15.1.13) folgt: Sei also ϕ eine selbstkonkordante Funktion, $x \in \mathcal{S}^o$, H_x die Hessematrix $H_x = \nabla^2 \phi(x)$, $\Delta x \in \mathbb{R}^n$ ein Vektor mit $\delta := \|\Delta x\|_{H_x} < 1$ und $h \in \mathbb{R}^n$ ein beliebiger Vektor. Aus Lemma 15.1.18 folgt dann $x + \Delta x \in \mathcal{S}^o$.

Um zu messen, wie sich die Norm $\|.\|_{H_{x+t\Delta x}}$ der Vektoren Δx und h mit $t \in [0, 1]$ ändert, definieren wir

$$u(t) := \|\Delta x\|^2_{H_{x+t\Delta x}} = \Delta x^T \nabla^2 \phi(x + t\Delta x) \Delta x \ge 0$$

und

$$w(t) := \|h\|^2_{H_{x+t\Delta x}} = h^T \nabla^2 \phi(x + t\Delta x) h \ge 0.$$

Hierbei ist $u(t)$ die Funktion $u(t) = \mathbf{f}''_{x, \Delta x}(t)$ aus dem Beweis von Lemma 15.1.18. Aus dem Beweis von Lemma 15.1.18 erhalten wir daher

$$0 \le u(t) \le (\delta^{-1} - t)^{-2} = \frac{\delta^2}{(\delta t - 1)^2}. \tag{15.1.26}$$

Die Ungleichung (15.1.20) lässt sich mit Hilfe der Funktion w ausdrücken, und zwar genügt es zu zeigen, dass

$$(1 - \delta)\sqrt{w(0)} \leq \sqrt{w(1)} \leq \frac{1}{1 - \delta}\sqrt{w(0)}.$$

Die Änderung von w kann durch die Ableitung $w'(t)$ unter Benutzung von (15.1.23) abgeschätzt werden. Aus der Selbstkonkordanz von ϕ folgt mit (15.1.23)

$$|D^3\phi(x)[h^1, h^2, h^3]| \leq 2\sqrt{D^2\phi(x)[h^1, h^1]\, D^2\phi(x)[h^2, h^2]\, D^2\phi(x)[h^3, h^3]},$$

und insbesondere (beachte $D^2\phi(x)[s, t] = s^T \nabla^2\phi(x)t$)

$$\begin{aligned}
|w'(t)| &= |D^3\phi(x + t\Delta x)[\Delta x, h, h]| \\
&\leq 2\sqrt{\Delta x^T \nabla^2\phi(x + t\Delta x)\Delta x \; h^T \nabla^2\phi(x + t\Delta x)h} \\
&= 2\, u(t)^{1/2} w(t).
\end{aligned}$$

Setzt man nun (15.1.26) in diese Ungleichung ein, so erhält man folgende Differentialungleichung:

$$|w'(t)| \leq \frac{2\delta}{1 - t\delta} w(t),$$

die wegen $\delta < 1$ für $t \in [0, 1]$ definiert ist. Die „extremalen" Lösungen $v_{\pm}$ dieser Differentialungleichungen genügen der Gleichung

$$v'_{\pm}(t) = \pm \frac{2\delta}{1 - t\delta} v_{\pm}(t), \quad v_{\pm}(0) = w(0),$$

und sind durch $v_{\pm}(t) = w(0)(1 - t\delta)^{\mp 2}$ gegeben. Somit folgt wieder aus dem Vergleichssatz über Differentialungleichungen [98]

$$w(0)(1 - t\delta)^2 \leq w(t) \leq \frac{w(0)}{(1 - t\delta)^2}$$

für $0 \leq t \leq 1 < \frac{1}{\delta}$. Für $t = 1$ erhält man daraus durch Wurzelziehen die Ungleichung (15.1.20). $\qquad\qquad\qquad\square$

Wir halten das obige Resultat in folgendem Lemma fest.

Lemma 15.1.27 *Sei $\phi \in C^3(\mathcal{S}^o, \mathbb{R})$ eine konvexe dreimal stetig differenzierbare Barrierefunktion. Dann erfüllt ϕ die Selbstkonkordanzbedingung (15.1.13) genau dann, wenn ϕ die Bedingung (15.1.20) erfüllt.*

15.1.5 Das Newton-Verfahren zur Minimierung selbstkonkordanter Funktionen

Wir wollen jetzt die Konvergenzgeschwindigkeit des Newton-Verfahrens untersuchen, wenn man es zur Minimierung einer selbstkonkordanten Barrierefunktion $\phi \colon \mathcal{S}^o \to \mathbb{R}$ einsetzt. Dazu bemerken wir zunächst, dass ϕ eine Minimmalstelle x^* in $\mathcal{S}^o$ besitzt, falls $\mathcal{S}$ beschränkt ist. Sie ist eindeutig, weil ϕ streng konvex ist. Diese Minimalstelle ist das *analytische Zentrum* von $\mathcal{S}$. Man beachte aber, dass das Zentrum nicht von der Punktmenge $\mathcal{S}$ abhängt, sondern von der Barrierefunktion ϕ: zu verschiedenen Barrierefunktionen der gleichen Menge $\mathcal{S}$ gehören i. allg. verschiedene analytische Zentren.

Wir weisen weiter darauf hin, dass die Addition einer linearen Funktion zu ϕ die Selbstkonkordanzbedingung (15.1.13) nicht beeinflusst, so dass die weiteren Resultate auch auf Minimierungsprobleme der Form

$$\min\{\frac{c^T x}{\mu} + \phi(x) \mid x \in \mathcal{S}^o\} \tag{15.1.28}$$

mit festem $\mu > 0$ angewendet werden können. Im Folgenden betrachten wir aber die Funktion ϕ ohne den linearen Term $c^T x / \mu$ und definieren für $x \in \mathcal{S}^o$

$$\Delta x := -H_x^{-1} \nabla \phi(x), \tag{15.1.29}$$

den Newton-Schritt zur Minimierung von ϕ, wobei natürlich $H_x = \nabla^2 \phi(x)$. Den Newtonnachfolger von x bezeichnen wir mit $\tilde{x} := x + \Delta x$. Das folgende zentrale Lemma beschreibt die Fehler der Iterierten des Newton-Verfahrens vor und nach einem Newton-Schritt.

Lemma 15.1.30 *Sei ϕ eine selbstkonkordante Barrierefunktion für $\mathcal{S}$ und $x \in \mathcal{S}^o$ ein Punkt mit $\|\Delta x\|_{H_x} < 1$. Dann ist der Newtonnachfolger $\tilde{x}$ von x strikt zulässig, $\tilde{x} \in \mathcal{S}^o$. Falls $\Delta \tilde{x} = -H_{\tilde{x}}^{-1} \nabla \phi(\tilde{x})$ den nächsten Newton-Schritt ausgehend von $\tilde{x}$ bezeichnet, so gilt*

$$\|\Delta \tilde{x}\|_{H_{\tilde{x}}} \leq \frac{\|\Delta x\|_{H_x}^2}{(1 - \|\Delta x\|_{H_x})^2}. \tag{15.1.31}$$

Für $\|\Delta x\|_{H_x} \leq 1/4$ folgen aus diesem Lemma beispielsweise die Ungleichungen

$$\|\Delta \tilde{x}\|_{H_{\tilde{x}}} \leq \frac{16}{9} \|\Delta x\|_{H_x}^2 \leq \frac{4}{9} \|\Delta x\|_{H_x},$$

die sowohl die quadratische Konvergenz des Newton-Verfahrens beschreiben als auch garantieren, dass die Größen Δx gemessen in der H_x-Norm in jeder Iteration mindestens mit dem Faktor 4/9 multipliziert werden.

Beweis Wir übernehmen den Beweis aus [127].

Sei nun $x \in \mathcal{S}^o$ und $x(s) := x + s\Delta x$ für $s \in [0, 1]$, wobei $\Delta x = -\nabla^2\phi(x)^{-1}\nabla\phi(x)$ der von x ausgehende Newton-Schritt zur Minimierung von ϕ ist. Aus Lemma 15.1.18 folgt $x(s) \in \mathcal{S}^o$ für $s \in [0, 1]$, also insbesondere $\tilde{x} := x + \Delta x \in \mathcal{S}^o$. Für $h \in \mathbb{R}^n$ folgt weiter aus (15.1.21) mit $\delta M(\delta) = (1-\delta)^{-2} - 1$

$$\left|h^T\left(\nabla^2\phi(x) - \nabla^2\phi(x(s))\right)h\right| \leq \left(\frac{1}{(1-s\|\Delta x\|_{H_x})^2} - 1\right)h^T\nabla^2\phi(x)h. \tag{15.1.32}$$

Für gegebenes $z \in \mathbb{R}^n$ sei nun

$$\begin{aligned}\mathcal{K}(s) &:= D\phi(x(s))z - (1-s)D\phi(x)z \\ &= D\phi(x(s))z + (1-s)\Delta x^T\nabla^2\phi(x)z.\end{aligned}$$

Beachte, dass $\mathcal{K}(0) = 0$ und $\mathcal{K}(1) = D\phi(x + \Delta x)z$. Die Ungleichung (15.1.32) lässt sich als Voraussetzung für die verallgemeinerte Cauchy-Schwarz'sche Ungleichung (15.1.25) lesen, aus der mit $\delta := \|\Delta x\|_{H_x}$ folgt

$$\begin{aligned}|\mathcal{K}'(s)| &= \left|\frac{d}{ds}D\phi(x(s))z - \Delta x^T\nabla^2\phi(x)z\right| \\ &= \left|\Delta x^T\left(\nabla^2\phi(x(s)) - \nabla^2\phi(x)\right)z\right| \\ &\leq \left(\frac{1}{(1-s\delta)^2} - 1\right)\sqrt{\Delta x^T\nabla^2\phi(x)\Delta x}\sqrt{z^T\nabla^2\phi(x)z} \\ &= \left(\frac{1}{(1-s\delta)^2} - 1\right)\delta\|z\|_{H_x}.\end{aligned}$$

Durch Integration folgt wegen $\mathcal{K}(0) = 0$

$$\begin{aligned}|\mathcal{K}(1)| &\leq \int_0^1 |\mathcal{K}'(s)|ds \leq \|z\|_{H_x}\delta\int_0^1\left(\frac{1}{(1-s\delta)^2} - 1\right)ds \\ &= \|z\|_{H_x}\frac{\delta^2}{1-\delta}.\end{aligned}$$

Wählt man jetzt $z = \Delta\tilde{x} = -\nabla^2\phi(x+\Delta x)^{-1}\nabla\phi(x+\Delta x)$ als den nächsten Newton-Schritt, so ergibt sich

$$\begin{aligned}\|\Delta\tilde{x}\|^2_{H_{x+\Delta x}} &= |D\phi(x+\Delta x)\Delta\tilde{x}| \\ &= |\mathcal{K}(1)| \\ &\leq \frac{\delta^2}{1-\delta}\|\Delta\tilde{x}\|_{H_x} \\ &\leq \frac{\delta^2}{(1-\delta)^2}\|\Delta\tilde{x}\|_{H_{x+\Delta x}},\end{aligned}$$

wobei die letzte Ungleichung aus (15.1.20) folgt. Die Behauptung (15.1.31) erhält man nun, indem man die Ungleichungskette durch $\|\Delta\tilde{x}\|_{H_{x+\Delta x}}$ dividiert.

Wir betrachten nun noch die Existenz eines Minimums für den Fall, dass $\delta := \|\Delta x\|_{H_x} < 1$ gilt. Falls nicht der volle Newtonschritt sondern nur ein gedämpfter Newtonschritt, $\tilde{x} := x + t\Delta x$ mit $t \in [0, 1]$ ausgeführt wird, so liefert der obige Beweisansatz die folgende etwas kompliziertere Schranke für die Länge $\tilde{\delta}$ des nächsten vollen Newton-Schritts,

$$\tilde{\delta} \leq \delta \frac{1 - t - t\delta + 2t^2\delta}{(1 - t\delta)^2}.$$

Für $\delta < 1$ und kleine $t > 0$ ist $\tilde{\delta}$ strikt kleiner als δ. Bei Wiederholung des gedämpten Newton-Schrittes folgt, dass δ um mindestens denselben Faktor (< 1) reduziert wird, und bei ausreichend vielen Wiederholungen folgt, dass irgendwann die Schranke $\delta \leq 1/4$ erreicht wird, ab der dann quadratische Konvergenz des Newton-Verfahrens gegeben ist, sodass insbesondere eine Minimalstelle existieren muss. □

Bemerkenswert an obigem Resultat ist, dass die Schranke $\|\Delta x\|_{H_x} < 1$, die die Existenz einer Minimalstelle garantiert, scharf ist: Für $x \in \mathbb{R}$, $x > 0$ ist die Funktion $x \mapsto -\ln(x)$ selbst-konkordant, besitzt keine Minimalstelle, und der Newtonschritt hat stets die Länge $\|\Delta x\|_{H_x} = 1$.

Das folgende Resultat (aus [86]) wird nicht weiter benötigt; wir zitieren es nur, um die Größe des Konvergenzgebietes des Newton-Verfahrens zu beschreiben.

Korollar 15.1.33 *Sei ϕ eine selbstkonkordante Barrierefunktion für S, S beschränkt, H_x die Hessematrix $H_x = \nabla^2\phi(x)$ und $\bar{x}$ die Minimalstelle von ϕ (das analytische Zentrum von S). Dann ist das Newton-Verfahren zur Minimierung von ϕ für alle Startwerte $x \in \bar{x} + \frac{1}{5}E(\bar{x})$ quadratisch konvergent. Hier ist $E(\bar{x}) = \{z \mid z^T H_{\bar{x}} z \leq 1\}$.*

Nach Lemma 15.1.18 ist $\bar{x} + E(\bar{x})$ eine innere Ellipse für S. Obiges Resultat besagt also, dass der Bereich der quadratischen Konvergenz ein Fünftel der inneren Ellipse umfasst. Es wird im nächsten Abschnitt durch den Nachweis ergänzt, dass bereits ein kleines Vielfaches der inneren Ellipse um $\bar{x}$, d.h. $\bar{x} + \rho E(\bar{x})$ für ein kleines $\rho > 1$, die Menge S enthält, und somit eine „äußere Ellipse" von S ist. Der Konvergenzbereich des Newton-Verfahrens enthält also einen „festen Prozentsatz" des gesamten Definitionsbereichs S^o von ϕ.

Ein weiteres interessantes Ergebnis zum Newton-Verfahren ist das folgende Resultat aus [127], das wir ebenfalls ohne Beweis zitieren. Wenn für ein $x \in S^o$ die Ungleichung $\|\Delta x\|_{H_x} < 1/3$ gilt, dann ist die Entfernung von x zu $\bar{x}$ wie folgt beschränkt:

$$\|x - \bar{x}\|_{H_x} \leq 1 - (1 - 3\|\Delta x\|_{H_x})^{1/3} \quad (\approx \|\Delta x\|_{H_x}). \tag{15.1.34}$$

Die Entfernung zum unbekannten Zentrum $\bar{x}$ ist also ungefähr gleich der Länge des Newton-Schritts.

15.1.6 θ – selbstkonkordante Barrierefunktionen und äußere ellipsoidale Approximationen

Die Resultate des letzten Abschnitts (s. Korollar 15.1.33) zeigen, dass das Newton-Verfahren in einem Fünftel einer inneren Ellipse um das analytische Zentrum quadratisch konvergiert. Dieses Resultat ist aber nur dann wirklich von Bedeutung, wenn die innere Ellipse ausreichend groß ist, wenn etwa bereits ein kleines Vielfaches der inneren Ellipse eine äußere Ellipse für $\mathcal{S}$ wäre.

Genauso können wir auch die zweite Frage, die am Ende von Abschn. 15.1.2 gestellt wurde (die Abschätzung von $c^T x(\lambda) - \lambda_*$) mit einer ellipsoidalen Approximation der Menge $\mathcal{S}(\lambda)$ um das Zentrum $x(\lambda)$ verknüpfen. Wenn $\varphi(., \lambda)$ für ein $\lambda > \lambda_*$ selbstkonkordant ist, folgt aus Lemma 15.1.18 angewandt auf $\mathcal{S}(\lambda)$ und $\varphi(., \lambda)$, dass mit

$$E(\lambda) := \{z \mid z^T H_{x(\lambda), \lambda} z \leq 1\}$$

die Menge $x(\lambda) + E(\lambda)$ eine innere Ellipse für $\mathcal{S}(\lambda)$ ist, also $x(\lambda) + E(\lambda) \subset \mathcal{S}(\lambda)$. Hier ist natürlich $H_{x(\lambda), \lambda}$ die Hessematrix $\nabla_x^2 \varphi(x, \lambda)$ von $\varphi(., \lambda)$ im Punkt $x = x(\lambda)$. Falls nun eine kleine Zahl $\rho > 1$ existiert, für die $x(\lambda) + \rho E(\lambda)$ eine äußere Ellipse für $\mathcal{S}(\lambda)$ ist, $\mathcal{S}(\lambda) \subset x(\lambda) + \rho E(\lambda)$, dann können wir schließen

$$\lambda - c^T x(\lambda) \geq \frac{1}{\rho}(c^T x(\lambda) - \lambda_*),$$

und somit die Frage aus (15.1.9) beantworten.

Es stellt sich heraus, dass eine weitere Eigenschaft der Logarithmusfunktion benötigt wird, um die Existenz einer kleinen äußeren Ellipse zu garantieren[4].

Um zu verhindern, dass die Minimalstelle von ϕ zu nahe am Rand von $\mathcal{S}$ liegt, könnte man eine Bedingung fordern, die das Wachstum von ϕ (also die Größe von $D\phi$) beschränkt, und zwar bezüglich der kanonischen Norm $\| . \|_{H_x}$. Für die Funktion $\phi(t) := -\ln t \colon \mathbb{R}_+ \to \mathbb{R}$ gibt es eine solche Schranke, nämlich

$$\phi'(t)^2 \leq \phi''(t) \quad \text{für alle } t > 0.$$

Wie bei (15.1.13) übertragen wir diese Bedingung in den $\mathbb{R}^n$ und setzen etwas allgemeiner eine zweite Differentialeigenschaft von ϕ voraus:

Definition 15.1.35 (Selbstbeschränkung) *Sei $\phi : \mathcal{S} \subset \mathbb{R}^n \to \mathbb{R}$ eine Barrierefunktion und die Funktion $\mathbf{f}_{x,h} = \phi(x + th)$ wie in (15.1.12) definiert. Sei ferner ein fester Parameter $\theta \geq 1$ gegeben. Die Funktion ϕ heißt θ-selbstkonkordante Barrierefunktion, wenn die*

---

[4]Die Selbstkonkordanz allein ist nicht ausreichend, wie man leicht an dem Beispiel $\phi(t) := -\ln t - \sigma \ln(1 - t) : (0, 1) \to \mathbb{R}$ ablesen kann; diese Funktion ist für alle $\sigma \geq 1$ selbstkonkordant, die inneren Ellipsen um die Minimalstelle $\frac{1}{1+\sigma}$ werden für $\sigma \to \infty$ jedoch immer kleiner.

Funktion $\mathbf{f}_{x,h}$ *für alle* $x \in S^o$ *und alle* $h \in \mathbb{R}^n$ *die Bedingung (15.1.13) und zusätzlich die Bedingung*

$$|\mathbf{f}'_{x,h}(0)| \leq \sqrt{\theta}\mathbf{f}''_{x,h}(0)^{1/2} \quad \text{für alle } x \in S^o, \ h \in \mathbb{R}^n \tag{15.1.36}$$

erfüllt.

Natürlich ist (15.1.36) mit

$$|D\phi(x)h|^2 \leq \theta D^2\phi(x)[h,h] \quad \text{für alle } x \in S^o, \ h \in \mathbb{R}^n$$

äquivalent.

Ergänzung Diese Definition stimmt mit der in [128] überein. In einigen Fällen werden wir die Eigenschaft (15.1.36) jedoch unabhängig von (15.1.13) verwenden. Wir geben ihr daher einen eigenen Namen und nennen eine Funktion ϕ mit (15.1.36) (ohne Annahme der Gültigkeit von (15.1.13)) θ-*selbstbeschränkend.*

Die Zahl $\sqrt{\theta}$ kann als lokale Lipschitzkonstante für ϕ (oder $\mathbf{f}$) interpretiert werden, denn für kleine $\|y - x\|_{H_x}$ gilt näherungsweise

$$|\phi(y) - \phi(x)| \approx |D\phi(x)(y - x)| \leq \sqrt{\theta}D^2\phi(x)[y - x, y - x]^{1/2},$$

wobei die Änderung $y - x$ im Argument von ϕ in der H-Norm gemessen wird.

Beachte, dass wie bei (15.1.13), auch die Bedingung (15.1.36) nur für das Argument $t = 0$ vorausgesetzt wird, weil dies leichter zu verifizieren ist, aber wie zuvor gilt (15.1.36) natürlich für alle $t \in I := \{t \mid x + th \in S^o\}$.

Man beachte weiter, dass im Gegensatz zu (15.1.13) die Bedingung (15.1.36) *nicht* invariant ist unter Addition einer linearen Störung $c^T x/\mu$ zu ϕ.

Schließlich merken wir an, dass es (außer den konstanten Funktionen) keine θ-selbstkonkordanten Funktionen mit $\theta < 1$ gibt.

Bevor wir die Eigenschaften untersuchen, die aus (15.1.36) folgen, betrachten wir die Bedingung (15.1.36) noch etwas eingehender.

Äquivalente Formulierungen In den Übungen 15.3 zeigen wir, dass Bedingung (15.1.36) zur Konkavität der Funktion Ψ,

$$S^o \ni x \mapsto \Psi(x) := e^{-\phi(x)/\theta},$$

äquivalent ist.

Offenbar ist $\Psi(x) > 0$ für $x \in S^o$, und Ψ kann auf den Rand von S stetig fortgesetzt werden, indem man $\Psi(x) = 0$ für $x \in \partial S$ setzt. In den Übungen 15.3 sehen wir auch, dass die Bedingung (15.1.36) dazu äquivalent ist, dass die H-Norm des Newton-Schritts Δx aus (15.1.29) global beschränkt ist durch

$$\|\Delta x\|_{H_x} \leq \sqrt{\theta} \quad \text{für alle } x \in \mathcal{S}^o. \tag{15.1.37}$$

Die Formulierung (15.1.37) setzt allerdings die Invertierbarkeit von $H_x = \nabla^2 \phi(x)$ voraus, während (15.1.36) auch für Funktionen ϕ mit semidefiniter Hessematrix H_x sinnvoll ist.

Die Abschätzung (15.1.37) ist bemerkenswert, weil für $\|\Delta x\|_{H_x} < 1$ Lemma 15.1.30 auf das Newton-Verfahren zur Minimierung von ϕ anwendbar ist.

Einige Beispiele Wir zeigen kurz, dass die Beispiele (15.1.15)–(15.1.17) auch die Bedingung (15.1.36) erfüllen.

- **Affine Transformationen.** Genau wie (15.1.13) ist auch (15.1.36) unter affinen Transformationen invariant. Sei $\mathcal{A}(x) := Ax + b$ eine affine Abbildung mit einer Matrix $A \in \mathbb{R}^{p \times q}$ und einem Vektor $b \in \mathbb{R}^p$. Dann erfüllt mit $\phi \colon \mathcal{S}^o \to \mathbb{R}$, $\mathcal{S}^o \subset \mathbb{R}^p$, auch die Funktion $\tilde{\phi} := \phi \circ \mathcal{A}$ die Bedingung (15.1.36) mit dem gleichen Parameter θ, sofern $\tilde{\mathcal{S}}^o := \{y \in \mathbb{R}^q \mid \exists x \in \mathcal{S}^o : y = \mathcal{A}(x)\}$ nicht leer ist.
  Der Beweis folgt aus dem Beweis der entsprechenden Behauptung für (15.1.13).
  Aus dieser affinen Invarianzeigenschaft folgt, dass die logarithmische Barrierefunktion einer linearen Nebenbedingung $\theta = 1$-selbstkonkordant ist.
- **Summenbildung.** Falls ϕ_1 und ϕ_2 die Bedingung (15.1.36) für die Selbstkonkordanzparameter θ_1 bzw. θ_2 erfüllen, dann erfüllt auch $\phi_{1,2} := \phi_1 + \phi_2$ diese Bedingung mit dem Parameter $\theta_{1,2} := \theta_1 + \theta_2$ – sofern die Definitionsbereiche von ϕ_1 und ϕ_2 einen nichtleeren Schnitt haben.
  Der Beweis ist eine einfache Übung.   □
- **Quadratische oder semidefinite Nebenbedingungen.** In den Übungen 15.3 werden folgende Verallgemeinerungen von (15.1.15) und (15.1.17) gezeigt:
  Die Barrierefunktion $\phi(X) = -\ln(\det X)$ ist auf der Menge aller positiv definiten $n \times n$ Matrizen $\theta = n$-selbstkonkordant. Ferner ist die logarithmische Barrierefunktion $\phi_i(x) = -\ln(-f_i(x))$ einer beliebigen konvexen Restriktion $f_i(x) \leq 0$ stets $\theta = 1$-selbstbeschränkend (selbst wenn ϕ_i nicht selbstkonkordant sein sollte), solange es ein x mit $f_i(x) < 0$ gibt. Insbesondere ist der Logarithmus einer konvexen quadratischen Nebenbedingung eine $\theta = 1$-selbstkonkordante Barrierefunktion.
- **Universale Barrierefunktion.** Obwohl sich die Herleitung der Selbstkonkordanz sehr eng an der logarithmischen Barrierefunktion $\phi(t) = -\ln(t)$ orientierte, ist das Konzept der Selbstkonkordanz sehr allgemein. So wird in [128] für eine beliebige konvexe Menge $\mathcal{S} \subset \mathbb{R}^n$ eine sogenannte universale Barrierefunktion $\phi \colon \mathcal{S}^o \to \mathbb{R}$ angegeben, die θ-selbstkonkordant ist mit einem Parameter $\theta = O(n)$. Die universale Barrierefunktion ist nicht von der Form (15.1.3); sie hängt nur von der Menge $\mathcal{S}$ ab und nicht von einer Beschreibung von $\mathcal{S}$ durch Restriktionen. Sie ist allerdings für allgemeine Mengen $\mathcal{S}$ numerisch nicht berechenbar.

Wir möchten an dieser Stelle noch einmal darauf hinweisen, dass die Ergebnisse zur Konvergenz des Newtonverfahrens zur Berechnung eines analytischen Zentrums für alle selbstkonkordanten Barrierefunktionen gleichermaßen gelten.

Es ist aber trotzdem nicht zu erwarten, dass z. B. die Methode der Zentren (Algorithmus 15.1.8) alle Optimierungsprobleme unabhängig von der Wahl einer selbstkonkordanten Barrierefunktion ϕ gleich schnell löst: Bei Algorithmus 15.1.8 kommt es nicht nur auf die schnelle Konvergenz des Newton-Verfahrens in Schritt 2) an, sondern auch darauf, wie schnell λ_k und $c^T x^k$ gegen λ_* konvergieren. Es wird sich im Folgenden herausstellen, dass insbesondere die Größe des Parameters θ die Effizienz des Verfahrens der Zentren mitbestimmt. Daher ist es interessant festzuhalten, dass für gewisse Mengen S der bestmögliche Selbstkonkordanzparameter bekannt ist und dass in diesen Fällen die *logarithmische* Barrierefunktion einen optimalen Selbstkonkordanzparameter besitzt. Insbesondere gibt es für Mengen S, die durch nur eine Nebenbedingung beschrieben wird (sei sie linear, konvex, quadratisch oder eine Semidefinitheitsbedingung), keine Barrierefunktionen, die einen kleineren Selbstkonkordanzparameter θ besitzen als die oben angegebenen Barrierefunktionen, siehe z. B. [85]. Die in diesem Kapitel getroffene Wahl für die logarithmische Barrierefunktion (an Stelle von anderen Barrierefunktionen wie z. B. die inverse Barrierefunktion) ist also in gewisser Weise optimal. Diese „Optimalität" der logarithmischen Barrierefunktion ist auch noch für einige andere Mengen S korrekt, die z. B. durch mehrere lineare oder quadratische Nebenbedingungen beschränkt werden – wie den positiven Orthanten des $\mathbb{R}^n$. Sie gilt aber nicht mehr für die logarithmische Barrierefunktion $\phi(x) = -\sum_{i=1}^m \ln(a_i^T x + \beta_i)$ eines allgemeinen Polyeders $S = \{x \in \mathbb{R}^n \mid a_i^T x + \beta_i \geq 0, \ i = 1, \ldots, m\}$, die m-selbstkonkordant ist. Insbesondere sind für Polyeder mit sehr vielen Nebenbedingungen ($m \gg n$) auch Barrierefunktionen mit Selbstkonkordanzparameter $\theta = O(n)$ bekannt, (z. B. die leider faktisch nicht berechenbare universale Barrierefunktion [128]) oder mit $\theta = O(\sqrt{nm})$ (die volumetrische Barrierefunktion [8], deren Berechnung aber auch teurer ist).

Eigenschaften, die aus der Selbstbeschränkung folgen Unser Hauptziel bei der Herleitung von (15.1.36) war die Konstruktion einer äußeren Ellipse für S. Das folgende Lemma zeigt, dass (15.1.36) dies auch wirklich leistet.

Lemma 15.1.38 (Äußere Ellipse) *Sei ϕ eine θ-selbstkonkordante Barrierefunktion für S und es existiere die Minimalstelle $\bar{x}$ von ϕ (das analytische Zentrum von S). Dann gilt*

$$\|h\|_{H_{\bar{x}}} > (\theta + 2\sqrt{\theta}) \implies \bar{x} + h \notin S.$$

Beweis Wir setzen $\delta := \|h\|_{H_{\bar{x}}} = \sqrt{\mathbf{f}''(0)}$, wobei $\mathbf{f} = \mathbf{f}_{\bar{x},h}$ wie in (15.1.12) definiert sei und $d := 1/\delta$. Wir zeigen, dass der Punkt $(\theta + 2\sqrt{\theta})d$ nicht im Definitionsbereich von $\mathbf{f}$ liegt und betrachten dazu die Funktion $g(t) = \mathbf{f}'(t)$. Um den Definitionsbereich von $\mathbf{f}$ abzuschätzen, untersuchen wir – ähnlich wie im Beweis von Lemma 15.1.18 – die Polstellen von $g(t)$ für $t \geq 0$. Wegen (15.1.36) ist g eine Lösung von

$$g'(t) \geq \frac{g^2(t)}{\theta}, \qquad g(0) = 0, \qquad g'(0) = \mathbf{f}''(0) > 0. \tag{15.1.39}$$

Aufgrund der Anfangswerte ist die Ungleichung $g^2 \leq \theta g'$ in der Nähe von $t = 0$ inaktiv. Für kleine Werte $t \geq 0$ wenden wir daher wieder die Ungleichung (15.1.13) an. Sei

$$\bar{t} := \sqrt{\theta} d.$$

Wenn $\mathbf{f}$ bei $\bar{t}$ nicht definiert ist, d. h. $\bar{t} \notin I$, dann ist nichts zu zeigen. Wir nehmen daher an, dass $\bar{t} \in I$ und schließen wie im Beweis von Lemma 15.1.18, dass aus (15.1.13), $g''(t) \geq -2g'(t)^{3/2}$, folgt:

$$g'(t) \geq v(t) := (t + d)^{-2} \text{ für } t \in [0, \bar{t}\,].$$

Mit der Variablen $\tilde{t} := t - \bar{t}$ und $\tilde{g}(\tilde{t}) := g(\tilde{t} + \bar{t}) = g(t)$ folgt aus (15.1.39)

$$\tilde{g}'(\tilde{t}) \geq \frac{\tilde{g}(\tilde{t})^2}{\theta} \text{ für } \tilde{t} \geq 0. \tag{15.1.40}$$

Wir sehen, dass die Anfangswerte für (15.1.40) durch

$$\tilde{g}(0) = g(\bar{t}) = \int_0^{\bar{t}} g'(\tau)\, d\tau \geq \int_0^{\bar{t}} v(\tau)\, d\tau = \frac{\sqrt{\theta}}{d(1 + \sqrt{\theta})} =: d_1$$

und

$$\tilde{g}'(0) = g'(\bar{t}) \geq v(\bar{t}) = d^{-2}(1 + \sqrt{\theta})^{-2} =: d_2$$

gegeben sind. Beachte dabei, dass $d_1^2 = \theta d_2$ (dies liegt an der speziellen Wahl von $\bar{t}$). Es folgt $\tilde{g}(\tilde{t}) \geq s(\tilde{t})$, wobei s die Anfangswertaufgabe

$$s(\tilde{t})^2 = \theta s'(\tilde{t}) \text{ mit } s(0) = d_1$$

löst. Die Funktion s ist durch $s(\tilde{t}) = (d_1^{-1} - \tilde{t}/\theta)^{-1}$ gegeben und hat ihre Polstelle bei $\hat{t} = \theta d_1^{-1}$. Der entsprechende Wert für t ist $t = \bar{t} + \hat{t} = \theta(1 + 2/\sqrt{\theta})d$. Nach Konstruktion gilt $s(\tilde{t}) \leq g(t)$, so dass der Pol von g und somit auch der von $\mathbf{f}$ auf oder vor diesem Punkt liegen muss. $\square$

Lemma 15.1.18 und Lemma 15.1.38 können in folgendem Satz zusammengefasst werden:

Satz 15.1.41 *Sei ϕ eine θ-selbstkonkordante Barrierefunktion für S und sei die Ellipse $E(x) = \{h \mid h^T \nabla^2 \phi(x) h \leq 1\}$ durch die Hessematrix von ϕ in x gegeben. Für alle $x \in \mathcal{S}^o$ gilt*

$$x + E(x) \subset \mathcal{S},$$

und, falls die Minimalstelle $\bar{x}$ von ϕ existiert, gilt zusätzlich

$$\bar{x} + (\theta + 2\sqrt{\theta})E(\bar{x}) \supset \mathcal{S}.$$

Obiger Beweis lässt auch eine abgeschwächte Abschätzung von $\mathcal{S}$ in *beliebigen Punkten* $x \in \mathcal{S}^o$ zu:

Korollar 15.1.42 *Sei ϕ eine θ-selbstkonkordante Barrierefunktion für $\mathcal{S}$ und sei $x \in \mathcal{S}^o$ beliebig. Definiere den Halbraum $\mathcal{H} := \{y | \, D\phi(x)(y - x) \geq 0\}$ und $E(x) := \{h | \, h^T \nabla^2 \phi(x)h \leq 1\}$. Dann ist*

$$x + E(x) \subset \mathcal{S},$$

und

$$x + (\theta + 2\sqrt{\theta})E(x) \supset \mathcal{S} \cap \mathcal{H}.$$

Im allgemeinen ist für ein beliebiges $x \in \mathcal{S}^o$ die Inklusion

$$x + (\theta + 2\sqrt{\theta})E(x) \supset \mathcal{S} \cap (\mathbb{R}^n \setminus \mathcal{H})$$

falsch; für $x = \bar{x}$ ist sie wegen Satz 15.1.41 richtig.

Wie schon angemerkt, kann unsere zweite Frage bezüglich des Abstandes $\lambda - c^T x(\lambda)$ im Vergleich zu $c^T x(\lambda) - \lambda_*$ mit Hilfe von ellipsoidalen Approximationen von $\mathcal{S}(\lambda)$ beantwortet werden. Die Antwort ist aber für $\kappa > 1$ in (15.1.7) nicht optimal. Wir geben daher noch eine weitere Abschätzung an, die ebenfalls durch Ausnutzung von skalaren Differentialungleichungen bewiesen werden kann.

Lemma 15.1.43 *Sei das Innere der Menge*

$$\mathcal{S}(\lambda) = \{\, x \in \mathcal{S} \mid c^T x \leq \lambda \,\}$$

beschränkt und nichtleer, $\lambda_* := \min\{c^T x \mid x \in \mathcal{S}(\lambda)\}$ und ϕ eine θ-selbstbeschränkende Barrierefunktion für $\mathcal{S}$. Sei ferner $\kappa > 0$ eine Konstante, und

$$x(\lambda) := \arg \min_{x \in \mathcal{S}(\lambda)^o} \phi(x) - \kappa \ln(\lambda - c^T x). \tag{15.1.44}$$

Dann gilt

$$\frac{\theta}{\kappa}(\lambda - c^T x(\lambda)) \geq c^T x(\lambda) - \lambda_*. \tag{15.1.45}$$

Beweis Sei $x = x(\lambda)$ und x^* ein Punkt in $\mathcal{S}$ mit $c^T x^* = \lambda_*$. Setze $h := x^* - x$. Wir betrachten die Funktion $\mathbf{f}$ aus (15.1.12) mit $\mathbf{f}(t) = \phi(x + th)$. Da die Zielfunktion $c^T x$

linear ist, liegt x^* am Rand von $\mathcal{S}$, d.h. 1 ist Randpunkt des Definitionsbereichs I von $\mathbf{f}$. Beachte, dass die Funktion $\tilde{\mathbf{f}}(t) := \phi(x + th) - \kappa \ln(\lambda - c^T(x + th))$ nach Voraussetzung bei $t = 0$ ein Minimum hat. Somit ist $\mathbf{f}'(0) = -\kappa c^T h/(\lambda - c^T x) > 0$. Wir setzen wieder $g = \mathbf{f}'$ und nutzen (15.1.36):

$$g'(t) \geq \theta^{-1} g(t)^2, \qquad g(0) = \mathbf{f}'(0).$$

Wie zuvor ist die extremale Lösung $v(t) = (\mathbf{f}'(0)^{-1} - \theta^{-1} t)^{-1}$ des Anfangswertproblems $v'(t) = \theta^{-1} v(t)^2, v(0) = \mathbf{f}'(0)$, eine untere Schranke für g. Da $t = 1$ im Definitionsbereich der extremalen Lösung oder am Rand des Definitionsbereichs liegen muss, folgt $\mathbf{f}'(0)^{-1} - \theta^{-1} \geq 0$, oder

$$\theta \geq \mathbf{f}'(0) = \frac{-\kappa c^T h}{\lambda - c^T x}.$$

Wegen $h = x^* - x$ und $c^T x^* = \lambda_*$ folgt daraus die Behauptung. $\square$

Wählen wir nun $\kappa \geq \theta$, so sehen wir, dass auch die zweite Frage (15.1.9), die wir zur Effizienz des Verfahrens der Zentren (Algorithmus 15.1.8) gestellt hatten, positiv mit $\epsilon = 1$ beantwortet werden kann.

15.1.7 Ein einfacher Modellalgorithmus

Wir zeigen nun, wie man die Ergebnisse über selbstkonkordante Barrierefunktionen so kombinieren kann, dass ein polynomial konvergentes Verfahren zum Lösen von gewissen konvexen Optimierungsproblemen entsteht. Hierbei umfasst die Klasse der so lösbaren Probleme insbesondere die schon genannten Probleme mit linearen, konvex quadratischen oder mit Semidefinitheits-Nebenbedingungen. Die Bezeichnung „polynomial konvergent" ist hier im Sinne einer polynomialen Konvergenzrate zu verstehen, d.h. in polynomialer Zeit wird ein gewisses Maß für den Abstand der Iterierten zur Optimalmenge halbiert. In unserem Beispiel sind die von dem Verfahren erzeugten Iterierten x^k alle strikt zulässig und erfüllen $c^T x^k < \lambda_k$, und die Schranke $\lambda_k - c^T x^*$ für die Optimalitätslücke – gemessen in der Zielfunktion – wird in maximal $12\sqrt{\theta}$ Iterationen um den Faktor $1/2$ reduziert.

In dem folgenden Verfahren wird die Schranke λ in jeder Iteration nicht wie in Algorithmus 15.1.8 um $\frac{1}{2}(\lambda_k - c^T x^k)$ geändert, sondern nur so wenig, dass bereits ein einziger Newton-Schritt pro Iteration ausreicht, um wieder in hinreichende Nähe des neuen Zentrums zu gelangen. Das Verfahren ist wie folgt aufgebaut: Ausgehend von einer mäßig guten Näherung x^k an das Zentrum $x(\lambda_k)$ (Abstand, gemessen in einer passenden H-Norm, etwa $\frac{1}{5}$) wird mit einem Newton-Schritt eine bessere Näherung x^{k+1} (Abstand etwa $\frac{1}{14}$) erzeugt, und dann λ_k so weit reduziert, dass x^{k+1} wieder als mäßig gute Näherung (Abstand $\frac{1}{5}$) für $x(\lambda_{k+1})$ aufgefasst werden kann.

Sei ϕ eine θ-selbstkonkordante Barrierefunktion für $\mathcal{S}$. Dabei braucht ϕ nicht notwendigerweise von der Form (15.1.3) zu sein. Sei φ wie in (15.1.7) gegeben mit $\kappa = \theta$ und $\lambda > \lambda_*$. Für $x \in \mathcal{S}^o(\lambda)$ sei $H_{x,\lambda} := \nabla_x^2 \varphi(x, \lambda)$ und $\Delta x := -H_{x,\lambda}^{-1} \nabla_x \varphi(x, \lambda)$ der Newtonschritt zur Minimierung von $\varphi(., \lambda)$ ausgehend von x. Es folgt

$$\|\Delta x\|_{H_{x,\lambda}} = \|\nabla_x \varphi(x, \lambda)\|_{H_{x,\lambda}^{-1}}.$$

Algorithmus 15.1.46
Eingabe: $\varepsilon > 0$ eine gewünschte Genauigkeit, $\lambda_0 > \lambda_*$ und ein $x^0 \in \mathcal{S}^o$ mit

$$\|\Delta x^0\|_{H_{x^0, \lambda_0}} = \|\nabla_x \varphi(x^0, \lambda_0)\|_{H_{x^0, \lambda_0}^{-1}} \leq \frac{1}{6} < \frac{20}{101}.$$

Setze $\sigma := 1/(8\sqrt{\theta})$.
Für $k = 0, 1, 2, \ldots$:

1) Berechne den Newtonschritt

$$\Delta x^k := -\nabla_x^2 \varphi(x^k, \lambda_k)^{-1} \nabla_x \varphi(x^k, \lambda_k).$$

   und setze $x^{k+1} := x^k + \Delta x^k$.
2) Falls $\lambda_k - c^T x^{k+1} \leq (13/15)\varepsilon$, stopp.
   Andernfalls,
3) setze $\lambda_{k+1} := \lambda_k - \sigma(\lambda_k - c^T x^{k+1})$.

Konvergenzanalyse
Wir beweisen per Induktion, dass alle Iterierten x^k strikt zulässig sind, $x^k \in \mathcal{S}^o$, und die Funktionswerte $c^T x^k$ gegen den Optimalwert λ_* konvergieren. Dazu nehmen wir an, dass $\lambda_k > \lambda_*$, $x^k \in \mathcal{S}^o$ strikt zulässig ist und der Ungleichung

$$\|\Delta x^k\|_{H_{x^k, \lambda_k}} = \|\nabla_x \varphi(x^k, \lambda_k)\|_{H_{x^k, \lambda_k}^{-1}} < \frac{20}{101}.$$

genügt, so dass x^k in einem bestimmten Sinne in der Nähe des analytischen Zentrums $x(\lambda_k)$ von $\mathcal{S}(\lambda_k)$ liegt.
Wir analysieren die k-te Iteration des Algorithmus Schritt für Schritt.

Dazu betrachten wir auch die Länge des Newtonschritts $\Delta \tilde{x}^{k+1}$, um $\varphi(., \lambda_{k+1})$ ausgehend von x^k zu minimieren, auch wenn $\Delta \tilde{x}^{k+1}$ im Algorithmus nicht berechnet wird.

Schritt 1): Wegen Lemma 15.1.30 erfüllt das Resultat x^{k+1} von Schritt 1) die Ungleichung

$$\|\Delta \tilde{x}^{k+1}\|_{H_{x^{k+1}, \lambda_k}} = \left\|\nabla_x \varphi(x^{k+1}, \lambda_k)\right\|_{H_{x^{k+1}, \lambda_k}^{-1}} \leq (20/81)^2.$$

Schritt 2): Wegen (15.1.34) und (15.1.20) können wir aus obigem Resultat folgern

$$\left\| x^{k+1} - x(\lambda_k) \right\|_{H_{x(\lambda_k),\lambda_k}} \leq \delta/(1 - \delta) \leq 1/14, \qquad (15.1.47)$$

wobei

$$\delta := \| x^{k+1} - x(\lambda_k) \|_{H_{x^{k+1},\lambda_k}} \leq 1 - (1 - 3 \cdot (20/81)^2)^{1/3} \approx 0.0651141 < 1/15.$$

Daraus folgt, dass x^{k+1} in $1/14$ der inneren Ellipse um $x(\lambda_k)$ liegt. Für das Zentrum $x(\lambda_k)$ können wir Lemma 15.1.43 anwenden und erhalten wegen $\kappa = \theta$:

$$\lambda_k - c^T x(\lambda_k) \geq c^T x(\lambda_k) - \lambda_*.$$

Wir möchten diese Ungleichung mit x^{k+1} anstelle von $x(\lambda_k)$ schreiben, wobei wir die rechte Seite mit einem positiven Faktor $\rho < 1$ multiplizieren. Für $c^T x^{k+1} \neq c^T x(\lambda_k)$ legen wir nun eine Gerade g durch $x(\lambda_k)$ und x^{k+1} und tragen auf g die Schnittpunkte mit der inneren Ellipse für $\mathcal{S}(\lambda)$ sowie die außerhalb davon liegenden Schnittpunkte mit $c^T x = \lambda_k$ und $c^T x = \lambda_*$ ab.

Die Lage von x^{k+1}, $x(\lambda_k)$ und der Menge $\mathcal{S}(\lambda_k)$ sind in Abb. 15.1 skizziert. Dabei ist die Skizze nicht maßstabsgetreu und soll nur die relative Lage der einzelnen Punkte illustrieren. Insbesondere ist die mit „$\frac{1}{14}$ der inneren Ellipse" beschriftete Menge viel zu groß gezeichnet.

Die beiden vorangegangenen Abschätzungen und der „Strahlensatz" bzw. der „4-Streckensatz" aus der Schule ergeben

$$\lambda_k - c^T x^{k+1} \geq \frac{14 - 1}{14 + 1}(c^T x^{k+1} - \lambda_*) = \frac{13}{15}(c^T x^{k+1} - \lambda_*). \qquad (15.1.48)$$

Daher garantiert der Stopptest in Schritt 2), dass $c^T x^K - \lambda_* < \varepsilon$, wenn K der Index k ist, bei dem der Algorithmus hält.

Schritt 3): Aus der Bedingung (15.1.48) folgt, dass die Lücke $\lambda_k - \lambda_*$ zwischen der oberen Schranke λ_k für $c^T x^k$ und dem (unbekannten) Optimalwert λ_* in diesem Schritt um einen Faktor von mindestens $(13/28)\sigma$ reduziert wird.

Um die Induktion abzuschließen zeigen wir, dass die Iterierte x^{k+1} nach der Änderung von λ_k zu λ_{k+1} wieder die Ungleichung

$$\| \Delta x^{k+1} \|_{H_{x^{k+1},\lambda_{k+1}}} = \left\| \nabla_x \varphi(x^{k+1}, \lambda_{k+1}) \right\|_{H^{-1}_{x^{k+1},\lambda_{k+1}}} \leq 20/101 \qquad (15.1.49)$$

erfüllt. Aus der Definition der Hessematrix

$$H_{x,\lambda} = \nabla_x^2 \phi(x) + \kappa \frac{cc^T}{(\lambda - c^T x)^2}$$

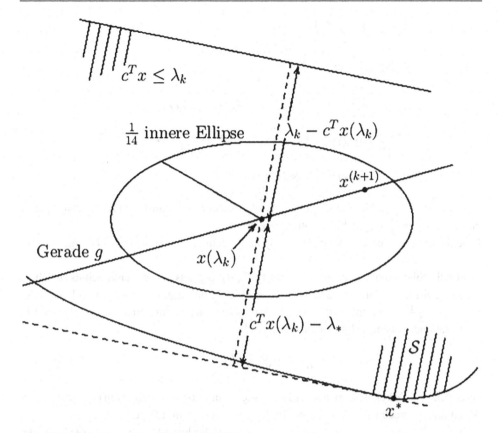

$c^T x \leq \lambda_k$

$\frac{1}{14}$ innere Ellipse

$\lambda_k - c^T x(\lambda_k)$

$x^{(k+1)}$

Gerade g

$x(\lambda_k)$

$c^T x(\lambda_k) - \lambda_*$

S

x^*

Abb. 15.1 Iterierte aus Algorithmus 15.1.46

folgt $H_{x^{k+1},\lambda_{k+1}} \succeq H_{x^{k+1},\lambda_k}$, und daher genügen die Inversen der Anordnung $H^{-1}_{x^{k+1},\lambda_k} \succeq H^{-1}_{x^{k+1},\lambda_{k+1}}$.

Hierbei benutzen wir wieder die in Abschn. 8.4 eingeführte sogenannte Löwner'sche Halbordnung auf dem Raum der symmetrischen Matrizen, d. h. wir schreiben $A \succeq B$ genau dann wenn $A - B$ positiv semidefinit ist.

Aufgrund der Resultate zu Schritt 1) ist daher

$$\left\| \nabla_x \varphi(x^{k+1}, \lambda_k) \right\|_{H^{-1}_{x^{k+1},\lambda_{k+1}}} \leq \left\| \nabla_x \varphi(x^{k+1}, \lambda_k) \right\|_{H^{-1}_{x^{k+1},\lambda_k}}$$

$$\leq (20/81)^2.$$

Hier können wir mit der Dreiecksungleichung fortfahren,

$$\left\| \nabla_x \varphi(x^{k+1}, \lambda_{k+1}) \right\|_{H^{-1}_{x^{k+1}, \lambda_{k+1}}}$$

$$\leq \left\| \nabla_x \varphi(x^{k+1}, \lambda_k) \right\|_{H^{-1}_{x^{k+1}, \lambda_{k+1}}}$$

$$+ \left\| \nabla_x \varphi(x^{k+1}, \lambda_{k+1}) - \nabla_x \varphi(x^{k+1}, \lambda_k) \right\|_{H^{-1}_{x^{k+1}, \lambda_{k+1}}}$$

$$\leq (20/81)^2 + \left\| \kappa \sigma c / (\lambda_{k+1} - c^T x^{k+1}) \right\|_{H^{-1}_{x^{k+1}, \lambda_{k+1}}}$$

$$\leq (20/81)^2 + 1/8 < 20/101.$$

Die dritte Ungleichung in obiger Kette folgt aus der Sherman-Morrison Update-Formel und wird in den Übungen 15.3 explizit hergeleitet.

Beachte, dass aus der letzten Ungleichung die gesuchte Beziehung (15.1.49) folgt. □

Für die obige Wahl von $\kappa = \theta$ und $\sigma = 1/(8\sqrt{\theta})$ folgt aus dem ersten Ergebnis zu Schritt 3), dass der unbekannte Abstand $\lambda_k - \lambda_*$ in jeder Iteration mit einem Faktor kleiner oder gleich $1 - \frac{13}{28 \cdot 8\sqrt{\theta}}$ multipliziert wird, und daraus lässt sich leicht herleiten, dass die Zahl K der Iterationen, bis der Algorithmus hält, durch

$$K \leq 18\sqrt{\theta} \ln \left(\frac{\lambda_0 - \lambda_*}{\epsilon} \right)$$

beschränkt ist. Dabei müssen in jeder Iteration die Funktionen f_i und deren erste und zweite Ableitungen berechnet und ein lineares Gleichungssystem im $\mathbb{R}^n$ gelöst werden.

In den Übungen 15.3 zeigen wir, wie aus obigen Überlegungen folgt, dass die Schranke $\lambda_k - \lambda_*$ in Algorithmus 15.1.46 nach höchstens $12\sqrt{\theta}$ Iterationen um den Faktor $\frac{1}{2}$ reduziert wird. Diese Behauptung hatten wir bei der Motivation des Verfahrens 15.1.46 am Anfang des Kapitels aufgestellt.

Schlussfolgerung

Algorithmus 15.1.46 setzt voraus, dass ein Startpunkt in der Nähe des Zentrums einer Niveaumenge $\mathcal{S}(\lambda)$ gegeben ist. Diese Voraussetzung ist in der Praxis oft nicht erfüllt. Oft ist sogar das Innere der zulässigen Menge $\mathcal{S}$ leer. Außerdem ist die angegebene Konvergenzrate von $12\sqrt{\theta}$ Iterationen, um den „Fehler" zu halbieren, für ein numerisches Verfahren viel zu langsam.

Dieses theoretische Resultat garantiert aber eine sehr schwache Abhängigkeit des Verfahrens von den Eingabedaten. So kommt in der Abschätzung im wesentlichen nur die Anzahl der Nebenbedingungen ($\approx \theta$) vor, wenn man eine θ-selbstkonkordante Barrierefunktion ϕ durch Summenbildung gewinnt (siehe Abschn. 15.1.3 und 15.1.6), wobei gewisse „komplizierte" Nebenbedingungen wie die Semidefinitheitsbedingung stärker gewichtet werden. Wie schon bei den Innere-Punkte-Verfahren für lineare Programme spielen auch hier die

Konditionszahlen oder Entartungen im Optimalpunkt bei der Abschätzung der Konvergenzgeschwindigkeit[5] keine Rolle.

Wir können daher hoffen, dass auch die in der Praxis verwendeten schnelleren Varianten des obigen Verfahrens nur sehr schwach von den Eingabedaten abhängen und bei ausreichend hoher Rechengenauigkeit auch für schwierige oder schlecht konditionierte Probleme schnell konvergieren. Die Kontrolle der Rundungsfehler ist hierbei ein delikater Punkt, dessen Diskussion hier ausgeklammert wird. Auch spielen bei praktischen Implementierungen eventuelle Entartungen insofern doch eine Rolle, als sie die (hier nicht diskutierte) superlineare Konvergenz in der Nähe eines Optimalpunktes oftmals zerstören.

15.2 Ein implementierbares Verfahren

Auch wenn das theoretisch analysierte Verfahren des letzten Abschnitts für eine numerische Implementierung viel zu langsam ist, eignet sich das Barrierekonzept als Grundlage, um Varianten des Verfahrens zu entwerfen, die oft wesentlich schneller konvergieren. So konnte Wright [178] z.B. unter gewissen Voraussetzungen die superlineare Konvergenz für ein logarithmisches Barriere-Verfahren nachweisen.

Viele Anwendungen, die für konvexe Optimierungsprobleme auftreten, können jedoch als semidefinite Programme geschrieben werden, die im kommenden Kapitel näher betrachtet werden, und für die es effiziente primal-duale Verfahren gibt. Daher sollen hier nur zwei Aspekte angemerkt werden, die bei einer (rein primalen) Implementierung basierend auf einem selbst-konkordanten Barriereansatz von Bedeutung sind.

Zum einen ist eine Prädiktor-Korrektor-Strategie möglich. Dazu ist es hilfreich, die Parametrisierung zu ändern und für eine Folge von Parametern $\mu_k > 0$ mit $\mu_k \to 0$ Barriereprobleme der Form

$$(B_k) \qquad \text{minimiere } \frac{c^T x}{\mu_k} + \phi(x)$$

zu betrachten anstelle der Minimierung der Funktion $x \mapsto \varphi(x, \lambda_k)$. In der Nähe einer Minimalstelle x^k von (B_k) ist die Tangente an die durch die Gleichung

$$\nabla_x \left\{ \frac{c^T x(\mu)}{\mu} + \phi(x(\mu)) \right\} \equiv const, \quad x(\mu_k) = x^k$$

definierte Kurve $x(\mu)$ an der Stelle μ_k durch

$$\dot{x}(\mu_k) = (\nabla_x^2 \phi(x^k))^{-1} c / \mu_k^2$$

---

[5]Die Abschätzung beruht aber auf der Voraussetzung, dass alle Rechnungen exakt ausgeführt werden. Zur Erinnerung sei kurz erwähnt, dass bei der Methode des steilsten Abstiegs mit exakter Rechnung in Abschn. 6.2.4 die Anzahl der Iterationen linear von der Konditionszahl der Hessematrix abhängt.

gegeben. Die Darstellung für $\dot{x}(\mu_k)$ ergibt sich dabei durch Ableiten der obigen Gleichung nach μ. Damit lässt sich mit der anvisierten Schrittweite von $-\mu_k$ (die den aktuellen Wert μ_k auf Null reduziert) eine Prädiktorrichtung $\Delta x := -\mu_k \dot{x}(\mu_k)$ definieren, sodass $x^k + \Delta x$ die gesuchte Minimalstelle des Ausgangsproblems approximiert. Die Schrittweite $\alpha < 1$ entlang $x^k + \alpha \Delta x$ ist wieder so zu wählen, dass der Prädiktorschritt strikt zulässig bleibt. Bei den Korrektorschritten bietet sich das BFGS-Verfahren mit Startmatrix $H_0 := (1 - \alpha)^2 (\nabla_x^2 \phi(x^k))^{-1}$ an.

Zum anderen ist eine Erweiterung des Ansatzes auf unzulässige Startpunkte möglich. Bei einer Phase 1 zur Erzeugung eines strikt zulässigen Startpunkts ist zu beachten, dass aus der Selbstkonkordanz von $x \mapsto -\sum_{i=1}^m \ln(-f_i(x))$ auf der Menge $\mathcal{S} := \{x \mid f_i(x) \le 0 \ (1 \le i \le m)\}$ *nicht* die Selbstkonkordanz von $(x, x_{n+1}) \mapsto -\sum_{i=1}^m \ln(x_{n+1} - f_i(x))$ auf der Menge $\{x \mid f_i(x) \le x_{n+1} \ (1 \le i \le m)\}$ folgt. (Durch ausreichend große Wahl von x_{n+1} ließe sich für letztere Menge stets ein strikt zulässiger Startpunkt finden und durch Minimierung von $x_{n+1} \ge 0$ ein Punkt in $\mathcal{S}$.) Statt dessen benötigt man für jede Nebenbedingung „$f_i(x) \le 0$" einen Punkt x^i mit $f_i(x^i) < 0$, setzt $\bar{x} := \frac{1}{m} \sum_{i=1}^m x^i$ und löst das Problem

$$\text{minimiere } x_{n+1} - \sum_{i=1}^m \ln(-f_i(x + x_{n+1}(x^i - \bar{x}))) \mid x_{n+1} \ge 0.$$

Ein strikt zulässiger Startpunkt ist $(\bar{x}, 1)$. Die Nebenbedingung $x_{n+1} \ge 0$ ist dabei wie folgt zu berücksichtigen: Falls eine Iterierte erzeugt wird mit $x_{m+1} < 0$, so verkürzt man den letzten Schritt dahingehend dass $x_{m+1} = 0$ gilt und stoppt sofern dieser Punkt strikt zulässig ist. Auch ein kombinierter Ansatz, der Phase 1 und Phase 2 simultan löst, ist möglich, wurde aber bislang nicht theoretisch untersucht.

Schließlich sei noch angemerkt, dass zusätzliche lineare Gleichungen das Konzept der Selbstkonkordanz nicht beeinträchtigen; die notwendigen Modifikationen des Ansatzes sind etwas mühselig, aber naheliegend.

15.2.1 Einige Anwendungen

Selbstkonkordante Barrierefunktionen sind für numerische Implementierungen vor allem dann gut geeignet, wenn ihre ersten und zweiten Ableitungen mit moderatem Aufwand berechnet werden können und der Selbstkonkordanzparameter nicht wesentlich größer als die Dimension n des Raumes ist. Wir schließen dieses Kapitel mit einigen Beispielen, bei denen man „attraktive" selbstkonkordante Barrierefunktionen verwenden kann. (Die Beispiele können natürlich kombiniert werden, indem gleichzeitig lineare, quadratische, semidefinite Bedingungen oder andere Bedingungen aus [36, 128, 172] an die Variablen gestellt werden.)

- Quadratisch beschränkte konvexe Programme.
Die einfachste Klasse von nichtlinear beschränkten konvexen Programmen sind solche mit quadratischen Nebenbedingungen. Trotz ihrer einfachen Form kommen diese Probleme in einer Reihe von Anwendungen vor. Das Problem, einen Roboterarm optimal zu bewegen, führt zum Beispiel häufig auf ein Minimierungsproblem mit linearen und konvexen quadratischen Nebenbedingungen. Ein anderes interessantes Beispiel kommt aus dem Bauingenieurwesen. Die Diskretisierung des Problems, ein möglichst stabiles Stabwerk zu einer gegebenen Belastung zu finden, führt auf ein Problem der Form

$$\min \left\{ c^T x \mid x^T A_i x \le b_i \text{ für } 1 \le i \le m \right\},$$

siehe z.B. [13]. In diesem Beispiel ist die Zahl m typischerweise sehr groß und $n \approx \sqrt{m}$. Die Matrizen A_i haben aber eine spezielle Struktur (niedriger Rang, sehr dünn besetzt), so dass Probleme mit bis zu $m \approx 200000$ Nebenbedingungen effizient gelöst werden können, siehe z.B. [89]. Diese Probleme zeigen auch deutlich die Lücke zwischen theoretisch nachweisbarer Konvergenzrate (diese ist sehr langsam: $12\sqrt{m}$ Iterationen, um den Fehler zu halbieren) und empirisch beobachteten Konvergenzraten (weniger als 50 Iterationen, selbst für große Beispiele, um 8 Stellen Genauigkeit zu erreichen).
- L_p-Norm Approximationsproblem.
Als weiteres Beispiel, dessen theoretische Grundlagen (Selbstkonkordanz der Barrierefunktion) in [128] untersucht wurden, erwähnen wir das Problem

$$\inf \sum_{j=1}^{k} |a_j^T x - b_j|^p,$$

unter zusätzlichen konvexen Nebenbedingungen an x zu bestimmen. Die Vektoren $a_j \in \mathbb{R}^n$, die Zahlen $b_j \in \mathbb{R}$, und $p \ge 1$ sind die Daten des Problems. Dieses Problem kann in der Form

$$\inf \left\{ \sum_{j=1}^{k} \tau_j \mid u_j^p \le \tau_j, \quad -u_j \le a_j^T x - b_j \le u_j \text{ für } 1 \le j \le k \right\}$$

geschrieben werden, und es besitzt dann die $\theta = 4k$-selbstkonkordante Barrierefunktion

$$-\sum_{j=1}^{k} \ln(\tau_j^{1/p} - u_j) - \ln \tau_j - \ln(u_j - a_j^T x + b_j) - \ln(u_j + a_j^T x - b_j).$$

- Weitere Beispiele aus [36] sind das „dual geometric programming problem", das „extended entropy programming problem", das primale und duale „l_p-programming problem".
- Eine sehr wichtige Klasse von konvexen Programmen mit selbstkonkordanter Barrierefunktion sind semidefinite Programme. So können z.B.

- eine Reihe von Relaxierungen von kombinatorischen Problemen – siehe z. B. [3, 78],
- Probleme aus der Geometrie – siehe z. B. [172] und
- Probleme aus der Kontrolltheorie – siehe z. B. [23]

als semidefinite Programme geschrieben werden. Diese Probleme können oft auf die Standardform

$$\inf\left\{c^T x \mid A(x) := A^{(0)} - \sum_{j=1}^{k} x_i A^{(i)} \succeq 0\right\}$$

gebracht werden, wobei die $A^{(i)}$ gegebene n-reihige symmetrische Matrizen sind, und die Ungleichung $A(x) \succeq 0$ wieder bedeutet, dass $A(x)$ positiv semidefinit sein soll. Wie wir in Sektion 15.1.3 gesehen haben, ist dann

$$\phi(x) = -\ln\big(\det A(x)\big) \tag{15.2.1}$$

eine $\theta = n$-selbstkonkordante Barrierefunktion für diese Nebenbedingung, wenn die $A^{(i)}$ $n \times n$-Matrizen sind. Genau genommen haben wir im Abschn. 15.1.3 die Funktion $-\ln(\det X)$ betrachtet. Wenn man aber die affine Abbildung $x \mapsto A(x)$ vorschaltet, so bleibt die Selbstkonkordanz bestehen. Die Ableitungen von ϕ können dabei auch leicht angegeben werden, die numerische Berechnung kann, je nach Dimension von $A(x)$, aber sehr aufwendig sein. Siehe die Übung 15.3.

• Als letztes Beispiel führen wir die sogenannten „second order cone constraints" oder „ice cream cone constraints" an. Zu einer gegebenen Matrix $A \in \mathbb{R}^{m \times n}$ und $b \in \mathbb{R}^m$ ist hier eine Barrierefunktion für die Menge

$$\mathcal{S} := \big\{(x, t) \in \mathbb{R}^{n+1} \mid \|Ax - b\|_2 \le t\big\}$$

gesucht. Für den Fall $A = I$ und $b = 0$ hat die Menge $\mathcal{S}$ für $n = 2$ die Form eines Kegels („ice cream cone"). Ähnlich wie beim Beweis der Selbstkonkordanz des Logarithmus von konvexen quadratischen Funktionen kann man zeigen, dass

$$\phi(z, t) := -\ln(t^2 - \|z\|_2^2)$$

eine selbstkonkordante Barrierefunktion für $\{(z, t) \in \mathbb{R}^{m+1} \mid \|z\|_2 \le t\}$ mit Selbstkonkordanzparameter $\theta = 2$ ist. Die affine Abbildung $x \mapsto Ax - b =: z$ lässt die Selbstkonkordanzeigenschaften unverändert.
Beachte zum Vergleich, dass die Menge

$$\hat{\mathcal{S}} := \big\{(x, t) \in \mathbb{R}^{n+1} \mid \|Ax - b\|_2^2 \le t\big\}$$

quadratisch beschränkt ist, und die Funktion $\hat{\phi}(x, t) := -\ln(t - \|Ax - b\|_2^2)$ eine Barrierefunktion für $\hat{\mathcal{S}}$ mit Selbstkonkordanzparameter $\hat{\theta} = 1$ ist. Die Menge $\hat{\mathcal{S}}$ ist ein verallgemeinertes Paraboloid und besitzt insbesondere keine „Spitze".

15.3 Übungsaufgaben

1. Sei $\mathcal{S}$ aus (15.1.6) abgeschlossen, konvex und nichtleer. Man beweise, dass $\mathcal{S}(\lambda)$ für jedes feste $\lambda \in \mathbb{R}$ beschränkt ist, genau dann wenn $\mathcal{S}^*$ nichtleer und beschränkt ist. Man zeige weiter, dass für $\kappa = 1$ in (15.1.7) und für affine Nebenbedingungen $f_i(x) := a_i^T x - b_i$ der Punkt $x(\lambda)$ das Produkt der euklidischen Abstände zu den $m+1$ Hyperebenen $a_i^T x = b_i$ und $c^T x = \lambda$ maximiert (und somit der Name „Zentrum" für $x(\lambda)$ gerechtfertigt ist). Wie wirkt sich die Wahl $\kappa > 1$ auf die Lage des Zentrums aus?

2. Sei $\mathcal{S} \subset \mathbb{R}^n$ und $\phi \colon \mathcal{S}^o \to \mathbb{R}$ eine selbstkonkordante Barrierefunktion für $\mathcal{S}$. Man zeige, dass in Verallgemeinerung von (15.1.13) die Ungleichung $|\mathbf{f}'''(t)| \leq 2\mathbf{f}''(t)^{3/2}$ für alle $t \in I$ gilt. Man zeige weiter, dass dies für dreimal stetig differenzierbare Funktionen zur folgenden relativen Lipschitzbedingung für die zweite Ableitung von ϕ äquivalent ist: Für alle $t \in I$ und alle $\rho \in \mathbb{R}$ mit $\delta := \sqrt{\rho^2 \mathbf{f}''(t)} < 1$ gilt:

$$\frac{|\mathbf{f}''(t+\rho) - \mathbf{f}''(t)|}{\mathbf{f}''(t)} \leq \delta M(\delta),$$

wobei $M(\delta) := 2(1-\delta)^{-1} + \delta(1-\delta)^{-2} = 2 + O(\delta)$, und δ die „Größe" von ρ, gemessen an der zweiten Ableitung $\mathbf{f}''$, ist.

3. Man beweise die verallgemeinerte Cauchy-Schwarz'sche Ungleichung (15.1.25).

4. Man zeige, dass die Bedingung (15.1.36) zur Konkavität der Funktion $\Psi \colon \mathcal{S}^o \to \mathbb{R}$, $\Psi(x) := e^{-\phi(x)/\theta}$, äquivalent ist.

5. Man zeige, dass die Bedingung (15.1.36) zur Forderung äquivalent ist, dass die H-Norm des Newton-Schritts (15.1.29) global beschränkt ist durch

$$\|\Delta x\|_{H_x} \leq \sqrt{\theta} \quad \text{für alle } x \in \mathcal{S}^o.$$

6. Man zeige: Die logarithmische Barrierefunktion $-\ln(\det X)$ einer symmetrischen positiv definiten $n \times n$ Matrix X ist $\theta = n$-selbstkonkordant. Die logarithmische Barrierefunktion $-\ln(-f(x))$, f konvex, ist $\theta = 1$-selbstbeschränkend für die Menge $\{x \mid f(x) \leq 0\}$, solange es ein x mit $f(x) < 0$ gibt.

7. Man zeige die Ungleichung

$$\left\| \kappa \sigma c/(\lambda_{k+1} - c^T x^{k+1}) \right\|_{H_{x^{k+1},\lambda_{k+1}}^{-1}} \leq 1/8,$$

wobei $\sigma = 1/(8\sqrt{\kappa})$. Hinweis: Man wende die Sherman Morrison „Update-Formel" für inverse Matrizen an.

8. Man zeige, dass die Schranke $\lambda_k - \lambda_*$ in Algorithmus 15.1.46 nach höchstens $12\sqrt{\theta}$ Iterationen um den Faktor $1/2$ reduziert wird.

9. Man zeige, dass die Ableitungen der Funktion ϕ aus (15.2.1) durch

$$(D\phi(x))_i = \mathrm{Spur}(A^{(i)} A(x)^{-1}), \quad (D^2\phi(x))_{i,j} = \mathrm{Spur}(A^{(i)} A(x)^{-1} A^{(j)} A(x)^{-1})$$

gegeben sind.

Lösungen

1. Sei $\mathcal{S}(\lambda)$ für alle $\lambda > 0$ beschränkt. Da $\mathcal{S} \neq \emptyset$ ist, gibt es ein $\bar{\lambda} > 0$, so dass $\mathcal{S}(\bar{\lambda})$ nichtleer ist. Da $\mathcal{S}(\bar{\lambda})$ abgeschlossen ist, ist $\mathcal{S}(\bar{\lambda})$ kompakt und daher existiert ein Minimum von $c^T x$ über $\mathcal{S}(\bar{\lambda})$ (und damit auch über $\mathcal{S}$). Mit $\mathcal{S}(\bar{\lambda})$ ist offenbar auch $\mathcal{S}^* \subset \mathcal{S}(\bar{\lambda})$ beschränkt.

Sei umgekehrt nun die Menge der Optimallösungen nichtleer und beschränkt. Angenommen, es gäbe in $\mathcal{S}(\lambda)$ eine Folge von Punkten x^k mit $\|x^k\| \to \infty$. Sei $z^k := x^k - x^1$. Offenbar ist auch $\lim_k \|z^k\| = \infty$ und o. B. d. A. kann man $\|z^k\| > 0$ für alle k annehmen. Die Menge $\{z^k/\|z^k\|\}_{z^k \neq 0}$ ist kompakt, besitzt also einen Häufungspunkt z^+. Durch Auswahl einer Teilfolge können wir daher sicherstellen, dass $\lim_k z^k/\|z^k\| = z^+$. Offenbar ist $c^T z^+ = 0$. (Denn wäre $c^T z^+ = \epsilon > 0$, so wäre auch $c^T z^k/\|z^k\| > \epsilon/2$ für alle genügend großen k, und für $\|z^k\| > 2(\lambda - c^T x^1)/\epsilon$ folgte dann $c^T x^k = c^T x^1 + c^T z^k > c^T x^1 + \frac{\epsilon}{2}\|z^k\| > \lambda$, und dies ist ein Widerspruch zu $x^k \in \mathcal{S}(\lambda)$. Analog lässt sich die Annahme $c^T z^+ = -\epsilon < 0$ zu einem Widerspruch führen.) Außerdem ist für $x \in \mathcal{S}$ auch[6] $x^+ := x + z^+ \in \mathcal{S}$.

Wäre nämlich $x^+ \notin \mathcal{S}$, so wäre wegen der Abgeschlossenheit von $\mathcal{S}$ eine kleine Kugel um x^+ disjunkt zu $\mathcal{S}$: $x^+ + h \notin \mathcal{S}$ für alle h mit $\|h\| \leq \epsilon$ mit einem $\epsilon > 0$. Aufgrund der Konvexität von $\mathcal{S}$ ist $x + \nu(z^+ + h) \notin \mathcal{S}$ für $\nu \geq 1$ und $\|h\| \leq \epsilon$. Sei k wieder so groß, dass $\|z^+ - z^k/\|z^k\|\| < \epsilon/2$ und $\nu := \|z^k\| > \max\{1, 2\|x - x^1\|/\epsilon\}$. Dann ist $x^k = x^1 + \nu(z^+ + r^k)$ mit einem passenden r^k und $\|r^k\| = \|z^+ - z^k/\|z^k\|\| < \epsilon/2$. Andererseits ist $x^k = x^1 + \nu(z^+ + r^k) = x + \nu(z^+ + \tilde{r}^+)$ mit $\|\tilde{r}^+\| = \|r^k + (x^1 - x)/\nu\| < \epsilon$, so dass $x^k \notin \mathcal{S}$. Dies ist ein Widerspruch.

Somit ist mit jedem Punkt x in der Optimalmenge auch $x + z^+$ wieder optimal ($x + z^+$ ist zulässig und der Zielfunktionswert ist der gleiche), aber dies steht im Widerspruch zur Beschränktheit der Optimalmenge.

Somit ist die erste Aussage gezeigt.

Seien jetzt die Nebenbedingungen affin, d. h. $f_i(x) = a_i^T x - b_i$. Wenn $\kappa = 1$ gilt, dann wird die lineare Ungleichung $c^T x \leq \lambda$ ebenso behandelt wie die anderen linearen Ungleichungen. Wir können daher ohne Einschränkung die Funktion ϕ betrachten (und das Ergebnis dann auf die Funktion $\varphi(\,.\,,\lambda)$, die die gleiche Struktur – eine Summe von Logarithmen von affinen Funktionen – hat, übertragen.) Offenbar gilt unter der Nebenbedingung $f_i(x) < 0$ für alle i:

$$\text{argmin} \ -\sum \ln(-f_i(x)) = \text{argmax} \sum \ln(-f_i(x))$$

$$= \text{argmax} \ln \prod(-f_i(x)) = \text{argmax} \prod(-f_i(x)).$$

Die letzte Gleichung folgt aus der Monotonie des Logarithmus. Hierbei ist $-f_i(x) = b_i - a_i^T x$ genau der euklidische Abstand[7] von x zur Hyperebene $\mathcal{H} := \{z \mid a_i^T z = b_i\}$, falls $\|a_i\|_2 = 1$ ist. Nun ist aber weiter

$$-\ln(b_i - a_i^T x) = -\ln\left(\left(\frac{b_i}{\|a_i\|_2} - \frac{a_i^T x}{\|a_i\|_2}\right)\|a_i\|_2\right) = -\ln\left(\frac{b_i}{\|a_i\|_2} - \frac{a_i^T x}{\|a_i\|_2}\right) - \ln\|a_i\|_2$$

und der konstante Term $-\ln\|a_i\|_2$ spielt bei der Minimierung keine Rolle, d. h. die Minimalstelle von ϕ maximiert in der Tat das Produkt der euklidischen Abstände zu den Nebenbedingungen. Im Falle $\kappa > 1$ wird die Nebenbedingung „$c^T x - \lambda \leq 0$" bei der Berechnung des Minimums von $\varphi(\,.\,,\lambda)$ jetzt κ-fach gewichtet, d. h. $x(\lambda)$ maximiert das Produkt $(\lambda - c^T x)^\kappa \prod(b_i - a_i^T x)$ und $x(\lambda)$ wird für großes κ von der Hyperebene $\{x \mid c^T x = \lambda\}$ „weggeschoben".

2. Sei $\mathcal{S} \subset \mathbb{R}^n$ und $\phi: \mathcal{S}^o \to \mathbb{R}$ eine selbstkonkordante Barrierefunktion für $\mathcal{S}$. Für alle $x \in \mathcal{S}^o$ und alle $h \in \mathbb{R}^n$ gilt also

---

[6] Man nennt Vektoren z^+ mit dieser Eigenschaft auch Elemente des rezessiven Kegels der konvexen Menge $\mathcal{S}$.

[7] Der Vektor a_i steht senkrecht auf $\mathcal{H}$. Wenn $\|a_i\|_2 = 1$ ist, ist $|\nu|$ genau der euklidische Abstand von x zur Hyperebene $\mathcal{H}$ wenn ν so gewählt ist, dass $x + \nu a_i$ in $\mathcal{H}$ liegt, $a_i^T(x + \nu a_i) = b_i$. Daraus folgt wegen $a_i^T a_i = 1$ sofort $\nu = b_i - a_i^T x$.

$$\mathbf{f}'''(0) = \frac{d^3}{dt^3}\phi(x+th)\Big|_{t=0} \leq 2(\frac{d^2}{dt^2}\phi(x+th)\Big|_{t=0})^{3/2} = 2\mathbf{f}''(0)^{3/2}.$$

Sind nun $x^0 \in \mathcal{S}^o$ und t_0 mit $x^0 = x + t_0 h \in \mathcal{S}^o$ gegeben, und $\tilde{\mathbf{f}}(t) := \phi(x^0 + th)$, so ist $\mathbf{f}(t_0 + t) \equiv \tilde{\mathbf{f}}(t)$ und (15.1.13) besagt, dass auch $|\tilde{\mathbf{f}}'''(0)| \leq 2\tilde{\mathbf{f}}''(0)^{3/2}$. Dies ist gerade die erste Aussage $|\mathbf{f}'''(t_0)| \leq 2\mathbf{f}''(t_0)^{3/2}$ für alle $t_0 \in I$.

Wir zeigen nun, dass (15.1.13) (für dreimal stetig differenzierbare Funktionen) äquivalent zur folgenden relativen Lipschitzbedingung an die zweite Ableitung von ϕ ist: Für alle $t \in I$ und alle $\rho \in \mathbb{R}$ mit

$$\delta := \sqrt{\rho^2 \mathbf{f}''(t)} < 1 \text{ gilt}: \quad |\mathbf{f}''(t+\rho) - \mathbf{f}''(t)| \leq \delta M(\delta)\mathbf{f}''(t)$$

wobei $M(\delta) := 2(1-\delta)^{-1} + \delta(1-\delta)^{-2} = 2 + O(\delta)$. Dividiert man die Ungleichung rechts durch $|\rho|$ und betrachtet den Grenzübergang $\rho \to 0$, so erhält man aus der Definition von δ, dass $|\mathbf{f}'''(t)| \leq 2\mathbf{f}''(t)^{3/2}$. Dies zeigt die eine Richtung. Zur Umkehrung betrachten wir die Funktion $u(t) := \mathbf{f}''(t)$. Es gelte $u'(t) \leq 2u(t)^{3/2}$ für alle $t \in I$. Nach dem Anordnungssatz für Differentialungleichungen, siehe z. B. Knobloch und Kappel [98], S. 19, wird $u(t)$ durch die Lösung v der Differentialgleichung

$$v'(t) = 2v(t)^{3/2}, \quad v(0) = u(0)$$

majorisiert, $u(t) \leq v(t)$ für $t \geq 0$. Wie man sofort verifiziert, ist die Funktion v durch $v(t) = (u(0)^{-1/2} - t)^{-2}$ gegeben. Somit ist für $\rho \geq 0$

$$u(\rho) - u(0) = \int_0^\rho u'(s)ds \leq \int_0^\rho 2u(s)^{3/2}ds \leq \int_0^\rho 2v(s)^{3/2}ds$$

$$= \int_0^\rho v'(s)ds = \big[v(s)\big]_0^\rho = \big[(u(0)^{-1/2} - t)^{-2}\big]_0^\rho$$

$$= \ldots \text{(Einsetzen, Kürzen)} \ldots = \frac{2u(0)^{1/2}\rho - u(0)\rho^2}{(1 - u(0)^{1/2}\rho)^2}u(0).$$

Insbesondere ist mit der Definition von u, δ

$$\mathbf{f}''(\rho) - \mathbf{f}''(0) \leq \frac{2\delta - \delta^2}{(1-\delta)^2}\mathbf{f}''(0).$$

Schätzt man in obigem Beweis die Größe $u'(s)$ von unten durch $-2u(s)^{3/2}$ ab, so erhält man

$$\mathbf{f}''(\rho) - \mathbf{f}''(0) \geq -\frac{2\delta - \delta^2}{(1-\delta)^2}\mathbf{f}''(0),$$

und somit

$$|\mathbf{f}''(\rho) - \mathbf{f}''(0)| \leq \frac{2\delta - \delta^2}{(1-\delta)^2}\mathbf{f}''(0).$$

Der Fall $\rho < 0$ ergibt sich völlig analog durch Übergang zur Funktion $\tilde{\mathbf{f}}(t) = \mathbf{f}(-t)$. Damit ist die Aussage an der Stelle $t = 0$ gezeigt. Wie oben kann man wieder argumentieren, dass damit die Bedingung auch für alle $t \in I$ gilt.

3. Zu zeigen ist: Wenn A und M symmetrische Matrizen sind mit $|x^T M x| \leq x^T A x$ für alle $x \in \mathbb{R}^n$, dann gilt (15.1.25):

$$(a^T M b)^2 \leq a^T A a\, b^T A b \quad \text{für alle } a, b \in \mathbb{R}^n.$$

Dazu nehmen wir ohne Einschränkung an, dass A positiv definit ist. (Ansonsten beweisen wir die Behauptung für $A_\varepsilon := A + \varepsilon I$ und betrachten den Grenzwert $\varepsilon \to 0$ für festes a, b. Dabei ist A_ε für alle $\varepsilon > 0$ positiv definit.) Wir nehmen ferner an, dass $a, b \neq 0$ und setzen $\mu := \sqrt[4]{(a^T A a / b^T A b)}$. Dann folgt aus

$$a^T M b = \tfrac{1}{4}((a+b)^T M (a+b) - (a-b)^T M (a-b))$$

dass

$$
\begin{aligned}
(a^T M b)^2 &= \tfrac{1}{16}((a+b)^T M (a+b) - (a-b)^T M (a-b))^2 \\
&\leq \tfrac{1}{16}((a+b)^T A (a+b) + (a-b)^T A (a-b))^2 \\
&= \tfrac{1}{16}(2a^T A a + 2b^T A b)^2 = \tfrac{1}{4}(a^T A a + b^T A b)^2.
\end{aligned}
$$

Ersetzt man nun a durch a/μ und b durch μb, so folgt

$$
\begin{aligned}
(a^T M b)^2 &= \left(\left(\frac{a}{\mu}\right)^T M (\mu b)\right)^2 \leq \frac{1}{4}\left(\frac{1}{\mu^2} a^T A a + \mu^2 b^T A b\right)^2 \\
&= (a^T A a)(b^T A b).
\end{aligned}
$$

4. Ψ ist konkav, wenn $0 \geq h^T \nabla^2 \Psi(x) h$ für alle h gilt. Nun ist aber $h^T \nabla^2 \Psi(x) h = l''(0)$, wobei $l(t) := \Psi(x + th)$. Aus $l''(0) = e^{-\mathbf{f}(0)/\theta}(\mathbf{f}'(0)^2/(\theta^2) - \mathbf{f}''(0)/\theta)$ mit $\mathbf{f}$ wie in (15.1.12) folgt die Behauptung.

5. Die Bedingung (15.1.36) lässt sich schreiben als

$$\sqrt{\theta} \geq \sup_{x,h}\{\mathbf{f}'_{x,h}(0) \mid \mathbf{f}''_{x,h}(0) \leq 1\} = \max\{D\phi(x)h \mid h^T \nabla^2 \phi(x) h \leq 1\}.$$

Die Kuhn-Tucker-Bedingungen für letzteres Problem sind $\nabla\phi(x) = \nu \nabla^2 \phi(x) h$ mit $\nu \geq 0$. Sei o.B.d.A. $\nu > 0$ (sonst ist nichts zu zeigen). Dann ist $-h$ das $\frac{1}{\nu}$-fache des Newton-Schritts Δx. Durch Einsetzen in die Nebenbedingung $(1/\nu^2)\|\Delta x\|_{H_x}^2 = h^T \nabla^2 \phi(x) h = 1$ erhält man $\nu = \|\Delta x\|_{H_x}$. Beachtet man noch $D\phi(x)h = -\Delta x^T \nabla^2 \phi(x) h = \frac{1}{\nu}\Delta x^T \nabla^2 \phi(x) \Delta x = \nu \; (= \|\Delta x\|_{H_x})$, so folgt die Behauptung.

6. Zum Beweis der $\theta = n$-Selbstkonkordanz von $-\ln(\det X)$ benutze man wie im Beweis von (15.1.13), dass sich die Richtungsableitung als Summe von n Logarithmen linearer Terme schreiben lässt.

7. Wir zeigen

$$\left\|\kappa\sigma c/(\lambda_{k+1} - c^T x^{k+1})\right\|_{H_{x^{k+1},\lambda_{k+1}}^{-1}} \leq 1/8$$

wobei $\sigma = 1/(8\sqrt{\kappa})$. Unter Vernachlässigung der Argumente x^{k+1}, λ_{k+1} erhalten wir aus der Sherman-Morrison „Update-Formel" für inverse Matrizen

$$A \text{ positiv definit} \implies (A + vv^T)^{-1} = A^{-1} - \frac{A^{-1} vv^T A^{-1}}{1 + v^T A^{-1} v}$$

mit $A := \nabla^2 \phi$ und $v := \sqrt{\kappa} c/(\lambda - c^T x)$.

$$\left\| \frac{\kappa \sigma c}{\lambda - c^T x} \right\|_{H^{-1}} = \left\| \frac{1}{8} \frac{\sqrt{\kappa}}{\lambda - c^T x} c \right\|_{H^{-1}} = \frac{1}{8} \|v\|_{H^{-1}}$$

$$= \frac{1}{8} \sqrt{v^T (A + vv^T)^{-1} v}$$

$$= \frac{1}{8} \sqrt{\frac{v^T A^{-1} v}{1 + v^T A^{-1} v}} \leq \frac{1}{8}.$$

8. Wir zeigen, aus

$$(*) \qquad\qquad \lambda_{k+1} - \lambda_* \leq (1 - \frac{13}{28}\sigma)(\lambda_k - \lambda_*), \quad \sigma := 1/(8\sqrt{\theta})$$

folgt, dass $\lambda_k - \lambda_*$ nach höchstens $12\sqrt{\theta}$ Iterationen um den Faktor $1/2$ reduziert wird. Aus $(*)$ folgt mit der Monotonie von ln und wegen $\ln(1 + t) \leq t$

$$\ln(\lambda_k - \lambda_*) \leq \ln((1 - \frac{13\sigma}{28})^k (\lambda_0 - \lambda_*))$$

$$= k \ln(1 - \frac{13\sigma}{28}) + \ln(\lambda_0 - \lambda_*)$$

$$\leq -\frac{13\sigma}{28}k + \ln(\lambda_0 - \lambda_*)$$

und daraus

$$\ln(\frac{\lambda_k - \lambda_*}{\lambda_0 - \lambda_*}) \leq -\frac{13\sigma k}{28} \leq -\frac{13 \cdot 12}{8 \cdot 28} < \ln(\frac{1}{2}).$$

Wegen der Monotonie des Logarithmus folgt die Behauptung.   □

9. Sei $\phi(x) = -\ln(\det A(x))$ für $A(x) \succ 0$ (d.h. $A(x)$ ist positiv definit), wobei $A(x) := A^{(0)} - \sum x_i A^{(i)}$ und die $A^{(i)} \in \mathbb{R}^{n \times n}$ symmetrische Matrizen sind. Man zeige, dass die Ableitungen von ϕ durch

$$(D\phi(x))_i = \mathrm{Spur}(A^{(i)} A(x)^{-1}), \quad (D^2\phi(x))_{i,j} = \mathrm{Spur}(A^{(i)} A(x)^{-1} A^{(j)} A(x)^{-1})$$

gegeben sind.

Bevor wir diese Aufgabe lösen, halten wir einige allgemeine Tatsachen fest, die auch im nächsten Kapitel über semidefinite Matrizen benutzt werden. Zunächst definieren wir $A \bullet B := \langle A, B \rangle := \sum_{i,j=1}^{n} A_{i,j} B_{i,j} = \mathrm{Spur}(A^T B)$ für reelle $n \times n$-Matrizen A, B. Man sieht leicht, dass damit ein Skalarprodukt in dem linearen Raum $\mathbb{R}^{n \times n}$ gegeben ist. Wir benutzen die Konvention ‚Multiplikation' vor $\bullet$ vor ‚Addition', d.h. $A + BC \bullet D := A + ((BC) \bullet D)$. Man rechnet leicht nach $\mathrm{Spur}(AB) = \mathrm{Spur}(BA) = \mathrm{Spur}(A^T B^T)$ und $AB \bullet C = C \bullet AB = B \bullet A^T C = A \bullet CB^T$, usw. Außerdem sei noch angemerkt, dass $A(x)^{-1} A^{(i)}$ zur symmetrischen Matrix $A(x)^{-1/2} A^{(i)} A(x)^{-1/2}$ ähnlich ist (wegen $A(x) \succ 0$) und daher n reelle Eigenwerte $\tilde{\lambda}_i$ und die Determinante $\prod \tilde{\lambda}_i$ besitzt.

Nach diesen Vorbemerkungen ist

$$(D\phi(x))_i = \left.\frac{d}{dt}\phi(x + te_i)\right|_{t=0} = \left.-\frac{d}{dt}\ln\det(A(x) - tA^{(i)})\right|_{t=0}$$

$$= \left.-\frac{d}{dt}\ln\det(A(x)(I - tA(x)^{-1}A^{(i)}))\right|_{t=0}$$

$$= \left.-\frac{d}{dt}\left[\ln\det A(x) + \ln\det(I - tA(x)^{-1}A^{(i)})\right]\right|_{t=0}$$

$$= \left.-\frac{d}{dt}\ln\prod(1 - t\tilde{\lambda}_i)\right|_{t=0} = \left.-\frac{d}{dt}\sum\ln(1 - t\tilde{\lambda}_i)\right|_{t=0}$$

$$= \left.\sum\frac{\tilde{\lambda}_i}{(1 - t\tilde{\lambda}_i)}\right|_{t=0} = \sum\tilde{\lambda}_i = \mathrm{Spur}(A(x)^{-1}A^{(i)})$$

$$= A(x)^{-1} \bullet A^{(i)},$$

und daraus folgt die erste Aussage. Zum anderen ist

$$(D^2\phi(x))_{i,j} = \left.\frac{d}{dt}D\phi(x + te_i)e_j\right|_{t=0} = \left.\frac{d}{dt}A(x + te_i)^{-1} \bullet A^{(j)}\right|_{t=0}$$

$$= \left.\frac{d}{dt}\left[A(x)(I - tA(x)^{-1}A^{(i)})\right]^{-1} \bullet A^{(j)}\right|_{t=0}$$

$$= \left.\frac{d}{dt}(I - tA(x)^{-1}A^{(i)})^{-1}A(x)^{-1} \bullet A^{(j)}\right|_{t=0}$$

$$= \left.\frac{d}{dt}(I - tA(x)^{-1}A^{(i)})^{-1} \bullet A^{(j)}A(x)^{-1}\right|_{t=0}$$

und mit der Neumannschen Reihe ($(1 - x)^{-1} = \sum_{k=0}^{\infty} x^k$) folgt für kleine $|t|$

$$= \left.\frac{d}{dt}\left[\sum_{k=0}^{\infty}(tA(x)^{-1}A^{(i)})^k\right] \bullet A^{(j)}A(x)^{-1}\right|_{t=0}$$

$$= \left.\frac{d}{dt}\sum_{k=0}^{\infty}t^k(A(x)^{-1}A^{(i)})^k \bullet A^{(j)}A(x)^{-1}\right|_{t=0}.$$

Dies ist eine Potenzreihe in der (skalaren) Variable t (die Koeffizienten sind mit Hilfe von Skalarprodukten von Matrizen definiert). Die Potenzreihe ist für kleine $|t|$ absolut konvergent und kann gliedweise abgeleitet werden...

$$= \left.\sum_{k=1}^{\infty}kt^{k-1}(A(x)^{-1}A^{(i)})^k \bullet A^{(j)}A(x)^{-1}\right|_{t=0} = A(x)^{-1}A^{(i)} \bullet A^{(j)}A(x)^{-1},$$

wobei hier die Symmetrie der $A^{(i)}$ benutzt wurde.   □

Aus dieser Formulierung ist zunächst nicht ersichtlich, dass $(D^2\phi(x))_{i,i} \geq 0$ ist. Beachte aber

$$A(x)^{-1} A^{(i)} \bullet A^{(i)} A(x)^{-1} = \mathrm{Spur}(A(x)^{-1} A^{(i)} A(x)^{-1} A^{(i)})$$
$$= \mathrm{Spur}(A(x)^{-1/2} A^{(i)} A(x)^{-1} A^{(i)} A(x)^{-1/2})$$
$$= \mathrm{Spur}(R^T R) = \|R\|_F^2 \geq 0$$

mit der symmetrischen Matrix $R := A(x)^{-1/2} A^{(i)} A(x)^{-1/2}$. Die Norm $\|R\|_F$ ist dabei die Frobeniusnorm, $\|R\|_F^2 = \sum_{i,j} R_{i,j}^2$. Analog kann man zeigen

$$z^T D^2 \phi(x) z = \mathrm{Spur}(\tilde{R}^T \tilde{R}) = \left\| \tilde{R} \right\|_F^2 \geq 0$$

mit $\tilde{R} := A(x)^{-1/2} (\sum_i z_i A^{(i)}) A(x)^{-1/2}$.

Semidefinite Programme

16

Ein Spezialfall der Probleme, für die eine θ-selbstkonkordante Barrierefunktion mit moderatem Selbstkonkordanzparameter θ bekannt ist, sind die semidefiniten Programme, die wir bereits in Abschn. 8.4 angesprochen haben. Für semidefinite Programme gibt es nicht nur eine Vielzahl von Anwendungen, auf die wir in diesem Kapitel eingehen werden; die spezielle Struktur der Semidefinitheitsbedingung erlaubt auch spezielle primal-duale Verfahren, deren Implementierung in der Regel effizienter ist als solche Verfahren, die auf dem Barriereansatz des letzten Kapitels aufbauen. Wir stellen zunächst einige Grundlagen vor, bevor wir ein primal-duales Verfahren zur Lösung von semidefiniten Programmen beschreiben.

16.1 Notation und einige Grundlagen

Zunächst sei wieder an die Notation $A \succ 0$ ($A \succeq 0$) für reelle symmetrische positiv definite (positiv semidefinite) Matrizen A erinnert. Den Raum der reellen symmetrischen $n \times n$-Matrizen bezeichnen wir mit $\mathcal{S}^n$ und den konvexen Kegel der reellen symmetrischen positiv semidefiniten $n \times n$-Matrizen mit $\mathcal{S}^n_+$. Weiter sei an die Definition des Skalarprodukts $A \bullet B := \langle A, B \rangle := \sum_{i,j=1}^{n} A_{i,j} B_{i,j} = \mathrm{Spur}(A^T B)$ zweier reeller $n \times n$-Matrizen A, B erinnert. Man rechnet leicht nach, dass $\mathrm{Spur}((AB)^T) = \mathrm{Spur}(AB) = \mathrm{Spur}(BA)$. Das Skalarprodukt $\langle \, , \, \rangle$ ist mit der Löwnerschen Halbordnung „$\succeq$" in dem Sinn gekoppelt, dass $\langle A, B \rangle > 0$ für alle A, $B \succ 0$ gilt. Dies sieht man z. B. mit Hilfe der Cholesky-Zerlegung $B = LL^T$ von B, denn wegen der Symmetrie von A folgt

$$\langle A, B \rangle = \mathrm{Spur}(AB) = \mathrm{Spur}(ALL^T) = \mathrm{Spur}(L^T AL).$$

© Springer-Verlag GmbH Deutschland, ein Teil von Springer Nature 2019
F. Jarre und J. Stoer, *Optimierung,* Masterclass,
https://doi.org/10.1007/978-3-662-58855-0_16

Da mit A auch $L^T AL$ positiv definit ist, sind alle Eigenwerte und insbesondere auch die Spur als Summe der Eigenwerte von $L^T AL$ positiv. Der Satz von Féjer (s. Satz 8.5.2) besagt, dass auch die Umkehrung gilt:

Satz 16.1.1 **(Féjer)** *Eine symmetrische Matrix A ist positiv semidefinit genau dann wenn $\langle A, B \rangle \geq 0$ für alle $B \succeq 0$ gilt: Der Kegel der semidefiniten Matrizen ist selbstdual,*

$$(\mathcal{S}_+^n)^D := \{Z \mid \langle Z, X \rangle \geq 0 \ \text{für alle} \ X \in \mathcal{S}_+^n\} = \mathcal{S}_+^n.$$

Beweis Nach den Vorbemerkungen genügt es zu zeigen, dass $A \succeq 0$ falls $\langle A, B \rangle \geq 0$ für alle $B \succeq 0$ gilt. Für jedes $x \in \mathbb{R}^n$ ist $B := xx^T$ positiv semidefinit, und somit folgt

$$x^T Ax = \text{Spur}(x^T Ax) = \text{Spur}(Axx^T) = \text{Spur}(AB) = \langle A, B \rangle \geq 0. \qquad \square$$

16.1.1 Ein semidefinites Programm und seine duale Form

Seien nun ein Vektor $b \in \mathbb{R}^m$ sowie reelle symmetrische $n \times n$-Matrizen C und $A^{(i)}$ für $1 \leq i \leq m$ gegeben. Für eine symmetrische Matrix $X \in \mathbb{R}^{n \times n}$ bezeichnen wir dann mit $\mathcal{A}: \mathcal{S}^n \to \mathbb{R}^m$ die lineare Abbildung

$$\mathcal{A}(X) := \begin{pmatrix} A^{(1)} \bullet X \\ \vdots \\ A^{(m)} \bullet X \end{pmatrix}.$$

Die adjungierte Abbildung $\mathcal{A}^*$ mit $\langle \mathcal{A}^*(y), X \rangle = \langle y, \mathcal{A}(X) \rangle$ für alle $y \in \mathbb{R}^m$ und alle $X \in \mathcal{S}^n$ ist durch

$$\mathcal{A}^*(y) = \sum_{i=1}^m y_i A^{(i)}$$

gegeben. Wir betrachten im Folgenden semidefinite Programme der Form

$$\inf\{C \bullet X \mid \mathcal{A}(X) = b, \ X \succeq 0\}. \tag{16.1.2}$$

Die Unbekannte ist dabei eine symmetrische $n \times n$-Matrix X. Das Programm heißt strikt zulässig, wenn es eine strikt zulässige Lösung $X \succ 0$ besitzt, d.h. wenn es die Slaterbedingung erfüllt (s. Def. 8.1.12). In Abschn. 8.4 haben wir bereits das duale Problem zu (16.1.2) hergeleitet, nämlich,

$$\sup\left\{b^T y \mid \mathcal{A}^*(y) \preceq C\right\}. \tag{16.1.3}$$

Falls die Slaterbedingung für eines der beiden Probleme (16.1.2) oder (16.1.3) erfüllt ist, stimmen die Optimalwerte dieser beiden Probleme überein. Wie das Beispiel

$$0 = \sup \left\{ y_1 \;\middle|\; \begin{pmatrix} y_1 & 1 \\ 1 & y_2 \end{pmatrix} \preceq 0 \right\} \tag{16.1.4}$$

eines Problems in der dualen Form zeigt, muss der Optimalwert aber auch dann nicht immer angenommen werden. Beachte, dass das zugehörige primale Problem durch

$$\inf \left\{ \begin{pmatrix} 0 & -1 \\ -1 & 0 \end{pmatrix} \bullet X \;\middle|\; X_{11} = 1, \;\; X_{22} = 0, \;\; X \succeq 0 \right\} \tag{16.1.5}$$

gegeben ist (siehe die Übungen 16.5) und außer $X = \begin{pmatrix} 1 & 0 \\ 0 & 0 \end{pmatrix}$ keine weiteren zulässigen Lösungen besitzt und insbesondere nicht die Slaterbedingung erfüllt. Wenn keines der beiden Probleme (16.1.2) und (16.1.3) strikt zulässig ist, so können die Optimalwerte sogar verschieden sein, wie in den Übungen 16.5 an einem Beispiel gezeigt wird.

Falls die Slaterbedingung für (16.1.2) und für (16.1.3) erfüllt ist, gelten für (16.1.2) und (16.1.3) die in Kap. 8 hergeleiteten Optimalitätsbedingungen, die sehr an die primal-dualen Bedingungen bei linearen Programmen erinnern: Seien beide Probleme (16.1.2) und (16.1.3) strikt zulässig. Dann sind X und y genau dann optimal für (16.1.2) bzw. (16.1.3), wenn es eine Matrix Z gibt, so dass das folgende System erfüllt ist,

$$\begin{aligned} \mathcal{A}^*(y) + Z &= C, \\ \mathcal{A}(X) &= b, \quad X \succeq 0, \; Z \succeq 0, \\ XZ &= 0. \end{aligned} \tag{16.1.6}$$

Die Hilfsvariable $Z = C - \mathcal{A}^*(y) \succeq 0$ wurde hier eingeführt, um die Analogie zu den linearen Programmen in Abschn. 4.2 zu unterstreichen. Man beachte dabei, dass die letzte Gleichung $XZ = 0$ wegen $X \succeq 0$ und $Z \succeq 0$ äquivalent zur Gleichung $X \bullet Z = 0$ ist, die man eigentlich erwarten würde. Denn aus $XZ = 0$ folgt sofort $\mathrm{Spur}(XZ) = X \bullet Z = 0$. Ist andererseits $X \succeq 0$, $Z \succeq 0$ und $X \bullet Z = 0$, folgt mit Hilfe der Matrizen $X^{1/2} \succeq 0$ und $Z^{1/2} \succeq 0$

$$\begin{aligned} 0 = \mathrm{Spur}(XZ) &= \mathrm{Spur}(X^{1/2} X^{1/2} Z^{1/2} Z^{1/2}) = \mathrm{Spur}(Z^{1/2} X^{1/2} X^{1/2} Z^{1/2}) \\ &= \| X^{1/2} Z^{1/2} \|_F, \end{aligned}$$

so dass $X^{1/2} Z^{1/2} = 0$ und deshalb $XZ = X^{1/2}(X^{1/2} Z^{1/2}) Z^{1/2} = 0$.

In Abschn. 15.1 haben wir gesehen, dass mit

$$\tilde{\phi}(X) := \begin{cases} -\ln(\det X) & \text{falls } X \text{ positiv definit ist,} \\ +\infty & \text{sonst,} \end{cases}$$

eine selbstkonkordante und $\theta = n$-selbstbeschränkende Barrierefunktion für den Kegel der positiv definiten Matrizen $X \succ 0$ gegeben ist. Ferner ist auch

$$\phi(y) = -\ln\left(\det\left(C - \mathcal{A}^*(y)\right)\right)$$

eine $\theta = n$-selbstkonkordante Barrierefunktion für (16.1.3). Dabei sind die Ableitungen von ϕ durch

$$(D\phi(y))_i = A^{(i)} \bullet (C - \mathcal{A}^*(y))^{-1},$$
$$(D^2\phi(y))_{i,j} = A^{(i)} \bullet \left((C - \mathcal{A}^*(y))^{-1} A^{(j)} (C - \mathcal{A}^*(y))^{-1}\right)$$

gegeben (s. Übungen 15.3). Aufbauend auf diesen Barrierefunktionen ist im letzten Kapitel ein primales Verfahren beschrieben worden, das auch zur Lösung von (16.1.2) oder von (16.1.3) eingesetzt werden kann. Wir werden nun ein primal-duales Verfahren vorstellen.

16.1.2 Darstellung des zentralen Pfades

Wir nehmen für den Rest des Kapitels an, dass folgende Voraussetzung gilt:

Voraussetzung 16.1.7

1. *Beide Programme (16.1.2) und (16.1.3) besitzen strikt zulässige Punkte.*
2. *Die Matrizen $A^{(i)} \in \mathcal{S}^n$, die den linearen Operator $\mathcal{A}$ definieren, sind linear unabhängig, d. h. es gibt kein $y \neq 0$ mit $\sum_{i=1}^m y_i A^{(i)} = 0$.*

Wir erinnern an den primal-dualen Ansatz bei der Lösung von linearen Programmen. Dort haben wir die Komplementarität von $Xs = 0$ auf $Xs = \mu e$ mit $\mu > 0$ relaxiert, wobei $X := \text{Diag}(x)$ definiert ist. Die zugehörigen Lösungen $(x(\mu), y(\mu), s(\mu))$ sind die Punkte auf dem zentralen Pfad. Dabei stimmt $x(\mu)$ mit der Minimalstelle des primalen Barriere-Problems

$$\min\left\{\tfrac{c^T x}{\mu} - \sum_{i=1}^n \ln x_i \mid Ax = b\right\}$$

überein und der $y(\mu)$ mit der Minimalstelle des dualen Barriere-Problems

$$\min\left\{\tfrac{-b^T y}{\mu} - \sum_{i=1}^n \ln\left(c_i - (A^T y)_i\right) \mid y \in \mathbb{R}^m\right\}.$$

Das primal-duale Verfahren aus Abschn. 4.2 verfolgt diesen Pfad in kleinen Schritten mit Hilfe des Newton-Verfahrens.

Für semidefinite Programme (16.1.2), (16.1.3), die die Voraussetzung 16.1.7 erfüllen, liefern die exakten Lösungen von (vgl. (16.1.6))

$$
\begin{aligned}
\mathcal{A}^*(y) + Z &= C, \\
\mathcal{A}(X) &= b, \quad X \succ 0, \ Z \succ 0, \\
XZ &= \mu I,
\end{aligned}
\tag{16.1.8}
$$

Punkte $(X(\mu), y(\mu), Z(\mu))$ auf dem zentralen Pfad, deren X-Anteil $X(\mu)$ und y-Anteil $y(\mu)$ wieder mit den Lösungen der selbstkonkordanten Barriereprobleme

$$
\min \left\{ \frac{C \bullet X}{\mu} - \ln(\det X) \ \Big| \ \mathcal{A}(X) = b \right\}
$$

und

$$
\min \left\{ \frac{-b^T y}{\mu} - \ln \left(\det(C - \mathcal{A}^*(y)) \right) \ \Big| \ y \in \mathbb{R}^m \right\}
$$

übereinstimmen. Die Struktur der Pfadgleichung (16.1.8) ist identisch mit der Struktur der Pfadgleichung bei linearen Programmen mit dem einzigen Unterschied, dass die relaxierte Komplementarität nun die Form $XZ = \mu I$ annimmt, während sie bei linearen Programmen in der Form $Xs = \mu e$ auftritt. Sicher liegt es nahe zu versuchen, in Analogie zu den linearen Programmen, die Lösungen von (16.1.8) für eine Folge von Werten $\mu = \mu_k > 0$, $\mu_k \to 0$ mit dem Newtonverfahren zu approximieren.

Die Bedingung $XZ = \mu I$ in (16.1.8) kann man zwar genauso gut in der Form $ZX = \mu I$ oder $XZ + XZ = 2\mu I$ schreiben.[1] Falls aber symmetrische Iterierte X, Z gegeben sind, die die Gleichung $XZ = \mu I$ nicht exakt erfüllen, so gilt im Allgemeinen $XZ \neq ZX$. (Die Matrizen X und Z kommutieren genau dann, wenn es eine Basis des $\mathbb{R}^n$ gibt, so dass jeder Basisvektor sowohl Eigenvektor von X als auch von Z ist.) Wegen der fehlenden Kommutativität von X und Z außerhalb des zentralen Pfades, d.h. für $XZ \neq \mu I$, liefern die Linearisierungen der drei äquivalenten Bedingungen

$$
XZ = \mu I, \quad ZX = \mu I \quad \text{oder} \quad XZ + ZX = 2\mu I
$$

in aller Regel drei verschiedene Suchrichtungen.

Dabei ergibt sich folgende zusätzliche Komplikation. Bei genauer Betrachtung ist das System (16.1.8) überbestimmt. Für $y \in \mathbb{R}^m$ und symmetrische X, $Z \in \mathbb{R}^{n \times n}$ liegen $m + n(n + 1)$ Unbekannte vor. Die Bedingung $\mathcal{A}(X) = b$ besteht aus m linearen Gleichungen. Die Bedingung $\mathcal{A}^*(y) + Z = 0$ liefert wegen der Symmetrie von Z und $\mathcal{A}^*(y)$ genau $n(n + 1)/2$ lineare Gleichungen, aber die Gleichung $XZ = \mu I$ liefert n^2 Gleichungen, auch wenn X, Z aus dem Raum der symmetrischen Matrizen sind. Die Linearisierung von (16.1.8) liefert daher in aller Regel eine nichtsymmetrische Korrektur ΔX.

---

[1] Dass auch die dritte Bedingung für X, $Z \succ 0$ zu den beiden anderen Bedingungen äquivalent ist, ist z. B. in [4] bewiesen.

Es gibt nun eine große Vielfalt von Ansätzen, wie man aus der Forderung, dass $XZ = \mu I$ gelten möge, eine symmetrische Suchrichtung ΔX gewinnen kann. In [166] werden alleine 20 verschiedene Suchrichtungen miteinander verglichen. Insofern sind die primal-dualen Verfahren nicht so einfach von linearen Programmen auf semidefinite Programme übertragbar wie die rein primalen Methoden, die durch das Konzept der selbstkonkordanten Funktionen eine sehr natürliche Verallgemeinerung fanden.

16.2 Ein primal - duales Verfahren

Wir geben zunächst ein einfaches Innere-Punkte-Verfahren zur (simultanen) Lösung von (16.1.2) und (16.1.3) an und stellen dann einige der gebräuchlichsten primal-dualen Suchrichtungen vor.

Algorithmus 16.2.1
Gegeben seien $X^{(0)}$, $y^{(0)}$, $Z^{(0)}$ mit $X^{(0)} \succ 0$ und $Z^{(0)} \succ 0$. Sei ferner $\epsilon > 0$ gegeben. Setze $\mu_0 = X^{(0)} \bullet Z^{(0)}/n$ und $k = 0$.

Solange $\mu_k > \epsilon$, $\|\mathcal{A}(X^{(k)}) - b\|_\infty > \epsilon$ oder $\|\mathcal{A}^*(y^{(k)}) + Z^{(k)} - C\|_\infty > \epsilon$ wiederhole

1) Wähle $\sigma_k \in [0, 1]$ und bestimme eine Suchrichtung

$$(\Delta X^{(k)}, \Delta y^{(k)}, \Delta Z^{(k)}) \text{ mit } \Delta X^{(k)} = (\Delta X^{(k)})^T, \ \Delta Z^{(k)} = (\Delta Z^{(k)})^T$$

aus einem linearen Modell von (16.1.8) mit $\mu = \sigma_k \mu_k$.
2) Setze

$$(X^{(k+1)}, y^{(k+1)}, Z^{(k+1)}) = (X^{(k)}, y^{(k)}, Z^{(k)}) + \alpha_k (\Delta X^{(k)}, \Delta y^{(k)}, \Delta Z^{(k)}),$$

mit einer Schrittweite $\alpha_k > 0$, die $X^{(k+1)} \succ 0$ und $Z^{(k+1)} \succ 0$ bewahrt.
3) Setze $\mu_{k+1} = X^{(k+1)} \bullet Z^{(k+1)}/n$.
4) Setze $k = k + 1$.

16.2.1 Bestimmung der Newtonrichtungen

Wie bereits erwähnt, gibt es in Schritt 1) eine Reihe von Möglichkeiten lineare Approximationen von (16.1.8) zu bilden und daraus symmetrische Matrizen $\Delta X^{(k)}$ und $\Delta Z^{(k)}$ zu berechnen.

Die sogenannte AHO-Suchrichtung [4] erhält man aus der Linearisierung von $XZ + ZX = 2\mu I$.

Die HKM-Suchrichtung ergibt sich aus der Linearisierung von $XZ = \mu I$ und anschließender Projektion der daraus resultierenden nichtsymmetrischen Suchrichtung $\widetilde{\Delta X}$ auf die symmetrischen Matrizen mittels $\Delta X := (\widetilde{\Delta X}^T + \widetilde{\Delta X})/2$. Die HKM-Suchrichtung [78, 103, 119] erhält man aber auch, wenn man zunächst die Gleichungen $XZ = \mu I$ sowie $ZX = \mu I$ unabhängig voneinander linearisiert und anschließend das arithmetische Mittel der beiden entstandenen Suchrichtungen bildet. (Andere gebräuchliche Abkürzungen für diese Richtung sind HRVW/KSH/M-Suchrichtung und HRVW-Suchrichtung.)

Schließlich ist die NT-Suchrichtung [129] wohl diejenige Suchrichtung mit den besten theoretischen Eigenschaften. Wir müssen aber ein wenig ausholen, um diese Suchrichtung zu erklären.

16.2.2 Die Klasse MZ

Sei P eine nichtsinguläre $n \times n$-Matrix. Mit $\mathbf{S}_P : \mathbb{R}^{n \times n} \to \mathcal{S}^n$ bezeichnen wir den Symmetrisierungsoperator, der eine beliebige $n \times n$-Matrix U mittels

$$\mathbf{S}_P(U) := \frac{1}{2}\left(PUP^{-1} + (PUP^{-1})^T\right)$$

in eine symmetrische Matrix abbildet. Für $P = I$ erhalten wir bei symmetrischen Matrizen X und Z z.B. $\mathbf{S}_P(XZ) = (XZ + ZX)/2$.

Wir werden das System (16.1.8) zunächst mithilfe des Operators $\mathbf{S}_P$ für ein geeignetes festes[2] P symmetrisieren und anschließend linearisieren. Dabei erhalten wir das System

$$\begin{aligned}
\mathcal{A}^*(\Delta y) \quad + \Delta Z &= C - \mathcal{A}^*(y) - Z, \\
\mathcal{A}(\Delta X) \quad\quad\quad &= \quad b - \mathcal{A}(X), \quad\quad (16.2.2) \\
\mathbf{S}_P\left(\Delta X Z \quad\quad + X\Delta Z\right) &= \mu I - \mathbf{S}_P\left(XZ\right).
\end{aligned}$$

Definieren wir das duale Residuum $R_D \in \mathcal{S}^n$, das primale Residuum $r_P \in \mathbb{R}^m$, und das Komplementaritätsresiduum $R_K \in \mathcal{S}^n$ durch

$$\begin{aligned}
R_D &:= C - \mathcal{A}^*(y) - Z, \\
r_P &:= b - \mathcal{A}(X), \\
R_K &:= \mu I - \mathbf{S}_P\left(XZ\right),
\end{aligned}$$

so hat obiges System die folgende Struktur:

$$\begin{aligned}
\mathcal{A}^*(\Delta y) \quad + \Delta Z &= R_D \\
\mathcal{A}(\Delta X) \quad\quad\quad &= r_P \quad\quad (16.2.3) \\
\mathcal{E}(\Delta X) \quad\quad + \mathcal{F}(\Delta Z) &= R_K,
\end{aligned}$$

---

[2] Auch wenn im Verlauf eines Verfahrens die jeweilige Wahl von P von den aktuellen Matrizen X und Z abhängen sollte, so werden wir P bei der Linearisierung als konstante Matrix behandeln. Die so erzeugbaren Suchrichtungen bilden die sogenannte Klasse MZ (nach [119]).

wobei $\mathcal{E}$, $\mathcal{F}\colon \mathcal{S}^n \to \mathcal{S}^n$ folgende lineare Operatoren von $\mathcal{S}^n$ nach $\mathcal{S}^n$ sind:

$$\mathcal{E}(\Delta X) := \mathbf{S}_P\!\left(\Delta X Z\right) = \frac{1}{2}\left(P\Delta X Z P^{-1} + (P\Delta X Z P^{-1})^T\right)$$

und $\mathcal{F}(\Delta Z) := \mathbf{S}_P\!\left(X\Delta Z\right)$.

Die folgenden Herleitungen werden übersichtlicher, wenn wir bei linearen Operatoren die Klammern um das Argument fortlassen und beispielsweise an Stelle von $\mathcal{A}(\Delta X)$ kurz $\mathcal{A}\,\Delta X$ schreiben. Diese verkürzte Schreibweise haben wir bereits benutzt, wenn wir lineare Abbildungen von $\mathbb{R}^n$ nach $\mathbb{R}^m$ durch Matrizen repräsentieren, sie ist natürlich gleichermaßen für lineare Abbildungen von $\mathcal{S}^n$ nach $\mathbb{R}^m$ möglich, auch wenn wir solche Abbildungen nicht mit Matrizen identifizieren. Es gilt dann folgendes Lemma.

Lemma 16.2.4 *Wenn die Operatoren $\mathcal{E}$ und $\mathcal{F}$ nichtsingulär sind und wenn $\mathcal{E}^{-1}\mathcal{F}$ positiv definit ist, dann besitzt das System (16.2.3) eine eindeutige Lösung $(\Delta X, \Delta y, \Delta Z)$ mit ΔX, $\Delta Z \in \mathcal{S}^n$, die durch*

$$
\begin{aligned}
\Delta y &= (\mathcal{A}\mathcal{E}^{-1}\mathcal{F}\mathcal{A}^*)^{-1}(r_P - \mathcal{A}\mathcal{E}^{-1}(R_K - \mathcal{F}R_D)) \\
\Delta Z &= R_D - \mathcal{A}^*\Delta y \\
\Delta X &= \mathcal{E}^{-1}(R_K - \mathcal{F}\Delta Z)
\end{aligned}
\qquad (16.2.5)
$$

gegeben ist.

Bemerkung

Lemma 16.2.4 fordert nur, dass $\mathcal{E}^{-1}\mathcal{F}$ positiv definit aber nicht notwendigerweise symmetrisch ist, d. h. $\langle S, \mathcal{E}^{-1}\mathcal{F}\,T\rangle \neq \langle T, \mathcal{E}^{-1}\mathcal{F}\,S\rangle$ kann für manche $S, T \in \mathcal{S}^n$ gelten, sofern nur $\langle S, \mathcal{E}^{-1}\mathcal{F}\,S\rangle = S \bullet (\mathcal{E}^{-1}\mathcal{F}\,S) > 0$ für alle $S \neq 0$, $S \in \mathcal{S}^n$.

Beweis Unter den Voraussetzungen des Lemmas existiert die lineare Abbildung $\mathcal{A}\mathcal{E}^{-1}$ $\mathcal{F}\mathcal{A}^*\colon \mathbb{R}^m \to \mathbb{R}^m$. Da $\mathcal{E}^{-1}\mathcal{F}$ positiv definit ist und die $A^{(i)}$, die die Abbildung $\mathcal{A}$ beschreiben, linear unabhängig sind, folgt die positive Definitheit und damit die Invertierbarkeit von $\mathcal{A}\mathcal{E}^{-1}\mathcal{F}\mathcal{A}^*$. Damit sind die Formeln (16.2.5) wohldefiniert. Die Gleichungen für ΔX und ΔZ in (16.2.5) folgen direkt aus der ersten und dritten Gleichung von (16.2.3). Setzen wir nun die beiden letzten Gleichungen aus (16.2.5) in die zweite Gleichung von (16.2.3) ein, so erhalten wir

$$(\mathcal{A}\mathcal{E}^{-1}\mathcal{F}\mathcal{A}^*)\Delta y = r_P - \mathcal{A}\mathcal{E}^{-1}(R_K - \mathcal{F}R_D).$$

Ihre Lösung Δy ist eindeutig, weil $\mathcal{A}\mathcal{E}^{-1}\mathcal{F}\mathcal{A}^*$ nichtsingulär ist, und sie erfüllt (16.2.5). Umgekehrt erfüllt die Lösung von (16.2.5) nach Konstruktion auch die Gleichungen von (16.2.3). $\qquad\square$

Das folgende Lemma zeigt, dass wir uns bei der Wahl von „relevanten" Matrizen P in der Definition von $\mathbf{S}_P$ auf positiv definite Matrizen P beschränken können. Jede Suchrichtung, die man aus einer Wahl von $P \succ 0$ erhält, heißt Suchrichtung der Klasse MZ. Der Verdienst der namensgebenden Arbeit [119] ist dabei der Nachweis, dass Algorithmus 16.2.1 für jede Wahl von $P \succ 0$ für die $PXSP^{-1}$ symmetrisch ist mit einer polynomialen Konvergenzrate konvergiert, sofern die Parameter α_k, σ_k passend gewählt werden.

Lemma 16.2.6 *Sei* $V \in \mathcal{S}^n_{++}$ *beliebig gewählt. Die Lösungen von (16.2.3) sind für alle* P *mit* $P^T P = V$ *gleich. Wir können daher ohne Einschränkung* $P \succ 0$ *annehmen, d. h.* $P = V^{1/2}$ *(die positiv definite Wurzel von* V *).*

Beweis Multipliziert man die letzte Zeile von (16.2.3) von links mit P^T und von rechts mit P, so erhält man unter Ausnutzung der Definition von $R_K = \mu I - \mathbf{S}_P(XZ)$:

$$P^T \mathbf{S}_P(\Delta X Z) P + P^T \mathbf{S}_P(X \Delta Z) P = P^T (\mu I - \mathbf{S}_P(XZ)) P$$

und daraus wegen $\mathbf{S}_P(U) = \frac{1}{2}(PUP^{-1} + P^{-T}U^T P^T)$

$$\frac{1}{2} V(X \Delta Z + \Delta X Z) + \frac{1}{2}(\Delta Z X + Z \Delta X) V = \mu V - \frac{1}{2}(V X Z + Z X V).$$

Da P nichtsingulär ist, ändert diese Umformung die Lösungsmenge nicht, und offenbar hängt obige Gleichung nur noch von V ab. $\qquad\square$

Wir merken allerdings an, dass das Bild der Abbildung $\mathcal{E}$ nicht für alle P mit $P^T P = V$ gleich ist.

16.2.3 Numerischer Aufwand zur Lösung der linearen Gleichungssysteme

An dieser Stelle wollen wir kurz auf die numerische Behandlung des Gleichungssystems (16.2.5) eingehen. Da ΔX und ΔZ aus je $n(n+1)/2$ reellen Unbekannten bestehen, könnte man meinen, dass die Lösung dieses Systems einen Aufwand der Größenordnung $O(n^6)$ erfordert. Rechenschritte mit einem Aufwand von $O(n^3)$ werden wir daher im Folgenden als „billig" ansehen – auch wenn bei einigen sehr speziell strukturierten semidefiniten Programmen diese Ansicht nicht gerechtfertigt ist.

Das folgende Lemma besagt, dass die Abbildungen $\mathcal{E}$ und $\mathcal{F}$ für nichtsinguläres P invertierbar sind, und der konstruktive Beweis zeigt, dass Gleichungssysteme mit $\mathcal{E}$ oder $\mathcal{F}$ in obigem Sinne billig zu lösen sind.

Lemma 16.2.7 *Falls* $X \succ 0$, $Z \succ 0$ *und* P *nichtsingulär ist, so sind die linearen Abbildungen* $\mathcal{E}$ *und* $\mathcal{F}$ *aus (16.2.3) invertierbar.*

Beweis Wir zeigen, dass das System $\mathcal{E}U = R$ für $R \in \mathcal{S}^n$ eine eindeutige Lösung $U \in \mathcal{S}^n$ besitzt. Das System hat die Form

$$\mathcal{E}U = \frac{1}{2}\left(PUZP^{-1} + P^{-T}ZUP^T\right) = R$$

mit einer nichtsingulären Matrix P. Multiplikation von links und rechts mit P^{-1} und P^{-T} liefert das System

$$\frac{1}{2}\left(UZP^{-1}P^{-T} + P^{-1}P^{-T}ZU\right) = P^{-1}RP^{-T}$$

Wir nutzen nun aus, dass das Produkt AB zweier positiv definiter Matrizen A und B wegen $A^{1/2}BA^{1/2} = A^{-1/2}(AB)A^{1/2}$ zu einer positiv definiten Matrix ähnlich ist und deshalb eine positiv definite Diagonalmatrix als Jordansche Normalform besitzt. Wir wenden dies auf das Produkt $W := Z(P^{-1}P^{-T})$ an und zeigen, dass das obige Gleichungssystem

$$UW + W^TU = \hat{R}$$

für die symmetrische rechte Seite $\hat{R} = 2P^{-1}RP^{-T}$ eine eindeutige Lösung $U \in \mathcal{S}^n$ besitzt.

Sei $W = TDT^{-1}$, wobei die positiv definite Diagonalmatrix D die Jordansche Normalform von W ist. Durch Einsetzen und Linksmultiplikation mit T^T und Rechtsmultiplikation mit T erhalten wir

$$T^TUTD + DT^TUT = T^T\hat{R}T.$$

Mit der neuen Unbekannten $\tilde{U} := T^TUT$ und der neuen rechten Seite $\tilde{R} := T^T\hat{R}T$ ist also $\tilde{U}$ die Lösung von

$$\tilde{U}D + D\tilde{U} = \tilde{R}.$$

Da D eine positiv definite Diagonalmatrix ist, ist die Lösung $\tilde{U} \in \mathcal{S}^n$ aus dieser Gleichung direkt ablesbar: Ihre Einträge $\tilde{U}_{i,j}$ sind durch

$$\tilde{R}_{ij}/(D_{ii} + D_{jj})$$

gegeben.

Die Matrix U ergibt sich dann durch $U = T^{-T}\tilde{U}T^{-1}$. Da das System $\mathcal{E}U = R$ für alle $R \in \mathcal{S}^n$ lösbar ist, muss $\mathcal{E}$ invertierbar sein. (Wenn Bild und Urbild einer linearen Abbildung die gleiche endliche Dimension haben, so ist die Abbildung bijektiv.) $\qquad\square$

Man beachte, dass für nichtsymmetrisches W die Berechnung von T in obigem Beweis numerisch instabil sein kann. Wie wir nachfolgend am Beispiel der HKM-Richtung sehen werden, kann zu gegebenem P die Berechnung von $\mathcal{E}^{-1}$ häufig umgangen oder zumindest im Vergleich zur obigen allgemeinen Herleitung stark vereinfacht werden. Wir gehen hier nicht weiter auf einzelne Verbesserungen ein und halten lediglich fest, dass ein System der Form $\mathcal{E}U = \mathcal{S}_P(UZ) = R$ für jedes positiv definite P mit $O(n^3)$ Multiplikationen gelöst werden kann.

Wir betrachten nun die erste Zeile

$$\Delta y = (\mathcal{A}\mathcal{E}^{-1}\mathcal{F}\mathcal{A}^*)^{-1}(r_P - \mathcal{A}\mathcal{E}^{-1}(R_K - \mathcal{F}R_D))$$

des Systems (16.2.5). Hier ist $\mathcal{A}\mathcal{E}^{-1}\mathcal{F}\mathcal{A}^*$ eine lineare Abbildung $\mathbb{R}^m \to \mathbb{R}^m$, die durch eine $m \times m$-Matrix H repräsentiert werden kann. Der i, j-te Eintrag $H_{i,j}$ dieser Matrix ist dabei durch $H_{i,j} = A^{(i)} \bullet (\mathcal{E}^{-1}\mathcal{F}A^{(j)})$ gegeben mit den Matrizen $A^{(i)}$ aus der Definition von $\mathcal{A}$. Zur Ermittlung von H kann man also zunächst mit $O(mn^3)$ Multiplikationen alle Matrizen der Form $\mathcal{E}^{-1}\mathcal{F}A^{(j)}$ $(1 \leq j \leq m)$ berechnen und anschließend die Einträge von H mit $O(n^2m^2)$ Multiplikationen berechnen. Aus einer LU-Zerlegung von H lässt sich Δy dann in $O(m^3)$ Operationen ermitteln. Falls z. B. $m = O(n)$ gilt, so kann Δy mit $O(n^4)$ Multiplikationen ermittelt werden. Für speziell strukturierte Systeme wie sie beispielsweise in der nachfolgend besprochenen Relaxierung des Max-Cut-Problems entstehen, kann dieser Aufwand auf $O(n^3)$ Multiplikationen reduziert werden. (In gewissen Spezialfällen des Max-Cut-Problems, die auf dünn besetzte Matrizen führen, kann er sogar noch weiter reduziert werden.)

Wenn Δy gegeben ist, so sind die zweite und die dritte Zeile des Systems (16.2.5) mit obigen Überlegungen mit $O(n^3)$ Multiplikationen berechenbar.

16.2.4 Einige spezielle Suchrichtungen

Wählt man in obigem allgemeinen Ansatz $P = I$, so erhalten wir die AHO-Richtung, welche aus der Linearisierung von $XZ + ZX = 2\mu I$ entsteht. Sie zeigt in numerischen Experimenten (siehe z. B. [167]) wohl das rascheste Konvergenzverhalten, doch wird dieser empirische Vorteil durch den Rechenaufwand zur Ermittlung der Suchrichtung wieder neutralisiert. Denn im Gegensatz zu den nachfolgend besprochenen Richtungen HKM und NT ist die Matrix $\mathcal{A}\mathcal{E}^{-1}\mathcal{F}\mathcal{A}^*$ bei der Bestimmung der AHO-Richtung nicht symmetrisch und die Berechnung der AHO Suchrichtung ist typischerweise fast doppelt so teuer wie die Berechnung der HKM- oder NT-Suchrichtung.

Wir zeigen nun, dass man für $P = Z^{1/2}$ die HKM-Richtung erhält. Die HKM-Suchrichtung war ursprünglich in der Form vorgeschlagen worden, dass man (16.1.8) linearisiert ohne vorher zu symmetrisieren, und anschließend die so erhaltene nichtsymmetrische Suchrichtung $\widetilde{\Delta X}$ durch

$$\Delta X := \frac{\widetilde{\Delta X} + \widetilde{\Delta X}^T}{2}$$

ersetzt. Wir schreiben die Linearisierung

$$\widetilde{\Delta X}Z + X\Delta Z = \mu I - XZ$$

der letzten Zeile von (16.1.8) zunächst mit den Korrekturtermen $\widetilde{\Delta X}$ und ΔZ. Multipliziert man dies von rechts mit Z^{-1}, so erhält man

$$\widetilde{\Delta X} + X \Delta Z Z^{-1} = \mu Z^{-1} - X.$$

Hier ist (außer $\widetilde{\Delta X}$) offenbar nur der Term $X \Delta Z Z^{-1}$ nichtsymmetrisch. Die Symmetrisierung ΔX erfüllt daher die Gleichung

$$\Delta X + \frac{X \Delta Z Z^{-1} + Z^{-1} \Delta Z X}{2} = \mu Z^{-1} - X. \tag{16.2.8}$$

Für die Operatoren $\mathcal{E}$ und $\mathcal{F}$, die sich aus der Wahl $P = Z^{1/2}$ ergeben, folgt nun, dass

$$\begin{aligned}
\mathcal{E} \Delta X + \mathcal{F} \Delta Z &= \mu I - \mathbf{S}_P(XZ) \\
\Longleftrightarrow \quad Z^{-1/2} \left(\mathcal{E} \Delta X + \mathcal{F} \Delta Z \right) Z^{-1/2} &= Z^{-1/2} (\mu I - \mathbf{S}_P(XZ)) Z^{-1/2} \\
\Longleftrightarrow \quad \Delta X + \frac{X \Delta Z Z^{-1} + Z^{-1} \Delta Z X}{2} &= \mu Z^{-1} - X
\end{aligned}$$

genau die Form (16.2.8) annimmt, womit die Zugehörigkeit der HKM-Suchrichtung zur MZ-Klasse mit $P = Z^{1/2}$ gezeigt ist. Wir sehen ferner, dass die Abbildung $\mathcal{E}$ in der äquivalenten Umformung (16.2.8) in die Identität übergeht, und dass auch $\mathcal{F}$ in eine Abbildung übergeht, die ohne Auswertung einer symmetrischen Wurzel berechnet werden kann. Die Wahl der Matrix P bestimmt also in gewissem Sinn die Suchrichtung. Das lineare Gleichungssystem (16.2.2) mit der Matrix P ist aber in der Regel nicht zur numerischen Lösung geeignet; vielmehr ist es angebracht, das System (16.2.2) wie z. B. in (16.2.8) zunächst äquivalent so umzuformen, dass die Lösung stabil und billig ermittelt werden kann.

Die wahrscheinlich beste Suchrichtung, die NT-Suchrichtung, erhält man für

$$W := Z^{-1/2} (Z^{1/2} X Z^{1/2})^{1/2} Z^{-1/2}$$

und $P^T P = V = W^{-1}$, wobei V wie in Lemma 16.2.6 erklärt ist. Aus der Definition von W folgen die Gleichungen

$$\begin{aligned}
Z^{1/2} W Z^{1/2} &= (Z^{1/2} X Z^{1/2})^{1/2} \\
\Longrightarrow \quad (Z^{1/2} W Z^{1/2})^{-2} &= Z^{-1/2} X^{-1} Z^{-1/2} \\
\Longrightarrow \quad I &= (Z^{1/2} W Z^{1/2}) Z^{-1/2} X^{-1} Z^{-1/2} (Z^{1/2} W Z^{1/2}) \\
\Longrightarrow \quad Z^{-1/2} I Z^{-1/2} &= W X^{-1} W,
\end{aligned}$$

Invertiert man die Gleichung $Z^{-1} = W X^{-1} W$, so folgt

$$W Z W = X.$$

Für positive reelle Zahlen x, z besitzt die Gleichung $wzw = x$ die Lösung $w = \sqrt{x/z}$. Bei positiv definiten Matrizen X, Z heißt die Matrix W daher auch „metrisch-geometrischer Mittelwert von X und Z^{-1}", siehe [7]. Sie spielt eine wesentliche Rolle, um in der Analysis eines primal-dualen Verfahrens mit *langen Schritten* eine relative Lipschitzbedingung der Hessematrix von $\phi(X) := -\ln(\det X)$ auszunutzen, die über die Bedingung (15.1.20) hinausgeht:

Die Bedingung (15.1.20) lässt sich bei einer selbstkonkordanten Barrierefunktion $\psi \colon \mathcal{M}^o \to \mathbb{R}$ ($\mathcal{M} \subset \mathbb{R}^n$) in der folgenden Form ausdrücken: Seien $x \in \mathcal{M}^o$ und $\Delta x \in \mathbb{R}^n$ mit

$$\delta := \delta_x(\Delta x) := \Delta x^T \nabla^2 \psi(x) \Delta x < 1$$

gegeben, so gilt $x + \Delta x \in \mathcal{M}^o$, sowie

$$(1 - \delta)^2 \nabla^2 \psi(x) \preceq \nabla^2 \psi(x \pm \Delta x) \preceq \frac{1}{(1 - \delta)^2} \nabla^2 \psi(x). \qquad (16.2.9)$$

Die zweite Richtung h, die neben Δx in (15.1.20) noch auftritt, ist bei (16.2.9) in der Ungleichung $\preceq$ enthalten; die Halbordnung $\preceq$ bezieht sich auf alle Richtungen $h \in \mathbb{R}^n$.

Obige Ungleichung wird nun auf die Funktion $\phi(X) := -\ln(\det X)$ übertragen und verallgemeinert. Die zweite Ableitung $D^2\phi$ von ϕ ist eine positiv definite Bilinearform[3] über dem Raum $\mathcal{S}^n$. Für $X \succ 0$ und $\Delta X \in \mathcal{S}^n$ definieren wir mit

$$\sigma := \sigma_X(\Delta X) := \frac{1}{\sup\{\alpha \mid X - \alpha \Delta X \succeq 0\}}$$

das sogenannte „Minkowski-Funktional" der Menge $-X + \mathcal{S}_+^n$. Offenbar liegt der Punkt $X - \beta \Delta X$ genau dann in $\mathcal{S}_+^n$, wenn $\beta \sigma \leq 1$ gilt. Aufgrund von Lemma 15.1.18 gilt daher stets $\sigma_X(\Delta X) \leq \delta_X(\Delta X)$. Sei ferner $\tilde{\sigma} := \sigma_X(-\Delta X)$.

In [129] wurde nun gezeigt, dass sich die Abschätzung (16.2.9) auch auf zulässige Punkte *außerhalb* der inneren Ellipse aus Lemma 15.1.18 ausdehnen lässt. Für $\sigma < 1, \tilde{\sigma} < 1$ gilt nämlich nach Satz 3.6 in [130]

$$\frac{1}{(1 + \tilde{\sigma})^2} D^2\phi(X) \preceq D^2\phi(X - \Delta X) \preceq \frac{1}{(1 - \sigma)^2} D^2\phi(X). \qquad (16.2.10)$$

Diese Erweiterung von (15.1.20) auf Punkte außerhalb der inneren Ellipse folgt nicht aus der Selbstkonkordanzbedingung aus Abschn. 15.1. Sie ist natürlich bei der Untersuchung von Verfahren mit langen Schritten sehr wichtig.

Aus der speziellen Wahl von W folgt nun, dass $D^2\phi(W)[X] = Z$ gilt. In [129, 130] wird dies zusammen mit (16.2.10) ausgenutzt, um für gewisse Innere-Punkte-Verfahren mit langen Schritten eine worst-case Komplexität von $O(\sqrt{n} \ln \frac{1}{\epsilon})$ Iterationen zu beweisen um

---

[3] Dabei lässt sich $D^2\phi$ nur mit gewissen „Klimmzügen" als Hessematrix $\nabla^2\phi(x)$ darstellen. In einigen Arbeiten, siehe z. B. [177], wird dazu der Raum $\mathcal{S}^n$ zunächst in kanonischer Form mit dem $\mathbb{R}^{n(n+1)/2}$ assoziiert und eine Bijektion „svec" zwischen diesen beiden Räumen definiert, die den unteren Dreiecksteil einer symmetrischen Matrix in einen Vektor (engl. vector) abbildet. Über dem $\mathbb{R}^{n(n+1)/2}$ lässt sich $D^2\phi$ dann in der gewohnten Form als Matrix darstellen.

die Dualitätslücke um einen Faktor ϵ zu reduzieren. Einzelheiten zur effizienten Berechnung der Suchrichtung und zum numerischen Vergleich verschiedener Suchrichtungen finden sich z. B. in [167].

16.2.5 Skalierungsinvarianz

In den vorangegangenen Kapiteln haben wir bereits mehrfach auf die affine Invarianz des Newtonverfahrens hingewiesen. An dieser Stelle gehen wir auf Invarianzeigenschaften bei semidefiniten Programmen ein. Konkret betrachten wir invertierbare lineare Transformationen $T : S^n \to S^n$, die mit $\hat{X} := T^{-1}X$ das Problem (16.1.2) in

$$\min\{C \bullet T\hat{X} \mid \mathcal{A}T\hat{X} = b, \ T\hat{X} \succeq 0\} \qquad (16.2.11)$$

überführen. Hier benutzen wir die Konvention, dass lineare Abbildungen oder Matrixmultiplikationen vor dem Skalarprodukt „$\bullet$" ausgeführt werden, d. h.

$$C \bullet T\hat{X} = C \bullet (T\hat{X}) = (T^*C) \bullet X = T^*C \bullet X.$$

Offenbar lässt sich aus einer Lösung $\hat{X}$ von (16.2.11) mittels $X := T\hat{X}$ eine Lösung X von (16.1.2) ermitteln.

Die Zielfunktion und die Gleichungen in (16.2.11) sind linear. Falls $T(S_+^n) = S_+^n$ gilt, so kann (16.2.11) äquivalent als semidefinites Programm in der primalen Form,

$$\min\{T^*C \bullet \hat{X} \mid \mathcal{A}T\hat{X} = b, \ \hat{X} \succeq 0\} \qquad (16.2.12)$$

geschrieben werden. Die Programme (16.1.2) und (16.2.12) sind daher zueinander äquivalent: X ist Lösung von (16.1.2) genau dann wenn $\hat{X} = T^{-1}X$ Lösung von (16.2.12) ist. Von einem robusten Lösungsverfahren für semidefinite Programme würde man daher erwarten, dass es bei äquivalenten Startpunkten in beiden Programmen auch äquivalente Iterierte erzeugt.

Wie z. B. in Abschn. 9.6 in [177] gezeigt wird, sind die Abbildungen T mit $T(S_+^n) = S_+^n$ genau die Abbildungen der Form

$$T(X) = TXT^T \qquad (16.2.13)$$

mit einer nichtsingulären Matrix T.

Man kann nun nachrechnen, dass die HKM-Suchrichtung invariant ist unter obigen Transformationen, ebenso die NT-Richtung ([167]). Der zum Startpunkt (X, y, Z) „äquivalente" Startpunkt hat dabei die Form

$$(TXT^T, y, T^{-T}ZT^{-1}).$$

(Die Wahl von y hat keinerlei Einfluss auf das Konvergenzverhalten.)

Überraschenderweise ist die teure und numerisch sehr effiziente AHO-Suchrichtung *nicht* invariant unter obigen Transformationen. Wie wir nachfolgend zitieren, gilt aber unabhängig von der Wahl von T eine polynomiale Konvergenzrate aller Verfahren aus der Klasse MZ (also auch des AHO-Verfahrens) bei geeigneter fester Wahl der Parameter in Algorithmus 16.2.1. Von daher kann man die AHO-Suchrichtung durch die Transformationen T also nicht beliebig verschlechtern, ganz im Gegensatz z.B. zur Richtung des steilsten Abstiegs bei konvexen quadratischen Funktionen. (Der Winkel zwischen der Richtung des steilsten Abstiegs und der Richtung zur Minimalstelle kann selbst bei konvexen quadratischen Funktionen beliebig nahe bei 90° liegen.) Es kann daher bei der AHO-Richtung nur eine schwache Abhängigkeit von T vorliegen.

16.2.6 Konvergenz eines Kurzschrittverfahrens

Zur Konvergenz von Algorithmus 16.2.1 zitieren wir ohne Beweis den Satz 10.4.1 von Monteiro und Todd aus [177]. Wir definieren dazu zunächst den zu einem Paar $X, Z \succ 0$ gehörigen Wert

$$\mu := \mu(X, Z) := \frac{X \bullet Z}{n} > 0,$$

sowie die Distanzfunktion

$$d(X, Z) := \left\| X^{1/2} Z X^{1/2} - \mu(X, Z) I \right\|_F = \left(\sum_{i=1}^{n} (\lambda_i(XZ) - \mu)^2 \right)^{1/2},$$

die den Abstand von X, Z zum zentralen Pfad misst. Beachte, dass in der Definition von d zwar stets $\lambda_i(XZ) = \lambda_i(ZX)$ gilt, aber im allgemeinen $\lambda_i(XZ) \neq \lambda_i(\frac{XZ+ZX}{2})$. Für reelles $\gamma > 0$ definiert

$$\mathcal{N}(\gamma) := \left\{ (X, y, Z) \mid \mathcal{A}X = b, \ \mathcal{A}^*y + Z = C, \ d(X, Z) \le \gamma\mu \right\}$$

eine Nachbarschaft des zentralen Pfades. Es gilt dann:

Satz 16.2.14 *Falls P nichtsingulär ist und $d(X, Z) < \mu/\sqrt{2}$ ist, so ist die Lösung des Systems (16.2.2) stets wohldefiniert. Seien $\gamma \le 0.25$ und $\delta \le 0.25$ Zahlen mit*

$$2(\gamma^2 + \delta^2) \le \gamma(1 - \sqrt{2}\gamma)^2 (1 - \frac{\delta}{\sqrt{n}}).$$

(Für $n \ge 2$ sind z.B. $\gamma = 0.1$ und $\delta = 0.15$ mögliche Werte.)

Wenn in Algorithmus 16.2.1 der Startwert $(X^{(0)}, y^{(0)}, Z^{(0)}) \in \mathcal{N}(\gamma)$ erfüllt und die Parameter $\alpha_k \equiv 1$ und $\sigma_k \equiv 1 - \delta/\sqrt{n}$ für alle k gewählt werden, so liegen die Iterierten $(X^{(k)}, y^{(k)}, Z^{(k)})$ für alle k in $\mathcal{N}(\gamma)$ und erfüllen die Ungleichung

$$X^{(k)} \bullet Z^{(k)} \leq (1 - \delta/\sqrt{n})^k X^{(0)} \bullet Z^{(0)}.$$

Beweis Siehe [177] Abschn. 10.4.   □

Die Konvergenzaussage des Satzes gilt insbesondere für alle Verfahren, die die Richtungen HKM, AHO und NT verwenden.

16.2.7 Software

Für die Lösung semidefiniter Programme gibt es eine Reihe von lizenzfreien Softwarepaketen auf der Basis von Matlab und z. T. auch von Octave. Neben dem historisch ersten – und einfach zu bedienenden – Paket sedumi [165] seien SDPA [104] und SDPT3 [168] erwähnt, die voll besetzte semidefinite Programme sehr effizient lösen, während SDPNAL+ [169] auch hochdimensionale Probleme mit dünn besetzter Struktur oft sehr gut löst. Alle genannten Programmpakte können dabei lineare und konvexe quadratische Zielfunktionen unter einer Kombination von linearen und semidefiniten Restriktionen sowie sogenannten second-oder-cone-Bedingungen minimieren. Neben obigen Lösern sind auch weitere – teilweise nicht lizenzfreie – Softwarepakete für verschiedene Klassen von Optimierungsproblemen in YALMIP [107] eingebunden.

16.3   Anwendungen

Wir beschreiben nun eine Reihe von Beispielen, die in natürlicher Weise auf semidefinite Programme führen.

16.3.1 Lyapunovungleichung

Sei $A \in \mathbb{R}^{n \times n}$ eine beliebige reelle Matrix. Wir betrachten die lineare gewöhnliche Differentialgleichung

$$\dot{x}(t) = Ax(t) \text{ mit Anfangswert } x(0) = x^{(0)}. \tag{16.3.1}$$

Die Matrix A heißt *stabil,* falls für jede Wahl von $x^{(0)} \in \mathbb{R}^n$ die Trajektorie $x(t)$ für $t \to \infty$ gegen Null konvergiert.

Falls es eine symmetrische $n \times n$-Matrix $P \succ 0$ mit $A^T P + P A \prec 0$ gibt, so gilt offenbar

$$\frac{d}{dt} \|x(t)\|_P^2$$

$$= \frac{d}{dt} x(t)^T P x(t)$$

$$= \dot{x}(t)^T P x(t) + x(t) P \dot{x}(t)$$

$$= (A x(t))^T P x(t) + x(t)^T P A x(t)$$

$$= x(t)^T (A^T P + P A) x(t)$$

$$< 0 \tag{16.3.2}$$

für alle $x(t) \neq 0$, d. h. die P-Norm von $x(t)$ ist mit wachsendem t streng monoton fallend. Lyapunov [114] hat darüber hinaus gezeigt, dass die Existenz einer solchen Matrix P sogar notwendig und hinreichend für die Stabilität von A ist. (Die Stabilität von A ist äquivalent zu der Aussage, dass die Realteile aller Eigenwerte von A negativ sind.)

Wenn die Matrizen P_i, $1 \leq i \leq n(n+1)/2$, eine Basis des Raums $\mathcal{S}^n$ aller symmetrischen Matrizen bilden, so führt die Bestimmung einer Matrix $P = \sum_i y_i P_i$ mit $P \succ 0$ und $A^T P + P A \prec 0$ auf das Optimierungsproblem

$$\min \left\{ \lambda \mid \sum y_i P_i \succ 0, \quad \lambda I - \sum y_i (A^T P_i + P_i A) \succ 0 \right\} < 0, \tag{16.3.3}$$

und dies ist ein Problem[4] der Form (16.1.3).

Will man die Stabilität von A numerisch verifizieren, so ist es natürlich effizienter, die Eigenwerte von A zu berechnen und den maximalen Realteil zu kontrollieren als dieses semidefinite Programm zu lösen. In vielen Anwendungen sind die Aufgabenstellungen aber komplizierter und dann sind Zugänge über semidefinite Programme auch numerisch sinnvoll.

So kann man beispielsweise eine nichtlineare Differentialgleichung betrachten,

$$\dot{x}(t) = A(t) x(t) \tag{16.3.4}$$

---

[4] Das Problem (16.1.3) besitzt nur eine Nebenbedingung. Dazu sei angemerkt, dass man zwei Semidefinitheitsbedingungen, z. B. $A \succ 0$ und $B \succ 0$, auch als eine Bedingung in Blockform, z. B. $\begin{pmatrix} A & 0 \\ 0 & B \end{pmatrix} \succ 0$, umformulieren kann, um (16.3.3) auf ein semidefinites Programm in der Standardform zu reduzieren. Dabei ist es aber wichtig, dass ein Lösungsverfahren eine solche Blockstruktur effizient ausnutzt. Im Rahmen der selbstkonkordanten Barrierefunktionen lassen sich mehrere simultane Semidefinitheitsbedingungen leicht berücksichtigen, ohne die Dimension des Raumes zu ändern; weitere Nebenbedingungen wirken sich lediglich auf den Selbstkonkordanzparameter θ aus, und die Komplexität des Barriereansatzes wächst selbst im Kurzschrittverfahren nur mit $\sqrt{\theta}$.

bei der die Matrix $A(t)$ nicht genau bekannt ist. (Eine solche Situation ist vorstellbar, wenn kleinere unvorhersehbare äußere Einflüsse die Matrix A in (16.3.1) in gewisser Weise stören.) Falls aber Matrizen $A^{(i)}$, $i = 1, 2, \ldots, K$, mit

$$A(t) \in \mathrm{conv}\left(\left\{A^{(i)}\right\}_{i \leq i \leq K}\right) \text{ für alle } t \geq 0$$

bekannt sind, so ist die Existenz einer Lyapunovmatrix $P \succ 0$ mit

$$(A^{(i)})^T P + P A^{(i)} \prec 0 \text{ für } 1 \leq i \leq K \tag{16.3.5}$$

eine hinreichende Bedingung für die Stabilität der nichtlinearen Differentialgleichung (16.3.4). Denn diese Bedingung impliziert, dass

$$A(t)^T P + P A(t) \prec 0$$

und sich die Ungleichungskette (16.3.2) daher mit $A(t)$ an Stelle von A anwenden lässt,

$$\frac{d}{dt}\|x(t)\|_P^2$$
$$= x(t)^T (A(t)^T P + P A(t))x(t)$$
$$< 0.$$

Falls die oben erwähnten „unvorhersehbaren äußeren Einflüsse" z. B. dadurch abgeschätzt werden können, dass eine gewichtete Summe der Beträge der Störungen in den einzelnen Matrixeinträgen durch eine Zahl M beschränkt ist, so kann man dies mit $K = n(n+1)$ sehr dünn besetzten Matrizen $A^{(i)}$ beschreiben.

16.3.2 Strikte Matrixungleichungen

Wir weisen noch auf eine Besonderheit der semidefiniten Programme (16.1.2) und (16.1.3) hin. In ihnen kommen keine strikten Matrixungleichungen vor wie z. B. in der obigen Forderung $P \succ 0$. Die Matrix $P = 0$, die natürlich die abgeschwächte Ungleichung $P \succeq 0$ erfüllt, erfüllt auch die abgeschwächte Form

$$(A^{(i)})^T P + P A^{(i)} \preceq 0 \text{ für } 1 \leq i \leq K,$$

des Systems (16.3.5), liefert aber offenbar keine Information über die Stabilität des Systems. Man kann nun versuchen, die strikte Ungleichung $P \succ 0$ durch die Ungleichung $P \succeq \epsilon I$ für ein hinreichend kleines $\epsilon > 0$ zu ersetzen. Dabei liegt eine passende Wahl von ϵ häufig nicht auf der Hand. Ein anderer Zugang zur Behandlung strikter Ungleichungen beruht auf folgendem Ansatz.

Bei den selbstdualen linearen Programmen hatten wir angemerkt, dass die Innere-Punkte-Verfahren mit den üblichen Parametern zur Schrittweitensteuerung stets gegen eine strikt komplementäre Lösung konvergieren. Diese Eigenschaft lässt sich in abgeschwächter Form auch auf semidefinite Programme übertragen, siehe z. B. [75, 112]: Falls das semidefinite Programm eine strikt komplementäre Lösung besitzt (d. h. Optimallösungen X und (y, Z) mit $X + S \succ 0$, s. (16.1.6)), so konvergieren die Innere-Punkte-Verfahren mit der üblichen Schrittweitensteuerung gegen eine solche.

Bei dem zu (16.3.5) gehörigen semidefiniten Programm der Form (16.3.3) ist die Existenz einer strikt komplementären Lösung sogar unnötig. Falls das optimale λ_* strikt negativ ist, erzeugen die Innere-Punkte-Verfahren strikt zulässige Iterierte $P^{(k)} \succ 0$ mit $(A^{(i)})^T P^{(k)} + P^{(k)} A^{(i)} \prec \lambda_k I$, und sobald $\lambda_k \leq 0$ gilt, liefert $P^{(k)}$ das gesuchte Stabilitätszertifikat.

16.3.3 Eigenwertoptimierung

Beachte, dass im Problem (16.3.3) der *maximale Eigenwert* einer symmetrischen Matrix $A^T P + P A$, die affin von den Unbekannten y_i abhängt, minimiert wird. In [128] wurde gezeigt, wie sich auch das Problem, die *Summe der k größten Eigenwerte* zu minimieren, als semidefinites Programm schreiben lässt. Sei X eine symmetrische $n \times n$-Matrix und $\lambda(X) := (\lambda_1(X), \ldots, \lambda_n(X))^T$ der Vektor der geordneten Eigenwerte $\lambda_1 \geq \lambda_2 \geq \ldots \geq \lambda_n$ von X. Sei $v_k := (\underbrace{1, \ldots, 1}_{k-\mathrm{mal}}, 0, \ldots, 0)^T \in \mathbb{R}^n$, dann lässt sich die Bedingung

$$t \geq v_k^T \lambda(X)$$

durch

$$t - ks - \mathrm{Spur}(Z) \geq 0, \qquad Z \succeq 0, \qquad Z - X + sI \succeq 0 \qquad (16.3.6)$$

ausdrücken, wobei I die $n \times n$-Einheitsmatrix ist. Man beachte, dass alle Bedingungen in den Unbekannten t, s und Z linear sind, und dass z. B. mit $s = 0$, $X = 0$, $Z = I$ und $t = n + 1$ ein strikt zulässiger Startpunkt verfügbar ist.

Lemma 16.3.7 *Es gilt $t \geq v_k^T \lambda(X)$ dann und nur dann, wenn es s, Z gibt, so dass (16.3.6) für t, X, s, Z gilt.*

Für den Beweis benötigen wir das folgende Ergebnis der linearen Algebra, dessen Beweis man z. B. in [83] findet.

Lemma 16.3.8 *Seien A, B reelle symmetrische Matrizen mit $A - B \succeq 0$. Dann gilt für die geordneten Eigenwerte: $\lambda_i(A) \geq \lambda_i(B)$ für alle i.*

Beweis von Lemma 16.3.7

1) Wir zeigen zunächst, dass aus (16.3.6) die Beziehung $t \geq v_k^T \lambda(X)$ folgt. Mit Lemma 16.3.8 haben wir für s und Z, welche (16.3.6) erfüllen,

$$v_k^T \lambda(X) \leq v_k^T \lambda(Z + sI) = v_k^T \lambda(Z) + sk \leq \text{Spur}(Z) + sk \leq t.$$

Die vorletzte Ungleichung folgt dabei aus $Z \succeq 0$.

2) Sei nun umgekehrt $t \geq v_k^T \lambda(X)$. Seien u_i eine Orthonormalbasis (ON-Basis) von Eigenvektoren von X, $X u_i = \lambda_i u_i$. Setze $s := \lambda_k(X)$, dann ist

$$W := \sum_{i=k+1}^{n} (s - \lambda_i(X)) u_i u_i^T \succeq 0$$

und $Z := X - sI + W \succeq 0$. (Die negativen Eigenwerte von $X - sI$ werden durch W auf Null angehoben, $\lambda_{k+1}(Z) = \ldots = \lambda_n(Z) = 0$.) Nach Konstruktion ist

$$\text{Spur}(Z) = v_k^T \lambda(Z) = v_k^T \lambda(X - sI) = v_k^T \lambda(X) - sk \leq t - sk,$$

so dass t, X, s und Z (16.3.6) erfüllen. □

16.3.4 Das Schurkomplement

Seien Q, S reelle symmetrische Matrizen (nicht notwendigerweise von gleicher Dimension), und R eine passend dimensionierte reelle rechteckige Matrix. Dann ist

$$S \succ 0, \quad Q - RS^{-1}R^T \succ 0 \Longleftrightarrow M := \begin{bmatrix} Q & R \\ R^T & S \end{bmatrix} \succ 0.$$

Beweis $M \succ 0$ impliziert natürlich $S \succ 0$ (Hauptuntermatrix). Somit existiert in jedem Fall S^{-1}. Die Behauptung folgt dann aus der Zerlegung

$$\begin{bmatrix} Q & R \\ R^T & S \end{bmatrix} = \begin{bmatrix} I & RS^{-1} \\ 0 & I \end{bmatrix} \begin{bmatrix} Q - RS^{-1}R^T & 0 \\ 0 & S \end{bmatrix} \begin{bmatrix} I & 0 \\ S^{-1}R^T & I \end{bmatrix}$$

und der allgemeinen Feststellung, dass für eine reguläre Matrix B der Ausdruck $z^T M z$ für alle z genau dann strikt positiv ist, wenn $z^T B M B^T z > 0$ für alle z gilt. □

Anwendungen Die rationalen Ungleichungen (Nebenbedingungen)

$$a^T x > 0 \text{ und } \frac{(b^T x)^2}{a^T x} < \lambda \quad \text{bzw.} \quad a^T x > \frac{1}{\lambda} > 0$$

können z. B. in der Form

$$\begin{bmatrix} \lambda & b^T x \\ b^T x & a^T x \end{bmatrix} \succ 0, \quad \text{bzw.} \quad \begin{bmatrix} \lambda & 1 \\ 1 & a^T x \end{bmatrix} \succ 0$$

geschrieben werden. Beachte, dass die Matrizen jeweils nur affin von den Größen λ und x abhängen. Solche Umformungen können dann interessant sein, wenn an die Variable λ weitere konvexe (selbstkonkordante) Nebenbedingungen geknüpft werden.

Ebenso kann die Bedingung $\|A(y)\| < \lambda$ für eine rechteckige Matrix $A(y)$, die affin von einem Vektor y abhängt, durch Definitheitsbedingungen ausgedrückt werden, nämlich

$$\begin{bmatrix} \lambda I_p & A(y) \\ A(y)^T & \lambda I_q \end{bmatrix} \succ 0 \quad \text{oder} \quad \begin{bmatrix} \lambda I_q & A(y)^T \\ A(y) & \lambda I_p \end{bmatrix} \succ 0.$$

Hierbei ist I_p die $p \times p$-Einheitsmatrix und die Norm $\| . \|$ ist die lub_2-Norm,

$$\|A(y)\| = \max_x \frac{\|A(y)x\|_2}{\|x\|_2} \leq \lambda \iff \lambda^2 I - A(y)^T A(y) \succeq 0.$$

In Verallgemeinerung der Lyapunovungleichung kann auch die Bedingung

$$R \succ 0, \quad P \succ 0, \quad A^T P + P A + P B R^{-1} B^T P + Q \prec 0$$

mit fest gegebenen Matrizen A, B und variablen symmetrischen Matrizen P, Q, R geschrieben werden als

$$P \succ 0, \quad \begin{bmatrix} -A^T P - P A - Q & P B \\ B^T P & R \end{bmatrix} \succ 0.$$

Diese und ähnliche Ungleichungen treten in Verbindung mit weiteren konvexen Nebenbedingungen an P, Q, R bei der Untersuchung gewisser linearer Differentialungleichungen auf, siehe z. B. [172].

16.3.5 Das Sensor-Lokalisations-Problem

Im Bundesstaat Kalifornien in den USA versucht man, die Gefahr, die von Waldbränden ausgeht, dadurch zu reduzieren, dass die Waldbrände frühzeitig entdeckt werden und somit frühzeitig kontrolliert werden können. Ein Ansatz zu diesem Ziel ist es, mit dem Flugzeug billige Sensoren über riesigen Waldgebieten abzuwerfen. Die Sensoren besitzen ein Thermometer, ein Funkgerät und ein Empfangsgerät. Damit können sie Signale von nicht zu weit entfernten Sensoren (Sensoren innerhalb des sogenannten „radio range") empfangen und diesen Sensoren ihrerseits Signale senden. Außerdem können die Sensoren aus diesen Signalen die Entfernung zu den benachbarten Sensoren innerhalb des radio range ablesen; die so gemessenen Entfernungen zwischen einem Sensor i und einem Sensor j werden im Folgenden mit $d_{i,j}$ bezeichnet. Neben diesen Sensoren werden noch einige teurere sogenannte „Anker" abgeworfen, d. h. Sensoren, die zusätzlich noch ein GPS-Gerät besitzen, mit dem sie die eigene Position bestimmen können; gemessene Entfernungen zwischen einem Anker k und einem Sensor j werden im Folgenden mit $\bar{d}_{k,j}$ bezeichnet. Die Sensoren funken nun die ermittelten Entfernungswerte zu benachbarten Sensoren und Ankern untereinander weiter. Diese Daten werden dann zentral gesammelt. Das Sensor-Lokalisations-Problem ist es nun, aus diesen Daten die Positionen der einzelnen Sensoren zu bestimmen. Wenn sich dann irgendwo ein Feuer ausbreitet und einen Sensor mit Thermometer erreicht, so funkt dieser ein Warnsignal, das ebenfalls weitergeleitet wird. Die zentrale Sammelstelle kann dann aus der Lage des Sensors ermitteln, wo sie (mit dem Flugzeug) nach einem Feuer suchen sollte. Ähnliche Lokalisationsprobleme treten auch in vielen anderen Anwendungen auf weshalb hier kurz auf einen Lösungsansatz eingegangen werden soll:

Seien die unbekannten Positionen der Sensoren mit $x^{(1)}, \ldots, x^{(n)} \in \mathbb{R}^d$ bezeichnet und die bekannten Positionen der Anker mit $a^{(1)}, \ldots, a^{(m)} \in \mathbb{R}^d$. (Im Folgenden wird die Unterscheidung zwischen der Dimension d und den Entfernungen $d_{i,j}$ bzw. $\bar{d}_{k,j}$ stets aus dem Zusammenhang ersichtlich sein.) Gegeben seien ferner „Nachbarschaftsmengen" $N_x \subset \{(i, j) \mid 1 \leq i < j \leq n\}$ zwischen gewissen Sensoren und $N_a \subset \{(k, j) \mid 1 \leq k \leq m, 1 \leq j \leq n\}$ zwischen gewissen Ankern und Sensoren sowie bekannte Abstände

$$
\begin{aligned}
\|x^{(i)} - x^{(j)}\|_2 &= d_{i,j} \text{ für } (i, j) \in N_x \quad \text{und} \\
\|a^{(k)} - x^{(j)}\|_2 &= \bar{d}_{k,j} \text{ für } (k, j) \in N_a.
\end{aligned}
\tag{16.3.9}
$$

Das Sensor-Lokalisations-Problem ist es, aus diesen Daten die Positionen der Sensoren zu bestimmen.

Ein naheliegender Ansatz ist die Lösung des folgenden nichtrestringierten Minimierungsproblems: Minimiere für $x^{(1)}, \ldots, x^{(n)} \in \mathbb{R}^d$ die Summe

$$
\sum_{(i,j) \in N_x} (\|x^{(i)} - x^{(j)}\|_2^2 - d_{i,j}^2)^2 + \sum_{(k,j) \in N_a} (\|a^{(k)} - x^{(j)}\|_2^2 - \bar{d}_{k,j}^2)^2.
\tag{16.3.10}
$$

Die Abstände wurden dabei quadriert um eine glatte Formulierung zu erhalten – so ergibt sich die Aufgabe, ein Polynom vom Grad 4 in $n \cdot d$ Variablen zu minimieren. Man überzeugt sich leicht, dass die globalen Minimalstellen genau die Punkte sind, die die Bedingungen (16.3.9) erfüllen – sofern der Optimalwert Null ist. Ist der globale Optimalwert größer als Null, so sind die Daten zu (16.3.9) inkonsistent. Leider kann obiges Minimierungsproblem auch lokale Minimalstellen besitzen, die nicht global optimal sind, selbst wenn die globale Lösung von (16.3.9) eindeutig sein sollte. Ein lokaler Minimierungsansatz ist daher nicht ausreichend.

Die folgende Formulierung aus [156] liefert aber unter recht schwachen Voraussetzungen eine global optimale Lösung: Man fasst die unbekannten Positionen der Sensoren zunächst in einer Matrix $X := [x^{(1)}, \ldots, x^{(n)}] \in \mathbb{R}^{d \times n}$ zusammen. Dann definiert man Vektoren

$e_{i,j} \in \mathbb{R}^n$, die in jeder Komponente Null sind mit Ausnahme der i-ten, die auf $+1$ gesetzt wird und der j-ten, die auf -1 gesetzt wird. Dann gilt für zulässige Punkte von (16.3.9) und für $(i, j) \in N_x$:

$$(e_{i,j} e_{i,j}^T) \bullet (X^T X) = e_{i,j}^T X^T X e_{i,j} = (x^{(i)} - x^{(j)})^T (x^{(i)} - x^{(j)}) = d_{i,j}^2.$$

Wenn e_j den j-ten kanonischen Einheitsvektor bezeichnet, so folgt für zulässige Punkte von (16.3.9) und $(k, j) \in N_a$ analog:

$$\left(\begin{pmatrix} a^{(k)} \\ -e_j \end{pmatrix} \begin{pmatrix} a^{(k)} \\ -e_j \end{pmatrix}^T \right) \bullet \begin{pmatrix} I & X \\ X^T & X^T X \end{pmatrix} = (a^{(k)} - x^{(j)})^T (a^{(k)} - x^{(j)}) = \bar{d}_{k,j}^2.$$

Eine Lösung zu (16.3.9) zu finden ist daher äquivalent dazu, eine Lösung zu dem System

$$Y = X^T X \tag{16.3.11}$$

$$(e_{i,j} e_{i,j}^T) \bullet Y = d_{i,j}^2 \quad \text{für} \quad (i, j) \in N_x \tag{16.3.12}$$

$$\left(\begin{pmatrix} a^{(k)} \\ -e_j \end{pmatrix} \begin{pmatrix} a^{(k)} \\ -e_j \end{pmatrix}^T \right) \bullet \begin{pmatrix} I & X \\ X^T & Y \end{pmatrix} = \bar{d}_{k,j}^2 \quad \text{für} \quad (k, j) \in N_a \tag{16.3.13}$$

zu finden. Die Unbekannten sind dabei die $d \times n$-Matrix X und die $n \times n$-Matrix Y. Man beachte, dass die Gl. (16.3.12) und (16.3.13) zu gegebenen Daten $a^{(k)}$, $d_{i,j}$ und $\bar{d}_{k,j}$ *lineare* Gleichungen an die Unbekannten X, Y sind. Setzt man

$$Z := \begin{pmatrix} I & X \\ X^T & Y \end{pmatrix}, \tag{16.3.14}$$

so folgt, dass Z positiv semidefinit ist (nach Konstruktion oder unter Nutzung des Schur-Komplements). Dass die führende $d \times d$ Hauptuntermatrix von Z die Einheitsmatrix ist, lässt sich durch $d(d + 1)/2$ einfache lineare Gleichungen ausdrücken. Als Relaxierung von (16.3.9) ersetzt man nun die Gl. (16.3.11) $Y = X^T X$ durch die etwas schwächere Forderung, dass Z positiv semidefinit ist, d. h. dass $Y \succeq X^T X$ gilt (Schurkomplement).

Somit ergibt sich als semidefinite Relaxierung von (16.3.9) die Aufgabe

minimiere $0 \bullet Z$ mit $Z \succeq 0$ wie in (16.3.14) und (16.3.12), (16.3.13).

Die üblichen Softwarepakete für semidefinite Optimierung können dazu direkt eingesetzt werden.

Das theoretische Hauptresultat in [156] ist ein eleganter Beweis, dass die semidefinite Relaxierung nur eine Lösung besitzt und dass für diese die gewünschte Gleichung $Y = X^T X$ auch erfüllt ist, sofern das Ausgangsproblem (16.3.9) „eindeutig lokalisierbar" (uniquely localizable) ist. Dabei ist die Forderung der eindeutigen Lokalisierbarkeit etwas stärker als die Forderung, dass (16.3.9) eine eindeutige Lösung besitze, es wird zusätzlich verlangt, dass das Problem auch in höher-dimensionalen Räumen eindeutig lösbar ist.

Für die exakte Definition der eindeutigen Lokalisierbarkeit sei auf [156] verwiesen. Der Unterschied zwischen eindeutig lösbar und eindeutig lokalisierbar sei aber an einem Beispiel illustriert: Sei $d = 1$ und $n = m = 2$ und $a^{(1)} = -1$, $a^{(2)} = 1$. Ferner seien $\bar{d}_{1,1} = 2$, $\bar{d}_{2,2} = 3$ und $d_{1,2} = 1$. Auf einem Blatt Papier überzeugt man sich leicht, dass dieses Problem mit Dimension $d = 1$, d. h. entlang eines Zahlenstrahls, eindeutig lösbar ist; es muss $x^{(1)} = -3$ und $x^{(2)} = -2$ gelten. Erlaubt man aber, dass die Sensoren auf die Papierebene ausweichen, so kann man an einer Zeichnung erkennen, dass zu den Daten $a^{(1)} = (-1, 0)^T$ und $a^{(2)} = (1, 0)^T$ eine weitere Lösung z. B. durch $x^{(1)} = (-\frac{1}{3}, \frac{4}{3}\sqrt{2})^T$ sowie $x^{(2)} = (0, 2\sqrt{2})^T$ gegeben ist; d. h. $x^{(2)}$ hat Abstand 3 sowohl zu $a^{(1)}$ als auch zu $a^{(2)}$ und $x^{(1)}$ liegt 2/3 des Weges genau zwischen $a^{(1)}$ und $x^{(2)}$. In einer höheren Dimension ist die Lösung nicht mehr eindeutig und das Problem ist daher nicht eindeutig lokalisierbar. Dies ist insofern wichtig, als dass eine binäre Gleichung:

„zu einem gegebenen $c \in \mathbb{R}^n$ und $\gamma \in \mathbb{R}$ finde $x \in \{\pm 1\}^n$ mit $c^T x = \gamma$"

immer als Sensor-Lokalisations-Problem in $d = 1$ Dimension geschrieben werden kann und es bislang kein Verfahren gibt, solche Probleme in halbwegs vertretbarer Zeit (d. h. mit polynomial vielen Rechenschritten) zu lösen, selbst wenn das Problem eine eindeutige Lösung besitzt. Aufgrund des feinen Unterschieds zwischen eindeutig lösbar und eindeutig lokalisierbar liefert der Ansatz, dieses Problem mithilfe von (16.3.12)–(16.3.14) zu lösen leider auch keine schnelle Lösung. Wenn ausreichend viele Ankerpunkte gegeben sind bzw. wenn die Mengen N_x und N_a hinreichend groß sind, so ist das Sensor-Lokalisations-Problem zwar immer eindeutig lokalisierbar, aber für die zu binären Gleichungen äquivalenten Sensor-Lokalisations-Probleme lassen sich diese Voraussetzungen so gut wie nie erfüllen.

16.3.6 SOS-Formulierungen

In (16.3.10) wurde das Sensor-Lokalisations-Problem auf die Aufgabe umgeformt, eine globale Minimalstelle eines Polynoms vom Grad 4 zu bestimmen. Unter einer geeigneten Voraussetzung konnte dieses nichtkonvexe polynomiale Optimierungsproblem durch ein semidefinites Programm exakt approximiert werden. Eng verwandt ist die Frage, ob ein gegebenes Polynom $p : \mathbb{R}^n \to \mathbb{R}$ nichtnegativ ist, d. h. ob $p(x) \geq 0$ gilt für alle $x \in \mathbb{R}^n$. Für den Nachweis, dass dem nicht so ist, genügt es, einen Punkt $\hat{x}$ anzugeben, mit $p(\hat{x}) < 0$. Lässt sich (z. B. mit Abstiegsverfahren ausgehend von verschiedenen Startpunkten) kein solcher Punkt $\hat{x}$ bestimmen, so ist der Nachweis dass p nichtnegativ ist in der Regel schwierig.

Hinreichend dafür, dass p nichtnegativ ist ist die Existenz von Polynomen $p_i : \mathbb{R}^n \to \mathbb{R}$ für $1 \leq i \leq k$ mit einem passenden $k \in \mathbb{N}$ sodass

$$p(x) \equiv \sum_{i=1}^{k} p_i(x)^2 \qquad (16.3.15)$$

gilt. Eine Zerlegung der Form (16.3.15) wird im Folgenden mit „SOS-Darstellung" (sum of squares representation) oder SOS-Zerlegung bezeichnet. Die obige Gleichung kann bei gegebenen Polynomen p_i leicht durch einen Koeffizientenvergleich überprüft werden. Allerdings ist die Existenz einer SOS-Zerlegung wie in (16.3.15) nicht notwendig dafür, dass p nichtnegativ ist. Konkret betrachten wir dazu das Polynom $\tilde{p} : \mathbb{R}^2 \to \mathbb{R}$ mit

$$\tilde{p}(x, y) := 1 + x^4 y^2 + x^2 y^4 - 3x^2 y^2.$$

Durch Koeffizientenvergleich kann man (auf einem Blatt Papier) leicht verifizieren, dass die Identität

$$(1 + x^2 + y^2)\tilde{p}(x, y) \equiv (x^2 y - y)^2 + (xy^2 - x)^2 + (x^2 y^2 - 1)^2 \qquad (16.3.16)$$
$$+ \frac{1}{4}(xy^3 - x^3 y)^2 + \frac{3}{4}(xy^3 + x^3 y - 2xy)^2$$

für alle $(x, y) \in \mathbb{R}^2$ erfüllt ist. Hierbei ist die rechte Seite eine Summe von Quadraten und auf der linken Seite wurde $\tilde{p}$ mit einem Ausdruck multipliziert, der stets positiv ist. Dies beweist, dass $\tilde{p}$ nichtnegativ ist. Allgemeiner besagt ein klassisches Resultat von Artin [9] zu Hilberts 17. Problem, dass ein Polynom p nichtnegativ ist, genau dann, wenn es eine (von Null verschiedene) Summe q von Quadraten gibt, sodass $q \cdot p$ ebenfalls eine Summe von Quadraten ist. In der Gl. (16.3.16) ist $q(x, y) = 1^2 + x^2 + y^2$ eine Summe von drei Quadraten.

Im Folgenden soll beispielhaft aufgezeigt werden, dass $\tilde{p}$ selbst keine SOS-Darstellung besitzt und ein Ansatz angegeben werden, wie man eine Zerlegung der Art (16.3.16) finden kann.

Wir versuchen zunächst, eine SOS-Darstellung für $\tilde{p}$ zu finden, bzw. nachzuweisen, dass diese nicht existiert. Falls $\tilde{p}$ eine SOS-Zerlegung der Form (16.3.15) besitzt, so können in den Polynomen p_i nur Monome der Form

$$1, \quad x, \quad y, \quad xy, \quad x^2, \quad y^2, \quad xy^2, \quad x^2 y$$

auftreten. (Das Auftreten von Monomen höherer Ordnung führt zu einem Widerspruch.) Wir fassen diese Monome nun in einem „symbolischen" Vektor z zusammen, d.h. $z = (1, x, y, xy, x^2, y^2, xy^2, x^2 y)^T$ und suchen eine positiv semidefinite 8×8-Matrix Q sodass

$$z^T Q z \equiv \tilde{p}(x, y) \qquad (16.3.17)$$

gilt. Auch diese Gleichheit lässt sich wieder durch einen Koeffizientenvergleich ausdrücken indem $z^T Q z = \sum_{i,j=1}^{n} z_i Q_{ij} z_j$ explizit ausmultipliziert wird: Dann ist z. B.

$$z_3 \cdot Q_{3,8} \cdot z_8 = y \cdot Q_{3,8} \cdot x^2 y = Q_{3,8} \cdot x^2 y^2$$

Analog führen auch $Q_{2,7}$, $Q_{7,2}$, $Q_{8,3}$, $Q_{4,4}$, $Q_{5,6}$ und $Q_{6,5}$ zu Summanden mit dem Monom $x^2 y^2$. Da in $\tilde{p}$ das Monom $x^2 y^2$ mit dem Koeffizienten -3 auftritt, muss also

$$Q_{2,7} + Q_{7,2} + Q_{3,8} + Q_{8,3} + Q_{4,4} + Q_{5,6} + Q_{6,5} = -3$$

gelten. Dies ist eine lineare Gleichung für die Einträge der Matrix Q. Analog lassen sich aus den übrigen Koeffizienten von $\tilde{p}$ weitere lineare Gleichungen für die Einträge von Q ableiten, wobei die Koeffizienten „ 0 “ z. B. vor dem Monom xy^3 nicht vergessen werden dürfen und in diesem Fall zur Gleichung

$$Q_{3,7} + Q_{7,3} + Q_{4,6} + Q_{6,4} = 0$$

führen. Auf diese Weise lässt sich (16.3.17) äquivalent durch lineare Gleichungen an Q ausdrücken. Findet man nun eine positiv semidefinite Matrix Q, die diese linearen Gleichungen erfüllt, so mögen $q^{(1)}, \ldots, q^{(8)}$ die Spalten der symmetrischen Wurzel $Q^{1/2}$ von Q bezeichnen. Dann gilt:

$$\tilde{p}(x, y) \equiv z^T Q z = (Q^{1/2}z)^T (Q^{1/2}z) = \sum_{i=1}^{8} ((q^{(i)})^T z)^2, \qquad (16.3.18)$$

wobei die rechte Seite eine SOS-Darstellung von $\tilde{p}$ wäre. Falls umgekehrt eine SOS-Zerlegung (nicht notwendigerweise mit 8 Termen) für $\tilde{p}$ gegeben ist, so lässt sich eine Matrix B definieren, deren Zeilen aus den Koeffizienten der einzelnen Summanden gebildet sind, und die daher die Gleichung $(Bz)^T (Bz) \equiv \tilde{p}(x, y)$ erfüllt. Mit $Q := B^T B$ erhält man dann eine semidefinite Matrix wie in (16.3.18). Die Existenz einer semidefiniten Matrix Q, die den obigen linearen Gleichungen genügt, ist also notwendig und hinreichend für die Existenz einer SOS-Zerlegung von $\tilde{p}$.

Man kann sich nun überlegen, dass in obigem Ansatz $Q_{5,5} = 0$ sein muss, und dann auch $Q_{2,2} = 0$ und somit $Q_{2,7} = Q_{7,2} = 0$, ferner $Q_{6,6} = Q_{3,3} = 0$ und $Q_{1,1} = 1$ und $Q_{4,4} = -3$. Letztere Gleichung impliziert, dass es keine positiv semidefinite Matrix Q gibt, die die linearen Gleichungen erfüllt, und somit keine SOS-Darstellung von $\tilde{p}$ existiert. Auch für andere Polynome ist das Problem eine SOS-Zerlegung zu finden äquivalent dazu, eine semidefinite Matrix zu bestimmen, deren Einträge gewissen linearen Gleichungen genügen, d. h. das Problem ist stets als semidefinites Programm formulierbar.

Um nun eine Zerlegung der Form (16.3.16) zu bestimmen, kann obiger Ansatz erweitert werden. Man definiert sich analog wie oben zwei symbolische Vektoren z und $\tilde{z}$ passender Dimension und sucht Matrizen $P \succeq 0$ und $Q \succeq 0$ (von unterschiedlicher Dimension), sodass die Gleichung

$$z^T P z \cdot \tilde{p}(x, y) \equiv \tilde{z}^T Q \tilde{z}$$

für alle (x, y) erfüllt ist. Auch hier liefert der Koeffizientenvergleich der beiden Seiten eine Reihe linearer Gleichungen für die Einträge der Matrizen P und Q. Mit diesem Ansatz ist der Nachweis, dass ein nichtnegatives Polynom tatsächlich nichtnegativ ist, grundsätzlich immer möglich. Leider gibt der Satz von Artin aber keine Auskunft darüber wie hoch der Grad des Polynoms q zu wählen ist. Und leider wächst die Dimension der Matrizen P und Q in obigem Ansatz exponentiell mit dem Grad des Polynoms q und der Anzahl n der Variablen (oben wurden nur zwei Variablen x, y betrachtet), sodass der Ansatz nur für Polynome mit wenigen Variablen und niedrigem Grad praktikabel ist. In [35] wurden „Matrix $*$-Algebren" untersucht um gewisse Symmetrien auszunutzen und die Dimension von Q deutlich zu reduzieren und mit SOSTOOLS [132] ist auch ein Programmpaket nutzbar, das obigen Ansatz mit vielen technischen Erweiterungen geschickt implementiert hat.

16.3.7 Ein Rezept zur Lagrangedualität

In diesem Abschnitt soll ein Verfahren beschrieben werden, das die Herleitung von semidefiniten Approximationen für quadratische Optimierungsprobleme erlaubt. Wir betrachten die Aufgabe, den Optimalwert α^* des Problems

$$\alpha^* := \inf_{x \in \mathbb{R}^n} \{ f_0(x) \mid f_i(x) \leq 0, \quad f_j(x) = 0 \quad \text{für } 1 \leq i \leq p < j \leq m \} \qquad (16.3.19)$$

zu finden. Dabei seien die Funktionen $f_l(x) = x^T A^{(l)} x + 2b_{(l)}^T x + \gamma_{(l)}$ für $0 \leq l \leq m$ quadratisch, aber nicht notwendigerweise konvex. Gesucht ist eine *untere* Schranke t^* für den Optimalwert α^*. (Eine obere Schranke findet man sobald ein zulässiger Punkt x bekannt ist.) Die Berechnung von guten unteren Schranken ist z. B. bei der Anwendung von „branch-and-bound"-Methoden sehr wichtig.

Die Problemklasse (16.3.19) ist sehr allgemein. Zum einen lassen sich diskrete Nebenbedingungen wie z. B. $x_i \in \{0, 1\}$ durch quadratische Nebenbedingungen wie z. B. $x_i^2 - x_i = 0$ ausdrücken. Zum anderen lässt sich jede Gleichung oder Ungleichung mit einem *beliebigen* Polynom f_l ggf. nach Einführung zusätzlicher Variablen in Form von quadratischen Gleichungen/Ungleichungen schreiben. Somit umfasst obige Problemklasse alle Probleme mit polynomiellen Nebenbedingungen.

So kann man z. B. die Bedingung

$$x_1^{13} x_2^2 = 7$$

mit Hilfe von zusätzlichen Variablen durch quadratische (oder bilineare) Gleichungen ausdrücken. Dazu setze man die künstlichen Variablen

$$\begin{aligned}
z_{2,0} &= x_1^2 \\
z_{4,0} &= z_{2,0}^2 \\
z_{8,0} &= z_{4,0}^2 \\
z_{12,0} &= z_{8,0} z_{4,0} \\
z_{13,0} &= z_{12,0} x_1 \\
z_{0,2} &= x_2^2.
\end{aligned}$$

Dann lässt sich die Bedingung äquivalent durch

$$z_{13,0}z_{0,2} = 7$$

darstellen.

Mit dieser Technik lassen sich beliebige Bedingungen der Form

$$\sum_k a_k \prod_{i=1}^n x_i^{i_k} \leq 0$$

umformulieren. Beachte, dass zur Darstellung eines großen Exponenten i_k maximal $2\log_2 i_k$ quadratische Gleichungen benötigt werden.

Eine semidefinite Relaxierung Die Idee zur Berechnung einer semidefiniten Relaxierung[5] für (16.3.19) beruht zunächst auf einer „Homogenisierung" der f_l,

$$f_l(x) = \begin{pmatrix} x \\ 1 \end{pmatrix}^T \begin{bmatrix} A^{(l)} & b_{(l)} \\ b_{(l)}^T & \gamma_{(l)} \end{bmatrix} \begin{pmatrix} x \\ 1 \end{pmatrix}$$

für $1 \leq l \leq m$ bzw.

$$f_0(x) - \alpha = \begin{pmatrix} x \\ 1 \end{pmatrix}^T \begin{bmatrix} A^{(0)} & b_{(0)} \\ b_{(0)}^T & \gamma_{(0)} - \alpha \end{bmatrix} \begin{pmatrix} x \\ 1 \end{pmatrix}.$$

In dieser Form hängen die f_l bilinear von dem erweiterten Vektor $(x^T, 1)^T$ ab, während die f_l in der ursprünglichen Formulierung sowohl quadratische als auch lineare Terme besitzen. Zur kürzeren Schreibweise fassen wir (wie in Abschn. 8.3) die zulässigen Lagrangemultiplikatoren zu (16.3.19) in der Menge

$$D := \{y \in \mathbb{R}^m \mid y_i \geq 0 \ \text{ für } \ 1 \leq i \leq p\}$$

zusammen. Es folgt nun, dass das folgende semidefinite Programm eine untere Schranke für den Optimalwert α^* von (16.3.19) liefert,

$$\max\left\{\alpha \ \Big| \ \begin{bmatrix} A^{(0)} & b_{(0)} \\ b_{(0)}^T & \gamma_{(0)} - \alpha \end{bmatrix} + \sum_{l=1}^m y_l \begin{bmatrix} A^{(l)} & b_{(l)} \\ b_{(l)}^T & \gamma_{(l)} \end{bmatrix} \succeq 0, \ y \in D\right\} \leq \alpha^*, \qquad (16.3.20)$$

---

[5]Das Wort „Relaxierung" steht hier für „Abschwächung" und wird in dem Sinn verstanden, dass die zulässige Menge eines kombinatorischen Problems etwas vergrößert wird, so dass das entstandene Problem zwar leichter zu lösen ist, aber dafür nicht den exakten Optimalwert des Ausgangsproblems liefert, sondern nur eine Näherung.

denn, wann immer x zulässig ist für (16.3.19) und α, y zulässig sind für (16.3.20), gilt

$$
0 \leq \begin{pmatrix} x \\ 1 \end{pmatrix}^T \left(\begin{bmatrix} A^{(0)} & b_{(0)} \\ b_{(0)}^T & \gamma_{(0)} - \alpha \end{bmatrix} + \sum_l y_l \begin{bmatrix} A^{(l)} & b_{(l)} \\ b_{(l)}^T & \gamma_{(l)} \end{bmatrix} \right) \begin{pmatrix} x \\ 1 \end{pmatrix}
$$

$$
= f_0(x) - \alpha + \sum y_l f_l(x) \leq f_0(x) - \alpha.
$$

In der letzten Ungleichung wurde benutzt, dass $f_i(x) \leq 0$ und $y_i \geq 0$ für $1 \leq i \leq p$ sowie $f_j(x) = 0$ für $p + 1 \leq j \leq m$.

Die Lagrangerelaxierung Es zeigt sich nun, dass man obige semidefinite Relaxierung auch mit Hilfe der Lagrangedualität herleiten kann. Sei

$$
L(x, y) := f_0(x) + \sum_{i=1}^m y_i f_i(x),
$$

die Lagrangefunktion von (16.3.19). Dann gilt für den Optimalwert α^* von (16.3.19)

$$
\alpha^* = \inf_x \sup_{y \in D} L(x, y) \geq \sup_{y \in D} \inf_x L(x, y), \tag{16.3.21}
$$

wobei wir wieder die Konvention benutzen, dass das Supremum einer Funktion über der leeren Menge $-\infty$ ist und das Infimum über der leeren Menge $+\infty$. Wir nennen die Beziehung $\alpha^* \geq \sup_{y \in D} \inf_x L(x, y)$ auch *Lagrangedualität*.

Anschaulich besagt sie, dass im Ausdruck „$\sup_{y \in D} \inf_x L(x, y)$" zwar Punkte x, die nicht für (16.3.19) zulässig sind, berücksichtigt werden, dass solche x aber durch einen Multiplikator y bestraft werden, und dass man für y den „effizientesten" Multiplikator wählt, den man ohne die Kenntnis von x angeben kann. (Zuerst wird y gewählt, und dann wird für dieses y die innere Minimierung bezüglich x durchgeführt.) Den formalen Beweis der Lagrangedualität (in Anlehnung an unsere Herleitung in Abschn. 8.3) überlassen wir als einfache Übung.

Die „Dualitätslücke" zwischen $\alpha^* = \inf_x \sup_{y \in D}$ und $\sup_{y \in D} \inf_x$ ist bei konvexen Problemen, die die Slaterbedingung erfüllen Null. Bei nichtkonvexen Problemen ist sie im Allgemeinen von Null verschieden und kann auch von der Schreibweise der Nebenbedingungen abhängen. So kann ein Problem mit der Bedingung $a^T x - b = 0$ eine andere Dualitätslücke besitzen als das gleiche Problem mit der (gleichen) Bedingung $(a^T x - b)^2 = 0$. Wir illustrieren das an einem Beispiel:

Beispiel Die Formulierung

$$
-1 = \min_x \{x_1^2 - x_2^2 \mid x_2 - 1 = 0\}
$$
$$
= \inf_x \sup_y \ x_1^2 - x_2^2 + y(x_2 - 1)
$$

$$\geq \sup_{y} \inf_{x} \; x_1^2 - x_2^2 + y(x_2 - 1) = -\infty$$

führt zu einer unendlich großen Dualitätslücke. Da die Zielfunktion quadratisch fällt, reicht kein noch so großer Multiplikator y, um die Zulässigkeit von x_2 auch nur näherungsweise zu erzwingen. Wiegt der Multiplikator y aber eine quadratische Zielfunktion gegen eine quadratische Nebenbedingung auf, so ändert sich die Situation: Das Problem

$$\begin{aligned}
-1 &= \min_{x}\{x_1^2 - x_2^2 \mid (x_2 - 1)^2 = 0\} \\
&\geq \sup_{y} \inf_{x} \; x_1^2 - x_2^2 + y(x_2 - 1)^2 \\
&\geq \sup_{y>1} \inf_{x} \; x_1^2 - x_2^2 + y(x_2 - 1)^2 \\
&= \sup_{y>1}\{x_1^2 - x_2^2 + y(x_2 - 1)^2 \mid x_1 = 0, \; x_2 = \frac{y}{y-1}\} \\
&= \sup_{y>1} \frac{-y}{y-1} = -1
\end{aligned}$$

besitzt keine Dualitätslücke.

In [160] ist etwas allgemeiner gezeigt:

Lemma 16.3.22 *Für ein Problem der Form (16.3.19) mit einer quadratischen Zielfunktion f_0 und nur einer Nebenbedingung ($p = 0$, $m = 1$) der Form*

$$f_1(x) = x^T A_{(1)} x + \gamma_1 = 0$$

ist die Dualitätslücke

$$\inf_{x \in \mathbb{R}^n} \sup_{y \in \mathbb{R}} \; f_0(x) + y f_1(x) - \sup_{y \in \mathbb{R}} \inf_{x \in \mathbb{R}^n} \; f_0(x) + y f_1(x) = 0.$$

Dabei wird keine Konvexität von f_0 oder f_1 vorausgesetzt.

Wir nutzen Lemma 16.3.22, um aus der Lagrangedualität eine semidefinite Relaxierung von (16.3.19) herzuleiten. Die Lagrangedualität besagt

$$\begin{aligned}
\alpha^* &\geq \sup_{y \in D} \inf_{x} \; f_0(x) + \sum_{l=1}^{m} y_l f_l(x) \\
&= \sup_{y \in D} \inf_{x} \inf_{z \in \{\pm 1\}} \binom{x}{z}^T \begin{bmatrix} A^{(0)} & b_{(0)} \\ b_{(0)}^T & \gamma_{(0)} \end{bmatrix} \binom{x}{z} \\
&\quad + \sum_{l=1}^{m} y_l \binom{x}{z}^T \begin{bmatrix} A^{(l)} & b_{(l)} \\ b_{(l)}^T & \gamma_{(l)} \end{bmatrix} \binom{x}{z}.
\end{aligned}$$

Für $z = 1$ ist die Äquivalenz offensichtlich. Für $z = -1$ und ein gegebenes x erhält man aber den gleichen Wert wie für $z = 1$ und $-x$.

Für gegebenes y, x ist obiges eine Funktion von z, für die wir wieder den Lagrangeansatz wählen, und einen neuen Lagrangefaktor δ einführen. Die Abschätzung setzt sich dann fort,

$$= \sup_{y \in D} \inf_{x \in \mathbb{R}^n} \inf_{z \in \mathbb{R}} \sup_{\delta \in \mathbb{R}} \begin{pmatrix} x \\ z \end{pmatrix}^T \left(\begin{bmatrix} A^{(0)} & b_{(0)} \\ b_{(0)}^T & \gamma_{(0)} \end{bmatrix} + \sum_{l=1}^m y_l \begin{bmatrix} A^{(l)} & b_{(l)} \\ b_{(l)}^T & \gamma_{(l)} \end{bmatrix} \right) \begin{pmatrix} x \\ z \end{pmatrix} + \delta(z^2 - 1)$$

und nachdem unter Ausnutzung von Lemma 16.3.22 inf und sup vertauscht werden, folgt

$$= \sup_{\substack{y \in D \\ \delta \in \mathbb{R}}} \inf_{\substack{x \in \mathbb{R}^n \\ z \in \mathbb{R}}} \begin{pmatrix} x \\ z \end{pmatrix}^T \left(\begin{bmatrix} A^{(0)} & b_{(0)} \\ b_{(0)}^T & \gamma_{(0)} \end{bmatrix} + \sum_{l=1}^m y_l \begin{bmatrix} A^{(l)} & b_{(l)} \\ b_{(l)}^T & \gamma_{(l)} \end{bmatrix} \right) \begin{pmatrix} x \\ z \end{pmatrix} + \delta(z^2 - 1)$$

$$= \sup_{\substack{y \in D \\ \delta \in \mathbb{R}}} \inf_{\substack{x \in \mathbb{R}^n \\ z \in \mathbb{R}}} \begin{pmatrix} x \\ z \end{pmatrix}^T \left(\begin{bmatrix} A^{(0)} & b_{(0)} \\ b_{(0)}^T & \gamma_{(0)} + \delta \end{bmatrix} + \sum_{l=1}^m y_l \begin{bmatrix} A^{(l)} & b_{(l)} \\ b_{(l)}^T & \gamma_{(l)} \end{bmatrix} \right) \begin{pmatrix} x \\ z \end{pmatrix} - \delta$$

Das innere Infimum ist natürlich genau dann endlich, wenn die zugehörige Matrix positiv semidefinit ist. Dann aber kann man den quadratischen Term fortlassen, da dieser für $x = 0$, $z = 0$ minimiert wird, und man erhält somit folgende Relaxierung

$$= \sup_{y \in D,\, \delta \in \mathbb{R}} \left\{ -\delta \;\middle|\; \begin{bmatrix} A^{(0)} & b_{(0)} \\ b_{(0)}^T & \gamma_{(0)} + \delta \end{bmatrix} + \sum_{l=1}^m y_l \begin{bmatrix} A^{(l)} & b_{(l)} \\ b_{(l)}^T & \gamma_{(l)} \end{bmatrix} \succeq 0 \right\},$$

die zur Eingangs hergeleiteten semidefiniten Relaxierung (16.3.20) äquivalent ist. Dabei stützt sich die Lagrangerelaxierung auf einen „bestmöglichen" Multiplikator y. In [133] wurde gezeigt, dass die obige Relaxierung die bestmögliche Relaxierung unter einer gewissen Klasse von quadratischen Majoranten ist.

Es wurden noch vielfältige weitere Formen der Relaxierung von nichtkonvexen Problemen vorgeschlagen. In vielen Fällen stellt sich heraus, dass die erzeugte Relaxierung zur semidefiniten Relaxierung äquivalent ist.

Eine Herleitung der obigen Ergebnisse und weitere ähnliche Resultate findet man in den Arbeiten [133, 172, 177] (Abschn. 13.4), siehe auch [128, 154].

16.4 Anwendungen auf kombinatorische Probleme

Im Folgenden sollen einige Anwendungen vorgestellt werden, die es erlauben, mit Hilfe von Innere-Punkte-Verfahren gute untere Schranken für einige kombinatorische Optimierungsprobleme zu berechnen. Die kombinatorischen Probleme selbst können nur in einfachen Spezialfällen durch Innere-Punkte-Verfahren exakt gelöst werden.

Die hier aufgegriffene Grundidee, (nichtkonvexe) kombinatorische Probleme durch konvexe Probleme anzunähern, und aus der Lösung der konvexen Probleme Rückschlüsse auf das kombinatorische Ausgangsproblem zu ziehen, ist alt und naheliegend. Als konvexe Relaxierungen von kombinatorischen Problemen boten sich bislang in erster Linie lineare Programme an, zum einen weil diese in der Praxis gut lösbar waren (auch wenn der erste Polynomialitätsbeweis von Khachiyan [95] 1978–1980 noch recht jung ist), zum anderen weil man bei einer Reihe von kombinatorischen Problemen naheliegende linear beschränkte Relaxierungen finden konnte. Doch auch das Aufstellen von etwas komplizierteren nichtlinearen konvexen Relaxierungen für kombinatorische Probleme geht auf die Zeit vor Karmarkar's Wiederbelebung der Innere-Punkte-Methoden [93] 1984 zurück. Wir zitieren zunächst eine sehr schöne Anwendung aus [74] und wenden uns dann später noch weiteren Anwendungen in etwas verkürzter Form zu. Der Ansatz in [74] beruht auf der Ellipsoidmethode anstelle der Innere-Punkte-Verfahren; letztere waren bei Erscheinen von [74] noch nicht auf nichtlineare Programme verallgemeinert worden. In Theorie und Praxis sind die Innere-Punkte-Verfahren heute aber der Ellipsoidmethode weit überlegen.

16.4.1 Das Problem der maximalen stabilen Menge

Sei $G = (V, R)$ ein ungerichteter Graph, siehe Definition 5.1.1. Eine Teilmenge Q von V heißt *Clique*, falls jeder Knoten aus Q mit jedem anderen Knoten aus Q benachbart ist, d. h. durch eine Kante aus R verbunden ist. Das *(ungewichtete) maximale-Cliquen-Problem* ist das Problem, in einem Graphen G eine Clique maximaler Kardinalität zu finden. Falls G ein gewichteter Graph mit Knotengewichten $w(v) \geq 0$ für $v \in V$ ist, so ist im *gewichteten* maximale-Cliquen-Problem eine Clique zu finden, für die die Summe der Knotengewichte maximal ist. Die maximale Kardinalität bzw. die maximale Summe der Knotengewichte wird dabei mit $\omega(G)$ bzw. mit

$$\omega(G, w)$$

bezeichnet. (Man beachte, dass die Gewichte mit dem Buchstaben w und die Cliquengröße mit ω bezeichnet werden.) Für $w = e := (1, \ldots, 1)^T$ gilt also $\omega(G) = \omega(G, e)$.

Eine *stabile Menge* ist eine Teilmenge S von V mit der Eigenschaft, dass kein Knoten $v \in S$ mit einem anderen Knoten $v' \in S$ benachbart ist. Geht man also von einem Graphen G zu seinem Komplementgraphen

$$\bar{G} = (V, \{\{u, v\} \mid u, v \in V, \{u, v\} \notin R\})$$

über, so gehen stabile Mengen in Cliquen über und umgekehrt.

Analog zum maximale-Cliquen-Problem ist das *Problem der maximalen (gewichteten) stabilen Menge* definiert. Die maximale Kardinalität bzw. die maximale Summe der Knotengewichte wird mit $\alpha(G)$ bzw. $\alpha(G, w)$ bezeichnet.

Zu einem Graphen $G = (V, R)$ ist eine *Färbung* eine Abbildung $\beta \colon V \to \{1, \ldots, k\}$ der Knoten $v \in V$ auf k verschiedene Farben, so dass benachbarte Knoten unterschiedliche Farben haben, $\beta(u) \neq \beta(v)$ für $u, v \in V$ mit $(u, v) \in R$. Die Festlegung der Zahl k ist dabei zunächst offen. Die minimale Anzahl von Farben, die eine Färbung von G erfordert, bezeichnen wir mit $\chi(G)$ bezeichnen. Die Zahl $\chi(G)$ wird auch chromatische Zahl von G genannt. Schließlich ist eine *Cliquenüberdeckung* von G eine Abbildung $\rho \colon V \to \{1, \ldots, k\}$ so dass die Mengen $Q_i := \{v \in V \mid \rho(v) = i\}$ Cliquen sind für $1 \leq i \leq k$. Wir bezeichnen mit $\bar{\chi}(G)$ die minimale Anzahl k der Cliquen, die man zu einer Cliquenüberdeckung benötigt. Man kann sich leicht überlegen, dass eine Färbung einer Überdeckung mit stabilen Mengen entspricht, d. h. dass $\chi(G) = \bar{\chi}(\bar{G})$.

In Verallgemeinerung zur Bestimmung von $\chi(G)$ erklärt sich das gewichtete *minimale-Färbungs-Problem*: Für einen Graphen $G = (V, R)$ und einen Vektor $w \in \mathbb{R}^{|V|}$ von Knotengewichten sind eine Zahl k gesucht sowie stabile Mengen $S_1, \ldots, S_k$ und nichtnegative ganze Zahlen λ_i, so dass für alle $v \in V$ gilt $\sum_{i:\ v \in S_i} \lambda_i \geq w(v)$. Weiter seien die S_i und λ_i, $i = 1, \ldots, k$, so, dass $\sum_{i=1}^{k} \lambda_i$ minimal wird. Die Gewichte $w(v)$ geben dabei an, mit wie vielen verschiedenen Farben der Knoten v gefärbt sein soll, bzw. in wie vielen verschiedenen stabilen Mengen S_i er enthalten sein soll. Die Zahl λ_i gibt an, wie oft die Menge S_i gezählt wird, d. h. mit wie vielen verschiedenen Farben S_i gefärbt wird. Der Minimalwert wird mit $\chi(G, w)$ bezeichnet und stimmt für $w = (1, \ldots, 1)^T$ mit $\chi(G)$ überein.

Schließlich kann man analog auch das gewichtete *minimale-Cliquen-Überdeckungs-Problem* definieren: Für einen Graphen $G = (V, R)$ und den Vektor w von Knotengewichten sind eine Zahl k gesucht sowie Cliquen $Q_1, \ldots, Q_k$ und nichtnegative ganze Zahlen λ_i, so dass für alle $v \in V$ gilt $\sum_{i:\ v \in Q_i} \lambda_i \geq w(v)$. Weiter seien die Q_i und λ_i so, dass $\sum_{i=1}^{k} \lambda_i$ minimal wird. Der Minimalwert wird mit $\bar{\chi}(G, w)$ bezeichnet und stimmt für $w = (1, \ldots, 1)^T$ mit $\bar{\chi}(G)$ überein.

Es gelten nun für alle $G = (V, R)$ und $w \geq 0$ die Ungleichungen

$$\alpha(\bar{G}, w) = \omega(G, w) \leq \chi(G, w) = \bar{\chi}(\bar{G}, w),$$

d. h. in gewisser Weise sind die Probleme ω und χ zu bestimmen (bzw. α und $\bar{\chi}$ zu bestimmen) zueinander dual. Der Beweis ist für $w = (1, \ldots, 1)^T$ einfach – innerhalb einer Clique muss jeder Knoten eine andere Farbe haben! Für den allgemeinen Fall sei er als Übung empfohlen. Dass die obige Ungleichung strikt sein kann, sieht man am Beispiel eines Kreises mit 5 Knoten. (Die maximale Clique hat Größe 2, man braucht aber 3 Farben.) Ein *perfekter* Graph ist ein Graph, für den $\omega(G') = \chi(G')$ für alle induzierten Teilgraphen G' von G. In [74] wird gezeigt, dass mit G auch $\bar{G}$ perfekt ist, insbesondere sind die obigen vier Werte für perfekte Graphen gleich.

Bipartite Graphen $G = (V, R)$ sind triviale Beispiele von perfekten Graphen: Ein Graph heißt bipartit, falls seine Knotenmenge $V = V_1 \cup V_2$, $V_1 \cap V_2 = \emptyset$, so in zwei disjunkte Teilmengen zerfällt, dass alle Kanten $r = (i, j) \in R$ nur Knoten $i \in V_1$ und $j \in V_2$ verbinden, d. h. es ist $(i, j) \notin R$ für alle $i, j \in V_1$ und für alle $i, j \in V_2$. Dann sind die induzierten Teilgraphen $G' = (V', R')$ von G auch bipartit und es gilt $\omega(G') = \chi(G') = 2$ (sofern $R' \neq \emptyset$).

Für allgemeine Graphen sind die obigen Probleme selbst für den Spezialfall $w = (1, \ldots, 1)^T$ alle $\mathcal{NP}$-hart, siehe z.B. [60]. Wir diskutieren im Folgenden exemplarisch das Problem der maximalen stabilen Menge für diesen Spezialfall.

Dazu werde $n := |V|$ gesetzt und der Vektor mit lauter Einsen mit $e := (1, \ldots, 1)^T \in \mathbb{R}^n$ sowie die Matrix mit lauter Einsen mit $J := ee^T$ bezeichnet. Wir zeigen zunächst dass

$$\alpha(G) = \max \{e^T x \mid x \in \{0, 1\}^n, \ x_i x_j = 0 \ \forall \ \{i, j\} \in R\} \tag{16.4.1}$$

$$= \max \{J \bullet X \mid X \succeq 0, \ X_{i,j} = 0 \ \forall \ \{i, j\} \in R,$$

$$\mathrm{Spur}(X) = 1, \mathrm{Rang}(X) = 1\} \tag{16.4.2}$$

gilt. Jeder zulässige Vektor x von (16.4.1) ist ein charakteristischer Vektor einer stabilen Menge, da für jede Kante $\{i, j\} \in R$ maximal einer der Einträge x_i bzw. x_j Eins sein kann. Dies zeigt die Gleichheit in (16.4.1).

Die Probleme (16.4.1) und (16.4.2) sind beide beschränkt und besitzen mit $x = e_1$ (dem ersten kanonischen Einheitsvektor) bzw. mit $X = e_1 e_1^T$ zulässige Punkte, sodass die Optimalwerte angenommen werden. Falls x ein charakteristischer Vektor einer maximalen stabilen Menge ist, so ist $X := xx^T / x^T x$ zulässig für (16.4.2) mit gleichem Zielfunktionswert. Dies impliziert die Ungleichung „$\leq$" zwischen (16.4.1) und (16.4.2). Für die Umkehrung sei X eine Optimallösung von (16.4.2). Aufgrund der Rang-Bedingung und der Semidefinitheit muss $X = vv^T$ für ein $v \in \mathbb{R}^n$ gelten. Bezeichnet man die von Null verschiedenen Komponenten von v als Träger von v, so muss der Träger von v wegen $X_{i,j} = 0 \ \forall \ \{i, j\} \in R$ eine stabile Menge sein. Sei $\tilde{x}$ der zugehörige charakteristische Vektor. Mit der Cauchy-Schwarz'schen Ungleichung folgt

$$J \bullet X = (ee^T) \bullet (vv^T) = (e^T v)^2 = (\tilde{x}^T v)^2 \leq \|\tilde{x}\|_2^2 \|v\|^2$$

$$= \|\tilde{x}\|_2^2 \, \mathrm{Spur}(X) = \alpha(G). \tag{16.4.3}$$

In der ersten Gleichung der zweiten Zeile wurde genutzt, dass die Diagonaleinträge von X durch die Quadrate v_i^2 gegeben sind. (16.4.3) impliziert die fehlende Ungleichung „$\geq$" zwischen (16.4.1) und (16.4.2).

Man beachte, dass in dem Problem (16.4.2) noch die Bedingung $X \geq 0$ hinzugefügt werden kann ohne die obige Argumentation zu ändern.

Lässt man die Rang-Bedingung in (16.4.1) fort, so ergibt sich daher

$$\alpha(G) \leq \theta'(G) \leq \theta(G) \tag{16.4.4}$$

mit der (in [108] untersuchten) „Lovasz-Schrijver-Zahl"

$$\theta'(G) := \max \{J \bullet X \mid X \succeq 0, X \geq 0, X_{i,j} = 0 \ \forall \ \{i, j\} \in R, \ \mathrm{Spur}(X) = 1\}$$

und der (in [109] untersuchten) „Lovasz-Zahl"

$$\theta(G) := \max\{J \bullet X \mid X \succeq 0,\ X_{i,j} = 0\ \forall\ \{i, j\} \in R,\ \text{Spur}(X) = 1\}.$$

Dass das Weglassen der Rang-Bedingung nicht zu einer katastrophal schlechten Abschätzung führt, kann einerseits ähnlich wie später beim Max-Cut-Problem im Anschluss an (16.4.14) motiviert werden, und andererseits auch durch das nachfolgende „Sandvich-Theorem" begründet werden:

Lemma 16.4.5 (Lovasz Sandvich-Theorem) *Es gilt für jeden Graphen* $G = (V, R)$

$$\alpha(G) \leq \theta'(G) \leq \theta(G) = \leq \bar{\chi}(G). \tag{16.4.6}$$

Ein analoges Resultat gilt auch für gewichtete Knoten; nachfolgend wird der Fall für die Gewichte $w = e$ bewiesen.

Beweis (in Anlehnung an Kap. 18.3 aus [142]):
Zunächst definieren wir den linearen Teilraum $\mathcal{M} \subset \mathcal{S}^n$,

$$\mathcal{M} := \left\{ X \in \mathcal{S}^n \mid X_{i,j} = 0\ \forall \{i, j\} \in R \right\}$$

und den zugehörigen Orthogonalraum,

$$\mathcal{M}^\perp := \left\{ Z \in \mathcal{S}^n \mid Z_{i,i} = 0\ \forall i \in V,\ \ Z_{i,j} = 0\ \forall \{i, j\} \notin R \right\}. \tag{16.4.7}$$

Aus der Herleitung von (16.4.2) folgt die erste Gleichung der nachfolgenden Kette

$$
\begin{aligned}
\alpha(G) &= \max_{x \in \mathbb{R}^n} \left\{ x^T J x \mid x^T x = 1,\ x_i x_j = 0\ \forall \{i, j\} \in R \right\} \\
&= \sup_{x \in \mathbb{R}^n} \left(\inf_{Y \in \mathcal{M}^\perp,\ \rho \in \mathbb{R}} \{ x^T J x + \rho(1 - x^T x) + x^T Y x \} \right) \\
&\leq \inf_{Y \in \mathcal{M}^\perp,\ \rho \in \mathbb{R}} \left(\sup_{x \in \mathbb{R}^n} \{ x^T J x + \rho(1 - x^T x) + x^T Y x \} \right) \\
&= \inf_{Y \in \mathcal{M}^\perp,\ \rho \in \mathbb{R}} \left(\sup_{x \in \mathbb{R}^n} \{ x^T (J - \rho I + Y) x + \rho \} \right) \\
&= \inf_{Y \in \mathcal{M}^\perp,\ \rho \in \mathbb{R}} \{ \rho \mid (J - \rho I + Y) \preceq 0 \} \tag{16.4.8} \\
&= \inf_{Y \in \mathcal{M}^\perp} \{ \lambda_{max}(J + Y) \}. \tag{16.4.9}
\end{aligned}
$$

Für die Gleichung in der zweiten Zeile in obiger Kette wurde genutzt, dass bei der Supremumbildung nur solche x in Frage kommen, für die das Infimum in der 2. Zeile endlich ist. Insbesondere muss $x^T x = 1$ gelten (da $\rho \in \mathbb{R}$ beliebig ist) und wegen $Y \in \mathcal{M}^\perp$

und $x^T Y x = Y \bullet (x x^T)$ muss $x x^T \in \mathcal{M}$ gelten, d.h. $x_i x_j = 0$ für $\{i, j\} \in R$. Beim Übergang zur dritten Zeile wurde wie in (16.3.21) die allgemein gültige Beziehung „sup(inf(...)) $\leq$ inf(sup(...))" genutzt, die vierte Zeile ergibt sich durch Ausklammern und beim Übergang zur 5. Zeile wurde genutzt, dass nun nur solche ρ, Y in Frage kommen, für die das Supremum in der vierten Zeile endlich ist, d.h. für die $J + \rho I + Y \preceq 0$ gilt – und für solche ρ, Y kann $x = 0$ gesetzt werden. In der letzten Zeile bezeichnet $\lambda_{max}(\,.\,)$ den größten Eigenwert einer symmetrischen Matrix.

Im Folgenden sei $k := |R|$ die Anzahl der Kanten in G und für $1 \leq l \leq k$ sei E_l die Matrix mit lauter Einträgen 0 außer an den Stellen $(E_l)_{i,j} = (E_l)_{j,i} = 1$ wobei i und j die beiden Endknoten der Kante l seien. Mit $E_0 := I$ setzen wir die Ungleichungskette bei (16.4.8) fort:

$$\inf_{Y \in \mathcal{M}^\perp, \, \rho \in \mathbb{R}} \{\rho \mid (J - \rho I + Y) \preceq 0\}$$

$$= - \sup_{y \in \mathbb{R}^k, \, \rho \in \mathbb{R}} \{-\rho \mid -\rho I + \sum_{l \geq 1} y_l E_l \preceq -J\}$$

$$= - \sup_{y \in \mathbb{R}^k, \, y_0 \in \mathbb{R}} \{y_0 \mid \sum_{l \geq 0} y_l E_l \preceq -J\},$$

wobei in der letzten Zeile $y_0 = -\rho$ gesetzt wurde. Die letzte Zeile ist ein semidefinites Programm in der dualen Form, das für $y_0 \to -\infty$ strikt zulässige Punkte besitzt, sodass die starke Dualität gilt. Für das zugehörige primale Problem ergibt sich aus dem Dualitätssatz

$$- \sup_{y \in \mathbb{R}^k, \, y_0 \in \mathbb{R}} \{y_0 \mid \sum_{l \geq 0} y_l E_l \preceq -J\}$$

$$= - \min_{X \in \mathcal{S}^n} \{-J \bullet X \mid I \bullet X = 1, \, E_l \bullet X = 0 \text{ für } 1 \leq l \leq k, \, X \succeq 0\}$$

$$= \max_{X \in \mathcal{S}^n} \{J \bullet X \mid I \bullet X = 1, \, E_l \bullet X = 0 \text{ für } 1 \leq l \leq k, \, X \succeq 0\}$$

$$= \theta(G).$$

Zusammenfassend ergibt sich die bereits bekannte Ungleichung $\alpha(G) \leq \theta(G)$ und in (16.4.9) eine Darstellung von $\theta(G)$ als min-max-Eigenwertproblem.

Sei nun $s^{(1)}, \ldots, s^{(t)}$ eine Färbung von G mit t Farben, d.h. die $s^{(l)}$ seien die charakteristischen Vektoren von paarweise disjunkten stabilen Mengen, deren Vereinigung V ergibt, und sei $S := (s^{(1)}, \ldots, s^{(t)}) \in \mathbb{R}^{n \times t}$. Eine Matrix S wie oben wird im Folgenden als Partitionsmatrix bezeichnet.

Es gilt dann das folgende Lemma:

Lemma 16.4.10 (Partitionslemma) *Sei $S := (s^{(1)}, \ldots, s^{(t)}) \in \mathbb{R}^{n \times t}$ eine Partitionsmatrix. Falls $\lambda \geq 0$ gegeben ist mit $S\lambda = e$, und $M := \sum_{l=1}^t \lambda_l s^{(l)} (s^{(l)})^T$, dann ist die Diagonale von M durch $diag(M) = e$ gegeben und es gilt*

$$(\sum_{l=1}^{t} \lambda_l) M - ee^T \succeq 0.$$

(Der Vektor λ im Partitionslemma muss aus lauter Einsen bestehen; trotzdem ist die oben angegebene Formulierung korrekt und wird nachfolgend in dieser Form genutzt.)

Zum Nachweis des Partitionslemmas beachte man dass $\operatorname{diag}(s^{(l)}(s^{(l)})^T) = s^{(l)}$ gilt, sodass

$$\operatorname{diag}(M) = \sum_{l=1}^{t} \lambda_l s^{(l)} = S\lambda = e$$

gilt. Ferner ist

$$0 \preceq \sum_{l=1}^{t} \lambda_l \begin{pmatrix} 1 \\ s^{(l)} \end{pmatrix} \begin{pmatrix} 1 \\ s^{(l)} \end{pmatrix}^T = \begin{pmatrix} \sum_{l=1}^{t} \lambda_l & S\lambda)^T \\ S\lambda & M \end{pmatrix}.$$

Bildet man das Schur-Komplement der Matrix auf der rechten Seite so folgt die zweite Aussage aus dem Partitionslemma.

Dieses wird nun genutzt, um den Beweis von Lemma 16.4.5 fortzusetzen: Man beachte dazu, dass für die Matrix M aus dem Partitionslemma ferner gilt: $M_{i,j} = 0 \; \forall \{i, j\} \in R$ (denn M ist aus dyadischen Produkten von charakteristischen Vektoren stabiler Mengen gebildet). Die chromatische Zahl kann nun in der Form

$$\chi(G) = \min\{\sum_{l=1}^{t} \lambda_l \mid S \text{ Partitionsmatrix und } S\lambda = e, \; \lambda = (1, \ldots, 1)^T \in \mathbb{R}^t\}$$

geschrieben werden. Diese Formulierung ist unintuitiv; der einzige Freiheitsgrad von λ ist seine Dimension. Setzt man aber $\rho := \sum_{l=1}^{t} \lambda_l$ so kann das Partitionslemma genutzt werden um $\chi(G)$ damit abzuschätzen:

$$\chi(G) \geq \min\{\rho \mid \rho M - J \succeq 0, \; M_{i,j} = 0 \; \forall \{i, j\} \in R, \; \operatorname{diag}(M) = e\}.$$

Ersetzt man nun den bilinearen Ausdruck ρM durch eine neue Variable Y so folgt

$$\chi(G) \geq \min\{\rho \mid Y - J \succeq 0, \; Y_{i,j} = 0 \; \forall \{i, j\} \in R, \; \operatorname{diag}(Y) = \rho e\}.$$

Ersetzt man jetzt noch G durch den Komplementgraph $\bar{G}$, so erhält man

$$\chi(\bar{G}) \geq \min\{\rho \mid J - Y \preceq 0, \; Y_{i,j} = 0 \; \forall \{i, j\} \notin R, \; \operatorname{diag}(Y) = \rho e\}$$
$$= \min\{\rho \mid J + \tilde{Y} - \rho I \preceq 0, \; \tilde{Y} \in \mathcal{M}^{\perp}\},$$

wobei in der letzten Zeile $\tilde{Y} := \rho I - Y$ gesetzt wurde. Die letzte Zeile stimmt mit der Zeile (16.4.8) überein, was den Beweis von Lemma 16.4.5 abschließt. $\qquad\square$

Anmerkung Der Optimalwert der obigen semidefiniten Relaxierung

$$\min_{\rho\in\mathbb{R},\ Y\in\mathcal{S}^n}\{\rho\mid J+\tilde{Y}-\rho I\preceq 0,\ \tilde{Y}\in\mathcal{M}^\perp\}$$

kann in polynomieller Zeit mit einer vorgegebenen Genauigkeit berechnet werden. Insbesondere sind daher die Werte $\alpha(G)$, $\omega(G)$, $\chi(G)$ und $\bar{\chi}(G)$ für perfekte Graphen polynomiell berechenbar. Ein analoges Resultat gilt für gewichtete Graphen. Weiter ist in [74] gezeigt, dass bei perfekten Graphen nicht nur der Optimalwert, sondern auch eine zugehörige Optimallösung in polynomieller Zeit berechnet werden kann. Da bipartite Graphen perfekt sind, könnte man z. B. auch das sogenannte *(gewichtete) bipartite Matching-Problem* durch obigen Ansatz polynomiell lösen (das bipartite Matching-Problem ist ein anderer Name für das minimale-Cliquenüberdeckung-Problem für bipartite Graphen). Dieses Problem kann aber durch einfache bekannte Methoden sehr viel schneller gelöst werden als mit Innere-Punkte-Verfahren für semidefinite Programme.

16.4.2 Das Max – Cut Problem

Die vielleicht am besten studierte Anwendung von semidefiniten Programmen ist die Relaxierung des Max-Cut Problems. Das Max-Cut Problem (Maximal-Schnitt-Problem) hat einige praktische Anwendungen in sogenannten Spinglasmodellen aus der Physik oder im VLSI-Design, doch liegt die wesentliche Bedeutung dieses Problems sicher in der Tatsache, dass es zu den NP-vollständigen Problemen gehört und trotzdem eine sehr schöne Struktur besitzt. Das Max-Cut Problem besteht darin, die Knotenmenge eines ungerichteten Graphen $G=(V,R)$ bezüglich eines Vektors w von *Kanten*gewichten so in zwei disjunkte Teile $V=V_1\cup V_2$ zu zerlegen, dass die Summe der Gewichte der Kanten $r=(i,j)\in R$ mit $i\in V_1$ und $j\in V_2$ (diese Kanten werden bei der Partition der Knoten in V_1 und V_2 durchschnitten) maximal wird[6].

Formulierung als binäres quadratisches Programm Sei $A\in\mathcal{S}^{|V|}$ die *gewichtete* Adjazenzmatrix von G, d.h. $A_{i,j}=A_{j,i}=w_{i,j}$ falls $\{i,j\}\in R$ eine Kante mit Gewicht $w_{i,j}$ ist und $A_{i,j}=A_{j,i}=0$ falls $\{i,j\}\notin R$. Zu einer Menge $S\subset V$ sei ferner $x^S\in\mathbb{R}^{|V|}$ der Vektor

$$x_i^S=\begin{cases}1 & x\in S,\\-1 & \text{sonst.}\end{cases}\qquad(16.4.11)$$

---

[6]In vielen Anwendungen ist auch das Problem eines *minimalen* „r,s-Schnitts" interessant, bei dem zusätzlich $r\in V_1$, $s\in V_2$ gefordert wird; für positive Kantengewichte ist dieses Problem aber wesentlich einfacher als das Max-Cut Problem.

Sei weiter $L := \mathrm{Diag}(Ae) - A$ die sogenannte „Laplacematrix", wobei wie oben $\mathrm{Diag}(z)$ die Diagonalmatrix mit den Diagonaleinträgen z_i ist. Ihre charakteristische Eigenschaft ist $Le = Ae - Ae = 0$, und falls zusätzlich die Kantengewichte nichtnegativ sind gilt ferner $L_{ii} > 0$, $L_{ij} \le 0$ für alle $i \ne j$, i, $j = 1, \ldots, |V|$.[7]

Sei nun eine beliebige Menge $S \subset V$ und $x = x^S$ gegeben. Dann gilt $x_i^2 = 1$ sowie

$$(1 - x_i x_j) = \begin{cases} 2 & \text{falls } i \in S, \ j \notin S \text{ oder } j \in S, i \notin S, \\ 0 & \text{sonst.} \end{cases}$$

Daher gilt folgende Kette von Gleichungen:

$$\sum_{i \in S, \ j \notin S} A_{i,j}$$
$$= \frac{1}{2} \left(\sum_{i \in S, \ j \notin S} A_{i,j} + \sum_{j \in S, \ i \notin S} A_{i,j} \right)$$
$$= \frac{1}{4} \sum_{i,j=1}^{n} \underbrace{(1 - x_i x_j)}_{\in \{0,2\}} A_{i,j}$$
$$= \frac{1}{4} \left(\sum_{i=1}^{n} \underbrace{x_i^2}_{=1} \sum_{j=1}^{n} A_{i,j} - \sum_{i,j=1}^{n} x_i x_j A_{i,j} \right)$$
$$= \frac{1}{4} x^T L x.$$

Das Max-Cut Problem ist daher zu folgendem Problem äquivalent:

$$\max\{ \tfrac{1}{4} x^T L x \mid x \in \{-1, 1\}^{|V|} \}. \tag{16.4.12}$$

Wenn man $X = x x^T$ setzt und

$$x^T L x = \mathrm{Spur}(x^T L x) = \mathrm{Spur}(L x x^T) = L \bullet (x x^T)$$

ausnutzt, kann man (16.4.12) weiter äquivalent umformen in

$$\max\{ \tfrac{1}{4} L \bullet X \mid X \succeq 0, \quad \mathrm{diag}\,(X) = e, \quad \mathrm{rg}\,(X) = 1 \}. \tag{16.4.13}$$

Wie üblich bezeichnet e den Vektor $(1, \ldots, 1)^T$, und $\mathrm{diag}\,(X) = e$ ist für Rang-1-Matrizen X der Form $X = x x^T$ zur Forderung $x_i = \pm 1$ äquivalent.

---

[7]In der numerischen Mathematik erhält man Matrizen mit ähnlichen Eigenschaften bei der Lösung der Laplace'schen Differentialgleichung $u_{xx} + u_{yy} = -1$ mittels Differenzenverfahren. Daher der Name Laplacematrix.

Semidefinite und trigonometrische Approximation Es wird nun gerne argumentiert, dass man die Rang-1-Bedingung in (16.4.13) einfach fortlassen und dadurch den zulässigen Bereich „etwas" vergrößern und so eine Relaxierung von (16.4.12) erhalten kann. Dabei ist jedoch zu beachten, dass sich die Rang-1-Bedingung aus sehr vielen nichtlinearen Gleichungen zusammensetzt[8]. Lässt man all diese Bedingungen einfach fort, so ist kaum zu erwarten, dass man eine gute Approximation des Ausgangsproblems erhält. Denn die zulässige Menge aus (16.4.13) besteht aus isolierten Punkten; durch Fortlassen der Rang-1-Bedingung erhält man daraus eine wesentlich größere volldimensionale Menge. Wir wählen daher eine etwas andere Motivation, die aber trotzdem auf dasselbe Ergebnis hinauslaufen wird. Dazu bezeichnen wir mit

$$\mathcal{MC} := \text{conv}\left(\left\{X \mid X = xx^T,\ x_i \in \{\pm 1\}\right\}\right) \tag{16.4.14}$$

das Max-Cut-Polytop. Da die Zielfunktion in (16.4.13) linear ist, ist (16.4.13) äquivalent dazu, $x^T L x$ über der konvexen Hülle $\mathcal{MC}$ der zulässigen Menge zu maximieren. Jede optimale Ecke von $\mathcal{MC}$ entspricht dabei einer optimalen Rang-1-Matrix $X = xx^T$ von (16.4.13). Wie schon bei der Lovaszzahl ist auch hier die Darstellung der Menge $\mathcal{MC}$ als konvexe Hülle von exponentiell vielen Vektoren ungeeignet, um Optimierungsmethoden anzuwenden. Wir suchen daher wieder eine „gute" Relaxierung von $\mathcal{MC}$:

$$
\begin{aligned}
\mathcal{MC} = \quad &\text{conv}\left(\{X \succeq 0 \mid \text{rg}\,(X) = 1, \quad \text{diag}\,(X) = e\}\right) \\
\subseteq\ &\{Z \in \text{conv}\left(\{X \succeq 0 \mid \text{rg}\,(X) = 1\}\right) \mid \text{diag}\,(Z) = e\} \\
=\ &\{Z \succeq 0 \mid \qquad\qquad\qquad\qquad\ \text{diag}\,(Z) = e\}.
\end{aligned}
$$

Bei dieser Abschätzung wurde in der ersten Zeile die konvexe Hülle von Elementen gebildet, die im affinen Teilraum „diag$\,(X) = e$" liegen, während in der zweiten Zeile zuerst die konvexe Hülle gebildet wurde und anschließend der Schnitt mit dem affinen Teilraum „diag$\,(X) = e$". (Dieser Schritt hat eine Parallele in der Lagrangedualität.) In der letzten Zeile wurde verwandt, dass jede positiv semidefinite Matrix Z eine konvexe Linearkombination von positiv semidefiniten Rang-1 Matrizen ist. Dies folgt aus der Darstellung

$$Z = U \Lambda U^T = \sum_{i=1}^{n} \lambda_i u_i u_i^T,$$

wobei $U = [u_1, u_2, \ldots, u_n]$ unitär und u_i ein Satz von orthonormalen Eigenvektoren von Z zu den Eigenwerten $\lambda_i \geq 0$ ist, $Z u_i = \lambda_i u_i$ für $i = 1, \ldots, n$.

Wir erhalten wegen dieser Inklusionen das relaxierte Problem

$$\max\{\tfrac{1}{4} L \bullet X \mid X \succeq 0, \quad \text{diag}\,(X) = e\}, \tag{16.4.15}$$

---

[8]Der Raum der symmetrischen Matrizen hat die Dimension $n(n+1)/2$ und der Raum der symmetrischen Rang-1-Matrizen hat die Dimension n, so dass die Rang-1-Forderung in etwa $n(n-1)/2$ skalaren Gleichungen entspricht.

als Näherung für (16.4.13). Die zulässige Menge dieser semidefiniten Approximation soll im Folgenden mit

$$\mathcal{SA} := \{X \mid X \succeq 0, \quad \text{diag}\,(X) = e\} \tag{16.4.16}$$

bezeichnet werden. Nach Herleitung gilt dabei offenbar $\mathcal{MC} \subset \mathcal{SA}$.

Eine etwas überraschende Ergänzung dieser Inklusion wurde in [66, 123] bewiesen. Und zwar ist die folgende trigonometrische Approximation

$$\mathcal{TA} = \left\{X \in \mathcal{SA} \mid \sin\left[\frac{\pi}{2}X\right] \succeq 0\right\} \tag{16.4.17}$$

eine innere Approximation von $\mathcal{MC}$, $\mathcal{TA} \subset \mathcal{MC}$.. Dabei sind die eckigen Klammern im Ausdruck $\sin\left[\frac{\pi}{2}X\right]$ *komponentenweise* zu verstehen, d. h. die skalare Funktion „sin" wird auf jeden einzelnen Eintrag der Matrix $\frac{\pi}{2}X$ angewendet.

Für Matrizen $X \in S^n$ mit Einträgen $|X_{ij}| \le 1$ gilt dabei stets:

$$\sin\left[\frac{\pi}{2}X\right] \succeq 0 \Longrightarrow X \succeq 0.$$

Beweis Wir zeigen die äquivalente Aussage,

$$\hat{X} \succeq 0 \Longrightarrow \frac{2}{\pi}\arcsin\left[\hat{X}\right] \succeq 0.$$

Dabei nutzen wir, dass die Potenzreihe der Funktion „arcsin" ausschließlich positive Koeffizienten besitzt. Weiter nutzen wir, dass das Hadamardprodukt[9] zweier positiv semidefiniter Matrizen wieder positiv semidefinit ist. Denn aus den Zerlegungen $A = \sum_i a_i a_i^T \succeq 0$ und $B = \sum_j b_j b_j^T \succeq 0$ folgt

$$A \circ B = \sum_{i,j}(a_i \circ b_j)(a_i \circ b_j)^T \succeq 0.$$

Da sich der Arcussinus als Summe von Hadamardprodukten mit positiven Koeffizienten schreiben lässt, folgt die Behauptung. □

Die Menge $\mathcal{TA}$ geht somit aus der Menge $\mathcal{SA}$ hervor, indem die Funktion $\kappa : [-1, 1] \to [-1, 1]$ mit $\kappa(t) = \frac{2}{\pi}\arcsin(t)$ auf jede Komponente angewendet wird. Die glatte nichtlineare Funktion κ hat dabei die „Kontraktionseigenschaft", dass $|\kappa(t)| \le |t|$. (Die Ungleichung $|\kappa(t) - \kappa(t')| \le |t - t'|$ gilt allerdings *nicht*.)

---

[9]Das Hadamardprodukt $A \circ B$ zweier Matrizen A und B gleicher Dimension ergibt sich durch komponentenweises Ausmultiplizieren,

$$(A \circ B)_{ij} = A_{ij}B_{ij}.$$

Lemma 16.4.18 *Mit den Definitionen (16.4.14) (16.4.16) und (16.4.17) gilt die folgende Teilmengenbeziehung:*

$$\mathcal{T}\mathcal{A} \subset conv(\mathcal{T}\mathcal{A}) = \mathcal{M}\mathcal{C} \subset \mathcal{S}\mathcal{A}. \tag{16.4.19}$$

Anschaulich gesprochen entsteht die Menge $\mathcal{S}\mathcal{A}$ aus $\mathcal{M}\mathcal{C}$ durch „aufpumpen". Die Menge $\mathcal{T}\mathcal{A}$ entsteht, indem $\mathcal{S}\mathcal{A}$ in einer gewissen nichtlinearen Weise (mit Hilfe der Funktion κ) geschrumpft wird. Die Funktion κ ist dabei insofern „optimal" gewählt als für $n = 3$ die Gleichheit $\mathcal{M}\mathcal{C} = \mathcal{T}\mathcal{A}$ gilt. (Der Beweis dieser Gleichheit folgt aus den Additionstheoremen der trigonometrischen Funktionen und sei als Übung empfohlen.)

Beweis von Lemma 16.4.18 Zum Nachweis der Inklusion (16.4.19) nutzen wir die folgende Ungleichungskette, die nachfolgend erklärt wird:

$$\max_{X \in \mathcal{M}\mathcal{C}} \langle C, X \rangle \tag{16.4.20}$$

$$= \max_{x_i = \pm 1} \langle C, xx^T \rangle \tag{16.4.21}$$

$$= \max_{Y^T = (y_1, \cdots, y_n), \|y_i\|_2 = 1} E_{u,\, \|u\|_2 = 1} \langle C, \sigma(Yu)\sigma(Yu)^T \rangle \tag{16.4.22}$$

$$= \max_{Y^T = (y_1, \cdots, y_n), \|y_i\|_2 = 1} \frac{2}{\pi} \langle C, \arcsin[YY^T] \rangle \tag{16.4.23}$$

$$= \max_{\hat{X} \succeq 0,\, \mathrm{diag}(\hat{X}) = e} \frac{2}{\pi} \langle C, \arcsin[\hat{X}] \rangle \tag{16.4.24}$$

$$= \max_{X \succeq 0,\, \sin\left[\frac{\pi}{2} X\right] \succeq 0,\, \mathrm{diag}(X) = e} \langle C, X \rangle. \tag{16.4.25}$$

Man beachte in Zeile (16.4.25), dass $\{X \succeq 0 \mid \sin\left[\frac{\pi}{2} X\right] \succeq 0,\, \mathrm{diag}(X) = e\} = \mathcal{T}\mathcal{A}$. Da obige Ungleichungskette für jedes $C \in \mathcal{S}^n$ gilt, folgt

$$\mathcal{T}\mathcal{A} \subset \mathrm{conv}(\mathcal{T}\mathcal{A}) = \mathcal{M}\mathcal{C}.$$

Wir gehen nun im Einzelnen auf die oben benutzten Ungleichungen ein:

Die Gleichheit von (16.4.20) und (16.4.21) wurde bereits besprochen.

In (16.4.22) benutzen wir die Notation $E_{u,\, \|u\|_2 = 1}$ für den Erwartungswert für gleichmäßig verteilte Vektoren u mit $\|u\|_2 = 1$ und die Notation $\sigma(z)$ für den Vektor mit den Komponenten $\sigma(z)_i$, die das Vorzeichen der Komponente z_i von z angeben. Dabei sei $\sigma(0) = 1$. Also ist $\sigma(Yu)$ ein ± 1-Vektor, und somit ist der Erwartungswert in (16.4.22) sicherlich kleiner oder gleich dem Maximalwert in (16.4.21).

Ist andererseits ein optimales x in (16.4.21) gegeben, so können wir die Vektoren $y_i = e_1$ (dem ersten Einheitsvektor) definieren, falls $x_i = 1$ und $y_j = -e_1$ falls $x_j = -1$. Da für gleichmäßig verteiltes u die Wahrscheinlichkeit des Ereignisses „$u_1 = 0$" gerade Null ist, folgt mit Wahrscheinlichkeit 1 dass $xx^T = \sigma(Yu)\sigma(Yu)^T$ gilt, woraus die Gleichheit von (16.4.21) und (16.4.22) folgt.

Um (16.4.23) zu zeigen, halten wir zunächst fest, dass aufgrund der Linearität des Erwartungswertes die Gleichung

$$E_{u,\ \|u\|_2=1}\langle C, \sigma(Yu)\sigma(Yu)^T\rangle = \langle C, E_{u,\ \|u\|_2=1}(\sigma(Yu)\sigma(Yu)^T)\rangle$$

folgt. Der i, j-te Eintrag der Matrix $E_{u,\ \|u\|_2=1}(\sigma(Yu)\sigma(Yu)^T)$ ist durch

$$E_{u,\ \|u\|_2=1}(\sigma(y_i^T u)\sigma(y_j^T u))$$

gegeben. Um diese Zahl auszuwerten, betrachten wir die (2-dimensionale) Ebene, die die Punkte Null, y_i und y_j enthält. Die Einschränkung von u auf diese Ebene ist wieder eine rotationsinvariante Verteilung (!) und daher ist die Wahrscheinlichkeit, dass $y_i^T u$ und $y_j^T u$ unterschiedliches Vorzeichen besitzen proportional zum Winkel zwischen y_i und y_j, also proportional zu $\arccos(y_i^T y_j)$. Auch der Erwartungswert ist proportional zum Winkel „$\arccos(y_i^T y_j)$". Bei einem Winkel von $\arccos(y_i^T y_j) = \pi$ nimmt das Produkt $\sigma(y_i^T u)\sigma(y_j^T u)$ stets den Wert -1 an, bei einem Winkel von $\arccos(y_i^T y_j) = 0$ nimmt es stets den Wert 1 an. Aus diesen beiden Werten ergibt sich somit

$$E_{u,\ \|u\|_2=1}(\sigma(y_i^T u)\sigma(y_j^T u)) = 1 - \frac{2}{\pi}\arccos(y_i^T y_j) = \frac{2}{\pi}\arcsin(y_i^T y_j). \tag{16.4.26}$$

Daraus folgt (16.4.23).

Die Beziehungen (16.4.24) und (16.4.25) sind einfache Umformungen: In der Tat kann jede Matrix $\hat{X} \succeq 0$ in $\hat{X} = YY^T$ faktorisiert werden, und die Bedingung $\text{diag}(\hat{X}) = 1$ ist dabei mit $\|y_i\|_2 = 1$ äquivalent. In (16.4.25) wird die Beziehung $X = \frac{\pi}{2}\arcsin(\hat{X})$ benutzt und die zusätzliche Ungleichung $X \succeq 0$ garantiert $|X_{i,j}| \le 1$. $\qquad\square$

Das Verfahren von Goemans und Williamson Im Folgenden nehmen wir an, dass der zum Max-Cut-Problem gehörige Graph nichtnegative Kantengewichte besitzt, so dass $L_{ij} \le 0$ für $i \ne j$ und für festes $i \in \{1, \dots, n\}$ die Gleichung $\sum_j L_{i,j} = 0$ gilt.

Wir möchten zunächst auf Approximationen von $\mathcal{MC}$ eingehen, die ausschließlich lineare Ungleichungen verwenden. So erhält man z.B. das sogenannte metrische Polytop als Obermenge von $\mathcal{MC}$, indem man an $X \in \mathcal{S}^n$ die Bedingungen $X_{ij} \in [-1, 1]$ sowie

$$\begin{bmatrix} 1 & 1 & 1 \\ 1 & -1 & -1 \\ -1 & 1 & -1 \\ -1 & -1 & 1 \end{bmatrix} \begin{pmatrix} X_{ij} \\ X_{ik} \\ X_{jk} \end{pmatrix} + \begin{pmatrix} 1 \\ 1 \\ 1 \\ 1 \end{pmatrix} \ge 0$$

für alle paarweise verschiedenen i, j, k stellt. Wählt man $X := xx^T$, wobei $x = x^S$ der Vektor aus (16.4.11) für einen Schnitts S ist, so folgt die oberste Ungleichung z.B. aus der Tatsache, dass mindestens zwei Knoten (d.h. i, j oder i, k oder j, k) in S liegen müssen oder mindestens zwei Knoten in $\bar{S} = V \backslash S$ liegen müssen, d. h. dass mindestens eine der drei Zahlen X_{ij}, X_{ik} oder X_{jk} den Wert 1 annimmt. Ähnlich folgt die zweite Zeile aus der Beobachtung, dass aus $x_i x_k = x_j x_k = 1$ auch $x_i x_j = 1$ folgt.

Leider liefern das metrische Polytop und auch alle anderen bislang bekannten polyedrischen Approximationen von $\mathcal{MC}$ mit einer polynomial (in n) beschränkten Anzahl von linearen Ungleichungen keine „guten" Näherungslösungen von (16.4.12). So ist es bislang nicht gelungen, aus solch polyedrischen Approximationen einen Schnitt $X = x x^T$ herzuleiten, der ein garantiertes Gewicht von mindestens 51 % des Optimalwertes von (16.4.12) hat, d. h. derart, dass

$$\frac{1}{4} x^T L x \geq 0.51 \max \left\{ \tfrac{1}{4} y^T L y \mid y \in \{-1, 1\}^{|V|} \right\}$$

gilt. Andererseits wurde in [76] gezeigt, dass das Problem, stets einen Schnitt zu finden, der mindestens 95 % optimal ist, bereits $\mathcal{NP}$-vollständig ist. Es war lange Zeit unklar, ob es möglich ist, in polynomialer Zeit einen Schnitt zu berechnen, von dem man nachweisen kann, dass er mindestens 51 % des Gewichtes eines maximalen Schnittes annimmt.

Die Arbeit von Goemans und Williamson [66] hat diese Frage überraschend deutlich beantwortet. Die Autoren konnten einen randomisierten Algorithmus angeben, der aus der semidefiniten Approximation des Max-Cut-Problems auf billige Art und Weise zufällige Schnitte erzeugt, die im Erwartungswert mindestens 87 % des Optimalwertes annehmen. Dieser Algorithmus lässt sich zwar „de-randomisieren", d. h. in einen deterministischen Algorithmus abwandeln, doch ist die ursprüngliche Variante von [66] nicht nur theoretisch interessant sondern auch praktisch sehr effektiv. Sie lässt sich aus der Herleitung von (16.4.26) leicht erklären:

Sei X^{sdp} die Optimallösung der semidefiniten Relaxierung

$$\max\{\frac{1}{4} L \bullet X \mid \text{Diag}(X) = e, \ X \succeq 0\} \tag{16.4.27}$$

von (16.4.12). Wir zerlegen X^{sdp} in das Produkt $X^{\text{sdp}} = Y Y^T$. (Die übliche Berechnung der Cholesky-Zerlegung (ohne Pivotsuche) von X wird in der Regel zusammenbrechen, da die Matrix X^{sdp} singulär ist. Man kann die Matrix Y aber z. B. aus einer abgewandelten Cholesky-Zerlegung mit Pivotsuche gewinnen oder man kann Y als symmetrische Wurzel von X wählen.) Die Spalten von Y^T bezeichnen wir mit y_i ($1 \leq i \leq |V|$). Wegen $X_{ii} = 1$ folgt $\|y_i\|_2 = 1$. Wir nehmen nun einen zufällig gewählten Vektor u, der auf der Menge $\{z \mid \|z\|_2 = 1\}$ gleichverteilt ist. (Ein solcher Vektor u lässt sich aus unabhängigen normalverteilten Zufallszahlen konstruieren. Man beachte, dass die Projektion u eines Vektors z mit gleichverteilten Komponenten in $[-1, 1]$ auf den Rand der Einheitskugel nicht gleichverteilt ist!)

Aus dem Zufallsvektor u bestimmen wir wie in (16.4.22) einen Zufallsschnitt $x = \sigma(Y u)$. Der Erwartungswert des Gewichtes dieses Schnittes ergibt sich unter Ausnutzung von (16.4.26) aus

$$E(x^T L x) = E(L \bullet (xx^T))$$
$$= E(L \bullet (\sigma(Yu)\sigma(Yu)^T))$$
$$= E\left(\sum_{i,j} L_{ij}\sigma(y_i^T u)\sigma(y_j^T u)\right)$$
$$= \sum_{i,j} L_{ij}\, E\left(\sigma(y_i^T u)\sigma(y_j^T u)\right)$$
$$= \sum_i L_{ii} + \sum_{i\neq j} \underbrace{L_{ij}}_{\leq 0}\, \frac{2}{\pi}\arcsin(y_i^T y_j)$$
$$\geq \sum_i L_{ii} + \sum_{i\neq j} L_{ij}(1 + 0.878(y_i^T y_j - 1))$$
$$= 0.878 \sum_i \underbrace{y_i^T y_i}_{=1}\, L_{ii} + 0.878 \sum_{i\neq j} y_i^T y_j L_{ij}$$
$$= 0.878 L \bullet X^{\mathrm{sdp}}.$$

Die Ungleichung in der sechsten Zeile folgt aus der einfachen Beobachtung, dass für $t \in [-1, 1]$ die Ungleichung $\frac{2}{\pi}\arcsin t \leq 1 + 0.878(t - 1)$ gültig ist, die in Abb. 16.1 veranschaulicht ist.

Da die Lösung X^{sdp} von einer Relaxierung des Max-Cut-Problems stammt, folgt dass $\frac{1}{4}L \bullet X^{\mathrm{sdp}}$ größer oder gleich dem Optimalwert von (16.4.12) ist, und dass der oben zufällig erzeugte Vektor x im Erwartungswert mindestens 87,8 % des Optimalwertes von (16.4.12) annimmt. Somit ist das folgende Lemma bewiesen:

Lemma 16.4.28 *Bei nichtnegativen Kantengewichten erzeugt das Verfahren von Goemans und Williamson einen Zufallsvektor $x \in \{\pm 1\}^n$ sodass für den Erwartungswert gilt $E(x^T L x) \geq 0.878(x^{opt})^T L x^{opt}$, wobei x^{opt} eine Optimallösung des Max-Cut-Problems sei.*

Erzeugt man sich mit Hilfe der Matrix X^{sdp} eine Reihe solcher zufälligen Vektoren x, so ist die Wahrscheinlichkeit, dass mindestens einer der erzeugten Schnitte mindestens 87 % optimal ist sehr groß. Oft lässt sich die zufällig erzeugte Lösung x durch eine „lokale Suche" weiter verbessern, bei der z. B. geprüft wird, ob der Austausch einzelner Komponenten zwischen S und $\bar{S}$ den Schnitt vergrößert. Auf diese Weise findet sich eine „lokale Optimallösung", d. h. eine Lösung, die sich durch einfache Austauschschritte nicht weiter verbessern lässt. Solche lokalen Optimallösungen haben bei kombinatorischen Problemen oft keine guten globalen Eigenschaften, hier wird aber durch den guten Startwert natürlich der Erwartungswert von mindestens 87 % beibehalten.

Erzeugt man etwa n Zufallsvektoren „u", so ist der Aufwand zur Lösung von (16.4.27) in der Regel größer als der Aufwand zur Erzeugung der Zufallsvektoren und der zugehörigen Schnitte. Die Lösung von (16.4.27) ist dabei besonders einfach: Der Operator $\mathcal{A}$ aus (16.1.2) ist die Projektion von X auf den Vektor der Diagonalelemente $\mathcal{A}(X) = \mathrm{diag}(X)$. Die adjungierte Abbildung $\mathcal{A}^*$, die einen Vektor y auf eine Diagonalmatrix abbildet bezeichnen

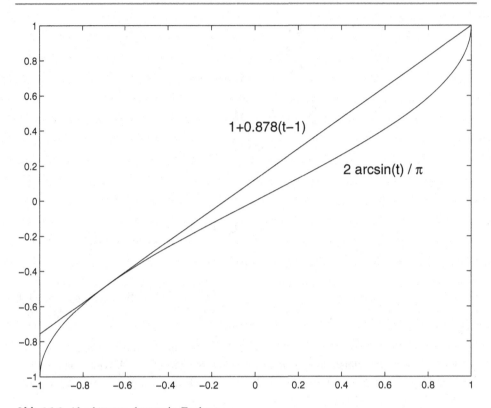

Abb. 16.1 Abschätzung der arcsin-Funkton

wir mit $\mathcal{A}^*(y) = \mathrm{Diag}(y)$. Für zulässige X, Z ist der Vektor Δy bei der HKM-Richtung dann durch das lineare Gleichungssystem

$$(Z^{-1} \circ X)\Delta y = \mathcal{A}(X\mathcal{A}^*(\Delta y)Z^{-1}) = \mu \, \mathcal{A}(Z^{-1}) - \mathcal{A}(X) = \mu \, \mathrm{diag}\,(Z^{-1}) - e$$

gegeben, wobei die Verknüpfung $\circ$ das Hadamard-Produkt bezeichnet (komponentenweises Ausmultiplizieren). ΔX ist der symmetrische Anteil von

$$\widetilde{\Delta X} = -X\mathrm{Diag}(\Delta y)Z^{-1} + \mu Z^{-1} - X.$$

ΔZ folgt schließlich aus der einfachen Gleichung $\Delta Z = \mathrm{Diag}(\Delta y)$. Der Gesamtaufwand zur Berechnung dieser Korrekturen ist offenbar von der Ordnung n^3. Bei dünn besetzten Graphen kann dieser Aufwand sogar noch weiter reduziert werden.

Güte der Schranke von Goemans und Williamson In der Arbeit [96] hat Khot gezeigt, dass es kein polynomielles Verfahren mit einer besseren Qualitätsgarantie als die 0,878-Schranke des Verfahren von Goemans und Williamson gibt, sofern die sogenannte „unique games conjecture" zutrifft und sofern Probleme aus der Klasse der „NP-vollständigen" Probleme mit einer deterministischen Turing-Maschine nicht in polynomielller Zeit gelöst werden können. Die Theorie der NP-vollständigen Probleme ist z. B. in [60] ausgearbeitet und bezieht sich zunächst auf Entscheidungsprobleme, d. h. Probleme mit der Antwort 0 oder 1. Salopp gesprochen liegt ein Entscheidungsproblem in NP (den nondeterministisch polynomiell lösbaren Problemen), wenn bei Instanzen des Problems mit Antwort 1 und gegebenen Lösungen von allen eventuell benötigten Teilproblemen auf einem herkömmlichen sequentiellen Rechner in polynomieller Zeit geprüft werden kann, dass die Antwort 1 korrekt ist. (Die gegebenen Lösungen der Teilprobleme können dabei so gedacht werden als seien sie „nondeterministisch" erzeugt.) Diese Definition wird dann auf Optimierungsprobleme erweitert. NP-vollständig sind solche Probleme, auf die jedes andere Problem in der Klasse NP in polynomieller Zeit äquivalent umgeformt werden kann. Ein wichtiges Resultat ist der Satz von Cook, der konkret ein NP-vollständiges Problem angibt. Mithilfe des Satzes von Cook konnten eine Vielzahl weiterer Probleme als NP-vollständig klassifiziert werden, unter anderem auch das Max-Cut-Problem. Bislang sind keine Verfahren bekannt, die ein NP-vollständiges Problem stets in polynomieller Zeit lösen könnten, und man geht allgemein davon aus, dass es kein solches Verfahren gibt. Durch Probieren von exponentiell vielen Möglichkeiten ist es aber immer möglich, NP-vollständige Probleme in exponentieller Zeit zu lösen. Die unique games conjecture betrachtet nun ein recht technisches, ebenfalls sehr schwierig erscheinendes, graphentheoretisches Problem – und die Vermutung besagt, dass dieses Problem mindestens so schwer lösbar ist wie ein NP-vollständiges Problem. Und unter dieser (plausibel erscheinenden) Vermutung ist die Schranke von Goemans und Williamson also optimal.

Komplexe Erweiterung Bei Anwendungen aus der robusten Optmierung (siehe z. B. [15]) oder der Signalverarbeitung treten Probleme der Form

$$\text{minimiere } x^*Cx \mid x \in \mathbb{C}^n, \ |x_k| = 1 \text{ für } 1 \leq k \leq n \tag{16.4.29}$$

auf, wobei C eine gegebene Hermitesche Matrix sei und x^* das Transponierte des konjugiert komplexen Vektors $x^* = \bar{x}^T$ bezeichne. Schränkt man x in (16.4.29) zusätzlich auf reelle Vektoren ein, so kann man ohne Einschränkung der Allgemeinheit auch C durch eine reelle symmetrische Matrix ersetzen und es ergibt sich das oben besprochene Max-Cut-Problem. Wie in [155] gezeigt, ist genau wie das Max-Cut-Problem auch das komplexe Problem (16.4.29) NP-schwer. Das „Runden" einer komplexen von Null verschiedenen Zahl auf die nächste Zahl von Betrag eins ist trivial; eine Division durch den Betrag der Zahl liefert das Gewünschte. In [157] wurde gezeigt, dass die Goemans-Williamson-Heuristik und die Abschätzungen zur Qualität der gerundeten Lösungen unter passenden Voraussetzungen auch auf das Problem (16.4.29) übertragen werden können. Etwas allgemeiner hat Bandeira [11] Synchronisationsprobleme betrachtet, bei denen anstelle der komplexen Zahlen orthogonale Matrizen auftreten. Er beschreibt eine Reihe von Anwendungen insbesondere aus dem Bereich der Schätztheorie und eine weitere Verallgemeinerung des Ansatzes von Goemans und Williamson auf diese Beispiele.

16.4.3 Das Graphenpartitionierungsproblem

Ein Problem, das mit dem Max-Cut-Problem verwandt ist, ist das *Graphenpartitionierungsproblem*. Sei $G = (V, R)$ ein vollständiger Graph mit den Kantengewichten $w_{i,j} \in \mathbb{R}$ und $w_{i,i} = 0$ für $1 \leq i, j \leq n := |V|$. Es seien natürliche Zahlen p und $n_1 \geq n_2 \geq \cdots \geq n_p$ gegeben, so dass $\sum_{k=1}^{p} n_k = n$ ist. Gesucht ist eine Zerlegung $V = V_1 \cup \ldots \cup V_p$ mit $|V_i| = n_i$, für die das *Gewicht* der Zerlegung, d. h. die Summe der Kantengewichte, die durch die Zerlegung 'zerschnitten' werden, minimal ist,

$$\sum_{\substack{k,l=1 \\ k \neq l}}^{p} \sum_{\substack{i \in V_k \\ j \in V_l}} w_{i,j} \longrightarrow \min. \tag{16.4.30}$$

In [12, 42] wurde auch für dieses Problem eine semidefinite Relaxierung angegeben. Sei A die gewichtete Adjazenzmatrix von G (d. h. $A_{i,j} = A_{j,i} = w_{i,j}$ falls $\{i, j\} \in R$ und $A_{i,j} = A_{j,i} = 0$ sonst) und D eine Diagonalmatrix, so dass die Summe aller Einträge von $A_D := A + D$ Null ergibt, d. h. $\sum_i D_{i,i} = -\sum_{i,j} A_{i,j}$. Sei der Vektor $x^k \in \{0, 1\}^n$ der Inzidenzvektor von V_k und $X = [x^1, \ldots, x^p]$ die $n \times p$-Matrix, die aus den Inzidenzvektoren x^k gebildet wird. Die Forderung, dass jeder Knoten in V zu genau einer Menge V_k gehört, und dass die Mengen V_k die Mächtigkeit n_k haben, ergibt dann

$$\sum_{k=1}^{p} X_{i,k} = 1 \quad \text{für } 1 \leq i \leq n \quad \text{und} \quad \sum_{i=1}^{n} X_{i,k} = n_k \quad \text{für } 1 \leq k \leq p. \tag{16.4.31}$$

Das Gewicht (16.4.30) der Zerlegung ergibt sich aus dem Gewicht aller Kanten abzüglich derer, die nicht zerschnitten werden, d. h. das Gewicht ist

$$\frac{1}{2} \sum_{i \neq j} A_{i,j} - \frac{1}{2} \sum_{k=1}^{p} \sum_{\substack{i,j \in V_k \\ i \neq j}} A_{i,j}.$$

Da jede Kante aufgrund der Symmetrie zweimal in A aufgeführt ist, wird die Summe mit $\frac{1}{2}$ multipliziert. Da für $i \in \{1, \ldots, n\}$ stets $\sum_{k=1}^{p} X_{i,k} = 1$ gilt, ist das Gewicht nach Definition von D gleich

$$= \frac{1}{2} \sum_{i,j} (A_D)_{i,j} - \frac{1}{2} \sum_{k=1}^{p} (x^k)^T A_D x^k = -\frac{1}{2} \sum_{k=1}^{p} (x^k)^T A_D x^k.$$

Bis auf das Vorzeichen ist das Problem (16.4.30) also äquivalent dazu, den Wert

$$f(X) := \frac{1}{2} \sum_{k=1}^{p} (x^k)^T A_D x^k \qquad (16.4.32)$$

unter den Bedingungen $x_i^k \in \{0, 1\}$ und (16.4.31) zu maximieren.

Bezeichnet man mit $\lambda_1 \geq \lambda_2 \geq \cdots \geq \lambda_n$ die Eigenwerte von A_D und mit $u_1, \ldots, u_n$ eine zugehörige Orthonormalbasis von Eigenvektoren, dann ist $A_D = \sum_i \lambda_i u_i u_i^T$ und

$$f(X) = \frac{1}{2} \sum_{k=1}^{p} \sum_{i=1}^{n} \lambda_i n_k s_i^k \qquad (16.4.33)$$

mit $s_i^k := \left(u_i^T x^k / \sqrt{n_k} \right)^2 \geq 0$.

Die Skalierung $1/\sqrt{n_k}$ wurde dabei so gewählt, dass die skalierten Inzidenzvektoren $x^k/\sqrt{n_k}$ orthonormal sind und daher folgt[10]

$$\sum_{i=1}^{n} s_i^k = 1 \quad \text{für } 1 \leq k \leq p \quad \text{und} \quad \sum_{k=1}^{p} s_i^k \leq 1 \quad \text{für } 1 \leq i \leq n. \qquad (16.4.34)$$

Aus (16.4.33) folgt unter der Nebenbedingung $s_i^k \geq 0$ und (16.4.34)

$$f(X) \leq \sup_{s_i^k \geq 0:\ \sum_i s_i^k = 1,\ \sum_k s_i^k \leq 1} \frac{1}{2} \sum_{k=1}^{p} n_k \sum_{i=1}^{n} \lambda_i s_i^k = \frac{1}{2} \sum_{k=1}^{p} n_k \lambda_k.$$

Um die letzte Gleichung zu erkennen, überzeugt man sich, dass die Doppelsumme für „$s_k^k = 1$ für $1 \leq k \leq p$ und $s_i^k = 0$ sonst" maximiert wird.

Sei $\lambda = \lambda(A_D)$ der Vektor der geordneten Eigenwerte von A_D, und

$$v_k := (\underbrace{1, \ldots, 1}_{k\text{-mal}}, 0, \ldots, 0)^T.$$

Dann liefert obige Abschätzung mit $n_{p+1} := 0$,

$$f(X) \leq \frac{1}{2} \sum_{k=1}^{p} (n_k - n_{k+1}) v_k^T \lambda(A_D),$$

---

[10]Die erste Beziehung folgt da die u_i eine ON-Basis bilden, und die zweite, da die $x^k/\sqrt{n_k}$ einen Teil einer ON-Basis bilden.

und da diese Abschätzung für alle D mit $\sum_i D_{i,i} = -\sum_{i \neq j} A_{i,j}$ gilt, folgt

$$f(X) \leq \inf_D \{ \frac{1}{2} \sum_{k=1}^{p} (n_k - n_{k+1}) v_k^T \lambda(A_D) \mid \sum_i D_{i,i} = -\sum_{i \neq j} A_{i,j} \}.$$

Wie in Abschn. 16.3.3 festgehalten, kann man die Minimierung der Summe der k größten Eigenwerte $v_k^T \lambda(A_D)$ einer Matrix A_D als semidefinites Problem umformulieren. Das gleiche gilt auch für die obige gewichtete Summe, da nach Voraussetzung alle Terme $n_k - n_{k+1} \geq 0$ sind.

16.4.4 Lineare 0-1-Programme

Abschließend betrachten wir in diesem Abschnitt das Problem

$$\max\{c^T x \mid x \in \mathcal{IP}\} \tag{16.4.35}$$

mit

$$\mathcal{IP} := \{x \in \{0,1\}^{n+1} \mid a_j^T x \geq 0 \text{ für } 1 \leq j \leq m, \quad x_0 = 1\}.$$

In der Definition von $\mathcal{IP}$ setzen wir voraus, dass Nebenbedingungen der Form $\bar{a}_j^T \bar{x} \geq \beta_j$ 'homogenisiert' werden, indem man $a_j = (-\beta_j, \bar{a}_j^T)^T$ und $x = (x_0, \bar{x}^T)^T$ setzt. Das Problem (16.4.35) enthält eine Reihe wichtiger $\mathcal{NP}$-schwerer Spezialfälle wie z. B. das sogenannte Rucksackproblem.

Wie schon beim Problem der maximalen stabilen Menge genügt es auch hier, eine „gute" Beschreibung für die konvexe Hülle von $\mathcal{IP}$ zu finden. Leider hat die konvexe Hülle von $\mathcal{IP}$ in der Regel exponentiell viele Facetten[11]. Dann besteht auch jede Beschreibung der konvexen Hülle von $\mathcal{IP}$ durch lineare Ungleichungen aus mindestens exponentiell vielen Nebenbedingungen. In aller Regel sind aus solchen exponentiell großen Beschreibungen keine effizienten numerischen Lösungsverfahren ableitbar. Es ist aber die allgemeine Tatsache bekannt, dass Projektionen von hochdimensionalen Polyedern erheblich mehr Facetten besitzen können als ihre hochdimensionalen Urbilder[12]. Nachdem es also im allgemeinen nicht möglich ist, die konvexe Hülle von $\mathcal{IP}$ durch lineare Ungleichungen im $\mathbb{R}^n$ effizient

---

[11]Eine Facette eines n-dimensionalen Polyeders ist eine Extremalmenge der Dimension $n-1$. Die Extremalmengen sind bei Polyedern genau die Seitenflächen.

[12]Eine nette Anwendung dieser Tatsache ist z. B. in [14] (siehe auch [65]) beschrieben. Dort wird zunächst das Problem betrachtet, eine Kreisscheibe im $\mathbb{R}^2$ durch den Schnitt von 2^p Hyperebenen zu approximieren, welche für $1 \leq k \leq 2^p$ die Kreisscheibe an den Winkeln $2k\pi/2^p$ berühren. Dabei ist das Einführen von künstlichen Variablen wie z. B. Schlupfvariablen durchaus erlaubt. Die Autoren zeigen, wie durch Einführen von $2p$ künstlichen Variablen sowie $4p$ linearen Nebenbedingungen eine Approximation entsteht, die die Kreisscheibe in der gewünschten Form approximiert. Für $p = 20$ erhalten wir dabei die moderate Zahl von 80 Nebenbedingungen im Raum $\mathbb{R}^{42}$ und die erstaunliche Zahl von über einer Billionen Halbräumen, die die Kreisscheibe im $\mathbb{R}^2$ aus unterschiedlichen Rich-

zu approximieren, haben Lovasz und Schrijver [108] die Idee untersucht, die Menge $\mathcal{IP}$ als Projektion eines Polyeders in einem höherdimensionalen Raum zu beschreiben. Wir geben hier eine vereinfachte Darstellung des Ansatzes aus [108] wieder.

Eine erste Approximation an die Lösung von (16.4.35) liefert sicher das folgende lineare Programm

$$\max\{c^T x \mid x \in \mathcal{P}\}, \quad \mathcal{P} := K \cap L, \tag{16.4.36}$$

wobei K der konvexe Kegel

$$K := \{x \mid a_j^T x \geq 0 \text{ für } 1 \leq j \leq m, \quad 0 \leq x_i \leq x_0 \text{ für } 1 \leq i \leq n\}$$

und $L := \{x \in \mathbb{R}^{n+1} \mid x_0 = 1\}$ ein affiner Teilraum ist. Bei (16.4.36) wird also die Bedingung $x_i \in \{0, 1\}$ von $\mathcal{IP}$ durch $x_i \in [0, 1]$ ersetzt – ansonsten stimmen $\mathcal{IP}$ und $\mathcal{P} := K \cap L$ überein.

Wir versuchen nun, die Bedingungen $x_i \in \{0, 1\}$ mit in das Modell aufzunehmen, wobei wir jedoch auf der anderen Seite eine gewisse Vergrößerung von K zulassen. Der folgende Trick aus [108] ermöglicht dies. Der Kegel K wird durch $m + 2n$ homogene lineare Ungleichungen definiert, die wir der Kürze halber in der Form $b_i^T x \geq 0$ für $i \in \mathcal{M} := \{1, \ldots, m + 2n\}$ schreiben. Nun ist für $x \in K$ und $j, k \in \mathcal{M}$,

$$0 \leq (b_j^T x)(b_k^T x) = x^T b_j b_k^T x = (b_j b_k^T) \bullet (x x^T) = (b_j b_k^T) \bullet X \tag{16.4.37}$$

wobei $X = x x^T$ gesetzt wird. Sei K' der Kegel aller symmetrischen positiv semidefiniten Rang-1-Matrizen X, die die Bedingung (16.4.37) für alle $j < k \in \mathcal{M}$ erfüllen. Dann ist für $x_0 \neq 0$ die Bedingung $X = x x^T \in K'$ äquivalent zu $x \in K$ oder $-x \in K$.[13] Ein Vektor $x \in \{0, 1\}^n$ kann durch $x = \text{diag}(X)$ aus X „gewonnen" werden. Dabei bezeichnet $\text{diag}(X)$ den Vektor bestehend aus der Diagonalen von X, während $\text{Diag}(x)$ die Diagonalmatrix mit Diagonale x bezeichnet. Beim Übergang von „$x \in K$" zu „$X \in K'$, $X \succeq 0$, $\text{rg}(X) = 1$" geht also nichts 'verloren'. Der Vorteil beim Übergang von $x \in K$ zu $X \in K'$ ist, dass sich die Bedingung $x_i \in \{0, 1\}$ als (homogene) lineare Gleichung an X schreiben lässt. Wegen $x_0 = 1$ gilt nämlich für $X = x x^T$, dass $X e_0 = \text{diag}(X) \iff x \in \{0, 1\}^{n+1}$, wobei $e_0 = (1, 0, \ldots, 0)^T$ der 0-te Einheitsvektor ist. Da sich auch die Bedingung $x_0 = 1$ für $x \in L$ mittels $X_{0,0} = 1$ als linearer Teilraum auf den Raum der symmetrischen Matrizen übertragen lässt, ist

$$\mathcal{IP} = \{\text{diag}(X) \mid X \in \tilde{S}, \ \text{rg}(X) = 1\}, \tag{16.4.38}$$

---

tungen berühren. (Die Autoren in [14] nutzen diese Technik um allgemeine Ellipsen im $\mathbb{R}^n$ durch lineare Nebenbedingungen zu approximieren.)

[13]Nach Konstruktion enthält $\mathcal{M}$ die Indizes zu den Ungleichungen $0 \leq x_1 \leq x_0$, und da für $x_0 \neq 0$ nicht beide Bedingungen gleichzeitig aktiv sein können, gibt es ein $j \in \mathcal{M}$ mit $b_j^T x \neq 0$. Damit müssen wegen (16.4.37) alle $b_k^T x$ für $k \in \mathcal{M}$ das gleiche Vorzeichen wie $b_j^T x$ haben.

wobei

$$\tilde{\mathcal{S}} = \{X \succeq 0 \mid Xe_0 = \operatorname{diag}(X), \ X_{0,0} = 1, \ (b_j b_k^T) \bullet X \geq 0 \ \forall \ j < k \in \mathcal{M}\}.$$

Mit der gleichen Begründung wie beim Max-Cut-Problem lässt man auch hier die Rang-1-Bedingung wieder fallen.

Es gilt dann das folgende Lemma aus [108].

Lemma 16.4.39

$$\mathcal{IP} \subset \{\operatorname{diag}(X) \mid X \in \tilde{\mathcal{S}}\} \subset \mathcal{P}.$$

Beweis Die erste Teilmengenbeziehung folgt sofort aus (16.4.38). Sei nun $X \in \tilde{\mathcal{S}}$ und $x := \operatorname{diag}(X)$. Zur Verifizierung der zweiten Inklusion sei zunächst festgehalten, dass die Ungleichung $x \geq 0$ aus der Semidefinitheit von X folgt.

Wegen $X \succeq 0$ sind alle Hauptuntermatrizen von X, also insbesondere die durch $0, i$ gegebenen 2×2 Hauptuntermatrizen positiv semidefinit. Aus $Xe_0 = \operatorname{diag}(X) = x$ folgt weiter $x_i = X_{i,i} = X_{0,i} = X_{i,0}$ und wegen $X_{0,0} = 1$ sind die Determinanten der $(0, i) \times (0, i)$-Untermatrizen durch $X_{i,i} - X_{i,i}^2$ gegeben, was nur für $X_{i,i} \leq 1$ nichtnegativ ist. Also ist $x_i \leq 1$ für alle i.

Zum Nachweis von $b_j^T x \geq 0$ sei ein $j \in \mathcal{M}$ fixiert. Die zu $0 \leq x_1 \leq x_0$ gehörigen Vektoren b_k seien $b_{k_1} = e_1$ und $b_{k_2} = e_0 - e_1$, wobei o.B.d.A. $k_1 \neq j \neq k_2$. Aus $0 \leq (b_j b_k^T) \bullet X = b_j^T X b_k$ für $k = k_1, k_2$ folgt

$$b_j^T x = b_j^T \operatorname{diag}(X) = b_j^T Xe_0 = b_j^T X(b_{k_1} + b_{k_2}) \geq 0.$$

Also ist $\operatorname{diag}(X) \in K$.   □

Lovasz und Schrijver [108] haben gezeigt, wie sich diese Relaxierung in etwas allgemeinerer Form wiederholt anwenden lässt und wie dabei nach spätestens n Wiederholungen die Menge $\mathcal{IP}$ exakt approximiert wird. (Bei jeder Wiederholung wächst die Anzahl der Unbekannten und Nebenbedingungen aber so stark an, dass sich aus diesem Ansatz kein polynomiales Verfahren zur Lösung von (16.4.35) ableiten lässt.)

Es gibt noch eine Vielzahl weiterer Anwendungen von semidefiniten Relaxierungen auf kombinatorische Probleme. Ihre Güte hängt aber sehr von den einzelnen Anwendungen ab. Die obigen „guten" Beispiele dürfen nicht zu der Annahme verleiten, dass jede semidefinite Relaxierung, die sich schnell hinschreiben lässt, auch brauchbar ist. Selbst raffiniert hergeleitete semidefinite Relaxierungen erweisen sich manchmal als sehr schwach, finden dann aber verständlicherweise kaum Erwähnung in der Literatur. Eine Charakterisierung von erfolgversprechenden semidefiniten Relaxierungen ist in [59] angegeben.

16.4.5 Nichtlineare semidefinite Programme

In vielen Anwendungen sind Systeme zu entwerfen, die gewisse physikalische Eigenschaften erfüllen, welche sich durch semidefinite Programme charakterisieren lassen. In Verallgemeinerung des Lyapunovansatzes aus Abschn. 16.3.1 ist z. B. denkbar, eine Matrix $A = A(z)$ zu suchen, die von einem Parameter $z \in \mathbb{R}^k$ abhängt sowie eine zugehörige Lyapunovmatrix $P \succ 0$, so dass

$$A(z)^T P + P A(z) \prec 0 \tag{16.4.39}$$

gilt. Diese Matrixungleichung ist nichtlinear in den Unbekannten (z, P), selbst wenn A linear von z abhängt. Das System (16.4.39) ist im allgemeinen sogar nicht konvex.

Anwendungen mit obigen Grundzügen treten z. B. beim Schaltkreisentwurf auf. Dort lässt sich die Passivität eines Schaltkreises mit Hilfe des „Positive Real Lemmas" als lineare Matrixungleichung ausdrücken [58]; das Problem, eine gegebene Näherung eines passiven Systems so zu korrigieren, dass sie diese Matrixungleichung erfüllt, führt zu einem nichtlinearen semidefiniten Programm.

Die Optimalitätsbedingungen erster Ordnung für nichtlineare semidefinite Programme folgen ähnlich zu den Herleitungen in Abschn. 9.1.2 durch Linearisierung, d. h. indem die nichtlinearen Funktionen durch ihre Taylorentwicklung zum Grad eins ersetzt werden während die konische Nebenbedingung „... $\preceq 0$" beibehalten wird, siehe z. B. [53, 153]. Die darauf aufbauenden Bedingungen zweiter Ordnung sind jedoch komplizierter, da die Krümmung der konischen Nebenbedingung mit zu berücksichtigen ist; insbesondere kann die Hessematrix der Lagrangefunktion auch in einer (genauer zu definierenden) strikt komplementären Minimalstelle negativ definit sein. Dies hat zur Folge, dass eine einfache Übertragung eines SQP-Ansatzes mit jeder positiv semidefiniten Approximation der Hessematrix nur langsam konvergieren kann, siehe z. B. [40]. Eine anspruchsvolle und allgemeine Herleitung der Bedingungen erster und zweiter Ordnung ist in [20] zu finden; in [87] wurde der Versuch unternommen, diese in elementarer Form aber nicht in der größt möglichen Allgemeinheit herzuleiten. Ein Lösungsansatz, der trotz der in [40] beschriebenen Situation mit einfach zu lösenden Teilproblemen unter schwachen Voraussetzungen lokal quadratisch konvergiert, ist in dem Programmpakt PENNON [99] implementiert und in [162] beschrieben. Weitere Lösungsverfahren für nichtlineare semidefinite Programme sind z. B. im Programmpaket LOQO [173] realisiert, das auf einem primal-dualen Zugang basiert oder in [33, 44, 45, 170, 174] beschrieben.

16.5 Übungsaufgaben

1. Man zeige, dass die Probleme (16.1.4) und (16.1.5) dual zueinander sind und gebe die zulässige Menge zu (16.1.4) explizit an.
2. Man zeige am Beispiel

$$0 = \min \left\{ x_1 \;\middle|\; \begin{bmatrix} 0 & x_1 & 0 \\ x_1 & x_2 & 0 \\ 0 & 0 & x_1 + 1 \end{bmatrix} \succeq 0 \right\}$$

aus [172], dass die Dualitätslücke bei semidefiniten Programmen positiv sein kann, falls die Slaterbedingung verletzt ist.

3. Welche Form nehmen die linearen Abbildungen $\mathcal{T}$ aus (16.2.13) bei linearen Programmen in der primalen Standardform an, wenn das transformierte Problem wieder in der primalen Standardform vorliegen soll? (Hängen die Simplexmethode oder die Innere-Punkte-Verfahren dann von $\mathcal{T}$ ab?)

4. Mit der Notation aus Gl. (16.3.6), wie lässt sich die Größe $c^T \lambda(X)$ minimieren, falls c ein geordneter Vektor $c_1 \geq c_2 \geq \ldots \geq c_n \geq 0$ ist? (Für beliebiges c wird das Problem $\mathcal{NP}$-schwer!)

Lösungen

1. In der dualen Form (16.1.3) lässt sich (16.1.4) mit den Daten

$$A^{(1)} = \begin{pmatrix} 1 & 0 \\ 0 & 0 \end{pmatrix}, \quad A^{(2)} = \begin{pmatrix} 0 & 0 \\ 0 & 1 \end{pmatrix}, \quad b = \begin{pmatrix} 1 \\ 0 \end{pmatrix}, \quad C = \begin{pmatrix} 0 & -1 \\ -1 & 0 \end{pmatrix},$$

darstellen, d. h. die linke Seite der Matrixungleichung in (16.1.4) ist durch den Ausdruck $\mathcal{A}^*(y) - C$ gegeben. Zu jedem $y_1 < 0$ liefert jedes y_2 mit $y_2 \leq 1/y_1$ eine zulässige Lösung von (16.1.4); Werte $y_1 \geq 0$ lassen sich nicht zu einer zulässigen Lösung von (16.1.4) ergänzen.

2. Das gegebene Problem ist ein Problem der Form (16.1.2) mit vier linearen Gleichungen, die durch den Vektor $b = (0, 0, 0, -2)^T$ gegeben sind und die 3×3-Matrizen $A^{(i)}$, die überall Null sind bis auf $A^{(1)}_{1,1} = 1$, $A^{(2)}_{1,3} = A^{(2)}_{3,1} = 1$, $A^{(3)}_{2,3} = A^{(3)}_{3,2} = 1$ und $A^{(4)}_{1,2} = A^{(4)}_{2,1} = 1$, $A^{(4)}_{3,3} = -2$. Weiter ist C identisch Null bis auf $C_{1,2} = C_{2,1} = \frac{1}{2}$. Setzt man die $A^{(i)}$ ein, so erhält man als duales Problem (16.1.3):

$$\max \left\{ -2y_4 \;\middle|\; \begin{bmatrix} -y_1 & \frac{1}{2} - y_4 & -y_2 \\ \frac{1}{2} - y_4 & 0 & -y_3 \\ -y_2 & -y_3 & 2y_4 \end{bmatrix} \succeq 0 \right\}.$$

Um den führenden 2×2-Block von $A(y)$ positiv semidefinit zu machen, muss $y_4 = \frac{1}{2}$ gelten – und mit $y_1 \leq 0$, $y_2 = y_3 = 0$ ist dies auch hinreichend. Somit ist der duale Optimalwert -1 und verschieden vom primalen Optimalwert!

3. $\mathbb{R}^n_+$ wird durch Multiplikationen mit einer positiv definiten Diagonalmatrix oder durch Permutationen in sich selbst übergeführt. Wenn der Startpunkt entsprechend mittransformiert wird, so haben diese Operationen keinen Einfluss auf das Konvergenzverhalten der Innere-Punkte-Verfahren.

4. Eine elegante Lösung zu diesem Problem ist bislang nicht vorgeschlagen worden. Sicherlich lassen sich künstliche Variable $u_k \in \mathbb{R}$ einführen und die Nebenbedingungen $u_k \geq v_k^T \lambda(X)$. Die Minimierung von $\sum (c_k - c_{k+1}) u_k$ und $c_{n+1} := 0$ liefert dann das Gewünschte.

Direkte Suchverfahren bei mehreren Variablen   17

17.1 Die „Simplexmethode" von Nelder und Mead

In den vorangegangenen Kapiteln haben wir verschiedene Methoden kennengelernt, um restringierte Optimierungsprobleme durch eine geschickte Ausnutzung der Optimalitätsbedingungen zu lösen. Bei vielen praktischen Problemen konvergieren diese Methoden ziemlich rasch. Wir wollen nun zum Abschluss noch kurz auf das in der Praxis mit Abstand *am meisten verwendete Verfahren* zur nichtlinearen Minimierung eingehen, die sogenannte „Simplexmethode" von Nelder und Mead. Dieses Verfahren ignoriert die gesamte in diesem Buch entwickelte Theorie. Es ist einfach anzuwenden, da es nur Unterprogramme zu Funktionsauswertungen, aber keine ersten oder zweiten Ableitungen benötigt; es ist auch dann anwendbar, wenn unstetige Funktionen in der Problembeschreibung auftreten; und schließlich ist das Verfahren recht einfach.

Aber „nichts ist umsonst". Das Verfahren ist sicher dann gut, wenn man möglichst wenig Zeit investieren will, um die gegebene(n) Funktion(en) zu implementieren, und wenn die „Qualität" der gefundenen Näherung der Optimallösung weniger wichtig ist, als der Aufwand, der investiert werden muss, um die Lösung zu finden. (Dies ist zweifellos der Grund, warum das Verfahren so populär ist.) Das Verfahren konvergiert aber in aller Regel recht langsam, und es konvergiert selbst bei streng konvexen Problemen in 2 Variablen nicht immer gegen einen stationären Punkt, siehe z. B. [105].

Man beachte, dass der *Name* „Simplex-Verfahren" oder „Simplex-Methode" doppelt belegt ist. Das hier vorgestellte Verfahren hat nichts mit der Simplexmethode zur Lösung von linearen Programmen zu tun. Der Name Simplexmethode ist für das hier vorgestellte Verfahren offensichtlich; das Verfahren arbeitet ganz grundlegend mit verschiedenen Simplizes. (Ein Simplex ist ein n-dimensionales Polyeder mit $n + 1$ Ecken; das Dreieck im $\mathbb{R}^2$ ist z. B. ein Simplex.) Bei der Simplexmethode zur linearen Programmierung, kann man sich einen einzelnen Simplexschritt ebenfalls anhand eines Simplex veranschaulichen, der

© Springer-Verlag GmbH Deutschland, ein Teil von Springer Nature 2019
F. Jarre und J. Stoer, *Optimierung,* Masterclass,
https://doi.org/10.1007/978-3-662-58855-0_17

im Nichtentartungsfall aus den Vektoren der aktuellen Basis und dem neu in die Basis aufzunehmenden Basisvektor gebildet wird. So hat sich bei beiden Verfahren der gleiche Name eingebürgert.

Motivation

Wir betrachten zunächst das nichtrestringierte Problem

$$\inf_{x \in \mathbb{R}^n} f(x). \qquad (17.1.1)$$

Das folgende Verfahren führt in jedem Schritt $n + 1$ Punkte mit, $x^1, x^2, \ldots, x^{n+1}$, die ein Simplex im $\mathbb{R}^n$ bilden, die man so ordnen kann, dass

$$f(x^1) \leq f(x^2) \leq \cdots f(x^{n+1})$$

gilt. Der eingängigen Darstellung wegen bezeichnen wir Punkte x^i mit niedrigen Werten $f(x^i)$ als „gut", und solche mit hohen Werten $f(x)$ als „schlecht". Man versucht nun immer, den „schlechtesten" der $n + 1$ Punkte, den Punkt x^{n+1}, gegen einen neuen Punkt auszutauschen. Die Grundidee bei der Suche nach einem neuen, besseren Punkt ist, dass die n „besseren" Punkte $x^1, \ldots, x^n$ eine Hyperebene aufspannen, die den $\mathbb{R}^n$ in zwei Halbräume aufteilt. In einem davon liegt der „schlechte" Punkt x^{n+1}. Durch Punktspiegelung am Schwerpunkt der n „besseren" Punkte erzeugt man aus dem schlechten Punkt x^{n+1} einen neuen „reflektierten" Punkt im anderen Halbraum. Wenn der gespiegelte Punkt nicht „zufällig" ebenfalls schlechter ist als alle übrigen n Punkte, so tauscht man ihn gegen x^{n+1} aus und wiederholt den Vorgang.

Bei zwei Unbekannten erhält man so in jedem Stadium des Verfahrens stets mit drei Punkten ein Dreieck im $\mathbb{R}^2$ und spiegelt den schlechtesten Punkt am Mittelpunkt der beiden anderen Punkte. Solange sich das Dreieck dabei „weiterbewegt" setzt man das Verfahren fort. Es entsteht dann ein „Pfad", der aus Dreiecken besteht, von denen benachbarte Dreiecke je eine gemeinsame Seite besitzen.

Wenn aber der gespiegelte Punkt schlechter als die übrigen n Punkte sein sollte, so versucht man das gegebene Polyeder zu schrumpfen. Andererseits erlaubt man gelegentlich auch einen Expansionsschritt. Die genauen Details sind in folgendem Algorithmus zusammengefasst:

Algorithmus 17.1.2 (Simplex-Verfahren von Nelder und Mead)
Start: Wähle affin unabhängige Punkte $x^1, \ldots, x^{n+1} \in \mathbb{R}^n$.
Bestimme die Funktionswerte $f(x^1), \ldots, f(x^{n+1})$, und sortiere die x^i so, dass $f(x^1) \leq f(x^2) \leq \cdots \leq f(x^{n+1})$. Wähle feste Zahlen $\alpha > 0$, $\beta > \max\{1, \alpha\}$, $\gamma \in (0, 1)$ (Typische Werte sind z. B. $\alpha = 1$, $\beta = 2$, $\gamma = \frac{1}{2}$).
Für $k = 1, 2, \ldots$:

Setze

$$c := \frac{1}{n} \cdot \sum_{i=1}^{n} x^i,$$

d. h. c ist der Schwerpunkt der „guten" Punkte $x^1, \ldots, x^n$.
Setze $x^r := c + \alpha \cdot (c - x^{n+1})$ (reflektierter Punkt).

1. Fall *(Reflektionsschritt)*
    Falls $f(x^1) \le f(x^r) \le f(x^n)$ und $f(x^r) < f(x^{n+1})$:
    Ersetze x^{n+1} durch x^r und sortiere so, dass $f(x^1) \le \cdots \le f(x^{n+1})$.

2. Fall *(Expansionsschritt)*
    Falls $f(x^r) < f(x^1)$:
    Setze $x^e := c + \beta(x^r - c)$ (extrapolierter Punkt).
    Falls $f(x^e) < f(x^r)$, ersetze x^r durch x^e.
    Ersetze x^{n+1} durch x^r und sortiere: $f(x^1) \le \cdots \le f(x^{n+1})$.

3. Fall *(Kontraktionsschritt)*
    Falls $f(x^r) > f(x^n)$ oder $f(x^r) \ge f(x^{n+1})$:
    Setze

$$x^c := \begin{cases} c + \gamma(x^{n+1} - c), & \text{falls } f(x^r) \ge f(x^{n+1}), \\ c + \gamma(x^r - c), & \text{falls } f(x^r) < f(x^{n+1}). \end{cases}$$

(Kontrahierter Punkt („contracted point"))
Falls $f(x^c) < \min\{f(x^{n+1}), f(x^r)\}$: Ersetze x^{n+1} durch x^c.
Andernfalls „schrumpfe" das Polyeder:

$$x^i := \tfrac{1}{2}(x^1 + x^i) \text{ für } 2 \le i \le n+1.$$

Sortiere, $f(x^1) \le f(x^2) \le \cdots \le f(x^{n+1})$.

Ende.

Bemerkung

Die Motivation des Expansionsschrittes ist einfach: Die gefundene Richtung $x^r - c$ zeigt von c zu einem Punkt x^r, der besser ist, als alle bisher gefundenen Punkte. Man versucht daher, entlang dieser Richtung noch ein Stück weiterzugehen.

In jedem Schritt des Verfahrens werden ein bis zwei neue Funktionswerte berechnet, nur wenn das Polyeder im 3. Fall geschrumpft wird, fallen $n + 1$ neue Funktionsauswertungen an. Der Vektor c lässt sich in jedem Schritt mit $O(n)$ Additionen aktualisieren, und beim Sortieren genügt es, den neuen Punkt in eine bestehende Liste einzusortieren. Abgesehen von den Funktionsauswertungen sind daher pro Schritt nur $O(n)$ einfache arithmetische Operationen nötig.

Leider gibt es für dieses Verfahren so gut wie keine theoretischen Konvergenzaussagen. Eine Variante des Verfahrens, die eine gewisse Konvergenzaussage zulässt, ist z. B. in [94] vorgestellt.

Stoptest Als Stoptest sollen hier zwei Möglichkeiten beschrieben werden:

1. (Nelder und Mead) Setze

$$\bar{y} := \frac{1}{n+1} \sum_{i=1}^{n+1} y_i, \quad \text{mit} \quad y_i := f(x^i).$$

Falls

$$\frac{1}{n+1} \sum_{i=1}^{n+1} (y_i - \bar{y})^2 \leq \varepsilon : \quad \text{STOP.}$$

(Die Funktion f ist dann in den $n+1$ Punkten x_i nahezu konstant.)

2. (Powell) Man führe gelegentliche Neustarts durch und ersetze das aktuelle Simplex durch ein regelmäßiges Simplex mit Zentrum x^1 und Kantenlänge $\|x^1 - x^{n+1}\|$. Falls nach $2n$ Iterationen kein Punkt $\tilde{x}$ mit $f(\tilde{x}) < f(x^1)$ gefunden wurde, akzeptiere man x^1 als näherungsweise Minimalstelle

$$f(x^1) \approx \min_{x \in \mathbb{R}^n} f(x).$$

Eine einfache Erweiterung des Verfahrens für das Problem

$$\min\{f(x) \mid x \in \mathcal{K}\}$$

mit $\mathcal{K} \subset \mathbb{R}^n$ und $\mathcal{K}^o \neq \emptyset$ erhält man unter der Voraussetzung, dass Startwerte x^1, ..., $x^{n+1} \in \mathcal{K}$ gegeben sind. Man wende obiges Verfahren an und setze dabei $f(x^r) := 10^{100}$ (oder eine andere große Zahl), wann immer $x^r \notin \mathcal{K}$. Natürlich lässt sich auch für restringierte Probleme keine Konvergenz gegen einen stationären Punkt zeigen. Eine Zusammenfassung von neueren Varianten zum Nelder-Mead-Verfahren findet man z. B. in [140].

Das Simplexverfahren hängt sehr empfindlich von der Skalierung der Variablen des Problems ab: Liegen z. B. für $n = 2$ die Variable x_1 in dem Intervall $x_1 \in [0,1, \ 0,6]$ und x_2 in $x_2 \in [500, 1500]$ (mit sehr großen Werten von f außerhalb dieser Intervalle), so kann es für das Simplexverfahren ganz wesentlich sein, die Funktion f zunächst in den Variablen $(z_1, z_2) \in [0,1]^2$ mittels $x_1 = z_1/2 + 0,1$ und $x_2 = 1000z_2 + 500$ auszudrücken, und dann die Funktion $\tilde{f}(z) = f((z_1/2 + 0,1, \ 1000z_2 + 500))$ zu minimieren. Die Variablen z_1, z_2 der Funktion $\tilde{f}$ sind in dem Sinne besser skaliert, dass beide über ein Intervall der gleichen Länge variieren. Natürlich kann man trotzdem Beispiele so konstruieren, dass das Simplexverfahren bei Anwendung auf die Funktion f schneller konvergiert, als bei Anwendung auf $\tilde{f}$. Daher ist die Empfehlung, die Variablen vor der Anwendung der Simplexmethode „besser zu skalieren", nur eine Faustregel.

17.2   Das Kriging -Verfahren

Wir geben hier eine kurze Zusammenfassung eines Verfahrens an, das sehr erfolgreich eingesetzt wird, um Funktionen zu minimieren, bei denen Funktionsauswertungen sehr teuer sind und Ableitungen nicht verfügbar sind.

Das Verfahren geht auf den südafrikanischen Bergbauingenieur D. G. Krige zurück, der bei der Förderung von Erzen die Aufgabe hatte, aus wenigen Probebohrungen („Funktions-auswertungen") eine Stelle für eine weitere Probebohrung zu finden, an der ein gesuchtes Erz voraussichtlich reichhaltig vorkommt. Der Krigingansatz geht dabei von der Annahme aus, dass das Erz gemäß einer Zufallsverteilung im Boden gelagert und diese Verteilung ortsabhängig ist. Unter gewissen stochastischen Annahmen an die Messfehler bei den Pro-bebohrungen und an die Art der Verteilung wird dann ein Modell für die Erzvorkommen im Boden gebildet und daraus dann eine Stelle mit „wahrscheinlich" reichhaltigem Vorkommen ermittelt.

Wir stellen hier nur eine sehr verkürzte Beschreibung eines Verfahrens vom Kriging-Typus vor und lassen insbesondere den stochastischen Hintergrund unberücksichtigt.

Zur Motivation des Kriging-Verfahrens betrachten wir den Entwurf eines Kühlers, bei dem z. B. eine kleine Anzahl n von reellen Parametern $x_1, x_2, \ldots, x_n$ wie Materialkonstanten, Lamellendichte, usw. so zu wählen sind, dass der Kühler in einem gegebenen Sinne optimal wird. Die einzige Möglichkeit, den Wert der Zielfunktion $f(x)$ zu bestimmen, die die Güte des Kühlers mit den Parametern x_i beschreibt, $x = (x_1, \ldots, x_n)$, sei es, einen Prototypen des Kühlers mit diesen Parametern zu bauen und dessen Güte zu messen. Die Funktionsaus-wertung benötigt dann einige Monate Arbeit und ist auch nicht immer genau. Trotzdem soll ein gegebenes Design verbessert werden. Die Kosten der arithmetischen Operationen kön-nen dabei offensichtlich gegenüber den Kosten der Funktionsauswertungen vernachlässigt werden.

In einem ersten Schritt bildet man ein Näherungsmodell h der zugrundeliegenden Funk-tion f mit Hilfe von bereits bekannten Werte $f(x^i)$, $i = 1, \ldots, k$ von f.

In einem zweiten Schritt kann dann die Funktion h in geeigneter Weise minimiert werden. Wir betrachten zunächst den ersten Schritt:

17.2.1 Modellbildung

Die Polynominterpolation erweist sich hier zur Modellbildung als ungeeignet; kleine Mess-fehler in den Funktionswerten können z. B. große Änderungen in dem interpolierenden Polynom bewirken.

1. Ansatz Seien $x^1, \ldots, x^k \in \mathbb{R}^n$, $f(x^1), \ldots, f(x^k) \in \mathbb{R}$ gegeben. Setze

$$\mu := \frac{1}{k} \sum_{i=1}^{k} f(x^i).$$

Für Punkte x, die weit von allen x^k entfernt liegen, ist der Mittelwert μ ein naheliegender erster Schätzwert von $f(x)$. Um diesen Schätzwert zu verbessern, bilde man dann die Basisfunktionen

$$b: \mathbb{R} \to \mathbb{R}, \quad b(t) := e^{-t^2},$$
$$b_i: \mathbb{R}^n \to \mathbb{R}, \quad b_i(x) := b(\|x - x^i\|_2) = e^{-\|x - x^i\|_2^2}.$$

Die Basisfunktion b_i ist nur in der Nähe von x^i „groß" (nahe bei 1); an allen anderen Stellen liegen ihre Werte nahe bei Null. Die Funktionen b bzw. b_i werden auch radiale Basisfunktionen (radial basis function) genannt.

Als nächstes berechne man Parameter $\alpha_1, \ldots, \alpha_k$ so, dass

$$\mu + \sum_{i=1}^{k} \alpha_i b_i(x^l) = f(x^l) \quad \text{für} \quad 1 \le l \le k,$$

d. h. man löse das lineare Gleichungssystem

$$\begin{bmatrix} \mu \\ \vdots \\ \mu \end{bmatrix} + \begin{bmatrix} b_1(x^1) \ldots b_k(x^1) \\ \vdots \quad\quad \vdots \\ b_1(x^k) \ldots b_k(x^k) \end{bmatrix} \begin{bmatrix} \alpha_1 \\ \vdots \\ \alpha_k \end{bmatrix} = \begin{bmatrix} f(x^1) \\ \vdots \\ f(x^k) \end{bmatrix}. \tag{17.2.1}$$

Dabei ist $b_i(x^i) = 1$ und $b_i(x^l) < 1$ für $i \ne l$. Man sagt, die Funktion b ist *positiv definit* wenn die Matrix in (17.2.1) für alle paarweise verschiedenen x^i symmetrisch und positiv definit ist. Dies ist insbesondere bei der Funktion $b(t) \equiv e^{-\alpha t^2}$ mit festem $\alpha > 0$ der Fall, siehe z. B. [176]. Dann ist auch das Gleichungssystem (17.2.1) eindeutig lösbar.

Die Lösung

$$h(x) := \mu + \sum_{i=1}^{k} \alpha_i b_i(x)$$

liefert insofern einen „brauchbaren" Schätzwert für das unbekannte f, als h die Funktion f an allen Punkten x^l interpoliert, aber in der Regel weniger oszilliert als beispielsweise das interpolierende Polynom.

2. Ansatz Oft sind die einzelnen Variablen von unterschiedlicher physikalischer Bedeutung (wie in dem Beispiel beim Bau des Kühlers, bei dem Lamellendicken und Materialkonstanten als Variablen auftreten können). Es ist dann nicht sinnvoll, alle Variablen gleich zu gewichten. Wir wählen daher eine positiv definite Diagonalmatrix

$$D = \begin{bmatrix} d_1 & & \\ & \ddots & \\ & & d_n \end{bmatrix}$$

und setzen

$$b_i(x) = b_i(x; D) = e^{-(x-x^i)^T D(x-x^i)}.$$

Für $D = I$ erhalten wir die gleiche Definition wie im ersten Ansatz. Für $D \neq I$ besitzt das System (17.2.1) weiterhin die gleiche Struktur, aber mit anderen Werten $b_i(x^l)$. Die interpolierende Funktion h hängt natürlich von der gewählten Diagonalmatrix D ab. Nun soll D so gewählt werden, dass h in einem noch zu spezifizierenden Sinn optimal werde.

Konzept: (Kreuzvalidierung)

Start: Setze $D = I$.

Für $l = 1, \ldots, k$:

Löse das System (17.2.1) für die Punkte $\{x^1, \ldots, x^{l-1}, x^{l+1}, \ldots, x^k\}$ (d.h. unter Ausklammerung des Paars $(x^l, f(x^l))$). Dies liefert Zahlen $\alpha_i^{(l)}$ für $1 \leq i \leq k, i \neq l$.

Definiere die Näherung $h^{(l)}$ an f durch

$$h^{(l)}(x) := \mu + \sum_{\substack{i=1 \\ i \neq l}}^{k} \alpha_i^{(l)} b_i(x)$$

und berechne die Abweichung:

$$e_l := h^{(l)}(x^l) - f(x^l) \qquad (\text{„Fehler-Term"}),$$

die bei der berechneten Näherung $h^{(l)}$ an der ausgeklammerten Stelle x^l zu dem bekannten Wert $f(x^l)$ auftritt.

Der Term e_l hängt dabei von der Wahl von D ab, wir schreiben auch $e_l = e_l(D)$.

Versuche nun D_* so zu bestimmen, dass die größte gemessene Abweichung

$$\max_{1 \leq l \leq k} e_l(D) \tag{17.2.2}$$

minimal wird. Dies ist ein (recht kompliziertes) Minimierungsproblem, das aber *keine* neuen Auswertungen von f benötigt.

In den Übungen 17.3 leiten wir eine Formel her für die Ableitungen von e_l in Abhängigkeit von den Diagonaleinträgen $D_{i,i}$. Diese Ableitungen können von einem Minimierungsverfahren genutzt werden.

Falls ein solches $D = D_*$ gefunden ist, das (17.2.2) minimiert, so löse man (17.2.1) für *alle* Punkte $\{x^1, \ldots, x^k\}$. Dies liefert uns die „verbesserte" Funktion h.

Zu k gegebenen Messpunkten $x^l, f(x^l)$ ($1 \leq l \leq k$) sind bei diesem Ansatz n Parameter $d_1, \ldots, d_n$ zu bestimmen. Dies ist nur sinnvoll, wenn $k \gg n$ gilt, also deutlich mehr Messpunkte als zu bestimmende Daten vorliegen. Zu kleine Werte von k führen zu sogenanntem „Overfitting" d.h. einer Anpassung der zu bestimmenden Daten, die nicht mehr auf Punkte $x \notin \{x^1, \ldots, x^k\}$ übertragbar ist.

Eine approximative Fehlerschranke Sei D_* eine wie oben ermittelte Matrix, deren Diagonaleinträge $(d_*)_i$ in etwa angeben, wie empfindlich die Funktionswerte $f(x)$ auf Änderungen der Komponente i des Eingabevektors x reagieren. Die Bestimmung einer brauchbaren approximativen Fehlerschranke ist das Kernstück des Kriging-Ansatzes. Dazu gibt es unterschiedliche Ansätze. Ein erster Ansatz beruht auf

$$\min_i \{ \|x - x^i\|_{D_*} \}$$

als Maß der Distanz eines Punktes x zu den Stützstellen, wobei für eine positiv definite $n \times n$-Matrix D und $z \in \mathbb{R}^n$ die Norm $\|z\|_D$ durch $\|z\|_D := \sqrt{z^T D z}$ definiert ist. Die Distanz $\min_i \{ \|x - x^i\|_{D_*} \}$ wird in [176] mit „fill distance" bezeichnet. Als ersten Schätzwert dafür, wie gut die Näherung h an f in einem beliebigen Punkt x ist, betrachtet man für $1 \leq l \leq k$ die skalierten Fehler:

$$s_l := \frac{e_l(D_*)}{\min_{i \neq l} \|x^l - x^i\|_{D_*}}. \tag{17.2.3}$$

Die skalierten Fehler s_l berücksichtigen unsere Erwartung, dass ein Punkt x^l besser approximiert werden kann, wenn er nahe bei einem Stützwert x^i ($i \neq l$) liegt. Wir bilden nun das Maximum $\bar{s}$ über alle s_l um eine Näherung für die Qualität von h zu erhalten. Für einen beliebigen Punkt x erwarten wir dann, dass

$$e(x) := |f(x) - h(x)| \leq \hat{\rho}(x) := \nu \, \bar{s} \, \min_i \{ \|x - x^i\|_{D_*} \}$$

mit einer kleinen Konstante $\nu \geq 1$. Diese vage Erwartung lässt sich unter geeigneten Annahmen an die Verteilung der $f(x^i)$ in gewisser Weise konkretisieren, siehe z. B. [100, 147]. Die Bestimmung der s_l und der Fehlerschranke $\hat{\rho}(x)$ können dabei linear (wie oben) oder in einer anderen Form von den Abständen

$$d(x) := \min_i \|x - x^i\|_{D_*}$$

abhängen, je nachdem, was für Glattheitseigenschaften bezüglich f bekannt sind.

Typischerweise wird beim Kriging-Ansatz aus einem sogenannten Variogramm eine monotone Funktion $\rho \colon \mathbb{R}_+ \to \mathbb{R}_+$ konstruiert, die näherungsweise eine obere Schranke für den Fehlerterm e in Abhängigkeit von $d(x)$ angibt. So kann die Funktion ρ aus der kleinsten, monotonen, konkaven und stückweise linearen Funktion bestehen, die oberhalb der Punktepaare $(0, 0)$ und $(d(x^l), e_l(D_*))$, $l = 1, 2, ..., k$, verläuft. In den Übungen 17.3 wird gezeigt, dass diese Funktion sehr leicht zu berechnen ist. An den Punkten x^l gilt dann

$$e_l \leq \rho(d(x^l)). \tag{17.2.4}$$

Da die Approximationen $h^{(l)}$ jeweils auf einem Stützpunkt weniger beruhen als die Funktion h, nimmt man allgemein

$$e(x) = |h(x) - f(x)| \leq \max_l |h^{(l)}(x) - f(x)|$$

an[1] und verallgemeinert die Abschätzung (17.2.4) zu der „heuristischen Erwartung", dass

$$e(x) \le \rho(d(x))$$

für alle x aus dem zulässigen Bereich gilt. Diese Abschätzung ist statistisch nicht gesichert. In [90] ist ein Ansatz beschrieben, in dem neben den obigen Größen d_i auch Parameter für die Glattheit der Basisfunktionen in den einzelnen Komponenten durch eine sogenannte maximum-likelihood-Schätzung ohne den Rückgriff auf Kreuzvalidierungen bestimmt werden sowie gleichzeitig eine Fehlerschranke. Diese Fehlerschranke ist statistisch gesichert – sofern eine bestimmte Normalverteilungsannahme zutrifft. Der Vorteil dieses Ansatzes ist, dass das oben genutzte Maß der „fill distance" durch ein oft besser geeignetes Maß (Gl. (26) in [90]) für die erwartete Approximationsgüte ersetzt wird. Ferner ist die positive Definitheit der Basisfunktion für diesen Ansatz nicht notwendig.

17.2.2 Minimierungsschritt

Wir nehmen nun an, dass ein Modell $h(x)$ und eine approximative Fehlerschranke $\rho(x)$ gegeben seien. Die unbekannte Funktion f ist dann für x aus einer Menge $\mathcal{M}$ zu minimieren. Dabei nehmen wir an, dass $\mathcal{M}$ kompakt ist. Weiter erwarten wir, dass $f(x) \ge h(x) - \rho(x)$ gilt. Um einen neuen Kandidaten für eine Minimalstelle von f zu bestimmen, wird daher das Problem

$$\text{minimiere } h(x) - \tilde{\nu}\rho(x), \text{ wobei } x \in \mathcal{M}, \tag{17.2.5}$$

mit einem Faktor $\tilde{\nu} > 0$ gelöst. Dabei sind h und ρ stetig, selbst wenn f unstetig sein sollte. Die Lösung von (17.2.5) ist insofern schwierig, als man nicht nach einer lokalen Minimalstelle, sondern nach einer globalen Minimalstelle sucht. Man wird daher geeignete lokale Abstiegsverfahren von vielen verschiedenen Startpunkten aus durchführen, und dann versuchen, anhand von Lipschitzkonstanten abzuschätzen, ob der beste so gefundene Punkt eine globale Optimallösung von (17.2.5) ist. Für geeignete Heuristiken zur globalen Optimierung verweisen wir auf [81].

Die Lösung von (17.2.5) liefert einen neuen Stützwert x^{k+1}, an dem die Funktion f als nächstes ausgewertet wird. Mit diesem Stützwert werden wieder eine neue Funktion h und ein neuer Schätzwert ρ für den Fehler konstruiert. Als Startwert für D wird man dabei nicht $D = I$ wählen, sondern den zuvor gefundenen Wert beibehalten. Das Verfahren wird dann so lange wiederholt, bis man eine zufriedenstellende Lösung gefunden hat.

Mit diesem Ansatz lassen sich Lösungen von schwierigen industriellen Design-Problemen im Ingenieurwesen approximieren, die den Lösungsvorschlägen, die auf der Intuition der Ingenieure beruhen, häufig überlegen sind.

---

[1] Wenn wir mit $e_l(x)$ den Term $e_l(x) := |h^{(l)}(x) - f(x)|$ bezeichnen zu der fest gewählten Matrix $D = D_*$ und keine Verwechslung mit dem Term $e_l(D_*) = e_l(x^l)$ aus (17.2.3) auftreten kann, so lautet diese Ungleichung kurz $e(x) \le \max_l e_l(x)$.

Für dieses Verfahren sind viele Modifikationen möglich. Modifikationen des Verfahrens, die auch ungenaue Funktionsauswertungen berücksichtigen, sind in [100, 147] beschrieben. Der hier beschriebene Ansatz, eine interpolierende – oder im Fall von ungenauen Funktionsauswertungen eine „fast interpolierende" – Funktion zu bestimmen und diese für die Berechnung eines weiteren Stützpunktes zu nutzen ist eng verwand mit dem Ansatz ein „surrogate model" (Ersatzmodell) zu bestimmen und dieses zu minimieren, der auch für Probleme mit Nebenbedingungen eingesetzt wird, siehe z. B. [10, 72].

17.3   Übungsaufgaben

1. Man leite mit Hilfe der Neumannschen Reihe eine Formel für die Ableitung der Funktion

$$M \mapsto M^{-1}$$

her. Man benutze dabei das Skalarprodukt

$$\langle A, B \rangle = \mathrm{Spur}(A^T B) = \sum_{i,j} A_{i,j} B_{i,j}$$

für $n \times n$-Matrizen A, B.
2. Man bestimme daraus die Ableitung des Fehlerterms e_l im Kriging-Verfahren.
3. Wie sehen die zweiten Ableitungen aus?
4. Man gebe ein Verfahren an, um zu gegebenen Punktepaaren (t_i, f_i) mit $f_i \geq 0$ für $1 \leq i \leq k$ und $0 = t_1 < t_2 < \cdots < t_k$ die kleinste, monotone, konkave und stückweise lineare Funktion $\rho : \mathbb{R}_+ \to \mathbb{R}_+$ zu ermitteln, die oberhalb der Punktepaare (t_i, f_i) verläuft. (Die maximal k Teilstücke, auf denen ρ linear ist, können in $O(k \log k)$ Schritten ermittelt werden.) Wie ändert sich die Funktion ρ, falls die Messwerte f_i mit Fehlern behaftet sind, für die eine Fehlerschranke $\delta > 0$ bekannt ist?

Literatur

1. Absil, P.-A., Mahony, R., & Andrews, B. (2005). Convergence of the iterates of descent methods for analytic cost functions. *SIAM Journal on Optimization, 16*(2), 531–547.
2. Alizadeh, F. (1991). A sublinear-time randomized parallel algorithm for the maximum clique problem in perfect graphs. Proceedings of the second ACM-SIAM Symposium on Discrete Algorithms.
3. Alizadeh, F. (1995). Interior point methods in semidefinite programming with applications to combinatorial optimization. *SIAM Journal on Optimization, 5*(1), 13–51.
4. Alizadeh, F., Haeberly, J.-P. A., & Overton, M. L. (1994). A new primal-dual interior-point method for semidefinite programming. In J. G. Lewis (Hrsg.), *Proceedings fifth SIAM conference on applied linear algebra* (S. 113–117). Philadelphia: SIAM.
5. Allgower, E. L., & Georg, K. (1990). *Numerical continuation methods: Bd. 13. Springer series in computational mathematics*. Berlin: Springer.
6. Andersen, E. D., & Ye, Y. Y. (1998). A computational study of the homogeneous algorithm for large-scale convex optimization. *Computational Optimization and Applications, 10*(3), 243–269.
7. Ando, T. (1979). Concavity of certain maps and positive definite matrices and applications to Hadamard products. *Linear Algebra and its Applications, 26*, 203–241.
8. Anstreicher, K. (1996). Large step volumetric potential reduction algorithms for linear programming. *Annals of Operations Research, 62*, 521–538.
9. Artin, E. (1927). Über die Zerlegung definiter Funktionen in Quadrate. *Abhandlungen aus dem Mathematischen Seminar der Universität Hamburg, 5*, 110–115.
10. Audet, C., Dennis, J. E., Moore, D., Booker, A., & Paul Frank, P. (2000). A surrogate-model-based method for constrained optimization. 8th Symposium on Multidisciplinary Analysis and Optimization, Multidisciplinary Analysis Optimization Conferences, Aerospace Research Central.
11. Bandeira, A. (2015). Convex relaxations for certain inverse problems on graphs. Dissertation, Princeton, USA.
12. Barnes, E. R., & Hoffman, A. J. (1984). Partitioning, spectra and linear programming. In R. W. Pulleyblank (Hrsg.), *Progress in combinatorial optimization* (S. 13–25). London: Academic Press.
13. Ben-Tal, A., & Bendsoe, M. P. (1993). A new method for optimal truss topology design. *SIAM Journal on Optimization, 3*, 322–358.

© Springer-Verlag GmbH Deutschland, ein Teil von Springer Nature 2019
F. Jarre und J. Stoer, *Optimierung,* Masterclass,
https://doi.org/10.1007/978-3-662-58855-0

14. Ben-Tal, A., & Nemirovski, A. (2001). On polyhedral approximations of the second-order cone. *Mathematics of Operations Research, 26*(2), 193–205.
15. Ben-Tal, A., Nemirovski, A., & Roos, C. (2003). Extended matrix cube theorems with applications to μ-theory in control. *Mathematics of Operations Research, 28*(3), 497–523.
16. Björck, A. (1996). *Numerical methods for least squares problems*. Philadelphia: SIAM.
17. Bland, R. G. (1977). New finite pivoting rules for the simplex method. *Mathematics of Operations Research, 2*(2), 103–107.
18. Blum, E., & Oettli, W. (1975). *Mathematische Optimierung: Grundlagen und Verfahren*. Berlin: Springer.
19. Boggs, P. T., & Tolle, J. W. (1995). Sequential quadratic programming. *Acta Numerica, 4*, 1–51.
20. Bonnans, J. F., & Shapiro, A. (2000). *Perturbation analysis of optimization problems (Springer Series in Operations Research and Financial Engineering)*. New York: Springer.
21. Bonnans, J. F., & Gonzaga, C. C. (1994). Convergence of interior-point algorithms for the monotone linear complementarity problem. *Mathematics of Operations Research, 21*(1), 1–24.
22. Borgwardt, K. H. (2001). *Optimierung: Operations Research und Spieltheorie*. Basel: Birkhäuser-Verlag.
23. Boyd, S., El Ghaoui, L., Feron, E., & Balakrishnan, V. (1994). *Linear matrix inequalities in system and control theory*. Philadelphia: SIAM.
24. Brent, R. (1973). *Algorithms for minimization without derivatives*. Englewood Cliffs: Prentice Hall.
25. Cai, X. J., Gu, G. Y., He, B. S., & Yuan, X. M. (2013). A proximal point algorithms revisit on the alternating direction method of multipliers. *Science China Mathematics, 56*, 2179–2186.
26. Chen, C. H., He, B. S., Ye, Y. Y., & Yuan, X. M. (2016). The direct extension of ADMM for multi-block convex minimization problems is not necessarily convergent. *Mathematical Programming, 155*, 57–79.
27. Chen, C. H., Sun, D. F., & Toh, K. C. (2017). A note on the convergence of ADMM for linearly constrained convex optimization problems. *Computational Optimization and Applications, 66*, 327–343.
28. Collatz, L., & Wetterling, W. (1971). *Optimierungsaufgaben* (2. Aufl.). Berlin: Springer (Heidelberger Taschenbücher; 15).
29. Conn, A. R., Gould, N., Sartenaer, A., & Toint, P. L. (1996). Convergence properties of an augmented Lagrangian algorithm for optimization with a combination of general equality and nonlinear constraints. *SIAM Journal on Optimization, 6*, 674–703.
30. Conn, A. R., Gould, N. I. M., & Toint, P. L. (1991). A globally convergent augmented Lagrangian algorithm for optimization with general constraints and simple bounds. *SIAM Journal on Numerical Analysis, 28*, 545–572.
31. Conn, A. R., Gould, N. I. M., & Toint, P. L. (1992). *LANCELOT: A Fortran package for large-scale nonlinear optimization (Release A). Computational Mathematics*. Berlin: Springer.
32. Cook, W. J., Cunningham, W. H., Pulleyblank, W. R., & Schrijver, A. (1998). *Combinatorial optimization*. New York: Wiley.
33. Correa, R., & Ramírez, C. H. (2004). A global algorithm for nonlinear semidefinite programming. *SIAM Journal on Optimization, 15*, 1791–1820.
34. Dantzig, G. B. (1966). *Lineare Programmierung und Erweiterungen*. Berlin: Springer.
35. De Klerk, E., Dobe, C., & Pasechnik, D. V. (2011). Numerical block diagonalization of matrix ∗-algebras with application to semidefinite programming. *Mathematical Programming, 129*(1), 91–111.

36. den Hertog, D., Jarre, F., Roos, C., & Terlaky, T. (1995). A sufficient condition for self-concordance, with application to some classes of structured convex programming problems. *Mathematical Programming, Series B, 69*(1), 75–88.

37. den Hertog, D., & Roos, C. (1991). A survey of search directions in interior-point methods for linear programming. *Mathematical Programming Series B, 52*(1–3), 481–509.

38. Deuflhard, P., & Hohmann, A. (1993). *Numerische Mathematik I* (2. überarbeitete Aufl.). Berlin: De Gruyter.

39. Deza, A., Nematollahi, E., Peyghami, R., & Terlaky, T. (2006). The central path visits all the vertices of the Klee-Minty cube. *Optimization Methods and Software, 21*(5), 851–865.

40. Diehl, M., Jarre, F., & Vogelbusch, C. H. (2006). Loss of superlinear convergence for an SQP-type method with conic constraints. *SIAM Journal on Optimization, 16*(4), 1201–1210.

41. Dieudonné, J. (1960). *Foundations of modern analysis* (Bd. I). London: Academic Press.

42. Donath, W. E., & Hoffman, A. J. (1973). Lower bounds for the partitioning of graphs. *IBM Journal of Research and Development, 17*(5), 420–425.

43. Eichfelder, G. (2008). *Adaptive scalarization methods in multiobjective optimization.* Berlin: Springer.

44. Fares, B., Apkarian, P., & Noll, D. (2001). An augmented Lagrangian method for a class of LMI-constrained problems in robust control theory. *International Journal of Control, 74*(4), 348–360.

45. Fares, B., Noll, D., & Apkarian, P. (2002). Robust control via sequential semidefinite programming. *SIAM Journal on Control and Optimization, 40*(6), 1791–1820.

46. Fiacco, A. V., & McCormick, G. P. (1968). *Nonlinear programming: Sequential unconstrained minimization techniques.* New York: Wiley.

47. Fletcher, R. (1980). *Unconstrained optimization.* Chichester: Addison Wesley.

48. Fletcher, R. (1981). *Constrained optimization.* Chichester: Addison Wesley.

49. Fletcher, R. (1987). *Practical methods of optimization* (2. Aufl.). Chichester: Wiley.

50. Fletcher, R., & Leyffer, S. (2002). Nonlinear programming without a penalty function. *Mathematical Programming, 91*(2), 239–269.

51. Fletcher, R., Leyffer, S., Ralph, D., & Scholtes, S. (2006). Local convergence of SQP methods for mathematical programs with equilibrium constraints. *SIAM Journal on Optimization, 17*(1), 259–286.

52. Fletcher, R., Leyffer, S., & Toint, P. (2002). On the global convergence of a filter-SQP algorithm. *SIAM Journal on Optimization, 13*(1), 44–59.

53. Forsgren, A. (2000). Optimality conditions for nonconvex semidefinite programming. *Mathematical Programming Series A, 88*, 105–128.

54. Freund, R. M., & Epelman, M. (2000). Condition number complexity of an elementary algorithm for computing a reliable solution of a conic linear system. *Mathematical Programming, Series A, 88*(3), 451–485.

55. Freund, R. W. (2003). *Optimal pump control of broadband Raman amplifyers via linear programming. Manuscript.* Murray Hill: Lucent Bell Laboratories.

56. Freund, R. W., & Jarre, F. (1997). A QMR-based interior-point algorithm for solving linear programs. *Mathematical Programming Series B, 76*, 183–210.

57. Freund, R. W., & Jarre, F. (2001). Solving the sum-of-ratios problem by an interior-point method. *Journal of Global Optimization, 19*, 83–102.

58. Freund, R. W., & Jarre, F. (2004). An extension of the positive real lemma to descriptor systems. *Optimization Methods and Software, 19*(1), 69–87.

59. Fujie, T., & Kojima, M. (1997). Semidefinite programming relaxation for nonconvex quadratic programs. *Journal of Global Optimization, 10*, 367–380.

60. Garey, M. R., & Johnson, D. S. (1979). *Computers and intractability: A guide to the theory of $\mathcal{NP}$-completeness*. San Francisco: Freeman.
61. Gass, S. I. (1975). *Linear programming, methods and applications*. New York: McGraw-Hill.
62. Geiger, C., & Kanzow, C. (1999). *Numerische Verfahren zur Loesung unrestringierter Minimierungsaufgaben*. Berlin: Springer.
63. Geiger, C., & Kanzow, C. (1999). *Theorie und Numerik restringierter Optimierungsaufgaben*. Berlin: Springer.
64. Gill, P., Murray, W., & Wright, M. (1981). *Practical optimization*. London: Academic Press.
65. Glineur, F. (2001). Computational experiments with a linear approximation of second-order cone optimization. Technical Report 0001, Faculte Polytechnique de Mons, Frankreich.
66. Goemans, M. X., & Williamson, D. P. (1995). Improved approximation algorithms for maximum cut and satisfiability problems using semidefinite programming. *Journal of the Association for Computing Machinery, 42*, 1115–1145.
67. Goldfarb, D., & Idnani, A. (1983). A numerical stable dual method for solving strictly convex quadratic programs. *Mathematical Programming, 27*, 1–33.
68. Goldman, A. J., & Tucker, A. W. (1956). Theory of linear programming. In H. W. Kuhn & A. W. Tucker (Hrsg.), *Linear inequalities and related systems*. Princeton: Princeton University Press (*Annals of Mathematical Studies, 38*, 53–97. North-Holland, Amsterdam).
69. Golub, G. H., & Van Loan, C. F. (1989). *Matrix computations*. Baltimore: Johns Hopkins University Press.
70. Gondzio, J., & Terlaky, T. (1994). A computational view of interior-point methods for linear programming. Report 94–73, Delft University of Technology, The Netherlands.
71. Gonzaga, C., Karas, E., & Vanti, M. (2004). A globally convergent filter method for nonlinear programming. *SIAM Journal on Optimization, 14*(3), 646–669.
72. Gorissen, D., Couckuyt, I., Demeester, P., Dhaene, T., & Crombecq, K. (2010). A surrogate modeling and adaptive sampling toolbox for computer based design. *Journal of Machine Learning Research, 11*, 2051–2055.
73. Großmann, C., & Terno, J. (1993). *Numerik der Optimierung*. Stuttgart: Teubner.
74. Grötschel, M., Lovasz, L., & Schrijver, A. (1988). *Geometric algorithms and combinatorial optimization*. Berlin: Springer.
75. Halicka, M., de Klerk, E., & Roos, C. (2002). On the convergence of the central path in semidefinite optimization. *SIAM Journal on Optimization, 12*(4), 1090–1099.
76. Hastad, J. (2001). Some optimal inapproximability results. Proc. of the 29th ACM Symp. on Theory Comput. *Journal of the Association for Computing Machinery, 48*, 798–859.
77. He, B. S., Liu, H., Wang, Z. R., & Yuan, X. M. A. (2015). Strictly contractive Peaceman-Rachford splitting method for convex programming. *SIAM Journal on Optimization, 24*, 1011–1040.
78. Helmberg, C., Rendl, F., Wolkowicz, H., & Vanderbei, R. J. (1996). An interior-point method for semidefinite programming. *SIAM Journal on Optimization, 6*(2), 342–361.
79. Hiriart-Urruty, J.-B., & Lemaréchal, C. (1991). *Convex analysis and minimization algorithms I*. Berlin: Springer.
80. Horn, R. A., & Johnson, C. R. (1985). *Matrix analysis*. Cambridge: University Press.
81. Horst, R., & Pardalos, P. M. (Hrsg.). (1995). *Handbook of global optimization*. Dordrecht: Kluwer.
82. Huard, P., & Liêu, B. T. (1966). La méthode des centres dans un espace topologique. *Numerische Mathematik, 8*, 56–67.
83. Huppert, B. (1990). *Angewandte Lineare Algebra*. Berlin: De Gruyter.
84. Jarre, F. (1992). Interior-point methods for convex programming. *Applied Mathematics and Optimization, 26*, 287–311.

85. Jarre, F. (1994). *Interior-point methods via self-concordance or relative Lipschitz condition*, Habilitiationsschrift. Universität Würzburg.
86. Jarre, F. (1996). Interior-point methods for convex programs. In T. Terlaky (Hrsg.), *Interior-point methods of mathematical programming*. Dordrecht: Kluwer.
87. Jarre, F. (2011). Elementary optimality conditions for nonlinear SDPs. In M. Anjos & J. Lasserre (Hrsg.), *Handbook on conic optimization*. http://www.optimization-online.org/DB_HTML/2010/08/2700.html.
88. Jarre, F. (2013). On Nesterov's smooth Chebyshev-Rosenbrock function. *Optimization Methods and Software, 28*(3), 478–484.
89. Jarre, F., Kocvara, M., & Zowe, J. (1998). Optimal truss design by interior-point methods. *SIAM Journal on Optimization, 8*(4), 1084–1107.
90. Jones, D. R. (2001). A taxonomy of global optimization methods based on response surfaces. *Journal of Global Optimization, 21*(4), 345–383.
91. Kantorovich, L. W., & Akilow, G. P. (1964). *Funktionalanalysis in normierten Räumen*. Berlin: Akademie.
92. Kantorovich, L. W. (1948). Funktionalanalysis und angewandte Mathematik. *Uspekhi Matematicheskikh Nauk, 3 & 6*(28), 89–185 (russisch).
93. Karmarkar, N. (1984). A new polynomial-time algorithm for linear programming. *Combinatorica, 4*, 373–395.
94. Kelley, C. T. (1999). Detection and remediation of stagnation in the Nelder-Mead algorithm using a sufficient decrease condition. *SIAM Journal on Optimization, 10*, 43–55.
95. Khachiyan, L. G. (1979). A polynomial algorithm in linear programming. *Soviet Mathematics Doklady, 20*, 191–194.
96. Khot, S., Kindler, G., Elchanan, M., & O'Donnell, R. (2007). Optimal inapproximability results for max-cut and other 2-variable CSPs. *SIAM Journal on Computing, 37*(1), 319–357.
97. Klee, V., & Minty, G. J. (1972). How good is the simplex algorithm? In O. Shisha (Hrsg.), *Inequalities* (S. 159–175). New York: Academic Press.
98. Knobloch, H. W., & Kappel, F. (1974). *Gewöhnliche Differentialgleichungen*. Stuttgart: Teubner.
99. Kocvara, M., & Stingl, M. (2003). PENNON – A generalized augmented Lagrangian method for semidefinite programming. In G. Di Pillo & A. Murli (Hrsg.), *High performance algorithms and software for nonlinear optimization* (S. 297–315) Dordrecht: Kluwer Academic. http://web.mat.bham.ac.uk/kocvara/pennon/.
100. Koehler, J. R., & Owen, A. B. (1996). Computer experiments. In S. Ghosh & C. R. Rao (Hrsg.), *Handbook of statistics* (Bd. 13, S. 261–308). New York: Elsevier Science.
101. Kolmogorov, A. N., & Fomin, S. V. (1975). *Reelle Funktionen und Funktionalanalysis*. Berlin: VEB Deutscher Verlag der Wissenschaften.
102. Kojima, M., Mizuno, S., & Yoshise, A. (1989). A primal-dual interior-point algorithm for linear programming. In N. Megiddo (Hrsg.), *Progress in mathematical programming: Interior-point and related methods* (S. 29–47). New York: Springer.
103. Kojima, M., Shindoh, S., & Hara, S. (1997). Interior-point methods for the monotone semidefinite linear complementarity problem in symmetric matrices. *SIAM Journal on Optimization, 7*(1), 86–125.
104. Fujisawa, K., Kojima, M., Nakata, K., & Yamashita, M. (2002). SDPA (SemiDefinite Programming Algorithm) user's manual – Version 6.00, research report, Department of Mathematical and Computing Sciences, Tokyo Institute of Technology.
105. Lagarias, J. C., Reeds, J. A., Wright, M. H., & Wright, P. E. (1998). Convergence properties of the Nelder-Mead simplex method in low dimensions. *SIAM Journal on Optimization, 9*(1), 112–147.

106. Leibfritz, F. (2001). A LMI-based algorithm for designing suboptimal static/output feedback controllers. *SIAM Journal on Computing, 39*(6), 1711–1735.

107. Löfberg, J. (2005). YALMIP: A toolbox for modeling and optimization in MATLAB 2004 IEEE International Conference on Robotics and Automation (IEEE Cat. No.04CH37508).

108. Lovasz, L., & Schrijver, A. (1991). Cones of matrices and setfunctions, and 0–1 optimization. *SIAM Journal on Optimization, 1*(2), 166–190.

109. Lovasz, L. (1979). On the Shannon capacity of a graph. *IEEE Transactions on Information Theory, 25*, 1–7.

110. Luenberger, D. G. (1973). *Introduction to linear and nonlinear programming*. Reading: Addison Wesley.

111. Luo, Z.-Q., Pang, J.-S., & Ralph, D. (1996). *Mathematical programs with equilibrium constraints*. Cambridge: Cambridge University Press.

112. Luo, Z.-Q., Sturm, J. F., & Zhang, S. (2000). Conic convex programming and self-dual embedding. *Optimization Methods and Software, 14*, 169–218.

113. Lustig, I. J., Marsten, R. E., & Shanno, D. F. (1992). On implementing Mehrotra's predictor-corrector interior-point method for linear programming. *SIAM Journal on Optimization, 2*, 435–449.

114. Lyapunov, A. M. (1992). In A. T. Fuller (Trans. & Ed.), *The general problem of stability of motion* (S. 1–270). London: Taylor & Francis.

115. Mandt, S., Hoffman, M. D., & Blei, D. M. (2018). Stochastic gradient descent as approximate bayesian inference. *Journal of Machine Learning Research, 18*, 1–35.

116. Maratos, N. (1978). Exact penalty function algorithms for finite dimensional and control optimization algorithms. Ph.D. Thesis, Imperial College, London.

117. Mehrotra, S. (1992). On the implementation of a primal-dual interior-point method. *SIAM Journal on Optimization, 2*, 575–601.

118. Migdalas, A., Pardalos, P. M., & Värbrand, P. (1998). *Multilevel optimization: Algorithms and applications*. Dordrecht: Springer Science & Business Media.

119. Monteiro, R. D. C., & Zhang, Y. (1998). A unified analysis for a class of long-step primal-dual path-following interior-point algorithms for semidefinite programming. *Mathematical Programming Series A, 81*(3), 281–299.

120. Moré, J. J., & Sorensen, D. C. (1983). Computing a trust region step. *SIAM Journal on Scientific and Statistical Computing, 4*(3), 553–572.

121. Moré, J. J., & Toraldo, G. (1991). On the solution of quadratic programming problems with bound constraints. *SIAM Journal on Optimization, 1*, 93–113.

122. Nelder, J. A., & Mead, R. (1965). A simplex method for function minimization. *The Computer Journal, 7*, 308–313.

123. Nesterov, Y. E. (1998). Semidefinite relaxation and nonconvex quadratic optimization. *Optimization Methods and Software, 9*, 141–160.

124. Nesterov, Y. E. (2004). *Introductory lectures on convex optimization: A basic course*. Dordrecht: Kluwer Academic.

125. Nesterov, Y. E. (2012). Efficiency of coordinate descent methods on huge-scale optimization problems. *SIAM Journal on Optimization, 22*, 341–362.

126. Nesterov, J. E., & Nemirovsky, A. S. (1988). A general approach to polynomial-time algorithms design for convex programming. Report, Central Economical and Mathematical Institute, USSR Acad. Sci., Moscow, Russia.

127. Nesterov, J. E., & Nemirovsky, A. S. (1989). Self-concordant functions and polynomial-time methods in convex programming. Report CEMI, USSR Academy of Sciences, Moscow.

128. Nesterov, J. E., & Nemirovsky, A. S. (1994). *Interior point polynomial methods in convex programming: Theory and applications*. Philadelphia: SIAM.

129. Nesterov, Y. E., & Todd, M. J. (1997). Self-scaled barriers and interior-point methods for convex programming. *Mathematics of Operations Research, 22*(1), 1–42.
130. Nesterov, Y. E., & Todd, M. J. (1998). Primal-dual interior-point methods for self-scaled cones. *SIAM Journal on Optimization, 8*, 324–364.
131. Nocedal, J., & Wright, S. J. (1999). *Numerical optimization*. Berlin: Springer.
132. Papachristodoulou, A., Anderson, J., Valmorbida, G., Prajna, S., Seiler, P., & Parrilo, P. A. (2013). SOSTOOLS: Sum of squares optimization toolbox for MATLAB. https://www.cds.caltech.edu/sostools/.
133. Poljak, S., Rendl, F., & Wolkowicz, H. (1995). A recipe for semidefinite relaxation for (0,1)-quadratic programming. *Journal of Global Optimization, 7*, 51–73.
134. Polyak, B. T., & Juditsky, A. B. (1992). Acceleration of stochastic approximation by averaging. *SIAM Journal on Control and Optimization, 30*(4), 838–855.
135. Pietrzykowski, T. (1970). The potential method for conditional maxima in the locally compact metric spaces. *Numerische Mathematik, 14*(4), 325–329.
136. Powell, M. J. D. (1973). On search directions for minimization algorithms. *Mathematical Programming, 4*, 193–201.
137. Powell, M. J. D. (1978). A fast algorithm for nonlinearly constrained optimization calculations. Lecture Notes in Mathematics 630, Springer, Berlin, 144–157.
138. Powell, M. J. D. (1978). The convergence of variable metric methods for nonlinearly constrained optimzation calculations. In O. L. Mangasarian, R. R. Meyer, & S. M. Robinson (Hrsg.), *Nonlinear programming* (Bd. 3, S. 27–63). New York: Academic Press.
139. Powell, M. J. D. (1984). The performance of two subroutines for constrained optimizaton. In P. T. Boggs, R. T. Byrd, & R. B. Schnabel (Hrsg.), *Numerical optimization*. Philadelphia: SIAM.
140. Powell, M. J. D. (1998). Direct search algorithms for optimization calculations. In A. Iserles (Hrsg.), *Acta Numerica* (S. 287–336). Cambridge: Cambridge University Press.
141. Rakhlin, A., Shamir, O., & Sridharan, K. (2012). Making gradient descent optimal for strongly convex stochastic optimization. Proceedings of the 29th International Coference on International Conference on Machine Learning (ICML'12). Omnipress, USA, 1571–1578.
142. Rendl, F. (2009). Semidefinite relaxations for integer programming. In M. Jünger et. al. (Hrsg.), *50 years of integer programming 1958–2008: From the early years to the state-of-the-art*. Dordrecht: Springer Science & Business Media.
143. Richtarik, P., & Takac, M. (2014). Iteration complexity of randomized block-coordinate descent methods for minimizing a composite function. *Mathematical Programming, 144*(1–2), 1–38.
144. Rockafellar, R. T. (1970). *Convex analysis*. Princeton: Princeton University Press.
145. Roos, C., Terlaky, T., & Vial, J. P. (1997). *Theory and algorithms for linear optimization, an interior point approach*. Chichester: Wiley.
146. Roos, C., & Vial, J. P. (1992). A polynomial method of approximate centers for the linear programming problem. *Mathematical Programming, 54*, 295–306.
147. Sacks, J., Welch, W. J., Michell, T. J., & Wynn, H. P. (1989). Design and analysis of computer experiments. *Statistical Science, 4*, 409–435.
148. Santos, F. (2012). A counterexample to the Hirsch conjecture. *Annals of Mathematics, 176*(1), 383–412.
149. Scherer, C. (1999). Lower bounds in multi-objective H_2/H_∞ problems. Proc. 38th IEEE Conf. Decision and Control, Phoenix, Arizona.
150. Schittkowski, K. (1981). The nonlinear programming method of Wilson, Han, and Powell with an augmented Lagrangian type line search function, parts 1 and 2. *Numerische Mathematik, 38*, 83–127.
151. Schittkowski, K. (1985/1986). NLPQL: A Fortran subroutine for solving constrained nonlinear programming problems. *Annals of Operations Research, 5*, 485–500.

152. Schrijver, A. (1986). *Theory of linear and integer programming*. Chichester: Wiley.
153. Shapiro, A., & Scheinberg, K. (2000). Duality and optimality conditions. In H. Wolkowicz, R. Saigal, & L. Vandenberghe (Hrsg.), *Handbook of semidefinite programming: Theory algorithms and applications* (Kluwer's International Series). Boston: Springer.
154. Shor, N. Z. (1987). Quadratic optimization problems soviet. *Journal of Circuits and Systems Sciences, 25*(6), 1–11.
155. Sidiropoulos, N., Davidson, T., & Luo, Z.-Q. (2006). Transmit beamforming for physical-layer multicasting. *IEEE Transactions on Signal Processing, 54*(6), 2239–2251.
156. So, A. M.-C., & Ye, Y. Y. (2007). Theory of semidefinite programming for sensor network localization. *Mathematical Programming, 109*(2–3), 367–384.
157. So, A. M.-C., Zhang, J.-W., & Ye, Y. Y. (2007). On approximating complex quadratic optimization problems via semidefinite programming relaxations. *Mathematical Programming, 110*(1), 93–110.
158. Sonnevend, G., (1986). An 'analytical centre' for polyhedrons and new classes of global algorithms for linear (smooth, convex) programming. In *System Modelling and Optimization* (Budapest, 1985). Lecture Notes in Control and Information Sciences, 84. Springer, Berlin, 866–875.
159. Sonnevend, G., & Stoer, J. (1990). Global ellipsoidal approximations and homotopy methods for solving convex analytic programs. *Applied Mathematics and Optimization, 21*, 139–165.
160. Stern, R. J., & Wolkowicz, H. (1995). Indefinite trust region subproblems and nonsymmetric eigenvalue perturbations. *SIAM Journal on Optimization, 5*(2), 286–313.
161. Stein, O. (2003). *Bi-level strategies in semi-infinite programming*. Dordrecht: Kluwer Academic.
162. Stingl, M. (2006). On the solution of nonlinear semidefinite programs by augmented Lagrangian methods. Dissertation, Universiät Erlangen-Nürnberg.
163. Stoer, J., & Bulirsch, R. (1991). *Numerische Mathematik 1 und 2*. Berlin: Springer.
164. Stoer, J., & Witzgall, C. (1970). *Convexity and optimization in finite dimensions: Bd. 163. Grundlehren der Mathematischen Wissenschaften*. Berlin: Springer.
165. Sturm, J. F. (1999). Using SeDuMi 1.02, a MATLAB toolbox for optimization over symmetric cones. *Optimization Methods and Software, 11–12*, 625–653.
166. Todd, M. J. (1999). On search directions in interior-point methods for semidefinite programming. *Optimization Methods and Software, 11*, 1–46.
167. Todd, M. J., Toh, K. C., & Tütüncü, R. R. (1998). On the Nesterov-Todd direction in semidefinite programming. *SIAM Journal on Optimization, 8*, 769–796.
168. Toh, K. C., Todd, M. J., & Tütüncü, R. R., (1999). SDPT3 – A Matlab software package for semidefinite programming, Version 1.3. *Optimization Methods and Software, 11*(1–4), 545–581.
169. Yang, L. Q., Sun, D. F., & Toh, K. C. (2015). SDPNAL+: A majorized semismooth Newton-CG augmented Lagrangian method for semidefinite programming with nonnegative constraints. *Mathemtical Programming Computation, 7*, 331–366.
170. Tuan, H. D., Apkarian, P., & Nakashima, Y. (2000). A new Lagrangian dual global optimization algorithm for solving bilinear matrix inequalities. Internat. *Journal of Robust and Nonlinear Control, 10*, 561–578.
171. Ulbrich, M., Ublrich, S., & Vicente, L. N. (2004). A globally convergent primal-dual interior-point filter method for nonlinear programming. *Mathematical Programming, 100*(2), 379–410.
172. Vandenberghe, L., & Boyd, S. (1996). Semidefinite programming. *SIAM Review, 38*(1), 49–95.
173. Vanderbei, R. J. (1997). LOQO user's manual – Version 3.10. Report SOR 97-08, Princeton University, Princeton, NJ 08544.

174. Vanderbei, R. J., Benson, H., & Shanno, D. (2002). Interior-point methods for nonconvex nonlinear programming. *Computational Optimization and Applications, 23*(2), 257–272.
175. Webster, R. (1994). *Convexity*. Oxford: Oxford University Press.
176. Wendland, H. (2005). *Scattered data approximation (Cambridge monographs on applied and computational mathematics [Book 17])*. Cambridge: Cambridge University Press.
177. Wolkowicz, H., Saigal, R., & Vandenberghe, L. (Hrsg.). (2000). *Handbook of semidefinite programming, theory, algorithms, and applications*. Boston: Kluwer.
178. Wright, S. J. (2001). On the convergence of the Newton/log-barrier method. *Mathematical Programming Series A, 90*(1), 71–100.
179. Wright, S. J. (2015). Coordinate descent algorithms. *Mathematical Programming, 151*(1), 3–34.
180. Ye, J. J. (2005). Necessary and sufficient optimality conditions for mathematical programs with equilibrium constraints. *Journal of Mathematical Analysis and Applications, 307*(1), 350–369.
181. Ye, Y., Todd, M. J., & Mizuno, S. (1994). An $O\left(\sqrt{n}L\right)$-iteration homogeneous and self-dual linear programming algorithm. *Mathematics of Operations Research, 19*(1), 53–67.
182. Yuan, Y.-X. (1995). On the convergence of a new trust region algorithm. *Numerische Mathematik, 70*, 515–539.

Stichwortverzeichnis

© Springer-Verlag GmbH Deutschland, ein Teil von Springer Nature 2019
F. Jarre und J. Stoer, *Optimierung,* Masterclass,
https://doi.org/10.1007/978-3-662-58855-0

Printed in the United States
By Bookmasters